中国科技成就概览

桂长林　编著

合肥工业大学出版社

图书在版编目(CIP)数据

中国科技成就概览/桂长林编著.—合肥:合肥工业大学出版社,2011.12

ISBN 978-7-5650-0648-7

Ⅰ.①中…　Ⅱ.①桂…　Ⅲ.①自然科学史—中国　Ⅳ.①N092

中国版本图书馆CIP数据核字(2011)第279024号

中国科技成就概览

桂长林　编著　　　　责任编辑　权　怡

出　版	合肥工业大学出版社	**版　次**	2011年12月第1版
地　址	合肥市屯溪路193号	**印　次**	2012年3月第1次印刷
邮　编	230009	**开　本**	710毫米×1000毫米
电　话	总编室:0551-2903038	**印　张**	31.5
	发行部:0551-2903198	**字　数**	630千字
网　址	www.hfutpress.com.cn	**印　刷**	合肥现代印务有限公司
E-mail	hfutpress@163.com	**发　行**	全国新华书店

ISBN 978-7-5650-0648-7　　　　定价:58.00元

序　言

桂长林教授的大著《中国科技成就概览》即将付梓，这是他继去年出版的《对人类社会科技发展做出开拓性研究成果的著名科学家》后，时隔一年不到，笔健如飞又推出的一本新书，不禁让人心头为之一热、为之一震。

桂长林教授已年近八旬，退休后仍如此勤奋，延续如此强劲的学术生命力，成果如此迭出，令人敬仰，值得学习。捧读此书，我的眼前总是浮现这样的情景：一位瘦弱的老者，在那浩如烟海的典籍中埋头搜寻，夜以继日、挑灯夜战、呕心沥血、苦心孤诣，彷佛在油干灯枯之际，奋力一拨，让生命之火勃发，燃烧自己、烛照未来！他所奉献的这部厚重的大书，不仅体现了他的终身治学精神，更寄托着他对中国科技事业的赤子之心和无限期盼！

仔细研读，掩卷长思，我个人觉得这本书可贵之处在于以下几点，愿与广大读者共飨：

以翔实资料来展示中国科技成就。该书比较系统地介绍了中国古代科技成就、近代科技成就和现代科技成就，从一定意义上廓清了中国科技发展脉络，有助于我们深入学习科技发展史，全面、准确、客观地了解中国科技发展的曲折历程和取得的辉煌成就，增强民族自信心和自豪感，弘扬历久弥新的科学精神和中华优秀文化传统。

以国际视野来把握中国科技成就。该书始终把中国科技发展放在世界科技发展格局中进行比较分析，在肯定成绩的同时，又承认差距，既不妄自菲薄，又不盲目乐观，有助于我们矢志不渝地瞄准世界科技前沿，加强科技攻关，勇攀科技高峰，实现自主创新。

以历史背景来剖析中国科技成就。该书不仅仅是单纯描写科技成就，一味强调技术原因，而是有机结合历史背景来深入分析，如在中国近代科技成就中，对鸦片战争失败的技术原因作了科学分析，又不忘对主观原因、真正原因作了揭示，令人信服。

以学科分类来解读中国科技成就。该书在中国古代科技成就里、在以往的“四大发明”说基础上，从天文、纸的发明、印刷、中医药、工程与工艺技术等五个方面归类中国古代科技成就，富有新意；中国现代科技成就里按不同学科领域来介绍，自然科学分15个领域、工程与技术科学分20个领域，条理清晰、有条不紊。

以人物为核心来贯穿中国科技成就。这是该书的最大特点。对中国科技成就的描述是通过对不同时代科学家的介绍得以实现的，从而不惜篇幅重点阐述了中国历代科学家的科学研究成果以及他们的生平经历和成长过程。单就此而言，这本书和《对人类社会科技发展做出开拓性研究成果的著名科学家》是“姊妹书”，应该是桂教授匠心独运之所在，我理解他再次试图从我国大科学家的成功之路反观我们的创新型人才的培养，给广大教育工作者和莘莘学子以启迪。

总之，这本书是一部全面展示中国科技成就的科普读物，是一部爱国主义教育的生动教材，值得向广大青少年和高校教师、科研工作者推荐阅读。

是为序。

徐枞巍

（作者系合肥工业大学校长、教授）

目　录

第一篇　中国古代科技成就

第二篇　中国近代科技成就

第三篇　中国现代科技成就

第一篇
中国古代科技成就

天 文

1. 天象记事

早在新石器时代，中国的先民们就注意到物候（生物的周期性现象）和天象（气候的周期变化）有着密切的联系，于是开始了对日、月等天象的观察。此后，中国人长期不断地致力于天象的观察和记录，取得了辉煌的成就，留下了关于太阳黑子、彗星、流星、新星等天象的各种记录。这些天象纪事不仅内容翔实，年代延续，其中许多还是世界上最早的记录，至今对现代天文学的研究仍起到重要的作用，是一份极为珍贵的文化遗产。

(1) 黑子记录

黑子是太阳表面的气体漩涡，由于其温度比太阳其他部分的低，所以光芒也较其他处幽暗一些，从地球上看仿佛是太阳表面出现了黑色的斑点或斑块，所以又称日斑。

关于太阳黑子，中国有世界上最早的观测记录。大约在公元前 140 年前的《淮南子》一书中就有“日中有踆乌”的记述。现今世界公认的最早的太阳黑子记事，是载于《汉书·五行志》中的河平元年（公元前 28 年）三月出现的太阳黑子：“河平元年……三月乙未，日出黄，有黑气大如钱，居日中央。”这一记录将黑子出现的时间与位置都叙述的详细清楚。欧洲关于太阳黑子纪事的最早时间是公元 807 年 8 月，当时还被误认为是水星凌日的现象。直到 1660 年意大利天文学家伽利略发明天文望远镜后，才确认黑子是确实存在的。而在此之前，我国历史上已有关于黑子的记录 101 次，这些记录不但有时间，还有形状、大小、位置以及变化情况等等。难怪美国天文学家海尔会赞叹道：“中国古代观测天象，如此精勤，实属惊人。他们观测日斑，比西方早约 2000 年，历史上记载不绝，并且都很正确可信。”

(2) 彗星记录

彗星是绕太阳运行的一种质量较小的天体，呈云雾状的独特外貌。彗星包括彗发、彗核、彗尾三部分。彗尾是因彗星离太阳近时彗发变大，太阳风和太阳辐射压力把彗发的气体和微尘推开生成的。因其形状好像一把大扫帚，所以在中国民间又把彗星叫做“扫帚星”。

中国对彗星的观测和研究已有4000多年历史，拥有世界上最早、最完整的彗星记录。我国古代称彗星为“星孛”。《春秋》上记录了鲁文公十四年（公元前613年）出现的彗星：“秋七月，有星孛入于北斗”。这是关于哈雷彗星的最早记录。哈雷彗星是一颗周期彗星，每76年出现一次，从鲁文公十四年开始到清代宣统二年（公元1910年）止，哈雷彗星共出现过31次。每次出现，我国都有详细的记录。如《史记·秦始皇本纪》记载：“始皇七年，彗星先出东方，见北方，五月见西方……彗星复见西方十六日。”这段记载的年、月、日数，位置和近代科学家推算的完全相符。到战国时代，我国对彗星的观测已经积累了比较丰富的经验。长沙马王堆三号汉墓帛书中有画着各种形态的彗星图29幅，这些彗星的彗尾有宽有窄，有长有短，有直有弯，条数也不等。彗星的头部有的是一个圆圈或圆点，有的圆圈中心还有一个小圆点或者圆圈，这说明当时的人们已经注意到彗星的不同形态，其观测的精确程度就今天来看也是有科学价值的。关于彗尾的成因，中国也较早就有了比较正确的解释。《晋书·天文志》记载：“彗体无光，傅日而为光，故夕见则东指，晨见则西指。在日南北，皆随日光而指。顿挫其芒，或长或短……”。而直到16世纪以前欧洲还一直误认为彗星是大气中的一种燃烧现象。

中国的彗星观测成果得到近代西方天文学家的高度赞扬。法国人巴尔代20世纪50年代在研究《彗星轨道总表》之后曾说：“彗星记载最好的（除极少数例外），当算中国的记载。”

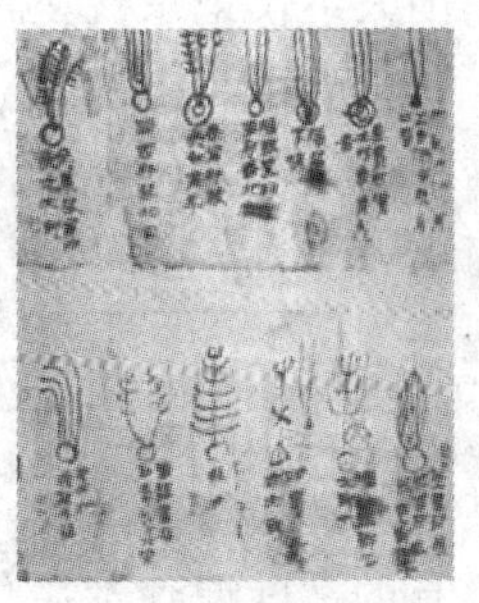

（3）日食记录

日食是一种太阳被月球遮蔽的现象。月球在绕地球运行的过程中，有时会走到太阳和地球中间，这时月球的影子落到地球表面上，位于影子里的观测者便会看到太阳被月球遮住，这就是日食。

当日食发生时，本来光芒四射的太阳会突然变得暗淡无光，成为一个暗黑的圆面，星星却出现在白日的天空。这样的奇特景象，对于不了解其原因的古人来说是一件惊天动地的大事，自然成为了中国先民们重点观测的天象。早在3000多年前，殷墟甲骨文中就有关于日食的记载。《书经·胤征篇》记载：“乃季秋月朔，辰弗集于房……瞽奏鼓，啬失驰，遮人走。”描述了夏代仲康元年日食发生的时候人们惊慌失措的场面。《诗经·小雅》中还以诗歌的形式记载着发生的日食：“十月之交，朔日辛卯，日有食之。”从我国春秋时期到清代同治十一年（公元前770年～公元1874年），有记载的日食共985次，其中年月不符、无日食可考的仅有8次，不及总数的1%。

日食的发生具有一定的周期性。我国是世界上较早发现日食周期的国家之一。西汉末年刘歆总结出一种周期，认为135个月中要发生23次日食。大约从公元3世纪起我国就能预报日食初亏和复圆的方向，到了唐代对于日食的预报已经比较准确了。

（4）流星记录

在繁星密布的夜空中，常常能看到一道白光一闪而逝，这就是流星。有时候还能看到天空的某个区域有无数亮光四下飞流，好像下雨一样，这就是壮观的流星雨现象。流星和流星雨是行星际空间叫做流星体的尘粒和固体块闯入地球大气圈同大气摩擦燃烧产生的光迹。

中国人对流星群、流星的记载，早于其他国家。古书《竹书纪年》中就有关于流星的记录：“夏帝癸十五年，夜中星陨如雨。”《左传》的记载，鲁庄公七年“夏四月辛卯夜，恒星不见，夜中星陨如雨”，是世界上最早的天琴座流星雨记录。我国古代的流星雨记录达180次之多。

中国人不仅记录流星，而且能准确地指出陨石的来历：“星坠至地，则石也”（见于《史记·天官书》）。而在欧洲，公元1768年曾发现三块陨石，对此巴黎科学院推举拉瓦锡做研究，他得出的结论却是：“石在地面，没入土中，电击雷鸣，破土而出，非自天降。”直到公元1803年，欧洲人才知道陨石的由来。

（5）新星和超新星记录

某些通常很暗的星星，突然爆发出比原来的亮度强几千到几百万倍的光，叫新星；有的亮度增强到一亿乃至几亿倍，叫超新星。以后它们又逐渐暗弱下去，好像在星空中做客一般，所以被古人称之为“客星”。

我国对新星和超新星的出现早有记载。商代甲骨卜辞中就记载了大约公元前14世纪出现于天蝎座α星附近的一颗新星。《汉书·天文志》中记载有：“元光元年五月，客星见于房。”这记录的是公元前134年出现的一颗新星。这颗新星是中外史书中均有记载的第一颗新星，与其他国家的记载比，我国的记载不仅写明了时间，还写明了方位，因此法国天文学家比奥在著《新星汇编》时把《汉书》的记载列为首位。

18世纪末，有人通过望远镜在天关星附近发现一块外形像螃蟹的星云，取名叫蟹状星云。1921年，科学家发现在蟹状星云中有一颗脉冲星，它是已发现的脉冲星中周期最短的一个，也是迄今所知唯一的全波脉冲星。根据蟹状星云的膨胀速度推算，这颗星应该是公元 1054 年爆发的一颗超新星。而这颗超新星在我国的史书《宋会要辑稿》上有详细的记载。

自商代到 17 世纪末，我国史书共记载了新星、超新星约 90 颗，其中大约有 12 颗属于超新星，这么丰富而系统地记录历代新星爆发在世界各国中是独一无二的。

2. 天体测量

天体测量学是天文学中最古老也是最基本的一个分支，主要是研究如何测定星辰的位置和星辰到达某个位置的时间。我国古代天文学家设计制造了各种精密而先进的天体测量仪器和天文台，在天体测量方面取得了巨大成就，留下了许多珍贵的星图、星表等史料。

（1）观天仪器

我国古代使用的天体测量仪器主要有浑仪、简仪等，表演天体视运动的仪器主要是浑象等。

1）浑仪

浑仪是以浑天说为理论基础制造的测量天体的仪器。浑天说是我国古代的一种重要宇宙理论，它认为“浑天如鸡子，天体圆如蛋丸，地如鸡中黄”，天内充满了水，天靠气支撑着，地则浮在水面上。天的大圆为 365.25 度，浑天旋轴两端分别称为南极、北极，赤道垂直于天极，黄道斜交着天的大圆，黄赤道交角为 24 度．浑仪正是以此为基础而设计的。我国浑仪的发明大约是在公元前 4 世纪至公元前 1 世纪（即战国中期至秦汉时期）。早期的浑仪比较简单，经过历代天文学家的改进，到了唐代，由天文学家李淳风设计了一架比较精密完善的浑天黄道仪。整个仪器分为三层，外层叫六合仪，包括地平圈、子午圈和赤道圈。中层叫三辰仪，是由白道环、黄道环和赤道环构成。里层叫四游仪，包括四游环和窥管。现存明制浑仪基本就是这种结构，所不同的是取消了三辰仪中的白道环，而加上了二分环和二至环。

2）简仪

元代天文学家郭守敬于公元 1276 年创制的一种测量天体位置的仪器。因其是将结构繁复的唐宋浑仪加以革新简化而成，故称简仪。它包括相互独立的赤道装置和地平装置，以地球环绕太阳公转一周的时间 365.25 日来分度。简仪的赤道装置用于测量天体的去极度和入宿度（赤道坐标），与现代望远镜中广泛应用的天图式赤道装置的基本结构相同。它有北高南低两个支架，托着正南北方向的极轴，围绕极轴旋转的是四游双环，四游环上的窥管两端安有十字丝，这是后世望远镜中十字丝的鼻祖。极轴南端重叠放置固定的是百刻环和游旋的赤道环。为了减少百刻环与赤道环之间的摩擦，郭守敬在两环之间安装了4个小圆柱体，这种结构与近代“滚柱轴承”减少摩擦阻力的原理相同。简仪的地平装置称为立运仪，它与近代的地平经纬仪基本相似。它包括一个固定的阴纬环和一个直立的、可以绕铅垂线旋转的立运环，并有窥管和界衡各一。这个装置可以测量天体的地平方位和地平高度。简仪的底座架中装有正方案，用来校正仪器的南北方向。在明制简仪中正方案改为日晷。

简仪的创制，是我国天文仪器制造史上的一大飞跃，是当时世界上的一项先进技术。欧洲直到300多年之后的1598年才由丹麦天文学家第谷发明与之类似的装置。

郭守敬创制的简仪，在清康熙五十四年（公元1715年）被传教士纪理安当作废铜给熔化了。现在保存在南京紫金山天文台的简仪是明代正统二年到七年（公元1437年～1422年）的复制品。

郭守敬（1231—1316），河北邢台人，元代著名的天文学家。郭守敬自小师从祖父郭荣学习天文、算学和水利。他对天文学尤其感兴趣，常自己动手制造天文仪器用于观察天象。公元1276年，元太祖忽必烈下令编制新历，郭守敬奉命参加修历。四年后，新历《授时历》基本完成。这是中国古代一部优秀的历法，在制定过程中，郭守敬作出了卓越的成绩。郭守敬在制历之初就提出“历之本在于测验，而测验之器莫先于仪表”。为此，他在三年之内，共设计出简仪、高表、星晷定时仪以及立运仪、日月食仪、玲珑仪等12种新天文仪器，其精巧程度和准确度大大超过前人。除此之外，他还是位杰出的水利专家和地理学家，曾主持过若干重要的水利工程，至今仍被中外专家所赞誉。

3）浑象、假天仪

浑象是一种表演天体视运动的仪器，它把太阳、月亮、二十八宿等天体以及赤道和黄道都绘制在一个圆球面上，能使人不受时间限制，随时了解当时的天象。白天可以看到当时在天空中看不到的星星和月亮，而且位置不差；阴天和夜晚也能看到太阳所在的位置。用它能表演太阳、月亮以及其他星象东升和西落的时刻、方位，还能形象地说明夏天白天长、冬天黑夜长的道理等。

我国的第一架浑象大约是公元前70年～前50年间耿寿昌创制的。后来历代都十分重视浑象的制造工作，张衡、一行、苏颂等许多天文学家都曾进行过设计。这些实物现在都没有了，仅存的清代天体仪可算是古代浑象的仿制品。

一般的浑象，大都是人站在球外边看，这对于计算坐标和观察星空有它方便的地方，但对于象征天穹来说，还不够逼真。宋代的苏颂、韩公廉共同研制了一个能从内部观看的设备。它在球面相应于天空星象的位置凿有小孔，人进到球内，可以看到点点光亮如天上繁星，转动球体，则“中星、昏、晚（晓），应时皆见于窍中。”这种假天仪可以说是近代天象仪的祖先。

4）水运仪象台、登封测景台

水运仪象台是以水为动力来运转的天文钟，苏颂和韩公廉于宋元祐元年（公元1086年）开始设计，到元祐七年全部完成。台高约12米，宽约7米，最上层设置浑仪且有可以开闭的屋顶，这已具现代天文台的雏形；中层是浑象；下层是报时系统。这三部分用一套传动装置和一组机轮连接起来，用漏壶水冲动机轮，带动浑仪、浑象、报时装置一起转动。它可通过控制匀速流动的水来调节枢轮向某一方向等时转动，使浑仪和浑象的转动与天体运动保持同步。在报时装置中巧妙地利用了160多个小木人以及钟、鼓、铃、钲等4种乐器，不仅可以显示时、刻，还能报昏、旦时刻和夜晚的更点。水运仪象台的机械传动装置，类似现代钟表的擒纵器，被英国的李约瑟认为“很可能是欧洲中世纪天文钟的直接祖先”。

水运仪象台在公元1127年金兵攻陷汴梁时遭到损坏。南宋时期，秦桧曾派人寻找苏颂后人并访求苏颂遗书，还请教过朱熹，想把水运仪象台恢复起来，结果始终没有成功。从此，水运仪象台只能作为史书上的记载见证着中国古代天文仪器和机械制造曾经达到的一个高峰。

登封测景台是中国古代天文观测台，位于河南省登封县境内，1279年元代天文学家郭守敬设计制造。观景台平面呈正方形，边长16余米，台高9.40米，台北面石圭长31.19米，俗称量天尺。量天尺和观景台构成一个巨型圭表，石圭居于子午线方向，圭面中心和两旁均有刻度以测量影长。根据台上横梁在石圭上投影的长短变化，确定春分、夏至、秋分、冬至，并划分四季。为了观测准确，郭守敬还发明了“景符”，即用一个宽2寸、长4寸的铜叶，上面穿小孔，放于支架的圭面上来回移动，利用小孔成像的原理，将太阳和横梁经过景符小孔清晰实在、细若发丝地投影在圭面上。当梁影平分日像时，即可度量日影长度。

（2）星表星图

我国古代保存了大量天体测量成果，为后人留下了很多珍贵的星表、星图。

星表是把测量出的恒星的坐标加以汇编而成的。大约在公元前4世纪的战国时代，魏人石申编写了《天文》一书共8卷，后人称之为《石氏星经》。虽然它到宋代以后失传了，但我们今天仍然能从唐代的天文著作《开元占经》中见到它的一些片断，并从中可以整理出一份石氏星表来，其中有二十八宿距星和115颗恒星的赤道坐标位置。这是世界上最古老的星表之一。

星图是天文学家观测星辰的形象记录，它真实地反映了一定时期内天文学家在天体测量方面所取得的成果。同时，它又是天文工作者认星和测星的重要工具，其作用犹如地理学中的地图。

早在先秦时期，我国古代天文学家就开始绘制星图。现存最早的描绘在纸上的星图是唐代的敦煌星图。唐敦煌星图最早发现于敦煌藏经洞，1907年被英国人斯坦因盗走，至今仍保存在英国伦敦博物馆内。它绘于公元940年，图上共有

1350 颗星，它的特点是赤道区域采用圆柱形投影，极区采用球面投影，与现代星图的绘制方法相同，是我国流传至今的最早采用圆、横两种画法的星图。

1971 年在河北省张家口市宣化区的一座辽代墓里发现了一幅星图。该图绘于公元 1116 年，用于墓顶装饰，星图绘画在直径 2.17 米圆形范围内，绘制方法为盖图式，图中心嵌着一面直径为 35 厘米的铜镜，外圈是中国的二十八宿，最外层是源于巴比伦的黄道十二宫，从该图中可看出在天文学领域内中外文化交流的迹象。

1974 年在河南洛阳北郊一座北魏墓的墓顶，又发现了一幅绘于北魏孝昌二年（公元 526 年）的星图，全图有星辰 300 余颗，有的用直线连成星座，最明显的是北斗七星，中央是淡蓝色的银河贯穿南北。整个图直径 7 米许。这幅星象图是我国目前考古发现中年代较早、幅面较大、星数较多的一幅。

现存在苏州博物馆内的苏州石刻天文图，是现存最古老的石刻星图之一。苏州石刻天文图刻于公元 1247 年（南宋丁未年），主要依据公元 1078 年～1085 年（北宋元丰年间）的观测结果。图高约 2.45 米，宽约 1.17 米，图上共有 1434 颗星，位置准确。全图银河清晰，河汉分叉，刻画细致，在一定程度上反映了当时天文学的发展水平。

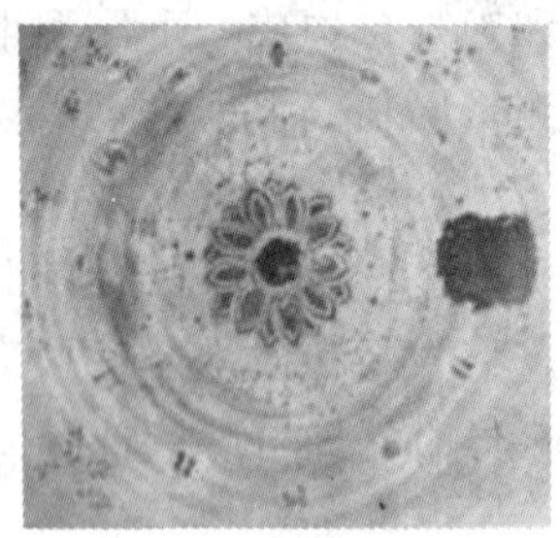
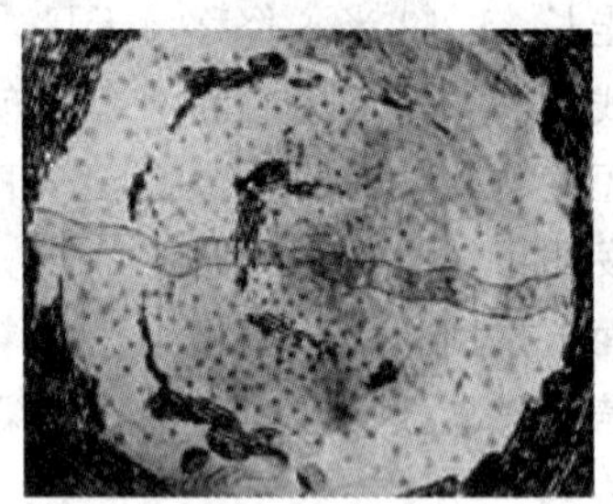

星表星图

3. 古代历法

所谓历法，简单说就是根据天象变化的自然规律，来计量较长的时间间隔、判断气候的变化、预示季节来临的法则。

根据月相圆缺变化的周期（即朔望月）来制订的历法叫阴历。以地球围绕太阳的运转周期（即回归年）为根据而制订的历法，叫阳历。我国的古代历法，把回归年作为年的单位，把朔望月作为月的单位，是一种兼顾阳历和阴历的阴阳合历。

我国的历法起源很早，相传黄帝首创历法。早期的历法现在只留下片言只语的传说，难以深入考究。最早的成文历法是出现于春秋末年的四分历，它是当时世界上最进步的历法。它的岁实是 365.25 日，这是当时世界上所使用的最精密的数值。四分历规定19年7闰，这十分精确地调整了阴阳历，而希腊人发现同样的方法要晚160多年。

汉武帝太初元年（公元前104年）实行《太初历》，它是由西汉时期的民间天文学家落下闳创制的。它是自有科学历法以来第一部资料完整的传世历法。它规定以正月为岁首，并首次引入中国独创的二十四节气，首次计算了日月交食的发生周期。历中所采用的行星汇合周期的数值也较为准确。

南北朝时期杰出的天文学家、数学家祖冲之编制了《大明历》。它首次引用了岁差，虽然数值精度不高，却是我国历法史上的一次重大改革。祖冲之在《大明历》中还采用了391年中设置144个闰月的新闰周，比古历的19年7闰更为精密。他推算的回归年日数为365.24281日（现测值365.24220日），交点月日数为27.21223日（现测值27.21222日），这些数值与现测值都很相近。

唐代杰出天文学家僧一行编制了《大衍历》。为了制定历法，一行于公元724年主持了我国历史上第一次规模宏大的天文大地测量，使我国在子午线长度的实际测定上走在世界的前列。《大衍历》的成就主要是正确掌握了太阳周年运动的规律，纠正了过去历法中把全年平分为二十四节气的错误。

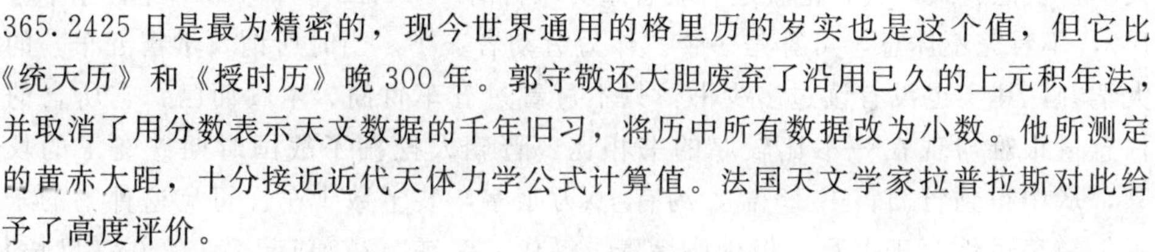

元代大天文学家郭守敬制定了《授时历》。郭守敬经过推算，确认南宋杨忠辅制定的《统天历》所用回归年长365.2425日是最为精密的，现今世界通用的格里历的岁实也是这个值，但它比《统天历》和《授时历》晚300年。郭守敬还大胆废弃了沿用已久的上元积年法，并取消了用分数表示天文数据的千年旧习，将历中所有数据改为小数。他所测定的黄赤大距，十分接近近代天体力学公式计算值。法国天文学家拉普拉斯对此给予了高度评价。

汉元光元年即公元前134年，全历共32简，距今约2000年。1972年于山东银雀山汉墓出土，现存山东博物馆。历谱相当于后世的历书、日历。汉代的历谱多为每日一简，分12栏，记12个月中每日的干支，以冬至、立春、夏至、立秋、伏腊等主要节气注历。

纸的发明

人类对自然的认识、发现、经验的总结是无法通过遗传传给下一代的，它需要通过一种媒体记录下来，供后人学习、继承。在没有发明文字的时代，只能靠口传心记；文字发明之后，则需要有记录的载体。人类尝试了各种天然物品：龟甲、兽骨、金石、竹简、木牍、缣帛等，这些物品虽然也能记录文字，但有的昂贵，有的笨重，有的不易多得。寻找新的载体是我们先人的梦想。纸的发明大大提高了人类积累、继承前人经验的能力，为社会的发展提供了有力的保障。

1. 纸发明前的书写材料

文字发明以前古人以结绳记事，由于无法辨认绳结所代表的事物，经常出现错误。文字出现以后，我国先民曾利用甲骨、金石记事。金石笨重，使用起来很不方便。在纸出现之前，竹简、木牍、缣帛是主要的书写材料。竹简、木牍十分笨重，所占的空间又很大，写作和阅读都很不便利。秦始皇统一天下，政事不论大小，全他一人裁决，他规定一天看章奏（竹简）一百二十斤（秦一斤合今半市斤），不看完不休息，可算是一个“体力劳动者”了。当时所谓“学富五车”的大学者，其实也没有读过多少书，只不过看过五车竹简、木牍而已，它所含的信息量很难与现在一本比较厚的书相比。晋朝人挖掘了战国时期魏襄王的坟墓，从中得到竹简古书 15 篇，约有 10 万余字，装了数十车。可见这种书的笨重。缣帛虽然便于书写，但价格昂贵。汉代一匹缣（2.2 汉尺宽，4.0 汉尺长）值六石（720 汉斤）大米，只有少数皇家贵族才能享用，一般人根本消受不起。

3000 多年前，人们把文字刻在龟甲和兽骨上，称为甲骨文。这是我国最早的文字，起源于商代。单独的竹片称为简，若干根简编缀在一起叫册，起源于战国。人们将文字写在丝织品上称为帛书。

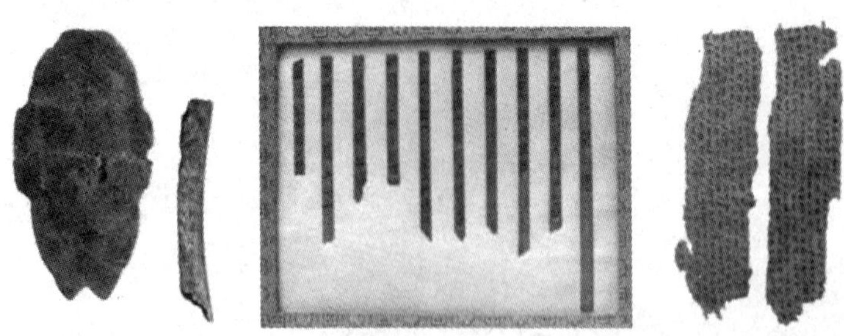

2. 纸的发明过程

西汉初年，政治稳定，思想文化十分活跃，对传播工具的需求旺盛，纸作为新的书写材料应运而生。许慎著的《说文解字》，成书于公元 100 年。许慎认为，纸是丝絮在水中经打击而留在床席上的薄片。这种薄片可能是最原始的"纸"，有人把这种"纸"称为"赫蹏"。这可能是纸发明的一个前奏，关于这种"纸"的记载，可以追溯到西汉成帝元延元年（公元前 12 年）。《汉书・赵皇后传》中记录了成帝妃曹伟能生皇子，遭皇后赵飞燕姐妹的迫害，她们送给曹伟能的毒药就是用"赫蹏"纸包裹，"纸"上写："告伟能，努力饮此药！不可复入，汝自知之！"。由此推测纸可能与丝有一定关系。

远古以来，我们的先人就已经懂得养蚕、缫丝。秦汉之际以次茧作丝绵的手工业十分普及，韩信在未发迹之前"乞食漂母"的漂母，大概就是以此为生的。这种处理次茧的方法称为漂絮法，操作时的基本要点在于反复捶打，以捣碎蚕衣。这一技术后来发展成为造纸中的打浆。此外，借助竹器沥干丝缕也是此法的一个重要步骤，它是造纸中抄纸的原型。我国古代常用石灰水或草木灰水为丝麻脱胶，这种技术也给造纸中为植物纤维脱胶以启示。纸张就是借助这些技术发展起来的。

从迄今为止的考古发现来看，造纸术的发明不晚于西汉初年。最早出土的西汉古纸是 1933 年在新疆罗布淖尔古烽燧亭中发现的，年代不晚于公元前 49 年。1958 年 5 月在陕西省西安市灞桥出土的古纸经过科学分析鉴定，为西汉麻纸，年代不晚于公元前 118 年。1973 年在甘肃居延肩水金关发现了不晚于公元前 52 年的两块麻纸；1978 年在陕西扶风中延村出土了西汉宣帝时期（公元前 73 年—前 49 年）的三张麻纸；1979 年在甘肃敦煌县马圈湾西汉烽燧遗址出土了五件八片西汉麻纸。1986 年甘肃天水放马滩出土的西汉文帝时期（公元前 179 年—前 141 年）的纸质地图残片，表明了当时的纸可供写绘之用。从上述西汉出土的纸的质量来看，西汉初年的造纸技术已基本成熟。

历史上关于汉代的造纸技术的文献资料很少，因此难以了解其完整、详细的工艺流程。后人虽有推测，也只能作为参考之用。造纸技术环节众多，因此必然有一个发展和演进的过程，绝非一人之功。它是我国劳动人民长期经验的积累和智慧的结晶。

3. 蔡伦改进造纸技术

关于造纸术的起源，过去多沿用历史学家范晔在《后汉书·蔡伦传》中的说法，认为纸是东汉时代宦官蔡伦于汉和帝元兴元年（公元 105 年）发明的。其实古籍中已有记载，在蔡伦“发明”纸之前，已经有人使用纸张。《后汉书·贾逵传》提到，建初元年（公元 76 年）汉章帝命贾逵选择成绩优秀的太学生 2000 人，奖给“简、纸、经传各一通”。这说明当时已用纸抄写书籍，这个时间早于蔡伦造纸近 30 年。《东观汉记》中只记有“蔡伦典尚方作只纸”，《东观汉记》的作者刘珍、延笃等人都是蔡伦同时代的人，如果蔡伦发明了纸他们是不会不记载的。20 世纪以来由于西汉古纸的发现，蔡伦发明纸的说法开始动摇，继而被否定。蔡伦虽然不是纸的发明者，但他仍然是一位造纸技术的革新和推广者。

蔡伦，字敬仲，东汉桂阳（今湖南耒阳）人，东汉明帝十八年（公元 75 年）入宫当宦官，章帝建初年间为小黄门，和帝即位提升为中常侍，永元九年（公元 97 年）兼少府尚方令。尚方是皇家的手工场，专门监督制造各种御用器物。那时，造纸术虽然已经发明，纸张可能只在民间流传。由于质量问题，纸张也难登大雅之堂，不少文人雅士并不看好纸张。蔡伦看到了纸张取代简帛的前景，利用尚方的有利条件，改革造纸技术，制造了一批质地精良的纸。

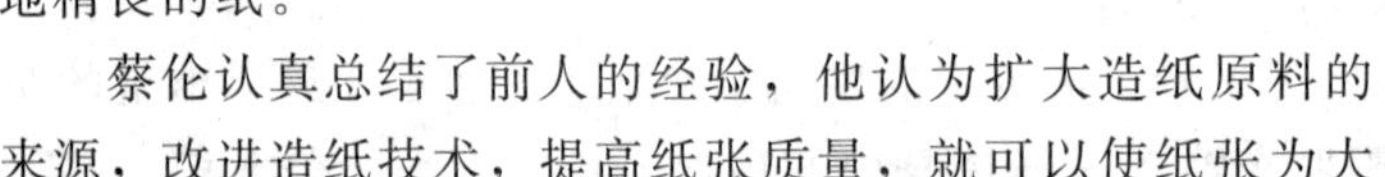

蔡伦认真总结了前人的经验，他认为扩大造纸原料的来源，改进造纸技术，提高纸张质量，就可以使纸张为大家所接受。蔡伦首先使用树皮造纸，树皮是比麻类丰富得多的原料，这可以使纸的产量大幅度的提高。树皮中所含的木素、果胶、蛋白质远比麻类高，因此树皮的脱胶、制浆要比麻类难度大，这就促使蔡伦改进造纸的技术。西汉时利用石灰水制浆，东汉时改用草木灰水制浆。草木灰水有较大的碱性，有利于提高纸浆的质量。元兴元年（公元 105 年）蔡伦把他在尚方制造出来的一批优质纸张献给汉和帝刘肇，汉和帝很称赞他的才能，马上通令天下采用。这样，蔡伦的造纸方法很快传遍各地。公元 114 年蔡伦被封为“龙亭侯”，民间便把他制作的那种纸称为“蔡侯纸”。汉安帝时，宦官和外戚轮流执政，相互倾轧。蔡伦难于应付这种政治斗争，于公元 121 年服毒自杀。

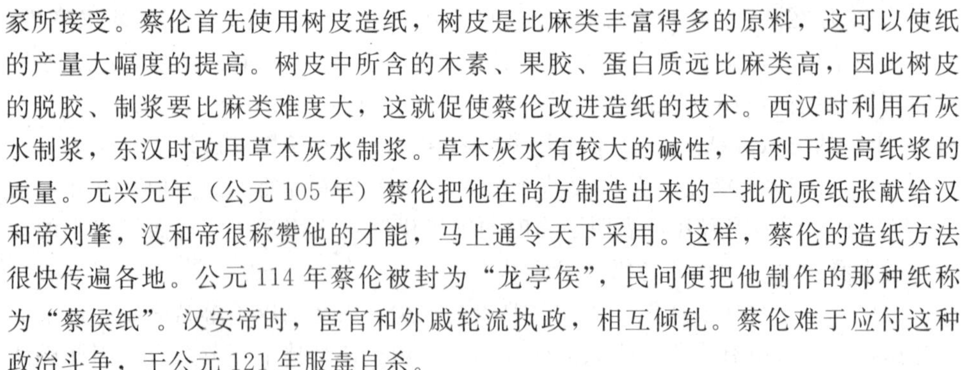

《汉代造纸工艺流程图》形象地再现了两汉时期的造纸术：将麻头、破布等原料经水浸、切碎、洗涤、蒸煮、漂洗、舂捣，加水配成悬浮的浆液，捞取纸浆，干燥后即成为纸张。

蔡伦献纸之后，造纸技术和纸张广为流传。东汉末年，东莱人左伯也是一位造纸能手。他造的纸比蔡侯纸更为洁白细腻。赵岐著的《三辅决录》中，提到左伯的纸、张艺的笔、韦诞的墨，说它们都是名贵的书写工具。纸和笔、墨并列，说明纸已是当时常用的书写材料。纸成为竹简、木牍、缣帛的有力竞争者，到了三四世纪纸就基本上取代了简帛，成为唯一的书写材料，这有力地促进了科学文化的发展。

东晋末年，豪门桓玄把持朝政。公元 404 年，废晋安帝，并下令以纸代简。简牍文书从此基本绝迹。纸不仅在民间流通，而且成为官方文件的载体。

4. 造纸技术的发展

造纸原料的多样性是造纸发展的一个重要方面。

西汉时期的纸大都以麻为原料，东汉也以麻纸为主，到蔡伦时代，又利用树皮（主要是楮皮）造纸。此后，各种树皮纸纷纷问世。魏晋时期发明了桑皮纸、藤皮纸。唐代又出现了利用某些香树的树皮造的纸，称为香皮纸。特别值得一提的是用竹子造纸，唐中叶出现了竹纸。竹纸的发明使造纸的原料大大丰富了。竹料制浆难度较大，必须改进制浆方法，提高制浆效率，我国劳动人民在唐代就解决了这个问题。竹浆造纸可以说是现代木浆造纸的先驱。以青檀皮为原料的宣纸，至今享有盛名。据《新唐书》记载，唐代宣州生产的纸为贡品。有人认为，这可能就是宣纸。宋代安徽徽州是当时的纸业中心之一。宋末，泾县开始生产宣纸。

宋代，有人用废纸与新鲜纸浆混合，制成一种名为“还魂纸”的纸。苏易简在《文房四谱》中记录了用麦秆、稻草造纸的事情。有关造纸术的著作，宋以后相继出现，有宋代苏易简的《纸谱》、元代费著的《纸笺谱》、明代王宗沐的《楮书》等。尤其是明代宋应星的《天工开物·杀青篇》对中国古代造竹纸和造皮纸的技术作了系统的总结。他把造竹纸过程概括为五个环节，即新竹漂塘、碱液蒸煮、打浆抄造、覆帘压纸、透火焙干。书中还有造纸作业图，是当时世界上关于造纸技术最详细的记载。

纸药的应用是造纸术中一项重要的发明。造纸的过程中往往要向纸浆中加入某些植物黏液，古代纸工称之为纸药。纸药的作用是作为悬浮剂，使纸浆中的纤维分散。同时它还能防止纤维互相黏结，使湿纸易以分张或揭分。我国古代造纸时常用的纸药是从黄蜀葵、杨桃藤、槿叶等植物中榨取的黏液制成的。

5. 造纸术向外的传播

造纸术首先传入与我国毗邻的朝鲜和越南，在蔡伦改进造纸术后不久，朝鲜和越南就有了纸张。朝鲜半岛各国先后都学会了造纸的技术。大约公元 4 世纪末，百济在中国人的帮助下学会了造纸，不久高丽、新罗也掌握了造纸技术。此后高丽造纸的技术不断提高，到了唐宋时，高丽的皮纸反向中国出口。西晋时，越南人也掌握了造纸技术。公元 7 世纪造纸技术经高丽传到日本。

唐玄宗十年（公元 751 年）唐安西节度使高仙芝率部与阿拉伯军队交战，唐军大败，被俘士兵中有从军的造纸工人。阿拉伯最早的造纸工场，是由中国人帮助建造起来的，造纸技术也是由中国工人亲自传授的。最初造的麻纸，是以破布为原料，不但用了中国的技术，而且采用中国式的设备。

欧洲人是通过阿拉伯人了解造纸技术的，最早接触纸和造纸技术的欧洲国家是一度为阿拉伯人统治的西班牙。公元 1150 年，阿拉伯人在西班牙的萨狄瓦建立了欧洲第一个造纸场。公元 1276 年意大利的第一家造纸场在蒙地法罗建成，生产麻纸。法国于公元 1348 年，在巴黎东南的特鲁瓦附近建立造纸场。此后又建立几家造纸场，这样法国不仅国内纸张供应充分，而且还向德国出口。德国是 14 世纪才有自己的造纸场。英国因为与欧洲大陆有一海之隔，造纸技术传入比较晚，15 世纪才有了自己的造纸厂。瑞典 1573 年建立了最早的造纸厂，丹麦于 1635 年开始造纸，1690 年建于奥斯陆的造纸厂是瑞典最早的纸厂。到了 17 世纪欧洲各主要国家都有了自己的造纸业。

西班牙人移居墨西哥后，最先在美洲大陆建立造纸厂，墨西哥造纸始于 1575 年。美国在独立之前，于 1690 年在费城附近建立了第一家造纸厂。到 19 世纪中国的造纸术已传遍五洲各国。

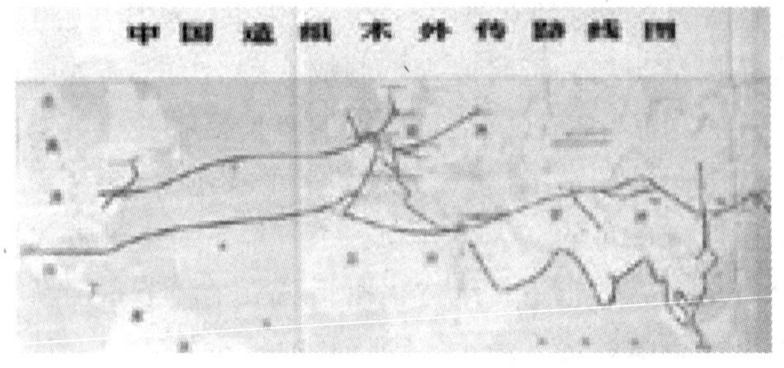

造纸术的发明和推广，对世界科学、文化的传播产生深刻的影响，对社会的进步和发展起着重大的作用。

印　刷

印刷术发明之前，文化的传播主要靠手抄的书籍。手抄费时、费事，又容易抄错、抄漏，既阻碍了文化的发展，又给文化的传播带来不应有的损失。印章和石刻给印刷术提供了直接的经验性的启示，用纸在石碑上墨拓的方法，直接为雕版印刷指明了方向。中国的印刷术经过雕版印刷和活字印刷两个阶段的发展，给人类的发展献上了一份厚礼。

1. 印章、拓印、印染与雕版印刷

印章在先秦时就有，一般只有几个字，表示姓名、官职和机构。印文均刻成反体，有阴文、阳文之别。在纸没有出现之前，公文或书信都写在简牍上，写好之后，用绳扎好，在结扎处放黏性泥封结，将印章盖在泥上，称为泥封：泥封就是在泥上印刷，这是当时保密的一种手段。纸张出现之后，泥封演变为纸封，在几张公文纸的接缝处或公文纸袋的封口处盖印。据记载，在北齐时（公元 550 年—577 年）有人把用于公文纸盖印的印章作得很大，很像一块小小的雕刻版了。

晋代著名炼丹家葛洪（公元 284—363）在他著的《抱朴子》中提到道家那时已用了四寸见方（13.5 厘米×13.5 厘米）有 120 个字的大木印了。这已经是一块小型的雕版了。

佛教徒为了使佛经更加生动，常把佛像印在佛经的卷首，这种手工木印比手绘省事得多。

碑石拓印技术对雕版印刷技术的发明很有启发作用。刻石的发明历史很早，初唐在今陕西凤翔发现了 10 个石鼓，它是公元前 8 世纪春秋时秦国的石刻：秦始皇出巡，在重要的地方刻石 7 次。东汉以后，石碑盛行。汉灵帝四年（公元 175 年）蔡邕建议朝廷，在太学门前树立《诗经》、《尚书》、《周易》、《礼记》、《春秋》、《公羊传》、《论语》等七部儒家经典的石碑，共 20.9 万字，分刻于 46 块石碑上，每碑高 175 厘米、宽 90 厘米、厚 20 厘米，容字 5000 个，碑的正反面皆刻字。历时 8 年，全部刻成，成为当时读书人的经典，很多人争相抄写。特别是魏晋六朝时，有人趁看管不严或无人看管时，用纸将经文拓印下来自用或出售，结果使其广为流传。

古人发现在石碑上盖一张微微湿润的纸，用软槌轻打，使纸陷入碑面文字凹下处，待纸干后再用布包上棉花，蘸上墨汁，在纸上轻轻拍打，纸面上就会留下黑底白字跟石碑一模一样的字迹。这样的方法比手抄简便、可靠。于是拓印就出现了。拓印是印刷技术产生的重要条件之一。

印染技术对雕版印刷也有很大的启示作用。印染是在木板上刻出花纹图案，用染料印在布上。中国的印花板有凸纹板和镂空板两种。1972 年湖南长沙马王堆一号汉墓（公元前 165 年左右）出土的两件印花纱就是用凸纹板印的。这种技术可能早于秦汉，而上溯至战国。纸发明后，这种技术就可能用于印刷方面，只要把布改成纸，把染料改成墨，印出来的东西，就成为雕版印刷品了。在敦煌石室中就有唐代凸版和镂空板纸印的佛像。

印章、拓印、印染技术三者相互启发，相互融合，再加上我国人民的经验和智慧，雕版印刷技术应运而生。

2. 雕版印刷技术的发明

印章、拓印、印染技术的发展是否会推进雕版印刷技术的发明？不可否认这三种技术起了很大的作用，但是，雕版印刷技术作为一项新的发明，必须有它的创新内容，社会的需要也是必不可少的。

自秦代统一文字以后，汉字发展迅速。东汉《说文解字》收字 9353 个，南北朝成书的《玉篇》收字 2.2 万余个。用这么多字表达思想，每一个字又有若干笔画组成，书写起来费事、费时。儒家、道家、释家及诸子百家竞相发展，著作越来越多：《汉书·文艺志》收各类著作 14994 卷，《隋书·经籍志》收 50889 卷，隋内府藏书 37 万卷。中国人口众多，西汉末年已有近 6000 万，东汉仅太学生就有 5 万之多。读书人要读正史和经典，对书籍需求量很大。此外佛教、道教教徒中的识字者也要读佛经、道经。这样，社会对书籍的需求量是很大的。

如果看一下雕版印刷的刻板和印刷的过程，就会知道它从印章、拓印、印染技术那里继承了什么，又发展了什么。雕版印刷的过程大致是这样的：将书稿的写样写好后，使有字的一面贴在板上，即可刻字。刻工用不同形式的刻刀将木版上的反体字墨迹刻成凸起的阳文，同时将木版上其余空白部分剔除，使之凹陷，板面所刻出的字约凸出版面 1～2 毫米。用热水冲洗雕好的板，洗去木屑等，刻板过程就完成了。印刷时，用圆柱形平底刷蘸墨汁均匀刷于板面上，再小心地把纸覆盖在板面上，用刷子轻轻刷纸，纸上便印出文字或图画的正像。将纸从印版上揭起，阴干，印制过程就完成了。一个印工一天可印 1500～2000 张，一块印版可连印万次。

我们看到，刻板的过程有点像刻印章的过程，只不过刻的字多了。印的过程与印章相反。印章是印在上，纸在下。雕版印刷的过程，有点像拓印，但是雕版上的字是阳文反字，而一般碑石的字是阴文正字。此外，拓印的墨施在纸上，雕版印刷的墨施在版上。由此可见，雕版印刷既继承了印章、拓印、印染等的技术，同时又有创新的技术。

雕版印刷的发明时间历来是一个有争议的问题，经过反复讨论，大多数专家认为雕版印刷的起源时间在公元590年～640年，也就是隋朝至唐初。唐初已有印刷品出土。1900年，在敦煌千佛洞里发现一本印刷精美的《金刚经》，末尾题有“咸同九年四月十五日（公元868年）”等字样，这是目前世界上最早的有明确日期记载的印刷品。雕版印刷的印品，可能开始只在民间流行，并有一个与手抄本并存的时期。唐穆宗长庆四年，诗人元稹为白居易的《长庆集》作序中有“牛童马走之口无不道，至于缮写模勒，烨卖于市井”。“模勒”就是模刻，“烨卖”就是叫卖。这说明当时的上层知识分子白居易的诗的传播，除了手抄本之外，已有印本。1944年，发现于成都唐墓的印本是唐末期的雕版印刷品。

沈括在《梦溪笔谈》中说，雕版印刷唐代尚未盛行。五代时期开始印制大部儒家书籍。冯道始印《五经》以后，经典皆为版刻本。

3. 活字印刷的发明

雕版印刷一版能印几百部甚至几千部书，对文化的传播起了很大的作用，但是刻板费时费工，大部头的书往往要花费几年的时间刻板，存放版片又要占用很大的地方，而且常会因变形、虫蛀、腐蚀而损坏。印量少而不需要重印的书，版片就成了废物。此外雕版发现错别字，改起来很困难，常需整块版重新雕刻。

活字制版正好避免了雕版的不足，只要事先准备好足够的单个活字，就可随时拼版，从而大大地加快了制版时间。活字版印完后可以拆版，活字可重复使用，且活字比雕版占有的空间小，且容易存储和保管。

用活字印刷的这种思想很早就有了，秦始皇统一全国度量衡器，陶量器上用木戳印四十字的诏书。考古学家认为，“这是中国活字排印的开始，不过他虽已发明，未能广泛应用”。古代的印章对活字印刷也有一定的启示作用。关于活字印刷的记载首见于宋代著名科学家沈括的《梦溪笔谈》。公元1041年～1048年，平民出身的毕昇用胶泥制字，一个字为一个印，用火烧硬，使之成为陶质。排版时先预备一块铁板，铁板上放松香、蜡、纸灰等的混合物，铁板四周围着一个铁框，在铁框内摆满要印的字印，摆满就是一版。然后用火烘烤，将混合物熔化，与活字块结为一体，趁热用平板在活字上压一下，使字面平整，便可进行印刷。用这种方法，印二三本谈不上什么效率，如果印数多了，几十本以至上千本，效率就很高了。为了提高效率常用两块铁板，一块印刷，一块排字。印完一块，另一块又排好了，这样交替使用，效率很高。常用的字如“之”、“也”等字，每字制成20多个字，以备一版内有重复时使用。没有准备的生僻字，则临时刻出，用草木火马上烧成。从印版上拆下来的字，都放入同一字的小木格内，外面贴上按韵分类的标签，以备检索。毕昇起初用木料作活字，实验发现木纹疏密不一，遇水后易膨胀变形，与黏药固结后不易去样才改用胶泥。

毕昇发明活字印刷，提高了印刷的效率。但是，他的发明并未受到当时统治者和社会的重视，他死后，活字印刷术仍然没有得到推广。他创造的胶泥活字也没有保留下来。但是他发明的活字印刷技术，却流传下去了。

1965年在浙江温州白象塔内发现的刊本《佛说观无量寿佛经》经鉴定为北宋元符至崇宁（1100年—1103年）的活字本。这是毕昇活字印刷技术的最早历史见证。

宋人周必大（1129—1204）曾被封为济国公，老年时从沈括那里学来了毕昇的方法，印了自己的著作。他也做了一点小改动，把铁板改为铜板。铜板比铁板传热性好，易使黏药熔化。虽然铜板比铁板价格贵，但这对一个公爵来说就算不了什么。

元代的姚枢（1201—1278）提倡活字印刷，他教子弟杨古用活字版印书，印成了朱熹的《小学》和《近思录》，以及吕祖谦的《东莱经史论说》等书。不过杨古造泥活字是用毕昇以后宋人改进的技术，并不是毕昇的原有技术。

清康熙六年翟世琪出任饶州推官，集磁户，造青磁《易经》一部。所谓青磁（活字）据专家分析可能是以制青瓷的瓷土烧成的陶活字。

1718年山东泰安人徐志定制成陶活字，印《周易说略》。他将泥土煅烧后制成活字用以排版印书，采用的仍然是毕昇用过的方法。

19世纪安徽泾县的翟金生，因读沈括的《梦溪笔谈》中所述的毕昇泥活字技术而萌生了用泥活字印书的想法。他费事30年，制泥活字10万多个。1844年印成了《泥版试印初编》。此后，他又印了许多书。20世纪六七十年代，在泾县还发现了翟金生当年所制的泥活字数千枚。这些活字有大小五种型号。他以自己的实践证明了毕昇的发明是可行的，打破了有人对泥活字可行性的怀疑。

与杨古同时代的王祯（1271—1368）创制了木活字。王祯是山东东平人，是一位农学家，做过几任县官，他留下一部总结古代农业生产经验的著作——《农书》。王祯关于木活字的刻字、修字、选字、排字、印刷等方法都附在这本书内。他在安徽旌德请工匠刻木活字3万多个，于元成宗大德二年（1298年）试印了6

万多字的《旌德县志》，不到 1 个月就印了 100 部，可见效率之高。这是有记录的第一部木活字印本。王祯在印刷技术上的另一个贡献是发明了转轮排字盘：用轻质木材作成一个大轮盘，直径约七尺，轮轴高三尺，轮盘装在轮轴上可以自由转动。把木活字按古代韵书的分类法，分别放入盘内的一个个格子里。他做了两副这样的大轮盘，排字工人坐在两副轮盘之间，转动轮盘即可找字，这就是王祯所说的"以字就人，按韵取字"。这样既提高了排字效率，又减轻了排字工的体力劳动，是排字技术上的一个创举。元代木活字印本书虽已失传，但当时维吾尔文的木活字却有几百个流传下来。

明代木活字本较多，多采用宋元传统技术。明万历十四年（1586 年）的《唐诗类苑》、《世庙识余录》，嘉靖年间（约 1515 年—1530 年）的《璧水群英待问会元》等都是木活字的印本。

在清代，木活字技术由于得到政府的支持获得空前的发展。康熙年间木活字本已盛行，大规模用木活字印书则始于乾隆年间《英武殿聚珍版丛书》的发行。印制该书共刻成大小枣木木活字 253500 个，印成《英武殿聚珍版丛书》134 种，2389 卷。这是我国历史上规模最大的一次木活字印书。

用金属材料制造活字，也是活字印刷的一个发展方向。在王祯以前，已有人用锡做活字。但锡不易受墨，印刷很困难，难于推广。公元十五六世纪之际，铜活字流行于江苏无锡、苏州、南京一带。铜活字印刷在清代进入新的高潮，最大的工程要算印刷数量达万卷的《古今图书集成》了，估计用铜活字达 100 万～200 万个。

4. 印刷技术的对外传播

中国是印刷技术的发明地，很多国家的印刷技术或是由我国传入，或是受到我国的影响而发展起来的。日本是在中国之后最早发展印刷技术的国家，公元 8 世纪日本就可以用雕版印佛经了。朝鲜的雕版印刷技术也是由中国传入的，高丽穆宗时（998—1009）就开始印制经书。中国的雕版印刷技术经中亚传到波斯，大约在 14 世纪由波斯传到埃及。波斯实际上成了中国印刷技术西传的中转站，14 世纪末欧洲才出现用木版雕印的纸牌、圣像和学生用的拉丁文课本。我国的木活字技术大约 14 世纪传入朝鲜、日本。朝鲜人民在木活字的基础上创制了铜活字。

我国的活字印刷技术由新疆经波斯、埃及传入欧洲。1450 年前后，德国的谷腾堡受中国活字印刷的影响，用合金制成了拼音文字的活字，用来印刷书籍。

印刷技术传到欧洲，加速了欧洲社会发展的进程，它为文艺复兴的出现提供了条件。马克思把印刷术、火药、指南针的发明称为"是资产阶级发展的必要前提"。中国人发明的印刷技术为现代社会的建立提供了必要的前提。

中医药

中国医学是一个丰富的宝库，有 5000 多年的历史。早在战国时期（公元前 221 年以前）就出现了内容系统的医学理论著作《黄帝·内经》；汉代医学家张仲景写成《伤寒论》；明代的医学家李时珍完成了《本草纲目》。他们把大量的临床实践经验汇集成宝贵的医学资料，对医药学的发展和医药学理论的系统化起到了巨大的作用。在中医学方面，我国有“望、闻、问、切”辨证施治的诊治方法。在针灸、按摩、气功、正骨等方面，有独特的治疗、养生、健身方法。在中药学方面，我国对 3000 多种植物、动物、矿物药材的性能、功效、用法都有详细的研究和记载，并配制成汤剂和丸、散、膏、丹等不同类型的成药。中国的医药学为人们战胜疾病、提高身体素质作出了巨大的贡献。

1. 中医学理论

早在西周时，我国古代医学就已经有了食医、疾医（内科）、疡医（外科）、兽医等科。中国几乎是唯一拥有连续性传统医学著作的国家。中医经典著作以古代阴阳五行说、气化说的朴素的唯物主义为理论基础，其中含有朴素的唯物论和辨证思想，是对人类、科学与哲学思想的重大贡献。研究中医哲学，可以更好地领悟中国哲学思想的真谛，中医是横向地把握生命运动的过程，不同于西医纵向地探究生命结构与功能。

阴阳、五行——在实践中可视为一种传播符号。阴阳本是古人解释自然现象的一对概念。进入中医学以后的阴阳学说，成为用来解释人体脏腑生理以及诊断、治理和处方用药的一种说理工具。春秋时期的医家认为，人致病原因有“六气”，即阴、阳、风、雨、晦、明。“阴淫寒疾，阳淫热疾”，意思是阴气太盛使人患寒病，阳气太盛使人患热病。这种理论很难用今天的科学原理来说明它，但阴阳学说用到医学理论中，在描述人体的生理和病理变化以及在诊断和用药归类上，起了至今仍然无法否定的作用。人体在生理活动过程中，物质与机能之间，必须保持着相对的动态平衡，如果阳气（如热能）与阴质（如体液）在消长过程中不能保持这种平衡，就会产生阴阳的偏盛偏衰，从心理状态向病理状态转化。所谓“阳胜则阴病，阴胜则阳病，阳胜则热，阴胜则寒”就是这个意思，治疗时则“寒者热之，热者寒之”。寒热理论是阴阳学说

具体运用到医疗实践中时，用得最多的理论。

中医学还把古人的五行学说搬到医学理论中，五行是古人所认为的人们生活离不开的五种物质，即金、木、水、火、土，分别以肝、肺、肾、心、脾代表之。五行说在医学中的应用，不乏牵强附会和主观臆断的部分，但其积极意义是强调人的脏器之间的相互影响和相互转化的关系，这对于医疗实践是有指导意义的。五行之比五脏，只不过是一套新的术语、新的符号。甚至于中医学中的肝、肺、肾、心、脾，也分别是人的某些生理功能的符号，它们与现代解剖学中的肝、肺、肾、心、脾并不完全相同，虽然后来的解剖学证明，某一功能并不是这一种脏器所发出的，因为这个符号标志的是某些生理功能，并不确指某具体的脏器。比如，中医学中的“心”有“主神明”的功能，故有所谓“心者，精神之所舍也”的说法。而解剖学证明，心脏根本无此功能。

2.《黄帝内经》

中国医学是世界上唯一未曾中断的传统科学。2000年前所奠定的理论体系，至今还在医学的实践中发挥作用，被历代医学尊为经典的《黄帝内经》仍然是今天学习中医的必读教材。它包括《素问》和《灵枢》两部分。《黄帝内经》并非一时一人之手笔，它既不属于某一时期的作品，也绝非某位医家的个人著述。其中既有战国至西汉初期的篇章，也有西汉中、晚期至东汉时的作品；既有魏晋以后的新作，更有唐、宋医家的补充，如唐代王冰补入了七篇大论，宋代又增补了两章遗篇。可见它是一部由战国至唐宋时期许多不同时代的医家，搜集当时的医学成果，分别整理、加工、补充成篇后，汇集而成的医学总集。

《黄帝内经》的内容极为丰富，它全面阐述了包括生理、病理、药理、诊断、治疗及预防、养生等在内的一系列基本问题，所涉遍及中医理、法、方、药的各个方面，因而对中医理论基础的奠定，做出了不可磨灭的贡献。

3.《伤寒论》

《伤寒论》是一部阐述多种外感疾病的专著。东汉张仲景撰于公元3世纪初的原著是《伤寒杂病论》，在流传的过程中后人将其分成两部分，一部分经后人将其中外感热病的内容整理编纂结集为《伤寒论》；另一部分主要论述内科杂病。《伤寒论》全书共12卷，22篇，397法，除去重复之外共有药方112个。全书重点论述人体感受风寒之邪而引起的一系列病理变化及如何进行辨证施治的方法。书中将病症分为太阳、阳明、少阳、太阴、厥阴、少阴六种，即所谓

“六经”。根据人体抗病力的强弱，病势的进退缓急等方面的因素，将外感疾病演变过程中所表现的各种症候归纳出症候特点、病变部位、损及何脏何腑，以及寒热趋向、邪正盛衰等作为诊断治疗的依据。

4. 针灸铜人

针灸疗法是我国古代劳动人民创造的一种独特的医疗方法。特点是治病不靠吃药，只是在病人身体的某个部位用针刺入，或用火的温热刺激烧灼局部，以达到治病的目的。前一种称作针法，后一种称作灸法，统称“针灸疗法”。根据古代医学经络学说，经络遍布人体各个部位，有运送全身气血，沟通身体上下、内外之功能。穴位则是经络系统的控制机关，刺激穴位可以起调节经络系统的作用。针灸学是中国医学的重要组成部分，发展到汉晋时期逐渐完备，已经开始用图形表示针灸穴位。北宋仁宗天圣年间，朝廷命翰林医官王惟一考订针灸经络，著成《铜人腧穴针灸图经》三卷，作为法定教本在全国颁布。为了便于该书的长久保存，同时将《图经》刻在石碑上。

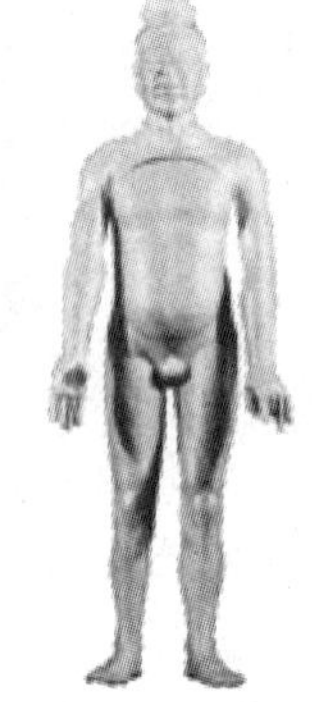

在书成的次年，王惟一又设计并主持铸造了两件针灸用的铜人，铜人与真人大小相似，胸腹腔为中空，铜人表面铸有经络走向及穴位位置，穴位钻孔。据记载，当考核学生掌握针刺技术的熟练程度时，先在铜人表面涂上一层黄蜡，向铜人体内灌满水，学生用针扎刺穴位，如果扎得准确，水就会由孔中流出，否则无水流出，以此考定成绩。两件铜人一置医官院，一置相国寺。在相国寺内有“针灸图石壁堂”，堂内除针灸铜人外，其后壁上嵌有针灸图经刻石。针灸铜人不仅是实用的医学模型，也是珍贵的历史文物。

北宋天圣针灸铜人是世界上最早的人体模型，铜人上总穴位有 657 个，穴名 354 个，开创了应用铜人进行教学的先河，既是针灸医疗的范本，又是医官院教学和考试的工具，在医学史上具有重要意义。

5. 仿古九针

根据《黄帝内经》记载复原。九针为镵针、员针、鍉针、锋针、铍针、员利针、毫针、长针、大针。“九针”经数千年使用演变，其中有好几种针已不为临床所用。现代常用之针具，系古代毫针发展而成。

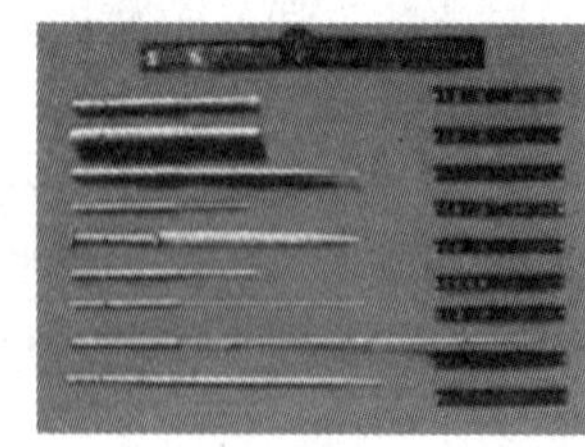

6. 舌苔模型

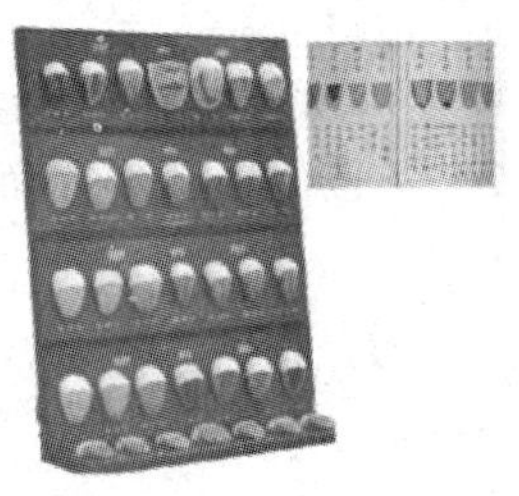

古代医生诊病主要靠眼望、口问、耳听、鼻闻、手摸等方法，即“望、闻、问、切”。在望诊中，以对舌的观察为主，舌的色泽、形态和舌苔的颜色、厚度，舌的润、燥等异常现象，与气血、阴阳、表里、寒热、虚实等病理变化有直接对应关系。

7. 帛书《五十二病方》

这是现知我国最古老的医学方书，全书为 9911 字，抄录于一高约 24 厘米、长 450 厘米的长卷之后 5/6 部分，卷首列有目录，目录后有“凡五十二”字样，每种疾病均作为篇目标题，与后世医方书之体例相同。此书所载绝大多数为外科病，其次为内科疾病，还有少量妇儿科疾病。书中除外用内服法外，尚有灸、砭、熨、薰等多种外治法。西汉文物，1973 年湖南长沙马王堆三号汉墓出土。

8. 武威汉代医简

1972 年 11 月在甘肃武威出土的东汉医学简牍，其成书年代约为东汉以前，是迄今所发现的比较丰富而完整的汉代原始医药著作。武威东汉医简共有 92 枚，其中木简 78 枚，木牍 14 枚。内容除有内、外科疗法，药物及其炮制、剂型、用药方法以外，还记述了针灸穴位、刺疗禁忌等。针灸内容较少，大约占 9 枚汉简，简 19 至简 21，是记录针灸治疗腹胀病方法，简文中载有“三里”、“肺俞”的穴名；简 22 至简 25 则记录针灸禁忌，简文中写着人从 1 岁至 100 岁的各个不同年龄阶段，在针灸治疗时应注意禁忌的器官部位。据考古研究发现，简 26、简 27 也似属针灸方面的记录。

9. 内经图

《内经图》，又名《内景图》，为北宗气功、小周天功法、百日筑基之秘要。《内景图》严格地讲是人体内脏的解剖图，其目的是要给予学习人体解剖、内脏关系的人以图示；而《内经图》则明显具有道家养生方法图示的目的。《内经图》或《内景图》实际上可能都源于《黄帝内经》之有关内容，而《内经图》之命名，可能包含着“内丹修炼”经典之意。

10. 中药学

中药是我们的祖先在长期的医疗实践中积累起来的，是我国古代优秀文化遗产的重要组成部分。据记载，古代有“神农尝百草”的传说。“神农时代”大约相当于新石器时代，那时候，人们已经有了原始农业，对各种农作物和天然之物的性能逐步有所了解，对它们的药用性能也开始有所认识。所谓“尝”，指的就是当时的用药都是通过人体自身的试验来了解其治疗作用的。而一种药，能治两种截然相反的病，这是一些中药奇特的地方。如：当归能治月经过多或过少，五味子有升降血糖的双重作用，三七、白药兼有止血和活血作用等等。

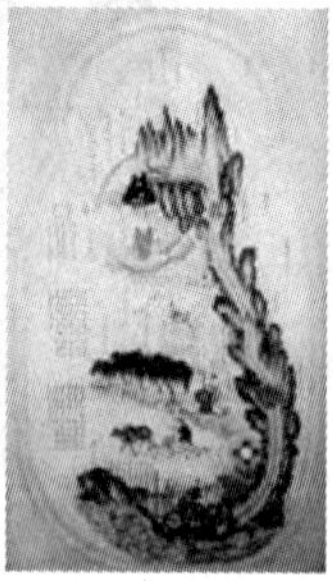

因古代劳动人民所使用的药物，绝大多数是植物，其中又以草本植物为多，故中国古代药物学著作，几乎都称“本草”。中国最早的药物学专书——《神农本草经》，出现于汉代。该书共载药物 365 种，是由若干医家陆续写成的。南朝齐梁时期的道教思想家、医学家陶弘景又将新发现并整理出的 365 种药物加进去，编撰成《本草经集注》。唐、宋时期，朝廷曾组织专人整理修订中药学书籍。唐代苏敬等人编写的《新修本草》是我国由政府颁行的第一部药典。明代李时珍又著成《本草纲目》，该书 52 卷，共载药 1892 种，绘图 1160 幅，这一巨著对我国医药学发展有着重大的贡献。中国的药物学，是一代代的后人不断丰富补充前人著作的成果。

11. 神农像

1974年在山西应县佛宫寺木塔内发现的神农像，纵54厘米，横34.6厘米，四周黑框、着彩。图中人物面部圆润，赤足袒腹，披兽皮，围叶裳，负竹篓，举灵芝于山石间。

“神农尝百草”的传说是中华民族药文化的渊源。华夏始祖炎帝神农的诞生地——烈山，坐落在湖北省随州市曾都区厉山镇九龙山南麓古神农洞，位于九农山腰。前人对神农的解释为：神农意即农神也，神其农业者也；炎者为火正，亦即火官、火神者也。神农还冒着野兽袭击的危险，入深山采药；冒着中毒的危险尝试各种药草的功效，研制了对付许多病痛的药，解救了因瘟疫而受苦的村人。最后，神农因为尝到剧毒的植物中毒，献出了自己的生命。

12.《神农本草经》

《神农本草经》是我国现存最早的药物学专著，被奉为中药学经典。全书分3卷，载药365种（植物药252种，动物药67种，矿物药46种），分上、中、下三品，文字简练古朴，成为中药理论精髓。

书中对每一味药的场地、性质、采集和主治病症都有详细记载；对各种药物怎样相互配合应用以及简单的制剂，都做了概述。更可贵的是早在2000年前，我们的祖先通过大量的治疗实践，已经发现了许多特效药物，如麻黄可以治疗哮喘；大黄可以泻火；常山可以治疗疟疾等等。这些都已用现代科学分析的方法得到证实。

13.《本草经集注》

南朝博物学家陶弘景把前人积累的经验和知识搜集起来，结合自己的实践经验进行了另一次总结，整理成《本草经集注》。书中共记载药物730种。陶弘景首创了按药物的自然属性和治疗属性分类的新方法：把700多种药分为草、木、米食、虫兽、玉石、果菜和有名未用等七类。这种分类方法后来成了我国古代药物分类的标准方法，在以后的1000多年间一直被沿用，并不断加以发展。

陶弘景还首创按治疗性能对药物进行分类的方法。例如，祛风的药物有防风、秦艽、防己、独活等，就归在同一类。这种分类方法便于治疗参考，对医药的发展起到了促进作用。

14.《本草纲目》

明代李时珍的《本草纲目》共收录了中药1892种，共52卷。

在药物解说方面，本草纲目包括八个部分：

（1）释名，罗列典籍中药物的异名，并解说诸名的由来；

（2）集解，集录诸家对该药产地、形态、栽培、采集的论述；

（3）修治，介绍该药的炮制法和保存法；

（4）气味，介绍该药的药性；

（5）主治，列举该药所能治的主要病症；

（6）发明，阐明药理或记录前人和自己的心得体会；

（7）正误，纠正过去本草书中的错误；

（8）附方，介绍以药为主的各种验方及其主治。

李时珍根据古籍的记载和自己的亲身实践，对各种药物的名称、产地、气味、形态、栽培、采集、炮制等作了详细的介绍，并通过严密的考证，纠正了前人的一些错误。他在书中介绍和考证了许多来自南亚的药物，并广征佛书，给其中许多药物注出了梵文译名，这是十分难能可贵的。

15. 戥子

一种小型的杆秤，学名戥秤，是旧时专门用来称量金、银、贵重药品和香料的精密衡器。因其用料考究，做工精细，技艺独特，也被当做一种品位非常高的收藏品。

公元前221年，秦始皇统一了度量衡，经济的发展，社会的进步，对衡器的要求越来越高。东汉初年，木杆秤的应运而生成为后人创造戥秤的前提和基础。我国是世界上最早实行法制计量的文明古国，无论从古代计量精度上看，还是从计量单位和计量管理体制上看，都是举世无双的。到了唐朝和宋朝，我国的衡器发展日臻成熟，计量单位由“两、铢、累、黍”非十进位制改为“两、钱、分、厘、毫”十进位制。宋朝主管皇家贡品库藏的官员刘承硅注意到当时一般的木杆秤计量精度只能精确到“钱”，远远不能满足贵重物品的称量，他经过潜心研制，在1004年～1007年，首先创造发明了我国第一枚戥秤。经过测量，其戥杆重一钱（3.125 克），长一尺二寸（400 毫米），戥铊重六分（1.875 克）。第一纽（初毫），起量五分（1.5625 克），末量（最大称量）一钱半（4.69 克）；第二纽（中毫），末量一钱（3.125 克）；第三纽（末毫），末量五分（1.5625 克）。这样的称量精度，在世界衡器发展史上是罕见的。这种戥秤设计精美，结构合理，分度值（测量精度）为一厘，相当于今天的 31.25 毫克。

戥子杆，是戥子的关键部件，其选材有质重性韧的象牙，有质坚如铁的纯黑色乌木，有精工铸造的青铜，有洁白如玉的动物硬骨。戥子盘，是放置称量物品的器皿，一般是由青铜铸造而成，也有的是由紫铜板冲压而成。戥子锤，又叫秤砣，也是由青铜铸造。戥子锤的形制品种繁多，有高度适中的圆柱体，有厚薄得体的椭圆形，有如同硬币的圆形，有镶嵌金银饰品的组合形。有的为了扩大称量范围，一个戥子备有两个大小不等的戥子锤。

到了明、清时代，随着工农业及商业的发展和生产力的提高，戥子的制造、使用、管理已达到了一个非常完备的水平，但是仍然沿用了 1 斤等于 16 两的非十进位制单位。直至 1959 年，国务院才发布了计量单位一律改为 10 两为 1 斤的命令。所以，戥子都是按 1 斤等于 16 两设计的，这给我们的收藏和研究工作带来了许多不便。

据传上海有一位学者去欧洲某医学院进修，曾带去在苏州花钱不多的一杆戥子，于圣诞节前夕作为小小礼物赠给院长，并附了一张使用说明，介绍中国使用这种戥子控制药物用量的精确性以及如今中国许多医院中药配方仍在使用这种传统戥子的情况。不料想，第二天院长突然召见，在座的还有几位学院要员，那杆戥子放置在办公桌上，旁边还有一架天平相伴。院长首先郑重地表达了感谢之情，然后请这位学者演示戥子操作。先用戥子称了重量后，再用天平复核，果然十分精确，顿时响起了一片掌声。不久中国这杆古老的衡器配上了精美的座子陈列在学院收藏室的展览橱窗中，并有一段文字介绍：中国使用这样的衡器来控制药物用量已有几千年。

16. 古代医用“串铃”

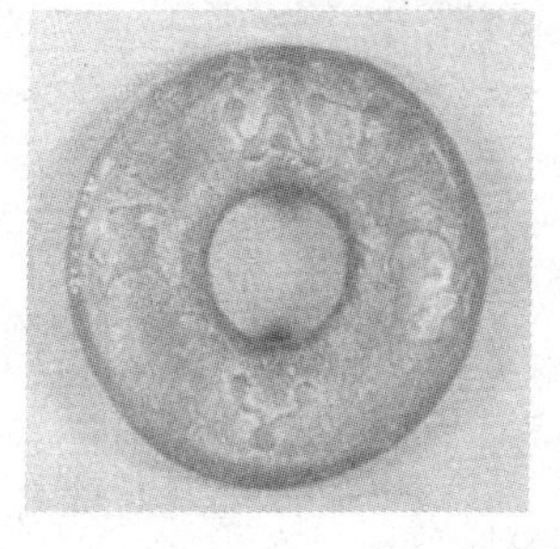

串铃也叫“虎撑”或“虎衔”，过去的行医卖药者都视其为护身符。相传药王孙思邈有次进山为人治病时被一只猛虎挡住了去路，要逃跑已经来不及了，于是他拿起担草药的扁担准备搏斗。这时，他发现老虎伏在地上并不追扑他，只是张开大口猛喘粗气，眼中还流露出哀求的神色。出于职业敏感，他惊奇走近老虎，发现原来老虎的喉咙被一根很大的兽骨卡住了。他想为老虎掏出兽骨，又怕老虎兽性发作咬断自己的手臂。正在犹豫时，忽然想起药担子上有只铜圈，就取来放进虎口撑住老虎的上下颚，然后顺利地从猛虎口中取出兽骨。被治愈的老虎摇动尾巴点头致谢，随后转身而去。此事传开，江湖行医的人们纷纷效仿，铜圈便成了外出时的必备之物。后人逐渐将铜圈改成手摇的响器，是作为行医标志；二是作为保护自己行医的护身符。

17. 铁药碾

铁药碾为船形铁制品，配有扁圆形研具，是我国传统碾药用具之一。用以将药材研碾为细面，以便进一步制作丸、散、膏、丹等成药。古代一般是用碾子、石磨、杵等把药材压成粉末。

工程与工艺技术

1. 采矿技术

我国古代劳动人民在从事农业、畜牧业、手工业生产中，陆续发现和使用了石、陶、木、骨器。在长期生产实践中，又逐渐认识到自然界中存在金属铜，于是开始开采和使用它。

早在新石器时代，中国人就已经会使用"火攻法"采集矿石。位于广州市郊区西南樵山的新石器时代制石工场遗址是我国目前发现的最早的古代采矿遗址。在遗址的矿坑内壁上有火烧痕迹，巷道地面堆积了很厚一层经过火烧的磷石块和碳屑，说明早在5000多年前，我国的劳动人民就已经懂得利用热胀冷缩的原理来开采矿石，这是世界采矿史上的一个奇迹。

中国古代的采矿技术在商周时期已经达到很高的水平。1988年，在江西瑞昌夏畈镇的幕阜山东北角，发现了一处商周时期的铜矿采矿遗址。铜矿遗址的开采方法既有露天开采，又有地下开采，但以地下开采为主。当时矿工能将开拓系统延伸到数十米深的富矿带，利用木立框支撑，在地层深部构筑了庞大的地下采场；在进行地下开采时，利用井口高低不同所产生的气压差形成自然风流解决了通风问题。遗址出土的器物有，开采工具青铜斧、钺、凿；翻土工具木锨、木铲；装载工具竹筐、竹畚箕；提升工具木辘轳、木钩等。这说明，古铜矿井已有效地解决了安全、通风、排水、提升等一系列技术问题，展示了中国早期辉煌的采矿技术。采矿区还发现了大型选矿场，出土了选矿器具木溜槽，它可以利用矿粒在斜向水流中运动状态的差异进行物料选别。矿粒在重力、摩擦力、水流的压力、剪切力及档条阻力等联合作用下松散、分层，这是按比重分离的重力选矿法之一。铜岭选矿槽的出土是世界选矿史上的重要发现。

现存湖北大冶的铜绿山古矿井遗址是我国春秋战国时期的古矿井遗址。该遗址采矿技术最显著的特点是采用竖井、斜井、盲井、平巷联合开拓法进行深井开采。最大井深达60余米，低于地下水位20余米。

瑞昌铜岭采矿遗址和大冶铜绿山古矿井遗址证明，我国早在商、周时期不仅能找到富矿、大矿，而且已能开掘深矿井，这在当时世界上是极为先进的。

2. 火药

(1) 火药的发明

炼丹家虽然掌握了一定的化学方法，但是他们的目标是求长生不老之药，因此火药的发明具有一定的偶然性。

炼丹家对于硫黄、砒霜等具有猛毒的金石药，在使用之前，常用烧灼的办法“伏”一下。“伏”是降伏的意思，使药物毒性失去或减低，又称为“伏火”。唐初的名医兼炼丹家孙思邈在《丹经内伏硫黄法》中记有：“硫黄、硝石各二两，研成粉末，放在销银锅或砂罐子里。掘一地坑，放锅子在坑里和地平，四面都用土填实。把没有被虫蛀过的三个皂角逐一点着，然后夹入锅里，把硫黄和硝石起烧焰火。等到烧不起焰火了，再拿木炭来炒，炒到木炭消去三分之一，就退火，趁还没冷却，取入混合物，这就伏火了”。

唐朝中期有个名叫清虚子的，在《伏火矾法》中提出了一个伏火的方子：“硫二两，硝二两，马兜铃三钱半。右为末，拌匀。掘坑，入药于罐内与地平。将熟火一块，弹子大，下放里内，烟渐起。”他用马兜铃代替了孙思邈方子中的皂角，这两种物质是代替碳起燃烧作用的。

伏火的方子都含有碳素，而且伏硫黄要加硝石，伏硝石要加硫黄，这说明炼丹家有意要使药物引起燃烧，以去掉它们的猛毒。

虽然炼丹家知道硫、硝、碳混合点火会发生激烈的反应，并采取措施控制反应速度，但是因药物伏火而引起丹房失火的事故时有发生。《太平广记》中有一个故事，说的是隋朝初年，有一个叫杜春子的人去拜访一位炼丹老人。当晚住在那里，半夜杜春子梦中惊醒，看见炼丹炉内有“紫烟穿屋上”，顿时屋子燃烧起来。这可能是炼丹家配置易燃药物时疏忽而引起的火灾。还有一本名叫《真元妙道要略》的炼丹书也谈到用硫黄、硝石、雄黄和蜜一起炼丹失火的事，火把人的脸和手烧坏了，还直冲屋顶，烧毁了房屋。书中告诫炼丹者要防止这类事故发生。这说明唐代的炼丹者已经掌握了一个很重要的经验，就是硫、硝、碳三种物质可以构成一种极易燃烧的药，这种药被称为“着火的药”，即火药。由于火药的发明来自制丹配药的过程中，在火药发明之后，曾被当做药类。《本草纲目》中就提到火药能治疮癣，杀虫，辟湿气、瘟疫。

火药不能解决长生不老的问题，又容易着火，炼丹家对它并不感兴趣。火药的配方由炼丹家转到军事家手里，就成为中国古代四大发明之一的黑色火药。此外，采矿业者也逐渐对火药产生兴趣。

(2) 火药的应用

火药发明之前，火攻是军事家常用的一种进攻手段。那时在火攻中，使用一种叫做火箭的武器，它是在箭头上绑一些像油脂、松香、硫黄之类的易燃物质，点燃后用弓射出去，用以烧毁敌人的阵地。如果用火药代替一般易燃物，效果要好得多。火药发明之前，攻城守城常用一种抛石机抛掷石头和油脂火球用来消灭敌人；火药发明之后，利用抛石机抛掷火药包以代替石头和油脂火球。据宋代路振的《九国志》记载，唐哀帝时（10 世纪），郑王番率军攻打豫章（今江西南昌），“发机飞火”烧毁该城的龙沙门。这可能是有关用火药攻城的最早记载。

到了两宋时期火药武器发展很快。据《宋史·兵记》记载：公元 970 年兵部令史冯继升进火箭法，这种方法是在箭杆前端缚火药筒，点燃后利用火药燃烧向后喷出的气体的反作用力把箭镞射出，这是世界上最早的喷射火器。公元 1000 年，士兵出身的神卫队长唐福向宋朝廷献出了他制作的火箭、火球、火蒺藜等火器。1002 年，冀州团练使石普也制成了火箭、火球等火器，并做了表演。

火药兵器在战场上的出现，预示着军事史上将发生一系列的变革，从使用冷兵器阶段向使用火器阶段过渡。火药应用于武器的最初形式，主要是利用火药的燃烧性能。《武经总要》中记录的早期火药兵器，还没有脱离传统火攻中纵火兵器的范畴。随着火药和火药武器的发展，才逐步过渡到利用火药的爆炸性能。

硝酸钾、硫黄、木炭粉末混合而成的火药被称为黑火药或者叫褐色火药。这种混合物极易燃烧，而且烧起来相当激烈。如果火药在密闭的容器内燃烧就会发生爆炸。利用火药燃烧和爆炸的性能可以制造各种各样的火器，北宋时期使用的那些用途不同的火药兵器都是利用黑火药燃烧爆炸的原理制造的。蒺藜火球、毒药烟球是爆炸威力比较小的火器，到了北宋末年爆炸威力比较大的火器如“霹雳炮”、“震天雷”也出现了，这类火器主要是用于攻坚或守城。公元 1126 年，李纲守开封时，就是用霹雳炮击退金兵的围攻。金与北宋的战争使火炮进一步得到改进。震天雷是一种铁火器，是铁壳类的爆炸性兵器，《金史》对震天雷有这样的描述：“火药发作，声如雷震，热力达半亩之上，人与牛皮皆碎并无迹，甲铁皆透”。这样的描述可能有点夸张，但这是对火药威力的一个真实写照。

火器的发展有赖于火药的研究和生产。《武经总要》中记录了三个火药配方：唐代火药含硫、硝的含量相同，是1∶1，宋代为1∶2，甚至接近1∶3，已与后世黑火药中硝占四分之三的配方相近。火药中加入少量辅助性配料，是为了达到易燃、易爆、放毒和制造烟幕等效果。火药是在制造和使用过程中不断改进和发展的。

1044年曾公亮主编的《武经总要》一书中介绍了三种火药配方，以不同的辅料，达到易燃、易爆、放毒和制造烟幕的不同目的。

宋代由于战争不断，对火器的需求日益增加，宋神宗时设置军器监统管全国的军器制造。军器监雇佣工人四万多人，监下分十大作坊，生产火药和火药武器各为一个作坊，并占有很重要的地位。史书上记载了当时的生产规模：“同日出弩火药箭七千支，弓火药箭一万支，蒺藜炮三千支，皮火炮二万支”。这些都促进了火药和火药兵器的发展。南宋时出现了管状火器。公元1132年陈规发明了火枪，火枪是由长竹竿做成，先把火药装在竹竿内，作战时点燃火药喷向敌军。陈规守安德时就用了“长竹竿火枪二十余条”。公元1259年，寿春地区有人制成了突火枪。突火枪是用粗竹筒做的，这种管状火器与火枪不同的是，火枪只能喷射火焰烧人，而突火枪内装有“子巢”。“子巢”就是原始的子弹，火药点燃后产生强大的气体压力，把“子巢”射出去。突火枪开创了管状火器发射弹丸的先声。现代枪炮就是由管状火器逐步发展起来的，所以管状火器的发明是武器史上的又一飞跃。

突火枪又被称为突火筒，可能是因为它是由竹筒制造的而得此名。《永乐大典》所引的《行军须知》一书中提到，在宋代守城时曾用过火筒，用以杀伤登上城头的敌人。到了元明之际，这种用竹筒制造的原始管状火器改用铜或铁制造，铸成大炮，称为“火铳”。1332年的铜火铳，是世界上现存最早的有铭文的管状火器实物。

明代在作战火器方面发明了多种“多发火箭”：同时发射10支箭的“火弩流星箭”；发射32支箭的“一窝蜂”；最多可发射100支箭的“百虎齐奔箭”等。明燕王朱棣（即后来的明成祖）与建文帝战于白沟河时就曾使用了“一窝蜂”。这是世界上最早的多发齐射火箭，堪称是现代多管火箭炮的鼻祖。尤其值得一提的是，当时水战中使用的一种叫“火龙出水”的火器。据《武备志》记载，这种火器可以在距离水面三四尺高处飞行远达两三里。这种火箭用竹木制成，在龙形的外壳上缚四支大“起火”，腹内藏数支小火箭。大“起火”点燃后推动箭体飞行，“如火龙出于水面；”火药燃尽后点燃腹内小火箭，从龙口射出，击中目标将

使敌方“人船俱焚”。这是世界上最早的二级火箭。另外，该书还记载了“神火飞鸦”等具有一定爆炸和燃烧性能的雏形飞弹。“神火飞鸦”用细竹篾绵纸扎糊成乌鸦形，内装火药，由4支火箭推进，它是世界上最早的多火药筒并联火箭，它与今天的大型捆绑式运载火箭的工作原理很相近。

火箭的发展，使人产生了利用火箭的推力飞上天空的愿望。根据史书的记载14世纪末，明朝的一位勇敢者万户坐在装有47个当时最大的火箭的椅子上，双手各持一个大风筝，试图借助火箭的推力和风筝的升力实现飞行的梦想。尽管这是一次失败的尝试，但万户被誉为利用火箭飞行的第一人。为了纪念万户，月球上的一个环形山以万户的名字命名。

3. 青铜冶炼

我国在新石器晚期，就进入了铜石并用时代。古人最初采集铜矿石，是用于提炼纯铜。纯铜因为是红色的，所以叫红铜。红铜虽然可锻并能熔铸工具，但质地不如石器坚硬和锋利，制作出来的工具刀口容易钝。同时，由于红铜溶液黏稠，流动性差，所以难以浇铸出造型复杂的大件容器。古人在提炼及使用红铜工具过程中发现，将红铜与锡、铅等金属熔融在一起，就能克服以上这些弱点，于是开始在红铜中掺进定量的锡、铅，炼制出一种青灰色的合金，这就是青铜。与红铜相比，青铜有熔点低、易于铸造、硬度大、融化后流动性好、少气泡等优点，适于铸造锋利的刀刃和细密的纹饰。

青铜文化的出现和发展是建立在冶金设备的发展和完善的基础上的，先进的炼铜竖炉是青铜冶铸业兴起的基础之一。从湖北大冶铜绿山发现的春秋时期的炼铜竖炉看，当时的竖炉由炉基、炉缸和炉身组成，在炉的前壁下部设有金门和出渣、出铜的孔洞，炉侧还设有鼓风口，整体结构已相当先进。在冶炼青铜的过程中，我国古代劳动人民还逐步发现了铜与锡、铜与铅的配比的改变，能够使炼制出来的青铜的属性发生变化。青铜熔点低，加进的锡越多，熔点越低，硬度也随之增高，远远超过了红铜的硬度。但是当加锡过多时，青铜反而变脆，容易断裂。后来，人们又发现在青铜中加入定量的铅，就能克服青铜较脆的弱点。通过反复的实践，到春秋战国时期，古人已经总结出配制青铜的合金规律。

春秋代物品。长 26.5 厘米，宽 10 ～14 厘米，呈不规则形状，厚约 5 ～8 厘米，竖炉用于炼铜。主要成分：红色黏土、高岭土、铁矿粉。

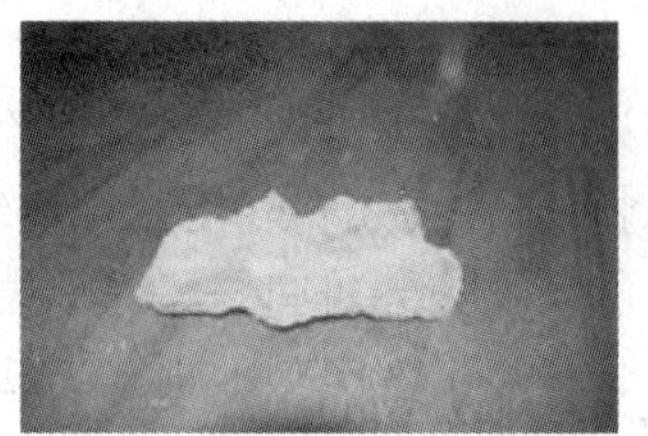

西周—汉。炼铜后的残留物。主要成分：FeO、Fe_2O_3、SiO_2。炉渣铜含量仅 0.7%，从其形态分析，流动性很好，说明当时的铜铁分离及整个冶炼技术已达到很高水平。

战国时期的《周礼·考工记》一书中对于铸造各种青铜器物的合金配比就有比较明确的记载："金有六齐，六分其金而锡居其一，谓之钟鼎之齐；五分其金而锡居其一，谓之斧斤之齐；四分其金而锡居其一，谓之戈戟之齐；三分其金而锡居一，谓之大刃之齐；五分其金而锡居二，谓之削杀矢之齐；金锡半，谓之鉴燧之齐。"这里的"金"是指青铜，"齐"是剂量的意思。这段话向人们指出了合金性能和合金成分之间的关系，说明当时的人们已经完全懂得了采用不同的铜、锡配方可以改变青铜的硬度、韧性、声学性能以及磨光性能，从而制作不同用途的青铜器。近年来，有关人员检验了 600 多件古代青铜器，成分都很合理。古代没有任何分析手段，却能将青铜器的成分掌握的如此精确，让人惊奇。

4. 铸造技术

(1) 泥范铸造技术

铸造业在我国古代的金属加工工艺中占有突出的地位，并产生过巨大的社会影响。今天我们在生活中还经常使用的"模范"、"熔铸"、"就范"等词汇，就来源于古代铸造业的术语。我国古代劳动人民在长期的生产实践中，创造了陶范法、失蜡法两大传统铸造工艺。

最初的铸造技术是使用石范。由于石料不容易加工，又不耐高温，随着制陶业的发展，很快就改用泥范。在近代砂型铸造之前的 3000 多年时间里，泥范铸造一直是最主要的铸造方法之一。

泥范铸造的工艺分以下几个流程：①制模。用泥土按照器物原型雕刻成泥模。②翻外范。将调合均匀的泥土拍打成平泥片，按在泥模的外面，用力拍压，使泥模上的纹饰反印在泥片上。等泥片半干后，按照器物的耳、足、鋬、底、边、角或器物的对称点，用刀划成若干块范，然后将相邻的两泥范做好相拼接的三角形榫卯，而后晾干，或用微火烘烤，修整剔补范内面的花纹，这就成了铸造所用的外范。③制内范。将制外范使用过的泥模，趁湿刮去一薄层，再用火烤干，制成内范。刮去的厚度就是所铸铜器的厚度。④合范。将内范倒置于底座上，再将外范块置于内范周围。外范合拢后，上面有封闭的范盖，范盖上要至少留下一个浇注孔。⑤浇铸。将融化的青铜溶液沿浇注孔注入，等铜液冷却后，打碎外范，掏出内范，将所铸的铜器取出，经过打磨修整，一件精美的青铜器就制作完成了。

在制作复杂造型的青铜器时，古人还采用了分铸法作为基本工艺原则。或者先铸器身，再合范浇注附件（如兽头、柱等）；或者先铸得附件（如鼎的耳、足等），再在浇注器身的时候铸界成一体。

我国在商代早期就有了泥范铸造，到商代中期已达到鼎盛时期。用这种方法，古代工匠们创造出了像司母戊鼎、四羊方尊这样的旷世珍品。

我国古代泥范铸造的又一个杰出成就，是叠铸法的早期出现和广泛应用。所谓叠铸是把许多个范块或成对范片叠合装配，由一个共用的浇道进行浇注，一次得到几十个甚至上百个铸件。我国最早的叠铸件是战国时期的齐刀币。这种方法由于其生产率高，成本比较低至今仍在广泛使用。

（2）熔模铸造技术

熔模铸造又称失蜡法。失蜡法是用蜡制作所要铸成器物的模子，然后在蜡模上涂以泥浆，这就是泥模。泥模晾干后，再焙烧成陶模。一经焙烧，蜡模全部熔化流失，只剩陶模。一般制泥模时就留有一个浇注口，再从浇注口灌入铜液，冷却后，所需的器物就制成了。

我国的失蜡法至迟起源于春秋时期。河南淅川下寺 2 号楚墓出土的春秋时代的铜禁是迄今所知的最早的失蜡法铸件。此铜禁四边及侧面均饰透雕云纹，四周有 12 个立雕伏兽，体下共有 10 个立雕状的兽足。透雕纹饰繁复多变，外形华丽而庄重，反映出春秋中期我国的失蜡法已经比较成熟。战国、秦汉以后，失蜡法更为流行，尤其是隋唐至明、清期间，铸造青铜器采用的多是失蜡法。

失蜡法一般用于制作小型铸件。用这种方法铸出的铜器既无范痕，又无垫片的痕迹，用它铸造镂空的器物更佳。中国传统的熔模铸造技术对世界的冶金发展有很大的影响：现代工业的熔模精密铸造，就是从传统的失蜡法发展而来的。虽然无论在所用蜡料、制模、造型材料、工艺方法等方面，它们都有很大的不同，但是它们的工艺原理是一致的。20 世纪 40 年代中期，美国工程师奥斯汀创立以他命名的现代熔模精密铸造技术时，曾从中国传统失蜡法中得到启示。1955 年，奥斯汀实验室提出首创失蜡法的呈请，但日本学者鹿取一男根据中国和日本历史上使用失蜡法的事实表示异议，最后鹿取一男取得了胜诉。

5. 众多精美的青铜器

古人高超的工艺技术铸就了精美绝伦的青铜器。我国出土和传世的青铜器数量很大，种类也十分繁多，按照它们的用途，大致可分为：礼器类、炊器类、食器类、酒器类、水器类、乐器类、兵器类、铜镜类、工具类等；按器形分有鼎、鬲、簋、豆、卣、尊、觥、壶、彝、盘、洗、钟、鼓、戈、剑、镜等等。

(1) 司母戊鼎

司母戊鼎，公元前 12 世纪商王为祭祀他的母亲而铸造，因鼎内壁铸有铭文“司母戊”三字而得名。鼎重 832.84 公斤，结构复杂，耳、身、足分别铸成后，再合铸成一个整体。像这样古而重的青铜器在世界上是绝无仅有的，它显示出商代青铜冶铸业的生产能力和技术水平。

(2) 铜鼓

铜鼓，公元前 206 年～公元 24 年（汉代）中国西南少数民族常用的一种乐器，系统治权力的象征，用以号召部族进行战争，并作为祭祀赏赐的重器，后逐渐成为娱乐的乐器。

(3) 铜车马

公元前 221 年，秦始皇统一中国后成为中国至高无上的始皇帝，居则极尽豪华奢侈，出则显示其威武雄壮，及至死后，以铜铸车马殉葬。1980 年秦始皇陵西侧出土的大型彩绘铜车马，长 328.4 厘米，高 104.2 厘米，铜车是单辕双轮车，车、马、驭手均为铸造成型。鞍上有金银错纹饰，整件文物共有零件 3462 件（包括金银制零件 1720 件），局部装配和总装配体现了高水平组装工艺。铜车马的制作展现了 2200 年前我国古代劳动人民精湛的铸造和金属加工技术。

司母戊鼎

铜鼓

铜车马

(4) 河南淅川编钟

编钟，战国时期楚国的一种乐器。1978 年于河南淅川楚墓出土的淅川编钟，每枚钟上都有调音槽，音槽两边形成遂部和鼓部的两个音区。该组编钟音质很好，音阶准确，至今仍可演奏乐曲。钟是古代祭祀或宴飨时用的乐器。钟体上部称为“钲”；下部为“鼓”，即发声的部位；钟口呈弧形弯曲，称为“于”。内壁有深沟漕，系调音磨锉所致，由于钟口弯曲，钟体表面铸有钟乳，形成声音衰减较快，并有双音的特点。用多件频率不同的钟按大小不同依次排列，编成一组，构成合律合奏的音阶，称为编钟。

(5) 青铜奔马

青铜奔马，东汉（公元 25 年—220 年）晚期，亦称“马踏飞燕”。1969 年于甘肃武威雷台出土。奔马造型雄俊非凡，昂首嘶鸣，如风驰电掣状，三足腾空，一足蹄下踏一飞燕，其姿态的优美，在遗存的同时期作品中是无与伦比的，这反映了东汉时期杰出的制作工艺和铸造水平。

(6) 龙洗

龙洗，古代用以盛水盥洗的器皿。相传公元 10～13 世纪时，工匠特为皇宫制造，因盆内有龙纹而称为龙洗。若以手摩擦两耳得法，产生共振，即可泛起水花，景象十分别致，后成为一种民间娱乐用品。经现代振动与波的理论分析和实验研究可知，这是薄壳圆柱体自激振荡时的不同振型所致。

河南淅川编钟　　青铜奔马　　龙洗

(7) 历代古钱币

中国的货币起源于商代（公元前 16 世纪—前 11 世纪）。战国以前币形多种多样，有刀币、布币等铸币。公元前 221 年秦始皇统一中国后统一了货币，直到 1911 年清朝灭亡为止，币形大多为方孔圆形的铸币，但每一代君王大都重新铸造新的货币。宋代以后出现纸币，但流通最广的仍为铸币。因属大批量生产，一般多用范铸法铸造。

(8) 犀牛尊

尊，西周（约公元前 1066 年—前 771 年）时期容酒备斟之器，因形似犀牛而取名犀牛尊。

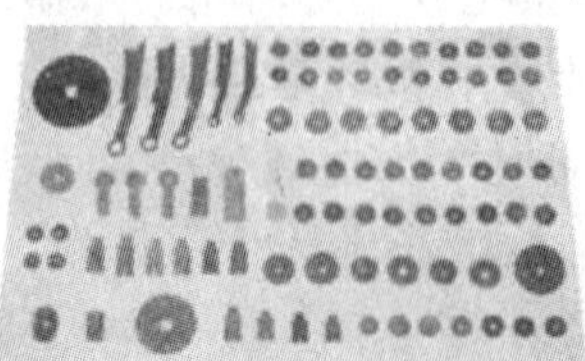

历代古钱币

犀牛尊

(9) 旋纹甗

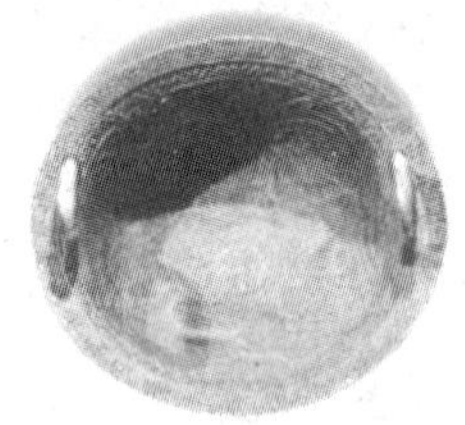

旋纹甗

旋纹甗，西周（约公元前1066—前771年）时期的炊具，上为甑，可置食物；下为鬲，置水；中间置带孔的铜片，称为箅。

(10) 爵

爵，西周（约公元前1066年—前771年）时期盛酒的器皿。

(11) 提梁卣

提梁卣，古代盛酒的器皿。始于商，盛于商晚期和西周，西周晚期后少见。基本形制为椭圆体，深腹下鼓，敛口上有盖，盖上有钮，下有圈足，形状似壶。图中是一件带提梁的卣。

(12) 方座簋

方座簋，古代青铜制盛食物的器皿，主要盛黍、梁、稻等粮食。基本形制为侈口，圆腹，圈足，始于商中晚期，盛于周，衰于战国时期。

爵

提梁卣

方座簋

(13) 秦公镈

秦公镈，春秋战国时期秦国的乐器，是从钟发展而来的。一般器形较大，上方无长柄，却有扁环或兽形钮，钟口平坦。将其悬挂，以槌叩击而鸣。

(14) 簠

簠，盛稻粱的器皿。基本形制为大口，体长方形，有盖，斜壁，盖器形状相同，大小一样，平底，皆有四短足。始于西周后期，盛于东周。

(15) 尊

尊，古代容酒备斟之器。基本形制多为侈口，鼓腹圆底，圈足。图中是西周时一位姓何的贵族用作祭祀的尊。1964 年于陕西宝鸡出土，用复合范工艺铸成，造型精美，工艺考究。

(16) 壶

壶，是长颈容酒或水的器皿。有方形、圆形、扁形等多种形状，基本形制为长颈，圆腹下鼓，低圈足，贯耳，多无盖。图中是陕西出土的文物，属西周年代。

“冶石为器，千炉齐设”，晋朝诗人曹毗在《咏冶赋》里的著名诗句真实地描绘了我国古代青铜冶铸的生产场景，也反映出我国古代青铜冶铸业的繁荣和发达。中国古代所创造的灿烂辉煌的青铜文明，对于推动整个世界有色金属冶炼和铸造技术的发展起到了巨大的作用，在世界青铜史上写下了光辉的一页。

簠　　尊　　壶

指南针

1. 磁现象的发现

先秦时代我们的先人已经积累了许多磁现象方面的认识，人们在探寻铁矿时常会遇到磁铁矿，即磁石（主要成分是四氧化三铁），这些发现很早就被记载下来了。《管子》的数篇中最早记载了这些发现："山上有磁石者，其下有金铜。"其他古籍如《山海经》中也有类似的记载。磁石的吸铁特性很早就被人发现，《吕氏春秋》九卷精通篇就有："慈招铁，或引之也。"那时的人称"磁"为"慈"，他们把磁石吸引铁看做是慈母对子女的吸引，并认为："石是铁的母亲，但石有慈和不慈两种，慈爱的石头能吸引他的子女，不慈的石头就不能吸引了。"

既然磁石能吸引铁，那么是否还可以吸引其他金属呢？我们的先民做了许多尝试，发现磁石不仅不能吸引金、银、铜等金属，也不能吸引砖瓦之类的物品。西汉的时候人们已经认识到磁石只能吸引铁，而不能吸引其他物品。此外，人们还发现，当把两块磁铁放在一起相互靠近时，有时候互相吸引，有时候相互排斥。现在人们都知道磁体有两个极，一个称 N 极，一个称 S 极。同性极相互排斥，异性极相互吸引。虽然那时的人们并不知道这个道理，但对这个现象还是察觉到了。

到了西汉，有一个名叫栾大的方士，他利用磁石的这个性质做了两个棋子般的东西，通过调整两个棋子极性的相互位置，有时两个棋子相互吸引，有时相互排斥，栾大称其为"斗棋"。他把这个新奇的玩意献给汉武帝，并当场演示。汉武帝惊奇不已，龙心大悦，竟封栾大为"五利将军"。

地球也是一个大磁体，它的两个极分别在接近地理南极和地理北极的地方。因此地球表面的磁体，可以自由转动时，就会因磁体同性相斥、异性相吸的性质指示南北。虽然这个道理古人不够明白，但这类现象他们很清楚。

2. 指南针的始祖——司南

指南针的始祖大约出现在战国时期。它是用天然磁石制成的，样子像一把汤勺，圆底，可以放在平滑的"地盘"上并保持平衡，且可以自由旋转。当它静止的时候，勺柄就会指向南方，古人称它为“司南”。当时的著作《韩非子》中就有：“先王立司南以端朝夕”。“端朝夕”就是正四方、定方位的意思。《鬼谷子》中记载了司南的应用，郑国人采玉时就带了司南以确保不迷失方向。

春秋时代，人们已经能够将硬度 5 度至 7 度的玉石琢磨成各种形状的器具，因此也能将硬度只有 5.5 度至 6.5 度的天然磁石制成司南。东汉时的王充在他的著作《论衡》中对司南的形状和用法做了明确的记录：司南是用整块天然磁石经过琢磨制成勺型，勺柄指南极，并使整个勺的重心恰好落到勺底的正中，勺置于光滑的地盘之中，地盘外方内圆，四周刻有干支四维，合成二十四向。这样的设计是古人认真观察了许多自然界有关磁的现象，积累了大量的知识和经验，经过长期的研究才完成的。司南的出现是人们对磁体指极性认识的实际应用。

但司南也有许多缺陷：天然磁体不易找到；在加工时容易因打击、受热而失磁，所以司南的磁性比较弱；而且它与地盘接触处要非常光滑，否则会因转动摩擦阻力过大而难于旋转，无法达到预期的指南效果；司南有一定的体积和重量，携带很不方便，这可能是司南长期未得到广泛应用的主要原因。

3. 指南针的发明

古代民间常用薄铁叶剪裁成鱼形，鱼的腹部略下凹，像一只小船，磁化后浮在水面，就能指南北。当时以此作为一种游戏。东晋的崔豹在《古今注》中曾提到这种“指南鱼”。

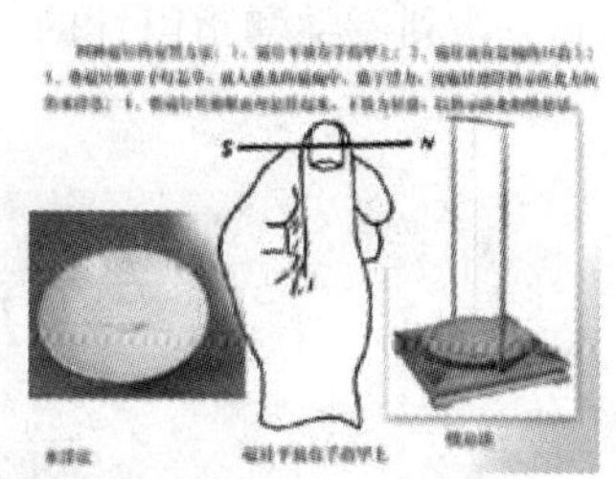

北宋时，曾公亮在《武经总要》载有制作和使用指南鱼的的方法：“用薄铁叶剪裁，长二寸，阔五分，首尾锐如鱼型，置炭火中烧之，侯通赤，以铁钤钤鱼首出火，以尾正对子位，醮水盆中，没尾数分则止，以密器收之。用时，置水碗于无风处平放，鱼在水面，令浮，其首常向午也。”这是一种人工磁化的方法，它利用地球磁场使铁片磁化。即把烧红的铁片放置在子午线的方向上。烧红的铁片内部分子处于比较活动的状态，使铁分子顺着地球磁场方向排列，达到磁化的目的。蘸入水中，可把这种排列较快地固定下来，而鱼尾略向下倾斜可增大磁化程度。人工磁化方法的发明，对指南针的应用和发展起了巨大的作用，在磁学和地磁学的发展史上也是一件大事。北宋的沈括在《梦溪笔谈》中提到另一种人工磁化的方法：“方家以磁石摩针锋，则能指南。”按沈括的说法，当时的技术人员用磁石去摩擦缝衣针，就能使针带上磁性。从现在的观点来看，这是一种利用天然磁石的磁场作用，使钢针内部磁畴的排列趋于某一方向，从而使钢针显示出磁性的方法。这种方法比地磁法简单，而且磁化效果比地磁法好。我国摩擦法的发明不但居世界最早，而且为有实用价值的磁指向器的出现，创造了条件。

沈括还在《梦溪笔谈》的补笔谈中谈到了摩擦法磁化时产生的各种现象："以磁石摩针锋，则锐处常指南，亦有指北者，恐石性亦不……南北相反，理应有异，未深考耳。"这是说，用磁石去摩擦缝衣针后，针锋有时指南，也有时指北。从现在的观点来看，磁石都有 N 和 S 两个极，磁化时缝衣针针锋的方位不同，则磁化后的指向也就不同。但沈括并不知道这个道理，他真实地记录了这个现象并坦白承认自己没有做深入思考，以期望后人能进一步探讨。

关于磁针的装置方法，沈括介绍了四种：

水浮法——将磁针上穿几根灯心草浮在水面，就可以指示方向。

碗唇旋定法——将磁针搁在碗口边缘，磁针可以旋转，指示方向。

指甲旋定法——把磁针搁在手指甲上面，由于指甲面光滑，磁针可以旋转自如，指示方向。

缕悬法——在磁针中部涂一些蜡，黏一根蚕丝，挂在没有风的地方，就可以指示方向了。

沈括还对四种方法做了比较，他指出：水浮法的最大缺点是水面容易晃动影响测量结果；碗唇旋定法和指甲旋定法由于摩擦力小，转动很灵活，但容易掉落。沈括比较推重的是缕悬法，他认为这是比较理想而又切实可行的方法。事实上沈括指出的四种方法已经归纳了迄今为止指南针的两大体系——水针和旱针。

《梦溪笔谈》是沈括（1031—1095）所著的有关我国古代科学技术的著作，书中谈到磁学和指南针的一些问题。

南宋陈元靓在《事林广记》中介绍了另一类指南鱼和指南龟的制作方法。这种指南鱼与《武经总要》一书中记载的不一样。它是用木头刻成鱼形，有手指那么大，木鱼腹中置入一块天然磁铁，磁铁的 S 极指向鱼头，用蜡封好后，从鱼口插入一根针，就成为指南鱼。将其浮于水面，鱼头指南，这也是水针的一类。

指南龟是当时流行的一种新装置，将一块天然磁石放置在木刻龟的腹内，在木龟腹下方挖一光滑的小孔，对准并放置在直立于木板上的顶端尖滑的竹钉上，这样木龟就被放置在一个固定的、可以自由旋转的支点上了，由于支点处摩擦力

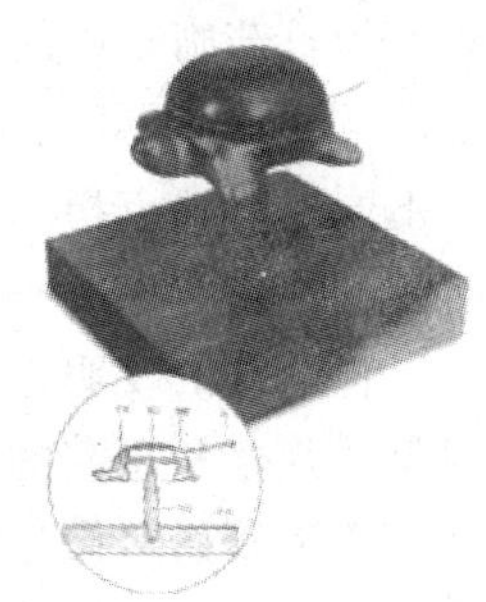

很小，木龟可以自由转动指南。当时它并没有用于航海指向，而用于幻术，但是这就是后来出现的旱罗盘的先声。

指南龟发明年代不晚于 1325 年。木块刻成龟型，龟腹部中心嵌以磁体，木龟安放在尖状立柱上，静止时首尾分指南北。

4. 罗盘定位

要确定方向除了指南针之外，还需要有方位盘相配合。最初使用指南针时，可能没有固定的方位盘。但随着测方位的需要，出现了磁针和方位盘一体的罗盘。罗盘有堪舆用的罗经盘、水罗盘和旱罗盘。

方位盘仍是二十四向，但是盘式已经由方形演变成圆形。这样一来只要看一看磁针在方位盘上的位置，就能断定出方位来。南宋时，曾三异在《因话录》中记载了有关这方面的文献："地螺或有子午正针，或用子午丙壬间缝针。"这是有关罗经盘最早的文献记载。文献中所说的"地螺"，就是地罗，也就是罗经盘。文献中已经把磁偏角的知识应用到罗盘上。这种罗盘不仅有子午针（确定地磁场南北极方向的磁针），还有子午丙壬间缝针（用日影确定的地理南北极方向），这两个方向之间的夹角，就是磁偏角。

盘面周围刻二十四方位，内中盛水，磁针横穿灯草，浮于水面。现在人们已经知道，地球的两个磁极和地理的南北极只是接近，并不重合。磁针指向的是地球磁极而不是地理的南北极，这样磁针指的就不是正南、正北方向，而是略有偏差，这个角度就叫磁偏角。又因为地球近似球形，所以磁针指向磁极时必向下倾斜，和水平方向有一个夹角，这个夹角称为磁倾角。不同地点的磁偏角和磁倾角都不相同。成书于北宋的《武经总要》在谈到用地磁法制造指南针时，就注意利用了磁倾角。沈括在《梦溪笔谈》谈到指南针不全指南，常微偏东，就指出了磁偏角的存在。磁偏角和磁倾角的发现使指南针的指向更加准确。

5. 磁性质的应用

指南针一经发明很快就被应用到军事、生产、日常生活、地形测量等领域，特别是应用于航海上。指南针在航海上的应用有一个逐渐发展过程。成书年代略晚于《梦溪笔谈》的《萍洲可谈》中记有："舟师识地理，夜则观星，昼则观日，阴晦则观指南针。"这是世界航海史上最早的使用指南针的记载。文中指出，当时只在日月星辰见不到的时候才使用指南针，可见指南针刚开始使用时，使用还不熟练。二十几年后，许兢的《宣和奉使高丽图经》也有类似的记载："惟视星斗前迈，若晦冥则用指南浮针，以揆南北。”到了元代，指南针一跃而成海上指航最重要的仪器了，不论昼夜晴阴都用指南针导航，而且还编制出使用罗盘导航在不同航行地点指南针针位的连线图，即“针路”。船行到某处，采用何针位方向，一路航线都一一标志明白，作为航行的依据。

指南针的发明是古代先民在对磁现象的观察和研究的结果。古代先民在对磁现象的观察和研究的过程中，进一步了解了磁的性质，并试图更多地应用这些性质。传说秦始皇修建阿房宫时，有一宫门是用磁铁制造的。如果刺客带剑而过，立刻会被吸住，被卫兵当场捕获。这样的故事还很多，《晋书·马隆传》记载，马隆率兵西进甘、陕一带，在敌人必经的狭窄道路两旁堆放磁石，穿着铁甲的敌兵路过时，被牢牢吸住，不能动弹，马隆的士兵穿犀甲，磁石对他们没有什么作用，可自由行动。敌人以为神兵，不战而退。东汉的《异物志》记载，在南海诸岛周围有一些暗礁浅滩含有磁石，磁石经常把“以铁叶锢之”的船吸住，使其难以脱身。

魏晋南北朝时，我国先民对磁石的性质已有了很多认识。就连当时的诗人曹植在《矫志诗》中也用了“磁石引铁，于金不连。”的句子，可见他也了解磁石的性质。南北朝梁代的陶弘景在《名医别录》中提出了磁力测量的方法，他指出：优良磁石出产在南方，磁性很强，能吸引三四根铁针，使几根针首尾相连挂在磁石上。磁性更强的磁石，能吸引十多根铁针，甚至能吸住一二斤重的刀器。陶弘景不仅提出了磁性有强弱之分，而且还指出了测量方法。这可能是世界上有关磁力测量的最早记载。

由上可见，我国先民对磁石性质的研究和认识为指南针的发明和发展奠定了基础。

参考文献

1. 张开逊．回望人类发明之路．北京：北京出版社，2007

2. 孙宏安．中国古代科学成就年表．大连教育学院学报，2002，18（4）：28～37

3. 刘洪涛．中国古代科技史．南京：南开大学出版社，1991

4. 乐爱国．儒家文化与中国古代科技．上海：中华书局，2002

5. 霍有光．中国古代科技史钩沉．陕西：陕西科学技术出版社，1998

6. 潘永祥．自然科学发展简史．北京：北京大学出版社，1984

7. 中国科学院计算机网络信息中心．中国古代科技馆一中国科普博览．中国古代科技资料，2000.

第二篇
中国近代科技成就

“近代”是一个时间跨度概念，而且不可随意确定。按照史学界的观点，中国近代史从 1840 年开始到 1949 年结束，并且进一步确定，从 1840 年鸦片战争到 1919 年五四运动前夕，是旧民主主义革命阶段；从 1919 年五四运动到 1949 年中华人民共和国成立前，是新民主主义革命阶段。按照史学界的时代划分罗列科技成就比较客观和权威，因而本文也是按照这个标准进行划分，即从 1840 年鸦片战争到 1949 年中华人民共和国成立前这一段时间来罗列中国近代科技成就。不过，世界近代史所述的近代是从 1688 年的英国光荣革命爆发到 1918 年年底第一次世界大战结束这一时期。

鸦片战争是帝国主义强加于中国人民头上的殖民主义战争。战争的失败给中国带来的是奇耻大辱。战争的失败震惊了中国当时的朝野上下，痛定思痛，萌发了建立中国近代科技的思想并得到一定的发展。显然，这种发展不可避免地受当时世界科技发展状况和趋势的影响。

由于鸦片战争对中国人民伤害极大，教训极大，而中国现代年轻一代对此了解很少，因而在以下的叙述中有关鸦片战争的来龙去脉将占用较大的篇幅。

（文中许多资料来源于文献和通过 Google（谷歌）搜索工具搜索而来。）

近代中国时期世界科技发展的状况和趋势

1. 近代及之前世界科技发展总貌

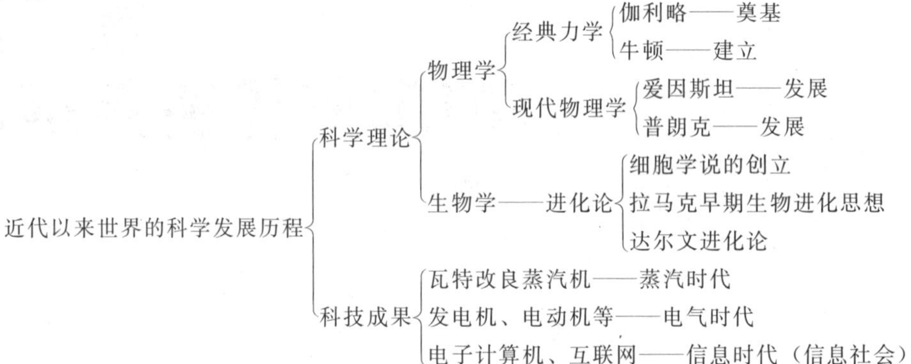

2. 近代及之前世界重大科学理论的进展

（1）物理学的重大进展

17 世纪初，意大利科学家伽利略自由落体定律的发现以及匀速运动和匀加速运动两个概念的确定，标明外力只改变运动状态，为经典力学的建立奠定了基础。

17 世纪末，英国牛顿出版了《自然哲学的数学原理》，提出了著名的万有引力定律和牛顿力学三定律，形成了一个以实验为基础，以数学为表达形式的近代物理科学体系即经典力学体系，标志近代科学的产生。

20 世纪初，爱因斯坦提出了狭义相对论和光速不变这两个基本原理，解决了经典力学无法解释的问题，将牛顿力学概括到相对论力学之中，推动物理学发展到一个新的高度。

20 世纪初，德国物理学家普朗克提出了量子假说，使人类对微观世界的认识有了革命性的进步。量子理论和相对论一起构成了现代物理学的基础。

(2) 生物学的发展

19 世纪前期，德国人施莱登和施旺相继提出和确立了细胞和细胞学说，为进化论的诞生奠定了基础。

拉马克等具有早期进化思想的科学家认识到生物界中的不同物种之间不仅存在联系，而且物种是可变的。

1859 年，达尔文《物种起源》的发表，标志着生物进化论的诞生。

3. 15～20 世纪自然科学发展的四个阶段

(1) 四个阶段

阶　段	原　因	进　展
产生阶段 (15～16 世纪)	资本主义工商业的产生和发展（物质基础）；文艺复兴运动人文主义思潮的影响；中世纪的生产经验的积累	天文学领域的革命（哥白尼）
形成和发展阶段 (17～18 世纪)	新航路的开辟促进资本主义工商业发展；手工工场的技术积累；早期资产阶级革命的成功	牛顿力学体系的建立
迅速发展时期 (18 世纪末～19 世纪中期)	西方主要国家工业革命的进行，使经济发展对科学提出了更高要求	电磁学的新成就、细胞学说、达尔文的生物进化论等
重大突破和系统化阶段 (19 世纪末～20 世纪初)	第二次工业革命进行；资本主义经济的迅速发展	电的发明和使用，爱因斯坦的相对论，量子论等

(2) 启示

近代自然科学是资本主义生产发展的产物，手工工厂、机器大生产不断采用新工具、新能源，以追求更高的劳动生产率和利润，从而在生产方式和技术上向科学家和工程界提出建立新的理念、理论和技术的要求，新的理论和技术又反过来推动自然科学的创立和发展。这说明社会经济的需要是科学发展的主要动力。

自然科学的成就反作用于生产，指导技术革命，开发自然资源，为社会创造巨大的物质财富，因此，科技是第一生产力。

13 世纪末在意大利各城市兴起以后扩展到西欧各国的文艺复兴、宗教改革、启蒙运动解放了人们的思想，为近代自然科学的产生和发展奠定了社会共识基础。

4. 面向工程的科学技术发明现状

面向工程的科学技术发明蒸蒸日上——蒸汽机、电气技术、互联网的发明和应用技术不断涌现。

蒸汽机、电气技术、互联网的发明和应用

技术发明	背景	代表性发明	影响
第一次工业革命（18世纪60年代至19世纪40年代）：蒸汽机的发明	① 英国资产阶级革命为经济发展扫除障碍 ② 工业革命开始后，迫切需要解决动力不足问题 ③ 科学技术的不断进步	发明：改良蒸汽机（瓦特）、火车（史蒂芬孙）、汽船（富尔顿）	① 蒸汽机的发明与使用，使社会生产力大幅度提高 ② 蒸汽机促使工厂手工业转变为机器大工业，改变了人们的生活和工作方式，真正意义上的社会化大生产逐渐形成 ③ 蒸汽动力在交通运输工具上的应用，使得世界各地的联系更加密切，世界日益成为一个整体。 工业城市的出现，加速了城市化进程 ④ 社会结构和世界形势改变，工业资产阶级和无产阶级出现；资本主义世界市场初步形成
第二次工业革命（19世纪六七十年代至20世纪初）：电气技术的应用	① 科学家们对电的不懈追求 ②法拉第发现电磁感应现象 ③ 资本主义经济的迅速发展奠定了物质基础	莫尔斯：有线电报；西门子：发电机；爱迪生：电灯；贝尔：电话；马克尼：无线电通讯等	① 极大地提高了社会生产力，人类社会进入电气时代 ② 社会结构和世界形势改变，垄断组织出现，资本主义世界市场确立 ③ 资产阶级开始确立对世界的统治，资本主义世界体系形成 ④ 社会财富的大大增加和人类生活的丰富多彩

（续表）

技术发明	背景	代表性发明	影响
第三次科技革命（20 世纪 40 年代起）：互联网的发明	现代信息技术发明（科技）；美国出于与苏联争夺世界霸权的需要，加紧对信息技术的研究与开发（直接）	计算机和互联网：1946 年美国第一台电子计算机诞生；1969 年美国国防部建立包括四个站点的网络；20 世纪 90 年代后，互联网发展为全球信息网	积极影响： ① 社会生产力水平极大提高，人类社会开始进入信息化时代 ② 知识经济的作用突显，加快了服务型产业的发展 ③ 加快了经济全球化的步伐 ④ 从根本上改变了人们的工作方式和生活方式 消极影响： 垃圾信息、网络犯罪、虚拟社会等产生 对策： 普及计算机和互联网知识，提高人们的认识和操作水平；对青少年应加强道德和相关法律知识教育，树立正确的认知能力和价值观；加大完善社会监督机制和规范相关立法

近代中国在科技发展中的表现

鸦片战争的失败是中国当时的科学技术落后于世界当时水平并处于低谷态势的必然结果。然而，在这之后百年间，一些当政的有识之士通过自己的权力运筹，许多学者、工程技术人员通过各自的专长，进行了中国传统科技向世界近代科技的转变，为近代科学技术的本土化奠定了基础，充分显示了中华民族的聪明才智和自强不息的伟大精神。

1. 有影响的当政者和科技学者的表现

曾国藩（1811—1872）

曾国藩是中国历史上最有影响的人物之一，他从湖南双峰一个偏僻的小山村以一介书生入京赴考，中进士留京师后十年七迁，连升十级，37岁任礼部侍郎，官至二品。紧接着因母丧返乡，恰逢太平天国巨澜横扫湘湖大地，他因势在家乡拉起了一支特别的民团湘军，历尽艰辛为清王朝平定了天下，被封为一等勇毅侯，成为清代以文人而封武侯的第一人。后历任两江总督、直隶总督，官居一品，死后被谥“文正”。

曾国藩所处的时代，是清王朝由乾嘉盛世转而为没落、衰败，内忧外患接踵而来的动荡年代，由于曾国藩等人的力挽狂澜，一度出现“同治中兴”的局面，曾国藩正是这一过渡时期的重心人物，在政治、军事、文化、经济等各个方面产生了令人注目的影响。这种影响不仅仅作用于当时，而且一直延至今日，从而使之成为近代中国最显赫和最有争议的历史人物。

受两次鸦片战争的冲击，曾国藩对中西邦交有自己的看法，一方面他十分痛恨西方人侵略中国，认为“卧榻之旁，岂容他人鼾睡”，并反对借师助剿，以借助外国为深愧；另一方面又不盲目排外，主张向西方学习其先进的科学技术。为此，他主办了以下建设事业：

① 1853年（咸丰三年）建衡州船厂赶造战船，并派人赴广东购买洋炮，筹建水师。

② 1861年（咸丰十一年）在安庆创办军械所。

③ 1862年年底（同治元年），华衡芳与徐寿父子试制成中国第一台蒸汽机，曾国藩见后，于当天日记中写道：“窃喜洋人之智巧我国亦能为之，彼不能傲我以其所不知矣！”

④ 1863 年（同治二年）1 月 28 日，安庆内军械所造出的我国第一条木壳小火轮，曾国藩登船试航后，喜而命名“黄鹄号”。

⑤ 1863 年 12 月 3 日，交容闳 68000 两银赴美购买机器。

⑥ 1864 年（同治三年），于安庆设书局，刊刻各种经史。

⑦ 1865 年（同治四年）1 月，选汉唐以来各臣奏疏 17 首，编《鸣原堂论文》。3 月，主持修葺种山、尊经两书院。收养八百孤寒子弟，并从自己养廉银中捐款课奖。6 月，主持整理《王船山遗书》完稿，共 320 卷，交金陵书局出版。

⑧ 1865 年 10 月，将金陵制造局迁上海虹口，和李鸿章原设的炮局及购自美国人的铁厂合并，再加容闳购回的百多部机器建成江南制造总局。

⑨ 1867 年（同治六年）3 月，在江南制造总局下设造船所试制船舰，同时拟设译书馆。5 月，会同李鸿章将江南制造总局由虹口迁往高昌庙，征地扩迁，规制大增。

⑩ 1868 年（同治七年）9 月，江南造船厂试制的第一艘轮船驶至江宁，曾登船试航，取名“恬吉”。

曾国藩推动中国科技进步的另一重要举措是极力主张和推动派遣留学生。同治九年（1870 年）五月下旬，清廷派他前赴天津，查办天津教案。两个月后，加派江苏巡抚丁日昌帮同办理。就在处理天津教案期间，丁日昌多次同曾国藩商议，拟选派聪颖幼童，送到西方各国书院学习军政、船政、步算、制造诸学，约计十余年业成而归，使西人擅长之技，中国皆能谙悉，然后可以渐图自强。至于携带幼童出洋肄业的任务，可由陈兰彬和容闳担任。曾国藩深韪其言，从这个时候起到同治十一年三月曾国藩病逝为止，为派遣留学生一事，他先后五次上书清政府，积极倡导，竭力主持，发挥了最关键、最重要的作用。

同治九年（1870）九月十六日，曾国藩上书清廷，论证了派留学生出国肄业的必要性，指出“外国技术之精，为中国所未逮，如舆图、算法、步天、测海、制造机器等事，无一不与造船练兵相为表里，其则广立书院，分科肄业，凡民无不有学，其学皆专门……通微合漠，愈入愈精，其国家于军政船政皆视为身心性命之学。如俄罗斯初无轮船，国主易服微行，亲入邻国船厂，学得其法，乾隆年间其世子又至英国书院肄业数年，今则俄人巨炮大船不亚于英法各国，此其明效。”他说自己“精力日衰、自度难策后效。然于防海、制器等事亦思稍立基绪，异日有名将帅者出，俾之得有所凭借，庶不难渐次拓充。”该奏折中他赞成丁日昌的建议，主张派留学生赴泰西肄业，为三年蓄艾之计。当时，清廷已将他从直隶总督调任两江总督，为了便于开展派遣留学生的准备工作，他奏调原在直隶“襄助一切”的四品衔刑部主事陈兰彬随他到江南，暂操练轮船，将来悉心规划肄业西洋各事，开始为派遣留学生在舆论和组织上做准备工作。

同治十年正月，曾国藩又一次上折奏请派遣留学生。他在同治十年七月初三的《拟选子弟出洋学艺折》中称，赞同丁日昌选聪颖幼童赴泰西各国学习的主张。同治十年五月初九，曾国藩与李鸿章联名致书总理衙门，详论派幼童出洋留学之益。当时有人对派留学生的必要性提出怀疑，认为天津、上海、福州等处已设局仿造轮船枪炮军火，京师设同文馆选满汉子弟延西人教授，又上海广方言馆选文童肄业，似无须远涉重洋。曾、李指出："设局制造开馆教习，所以图振兴之基也；远适肄业，集思广益，所以收远大之效也。西人学求实济，新理新器月异而岁不同，中国欲师其长技，非遍览久习则本原无由洞澈。诚得其法，归而触类引申，视今日所为孜孜以求者，不更可扩充于无穷耶!"他们还分析了派送留学生的外交条件以及对和好大局的利益。鉴于选材与筹费的困难，他们提请总理衙门主持大计，还饬令陈兰彬、容闳悉心酌议，并制定章程 12 条附呈总理衙门审核。

在得到总理衙门"以为可行"的函复之后，曾国藩与李鸿章于同治十年七月初三会衔具奏，说明派聪颖子弟出洋留学的缘由，强调其重大意义，附呈章程 12 条，主要有：①商知美国政府，中国派员每年选送幼童 30 名前往留学，费用由中国自备；②在上海设局经理挑选幼童派送出洋事宜，应选条件为年龄 13～20 岁，曾经读中国书数年，亲属情愿送往并取其甘结，择选地点在上海、宁波、福建、广东等沿海一带；③选送幼童每年 30 名，4 年 120 名，留学 15 年，回国以其所长听候派用，不准在国外入籍谋职；④对留学幼童加强管理和考核；⑤规定驻洋办公费，正副委员、翻译、教习的工资，幼童川资及衣食住宿等每年约计库平银 6 万两，以 20 年约计需 120 万两。奏折请求朝廷饬下江海关于洋税项下按年指拨，以保证留学费用。七月底，奉旨依议。至此，选派幼童赴美留学一事才算大局已定。此后，李鸿章就首批幼童明年将赴美留学事宜与美国驻华公使镂斐迪函商，美使欣然允诺持其执照搭乘美国船前往，"船票银可以减少一半"。这样，中国幼童留学美国的道路便畅通无阻了。

1872 年（同治十一年）2 月 27 日，领衔上奏：促请对"派遣留学生一事"尽快落实。并提出在美国设立"中国留学生事务所"，推荐陈兰彬、容闳为正副委员常驻美国管理。在上海设立幼童出洋肄业局，荐举刘翰清"总理沪局选送事宜"。

为了进一步落实挑选幼童赴美留学的有关事宜，曾国藩与李鸿章又联衔上《幼童出洋肄业事宜折》将挑选幼童及驻洋应办事宜六条开列，重申挑选幼童的标准、程序及出洋后的管理原则，留学经费的拨付及开支办法，奏折请旨饬派陈兰彬为正委员，容闳为副委员常驻美国经理一切，决定派遣五品衔监生曾恒忠为翻译，光禄寺典薄附监生叶源浚为中文教习随同出洋，幼童的挑选及出国留学的训练则由总理幼童出洋肄业沪局负责，由盐运使衔分发后补知府刘翰清主持，对出洋委员及驻沪洋局刊给关防以资信守。这样就进一步从组织上保证了选派留美幼童工作的正常进行。这年七月九日（8 月 12 日）首批幼童 30 人在陈兰彬等人的带领下乘风破浪向新大陆进发，容闳先期赴美迎接，从而揭开了中国近代教育史、中美文化交流史新的一页。然而，令人遗憾的是，为之呕心沥血、主持擘画的曾国藩，却没能亲眼目睹这一创举，他在首批留美幼童开航之前的五个月，即1872年3月12日，就因积劳成疾而与世长辞了，容闳后来曾伤感地写道："曾之逝世，国家不啻坏其栋梁，无论若何，无此损失巨也。时预备学校开学才数月，设天假以年，使文正更增一龄者，则第一批学生已出洋，犹得见其手植桃李，欣欣向荣。"

考察曾国藩、李鸿章、丁日昌商请派送幼童赴美留学的全过程，可以看到曾、李、丁三人都是中国近代留学教育的积极倡导者，容闳后来把他们三人的肖像都挂在美国哈特福德留学事务所的墙上，并教育学童们把这三人敬奉为他们的恩师。美国友人当时曾指出："他们是值得尊敬的，他们的姓名应该铭记，也将被铭记，而且不仅是在中国。"三人之中，提议最早的是丁日昌，主持最久的是李鸿章，而在初创阶段主持最尽力的当属曾国藩，他无疑是派遣留学生的主要决策者。容闳后来说过："文正公虽未获睹其结果，而中国教育之前途，实已永远蒙其嘉惠。今日中华学子，得受文明教育，当知是文正之遗泽，勿忘所自来矣。文正一生之政绩、忠心、人格，皆远过于侪（音 chai，同辈意）辈"，"同辈莫不奉为泰山北斗"，"其识量能力，足以谋中国进化者也"。容闳对曾国藩的评论或有过誉之处，但他把选派幼童赴美留学之果归因于曾国藩，以及他对中国教育近代化的影响，则是言之有据、实事求是的。

1872年3月12日，午后散步署西花圃，突发脚麻，曾纪泽扶掖回书房，端坐三刻逝世。是月，清廷闻讣，辍朝三日。追赠太傅，谥文正。6月25日，灵柩运抵长沙。7月19日，葬于长沙南门外之金盆岭。次年12月13日，改葬于善化县（今望城县）湘西平塘伏龙山，与夫人欧阳氏合葬。

李鸿章（1823—1901）

李鸿章是晚清权倾一时的人物，他的一生几乎与晚清相始终，晚清中国的命运与李鸿章密切相关。他出洋访问、创办中国近代企业，是洋务运动的先驱，在中国近代化的进程中留下了难以抹除的影响。但是，《马关条约》和《辛丑条约》等丧权辱国的条约都是由他谈判而最后缔结，他的言行一定程度上关涉到晚清政府的命运。诚如梁启超《李鸿章传》中所说："四十年来，中国大事，几无一不与李鸿章有关系。"

李鸿章又是一个颇为复杂的人，他热衷权势，长期掌控着清政府的内政外交军事大权，聚集一批军政人才为其所用。有同僚称其可杀，康有为拒绝他加入强学会，孙中山向他上书变法。如此等等，使得李鸿章的一生极富传奇性。

从19世纪60年代起，李鸿章积极筹建新式军事工业，仿造外国船、炮，开始从事标榜“自强”的洋务事业。所办洋务各事项如下：

① 光绪元年十二月请设洋学局于各省，分格致、测算、舆图、火轮机器、兵法、炮法、化学、电学诸门，择通晓时务大员主之，并于考试功令稍加变通，另开洋务进取一格。

② 光绪二年三月派武弁往德国学水陆军械技艺。

③ 光绪二年十一月派福建船政生出洋学习。

④ 光绪六年二月始购铁甲船。

⑤ 光绪六年七月设水师学堂于天津。

⑥ 光绪六年八月设南北洋电报。

⑦ 光绪六年十二月请开建铁路。

⑧ 光绪七年四月设开滦矿务商局。

⑨ 光绪七年六月创设船公司开展赴英贸易。

⑩ 光绪七年十一月招商接办各省电报。

⑪ 光绪八年二月筑旅顺船坞。

⑫ 光绪八年四月设商办织布局于上海。

⑬ 光绪十一年五月设武备堂于天津。

⑭ 光绪十三年十二月开办漠河金矿。

⑮ 光绪十四年北洋海军成军。

⑯ 光绪二十年五月设医学堂于天津。

詹天佑（1861—1919）

詹天佑，字眷诚，号达朝，广东南海人，居住在湖南省。原籍安徽婺源（今属江西）。他为中国近代工程科技发展做出开创性贡献，是中国首位杰出的铁路工程师，负责修建了京张铁路（北京—张家口）等铁路工程，享有“中国铁路之父”、“中国近代工程之父”的尊称。为纪念其功绩，国家设有“中国詹天佑土木工程大奖”。

少年时的詹天佑对机器十分感兴趣，常和邻里孩子一起用泥土制作各种机器模型。有时，他还偷偷地把家里的自鸣钟拆开，摆弄和捉摸里面的构件，提出一些连大人也无法解答的问题，村里人都很佩服这个孩子。1872 年，年仅 12 岁的詹天佑到香港报考清政府筹办的“幼童出洋预习班”。考取后，父亲在一张写明“倘有疾病生死，各安天命”的出洋证明书上画了押。从此，他辞别父母，怀着学习西方“技艺”的理想，来到美国学习。

在美国，出洋预习班的同学们亲眼目睹了北美西欧科学技术的巨大成就，对机器、火车、轮船及电讯制造业的迅速发展赞叹不已。有的同学由此对中国的前途而产生悲观情绪，但詹天佑却怀着坚定的信念说：“今后，中国也要有火车、轮船。”他带着为祖国富强而发奋学习的信念，刻苦学习，1877 年以优异的成绩毕业于纽海文中学。同年五月考入耶鲁大学土木工程系，专攻铁路工程。在大学的 4 年中，詹天佑刻苦学习，以突出的成绩在毕业考试中名列第一，并写出题为《码头起重机的研究》的毕业论文，获学士学位，1881 年回国。

回国后，詹天佑怀着满腔的热忱，准备把所学本领贡献给祖国的铁路事业。但是，清政府洋务派官员却过分迷信外国，在修筑铁路时一味依靠洋人，竟不顾詹天佑的专业特长，把他差遣到福建水师学堂学习驾驶海船。1882 年 11 月又被派往旗舰“扬武”号担任驾驶官，指挥操练。1883 年，中法战争爆发。第二年，讨伐中国计划蓄谋已久的法国舰队陆续进入闽江，蠢蠢欲动。可是主管福建水师的投降派船政大臣何如璋却不闻不问，甚至下令：“不准先行开炮，违者虽胜亦斩!”这时，詹天佑便私下对“扬武”号管带（舰长）张成说：“法国兵船来了很多，居心叵测。虽然我们接到命令，不准先行开炮，但我们决不能不预先防备。”由于詹天佑的告诫，“扬武”号十分警惕，做好了战斗准备。当法国舰队发起突然袭击时，詹天佑冒着猛烈的炮火沉着机智地指挥“扬武”号左来右往；避开敌方炮火，抓住战机用尾炮击中法国指挥舰“伏尔他”号，使法国海军远征司令顾巴险些丧命。对这场海战，上海英商创办的《字林西报》在报道中也不得不惊异地赞叹：“西方人士料不到中国人会这样勇敢力战。”

詹天佑从战后到 1888 年，几经周折，终于转入中国铁路公司担任工程师，这是他献身中国铁路事业的开始。詹天佑上任不久，就遇到一次考验。当时从天津到山海关的津榆铁路修到滦河，要造一座横跨滦河的铁路桥。滦河河床泥沙很深，又遇到水涨急流。铁桥开始由号称世界第一流的英国工程师担任设计，但失败了；后来请日本工程师实行包工，也不顶用；最后让德国工程师出马，不久也败下阵来。詹天佑要求由中国人自己来搞，负责工程的英国人在走投无路的情况下，只得同意让詹天佑来试试，最终解决了三个外国工程师无法完成的大难题，成功建成了滦河大桥。

1905 年，清政府决定兴建我国第一条铁路——京张铁路（北京—张家口）。詹天佑担任总办兼总工程师，全权负责京张铁路的修筑。这条铁路连许多国外著名的工程师都不敢轻易尝试。詹天佑顶着压力，坚持不任用一个外国工程师，对全线工程提出了“花钱少，质量好，完工快”三项要求。京张铁路经过詹天佑和其他工程技术人员及工人们的几年奋斗，终于在 1909 年 9 月全线通车。原计划 6 年完成，结果只用了 4 年就提前完工，工程费用只及外国人估价的五分之一。京张铁路建成后，詹天佑获宣统黄帝赐工科进士，任留学生主试官等职。1910 年，詹天佑任广东商办粤汉铁路总公司总理兼总工程师，1912 年兼任汉粤川铁路会办，负责兴建粤汉及川汉铁路。同年成立“中华工程师学会”，詹天佑被推举为首任会长。

民国成立后，1913 年詹天佑获政府委任为交通部技监；1914 年获颁授二等宝光嘉禾章；1916 年获香港大学颁授荣誉法学博士学位；1919 年初，受命往海参崴和哈尔滨任协约国监督远东铁路会议中国代表。4 月因病回湖北省汉口，途中他抱病登上长城，浩叹："生命有长短，命运有沉升，初建路网的梦想破灭令我抱恨终天，所幸我的生命能化成匍匐在华夏大地上的一根铁轨……"詹天佑终因劳瘁成疾，于 1919 年 4 月 24 日下午 3 时 30 分逝世于汉口，享年 58 岁。詹天佑与其妻谭菊珍埋葬在京张路青龙桥火车站附近。

詹天佑修建京张铁路期间，厘定了各种铁路工程标准，并上书政府要求全国采用。中国现在仍然使用的四尺八寸半标准轨、珍氏自动挂钩（Janney Coupler，美国 Eli Janney 所创）等都是出自詹天佑的提议。

1922 年，青龙桥火车站竖立起詹天佑铜像；1987 年，附近再建成詹天佑纪念馆；2005 年 10 月 12 日，在纪念京张铁路开工 100 年之时，张家口南站"中国铁路之父"詹天佑的铜像揭幕。詹天佑铜像高 2.8 米，重 1 吨。

2. 对现代科技有先导作用的学术成果的取得

总结中国近代科技思想萌芽，从 1840 年鸦片战争之后到 1860 年，中国学者大多进行着中国古代数学和其他科技成果的整理和总结性工作。一些学者在缺乏系统资料和设备的情况下通过独立研究而达到了类似西方学者所做出的结论，有的则明显具有独创性，显露出中国传统科学在发展中所萌发出的近代科学思想。这些成就与西方当时同类成果相比还有相当差距，但它却为中国学者学习和掌握西方科学技术奠定了基础。从现代科学技术水平来看，当时取得的对现代科技有先导作用的成果学术主要表现在以下几个方面。

（1）数学方面

道光二十八年（1848 年），项名达完成《椭圆周术》，提出了求椭圆周长的正确方法，与西方近代数学用椭圆积分法所得相同。这是在微积分传入中国之前，项名达以其独到的思维方式达到了微积分的思想。这说明如果没有西方微积分的传入，中国数学家也能经过自己的努力，使传统数学逐步由初等数学向高等数学转变。

清末著名天文历算家徐有壬早年著有《椭圆正术》一书，他具体论证了"以角求积"和"以积求角"二术，尽管所求椭圆面积还是一个近似值，然而"法简而密尤便对数"。后来著名数学家李善兰读到《椭圆正术》，谓其"驾过西人远甚"，并为之作图解。1859 年前后，徐有壬集诸家之说，撰著《造表简法》，使造对数表的方法更加完善，且接近于西方的微积分。

著名数学家戴煦从1845年到1852年间撰写了《对数简法》等四部著作（合刊为《求表捷术》）。他在著作中寻求对数表的捷法。他经过独立研究而创造的指数为任何有理数的二项式定理，与牛顿二项式定理基本上是一致的。《求表捷术》发表后，不仅轰动了当时的中国数学界，也使外国数学家深为钦佩。英国学者伟烈亚看到书后叹为不世之作，并写进了自己的著作。艾约瑟把《求表捷术》译成英文，递交英国数学学会，引起西方数学家的重视。

李善兰是兼通中西天文历算、撰述译著并称于世的一代数学名家。他翻译了大量西方科技著作，数量之多、内容之广，在当时中国学者中首屈一指。他曾说："中法之四元，即西法之代数也。但西方又自代数进而创立微分、积分二术，其理实发千古未有之奇秘"。由于有了微分、积分，"昔日之视为至难者，今皆至易"。由此，他放弃了早年认为中国之天元术足以解决一切数学难题的观点，在日后的数学著作中大量融会了西方近代数学成果。他的工作促进了鸦片战争后西学东渐的趋势，在自然科学理论方面开辟了先河。1859年，在《重学》自序中说："今欧罗巴各国日益强盛，为中国边患。推其缘故，制器精也；推原制器之精，算学明也。异日人人习算，制器日精，以威震海外"。正是这种学习西方先进科学的正确认识，同时谋求本国富强之道的爱国主义思想指导，激励他潜心治学，为近代中国科学技术的发展做出巨大贡献。

华衡芳也是一位研究数学的近代中国学者。他在1880年翻译的《决疑数学》10卷是中国第一本西方概率论的著作。

1929年，陈建功在日本著《三角级数论》，这是世界上最早的相关领域中的专著之一。1931年，熊庆来赴法国巴黎的普旺加烈研究所从事函数论研究。他在整函数方面的研究成果超过了布鲁门萨尔的结论，在表达公式的精确性方面赶上了波莱尔的工作，被世界数学家称为"熊式无穷级数"。

1936年夏，华罗庚在英国剑桥大学留学期间在华林问题和哥德巴赫猜想问题上的研究成果，将他欧洲同事的工作包罗殆尽。

(2) 物理学方面

1900年中国才有正式名为《物理学》的教科书。20年之后中国学者就在国外取得令人欣慰的成就。这些物理学工作者大多成为中国物理学的先驱。

在量子力学方面，最早的也是世界公认的中国学者是王守竞。他成功地用量子力学解释普通氢分子问题，他以量子力学方法解决不对称陀螺问题，从而得到后来被称之为"王氏公式"的谱能级公式。

在原子和分子物理方面，20年代初叶企孙精确地测定普朗克常数，其测定值被物理学界沿用了不下于16年之久。吴大猷的《多原子分子结构与振动光谱》一书是该领域的第一本国际性经典著作。

在原子核物理方面，1946年钱三强与何泽慧共同发现了铀受慢中子打击后分裂为三的现象。何泽慧还首先观察到分裂为四的现象，他们共同对这种裂变机制作出了理论解释。

1941 年王淦昌提出探测中微子的建议，并随后为寻找和发现中微子作出了重大贡献。

在光学方面，道光二十六年（1846 年）定稿并付梓刊行了郑复光的《镜镜冷痴》一书，这是我国近代第一部系统的光学著作。郑复光在独立研究的基础上，提出了“距显限”概念，即两个凸透镜相叠的情形。这种理论与简单天文学望远镜的光学原理相同，因而提出了与开普勒相似的理论。郑复光还提出了“变显限”的理论，他求得的数据和体察到的原理，基本符合伽利略式望远镜的光学原理。《镜镜冷痴》一书，“说出了与西方近代几何光学本质上一致的结论，从而将我国古代光学研究水平推进到一个新高度”。

在大气物理方面，汪德于 30 年代末 40 年代初，提出大小离子平衡新理论，被称为“Langvin-汪-Bricard 理论”。

在固体物理方面，40 年代后期葛庭燧创立了金属内耗的整个研究领域。在学术文献中以他的名字命名的名词有“葛氏扭摆”、“葛氏内耗峰”、“葛庭燧晶粒间界模型”等。

黄昆在 1947 年发现了“黄散射”现象，即固体中杂质缺陷导致 X 光漫散射。

（3）化学方面

著名化学家徐寿提出，学习先进科技，不仅要了解其表面知识，还要探求其所以然。1871 年（同治九年），徐寿翻译出版了《化学鉴原》，对西方近代化学在中国的传播具有重要意义。他对化学元素中文新字的确定以及以西文第一音节造字的原则为中国化学界所接受，并一直沿用下来。尤其是在翻译过程中，徐寿与他人合作编写的两部中西化学名称对照表：《化学材料中西名目表》、《西药大成中西名目表》，为中国近代化学的建立奠定了基础。

（4）植物学方面

道光二十八年（1848 年）刊刻传世的《植物名实图考》（吴其睿）一书，实为是中国近代植物学研究的里程碑，是我国近代第一部药用植物志。同治九年（1870 年），德国人布瑞施奈德在《中国植物学文献评论》一书中认为：《植物名实图考》是中国植物学著作中有价值的作品，“刻绘尤极精审”。明治十八年（1885 年）日本伊滕圭介对此书大加推崇，认为“辩论精博，综今众说，析异同，纠批缪，皆凿有据……”

（5）地理学和地质学方面

这一时期，我国地理学和地质学正处在从描述现象为主向探讨现象成因和发展规律为主的现代地理学和地质学的过渡阶段。许多学者写出了经典著作，提出了具有国际影响的学说。

1904年，杨守敬与熊会贞撰写出《水经注疏》八十卷，又在1905年完成《水经注图》。这两部著作被学术界称为是旷世绝作，它使杨守敬成为清代文化学术史上的伟人。1903年，张相文撰著的《地文学》出版，这是我国第一部自然专著。在该著作中他把无机自然和有机自然联系起来，这是世界地学上的创举。1921年，章鸿钊编著的《石雅》一书出版，这是我国第一部关于地质岩石矿物等方面的总结性著作，具有很高的学术价值。1926年翁文灏在总结地壳构造演化历史中，首次提出中生代大规模造山运动。同年，李四光提出地球自转速率变化引起全球性构造的规律，到1942年正式建立地质力学。1945年，黄汲清首次对中国邻近地区的大地构造单元作了划分，提出多旋回构造运动的学说。

（6）地层学和古生物学方面

我国地层学与古生物学研究成果颇受国际地质界重视。1929年12月2日裴文中在周口店发掘出“北京猿人”。1936年11月贾兰坡又发现中国猿人头骨三具。这项发现轰动了国内外学术界，欧洲人把自己疆域各个地质时代的地层大致搞清楚用了64年，而中国只用了37年。

（7）医学方面

我国医学中的温病学说，是以《内经》和《伤寒论》为基础，结合宋、元、明以来治疗时的经验，到清朝中业，才逐渐成熟。叶桂的《温热论》、吴鞠通的《温病条辩》奠定了温病学基础，然而汇集前人经验加以阐发、嘉惠后世。作为温病学说的历史总结者，则是清代著名的温病学家王士雄。他于咸丰二年（1852年）所著的《温热经纬》一书，以其选方辩证、切用实际，成了一部影响深广的温病学专著。所以，《清史槁》在其书中称“号叶式学者，要以士雄为巨擘”。

（8）工程技术方面

这一时期，工程技术上的成就主要表现在鸦片战争中为抵御外来侵略而自制和仿制的武器上。道光二十一年（1841年）丁拱振悉心研究西洋火炮，发明了演炮加表之法，提高了命中率，令其所铸自500千克至4000千克大炮与西洋大小炮位的弹发远近坠数大略相同。之后丁拱振将其法著成《演炮图说》。道光二十二年（1842年）前后，龚振麟首创铁模铸炮法。据说30年以后西方才使用铁模铸炮法。在实践的基础上龚振麟著成《铸炮铁模图说》，成为世界上最早论述这种铸炮法的科学著作之一。在这之后，丁守存等又试制成功了近代地雷。他制造的地雷解决了自动启爆问题，使中国的地雷制造技术向前迈进了长足的一步。

此外，中国的近代工程技术也是在这个时期开始产生的。如安庆军械所的徐寿、华衡芳、吴嘉廉等科技工作者，参照《博物新编》初集中“热论”一章有关蒸汽机的文字和略图，经过3个多月的反复研制，终于造出了轮船所需的蒸汽机小样。这是中国科技专家自己研制出的第一台蒸汽机。曾国藩看了蒸汽机小样后写道：“洋人之智巧我国人亦能为之，彼不能傲我以其所不知矣!”同治二年（1863年）年底，我国自制的首台蒸汽轮船“建国”建成。它标志着我国造船业的开始。光绪八年（1883年），魏瀚、李寿昌、吴德章等研制成功我国第一艘“开济号”巡洋舰。光绪十三年（1887年）我国第一艘钢甲舰下水。这是近代中国最早留学法国的造船专家魏瀚在任船政局总司期间的第一项重大科技成果。以后以他为首，继续研制出“开济”、“横海”、“镜清”、“寰泰”、“广甲”、“龙威”等船。魏瀚为我国近代造船工业的建立和发展做出了开创性贡献。

影响中国近代科技发展的鸦片战争

1. 第一次鸦片战争

18 世纪 70 年代，英国开始把鸦片大量输入中国。到了 19 世纪，鸦片输入额逐年增多。英国资产阶级为了抵消英中贸易方面的入超现象，大力发展毒害中国人民的鸦片贸易，以达到开辟中国市场的目的。19 世纪初输入中国的鸦片为 4000 多箱，到 1839 年就猛增到 40000 多箱。英国资产阶级从这项可耻的贸易中大发横财。由于鸦片输入猛增，导致中国白银大量外流，并使吸食鸦片的人在精神上和生理上受到了极大的摧残。如不采取制止措施，将会使国家财源枯竭，军队瓦解。于是，清政府决定严禁鸦片入口。

1839 年 3 月，清朝钦差大臣林则徐到达广州，通知外国商人在三天内将所存鸦片烟土全部缴出，听候处理，并宣布："若鸦片一日未绝，本大臣一日不回，誓与此事相始终，断无中止之理。"林则徐克服了英国驻华商务监督懿律和不法烟商的阻挠、破坏，共缴获各国（主要是英国）商人烟土 237 万多斤，从 6 月 3 日至 25 日，在虎门海滩当众销毁。

面对清政府的禁烟措施，英国鸦片利益集团及其在政府的代理人立即掀起一片侵华战争叫嚣，英国政府很快作出向中国出兵的决定。1840 年 6 月，侵华英军总司令懿律率舰只 40 余艘、士兵 4000 多名，陆续到达中国南海海面。6 月 28 日英舰封锁珠江海口，第一次鸦片战争正式爆发，英国侵略中国的战争正式开始。7 月初，英军侵占浙江定海，8 月初到达天津大沽口外，直逼京畿（音 jī，京畿为靠近国都的地方）。道光皇帝懦弱无能，连忙撤去林则徐的职务，任命琦善为钦差大臣。年底，琦善在广州与英国侵略者谈判，英军却于 1841 年 1 月 7 日突然在穿鼻洋发动进攻，攻陷沙角、大角炮台。1 月中旬，琦善答允英国全权代表懿律提出的割让香港、赔偿烟价 600 万元、开放广州等条件。琦善私允英军条件，违背了清廷的指示精神，后来受到严惩。但在 26 日，英军却不等中国政府同意就占领香港，清政府得知沙角、大角炮台失守后立即对英宣战。2 月下旬，英军攻陷虎门炮台，水师提督、爱国将领关天培与守军数百人壮烈牺牲。5 月，英军逼近广州城外，清军全部退入城内。5 月下旬，新任靖逆将军奕山向英军乞和，与英国订立了可耻的城下之盟——《广州和约》，规定由清朝方面向英军交出广州赎城费 600 万元。英国政府不满足懿律从中国攫取的利益，改派璞鼎查为全权公使，增调援军，扩大侵华战争。1841 年 8 月下旬，璞鼎查率英舰自香港北犯，26 日攻陷厦门，9 月英军侵犯台湾，10 月攻陷定海、镇海、宁波。1842 年 5 月，英军继续北犯，6 月攻陷长江口的吴淞炮台，宝山、上海相继失陷。接着，英军溯江西上，8 月 5 日到达江宁（南京）江面。腐败无能的清朝政府命令盛京将军耆英赶到南京，于 29 日与璞鼎查在英国军舰上签订了中国近代史上第一个不平等条约——《南京条约》，第一次鸦片战争到此结束。

与清朝统治者相反，沿海各地人民始终坚持反对侵略的斗争。1841 年 5 月广州北郊三元里一百零三乡人民群众围歼英军的战斗，是人民群众自发抗英的高峰。

第一次鸦片战争使外国资本主义从中国得到了割让香港，赔款 2100 万元，开放广州、福州、厦门、宁波、上海五口岸通商权，以及协定关税权、领事裁判权、片面最惠国待遇等一系列特权，严重损害了中国的独立主权。《南京条约》签订后，美国、法国接踵而来，乘机索取特权，强迫清政府签订了一系列不平等条约。鸦片战争标志着中国近代史的开端，从此中国开始经受更加深重的苦难。

2. 第二次鸦片战争

第二次鸦片战争是英、法资产阶级对清朝发动的又一次侵略战争。这次战争虽然和鸦片没有直接关系，但因为是第一次鸦片战争的继续和扩大，因此史学界称为第二次鸦片战争。

第一次鸦片战争后，英、法、美等国的经济有了进一步发展，迫切要求向外侵略扩张，以便寻找新的市场和原料产地。英国原以为凭借《南京条约》就可以迅速打开中国市场，获取巨额利润。但由于中国自给自足的社会结构没有改变，对外国商品的进入有顽强的抵抗作用，英国的工业品没能占领中国市场。为了向中国倾销商品和掠夺中国的廉价原料，英国想通过扩大对中国的侵略战争，打开中国的市场。

咸丰四年（1854 年），英国借口《望厦条约》中有 12 年可以修约的规定，援引片面最惠国条款，要求全面修改《南京条约》，以进一步扩大鸦片战争中所得到的权益。这项要求得到法国、美国的支持。清政府拒绝了“修约”的要求。英、法、美未达目的，叫嚷要诉诸武力。但当时英、法正与俄国进行克里米亚战争，无力在中国开辟新的战场，美国也因国内局势不稳，不可能发动侵华战争，“修约”问题便暂时搁置起来。咸丰六年（1856 年），美国借口《望厦条约》届满 12 年，要求全面修改条约，得到英法的支持。清政府再次拒绝了这一要求。英国认为，只有采取强大的军事压力，才能从中国取得更多的权益。于是，英、法两国各自寻找发动对华战争的借口。

1856 年，英国终于制造了“亚罗号事件”。“亚罗”号是一艘走私鸦片的中国船。1856 年 10 月 8 日，广东水师在黄埔逮捕了船上 2 名海盗和 10 名涉嫌船员。英国驻广州领事巴夏礼借端生事，说该船是英国船，要求中国方面放还人犯并道歉。两广总督叶名琛屈服于英国的压力，同意交还人犯，但巴夏礼拒绝接受。10月23日，英国军舰悍然开进内河，挑起战争。叶名琛不作任何准备，反而下令不准放炮还击，致使英军长驱直入，迅速将内河沿岸炮台攻占，并一度冲入广州城内。广东人民和部分爱国官兵对进犯的英军进行了坚决的抵抗和打击，迫使英军于1857年1月20日退出珠江内河，撤往虎门口外，等待援军。1857年春，英国政府任命前驻加拿大总督额尔金为全权专使，率一支海陆军前来中国，同时建议法国政府共同行动。在此之前，法国借口"马神甫事件"正在向中国交涉，进行敲诈勒索，于是接受英国建议，派葛罗为全权专使，率军参加对中国的战争。

1857年10月，额尔金和葛罗率舰先后到达香港。11月，美国公使列卫廉、俄国公使普提雅廷也赶到香港与英法公使会晤，支持英法的行动。12月，英法联军5000多人编组集结完毕。额尔金、葛罗在27日向叶名琛发出通牒，限48小时内让城。叶名琛以为英、法是虚张声势，不作防御准备。12月28日，联军炮轰广州，并登陆攻城。29日，广州失陷，叶名琛被俘，解往印度加尔各答(1859年病死于囚所)。

英、法联军占领广州后，四国公使纠结北上。1858年4月，四国公使在白河口外会齐，24日分别照会清政府，要求派全权大臣在北京或天津举行谈判。英、法公使限定6天内答复其要求，否则将采取军事行动。美、俄公使佯装调解，劝清政府赶快谈判。清政府不能正确判断英、法下一步的行动，又指望美、俄调停，既不作认真的战争准备，又没有同侵略军作战的决心。

1858年5月20日上午8时，额尔金、葛罗在联军进攻准备完成之后向清政府发出最后通牒，要求让四国公使前往天津，并限令清军在2小时内交出大沽炮台。上午10时，联军轰击南北两岸炮台，各台守兵奋起还击，打死敌军100余人。但是由于清朝官吏临阵逃跑，后路清军没有及时增援，致使炮台守军孤军奋战，最后各炮台全部失守。联军随即溯白河上驶，到达天津，并扬言要进攻北京。清朝统治者感到战守两难，立即派出大学士桂良、吏部尚书花沙纳前往天津议和。

6月26日和27日，中英《天津条约》和中法《天津条约》分别签订。美、俄两国则在此之前就分别与清政府签订了《天津条约》。这些条约规定了公使驻京、增开商埠以及赔款等内容。此外，俄国还趁火打劫，在5月底迫使黑龙江将军奕山签订了《中俄瑷珲条约》，割去了黑龙江以北60多万平方公里的领土。

《天津条约》签订后，英法联军退出天津，准备来年进京换约。1859年，英国派普鲁斯为公使到中国赴任和换约。普鲁斯和法国公使布尔布隆于6月中旬带领舰队和海军陆战队开到大沽口外。清政府安排英、法公使由北塘登陆进京换约，普鲁斯断然拒绝，坚持清政府拆除白河防御、乘舰带兵入京的无理要求，并限期撤防。

1859 年 6 月 24 日晚，侵略军炸断拦河大铁链两根。25 日英国舰队司令率 10 余艘战舰、炮艇突袭大沽炮台。此时大沽炮台经蒙古科尔沁亲王僧格林沁整顿，加强了兵力，改善了武器装备。面对侵略军的野蛮进攻，守军奋起反击，激战一昼夜，击沉、击伤英法军舰 10 余艘，毙伤侵略军 600 余人，英国舰队司令何伯也受重伤。联军受此挫败，狼狈逃出大沽口。

英法联军在大沽战败，使英、法政府大为恼怒。额尔金、葛罗再次成为全权代表，分率英军 1.8 万人和法军 7000 人，气势汹汹地杀向中国。1860 年 4 月，侵略军占领舟山，5 月、6 月占领青泥洼（大连）和烟台，封锁渤海湾，完成了进攻天津、北京的部署。

1860 年 8 月 1 日，英法军舰 30 多舰，集结于北塘附近海面。北塘没有设防，8 月 12 日联军在北塘登陆，迅速占领北塘西南的新河、军粮城和塘沽，切断了大沽与天津之间的主要交通线。8 月 21 日，联军占领大沽炮台。僧格林沁所部退至北京东南的张家湾、通州（今通县）一带，联军乘胜占领天津。

清政府立即派人至天津乞和，英、法联军不予理睬，进逼通州。清政府又派怡亲王载垣、兵部尚书穆荫为钦差大臣，到通州求和，英、法联军提出极为苛刻的条件。9 月 18 日，联军攻陷张家湾和通州，21 日陷京郊八里桥，僧格林沁等撤往北京城。咸丰帝令其弟恭亲王奕䜣留守北京，负责求和事宜，自己从圆明园仓皇逃往热河（今河北承德）。

英法联军略经整备，即于 10 月 6 日进攻北京，同日，闯入圆明园，在大肆抢劫之后，将圆明园烧毁，大火延烧 3 天，烟雾笼罩北京全城。接着，侵略军还抢劫了万寿山、玉泉山、香山等处许多著名建筑中所藏的大量文物珍宝。

10 月 13 日，联军占据安定门，北京陷落。10 月 24 日，中英《北京条约》签订；25 日，中法《北京条约》签订；11 月 14 日，中俄《北京条约》签订，割占中国领土 40 万平方公里。至此，第二次鸦片战争结束。中国再次损失了大量主权和领土，中国社会半殖民地半封建的程度进一步加深。其中，鸦片贸易合法化、华工出国及允许外国人前往内地传教等不平等条约，都使中国遭受巨大损失，社会矛盾更趋激化。

清军在历时 4 年的抗击英法联军的战争中最终失败，其原因是多方面的。首先，政治腐败、无能，实行对内镇压人民起义、对外实行妥协投降的反动政策；其次，清军武器装备落后、作战方法笨拙也是导致失败的重要原因。第二次鸦片战争时期，英法侵略军已装备了当时世界上最先进的武器（如发射圆锥形弹丸的线膛后装步枪、线膛后装火炮以及便于浅水航行的蒸汽炮艇等），而清军的装备却仍停留在第一次鸦片战争时期的水平（仍是鸟枪、抬枪和发射球形弹丸的前装炮及冷兵器），加之炮台构筑仍是露天式的，经不起侵略军炮火的轰击。作战方法上，英法联军注意水陆协同作战，以强大炮火掩护陆军登陆，陆上战斗采取散兵战术。而清军则故步自封，墨守成规，忽视陆地纵深设防，不懂散兵战术，所以一败再败。清政府却对此浑然不知，这也从一个方面证明了清王朝和以它为代表的中国封建制度的没落。

1）第二次鸦片战争是第一次鸦片战争的继续

① 英法等帝国主义者发动战争的根本原因和根本目的一脉相承，都是为了打开中国市场，变中国为英法等国的商品市场和原料产地。

② 战争的性质一脉相承：都是侵略性的非正义的殖民掠夺战争。

③ 战争的影响一脉相承：第一次鸦片战争使中国开始沦为半殖民地；第二次鸦片战争使中国的半殖民地化加深。

2）第二次鸦片战争是第一次鸦片战争的扩大

从战争的进程来看：

① 侵略力量扩大。第一次鸦片战争侵略军只有英国；第二次鸦片战争是英法两国出兵，美俄参与。

② 侵略时间增长。第一次鸦片战争历时两年多；第二次鸦片战争延续四年之久。

③ 侵略区域扩大。第一次鸦片战争主要在长江以南沿海地区；第二次鸦片战争从沿海一直侵入中国清政府的都城。

④ 签约国和条约增多。第一次鸦片战争只与英法美三国签约；第二次鸦片战争签约国和签约数增多。

3）第二次鸦片战争比第一次鸦片战争给中国带来更大的损失和伤害

① 通商口岸和割地增多。第一次鸦片战争开5处通商口岸，割香港岛。第二次鸦片战争开11处通商口岸，增割九龙司地方一区，丧失东北及西北边疆大片领土。

② 赔款增加。第一次鸦片战争赔款2100万银元；第二次鸦片战争新增巨额赔款。

③ 迫使中国丧失更多的主权。第二次鸦片战争使中国的半殖民地化程度进一步加深。

第二次鸦片战争的硝烟早已散去，但圆明园的残垣断壁却时刻警示着我们每一位中华儿女要勿忘国耻，要振兴中华。而要振兴中华必须建立以坚实的、强大的科研为基础的工业体系。因为历史证明，我们要救民族之危亡，就必须拒外寇于国门之外；要救文明之衰微，就必须打开国门发展自己，在不断改善人民生活水平的同时，建立以科学研究为基础的强大国民经济体系。

3. 鸦片战争失败的原因分析

中国在战争前后，由于封建的生产方式，以及在本应达到的制作工艺水平上受落后的社会制度内部因素的制约而存在许多问题，最终使清军自铸的火炮在炮身设计、铸造材质、工艺、弹药、炮架等技术关键之处普遍存在着加工粗糙、费工费时、质量粗劣等问题，从而导致了中英双方火炮技术与性能的巨大差距。

1）中英双方火炮的设计思想及种类方面

鸦片战争前后，清军火炮大多是以重量作为衡量其性能优劣的依据。这远远没有以炮身各部与口径比例搭配为主要性能参数科学合理。当然，“模数”的设计思想，部分火器制造者也将之视为标准来对待：即以口径的尺寸为基数，按一定比例倍数设计火炮的各个部分。此时，全国总计铸炮数量不下5500余位，炮重有数百斤至3万余斤的，炮管有长至4米的。这些火炮，虽名号众多，但大多依红夷炮制式，设计和制造技术未有改进，不仅不能与同时期英国先进火炮相比，甚至有些技术较明末清初亦有萎缩。除中央统一制造以红夷炮型为主导的前装滑膛、以火绳点火的火炮外，沿海各省也制造了一些其他炮型火炮。如广东省自军兴以来，铸炮1000余位，其中尤以佛山制造的生铁炮最具代表性。

1841年，浙江、江苏等地方的军政大员还组织人力仿制了一批铜炮。1842年6月英军攻陷吴淞时，一军方人士说：“在一座军工厂里，我们看到有10门游击炮队所用的大炮，这些都是安装在手推车上。这种炮车颇似花园里用的大推车，前面有贮藏炮弹的匣子，把手之间有一个抽屉，里面装着火药和铲火药的小铲子。我们除了看到各种口径的铁炮之外，还发现了一些全新的12磅弹铜炮，这些炮是按照放在旁边的嵌有王冠的GR1826型大炮仿造的，式样完全相同，唯一的区别就是中国字代替了王冠。”

现据《鸦片战争档案史料》所记，战争之际，清军火炮的大致分类按照主导的类型分为：红夷炮、子母炮、抬炮三类；按照制造的国度和时间顺序分为：旧式火炮、新铸的火炮、购买的葡萄牙式或英国式加农炮、仿制的英国夷炮四类；按照长度和重量可分为：长管滑膛重炮和身管较短的轻型滑膛炮。前者就是明末清初的红夷炮原型，后者包括神威将军、神功将军、劈山炮、子母炮、奇炮、竹炮、九节炮等。这种炮品种最多，其中除子母炮和奇炮是后膛装填滑弹的佛郎机炮型外，其余属于红夷炮的发展型。

1857年恩格斯著的《炮兵》记载：“在拿破仑垮台后的和平时期，欧洲列强的炮兵都逐步进行了改革。各地都取消了3磅和4磅轻炮，大多数国家采用了英国炮兵的经过改进的炮架和弹药箱。几乎到处都规定装药的重量为炮弹重量的1/3，火炮的重量为炮弹重量的150倍或接近150倍，火炮的长度则为口径的16～18倍。”战争之时，英军火炮的口径从几英寸到十余英寸，前装滑膛，以引信和燧石击发器击发，少量的火炮采用了雷汞底火，以撞针击发。炮身重量从几百斤、几千斤直至万余斤。

火炮的种类经过多次调整改革，从类型上讲，可分为：

A. 长管加农炮。其特点是管身长，初速高，射角一般为5度～45度，需要

4～6人操作发射。有3磅、6磅、12磅、24磅和32磅等不同的型号。当时，由于制造火炮材料的限制，长身管火炮的炮管壁较薄，很少用来发射空心爆炸弹。

B. 榴弹炮。17世纪末在欧洲出现，固定在炮架上，以12度～30度的射角使用爆炸弹进行射击。其炮弹首先是用来起侵彻作用，其次是用来起爆炸作用。是一种炮管较短（比长炮短而轻，比迫击炮长）、口径较大（很少超过8英寸）、带有直径小于炮管的药室、装在两轮炮车上的野炮，它的主要用途是安放在武装小艇与炮击艇上作对地攻击用。迄至19世纪的英国，此类火炮成了皇家炮兵的标准装备，有24磅、12磅、9磅、6磅等几个不同口径。

C. 臼炮。它最早是16世纪末由苏格兰的凯龙铁工厂制造的，臼炮比榴弹炮更短（身管长约为口径的2～3倍），口径达13～15英寸或更大一些，带有一个直径更小的火药燃烧室，有时可以取下滑膛前装炮。臼炮固定在托架上，通常以20度以上的射角，有时甚至以60度的射角使用爆炸弹进行射击。爆炸弹可以起爆炸作用，也可当做RS弹使用。

D. 舰载火炮。从航载位置上说，又分为主炮、舷炮和艇载炮三种；从火炮种类上说，也可以分为长管加农炮、榴弹炮、臼炮和舰炮四种。前三种火炮与之前介绍过的同名陆军火炮大体相同，而舰炮则是专门为战舰而制造的一种火炮，陆军不使用。它有一个显著的特点是尾部有一个圆孔，以便绳索穿过这个圆孔，将火炮固定在甲板上。

2）中英双方火炮材质方面比较

火炮所用钢铁或铜的质量，主要表现在对冶炼材料的选择和冶炼方法的研究方面。中国从唐代到明代，是古代钢铁技术全面发展和定型的时期，以“生铁冶炼—生铁炒炼熟铁—生、熟铁合炼成钢”为主干的钢铁工业体系趋于定型。明代以来，中国火炮铸造材料，小者多用铜，大者多用铸铁。明代中叶到第一次鸦片战争之时，中国传统钢铁技术继续缓慢发展，但是因为没有发生工业革命，而手工生产的能力非机器生产所能相比，故其钢铁产量极低。到1840年前后，中国年产铁约2万吨，仅是英国的1/40。另外，当时中国的火炮大多由液态的生铁铸造，此必然导致火炮质地脆硬，演放时很容易炸裂，自伤炮手。

清军的处理方法主要采用以下四策：

一是加厚火炮管壁，使火炮增加了重量。其结果是数千斤的笨重火炮威力反而不如西方的小型火炮；二是对于已经铸成气孔气泡较多、容易碎裂的火炮，清军则减少火药填量，这又减弱了火炮的威力；三是使用铜作为铸炮的材料；四是铸造了一些双层或三层复合体结构火炮，使其不易炸裂。

战争前后，清军小范围开始用熟铁或黄铜锻造火炮，江苏候补知府黄冕对清军火炮材质提出如下见解和主张：“水陆战炮重笨，扛炮受子无多。宜改制以小受大之轻炮，方能利用也……今日欲反其弊，必须讲究炮制，使能以小胜大，其轻受重，以短及远，简便灵动，庶出一炮抵数炮之用……因又讲究小炮，可容大弹之法。不用铸造而用打造，不用生铁而用熟铁，方能使炮身薄而炮膛宽。缘生铁铸成，每多蜂窝涩体，不能光滑，难以铲磨，故弹子施放，不能迅利。至熟铁则不可铸，而但可打造。其打造之法，用铁条烧熔百炼，逐渐旋转成圆，每五斤熟铁，方能炼成一斤，坚钢光滑无比……炮愈轻，工愈精，力愈大。铁经百炼，永无铸造之炸裂。施用灵活，尤胜巨炮之笨重。”

欧洲从 18 世纪后期，由于木材资源短缺，锻铁费用上涨，形成了严重的问题。为适应需要，就采取了所谓搅炼工艺，就是用长长的钢棒将反射炉中的金属溶液加以搅拌。炉子用焦炭燃烧，这样不仅能使炉面溶液而且能使全炉的溶液都接触到空气，从而使脱碳更加彻底，成为可锻铸铁。用搅炼法生产的锻铁，质量不如炭铁，但价格便宜得多。这种搅炼工艺在 1829 年又前进了一步，即应用鼓风炉本身余气进行预热鼓风。这种发明使得在消耗同等燃料的情况下，搅炼熟铁产量增加到 3 倍。还有一种改进是“湿”搅炼法，即在炉膛铺以含有氧化铁的小块炉渣，它与金属中的碳素相化合，在表层之下产生一氧化碳，形成加速脱炭进程泡沸搅动。1806 年英国铁产量为 25 万吨，到 1850 年英国每年可产 250 万吨，铸铁和锻铁的产量都有增长。

自古以来，炼钢的方法几乎并无根本性改变，仍然是小规模的个体作坊产品。英国所用的基本材料是优质的价格相等的瑞典条形铁，结果钢的费用等于锻铁费用的 5 倍。

1750 年，钟表匠本杰明·亨茨曼创造了一种新的炼钢方法。他将特种小型黏土坩埚放置在焦炭燃烧的炉膛内高温加热，就有一种特殊的溶剂持续地生产铸钢。这种铸钢不含二氧化硅和其他矿渣，成本略低于以其他方法生产的钢材，但遗憾的是这种产品不能焊接，太硬，不合乎某些用途。不过这种技术终究成了谢非尔德钢铁企业的基础，在欧洲广为传播，被人仿效。此种方法效率很低，因此到 18 世纪末即被发射炉炒炼法或称搅炼法所取代。

1783 年，一个炼铁厂的工头彼得·奥林斯在前人的基础上，在发射炉上加搅拌窗口，创造了用反射炉氧化精炼的搅拌炼铁法。1784 年，英国海军部军需品的承包人工程师亨利·科特也有类似的发明，并大力推广应用。此法省力而使工效提高了 15 倍，使炼铁技术又上了一个新台阶。

18 世纪以来，各国都大规模扩建海军，因为铁的成本只及铜的 1/5，所以铁炮逐渐替代了青铜炮，成为各国战舰的标准装备。不过，欧洲包括英国在内的炼钢法，直到 19 世纪中叶再无显著改进，加上钢材本身的缺陷，制造重型军械时使用这种钢材受到限制。因此，“直到 19 世纪中叶以前，除了海军重炮外，青铜炮和黄铜炮始终以优势压倒了铸铁炮。”

3）中英双方火炮铸造工艺方面比较

战争时期，清军造炮工艺并不十分落后，有少部分使用了英军所没有的铁模铸炮法和复合层结构的造炮工艺。但在沿海及内陆的一些省份，清军的旧式火炮、新造的火炮和仿制的夷炮大多仍是由生铁和青铜冶铸而成。然而用液态的生铁或青铜铸造的火炮质量差，加工难，容易炸裂，锻造的熟铁炮或黄铜炮斤两少且比例小。而英军的火炮主要由青铜炮、黄铜炮和铸铁炮组成，且大多数火炮是用熟铁或黄铜锻造，尔后用车床刀具加工，提高了精度。

鸦片战争之际，机械工程专家福建泉州人丁拱辰（1800—1875），参考西洋炮的构造，在广州铸成了性能良好的铁炮。并于1841年编成《演炮图说》。1842年《演炮图说》受到两广总督奕山的重视。同年，清朝政府下令推广《演炮图说》所述方法。丁此时在阅读西洋炮学的基础上形成的铸炮之法，其实和明末以来中国原有的红夷大炮的泥范整体模铸法原理差不多。泥范整体模铸法是以炮模口径为基数，用泥先制成外模和内模，用起吊装置将外模吊套于轴心合一的内模之外，两模之间的空隙，便是炮管的厚度。然后用青铜或钢铁溶液浇注其中，冷却后，除去内外模，最后再用各种配件加工成完整的火炮。此法铸造的火炮缺陷有：泥模在用炭火烘烤时，经常是外干内湿，浇铸时水分蒸成潮气，致使所铸火炮常有蜂窝状孔穴，发射时容易炸裂；功效非常之低；不能对炮膛进行深入的加工，致使炮弹射出后，弹道紊乱，降低了射击精度；大多数人并不懂得身管与口径比例、火门位置在火药燃烧中的实际意义，绝大多数火门开得太前、太大。在炮膛游隙方面，战争之时，火炮因“弹不圆正，口不直顺”，常只能采用内径的1/10至1/5为游隙，此水平连明末的水准都达不到。鉴于此，浙江嘉兴县丞龚振麟痛感中国泥模整体铸造法的不切实用和繁琐，而立志改革。于1841年发明了早于欧洲30多年的铁模铸炮法。铁模可多次使用，不用清洗炮膛，消除了泥模铸炮多蜂窝、易炸膛的缺陷，缩短了铸炮周期，降低了铸炮费用，并写成《铸炮铁模图说》，于1842年被印发沿海各省参用。至1841年9月浙东之战前夕，已铸成120多门新型火炮，时人称其为：“至去冬以来，浙江铸炮，益工益巧，光滑灵动，不下西洋。”

欧洲火炮铸造从16世纪以来一直采用泥范整体模铸法，在给实心火炮上钻孔的实践据说开始于1713年。在英国伍利奇的皇家枪炮铸造厂，泥范整体模铸法一直延续到1770年以后。大约在此以后，英国的铁器制造者威尔森（1729—1808）开发出一种改进了的给火炮钻膛的机器。随后，1794年英国机械师莫兹利（1771—1831）发明了车床上的移动刀架，1797年制成了安放在铁底座上带有移动刀架的车床。19世纪20至30年代，英国发明了全金属车床、自动调节车床、牛头刨床等一系列工作母机，到19世纪40年代时，达到了用工作母机制造机械的领先水平。如在制造火炮方面，利用车床先将火炮铸成实心圆柱金属铸件，然后用一种配用超长钻头的大型钻床钻出一个孔，接着到锤床上将这个孔逐步锤削成型，加工成火炮。此法可使炮身较模铸法更加均匀、对称、光洁，各种尺寸比例和火门的设计较合理，射击精确度高。既提高了铸炮的精度，又节省工时，坚实耐用。

战争前后，英军火炮铸造除了传统的泥模整体模铸法、失蜡法外，已开始大规模采用车床切削铸造法。《海国图志》对英军火炮工艺称赞道："西人铸炮，其铁皆经百炼熔净。先用蜡制成一炮，丝毫无异，次用泥封密阴干。铸时用火烘模开孔，泄出蜡油，然后将铁灌入，四五日后，始开模取出置于荒野人迹不到处。将炮实满火药，用长心引火绳一点，各人尽远避藏迹，一经炮响腾越空中，跌落不坏以不炸裂为度，便无后患。其铸法合度，多以引门上长方形为表，或安头上或尾后，或头尾皆安，亦合度数。"在炮膛游隙方面，19 世纪中叶，欧洲因机械制造精密度的提高，火炮所用的游隙值减少到内径的 1/42，如此，只要装填较少的火药就可达到较高的速度，且同时提高发射的准确性。再者，由于用药量的减少，管壁即使变薄亦不至于膛炸，连带也使得火炮的机动性大增。

4）中英双方火炮炮弹方面比较

清军炮子主要由工部在京办理，然后再拨给各省。有时也改由地方就近制造。其材质除用铅子外，主要用生铁，用泥型铸造，以两个半圆坯模合铸而成，故必留合范的线痕，且由于冶铸技术关系，往往有较多的气眼。故丁拱辰于 1841 年对此进行了改进。他改用失蜡法浇铸，铸得的炮弹光圆无痕。但是，当时清军火炮有一严重缺点：炮身庞大，炮口极小，炮弹较轻。炮弹一般重则 3～10 余斤，大者也不过十六七斤，最大炮弹也有如西方的 68 磅和大于 68 磅的炮弹，不过比例不大。今人在镇江湍山关江防炮台，出土有此时的四种类型的球形铁铸实心弹，最大约合 80 英磅（注：1 英磅＝0.907 市斤），无疑说明了清军当时曾使用万斤以上的巨炮轰击英舰。1843 年英参战军官宾汉出版著作《英军在华作战记》中云："虎门之战，旧炮台上架着 12 门大炮，其中 4 门乃是两年以前从澳门当局买来的葡式炮，可放 68 磅炮弹的黄铜炮。其余的均是中国式的，其中有大量的金属成分，口径很大。"清军炮弹由于太小，故在战争中常有"碰回"之说。此时，琦善、林则徐都曾向清廷言及英军炮弹有重达二三十多斤的炮弹。英军最大炮弹重达 68 磅，琦善到达广州后，英军曾经发射这种类型的炮弹，报复向插有白旗的英方船只射击的虎门炮台，这种炮弹被送交广州当局官员们参观时，他们见弹形之大，无不为之"嘿呦"。

蜂窝弹：它又叫封门子和群子，1 门炮通常配封门子 1 个，群子 12 个。群子、封门子的大小要和炮膛口径密切配合，过大则药力被闭塞，易于引起炮身炸裂；过小则药力泄气，炮弹射出无力。《海国图志》"用炮弹法"条中云："凡炮口配弹子，以九折为率。如口径六寸，配弹径五寸四分。口径二寸，配弹径一寸八分，余可仿此。试弹之法用铜板，或纸皮规一孔周围符之，便知圆否。又当光滑，腰间一线，宜敲平贴，先用薄棉裹之，次用木红布包缝，周密送入炮腹。大弹入后，加群弹一包 12 个，每个就炮口之径二折。如口六寸，每弹径一寸二分，口二寸每弹径四分，余皆仿此。群弹已入，再用旧麻绳解散扎成圆球，与炮口紧合，再舂入炮腹，使弹有力。自高击下，亦不碾出。"

链弹：1834 年 12 月，广东水师提督关天培云："炮子则有封门子、群子、交杯子、担杆子之分。封门、群子用以击船打贼，担杆、交杯专用打桅，均宜添备各营师船。"至鸦片战争之际，清军大量用之对敌。《英军在华作战记》中，英军对虎门炮战中的清军链弹的描述："他们的铁链锁弹特别优良，乃是一个空球，切成两半，用药 18 寸的锁链盘在中空部分，使半球相连紧，因此当半球拴紧在一起，以便装进去时，就像一个炮弹一样。"

爆炸弹：道光二十一年（1841 年）二月二十六日钦差大臣裕谦奏报："逆夷大肆猖獗，虎门被失，直逼省城……（清军）之所用空心飞弹，系因炮身较薄，膛口过大，装药多则虞炸裂，装药少则实心铁弹不能致远。若改用小弹，则弹子与膛口不合，施放不准。是以将铁弹挖空，实以火药，以配合膛口之大小受药之重轻。我中土本有此法，现在福建省因新炮膛口过大，即用此弹，浙江军需局亦有之，不足为奇各缘由，明白通饬沿海地方文武官兵，以破其惑而壮其胆。"时人张集馨记载当时的厦门之战，"文武员弁制造大小炮数十尊，安放城上。余看城外居民铺户，聚居鳞次，即有警而炮亦难施，排列多尊，饰观而已。又造炸弹、铁蒺藜等物，尤属无用。铁蒺藜所以限马足，逆夷使舟而不使马。闽省一线石道，若埋蒺藜，则必先去石，断无如此办法。炸弹不过一二里，亦不能及其船只；且炸弹有炸有不炸，或掷出而终不炸，或甫然而即炸，分寸时刻最难定准。"不过，在战争的全过程中，中国火炮多以球形实心铁弹为主，故魏源在《筹海篇》中说，英人的一切概不足惧，我都有切实的办法对付它，"然有一宜防者则曰飞炮，非谓悬桅上之号炮，而谓仰空堕弹之炸炮也。我之炮台虽坚，而彼以飞炮注攻，炸裂四出，迸射数丈，我将士往往扰乱……宝山则以飞炮而众溃，由之观之，夷之长技曰飞炮。"

英军的球型实心炮弹，分普通的熟铁弹和灼热的实心弹两种。熟铁弹用蜡模铸就，浑圆如地球，特点是射程较远，穿透力一般。小口径炮用的都是这种炮弹，大口径炮也配有一定比例的实心炮弹。这些炮弹气动性不好，出膛之后会在空中翻滚颠簸，弹道偏差很大。当时西方战舰是用硬度和弹性都非常优秀的橡木制造的，厚达 10 厘米，在较远的距离，圆形的炮弹不足以穿透这种橡木船身。灼热的实心弹，始用于美国独立战争时期，"这种炮弹极易燃烧，命中目标也比较精确，与过去效果没有把握的漂浮式火攻船和火攻筏相比，确是一项很大的改进。"恩格斯在成书于 1858 年的著作《RS 弹》中云："一个铸造的金属球被加热后就具有纵火能力，在加热的炮弹与火药之间放置浸湿的毡垫，就能够发射这样的抛射物而不会让它过早地引燃火药。"

链弹和杠弹：《炮兵》著作中云："大约在 1600 年……还有一项重要的发明，即链式霰弹和普通霰弹的发明。"道光二十二年十月初一日靖逆将军弈山等奏："查夷人所用大炮子多用空心，亦有空心者，今仿照制造，庶几模大质轻，可期攻坚致远。又将空心炮子，分作两半，炼成熟铁，中系铁链，约长尺许，用时将铁链收入空心，仍旧折合，无异寻常炮子。一经轰击出口，则两半飞舞，形如蝴蝶，击中夷船桅索，即行钩挂焚烧，名为蝴蝶炮子。”

霰弹：分为普通的霰弹和改良的葡萄弹两种。17 世纪以来，欧洲出现了将子弹或金属碎片装入一个铁皮桶内制成的霰弹，里面装填数十颗铅弹，铁皮桶出膛即分解，于是数十颗铅弹向前以扇面飞行，用于杀伤集合的人马。今美人杜普伊云：“葡萄弹是 18 世纪晚期和 19 世纪初期主要用以杀伤人员的炮弹。把小铁珠用布、网状织品或木匣子包装在一起，用炮射击出去，就是葡萄弹。用这种炮弹杀伤开阔地形上行进的步兵，往往产生灾难性后果，其主要缺点是射程近，对利用起伏地形之敌，杀伤效果不大。”英参战军官伯纳德对发生在 1841 年 1 月 7 日的大角、沙角之战云：“复仇神号适时赶来，从两门基准炮倾泻出一连串葡萄弹和霰弹，接着它成为这次最残酷战争的实况的见证。”

开花弹：分为内装黑火药的开花弹、装有定时引线的榴霰弹和内装纵火药剂的 RS 弹等种类。15 世纪下半叶，欧洲出现了球形爆炸弹，这是一种在重炮和臼炮上使用的一种内装黑火药的空心铁弹，是当时炮弹中最大的一种。内装定时引线的榴霰弹，又分圆形和尖头筒形两种。圆形“榴霰弹”是 1784 年英国皇家海军的亨利·施雷普内尔中尉发明，又以他名字命名为“谢尔弹”。今人云：“把弹珠（通常小于葡萄弹的铁珠，常用铅而不用铁制造）安装在炮弹内，装上定时引信，使其在敌步兵上空飞行时爆炸。这样就克服了上述葡萄弹的两个缺点：炮弹在引信引爆之前已飞行相当距离，而在开阔地上的部队无法躲避空中爆炸后飞溅下来的弹丸……但是这种新弹药，有它严重的固有缺点，如很难让引信在准确的瞬时引爆，就是引信工作性能完好，也只有高度熟练的炮手，综合考虑距离、方向、敌上空爆炸高度等诸元以后才能进行射击。所以榴霰弹尽管成效卓著，在 19 世纪使用尚不普遍。”中国人亦如此认识，道光二十三年七月二十七日道光皇帝的上谕中云：“空心炮子炸裂飞击一条。亦恐无裨实用，缘炮子既出炮口，空中炸开，飞击何处，并无定准。即如英夷善于飞炮，其所用炸炮亦多有不能炸击者。”

今有人云：“在 19 世纪，火炮发射的圆形炸弹发展成为尖形炮弹，这就像早期的能够爆炸的弹刃，仅有的真正发明是引信，它已变成一个前端有尖头的木制塞子，里面填满火药，用锤子敲进弹丸，在炮弹发射时由爆炸的气浪点燃。”今人撰写的著作中，刊载有鸦片战争时期英军使用过的球形开花炮弹图片。今福建林则徐纪念馆陈列有第一次鸦片战争时期英国舰炮没有爆炸的飞弹空壳（尖头筒形）。

欧洲 15 世纪发明内装纵火剂的 RS 弹。“RS 弹为装满易燃剂的炮弹。它在燃烧的时候，火焰通过三四个孔射出来，很难把它扑灭。用臼炮、榴弹炮和加农炮发射这种炮弹就像发射普通爆炸弹一样，它们的燃烧时间为 8 分钟至 10 分钟。将这种药剂用火熔化，在炽热的时候注入炮弹，或者用液体润滑脂把它做成浓密的物体，然后装入炮弹。燃炮弹的弹孔用软木塞或木塞堵住，装满了易燃剂的中心管通过这些塞子进入炮弹内部……RS弹主要是在进行炮击的时候使用，有时用来轰击舰船，虽然在后一种情况下，RS弹几乎完全被炽热的实心弹代替了。因为这种炽热的实心弹制造比较容易，能进行比较精确的射击，燃烧的作用也大得多。”道光二十一年十月初六日靖逆将军奕山奏：“夷人炸炮落地，始行轰裂四击，毒火满地，即使牌可护身，不能前进。夷人闯至，徒手亦不能杀贼。”

1826年，英军开始采用爆炸弹，1839年英国开始装备改良过的桶型尖头开花弹，圆锥形的前部穿甲性能大大提高，反过来又促进了铁甲船的诞生。但在20～30年代爆炸弹并未普遍受到青睐，因为这种弹炮在远距离射击时其准确性远不如实心弹炮。所以，直到30年代，英法海军的舰炮大约只有40%～60%属于爆炸弹。战争之时，以上的新式RS弹、葡萄弹和爆炸弹，就是英人“炮利”的秘密之所在。在战争中，当尚未深入了解敌方炮弹的构造原理的时候，所能直接感受到的就是他们使用的炮弹的威力。

5）中英双方火药质量方面比较

鸦片战争前后，中英黑色有烟火药处于同一发展阶段。但是，清军制造的火药，以手工作坊或工场生产为主，无法提纯硝和硫，亦无其他先进的工艺设备进行粉碎和拌和，只依靠石碾等工艺。若硝、硫、炭比例中含硝量过高，则容易发潮，难以久贮，爆炸效力低。战争之际，清军火药（黑火药）比例配比有了进一步的改进，基本上达到英军的水准。福建水师提督陈阶平、福建监生丁拱辰对西洋火药制作之法颇有研究，他们配置的火药，尽管还是手工操作的方法，但是由于对原料选炼的严格，硝、硫、炭的组配比率比较得当，所以所制火药可以与英军火药相匹敌。

在火药的配比方面，道光二十年九月十四日陈阶平奏：“奴才督造加工火药，于六月初二日竣工。初四日有英夷兵船闯入厦门。初五日，官兵即以新约轰击。该夷不防内地火药如此猛利，猝遭创毙多命，立时惊窜。嗣准督臣咨知厦门新药得力，现饬省局续拨硝两万斤、磺三千斤，委解前来。接手赶紧配置，连新陈火药有两万余斤，仍形短绌。现在咨催督抚添购硝磺，多贮火药，为有备无患。奴才愚昧识浅，图报念切。伏思沿海防夷，处处加工制造火药，多铸万斤火药，自可击沉夷船，重用火攻，歼灭逆夷，以除后患。谨将加工造药、续提硝斤各条进呈御览。•可否仰乞天恩，敕下各直省，一体照式制造。俾使英夷丧胆，不敢再来窥伺。”九月十四日道光皇帝谕令：“陈阶平奏加工制造火药，并将煮炼硝斤各条开单呈览。福建制造火药，现经该提督督造加工，轰击颇为得力。著各直省一体照单如式制造，以资利用。”这里，陈所配置的火药比率是牙硝8斤，磺粉1斤2两，炭粉1斤6两，三者的比率大致是：76（128）：10.7（18）：13.3。

在火炮的装药量方面，清军规定每百斤炮重配火药四两。《海国图志》中云：“凡中西大小炮位，自五百斤至五千斤止。每百斤用营制火药四两，而炮弹用薄棉先裹，外加红布包缝周密……如夷炮四千斤，乃四千磅，实重三千斤，用药七斤八两。中有身短而口大者，则加用十分子二亦无妨。惟演放时听声用药，临演之际，预用红布袋，每包二斤或三斤，可以写明，用时送入炮腹逐包椿实，用引门锥，用力插看，以实为度。"

以上可看出，清军已有性能不次于英军的火药，除福建省外，其他一些省份也曾制造使用。如道光二十一年五月二十三日署江苏巡抚程矞采奏报："火药一项，臣在省严饬营员，照上年钦颁前任福建提督陈阶平所奏提硝舂炼各法，加工制出一万余斤，眼同点放。试之于手掌而掌不热，试之于纸而纸不燃，已解至上海局，妥为受贮。"但由于清朝社会制度方面的弊端，致使清军在许多战争中仍然使用质量粗劣的火药与英军作战。如1841年1月7日的大角、沙角之战，《英军在华作战记》中云："中国火药库是普通式的建筑之一，里面存着几千磅粗火药，装在木桶或泥罐中，我们全部投之于海。因为虽然中国火药的成分几乎和我们的相同，却是一种粗劣的东西。"接着英军进犯虎门、广州，导致"逆夷炮无虚发，我炮虽发无准，火药半杂泥沙，轰击不能致远。"

19世纪初英国的火药制造工业，已经居于世界各国的领先地位，火药生产如提纯、粉碎、拌和、压制、烘干等工艺已进入近代工厂的机械化生产阶段。其主要特点是：采用物理和化学方法，以先进的工业设备，提炼纯度的硝和硫；以蒸汽机带动转鼓式装置，进行药料的粉碎和药料的混合拌和；用水压式机械，将配置的火药放在碾磨上，压成坚固而均匀的颗粒，使火药具有一定的几何形状和密实性；使用机械式造粒缸，将火药块成大小均匀的火药粒；对制成的粒状火药，放在烘干室内，用蒸汽加热器烘干，使之保持良好待发的干燥状态；用石墨制成的磨光机将药粒的表面磨光，除去气孔，降低吸湿性，以延长火药的贮藏期。这些先进的工艺，保证了英军火药的优良品质。

在火药的配比方面，英国化学家歇夫列里在1825年经过多次实验后，提出了黑色火药的最佳化学反应方程式：$2KNO_3+3C+S \rightarrow K_2S\downarrow+N_2\uparrow+3CO_2\uparrow$。据此，在理论上，硝、硫、炭的组配比率以74.84%、11.84%、11.32%为最佳火药配方。英国按照这一方程式，配制了硝、硫、炭的比率为75%、10%、15%的枪用发射火药，以及组配比率为78%、8%、14%的炮用发射火药。在火炮装药量方面，恩格斯的《炮兵》著作里写道："现在，英国野战炮兵几乎完全由9磅炮组成，这种炮的长度为口径的17倍，重量按炮弹重1磅、炮重11/2英担（注：1英担约50.8千克）计算，装药量是炮弹重量的1/3。"

6）中英双方火炮射程方面比较

火炮的射程可分最大射程和有效射程两种。战争之时，中英火炮分类众多，其弹药装填量、铅子大小不同，作战要达到的目的各异，发射时又分仰、平、倒三法，其射程自然差异悬殊。不过，此时的中英火炮一则都是17世纪以来欧洲普遍采用的重型前装滑膛炮，炮弹出膛，飞行路线摇摆不定，不易致远；二则当时炮身和炮弹的机械制造技术尚无规格化，与此后所用的后装线装炮相比，无论从形制上还是从制造工艺上都要简单得多。这种基本的技术原理决定了鸦片战争时期中英火炮的射程，不可能有决定性的进步和提高。

以虎门大炮为例，该炮台建设的关键时期是1835～1839年，由关天培主持。林则徐主粤之前，虎门炮台上就架有行商购买的洋炮，林主粤期间，曾向澳门葡萄牙当局订购了200余门铜制或铁制大炮。道光十五年二月二十二日关天培上折："虎门海口……以沙角、大角两炮台为第一重门户，南山、镇远、横档三处炮台为第二重门户，大虎炮台为第三重门户，层层控制，本属得宜，因大角、沙角两炮台，中隔海面，一千数百丈，本在大洋之中，遥遥相望，现在山脚又涨有船涂，船只经由离台甚远，两边炮火均不能得力。惟镇远、横档两炮台，南北斜峙，南山炮台在镇远以东，形如品字，错综布置，中隔水面止三百余丈，形势犹紧联络，当饬署参将佘清等在横档试放大炮，炮子正及海面中泓，实为扼要……但五千斤以下炮位，炮子及远自一百余丈至二百、三百丈不等，力量尚薄，必须六千斤以上大炮，方能致远摧坚。"二十九日，关天培折："本提都率同署参将佘清、署守备陈魁伦，亲勘得大角、沙角两炮台，系东西斜峙，丈量口宽一千一百一十三丈，潮水退定中泓，量深四丈二尺，两傍水深自三丈余至二丈三尺止，全系泥底，试演三千斤大炮，炮子仅及中流，强弩之末，无济于事，是第一重门户，炮火已不得力。"

关天培的《筹海初集》，成书于1836年前后，是他写给清廷的奏章文集，也是他镇守虎门各炮台的实战经验总结。故关在这里所说的第一层门户中3000斤大炮556丈（注：清代1尺等于今公制32厘米，556丈等于今公制3.56华里）的最大射程方面的数据（此处很可能是夷炮）应该是非常可信的。关对第二重门户中所说的摧远致坚，可理解为有效射程。据此以观，既然旧式6000斤以下炮位最大射程为300丈，那么6000斤以上重炮的有效射程当为300丈以上，因此，认定当时重型火炮的有效射程最大在1000米以上，应该是没有疑问的。

鉴于以上鸦片战争档案史料和分析，战争前夕，中国购买的重型夷炮的最大射程在4华里之内，有效射程约为2～3华里。而中国原有旧式重型火炮的射程应小于这个数据。

清军新铸重炮的射程，以红夷炮为例。战争前后，清军在沿海、内陆各省铸造了大小不等的红夷炮型火炮，分1000～8000斤乃至万斤以上等多种。道光二十一年五月二十二日江西巡抚钱宝琛奏："奉两广总督饬令赶造土模三十具，现已遵式陆续先铸成三千斤铜炮二十尊，一体打磨光滑，造齐炮架。会同营员将炮运至空阔处所，于相距里许竖立两层皮靶，连日演试。每炮一位，用火药一百二十两加铅子一百八十两，响声俱属洪亮，其子透过皮靶仍行三里有余，堪以摧坚致远。"十月十九日，钦差僧格林沁等奏报："赴海口炮台，演放炮位……当选得长两丈余废船一只呈验。奴才等随令于海河距炮台六七里外上流安放，装载柴草，当将炮座对准船只，逐加演试。其过火出炮均及灵捷，远可抵船，甚或过之。”《海国图志》中云：“世俗传闻之说，谓大炮响若霹雳，声震三百里，弹子可击三四十里，一遭轰击，山崩地裂，屋宇被击，坍塌平地，此皆未经演试之谈。殊不知炮响大小一样，极大者声震五十里，大小炮皆发里许……所以夷人交锋，如在一里之内，不甚开炮。必在相距五六十丈及八十丈之内，彼始开炮，十可中七八也。若至一里之远，弹子多坠，无力难准，虽可加高相补，究是无力。”《用炮远近疑释》条中又云：“向闻大炮击远二三十里，姑之不信，意者或有十里，其弹子弯者不计，直者想有六七里可用。”从上述几则档案史料看出，清军新铸的巨炮的最大射程可达7～8华里。

战争之时，英军火炮仍然多属于17世纪以来的加农炮系列型，其有效射程，今英国学者认为：“欧洲风帆时代的火炮从纳尔逊（注：生卒年1758～1805，英国帆船时代最著名的海军将领）时代以来，火炮的有效射程和杀伤力都没有什么提高……就有效射程来说，前膛装滑膛炮对于1英里（注：1英里＝3.218市里）之外的目标，几乎没有杀伤力，也就是说其有效射程不超过1英里。”其最大射程，据史料记载，1842年8月8日、10日、11日、12日，钦差大臣伊里布的家人张喜等人4次登上英国军舰，发现“其船之头尾，安设两大炮，俱系自来机关，封口炮子式如雷槌，底有小口，口用绵封贴，内包小子，类百颗，名为飞弹。”据云：“可打九里，并可攻城。”

鉴于此，战争时期，英军的重型火炮，其有效射程在3华里左右，最大射程9华里之内，看来英舰重型炮的射程不一定大于清军海岸重型炮的射程。道光二十一年二月十九日钦差大臣裕谦奏：“英逆所恃惟船与炮……至于数千斤之大炮，夷船虽能任载，而只可施于深水外洋，不能施于近岸之内洋。盖内洋水浅，近岸又必有明沙暗礁为之拦护，若放此数千斤之大炮，船必倒退，一经搁浅，船底着实，立刻震裂。故在内洋施放，亦止一二千斤及数百斤之炮，不过口门窄而后身宽，多受火药，且施放灵熟，较官炮略远一二里，然亦止及数里之内，实无远及十余里之事。”

7）中英双方舰炮品质方面比较

首先，清军水师的木质舰船小、易腐蚀、航速慢、笨拙、在航率低。战争之时，清军水师最大的船只是福建横洋棱船和广东米艇。横洋棱船长为8.2丈（27.3米），宽为2.6丈（8.7米）；广东米艇长9.5丈（31.7米），宽2.06丈（6.8米）。船首一般没有保护装置，不能撞击；靠人力划桨并配以少量小型风帆航行，航速慢，经不起风浪颠簸。战船为双桅纵帆，尚未采用转舵装置，继续使用那种依靠7～8人在甲板上大幅度用力转舵的方法。造船工艺落后，与英军军舰相比，战船虽小，但相当笨拙。船体容易腐朽，需要经常修缮，9年以后已基本上不能再用。

其次，清军战船，由于过于简陋，不能负载过重，一般只能配置数百斤至

1000 斤重的火炮，且装备大多还是旧式枪炮和各种传统的燃烧性火器。鸦片战争前，福建外海水师战船以同安梭船为主，最大的集字号配备重量不超过 2000 斤的火炮 8 门，炮位均安在舱面，炮手无所遮蔽，易受火力杀伤。广东外海水师有少量被称为“体势壮阔，安炮最多，俨若炮台”的红单船，其实长仅 10 丈余，宽 2 丈左右，只载官兵 80 人，配备数百斤至 1000 斤火炮 20～30 门。另一种可勉强在外洋作战的大号米艇，每船设官兵 65 名，配备近千斤至二三千斤火炮 12 门，另有火箭、喷桶、火罐等火器。但这种米艇，全省只有 51 艘，堪用者仅 2/3。中国战船因为质量低劣，几百斤至 1000 多斤重的铁铸火炮，其射程只有 300 多米。道光二十年七月初六日闽浙总督邓廷桢云：“夷船以全条番木，用大铜钉合而成之，内外夹以横板，船旁船底包以铜片，其大者可安炮三层，而船身不虞震裂，其炮洞安于舱底，夷兵在舱内施放，藏身既固，运转迹灵。内地师船，广东名为‘米艇’，船身较大，福建名为‘同安梭船’，以集成字号为极大，然皆不敌夷船十分之五，向以杉板为之，惟桅舵木坚致，船之大者配炮不过八门，重不过二千余斤，若再加多，则船身吃重，恐其震损。且炮位安于舱面炮兵无所障蔽，易于吃亏。此向来造船部定则例如此，其病不尽在偷工减料，是所谓势不均而力不敌者，非兵之势不敌，而舰炮之力实不相敌也。”

首先，英军战舰高大、抗腐性强、抗沉性好。道光二十二年七月二十日，参赞大臣齐慎奏：“大夷船，长三十二丈五尺，头尾宽三丈，船身吃水一丈，出水一丈六尺，周身内外均用白铁包裹，惟底用铜包。船身内有三层，其留一层炮眼者，一面炮眼十八个，每眼安大小炮二尊，一船共安大小炮七十二尊。”船体装有纵帆设备的高大船楼已被淘汰，军舰降低了重心，航行更安全了。

其次，英舰机动性和航速远在清军水师之上。鸦片战争时，英国的战列舰全部依靠风帆。各种海船、军舰的舵柄已经用缆绳与装在后甲板上的舵轮连接起来，改变了过去那种靠人力在整个甲板宽的地方大幅度转舵的笨拙方法，从而提高了军舰的机动性，节省了舵手人数。船首部纵向三角帆和桅杆之间的支索帆比仅仅采用横帆航行起来更能吃风，横帆因增加了翼帆，使驱动力得到加强。桅杆有两桅或三桅，悬挂十余面帆，能利用各种风向航行。满帆时，一艘大型帆船可以挂起 36 面帆，以 10 节的航速破浪前进（注：10 节＝37.04 华里）。19 世纪 30 年代出现的蒸气动力铁壳明轮船，已开始装备海军。如英国海军的铁甲舰“复仇神号”战船，尽管吨位小，安炮少，在西方正式海战中难期得力，但因航速快、机动性强、吃水浅等特点，在中国沿海和内河横行肆虐。

再次，英军舰队以其强大的海军和火炮数，横行于中国东南沿海，决定了战争的时间、地点和规模。当时英国战舰大体上标准化为 6 个“等级”。头 3 个等级属于 3 桅横帆大战舰：1 级有 3 层甲板，共配备 100 门或 100 门以上火炮；2 极也有 3 层甲板，共配备约 90 门炮；3 级也就是作战舰队中的载重炮，有 2 层甲板，共配备 64 至 74 门炮；4 级是按折中方案建造的，配备有 50 门炮（2 层甲板），称为巡洋舰，有时也用在海军作战队列中。参加鸦片战争的3艘战列舰麦尔威厘号、威厘士厘号、伯兰汉号炮位数都是74门。1840年6月22日，英军有舰16艘，载炮540门，迄至1842年英军进犯长江前夕和过程中，英军的增援使海军拥有军舰25艘，载炮668门，轮船14艘，载炮56门。

8）中英双方火炮的机动性、射击精度和射速方面比较

战争时，中国火炮的主要问题是侵彻力不够和命中精度不高。侵彻力不够主要是因为许多火药不好；命中精度不高，原因则比较复杂，主要是火炮缺乏可以灵活转动的炮架。至于双方火炮的射击精度，英军已对弹道学作过初步研究，瞄准器具也已具备，使之射击精度大大提高。清军火炮射击，士兵大多凭经验。这使得双方火炮的命中率差距甚大。至于双方火炮的射速，历来因程序复杂而发射缓慢，东西方皆然。

以火炮的机动性而言，战争前后，清军对炮车、炮架不甚重视，许多火炮没有炮架，一些炮架只能调整高低夹角而不能左右活转，限制了射击范围。道光二十二年十月一日，靖逆将军奕山等奏："查从前旧式炮架笨滞坚涩，旋转不能如意，且系寻常杂木，木性松脆，一经炮发震动，榫缝开裂，既难取准，又不能再行施放。况从前所用炮位数百斤及一千斤上下者居多。"当然，清军随后曾对炮架也做过一些改进，如丁拱辰于1840年设计了火炮的滑车、绞架和旋转活动炮架，在广东被用于陆上炮台和兵船。1841年龚振麟在镇海铸炮局督造火炮时，制成磨盘形枢机式炮架和四两炮车。

在火炮的射击精度方面，战争期间，清军一则以海岸巨炮对付海上舰炮，射击精度很差。二则明末以来的测量火炮发射角的铳规，士兵大多不会使用。三则使用这样的瞄准法："旧法测视数端，有用锡片钻三空，安在炮尾上面窥之者。有用木板二片各开两空，前后悬葫芦者。有或悬垂珠，分安前后，二形相切，对线演放者。此二式谓之星斗，仅可以定偏正，而不可以定高低。唯有用竹管窥者，不拘定对靶，能知变通，上中下转移，斯可权用。"《英军在华作战记》对虎门炮战中的清军火炮的描述："我军发现这些炮台中的许多大炮都装有瞄准器。瞄准器是笔直的金属片，钻着三个孔眼，用以射不同的距离。炮口装药的填塞料也完全是模仿我们的而造的。"当然，清军在战争后期，也在学习明末从西洋引进的铳规仪器（此时叫象限仪），试图提高火炮的射击精度。

9）中英双方火炮性能方面比较

A. 火炮的射速

清军火炮装填程序复杂，费时多，射速慢，如果第一发不中，则第二发已因敌舰远去而鞭长莫及。火炮每分钟可能达到1～2发，但炮管无法承受持续射击，隔一段时间就需休息以冷却，故每小时平均只可能发射8发，每天通常不超过100发，且铁炮在射击600发，铜炮约100发后，就已不堪用。战争之后的林则徐对此深有体会，他在1842年8月被谴戍伊犁行次兰州时，回忆中英双方火炮射速的差别："彼之大炮，远及 10 里内外，若我炮不能及彼，彼炮先以及我，是器不良也。彼之放炮，若内地之放排枪，连声不断，我放一炮后，须辗转移时，再放一炮，是技不熟也。"

战争之际的英军重型火炮，射击速率一般已达每两分钟 3 发，其程序包括装入火药包，放入炮弹，瞄准开炮，清理炮膛，再装入火药包、炮弹等。1832 年清地理学家萧令裕所著的《英吉利记》中记：其国"有大铳，能于两刻间连发 40 余次，恐涉于夸，然亦可见其概矣。"

B. 火炮的机动性

战争之时，英军的火炮都使用了统一尺寸的旋转炮架，为了便于机动，炮身可在分解后吊离炮架，装入专用炮箱；炮架用车牵引，可以迅速转移，设置新的火炮阵地。1840 年 8 月，大沽谈判，钦差琦善委派千总白含章登上英国军舰，发现英舰"舱中分设三层，逐层有炮百余位，又逐层居人，又各开有窗扇，平时借以眺远，行军即为炮眼，其每层前后，又各设有大炮，约重七八千斤。炮位之下，设有石磨盘，中具机轴，只需转移磨盘，炮即随其所向。"

C. 火炮的射击精度

就火炮的射击精度而言，18 世纪中叶，英人在罗宾斯（1707—1751）和欧拉（1707—1783）等人的努力下，火炮射击精度发生了革命性的改变。战争之际，英军火炮的射击精度，据《海国图志》中云："彼船在洋，进退活动，且娴习日久，熟知炮性，击八十丈以外，炮口加高，量高补坠。有量天尺插在炮口，以定远近。加高度数，折为尺寸以补坠数，兼炮架活动，上下四旁，多系滑车，轻快便捷，皆中国营兵所不习……其铸法合度，多以引门上长方形为表，或安头上或安尾后，或头尾皆安，亦合度数……演时或用千里镜，或就引门测试对靶，自一十丈至百丈左右，皆有逐处加高补坠高低转移。如击七八十丈及百丈，制一象限仪，插入炮口，如上段所述方法加高一度，至五十丈高八尺七寸四分，至百丈高一丈七尺四寸八分，攻击甚准。"

总之，由以上中英双方火炮技术性能诸方面的比较中可以看出，鸦片战争时期英军火炮技术关键之处的先进性是毋庸置疑的。同时，由于西方军事思想的发展，不断追求武器性能、质量的更新变化，从而使武器装备迅速走向近代化、科学化。先进的武器和战争理念两方面的有机配合，将人和武器组合成一部精密的机器，因此，英军在战争中屡战屡胜。反之，清军火炮虽不是一无是处，但和英军火炮相比，存在质的差别。两者本质的差别在于技术关键之处改良的成功与否，再加上迟迟未能走出中世纪的战争理念，清军在英军精良的武器和先进的战争理念面前，急切间难以找到制胜的法宝，因此，在多次战争中屡战屡败。

以上分析了清朝在鸦片战争中在国力对比上的落后，也就是人们常说的"落后就要挨打"。19 世纪中叶，英国已成为一个工业发达、科学昌盛的资本主义强国。它的幅员虽只及中国的1/36，人口仅及中国的1/16，但它的殖民地附属国遍及世界各大洲，拥有雄厚的人力、物力和财力。而当时的中国则是一个没落的封建帝国，没有工业，以农业和家庭手工业相结合的自然经济占据统治地位，在封建主义的桎梏下长期停滞不前。满汉地主贵族统治着中国，政治反动腐败，对外闭关自守，科学文化遭到窒息，国势与英国相比整整落后了一个历史时代。不过，鸦片战争并不是英国倾其全力进行的以征服中国为目标的一场全面战争，而仅仅派出了万余侵略军，以迫使清王朝屈服为目的的有限的局部战争。在这场战争中，中国是被侵略者，正义完全在中国一边，清王朝抵抗外国侵略，能够激发起官兵的敌心，并取得各阶层人民的支持。而英军则出师不义，遭到本国人民和各国人民的反对。清军在本土作战，可以依托预先设置的国防工事，地形熟悉，补给方便；而英军远离本土，交通阻隔，指挥不便，补给困难，人地生疏，水土不服。清王朝只要能正确地认识和估量敌情，充分利用和发挥自身的有利条件，克服不利因素，英国侵略者是完全可以被战胜的。但是，由于清王朝在主观上犯了一些错误而最终导致了鸦片战争失败。

1）不能了解敌人，对敌判断失当

清王朝是一个没落的封建帝国，长期以来，它夜郎自大，闭关自守，盲目排外，视外国为“蛮夷”，拒绝一切先进的思想和科学文化的传入。因此，清廷同西欧各国进行贸易虽有近200年的历史，但都是外国人到中国来，而很少有中国人到西欧去，更谈不上对西方列强有什么深入的研究和认识。林则徐是较早注意了解世情的人物之一，史载：“林则徐至粤，日日使人刺探西事，翻译西书，又购其新闻纸”，从中了解西方列强的情况。不过，由时间短，手段少，翻译人才缺乏，他对西方列强的了解是很有限的，对英国的社会制度、经济和军事实力的了解也甚为肤浅，因此，所作的判断往往不够准确。直到英国舰队已在来华途中，林则徐仍向道光帝奏称：“英夷近日来船，所配兵械较多，实仍运载鸦片。奸夷借以扬言恫吓，以求得准许其贸易。现在各兵船只在外洋游奕，此东彼西，总无定处。此外别无动静，诚如圣谕（该夷）实无能为。”可见林则徐对英国政府出动海陆军大举进犯中国也完全缺乏了解，这当然会影响广东方面战备工作的加强。至于其他沿海省份的战备工作就更加欠缺，英军抵达浙江定海时，兵勇都毫无准备，大沽口的大炮都不堪用，天津、大沽驻防的清军总共不及千人，这与清朝上下对英国将发动的武装侵略了解甚少有直接关系。

2）和战方针不定，战略被动多变

在鸦片战争中，英政府对侵略中国的远征军训令，原则明确，要求具体，并给前方指挥员在执行过程中，保留有根据情况自行决断的充分余地。纵使后来战事曾多次变化，统帅几度易人，但英国的战略要求基本未曾改变。可是，清朝方面的情况则完全不同，清王朝对战争的态度，前后有过多次的变化。这除了英国是发动侵略的一方，握有战争的主动权，而清王朝则是被侵略的一方，处于被动地位的原因外，也与清朝方面对本身力量的盲目自信和对英国的侵略意图一无所知有直接关系：战前和战初，以守为攻，以逸待劳；不在远洋与敌接仗，设法诱敌登岸聚而歼之；广州之战后，则以委曲求全、息事宁人的姿态避免与英军正面对抗；英军第二次北犯，清廷又决意以武力与英军进行较量；浙东反攻失败后，清廷又丧失了使用军事手段战胜英军解决中英纠纷的信心，带之而来的是屈服和妥协。由于清方对敌情缺乏起码的了解和准确的估计，因而和战不定，战略方针多变，时而增兵，时而撤兵，导致很多前方将帅手足无措。清王朝是一个封建专制帝国，皇帝集军政大权于一身，和战决策也操于一人之手。决策者远在北京，战事则发生在数千里之外，通信不便，上下隔膜，各地的情况既不能及时上达北京，皇帝的谕旨也不能及时抵达前线，朝廷的决策常常落后于变化了的形势，前方的将帅又未被授予临机处置之权，还不得不遵照执行，再加上前线将领为减轻罪责，往往夸大敌情和谎报战果，就使得这种状况更加严重。

3）军政素质低下，战斗能力不高

清王朝建立二百年来，无论八旗、绿营均已腐朽，加之清王朝“承平日久”，将士兵丁均未经战阵，既缺乏实战经验，又缺乏严格的训练，根本不能打仗。这支军队镇压人民或是里手，抵抗外敌则是外行。而且军制十分落后，平时星散于各营汛，忙于繁重的杂役，很少训练；由于薪饷过于菲薄，致使有的官兵不得不兼习手艺杂业，以养家糊口。待到战时，临时从各营汛零星抽调，拼凑成军，因而兵与兵不相习，兵与将不相知，营伍散漫，心志不齐，难以形成有机的战斗集体，一旦临阵，兵不听将令，将不得兵力，一遇敌人，往往未战先逃。加之各级将领不善指挥，不懂战术，据守一地，只知株守炮垒，不布远势，各部炮火并不能有机配合，互相协同。每座要塞都仅一线设防，没有二线阵地，因此一处突破，全线皆溃。防守城镇要塞，往往只顾正面，不顾侧后。而且各路带兵大员仍视人民为仇敌，胡说什么“汉奸遍地”，“汉奸充斥”，“防民重于防寇”，“患在内不在外”，完全与人民处于对立的地位，更谈不上依靠人民并发动人民共同杀敌了。这使清军在战争中毫无作为，坐失良机，非但未能歼敌，反被英军所败。

总之，在鸦片战争中，由于清廷的腐朽没落、闭关锁国和软弱可欺，使得其在天时地利人和上都不处于绝对劣势的情况下，不仅战败，而且败得如此之惨。

参考文献

1. 杨振宁．近代科学进入中国的回顾与前瞻．中国科学基金，1994，(2)

2. 饶任坤．鸦片战争失败原因分析．学术论坛，1990，(5)：23～25

3. 王应林等．鸦片战争在军事经济方面的历史教训．军事历史，1990，(6)：8～11

4. 陈少牧．关于鸦片战争爆发的原因分析．华侨大学学报，2003，(5)：76～78

5. 赵锡铎．鸦片战争与当代中国．大连海运学院学报，1990，16：74～78

6. 杨广玺，李翠珍．鸦片战争失败原因及历史启示．锦州师范学院学报，1990，(3)：22～25

7. 李德征．鸦片战争是中国从闭关走向开放的历史转折．山东社会科学，1990，(5)：63～67

8. 郝海燕．儒家文化与中国科学：现代新儒家的见解．自然辩证法研究，2000 (11)：69～73

9. 赵蓓．论曾国藩成为中国近代科技事业巨擘的原因．湖南社会科学，2000，(3)：55～59

10. 郭红娟．曾国藩与近代中国科技的重新起步．西安外国语学院学报，1999，(3)：53～57

11. 张超．曾国藩与中国科技的近代化．华中科技大学历史研究所，2007，(3)：115～118

12. 滕福星．中国现代科学之奠基——鸦片战争之后百年间中国科学技术成就．东北师范大学学报，1995，(4)：112～117

13. 韩小林．论洋务派与中国近代科技的发展．广西社会科学，2004，(1)：127～129

14. 汤菊平．洋务运动对中国近代科学技术的影响研究．东华大学硕士学位论文，2005

15. 江谓滨．近代中国科学家．上海：上海人民出版社，1988

16. 宋子良．中国第一艘蒸汽船．自然辩证法通讯，1992，(1)

17. 谢长法．清末农业科技的引进．琼州大学学报，1988，(3)

18. 胡德海．中国早期留美学生返国后的前程、事业与结局．甘肃社会科学，2002，(5)

19. 中国天文学史整理小组编著．中国天文学史．北京：科学出版社，1981

20. 张柏春．中国近代机械工程一百年．自然辩证法通讯，1991，(3)

21. 李玉．曾国藩与中国近代科技人才．贵州师范大学学报，1994，(3)

22. 沈春敏、李书源．近代科技在中国的引进与传播．社会科学战线，2000，(6)

23. 史革新．辛亥革命时期的近代科学传播．辛亥革命与二十世纪的中国会议论文集，1786～1809

第三篇
中国现代科技成就

在本书第二篇中的“中国近代”是指1840年鸦片战争到1949年中华人民共和国成立这段时期。据此，“中国现代”就应是1949年中华人民共和国成立以来的时期。

本书第二篇中详细叙述了近代中国由于科技落后，以致军事装备和作战能力大大落后于帝国主义列强，从而使中国遭受到从未有过的奇耻大辱。因此，中华人民共和国成立后，国家领导核心出于增强国防和提高全国人民生活待遇及保护自然环境等全方位考虑，把发展科技一直放在极其重要的地位，现代中国科技取得了显著进步和发展。

新中国成立以来的科技发展情况

1949 年 10 月 1 日中华人民共和国成立时，全国仅有 30 多个专门研究机构，全国的科研技术人员不超过 5 万人。

1949 年 11 月，在原中央研究院和北平研究院的基础上成立了中国科学院。作为新中国由中央政府管辖的一级研究机构，在随后几年里陆续成立了中国科协、中国气象局、国家地质部等工农业科学技术管理、协调与研究的机构。中国的科学技术发展进入新的历史阶段。

新中国的建立，激发了大批海外学子的殷殷报国心。正在美国伊利诺伊大学任教的著名数学家华罗庚，听到中华人民共和国成立的消息后异常兴奋，毫不犹豫地放弃了在国外的终身教授职务和优厚的生活待遇，毅然回国。1955 年，世界航空动力学家冯·卡门的学生、时任美国加利福尼亚理工学院教授的钱学森，历经险阻，回国效力。在回国后的几十年间，他为发展国防科技作出了特殊贡献。到 1957 年，归国的海外学者已有 3000 多人，约占新中国成立前在海外留学生和学者的一半以上。他们克服重重困难，纷纷回到祖国，其中大多数人成为新中国科学技术发展的奠基人或开拓者。在中国科学院选定的第一批 233 名学部委员（后改称院士）中，近 2/3 是这批归国的海外学者。

同时，中国政府大力培养科学技术人才，建立科研机构。在短短的时期内，中国初步形成了由中国科学院、高等学校、国务院各部门研究单位、各地方科研单位、国防科研单位五路科研大军组成的科研体系。

1956 年是中国现代科学技术发展史上的一个重要里程碑。是年 1 月，中央政府提出了“向科学进军”的号召，科学技术事业开始进入一个有计划的蓬勃发展的新阶段。这一年，国家科学计划委员会成立，并旋即组织全国 600 多位科学家和技术专家，制定出中国第一个发展科学技术的长远规划，即《1956 年至 1967 年科学技术发展远景规划》，拟定了 57 项重大任务。此规划提出的主要任务于 1962 年提前完成，从而奠定了中国的原子能、电子学、半导体、自动化、计算技术、航空和火箭技术等新兴科学技术的基础，并促进了一系列新兴工业部门的诞生。在提前完成《1956 年至 1967 年科学技术发展远景规划》的基础上，中央政府又制定了《1963 年至 1972 年科学技术规划纲要》，简称《十年规划》。

中央政府在 1958 年对科技管理机构进行调整合并，成立了国家科学技术委员会、国防科学技术委员会，各省（自治区、直辖市）、市、县陆续成立了各级科委，形成了相当完整的全国科学技术管理体系。中国科学技术事业进入国家计划下的现代发展时期。

1959 年，地质学家李四光等人提出了“陆相生油”说；1960 年，物理学家王淦昌等人发展反西格玛负超子；1964 年，中国第一颗原子弹装置爆炸成功；同年，周恩来总理在政府工作报告上首次提出要实现工业、农业、国防和科学技术现代化，简称“四个现代化”。1965 年，生物学家们在世界上首次人工合成牛胰岛素。在此过程中，中国形成了一批学科较齐全、设备较好的研究所。培养了一支水平较高、力量较强的科研队伍。到 1965 年，全国科学研究机构已经达到 1700 多个，从事科学研究的人员达到 12 万人。这是中国科学技术事业继续发展的基础。

不幸的是，从 1966 年开始，中国经历了长达 10 年的“文化大革命”。这场政治运动对中国的科学技术事业无疑是一场巨大的灾难。其间，科技管理陷入瘫痪，研究机构被肢解，广大科学技术工作者被迫停止科研工作，下放到农村或厂矿劳动。中国的科学技术几乎停滞不前。

尽管如此，中国科学技术工作者还是在极为困难的条件下取得了一系列重要成就。1966 年，中国第一颗装有核弹头的地地导弹飞行爆炸成功；1967 年，中国第一颗氢弹空爆成功；1970 年，“东方红一号”人造地球卫星发射成功；20 世纪 70 年代初期，数学家陈景润完成了哥德巴赫猜想中的“1＋2”研究，向着解决哥德巴赫猜想迈进了一大步。1976 年 10 月，“文化大革命”结束，中国进入了新的历史发展阶段。

1978 年 3 月 18 日，中国改革开放总设计师邓小平在全国科学大会开幕式上作了极为重要的讲话。他提出，要实现农业、工业、国防和科学技术现代化，关键在于实现科学技术现代化，并强调科学技术是第一生产力。邓小平的讲话极大地鼓舞了中国的知识分子。时任中国科学院院长的郭沫若先生，在大会上发表了著名讲话《科学的春天》。他用澎湃奔放、热情洋溢的语言，表达了“文革”结束后中国知识分子的喜悦心情和踌躇满志。这次大会预示着中国的科学技术事业将由乱到治、由衰到兴。

1978 年 12 月，在中国历史上具有重大意义的中国共产党十一届三中全会召开。从此，中国进入改革开放的历史新时期，也真正迎来了科学的春天。

1985 年初，中国科技体制改革进入有领导、有组织的全面实施阶段。在这个过程中，中国政府对其科技发展目标进行了影响深远的重大调整。1988 年，中国政府先后批准建立了 53 个国家高新技术开发区。此后，又先后制定了“星火计划”、“863 计划”、“火炬计划”、“攀登计划”、重大项目攻关计划、重点成果推广计划等一系列重要计划，并建立中国自然科学基金制，形成了新时期中国科技工作的大格局。

在此期间，中国也取得了巨大的科技成就：建成了正负电子对撞机等重大科学工程；秦山核电站并网发电成功；银河系列巨型计算机相继研制成功；长征系列火箭在技术性能和可靠性方面达到国际先进水平。

在 1995 年 5 月召开的全国科学技术大会上，时任中共中央总书记的江泽民正式提出“科教兴国”战略。这是继 1956 年号召“向科学进军”、1978 年召开全国科学大会之后，中国科技事业发展进程中第三个重要里程碑。

1997 年，中央政府批准了中国科学院关于建设国家创新体系的方案，投资实施知识创新工程。1998 年 6 月，中国成立国家科技领导小组，表明中国从更高的层次上加强对科技工作的宏观指导和整体协调。1999 年 8 月，中国政府召开全国技术创新大会，提出要努力在科技进步与创新上取得突破性进展。

2000 年以来我国科技事业取得的成就

1. 形成了比较完整的科学研究与技术开发体系

整体科技发展水平位居发展中国家前列。2000 年国内科学研究与试验发展（R&D）经费总支出为 896 亿元，占当年国内生产总值（GDP）比重的 1.0%，跃居发展中国家前列。在 R&D 经费总支出中，基础研究占 5.2%，应用研究占 17.0%，试验发展占 77.8%。其中各类企业支出占国内 R&D 经费总支出的 60.3%，已经接近发达国家的水平，表明企业逐步成为我国 R&D 活动的主体。

目前，已建成国家级重点实验室 217 个（其中包括国防科技重点实验室 60 个）、国家工程中心 188 个，认定国家级企业技术中心 294 个；国际权威检索机构收录的我国科技论文数 44536 篇，本国居民的专利授权量 92101 件，其中发明专利 3097 件。2000 年，高新技术产品出口额 247 亿美元；53 个国家级高新技术开发区的技工贸总收入 6774.8 亿元，工业增加值 1476.2 亿元。

2. 科技体制改革取得了突破性进展

国家确定的科技体制改革阶段性目标基本实现。科技工作的战略重点正在转向国民经济建设主战场，企业科技力量得到进一步加强，242 个国家级技术开发类研究院所已基本完成转制工作，多数科研机构的运作直接面向市场需求，知识创新工程试点取得初步成效，高校管理体制改革基本完成，科技资源得到了优化配置；民营科技企业迅速崛起，技术市场发展迅猛；宏观科技管理体制逐步完善，适应社会主义市场经济的新型科技体制初步形成，国家创新体系的建设正在逐步展开。

3. 基础科学研究领域取得成果

人类基因测序、纳米碳管和纳米新材料、寒武纪生命大爆发研究、微机电系统研究、南海大洋钻探等方面取得了重大成果。表面科学、非线性科学、认知科学以及地球系统科学等新兴交叉学科得到迅速发展。中国大陆科学钻探工程、大天区面积多目标光纤光谱天文望远镜（LAMOST）等八项国家重大科学工程的建设，为我国的基础科学研究创造了良好条件。

4. 高技术研究及产业化方面有所突破

载人航天技术、运载火箭及卫星技术等航天高技术取得了重大突破。两系法杂交水稻、基因工程药物、转基因动植物、重大疾病的相关基因测序和诊断治疗等技术的突破，使我国生物技术总体水平接近发达国家。高清晰度电视、“神威”计算机、大尺寸单晶硅材料、皮肤干细胞再生技术等重大成就的取得，使我国在相应领域跃入世界先进行列。国防科技的发展为增强国防实力奠定了坚实基础，促进了国防工业的技术进步。

5. 工农业科技获得进展

农业科技方面，仅“九五”期间共培育出600多个新品种，单产增产10%左右。推广水稻旱育稀植和节水技术、ABT植物调节剂和小麦旱地全生育期地膜覆盖栽培等重大技术，有力地保障了我国粮食增产目标的实现。

工业科技取得了若干重大技术突破，提升了重点产业技术水平。数字程控交换机、氧煤强化炼铁技术、镍氢电池、非晶材料等的产业化方面获得一系列重大成果。研究人员结合三峡工程、国民经济信息化、集成电路、秦山核电站二期等一系列国家重大建设工程，通过引进、消化吸收与创新，攻克了一批关键技术，掌握了若干重大成套技术装备的设计和制造技术。计算机辅助设计（CAD）、计算机集成制造系统（CIMS）等一批重大共性技术的推广应用，大幅度提高了企业技术创新能力。创新药物、水资源利用和保护、小康住宅、夏商周断代工程等一批重大项目的实施，中国科技馆二期工程及一批科普设施的建设，为社会事业的发展做出了贡献。

2000年以来我国科学研究取得的重大成果

1. 人类基因研究成就巨大

1999年12月1日，由英、美、日等国科学家组成的研究小组宣布已破译出首对人体染色体遗传密码，这是人类科学领域的又一重大突破。人类基因组计划是人类历史上与曼哈顿原子弹工程及阿波罗登月计划齐名的人类三大科学工程之一，但其价值和对人类社会的影响将远远超过另两个计划。

作为发展中国家，我国于1999年起开始参加人类基因组计划这一重大科学工程。各国在该计划中所承担的工作比例大致为美国54%、英国33%、日本7%、法国2.8%、中国1%。

2000年6月，人类基因组计划完成了人类基因组序列的“工作框架图”；2002年2月，又发布了人类基因组“精细图”。2003年4月15日，美国联邦国家人类基因组研究项目负责人弗朗西斯、柯林斯博士隆重宣布，人类基因组序列图绘制完成，人类基因组计划的所有目标全部实现。这一计划的实施将为人类自身疾病的诊断和防治提供依据，给医药产业带来不可估量的变化，将促进生命科学、信息科学及一批高新技术产业的发展。

2. 航空航天技术发展迅速

2000年12月21日，我国自行研制的第二颗“北斗导航试验卫星”发射成功。它与2000年10月31日发射的第一颗“北斗导航试验卫星”一起构成了“北斗导航系统”，标志着我国将拥有自主研制的第一代卫星导航定位系统，这个系统建成后，主要为公路交通、铁路运输、海上作业等领域提供导航服务，对我国国民经济建设将起到积极的作用。

2001年1月10日，我国自行研制的“神舟二号”在中国酒泉卫星发射中心升空，并成功进入预定轨道。1月16日，“神舟二号”无人飞船准确返回并成功着陆。这是中国航天在新世纪的首次发射，也是我国载人航天工程的第二次飞行试验，它标志着我国向实现载人飞行迈出了重要的一步。

3. 纳米技术领域屡创佳绩

我国科学家在纳米科技研究方面，居于国际科技前沿。最近的一次，我国科学家在世界上首次直接发现纳米金属的“奇异”性能——超塑延展性，纳米铜在室温下竟可延伸50多倍而不折不挠，被誉为“本领域的一次突破”，它第一次向人们展示了无空隙纳米材料是如何变形的。从总体看，目前我国有关纳米论文总数排行世界第四，在纳米材料研究方面已在国际上占有一席之地。

4. 超级计算机智能化

2000年11月29日，我国独立研制的第一台具有人类外观特征、可以模拟人行走与基本操作功能的类人型机器人在长沙国防科技大学首次亮相。类人型机器人的问世，标志着我国机器人技术已跻身国际先进行列。

5. 国家“863”计划取得丰硕成果

2001年3月，国家在北京展览馆举办了“863”计划15周年成就展。“863”计划自1986年3月实施以来，共获国内外专利2000多项，发表论文47000多篇，累计创造新增产值560多亿元，产生间接经济效益2000多亿元。“863”计划重点支持的高技术领域的研究开发水平与世界先进水平的整体距离明显缩小，开始在世界高技术领域占有一席之地，60%以上的技术从无到有，如今已进入或接近国际先进水平，另有25%仍然落后于国际先进水平。

现代中国在自然科学领域的代表人物及其主要研究成果

1. 数学领域

陈建功（1893—1971），字业成，1893年9月8日生于浙江绍兴府城（今浙江省绍兴市）。父亲陈心斋是城中慈善机构同善局里的一名小职员，月薪仅两块大洋。陈建功是长子，有6个妹妹，家里生活十分清苦。母亲鲁氏贤淑勤俭，常为成衣铺做活，帮助维持生计。陈老先生为人忠厚老实，供职20余年，洁身自好，从无银钱上的差错，这不仅为人们所称道，也给子女以身教。

陈建功幼时，家贫无力延师，5岁时开始附读于邻家私塾。他聪颖好学，几年后就进了绍兴有名的蕺山书院。1909年又考入绍兴府中学堂，鲁迅先生当年就在那里执教。1910年进入杭州两级师范的高级师范求学，3年中他最喜欢的课程是数学。1913年毕业后，陈建功为了以科学富国强民，选择了东渡日本深造的道路。

1914年，陈建功取得官费待遇考入日本东京高等工业学校学习染色工艺，然其数学志趣不减，故同时又考进了一所夜校——东京物理学校。于是，他白天学化工，晚上念数学、物理，夜以继日地在两校辛勤学习。5年中，他不仅学业突飞猛进，为以后打下坚实的基础，而且养成了珍惜时间的习惯。1918年他毕业于东京高等工业学校，翌年春天又毕业于东京物理学校，满载学习成果回到祖国，任教于浙江甲种工业学校。虽然教学任务繁重，但陈建功对数学的爱好有增无减，教学之余，全用力钻研数学，并指导着一个数学兴趣小组。

1920年，陈建功再度赴日求学。他告别新婚之妻李国英，来到日本仙台，考入东北帝国大学数学系，从此他开始了近代数学的研究。1921年，陈建功的第一篇论文在《东北数学杂志》上发表了，这是中国学者在国外最早发表的一批数学论文之一。1923年，陈建功在东北帝国大学毕业后，回国任教于浙江工业专门学校，次年应聘为国立武昌大学数学系教授，从此开始了他的大学教学生涯。

1926年，陈建功第三次东渡，考入东北帝国大学研究生院攻读博士学位，导师藤原松三郎先生指导他专攻三角级数论。当时，作为傅里叶分析主要部分的三角级数论，在国际上处于全盛时期。陈建功在两年多的研究中获得许多创造性成果。1929 年，他通过答辩取得在日本极为难得的理学博士学位，这是在日本获得此殊荣的第一个外国学者。日本各报纸都在首版刊登了这一新闻，正如苏步青教授所说：“长期被外国人污蔑为劣等人种的中华民族，竟然出了陈建功这样一个数学家，无怪乎当时举世赞叹与惊奇。”导师藤原先生在祝贺会上说：“我一生以教书为业，没有多大成就。不过我有一个中国学生，名叫陈建功，这是我一生之最大光荣。”为感谢恩师的教诲，陈建功在自己研究工作的基础上，综合当时国际上最新成果，用日文撰写了专著《三角级数论》，著名的岩波书店出版了这本书。该书不仅内容丰富，而且许多数学术语之日文表达均属首创，数十年后仍被列为日本基础数学的参考文献。

1929 年，陈建功婉言谢绝了导师留他在日本工作的美意，回到朝思暮想的祖国，众多大学争相延聘。浙江大学邵裴之校长请到了这位雄才，并委以数学系主任之职。1931 年，在陈建功的建议下，校长请来了中国的第二位日本理学博士苏步青，接着又请苏步青担任数学系主任。从此两位教授密切合作 20 余年，为国家培养了大批人才，形成了国际上广为称道的浙大学派。

1937 年抗日战争爆发后，浙江大学从杭州不断西迁，历经浙江建德，江西吉安、泰和，广西宜山，辗转跋涉五千里，于 1940 年 2 月先后抵达贵州遵义、湄潭，并在两地分别建立起浙江大学工学院与浙江大学理学院。陈建功把家眷送往绍兴老家，自己只身随校西行，沿途日机轰炸，生活极端困苦，但他的数学研究与教学仍然弦歌不辍。他表示“决不留在沦陷区”，“一定要把数学系办下去，不使其中断”。

1945 年抗战胜利后，浙江大学迁回杭州。生物学家罗宗洛邀请陈建功同去接收台湾大学，临行前陈建功对同事说：“我们是临时去的。”次年春天，他果然辞去台湾大学代理校长兼教务长之职，又回到浙江大学任教，并在当时由陈省身教授主持的中央研究院数学研究所兼任研究员。1947 年他应邀去美国普林斯顿研究所任研究员。美国优越的科研条件并没有打动他的心，一年后他又回到浙江大学。

杭州一解放，陈建功便意识到与苏联的学术交流将日益频繁，当年夏天便率先学习俄文，不久即带领学生深入对苏联数学的研究。正当他全力为新中国培养第一批研究生时，朝鲜战争爆发，为了保卫祖国，他毅然送子参军，社会为之轰动，人们争相学习。

1952 年院系调整，浙江大学文理学院部分并入复旦大学，陈建功、苏步青等教授都调至复旦大学。校长陈望道特别器重他们，为之安排了较好的工作条件，从此浙江大学学风在复旦大学弘扬。年过花甲的陈建功的工作量仍然大得惊人，他常常同时指导三个年级的十多位研究生，还给大学生上基础课，而且科研成果和专著不断问世。为便于国人研究苏联数学，他又翻译了戈卢津的《单叶函数论的一些问题》和《复变函数的几何理论》以及《复变函数论——30 年来的苏联数学》。在他本人多年研究与教学积累的基础上写成的专著《直交函数级数的和》以及《实函数论》也相继出版。

1958 年，浙江新建杭州大学，请陈建功担任副校长。杭州大学是一所综合大学，行政工作极为繁忙，但陈建功依然不知疲倦地从事教学与科学研究工作，还兼任复旦大学教授，同时在两校指导研究生。在他的指导下，杭州大学数学系有了长足的发展，函数逼近论与三角级数论等方面的研究队伍也在迅速成长。古稀之年的陈建功还应上海科技出版社之约，将自己数十年在三角级数方面的研究成果结合国际上之最高成就，写成巨著《三角级数论》，1964 年 12 月该书的上册出版。

正当陈建功送出《三角级数论》下册手稿时，“文化大革命”开始了，专家学者在劫难逃。陈建功这位公认的学术权威首当其冲，卓越的贡献也无法使他幸免于难，身心受到严重摧残。

1971 年初，陈建功的身体状况每况愈下，胃出血严重，心肺等方面的并发症同时出现……1971 年 4 月 11 日 20 时 28 分，一代学者陈建功教授与世长辞。

★陈建功在数学研究上的贡献

20 世纪 20 到 40 年代，陈建功的研究工作主要是在三角级数论方面。早在 20 年代，由于在三角级数论方面的卓越贡献，他已誉满东瀛。19 世纪开始发展起来的傅里叶分析，起源于对热传导问题的研究。到了 20 世纪 20 年代，傅里叶分析的主要部分——三角级数论的研究进入了全盛时期。从那时开始，陈建功就抓住这一当代分析数学发展的主流，从多方面进行探讨，在三角级数的收敛、绝对收敛、求和、绝对求和等问题上作出了很多重要贡献。值得指出的是，对于傅里叶分析的研究是经久不息的，至今还有许多重要的研究结果出现，傅里叶分析与 H_p 空间、鞅论、多复变函数以及函数逼近论的结合，仍然是在继续发展的方向。因此，我们可以说，陈建功早年所从事的研究课题，如今仍是个重要的数学分支。

在傅里叶分析发展史上，一开始就对函数展开为傅里叶级数的收敛性有极大的争论。傅里叶本人在形式地得到函数的三角级数展开（现在称为傅里叶级数）后，曾认为这个级数总是收敛到函数本身的。19 世纪初叶，人们大都相信连续函数的傅里叶级数是处处收敛的。但到了 1876 年，杜布瓦·雷蒙证明这个结论不真。引入勒贝格积分理论后，可积分函数完全可以在一个零测度集上不加规定，于是傅里叶级数的概（即几乎处处）收敛问题便油然而生，并引起了不少数学家的关注。1913 年，卢津提出了一个著名的猜测：平方可积分函数的傅里叶级数是概收敛的。当时，人们已经发现有这样的连续函数，其傅里叶级数在一个到处稠密的集上发散，当然这个稠密集是零测度的。1926 年，柯尔莫哥洛夫又给出一个可积函数，其傅里叶级数处处发散，然而此函数并不属于 L_p（$p>1$）。

直至1946年，尽管在正反两个方面都有不少进展，然而对于这个猜测究竟是肯定还是否定，仍然是个悬案。当年，在美国普林斯顿大学成立200周年国际学术讨论会上，还是否定的看法占优势。又过了20年，瑞典的数学家卡尔森才给出了肯定的回答。这一问题的深刻性是世所公认的。

20世纪40年代末，国际上有关单叶函数论的文献很多，系数问题也有不少进展，陈建功为了在国内开展单叶函数论的研究，于1950年发表了题为《单位圆中单叶函数之系数》的论文，全面评述了国内外关于此问题的进展。此后，他又在浙江大学和复旦大学组织了这方面的研究。国内关于单叶函数论的研究成果与日俱增。1955年和1956年，陈建功又相继发表了《单叶函数论在中国》与《复旦大学函数论教研组一年来关于函数论方面的研究》的综合性论文，介绍和评述了中国学者的研究成果，推动了中国学者在这方面的研究。

复变函数逼近论从其发展历史来看，可以追溯到1885年的龙格定理：复平面上其余集是含有无穷远点的区域的闭集上之解析函数，可以用多项式来一致逼近。由于复平面上集合的复杂性，复变函数类的多样性，给研究带来种种困难。20世纪50年代，经梅尔捷良等人的研究，使它发展成为函数论的一个重要分支。在这样的情况下，陈建功在1956年开始了复变函数逼近论的研究。对于具有极光滑的境界曲线之区域上的解析函数，他用费伯级数之切萨罗平均来一致逼近它。在一定条件下，逼近偏差可以为函数的连续模所控制，从而推进了阿尔佩尔1955年关于复变函数逼近中的定量理论。1957年，陈建功对于用ρ级整函数逼近无界区域上的函数取得相当广泛的结果，仅这一结果在$\rho=1$时的特例，就已改进了柯伯关于带形域的相应定理。1958年，陈建功又拓广了闵科夫斯基不等式，然后把上述逼近定理推广到平均逼近方面去。应该提到，陈建功在自己研究复变函数逼近论的同时，还培养了一批函数逼近论的研究生，这批研究生也取得了不少成果。

50年代末，根据当时科学发展的形势与国家的需要，陈建功又在中国率先开拓了拟似共形映照方向的研究，这是与一阶椭圆型偏微分方程组的研究密切相关的一个数学分支。这个分支是由德国的格勒奇于1928年开创的。拟似共形映照有着几何与分析两种独立的定义，在近乎30年的岁月中，这两种意义的拟似共形映照的理论彼此独立地发展着。直到1957年才为L. 伯斯等人统一起来，从而使拟似共形映照的理论进入新的阶段，引起了国际上的重视。有鉴于此，陈建功立即大力倡导组织研究。1959年和1960年，他连续发表了关于拟似共形映照函数的赫尔德连续性论文，发展了法因塞林于1958年所得到的成果。他还对线性椭圆形偏微分方程组的解的赫尔德连续性，作出有价值的结论。在陈建功的指导下，复旦大学与杭州大学拟似共形映照的研究队伍也逐步形成。

在这短短的10年中，陈建功为发展新中国的科学事业，毫不囿于自己熟悉的研究领域，三次开拓新的研究方向，既出了成果又出了人才。

苏步青（1902—2003），著名数学家、教育家、中国科学院院士，我国微分几何学派创始人，国际公认的几何学权威。早在 20 世纪 20 年代，他的仿设不变的四次（三阶）的代数锥面被命名为苏锥面。

★ 生平经历

苏步青 1902 年 9 月出生在浙江省平阳县腾蛟镇带溪乡。虽然家境清贫，可父母省吃俭用供他上学。在读初中时，他对数学并不感兴趣，觉得数学太简单，一学就懂。但后来的一堂数学课影响了他一生的道路。

那是苏步青上初三时，他就读的浙江省六十中来了一位刚从东京留学归来的教数学的杨老师。第一堂课杨老师没有讲数学，而是讲故事。他说："当今世界，弱肉强食，世界列强依仗船坚炮利，都想蚕食瓜分中国。中华亡国灭种的危机迫在眉睫。振兴科学，发展实业，救亡图存，在此一举。天下兴亡，匹夫有责，在座的每一位同学都有责任。"他旁征博引，讲述了数学在现代科学技术发展中的巨大作用。这堂课的最后一句话是："为了救亡图存，必须振兴科学。而数学是科学的开路先锋，为了发展科学，必须学好数学。"苏步青一生不知听过多少堂课，但这一堂课使他终生难忘。

1919 年苏步青中学毕业后赴日本留学。1927 年毕业于日本东京帝国大学数学系，后入该校研究生院，1931 年毕业获理学博士学位。1931 年 3 月应著名数学家陈建功之邀，载着日本东京帝国大学理学博士学位的荣誉回国，受聘于国立浙江大学。先后任数学系副教授、教授、系主任、训导长和教务长。其间，与陈建功一起创立了"浙大微分几何学派"。1952 年 10 月，因全国高校院系调整，他来到复旦大学数学系任教授、系主任，后任复旦大学教务长、副校长、数学研究所所长、数学学会副理事长。1978 年后任复旦大学校长、名誉校长、《数学年刊》主编、国务院学位委员会委员。

他曾任多届全国政协委员、全国人大代表以及第七届、第八届全国政协副主席和民盟中央副主席等职。2003 年 3 月 17 日在上海逝世，享年 101 岁。

苏步青是蜚声海内外的杰出数学家和具有崇高师德的教育家。他从事微分几何、计算几何的研究和教学 70 余载，学风严谨，硕果累累，在国内外发表数学论文 160 余篇，出版专著 10 多部。他创立了国际公认的浙江大学微分几何学学派；他对"K 展空间"几何学和射影曲线的研究，荣获 1956 年国家自然科学奖；他开展的计算几何在航空、造船、汽车制造等方面的应用研究成果，先后获 1978 年全国科学大会奖，1985 年、1986 年三机部和国家科技进步奖。1998 年获何梁何利基金科学与技术成就奖。他坚持科研与教学相结合，十分注重教书育人，把自己的毕生精力无私地奉献给了人民的教育事业，为祖国培养了一代又一代数学人才。

为了纪念苏步青的卓越贡献，中国工业与应用数学学会设立了以苏步青命名的 CSIAM 苏步青应用数学奖。该奖每两年评选一次，每次不超过两人，由独立评价委员会评选，在专门的颁奖大会上颁奖。该奖与陈省身奖、华罗庚奖对应，为我国应用数学的最高奖项。

★苏步青主要研究工作成就

苏步青的研究方向是微分几何。1872 年，德国数学家 F. 克莱因提出了著名的《爱尔兰根计划书》。该计划书总结了当时几何学发展情况，认为每一种几何学都联系一种变换群，每种几何学所研究的内容就是在这些变换群下的不变性质。除了欧氏空间运动群之外，最为人们所熟悉的有仿射变换群和射影变换群。因此，在 19 世纪末期和 20 世纪的最初三四十年中，仿射微分几何学和射影微分几何学都得到迅速发展。苏步青的大部分研究工作是属于这个方向。此外，他还致力于一般空间微分几何学和计算几何学的研究。

华罗庚（1910—1985），著名数学家，中国科学院院士，美国国家科学院外籍院士。

★ 生平经历

1910 年 11 月 12 日华罗庚出生于江苏省金坛县一个小商人家庭。父亲华瑞栋开一间小杂货铺谋生，母亲是一位贤惠的家庭妇女。

1925 年华罗庚初中毕业。因家境状况不佳，无力供华罗庚进入高中学习，华罗庚只好到黄炎培在上海创办的中华职业学校学习会计，为的是能谋个会计之类的职业养家糊口。不到一年，由于生活费用昂贵，被迫中途辍学，回到金坛帮助父亲料理杂货铺。由于华罗庚对数学有着浓厚的兴趣，在单调的站柜台生活中，他开始自学数学。他在家中一面帮助父亲在“乾生泰”这个只有一间小门面的杂货店里干活、记账，一面继续钻研数学。

那时华罗庚站在柜台前，顾客来了就帮助父亲做生意，打算盘、记账，顾客一走就又埋头看书演算起数学题来。有时入了迷，竟忘了接待顾客，甚至把算题结果当做顾客应付的货款。因为经常发生类似的莫名其妙的事情，时间久了，街坊邻居都传为笑谈，大家给他起了个绰号，叫“罗呆子”。每逢遇到怠慢顾客的事情发生，父亲又气又急，说他念“天书”念呆了，要强行把书烧掉。争执发生时，华罗庚总是死死地抱着书不放。

1929 年，华罗庚受雇为金坛中学庶务员，并开始在上海《科学》等杂志上发表论文。1929 年冬天，他得了严重的伤寒病，经过近半年的治理，病虽好了，但左腿的关节却受到严重损害，落下了终身残疾，走路要借助手杖。华罗庚开始他的数学家生涯时，仅有一本《代数》、一本《集合》和一本缺页的《微积分》。

1930 年春，他的论文《苏家驹之代数的五次方程式解法不能成立的理由》

在上海《科学》杂志上发表。当时在清华大学数学系任主任的熊庆来教授看到后对这篇文章很重视。后来，一位名叫唐培经的清华教员向熊庆来介绍了他的同乡华罗庚的身世，熊庆来听后非常欣赏，邀请华罗庚来清华大学工作。这年，华罗庚只有 19 岁，却已经走过了一段相当坎坷的生活道路。

华罗庚在清华大学一面工作一面学习。他用了两年时间走完了一般人需要八年才能走完的道路。1933 年华罗庚被破格提升为助教，1935 年成为讲师。1936 年，他经清华大学推荐，派往英国剑桥大学留学。他在剑桥的两年中，把全部精力用于研究数学理论中的难题，他的研究成果引起了国际数学界的注意。1938 年回国后华罗庚接受西南联大聘请担任教授。从 1939 年到 1941 年，他在极端困难的条件下，写下 20 多篇论文，完成了他的第一部数学专著《堆垒素数论》，该书后来成为数学经典名著。1946 年 2 月至 5 月，他应邀赴苏联访问。1947 年他在苏联出版了他的《堆垒素数论》俄文版，后来又被翻译出版了德文、英文和匈牙利文等多种版本。

1946 年，当时的国民政府也想制造原子弹，于是选派华罗庚、吴大猷、曾昭抡三位著名科学家赴美考察。该年 9 月，华罗庚再和李政道、朱光亚等离开上海前往美国，先在普林斯顿高等研究所担任访问教授，后来又被伊利诺大学聘为终身教授。

1949 年新中国成立后，华罗庚克服了来自美国政府的种种困难，决心携家人回国。1950 年 2 月他们一家五口人乘船到达香港，在香港他发表了一封致留美学生的公开信，信中充满了爱国热情，鼓励海外学子回来为新中国服务。3 月 11 日新华社播发了这封信。1950 年 3 月 16 日，华罗庚和夫人、孩子乘火车抵达北京。

华罗庚回到清华园，担任清华大学数学系系主任。接着，他受中国科学院院长郭沫若的邀请开始筹建数学研究所。1952 年 7 月数学所成立，他担任首届所长。他潜心为新中国培养数学人才，王元、陆启铿、龚升、陈景润、万哲先等都是在他的培养下成为著名的数学家。

随后他担任中国数学学会理事长、全国数学竞赛委员会主任、美国国家科学院国外院士、第三世界科学院院士、联邦德国巴伐利亚科学院院士。1955 年华罗庚当选中国科学院学部委员（即院士）。

★主要研究工作成就

华罗庚是现代中国自学成才的科学巨匠，是蜚声中外的数学家。他是中国解析数论、典型群、矩阵几何学、自守函数论与多复变函数论等很多方面研究领域的创始人。

他在数学领域里的研究成果很多。他写成的论文《典型域上的多元复变函数论》于 1957 年 1 月获国家发明一等奖，并先后出版了该书的中、俄、英三种版本；1957 年出版了《数论导引》；1959 年《指数和的估计及其在数论中的应用》

德文版在莱比锡出版，接着该书的俄文版和中文版又先后于1963年出版。他和他的学生万哲先合写的《典型群》一书也于同年出版。他还发起创建了我国计算机技术研究所。他是我国最早主张研制电子计算机的科学家之一。

在继续从事数学理论研究的同时，他努力尝试寻找一条数学和工农业实践相结合的道路。经过一段时间的研究，他发现数学中的统筹法和优选法是在工农业生产中能够比较普遍应用的方法，可以提高工作效率，改变工作管理面貌。于是，他一面在科技大学讲这方面的课程，一面带领学生到工农业实践中去推广优选法、统筹法。他编写了《统筹方法平话及补充》、《优选法平话及其补充》，亲自带领中国科技大学师生到一些企业工厂推广应用“双法”，为工农业生产服务。他的这种面向工农业生产实际提取研究课题并研究提出解决办法的行为，为全国科技工作者树立了学习、效法的榜样。

1978年，他被任命为中国科学院副院长。他多年的研究成果《从单位圆谈起》、《数论在近似分析中的应用》（与王元合著）、《优选学》等专著也相继正式出版。1984年华罗庚以全票当选为美国科学院外籍院士。

华罗庚一生在数学上的成就是巨大的。他在数论、矩阵几何学、典型群、自守函数论、多元复变函数论、偏微分方程及高维数值积分等很多领域都作出了卓越的贡献。

柯召（1910—2002），浙江温岭人，中国杰出的数学家、教育家和社会活动家，中国科学院资深院士，四川大学名誉校长。他曾发表了近百篇卓有创见的论文，在国际上产生了很大的影响，被称为中国“近代数论的创始人”。

★ 生平经历

1910年柯召出生在浙江温岭一个平民家庭。父亲柯伯存在当地一家小布铺当店员，母亲是家庭妇女，家境窘迫，勉强度日。柯召5岁时，父亲即教他认字，训教甚严。

1921年，柯召11岁，本已可升中学，因年幼，父亲便让他在家乡读了一年私塾，从此打下了良好的古汉语基础。

1922年，入杭州安定中学读书。

1926年毕业，同年考入厦门大学预科。

1928年升入厦门大学数学系。学满两年后，他希望转学到师资力量更强的清华大学。为筹学费，他去中学教了一年。

1931年，通过考试转学到清华大学算学系。当时，在系里任教的有熊庆来、孙光远、杨武之、胡坤升等，和柯召一起听课的有陈省身、华罗庚、许宝騄、吴大任等。华罗庚是系里的职员，陈省身和吴大任是研究生，柯召和许宝騄是本科生。

1933 年，柯召以优异的成绩毕业。当时的清华大学淘汰率极高，柯召那一届毕业时仅剩他和许宝騄二人都是在三年级转学来的。杨武之是美国芝加哥大学博士，中国早期从事现代数论研究的学者，柯召和华罗庚都受过他的指导，师生情谊很深。课余时间，柯召常去老师家中下围棋。杨武之的儿子杨振宁当时还年幼，常站在一旁观棋。

1933 年，柯召应姜立夫的聘请，去天津南开大学数学系当助教。当时南开大学数学系只有他一个助教，教学任务很重，他工作孜孜不倦，做得十分出色。

1935 年，他考上了中英庚款的公费留学生，去英国曼彻斯特大学深造，在导师莫德尔的指导下研究二次型，在表二次型为线性型平方和的问题上取得优异成绩，并应邀在伦敦数学会作报告，受到当代著名数学家哈代的好评。这是中国人首次登上伦敦数学会的讲台。

1937 年，由哈代和莫德尔主考，柯召获得博士学位。接着，他在曼彻斯特大学数学系工作一年，指导一位英国学生取得硕士学位。在英国 3 年，柯召学习刻苦、工作勤奋，为他毕生从事的数学教学和研究打下了坚实的基础。到 1938 年为止，才华横溢的柯召，在《数论学报》、《牛津数学季刊》、《伦敦数学会杂志》、《伦敦数学会会报》等国际一流杂志上发表了 10 多篇极为出色的论文，除了包括二次型方面的一系列深刻工作外，还包括了中国最早的代数数论和数的几何方面的研究成果。

当时（1936 年～1938 年），在曼彻斯特大学聚集了一批数论新秀，他们当中除柯召外，还有 P. 爱尔特希、H. 达文波特、K. 马勒等人，后来他们都成了国际上的著名数学家。柯召与爱尔特希在曼彻斯特大学期间合写了 3 篇重要论文，结下了深厚的友谊。52 年后，爱尔特希在《四川大学学报》为庆祝柯召 80 寿辰出版的专辑上发表文章，满怀深情地回忆和柯召在英国同窗的美好日子。

1938 年夏，柯召不顾老师莫德尔的再三挽留，满怀报国之心，毅然回到正受日本侵略军蹂躏的祖国。他和留英的李华宗来到成都，受聘为四川大学教授，讲授代数和几何方面的课程。翌年夏，他任四川大学数学系主任。这时（1939 年），为躲避日本侵略军的空袭，四川大学由成都迁往峨嵋。尽管抗战大后方条件极为艰苦，他仍坚持教书育人，积极从事科学研究。在此期间他与李华宗合作，进行了矩阵代数方面的研究。特别是他主持数学系之后，很注意科研工作和学生能力的培养，除课堂教学外，还定期举办全系的学术讨论会。在四川大学校史上有这样一段记载："1938 年～1942 年在峨嵋期间，数学系每周设专题研究课，召集全系师生作集体研究，各人阐述自己的研究心得，共同讨论，这种专题研究十分吸引人……它造就了一批在数学上锐进不已的人才。"他和李华宗合作的论文，以及和他的学生朱福祖合作的二次型方面的论文，都是这个专题研究课的产物。

1946 年，柯召应聘到重庆大学数学系任教授。那时物价暴涨，货币贬值，教员生活非常清苦，柯召仍孜孜不倦地从事教学工作，精心讲授“群论”、“数论”等课程，深受学生的欢迎，培养出陈重穆等优秀的学生。中华人民共和国成立后，柯召继续在重庆大学任教。

1953 年，他调回四川大学任教。在 40 余年间，他以满腔的热情投入教学和科研工作，为国家培养了许多优秀数学人才，在科研上硕果累累。与此同时，他还先后担任了四川大学教务长、副校长、校长、数学研究所所长等职，作为学术带头人和学校负责人，他卓有成效地抓了几项重要工作：努力提高教学质量；积极开展基础理论研究；发展应用数学；培养一批高水平的人才。

在教学工作中柯召一贯重视提高教学质量，反对“注入式”教学方法，主张搞教学的人要积极开展科学研究，使讲课深入浅出，富有启发性。他自己以身作则，对待教学工作认真负责，从上基础课“高等代数”到讲授选修课“数论导引”，均一丝不苟，讲解生动，极富启发性，深受学生的欢迎。他还重视教材建设，中华人民共和国成立初期，翻译出版了 А. Г. 库洛什的《高等代数教程》、А. И. 马尔采夫的《线性代数学》，以及 ф. Р. 甘特马赫尔的《矩阵论》等，前两种教材被当时各大专院校数学系普遍采用，为数学教育的发展作出了贡献。1981 年，他与魏万迪合作编写出版了《组合论》（上册）；1986～1987 年，他和孙琦合作出版了《数论讲义》，这些教材的出版，受到广大读者和国内外同行的好评。

1955 年，他带领一些青年教师和学生，在线性型的最大不可表数的问题上做了不少工作。同时，他在二次型方面继续发表了一些优秀论文。特别是在 60 年代，他在不定方程方面得到一系列极为出色的结果。在组合数学方面，与爱尔特希、T. 拉多合作，发表了著名的爱尔特希・柯・拉多定理。他主张科研工作要持之以恒，不能停顿。他说“研究工作不怕慢，只怕站”。他长期参加并指导由多名中青年教师参加的数论讨论班，鼓励大家敢于向难度大的问题挑战。他用袁枚的一首诗来表达他对科学研究的深切体会：“但肯寻诗便有诗，灵犀一点是吾师。夕阳芳草寻常物，解用都为绝妙词。”他说：“对科学研究确有此种境界，肯下功夫，总会有收获，灵感之来源于刻苦，能灵活运用，可以得出很好的结果。”

柯召很重视数学的应用工作。早在 20 世纪 50 年代初期，他就在四川大学数学系提出要发展微分方程、概率统计和计算数学这三个有重要应用价值的数学分支。60 年代初，他曾亲自参加线性规划的推广和应用工作。1972 年～1973 年，他不辞辛苦地同一些中青年教师一起到四川的泸州、广元、峨嵋、成都等地去推广优选法，举办讲座。1974 年～1975 年，他亲自编写了国内第一部组合论讲义，作为部队学员培训班的教材。他支持他的学生魏万迪从事组合数学的研究；支持孙琦、郑德勋等开展快速数论变换的研究，使得四川大学在这两个方面都取得了好成绩。80 年代初，他又积极带领四川大学数论组的教师从事国防应用数学的研究，开拓数论应用的新领域，为社会主义现代化服务，取得了丰硕的成果。

柯召认为："大学的设备不如师资重要，西南联合大学就是证明。它的设备不行，还是培养出了杨振宁、李政道等多位杰出学者，其原因是西南联合大学的师资力量很强。"因此，他热心于培养学生，提携优秀人才，反对论资排队。50年代以来，他培养过的许多学生，例如陈重穆、陆文端、张同、郑德勋、魏万迪、谢盛刚、孙琦、李德琅等，如今都已成长为我国数学教学和研究队伍中的骨干力量。

柯召是最早的中国科学院数理学部委员之一，长期担任中国数学会的领导工作，直至1983年第4届全国数学大会改任为名誉理事长。他于1963年和1978年，两度参加了制定国家发展规划的工作，为中国数学事业的发展做了大量的重要工作。他还担任过国务院学位委员会第一届学科评议组成员，国家教委教材编审组"代数、数论"组成员，《数学学报》编委，《数学年刊》副主编等多种职务。

从30年代起，柯召在表二次型为线性型平方和的问题方面，在二次型表为不可分解型之和以及二次型的等价分类等问题上做了一系列重要工作。他是中国二次型研究的开拓者。

柯召从30年代起，就潜心研究不定方程，对这个领域的贡献十分突出。其中包括：爱尔特希猜想的否定；维尔纳猜想的证明；柯氏定理、卡塔朗猜想的重大突破；爱尔特希·柯·拉多定理等。

吴文俊（1919—），著名数学家，中国科学院院士。

★ 生平经历

1919年5月12日出生于上海。

1936年8月进入第一交通大学（今西安交通大学和上海交通大学的前身）数学系学习，1940年7月毕业。

1940年9月～1941年12月任教于上海育英中学。

1942年9月～1945年12月担任上海培真中学教员。

1946年1月～1946年7月任上海临时大学助教。

1946年8月～1947年6月任中央研究院数学研究所实习研究员。

1947年11月赴法国留学，1951年7月获法国国家博士学位。

1951年9月～1952年9月担任北京大学数学系教授。

1952年10月～1979年底担任中国科学院数学研究所研究员。

1956年因示性类及示嵌类的工作成就荣获国家第一届自然科学最高奖——一等奖（另两位一等奖获奖者为华罗庚和钱学森）。

1957年1月当选中国科学院院士。

1958年～1970年担任中国科技大学数学系副主任。

1978年获全国科学大会奖。

1979 年 10 月～1998 年任中国科学院系统科学研究所研究员。

1984 年当选中国数学学会理事长。

1991 年当选第三世界科学院院士。

1992 年获第三世界科学院数学奖。

1993 年获陈嘉庚数理科学奖。

1994 年获香港求是基金会“杰出科学家奖”。

1998 年 12 月任中国科学院数学与系统科学研究院系统科学研究所研究员、名誉所长和中国数学会名誉理事长。

2000 年荣获首届国家最高科学技术奖。

2006 年获邵逸夫数学奖。

★主要研究工作成就

拓扑学方面：

吴文俊教授的数学研究活动，可分为前后两个时期，涉及好几个数学领域，在代数拓扑和机器证明两个领域有重大贡献，对数学研究影响深远。前期自 1947 年至 20 世纪 70 年代，以代数拓扑为主，他在这方面的贡献主要有：

（1）示性类研究

通过 Grassmann 流形对在 20 世纪 30 年代由瑞士 Stiefel、美国 Whitney、苏联 Pontrjajin 和陈省身通过不同途径引入的示性类进行了系统的论述，确定了名称，探讨了相应关系，并应用于流形的构造。他引入的上同调类，后来在文献中被称之为吴示性类。他提出的蕴含拓扑不变性和同伦不变性的两个公式，后来都被称之为吴公式。由于这些结果的重要性，在多种问题中被广泛应用，如 20 世纪 50 年代德国的 Dold、20 世纪 60 年代德国的 Hirzebruch、苏联的 Novikov 等，并因此而获得 Fields 奖。

（2）示嵌类研究

吴文俊引入具有非同伦拓扑不变量的一种一般构造方法，并系统地用于嵌入问题，引入了复合形示嵌类，并用同样方法研究浸入问题与同痕问题，引入类似的示浸类与示痕类。瑞士 Haefiger 由于在 1958 年听了吴文俊关于上述示嵌类研究工作的讲学，于 1961 年将嵌入问题作了积极推广，因而成为瑞士主要拓扑专家。美国 Smale 应用他的工作于维数大于 4 的 Poincare 猜测，并因而获 Fields 奖。他后来应用关于示嵌类的成果于电路布线问题，给出线性图平面性的新的判定准则，与以往的判定准则在性质上完全不同，尤其是他的方法的可计算性。

应当注意的是，他在 1956 年前完成的研究成果的重要性，是在多年以后才显现出来，至今仍在国际上广泛引用。

吴文俊从事机器证明与数学机械化的研究始于 1976 年。

他提出的用计算机证明几何定理的方法，与常用的基于数理逻辑的方法根本不同，显现了无比的优越性，改变了国际上自动推理研究的面貌，被称为自动推论领域的先驱性工作，并因此获得 Herbrand 自动推论杰出成就奖。以下是在第 14 届国际自动推论大会上对吴文俊工作的介绍与评价：

吴文俊在自动推论方面的贡献以他于 1977 年发明的定理证明方法著称。这一方法是几何定理自动证明领域的突破性贡献。

几何定理自动证明首先由 Herberrt Gerlenter 于 20 世纪 50 年代开始研究，虽然他得到一些有意义的结果，但在吴方法出现之前的 20 年里这一领域进展甚微。在自动推理领域中，这种被动局面是由吴文俊完全扭转的，他的研究工作将几何定理自动推理证明这样一个不太容易成功的领域变为最成功的领域之一。在很少的领域中，我们可以将机器证明归于一个人的工作。他引入的求解非线性代数方程组的吴方法是求解代数方程组精确解最完整的方法之一，已经被成功地用于解决很多问题，并实现在当前流行的符号计算软件中。欧共体资助的 POSSO 计划中也有吴方法的专用软件包。吴方法还被用于若干高科技领域，得到一系列国际领先的成果，包括曲面造型、机器人机构的位置分析、智能 CAD 系统、机器人、图像压缩等。20 世纪 80 年代末，吴文俊提出了偏微分代数方程组的整序方法，是处理偏微分代数方程组完整的构造性方法。该方法已被应用于微分几何定理机器证明和偏微分方程组的求解。扩展了代数簇的通常局限无奇点情形的陈示性数与有任意奇点的陈类与陈数，且定义是可计算的，开启代数几何机械化的新篇章。吴文俊给出了多元多项式组的零点结构定理，这是构造性代数几何发展的重要标志。

★由于吴文俊在数学上作出了独特地重大贡献，2000 年荣获国家最高奖。

谷超豪（1926—），著名数学家，复旦大学教授，中国科学院院士。

★ 生平经历

1926 年 5 月 15 日，谷超豪出生在浙江省永嘉县（今温州市鹿城区）。幼年由婶母抚养，婶母的性格对谷超豪起到了潜移默化的影响，使他从小善良、纯真，助人为乐。

他 5 岁入私塾接受启蒙教育，两年后进入温州瓯江小学。谷超豪从小性格文静，聪慧过人，对各门功课都有兴趣。数学、语文、历史、地理、自然等课程都学得很好。他平时文文雅雅，不太爱说话，不大喜欢运动。但是，在课堂上，他思想活跃，喜欢独立思考。特别是数学，分数与循环小数的互化他早在小学三年级时就掌握了，并开始知道数学上有无限的概念。

1937 年，全面抗战开始，谷超豪进入温州中学。温州中学后来汇集了不少回乡的大学老师，拥有雄厚的师资力量，尤其是在数学和物理方面，这对谷超豪来说真是如鱼得水。他的语文、社会科学、数理的基础是很全面的，每次考试，成绩都名列前茅（这里还有一个小故事，在谷超豪初一时，老师讲完乘方的知识后，出了道习题：用 4 个“1”组成一个最小数，但不能用运算符号，谷超豪举手回答：“是 1 的 111 次方”。老师又说“那 3 个 9 组成的最大数呢?”“是 9 的 9 次方的 9 次方。”)。他不满足于课本知识，看了不少课外书，如刘熏宇著的《数学园地》，其中介绍了微积分和集合论的初步思想，使他初步了解到数学中无限的三个层次：循环小数、微积分、集合论，这使他对数学产生更浓厚的兴趣。

1943 年秋天，谷超豪考入浙江大学龙泉分校（注：时值抗日战争岁月，浙江大学在浙江龙泉市开设有浙江大学龙泉分校），开始了大学生活，后成为苏步青的得意弟子。当时一年级课程并不要求太多的逻辑推理，但对直观能力、演算能力和解应用问题的能力却有很高的要求。这些训练，为谷超豪打下了扎实的数学基础。谷超豪通过学习微积分逐步克服了原来有不太细致的毛病。他的一本用综合方法写的射影几何的著作，完全不用计算，便能把二次曲线的基本性质描述清楚，引起他很大兴趣。他非常喜爱笛沙格定理、帕普斯定理和帕斯卡定理等，从此，他对几何学就有了偏爱。后来，他的许多研究成果，即使是分析的或物理的都带有几何的风格。

同时他也感到，尽管自己看了大量的书和做了许多难题，但听了苏步青、陈建功这些著名教授的课后，方觉自己的了解是很肤浅的。因此，他认识到必须把自学与课堂的严格训练结合起来，基础才更为扎实。

谷超豪还尽可能地多掌握其他方面的知识。他对物理学的课程非常感兴趣，他认为物理和数学相互促进。理论力学是必修课，他做了许多这方面的题目，他并不只满足于做对，还常常探索其他比较别致的做法，为此，受到周北屏教授的称赞。周老师说：念理论力学要有几何的眼光与手段。谷超豪在三四年级时选修了物理系的量子力学、相对论、理论物理等课程，这在数学系的学生中是极少的。当时虽然学得不深，但直到 70 年代他去研究规范场有关的数学问题时，还深深感到这些选修课对他大有益处。他一直认为：数学需要从其他自然科学中吸取营养，这是“数学直观”的一个重要组成部分，既能得到好课题，又可以发现新方法。他的许多研究工作都是和这个想法分不开的。

谷超豪在校学习时就开始研究工作。四年级第二学期，他曾研究了三维空间代数曲线的一项性质，将结果写成论文。为慎重起见，他再一次查阅了文献，发现他人已有类似的研究，文章便没有发表。不久，他对陈建功所提出的有关拉普拉斯变换的一个问题，作出了解答，成为和陈等人合作的一篇论文的部分内容，后来在英国伦敦数学会杂志上发表。

1949 年，杭州解放，谷超豪被调到中国科协杭州分会工作，担任分会秘书和党组书记。他把杭州市的科技人员团结在科协周围，组织全市科学家为经济建设出谋划策，科普工作搞得有声有色。杭州分会的地址在长生路 4 号，当年在杭州的一些科技界人士，至今还亲切地回忆起“长生路 4 号精神”，那就是齐心协力让科学为人民服务的精神。然而，忙于科协工作的他，总感到生活中缺少了什么，当他意识到是因为离开了那些图形、概念、定理和公式以后，他才感到自己的一生是再也离不开数学了。他向领导部门提出了要求：不中断数学研究与教学。青春年华，精力充沛。白天，他在科协忙碌，去浙大听课和做教学工作，晚上就在宿舍里研究数学，直至深夜。苏步青在为青年教师开的课程中，提出了K展空间理论方面的一个未能解决的问题，谷超豪立刻被迷住了。两星期后的一天晚上，已经相当疲倦的谷超豪的大脑思维又开始异常活跃起来，K展空间，子流形，子流形的子流形……一个新的想法形成了。

谷超豪最早的微分几何论文《隐函数方程式表示下的K展空间理论》的思想形成了，用近来的数学术语来说，这便是“分叶”的思想，这思想很快被他利用来解决了苏步青提出的问题。1951年，这篇论文在《中国科学》上发表，引起了国际数学界的注目。

1951年春天，他作为中国科协代表团的五个成员之一，和梁希、茅以升等到捷克斯伐洛克去参加世界科协理事会。临行前，周总理亲自接见了他们，对重大的原则问题作了指示，并立即同意他们在苏联参观三周的要求。这次参观活动再一次激起了谷超豪的数学热情。

1951年，国家发出了“革命青年向科学进军”的号召，这对处在科协工作和数学研究矛盾中的谷超豪来说，无疑是一个解脱的机会。苏步青教授看出谷超豪在数学上的才能和前景，便向浙江省文教当局提出调动他的工作的建议，使谷超豪回到了浙江大学。1952年升为讲师，1953年转到复旦大学。

1956年谷超豪升为副教授。那一年，谷超豪出席了全国先进工作者代表大会。作为主席团成员之一，他受到了国家领导人的接见。华罗庚也很早注意到这位数学界的新秀。谷超豪去北京，华曾几次请他吃饭，并鼓励他要做出有自己特色的、系统的工作。谷超豪非常感动，并把这些教导牢记在心。

1957年，谷超豪去莫斯科大学数学力学系进修之前，从事了微分几何领域的仿射联络空间和芬斯拉空间的研究。这时他已看到，微分几何的研究必须整体化，不能只限于局部性质。他就两类空间的整体的嵌入问题得出了完整的结果。

莫斯科大学微分几何教研组有两个学派。一派以菲尼柯夫为首，另一派以拉舍夫斯基为主。谷超豪到了莫斯科，这两位教授都对他很赏识，拉舍夫斯基马上请他在讨论班作学术报告，菲尼柯夫便到这个讨论班听谷超豪报告。他们对谷超豪的报告，表现出极大的兴趣，都把他看成是自己“学派”中的人。

经过一段时间的调查研究，谷超豪便确定以“无限连续变换拟群”为主攻方向。这一领域是19世纪数学大师S. 李和20世纪著名几何学家E. 嘉当发展起来的，由于难度高，所以发展缓慢。谷超豪赴苏前，就听过苏步青以E. 嘉当所著的《黎曼几何》为教材的课程，他又精读过这本书的法文版。由于对嘉当的思想以及方法的心领神会，又加上莫斯科大学优越的学术环境，谷超豪终于读完了E. 嘉当在这一方面的主要著作，并且取得一系列新成果。他每隔两三周就在讨论班上作一次报告，深得同行们的赞赏。他到莫斯科仅一年的时间，参加讨论班的教授们一致认为应该授予这位来自中国的学者以科学博士的学位。

谷超豪博士论文的题目是《论变换拟群的某些通性及其在微分几何中的应用》。答辩会在 1959 年 6 月举行，著名数学家刘斯杰尼克任答辩委员会主席。谷超豪从容不迫，侃侃而谈，回答了答辩委员会提出的问题。他巧妙的构思，令人信服的答案，得到了专家们一致高度的评价，投票建议授予他莫斯科大学物理—数学科学博士学位。依照苏联的学位制度，获得博士学位是很艰难的，这是迄今为止莫斯科大学唯一的中国博士。评述人称赞他继近代最有名的微分几何大师 E. 嘉当之后，在这个领域里第一个作出了有实质性发展和推进的人。当时在莫斯科大学，谷超豪还参加了由莫斯科大学校长彼得罗夫斯基院士领导的偏微分方程讨论班，为他日后从事这个领域的工作打下了基础。

1960 年，谷超豪的夫人胡和生也加入了变换拟群的研究。胡和生是苏步青的研究生，1952 年完成了研究生的学业后，在院系调整时随苏到了复旦大学。谷、胡两人为了事业一直到 1957 年才结婚。谷超豪从苏联回来后，她对谷的工作非常有兴趣，于是进一步研究齐性黎曼空间，得出了决定黎曼空间运动解的全部定隙性的有效方法，并确定了前面八个定隙，解决了 60 年前意大利著名数学家福比尼所提出的问题。

他们有关齐性黎曼空间的结果，整理在专著《齐性空间微分几何学》（上海科技出版社，1964）中。此外，谷超豪在 1959 年学成回国后，还决定了能作为无限连续群的迷向群的所有实不可约线性群，这项研究也处于国际前列。由于当时和国外交流不畅，谷超豪又忙于许多新任务和新课题，博士论文也无暇整理出版，所以有的结果国外并不知道。

★主要研究成就及荣誉

1948 年，谷超豪大学毕业，苏步青选留他做助教。1952 年升为讲师，1953 年转到复旦大学，1956 年升为副教授。受苏步青讲课的课程启发，谷超豪最早的微分几何论文《隐函数方程式表示下的 K 展空间理论》的思想形成了。1951 年，这篇论文在《中国科学》上发表，引起了国际数学界的注目。1956 年，苏联评论杂志《数学》创刊时，登了一篇长篇评论，介绍了谷超豪的论文。

1957 年谷超豪赴前苏联莫斯科大学数学力学系进修，1959 年获该校物理数学科学博士学位。1960 年后历任复旦大学教授、数学系主任、数学研究所所长，中国科学技术大学校长，国家科委攀登计划非线性科学科研项目首席科学家。曾兼任中国数学会副理事长，国务院学位委员会学科评议组数学组召集人。1980 年当选为中国科学院院士，1994 年当选为国际高等学校科学院院士。他主要从事偏微分方程、微分几何、数学物理等方面的研究和教学工作，又致力于大学的行政工作，均取得重要成就，为我国数学研究和科学教育事业的发展作出了重要贡献。他在一般空间微分几何学、齐性黎曼空间、无限维变换拟群、双曲型和混合型偏微分方程、规范场理论和孤立子理论等方面也取得一系列成果。近年来，他在偏微分方程和规范场理论研究方面的成果，引起了国际数学界重视，并曾获国家自然科学奖二等奖、三等奖各一项和国家教委科技进步奖一等奖两项；他研究解决了超音速机翼绕流等数学问题，其成果比国外早十多年。谷超豪在正对称方程组和混合型方程研究方面取得重要成果，首次提出了高维、高阶混合型方程的系统理论，受到了国际同行的高度称赞。在规范场的数学结构方面也取得一系列成果，近年来，在高维时空的孤立子理论的研究取得了新的重要进展。他从事教学工作数十年，培养出一批优秀的教学人才。

他情系桑梓，对温州教育事业尤为关心，在担任温州大学校长期间，对学校的建设和发展作出了卓有成效的贡献，对温州大学的发展起到关键作用。他还捐设“谷超豪奖学金”激励温大学子立志成材。

★学术研究成果

1960年，他升为教授后，又不断在新的研究领域取得成果。第二次世界大战期间，由于原子弹、导弹、超音速飞机的相继问世，给数学领域带来了非线性双曲型方程和混合型方程求解的研究课题，刺激了这一研究方向的迅猛发展，苏、美等国的许多著名数学家都相继投入到这方面的研究。谷超豪从苏联学成回国后，立志为祖国发展空间科学作一些有关基础性研究的工作，为此需要建立一支专门从事偏微分方程研究的队伍，于是，他在复旦大学数学研究所里组织了课题组（现在已发展成为在国内外享有盛誉的复旦大学数学研究所微分方程研究室），密切注意这种方程组和流体力学间的联系。他和学生们合作，解决了间断初始值局部解存在性问题，写成论文《拟线性双曲型方程组的不连续初始值问题》。

他还写成了论文《双曲型方程组的一个边界问题和它的应用》（《数学学报》，1963），解决了超音速机翼绕流的数学问题．他的学生李大潜、俞文在这些工作基础上，完整地建立了两自变数拟线性双曲型方程组的边值问题局部解的理论。以上这些工作因过去交流较少，国外科学家知道得不多，70年代末当他们知道这些结果后，感到相当意外，并认为谷超豪等人当时在这方面的工作领先他们十多年。

接着谷超豪在高音速的锥形流和跨音速流问题的教学和研究中，遇到了混合型方程的边值问题。一开始他就绕过传统的路线，致力于发展1958年弗里德里希斯（Friedrichs）所提出的正对称方程组的理论，他把当时已有的一阶可微性理论发展为高阶可微性的理论，从而成为一项讨论线性方程以及拟线性方程经典解存在性的有效工具。

在论文《一类多自变数的混合型偏微分方程》（《中国科学》，1965）中，他在国际上首次建立了一大类多自变数的混合型方程的解的存在性定理，他还发现了较为奇特的新性质：对这种二阶方程，有某些闭区域，即使在边界上给出两个边界条件解仍然存在且唯一的，如果变动一下方程的低阶项，不给定边界条件，解也只能有一个。12 年后，美国数学家代表团访问中国，在访问报告中称赞谷的工作是“十分新颖和相当重要的”。

正当谷超豪和他的研究小组的工作取得丰硕成果而且在迅速发展时，1966 年开始的那一场浩劫把这一切都搞乱了，大字报铺天盖地，抄家、无休止的批斗、隔离审查、强迫劳动……谷超豪默默地承受着。在劳动中，爬屋顶、捅下水道、扫厕所样样都干，而且干得认真。

在农村劳动中，有些人刁难他，让他做力不能及的事，他还是挣扎着做。农民同情他，对工宣队说：“谷超豪的劳动由我们生产队来安排”把他保护起来。对此，他深为感动。最使谷超豪心疼的是他的科研工作被迫停止了。校外有些工程单位多次来复旦，要求谷超豪参加他们的研究工作，但先后被回绝。

1973 年，一个研究空间技术的单位直接找到了谷超豪，市里的有关机构也同意他参与此项研究，但又被单位领导否决，谷超豪为此极度伤心，后经力争，终于同意他“从旁协助”。当然，在实际工作中他仍然是带头人，使他有幸能把自己掌握的高速空气动力学和混合型方程的知识用到实际问题的研究中去。

在此期间，谷超豪领导的课题组完成了一系列的实际应用课题，用极其简陋的电子计算机有效地进行了“球、锥形等飞行器超音速有攻角绕流的气动力计算”和“绕蚀外形气动力计算”等。有关单位对以上课题作了如下的评价：“这些课题是国内首次较完整的结果，与某指挥部的实验数据相符合，协助了某型导弹头再入计算模拟综合课题的完成。”

1974 年 6 月，杨振宁到复旦大学作规范场理论报告并建议进行共同研究。规范场理论研究基本粒子结构及其相互作用的规律，牵涉到一系列复杂的现代数学问题。在报告会上，谷超豪等数学系、物理系的教师作出了热烈反响，使杨振宁认识到复旦的数学家们不仅有雄厚的理论基础和研究能力，还有对现代物理学问题的深入了解。复旦方面成立了由谷超豪任组长的联合研究小组，开始了共同研究。

杨振宁感到意外的是：几天后，谷超豪和胡和生就对规范场的数学结构获得了两项研究成果：在国际上最早证明了杨·米尔斯（Mills）方程的初始问题的局部解的存在性，又弄清了无源规范场和爱因斯坦引力论的某些联系和区别。其后，小组又陆续做出新的成果，发表了《规范场理论若干问题》的论文。这以后，杨振宁又两次来复旦合作研究，都取到了很有意义的成果。杨振宁十分高兴，一再热情地向谷超豪发出赴美研究的邀请。

当春风重新吹绿祖国大地的时候，谷超豪已是 50 岁人了。仗着坚实的理论基础和科学上的进取精神，他很快便在数学的几个研究领域接连取得了新的国际领先的成果，受到了国际数学界的瞩目。其中的一些研究成果难度很高，甚至被认为是“属于下一世纪”的问题。

1977 年，谷超豪作为中国高等教育代表团成员访问美国。在加州大学贝克莱分校、麻省理工学院、纽约州立大学石溪分校、马里兰大学，谷超豪就偏微分方程和规范场的数学结构用英语作了四次学术报告，受到听讲的数学家、物理学家的欢迎。

陈省身教授写信给中科院数学所，赞赏谷超豪的成就。任之恭教授等还向我驻美联络处表示祝贺。访美期间，谷超豪还访问了被誉为国际偏微分方程研究中心的美国纽约大学柯朗数学研究所，拜访了著名老数学家弗里特里克斯，当年正是他提出了正对称方程组的理论。谷超豪谈到了自己以此理论为工具研究混合型偏微分方程的情况，75 岁的弗里特里克斯特别高兴，他说，谷超豪的工作实现了他想把正对称方程进一步用于混合型方程的夙愿。

★谷超豪院士寄语

对青年学者的建议：我觉得国家最需要的事情都要努力去做，做学问总是得耐得住寂寞，不是每个人都能很快得到认可和重视。不过数学的应用比较间接，所以一旦看中了重要的问题，对国家建设起重要作用的，都应该努力去做。我自己搞数学研究的经验就是要对创造感兴趣，对新鲜事物感兴趣才可能有新的研究成绩出来。

对学生的建议：数学能够把各种复杂的现象都描述得非常好。年轻人都应该学点数学，即使本科学数学，以后转到别的领域去也没有关系，因为数学总是能够在各行各业都发挥一点作用。

生活中有很多数学的问题，包括池塘水的频率、太阳升起落下的规律，都可以用数学的办法解决，尤其是要多观察自然现象，从自然现象中发现问题，用数学方法解决。比如我最喜欢的预测台风，基本规律很简单，就是台风是从南往北走，而且是反螺旋形的，而且风向可以凭雨点方向掌握，风速可以根据经验估算，通过简单的运算就可以当场预测台风了，而且比较准。

对老师的建议：有人认为现在要培养聪明人，还有人认为要培养专业人。我认为要培养重视创造、重视思维能力的人。

老师不能满足于上课给学生讲点内容，应该多给学生提点问题，帮助学生成长，但是不能号召他们去做那些没有条件做的事，也不能搞题海战术，单纯地让他们记住解题方式。其实，现在有很多问题需要解决，我们做老师的应该不断启发学生的创新兴趣，而不是让学生去胡思乱想，这样才能提高学生的创新意识和创新能力。如果学生都能够被调动起来，既可以提高创新能力和研究水平，又能够解决更多的实际问题。

老师应该给学生的除了上课内容以外，要尽可能地让学生了解科学界最前沿的研究，这样学生的兴趣才会更广泛，眼界也会更高一点，视野也会更广，这样不论是对继续从事研究还是转行都有好处。培养研究生的时候，要让研究生发挥自己的作用。好多人招学生，都是名义学生，这样会影响学生质量。

对于业余爱好的建议：我的业余爱好就是解决问题，思考问题。我还喜欢古典文学，尤其是诗歌，因为和数学具有规律性一样，诗歌的对仗也是一种规律，非常优美。我最喜欢的诗是杜甫的诗，因为他的诗大多数是反映社会民生的问题。李白的诗歌也很好，比较豪放一点。还有些诗人的诗歌也很好，但是我的欣赏水平不高，所以欣赏不到它们的优美。我喜欢看的书是《三国演义》，这是一本聪明的书，里面写了很多聪明的人，做了聪明的事，我觉得年轻人可以看看这本小说。现在我的业余爱好是思考广义相对论。

★社会评价

谷超豪治学的特点是能够迅速进入新的领域，抓住重要问题，并在其中作出创造性的新成就。他的主要兴趣在于纯粹数学和流体力学、理论物理的结合点上，他以为数学家如能和其他领域的科学家有共同语言，那将受益无穷。

他也坚信，优秀的数学成果早晚将会对其他科学发生重大影响。对于数学直接为经济建设服务的课题，他非常重视，不但鼓励其他人努力对此作出贡献，而且他也尽可能亲自参与，以他敏锐的洞察力和数学修养为解决问题提供有效的途径。

他是一个非常勤奋和善于利用时间的人。虽然他一直负担着和数学没有直接关系的重任，但他始终没有放松数学的研究工作，火车上、飞机上的时间他也不放过。他多次说过，人的天赋总是有所不同的，天赋很高的人，可以较快地取得成绩，但要想取得突出的成就，就必须有不同于常人的刻苦努力。

★命名

经国际小行星中心和国际小行星命名委员会于 2009 年 8 月 6 日批准，10 月 20 日以谷超豪的名字命名的小行星“谷超豪星”命名仪式在复旦大学举行，这是对这位著名数学家最好的褒奖。被命名的小行星是 2007 年 9 月 11 日由中科院紫金山天文台盱眙观测站发现的一颗小行星，国际编号为 171448，该小行星绕日运行周期为 3.47035 年。这颗小行星被命名为“谷超豪星”。

★获奖

2010 年 1 月 11 日，2009 年度国家科学技术奖励大会在北京人民大会堂隆重举行，中共中央总书记、国家主席、中央军委主席胡锦涛向获得 2009 年度国家最高科学技术奖的中国科学院院士谷超豪、孙家栋颁奖，以表彰他们对国家科学技术发展所作出的巨大贡献。

王元（1930—），著名数学家，中国科学院数学研究所研究员，担任过研究室主任、所长、所学术委员长主任，中国数学会理事长，《数学学报》主编，1980 年当选为中国科学院院士。解析数论是他的主要研究领域。

★ 生平经历

1930 年 4 月 30 日王元出生于浙江省兰溪市一个知识分子家庭，很早就受到启蒙教育。但是他并不特别聪明，更不是神童，他同大多数有成就的人一样，通过刻苦学习才获得了成就。

王元的小学和初中时代是在战乱与艰难中度过的。他 4 岁上学时还是个天真活泼的小孩，一心只想玩，结果连续留级两年，上中学时学习成绩也只是中等水平。但是，他却有一个十分突出的特点：兴趣广泛，求知欲强。凡是他兴趣所及，都肯花时间刻苦钻研。他喜欢看小说，不管多厚的本本，他都要看完它；他看到别人拉二胡，自己也动了心，成为二胡爱好者。他抓紧时间勤学苦练，又肯动脑筋琢磨演奏技巧，不久就成为出色的二胡演奏者。后来，他又喜欢上了画画和游泳，他经常带着画板出去写生，画累了就脱下衣服跳到湖里快乐地游泳。广泛的兴趣和爱好，养成他不怕困难和强烈进取的品格，只要是他感兴趣的事情，他总能比别人学得好。

1948 年，王元高中毕业考入浙江大学数学系。浙大是我国老一辈数学家陈建功、苏步青多年执教的地方，数学教育卓有传统。陈苏二位教授自 20 世纪 30 年代起就坚持让高年级学生通过读书讨论班的方式学习，这对于培养学生独立思考、提高科学研究能力极有帮助。浙大的教育环境和教育方法激发了王元对数学的极大兴趣，大学四年级时王元在读书讨论班上报告了 A・E・英哈姆的《素数分布论》。1952 年，王元从浙江大学毕业，因表现出色，被推荐到中国科学院数学研究所工作，一年后又被分配到该所数论组师从华罗庚先生。从此，他与华先生结下不解之缘，风风雨雨 30 多年，他自己也成长为一代著名数学家。

★主要研究成就

20 世纪 50 年代至 60 年代初，王元首先将解析数论中的筛法用于哥德巴赫猜想的研究，并证明了命题“3＋4”，1957 年又证明了“2＋3”。王元证明的“2＋3”表示的是：每个充分大的偶数都可以表示成至多 2 个质数的乘积再加上至多 3 个质数的乘积。其缺点在于两个相加的数中，还没有一个肯定为质数的，这个“2”与“3”都是指“殆素数”，意思是很像素数。这是中国学者首次在这一研究领域跃居世界领先地位，其成果为国内外有关文献频繁引用。此时的王元只有 27 岁。其后，他与华罗庚合作致力于数论在近似分析中的应用。他们于 1973 年证明的定理受到国际学术界的推崇，被称为华-王方法。70 年代后期，王元又对这方面的成果做了系统总结，产生了广泛的国际影响。

王元不仅是一位在数学专业领域取得杰出成就的科学家，而且他通过数学研究，进一步关注到数学的本质——数学和数学家在教育、社会和人类发展中的影响。他将数学这门科学通俗解析，让大众感受到数学中的乐趣，他将自己关于这方面的思考部分汇集在论文集《王元论哥德巴赫猜想》、传记《华罗庚》、《王元文集》和《华罗庚的数学生涯》等书中。他在他的论述中对数学美的论述是：什么是好的数学？评价数学的标准是什么？他的回答是：数学的评价标准和艺术一样，主要是美学标准。美学标准对物理科学也很重要，但对数学，它是第一标准。《华罗庚》一书可以说是王元科普创作的代表作，花费八九年时间写了一本数学家的传记，而且由一位著名数学家写另一位著名数学家的传记，正是这本书的独到之处。

《华罗庚的数学生涯》也是王元记述华罗庚数学研究成就和过程的专著。华罗庚的成就遍及数学很多重要领域，他的特殊学术思想和方法论已作为中华民族文化的一部分而载入史册。该书分两篇，第一篇介绍华罗庚在纯粹数学方面的成就，并附有国外数学家的评语；第二篇主要介绍华罗庚在应用数学和数学普及方面的贡献。

《王元文集》是王元院士将自己长期科学研究的重要文献收集成册，成为系统论述数学科学和展示数学成就的专著。

《王元论哥德巴赫猜想》是王元院士多年来在国内外各种刊物上发表的部分论述性文章（不包括专门的学术论著）的汇集。内容分为四大部分：第一部分是全书的核心，论述哥德巴赫猜想的历史、意义、研究方法与进展，进而涉及当代数论的成就、应用及其在数学中的地位等。第二部分为“综合论述”，从更广阔的视角阐述作者对整个数学的认识，以及作者在担任中国科学院数学研究所所长和中国数学会理事长等领导实践中形成的对发展中国现代数学的看法与见解。这部分还包括了以青少年为对象的关于如何学习与钻研数学的体会。第三部分“数学家”，收集了作者为我国现代数学史上一些著名数学家所写的纪念与评论文章，是中国现代数学的珍贵史料。最后一部分为作者个人成长经历与学术道路的自述。本书书名强调了哥德巴赫猜想这一主题。在数学史上，著名的猜想占有重要地位，这不仅是因为它们的难度使它们具有诱人的魅力，而且更在于问题解决过程中产生的新概念与新方法对于整个数学进步的推动。本书是一本使大众深刻理解“哥德巴赫猜想”的完整著作。

王元院士多次在不同场合告诫青年学生，中学生现在不要搞“哥德巴赫猜想”，应该打好数学基础，不可企图从整数的定义出发，用简单的算数方法来处理这类问题。数学家为解决“哥德巴赫猜想”这一难题付出了无数辛勤劳动，从事这一研究必须具备必要的数论基础。

陈景润（1933—1996），福建省福州市人，著名数学家，中国科学院院士。

★ 生平经历

1933 年 5 月 22 日陈景润生于福建省闽侯县一个贫寒的家庭。他从小是个瘦弱、内向的孩子，却独独爱上了数学，高中没毕业就以同等学力考入厦门大学数学系。陈景润 1953 年毕业，留校工作，当了一名图书馆的资料员。尽管工作繁忙时间紧张，他仍然坚持不懈地钻研数学理论，并系统地阅读了著名数学家华罗庚等人的有关数学专著。他为了能直接阅读外文图书资料，在继续学习英语的同时，又先后学习了俄语、德语、法语、日语、意大利和西班牙语，学习这么多国家语言对一个数学家来说是一个非同寻常的事情，但是对陈景润来说只是一件寻常的事情。

演算数学题占去了他大部分的时间，枯燥无味的代数方程式使他充满了幸福感，由于他对数论中一系列问题的出色研究，受到华罗庚的重视，1957 年被调到中国科学院数学研究所工作。

1965 年称自己已经证明“哥德巴赫猜想”的“1＋2”，由师兄王元审查后于 1966 年 6 月在科学通报上发表。

1974 年被重病在身的周总理亲自推荐为第四届人大代表，并被选为人大常委。

1979 年完成论文《算术级数中的最小素数》，将最小素数从原有的 80 推进到 16，受到国际数学界好评。

1979 年应美国普林斯顿高等研究院之邀前往讲学与访问，受到外国同行的广泛关注。

1981 年当选为中科院学部委员。

1984 年 4 月 27 日在横过马路时，陈景润被一辆急驶而来的自行车撞倒，后脑着地，诱发帕金森氏综合征。

1996 年 3 月 19 日因病住院，经抢救无效逝世，享年 62 岁。

★主要研究成就

陈景润用一支笔和几麻袋的草稿纸，攻克了世界著名数学难题“哥德巴赫猜想”中的“1＋2”，创造了距摘取这颗数论皇冠上的明珠“1＋1”只是一步之遥的辉煌。

20 世纪 50 年代，陈景润对高斯圆内格点问题、球内格点问题、塔里问题与华林问题的以往结果作出了重要改进。20 世纪 60 年代后，他又对筛法及其有关重要问题进行了广泛深入地研究。

“哥德巴赫猜想”这个 200 多年悬而未决的世界级数学难题，曾吸引了各国成千上万位数学家的注意，而真正能对这一难题提出挑战的人却很少。陈景润在高中时代，就听老师极富哲理地讲：自然科学的皇后是数学，数学的皇冠是数论，“哥德巴赫猜想”则是皇冠上的明珠。这一至关重要的启迪之言，成了他一生为之呕心沥血、始终不渝的奋斗目标。

为证明“哥德巴赫猜想”，摘取这颗世界瞩目的数学明珠，陈景润以惊人的毅力，在数学领域里艰苦跋涉。1973 年陈景润终于找到了一条简明的证明“哥德巴赫猜想”的道路，他的成果发表后，立刻轰动世界。其中“1＋2”被命名为“陈氏定理”，同时被誉为筛法的“光辉的顶点”。华罗庚等老一辈数学家对陈景润的论文给予了高度评价。世界各国的数学家也纷纷发表文章，赞扬陈景润的研究成果是“当前世界上研究‘哥德巴赫猜想’最好的一个成果”。

陈景润研究“哥德巴赫猜想”和其他数论问题的成就，至今仍然在世界上遥遥领先。世界级的数学大师、美国学者阿·威尔曾这样称赞他：“陈景润的每一项工作，都好像是在喜马拉雅山山巅上行走。”1978 年和 1982 年，陈景润两次受到国际数学家大会作 45 分钟报告的最高规格的邀请。

此外，陈景润还在组合数学与现代经济管理、尖端技术和人类密切关系等方面进行了深入的研究和探讨。他先后在国内外报刊上发表科学论文 70 余篇，并有《数学趣味谈》、《组合数学》等著作，曾获国家自然科学奖一等奖、何梁何利基金奖、华罗庚数学奖等多项奖励。

陈景润在国内外都享有很高的声誉，然而他毫不自满，他说：“在科学的道路上我只是翻过了一个小山包，真正高峰还没有攀上去，还要继续努力。”

★华罗庚与陈景润的师生情

1985 年 6 月 12 日，华罗庚在访日期间心脏病复发，在东京大学的讲坛上猝然倒地，结束了他为祖国数学事业贡献不止的一生。消息传来，举国悲哀，抱病的陈景润更是万分悲痛，泣不成声，他嘴里不停地念叨：“华老走了，支持我、爱护我的恩师走了。”

1985 年 6 月 12 日，在八宝山革命公墓举行了华罗庚骨灰安放仪式。此时，陈景润已是久病缠身，既不能自主行走又不能站立。数学所的领导和同事们都劝他不要去了，但陈景润说：“华老如同我的父母，恩重如山，我一定要去见老师最后一面。”在他的坚持下，家人帮他穿好衣服，由别人把他背下楼去。到了八宝山，大家建议他先坐在车里，等仪式结束以后再扶他到华罗庚的遗像骨灰盒前鞠躬致敬，但陈景润坚持要和大家一样站在礼堂里。因参加仪式的人太多，又怕他摔倒，只好由三个人一左一右驾着胳臂，后边一个人支撑着，就是这样，陈景润一直坚持到华罗庚骨灰安放仪式结束。追悼会开了整整 40 分钟，他就硬撑着站了 40 分钟。40 分钟里他一直在哭，在流泪。

华罗庚对陈景润有知遇之恩，陈景润视华罗庚更是“一日为师，终身为父”。师生之间的隆情厚谊在数学界传为美谈。

1956 年，厦大李文清请数学所关肇直转交华罗庚一份稿件。华罗庚接到了这个和自己相似的、饱经苦难、经历沧桑的青年的来稿，看后十分惊喜地称赞这个青年，肯动脑筋，思考问题深刻。

回忆在中科院工作的日子，陈景润如是说，我从一个学校图书资料室的狭小天地走出来，突然置身于全国名家高手云集的专门研究机构，眼界大开，如鱼得水。在数学所党委的直接领导下，在华罗庚教授的亲切指导和帮助下，我在这里充分领略了当时世界上最先进的数论研究成果，使我耳目一新。当时数学所多次举行数论讨论，经过一番苦战，我先后写出了华林问题、圆内整点问题等多篇论文。这些成果也凝结着华老的心血，他为我操了不少心，并亲自为我修改论文。我每前进一步都是同华老的帮助和指导分不开的。正是华老的教导和熏陶，激励我逐步走到解析数论前沿。他是培养我成长的恩师。

华罗庚指导学生的方法是以自学为主，指定一些要读的书，参加一些讨论班，并平均两周和学生谈一下专业。在一个权威人士的带领下，不同学科的人员共同探讨同一个课题，是华罗庚从事研究和培养人才十分显著的特点。

华罗庚的好友赛尔伯格曾经说过："要是华罗庚像他的许多同胞那样，在第二次世界大战之后仍然留在美国，毫无疑问，他本来会对数学作出更多贡献的。另一方面，我认为，他回国对中国是十分重要的，很难想象，如果他不曾回国，中国的数学会是什么样。"中国的数学会是什么样，现在已无法猜测，但是有一点是可以肯定的，华罗庚如果不曾回国，陈景润的命运和遭遇必定与现在不同。

正当陈景润利用数学所的有利条件埋头工作时，1958 年全国科教系统开展了所谓的"拔白旗"政治运动，在全所大会上华罗庚、张宗燧等人被指斥为"大白旗"，批判的矛头集中到华罗庚的所谓的资产阶级学术思想。陈景润也因此受到牵连。

华罗庚除了给予陈景润学术上的指导和帮助之外，还教会了他的学生如何对待困难和挫折，如何选择人生的道路。

文革时期，"四人帮"曾派迟群找陈景润搜集华罗庚的黑材料，让陈景润站出来揭发华罗庚"盗窃他的成果"。其证据是，1957 年华罗庚的《堆垒素数论》再版时，吸收了陈景润的成果。但是华罗庚在《堆垒素数论》的再版序言中已经写到，"作者趁此机会向越民义、王元、吴方、魏道政、陈景润诸同志表示谢意，他们或指出错误或给以帮助，不是他们的协同工作，再版是不会这样快就问世的。"

陈景润婉言拒绝了迟群，他单独找到华老的学生陈德泉，据实对他讲："迟群要我揭发所谓的华老师盗窃我的成果的问题，怎么办？"这是一个棘手的问题，陈德泉一下又摸不清陈景润的意图，他试探着问陈景润："华老师到底有没有盗窃你的成果？"陈景润果断地回答："没有。"陈德泉暗暗舒了一口气："那你就据实说嘛，反正实事求是嘛。"

陈景润或许讲不出过高的政治理论，他也不会用华丽的辞藻表达自己对老师、对祖国的爱，但是他的良知告诉他，搞科研没有错，尊敬老师没有错。他认定决不做对不起党和人民的事。当有人再次来让他揭发华老师的剽窃罪状时，他断然拒绝了。来人威胁他："我们已经掌握了人证物证。"陈景润坚决地说："既然你们掌握了证据，还要我揭发什么！"正是凭借自己的良知和善心，陈景润保护了自己的老师，维护了党和国家的利益。

后来，华罗庚和陈德泉外出，路过陈景润住的医院，陈德泉建议去看望一下陈景润。由于避嫌，华罗庚没有下车，他委托陈德泉问候陈景润。陈德泉回来后，转达陈景润的话说："华先生永远是老师，迟群说的完全没有那回事。"

20 世纪 70 年代末到 80 年代初，陈景润两次出国访问、讲学。出于对老师的尊敬，每次出访之前他都要到华老家道别、请教。华罗庚曾当面对陈景润和陪同他前来的李尚杰说："景润的工作是建国以来我们在数学领域最好的成果。"陈景润则谦虚地说："谢谢华老师，您过奖了，都是华老的栽培，我才有今天的成绩。"坐在一边的华师母忍不住插话说："景润是够用功的，刚才你没回来，等你的几分钟，他还拿出书来看呢。"华罗庚赞许地看着学生，满意地点了点头。

华罗庚对自己的得意弟子也是关爱有加的。1984 年当得知陈景润患帕金森氏综合征时，华罗庚十分激动与难过，他说："总不能让陈景润得这种无法工作下去的病呀!"

1985 年华罗庚出访日本前，曾亲自到中日友好医院去探视正在住院治疗的弟子陈景润，并对他说："王国湘主任（中日友好医院神经科）检查我也可能患有帕金森氏症，等我回国后，咱们都在这儿住院。"谁知，这一面竟成了陈景润与老师华罗庚的最后诀别。

陈景润对他的恩师的评价是很高的。1973 年，他在接受新华社记者采访时，称赞他的导师华罗庚是一位了不起的数学家，希望他在数论研究方面取得更丰硕的成果，认为他在应用数学方面花了太多工夫有点可惜。

华罗庚很少评价他的学生，何况他有那么多的学生，评价不当容易引起误会。他最多只是在个别谈话时偶尔讲几句。华罗庚曾单独对王元说过："在我的学生的工作中，最使我感动的是‘1+2’。"

杨乐（1939—），江苏南通人，著名基础数学家，中国科学院数学研究所研究员，博士生导师，中国科学院院士，现任中国数学会理事长。由于在函数模分布论、辐角分布论、正规族等方面的研究成果突出获得华罗庚数学奖。

★ 生平经历

杨乐 1956 年就读于北京大学数学力学系；1962 年毕业后，考入中国科学院数学研究所做研究生；1966 年毕业即从事数学研究工作。其间，1977 年任副研究员，1979 年任研究员，1982 年任数学研究所副所长，1987 年起任数学研究所所长。先后当选为第六届、第七届、第八届全国政协委员，第五届、第六届全国青年联合会副主席，中国科协全国委员会第三届委员、第四届常委，中国数学会常务理事、秘书长、理事长；先后担任第三届国务院学位委员会委员，第一届、第二届、第三届国务院学位委员会数学评议组成员，中国科学院基金委员会委员，第三届、第四届全国自然科学奖励委员会委员，《数学学报》主编，《Results in Mathematics》、《中国科学》、《科学通报》编委等职。1980 年 11 月当选为中国科学院数学物理学部学部委员。

★研究成就

杨乐主要研究函数论中的整函数、亚纯函数的值分布理论。他与张广厚合作，在解析函数的研究中取得了许多创造性的成果。他们在1965年～1977年，共同发表了8篇这方面的重要论文。1982年他单独发表了《值分布理论及其新研究》（科学出版社）一书。他和张广厚所发现的函数值分布论方面的“亏值”与“奇异方向”之间的联系，彻底解决了这个古老的数学分支中长期未决的奇异方向分布问题，他们对函数亏值的估计也被认为是普遍面准确的结果。国际数学界把他们的这些成果称之为“杨-张定理”和“杨-张不等式”。

马志明（1948—），四川成都人，中国科学院院士，中国数学会理事长，国际数学联盟执委会副主席。

★研究成就

马志明1984年在中科院应用数学研究所获博士学位，在概率论与随机分析领域有重要贡献。他研究狄氏型与马氏过程的对应关系取得了突破性进展，与他人合作建立了拟正则狄氏型与右连续马氏过程一一对应的新框架，并在马氏过程理论、无穷维分析、量子场论、共形空间等领域获得应用。

他与Rockner合写的英文专著已成为该领域基本文献。在Malliavin算法方面，他与合作者证明了Wiener空间的容度与所选取的可测范数无关；在无穷维分析领域，他与合作者得到紧Riemann流形的环空间上带位势项的对数Sobolev不等式，这是目前国际上该研究方向最好的结果；他还在奇异位势理论、费曼积分、薛定锷方程的概率解、随机线性泛函的积分表现、无处Radon光滑测度等方面获得多项研究成果。1994年在国际数学家大会上做邀请报告，曾获Max-Planck研究奖、中国科学院自然科学一等奖、国家自然科学二等奖、陈省身数学奖、求是杰出青年学者奖、何梁何利基金奖、华罗庚数学奖等。1995年当选为中国科学院院士，1998年当选为第三世界科学院院士，2007年当选为数理统计学会（IMS）Fellow。曾任中国科学院数学与系统科学研究院应用数学研究所副所长、所长。2000年元月至2003年12月任中国数学会第八届理事长，其间担任2002年国际数学家大会组委会主席。现任中国数学会第十届理事长，中国科学院数学与系统科学研究院学位评定委员会主席，应用数学研究所学术委员会主任。

2. 物理学领域

桂质廷（1895—1961），物理学家、教育家，我国地磁与电离层研究领域的奠基人之一。他与美国科学家分别在两半球几乎同时观测、记录并报道了“扩展 F 层”这一现象，受到国际地球物理学术界的重视。他毕生从事物理教育，为建设武汉大学物理系和创建武汉大学电离层研究实验室做出了贡献。

★ 生平经历

桂质廷 1895 年 1 月 9 日生于湖北省江陵县沙市镇（今沙市）一个基督教神职人员家庭。父亲是沙市圣公会会长兼教会小学校长。桂质廷幼年即受过洗礼，教名保罗（Paul）。他先在沙市读小学，随后到宜昌美华书院读书 4 年，相当于现在的高小至初中。因为他是神职人员子弟，可以免费进入教会学校，所以 1909 年到上海后，先在圣约翰读中学，以后又进入大学读了两年。

1912 年，桂质廷以总分第一的成绩考入北京清华学校高等科文科。因他英文成绩很好，毕业后留校担任了一年中等科英语教员。1914 年被保送留美，进入耶鲁大学，先学文科，后转学理科。1917 年获学士学位，随即进入芝加哥大学读研究生。

当时正值第一次世界大战，美国参战后，芝加哥大学许多物理教员转入从事与战争有关的工作，原有的研究项目多数已无法继续进行。适逢国际青年会征集华人到法国为挖战壕的华工服务，桂质廷于 1918 年 5 月应征到达法国。这一批从国内和美国应征的学生共 60 余人，他们教华工识字，代写家信，还做各种生活福利工作。战争结束后，他于 1919 年 6 月回到美国继续学习。

他这次进入了康奈尔大学，研究无线电，1920 年获硕士学位。在康奈尔大学他结识了美籍华人许海兰，获得硕士学位后桂质廷先期回国。次年，许海兰也毅然放弃美国国籍，来到上海与桂质廷结婚，从此他们开始了互助互勉共同献身祖国科学和教育事业的生活。

1923 年，桂质廷在长沙雅礼大学任教时，由洛克菲勒基金奖学金资助，再次到美国普林斯顿大学深造。在该校，他曾随著名物理学家 K·T·康普顿研究气体放电和紫外光谱，于 1925 年获得博士学位。其论文《在氢、氮和氢、汞、氮混合气中的低压电弧的特性和光谱》发表于 1925 年美国《物理评价》上。

1925 年桂质廷学成回国。此后，他在多所高等学校工作了 37 年：32 岁受聘为教授，33 岁担任物理系主任；40 年代初期成为部聘教授，连续主持华中大学和武汉大学物理系与理学院多年。他为祖国的高等教育事业和高空大气物理的研究献出了毕生的精力。

★ 培养人才

桂质廷大学执教 40 年，为国家培育了一代又一代的专门人才。他教授过普通物理学、电磁学、光学、无线电、近代物理等课程，他备课认真，讲授亲切、生动。他每堂课先一字一句地将讲授大纲在卡片上逐条列出，然后亲自和助手准备演示实验与讲解图表，仔细认真，一丝不苟。

他待人和蔼可亲，平易近人，作风民主。他提倡自学，鼓励深入思考钻研。上世纪 50 年代，国家号召向苏联学习，高等学校采用苏联的教学大纲，基础理论课程内容比前大为加重，一些新任课的青年教师反映很多内容不熟悉，要求为他们补课。对此，他耐心地以身说法开导这些教师应在工作中边干边学，他自己也正是这样身体力行的。近 60 岁高龄的他，仍参加俄文学习，和学生一样跟班听苏联专家的讲学，从不缺课，为青年教师做出了榜样。

桂质廷是一位实验物理学家，他一生主要成就都与实验观测分不开。对于实验室，他很有感情，即使担任系主任、院长等职务，有繁忙的教学、行政任务，仍经常进实验室去工作。动手是他的乐趣，家中的书桌后面，有一块工具板，整整齐齐地排放着一套常用工具。他对自己的研究助手和学生，特别注意实验技能的培养，亲自指导新型设备的试制、安装和调整。在他的日记上，可以找到当时做实验情况的一些记载。他曾经说过："我和系内一些同事的感情，是在实验室修仪器中建立的。"他经常强调用仪器不能一味贪新、贪精、贪洋，要物尽其用，要学会正确地选择与使用仪器。

桂质廷见多识广，胸怀坦荡。他是地球物理专家，却鼓励学生不必一定跟着自己的脚步前进。20 世纪 40 年代他指导自己的第一个研究生时，就为该生指出了两个可供选择的研究方向：一个是自己从事研究的电离层物理；另一个是生物物理。当时，生物物理还处于萌芽阶段，他高瞻远瞩，预见到将会来临的蓬勃发展。另外，如哨声传播问题，他在 40 年代就给予了密切注意。这些都证明了他在科学上的远见卓识。

1960 年，桂质廷开始编写《地磁及电离层电波传播》一书，可惜他当时的身体条件已不太好，只能在病床上完成初稿，不久就与世长辞了。他这部遗著，到 1985 年才由他的学生们整理出版。

★ 主要科研成就——电离层物理学的开拓者

我国古代对于地磁的知识处于世界领先地位，史书上有不少记载，然而对于地磁常量的测量，我国却落在外人之后。从清朝末年起，陆续有俄国人、日本人、德国人、美国人及法国人在我国境内做过地磁普测，却没有中国人主持过这项工作。1931 年，桂质廷获得卡内基研究院地磁部的资助，利用学校假期，在华北、华南、华西等地区进行地磁巡测。到 1935 年，共测了 94 个点。华北地区的测量结果，发表在 1933 年出版的《中国物理学报》第 1 卷第 1 期上。这是中国人首次巡测自己国境内的地磁常量。

地磁场的变化与电离层的电流密切相关。桂质廷于 1935 年～1936 年在卡内基研究院地磁部作短期研究时，就考虑在中国进行电离层探测的计划。1936 年，中央研究院物理研究所观测了电离层电子浓度对日偏食的依赖关系，这是我国最早的电离层研究成果。这次的三位观测者之一，就是桂质廷的学生梁百先。稍后，桂质廷与他的学生宋百廉一起，在武昌华中大学校园内，开始常规的电离层垂直探测。当时正是抗日战争时期，武汉时遭空袭，工作条件十分困难，他们尽最大努力，取得了从 1937 年 10 月至 1938 年 6 月共 9 个月的探测记录。这是我国首次对电离层的常规观测研究。这项研究取得了两项突破性成果：一项是桂质廷与美国科学家 H·G·Booker 几乎同时注意并报道的“扩展 F 层”的重要现象；另一项是桂质廷发现武汉地区 F2 层临界频率明显超过了按纬度分布的预期值。后来他将这一现象归结为“经度效应”，实际上即是 E·V·爱泼顿和梁百先在 1947 年所总结的电离层赤道异常现象。

1943 年桂质廷作为中国知名学者被派出访美国。在美期间，他一手促成武汉大学与美国标准局合作研究电离层的计划，并于 1945 年回国时与许宗岳教授一起带回一台 DTM—CIW3 型的半自动电离层垂测仪。1946 年元旦零时在四川乐山武汉大学战时校址开始正式观测，武汉大学游离层实验室也由此创建。

抗日战争胜利后，武汉大学由乐山迁回武昌。1946 年 8 月 20 日，游离层实验室在武昌恢复观测。桂质廷带领梁百先、许宗岳等物理系和电机系的部分教师与研究生做了大量的观测、分析和研究工作，并与全球数十个观测台站进行资料和成果的交流。从此，我国早期研究电离层的一支基本队伍便初步形成。在桂质廷的领导下，短短几年，游离层实验室在 F2 层临界频率的地磁控制现象、F2 层的出现规律、日食的电离层效应等方面的研究，都处于当时国际前沿。1949 年桂质廷受聘为 Jowrnal of Gephysical Research 这一国际著名学术期刊的编辑，是该刊编辑中第一位中国学者。

中华人民共和国成立后，桂质廷在武汉大学开创的电离层研究工作不断得到发展。1955 年武汉大学设立电离层及电波传播专业，并恢复招收研究生，1978 年发展成为空间物理系和电波传播及空间物理研究所。为了准备参加国际地球物理年，1956 年武汉大学与中国科学院地球物理研究所合作，在校园内建立地球物理观象台（现属中国科学院武汉物理研究所），桂质廷受聘为地球物理所兼职研究员。1960 年武汉大学又建立了黄陂试验站，从此人才辈出，硕果累累，这些无不凝聚着桂质廷等前辈学者的心血。

吴有训（1897—1977），江西高安人，中国近代物理学奠基人。

★ 生平经历

吴有训于 1897 年 4 月 26 日出生在今江西省高安市荷岭乡一个名叫石溪吴村的小村庄。父亲吴起辅，在汉口帮人做生意，直到晚年才回到家乡的县城，与人合开了一个店铺，以维持生计。吴有训的母亲是一位典型的中国传统女性，勤劳节俭，在她的辛勤操持下，吴家的日子过得虽不算富裕，但亦不至于有冻馁之虞。吴有训后来回忆起自己的母亲时，认为她是一位精力充沛而讲求实效的女性、一位慈祥而又严厉的母亲，她的言传身教对吴有训的一生影响极大。

吴有训 7 岁时入家塾，习旧学。12 岁时，有一位从云南卸任归来的族叔，受族人之托，办起了一所新式的私塾。他是一位比较新派的人物，不但精于文史，也兼通数理，授课之余还会讲些诸如“物竞天择，适者生存”之类的话题。吴有训和他的小伙伴们似懂非懂，但却兴趣盎然。

带着一身泥土气息的农家子弟吴有训，先到县城，又到省城，他的少年时代几乎全是陪伴书本度过的。由于家境本不富裕，他十分珍惜这个来之不易的学习机会，始终保持着那股谦虚好学、奋发向上的劲头。1916 年 7 月，吴有训毕业于江西省立第二中学，同时考入南京高等师范学校。在鸡鸣山南麓的明代国子监原址上，南京高师为当时与北京高师、武昌高师、广州高师等并列为中国最早成立的四大国立高等师范学校之一。

吴有训当年之所以投考南京高师，是与许多家境比较贫寒的学生出于同样的考虑：一方面是因为这所学校名师荟萃，有较高的声誉；另一方面，它是一所师范学校，一般不收学费，在此求学可以大大减轻家庭的负担。

当年的南京高师以培养新式师资为己任，学制为四年，预科一年，本科三年。吴有训所就学的是该校的理化部。上三年级时，在美国哈佛大学获博士学位的胡刚复归国，到南高任教。胡先生可说是我国最早从事 X 射线研究的学者，具有较高的学术水准，吴有训就是在他的引导下得以接触到 X 射线有关基础知识，由此逐渐培养起对 X 射线研究的浓厚兴趣。

从南高毕业后，他曾在中学教了一段时间的书，然后在 1921 年参加了江西省赴美国官费留学生考试，并以优异成绩考取。1921 秋，吴有训从上海乘海轮赴美国，来到中部重镇芝加哥，进入芝加哥大学物理系学习，实现了自己献身科学的第一个目标。

★ 参与康普顿效应的发现与实验

芝加哥大学是美国历史悠久的著名学府之一，也是美国当时的物理学研究与教学的一个中心。值得注意的是，芝加哥大学与中国早年的科学界有过密切的关系，中国现代物理学界的许多老一辈物理学家青年时代都曾在此求过学，如李耀邦、饶毓泰、叶企孙、周培源等。

吴有训留学美国的第三年，年轻的物理学家 A·H·康普顿来到芝加哥大学任教。吴有训成为他的研究生，从事 X 射线问题的研究。

康普顿在到芝加哥大学之前，曾先后工作于英国剑桥大学和美国密苏里的圣路易斯华盛顿大学，并初步发现了一种后来以他的名字命名的现象：康普顿效应。他发现当用单色 X 射线作射线源，对一些较轻的元素（如碳）进行散射实验时，经元素散射后的 X 射线的波长发生些微变化，从经典物理学的角度看，这完全是一种异常现象。康普顿对异常现象选择了量子论式的解释，这就是他著名的X射线量子散射理论。

但这个发现当时并没有立即获得物理学界的广泛承认，一方面是因为这种效应与经典理论有很大的冲突；另一方面是康普顿所获得的实验证据还不充分，使相当多的物理学家不敢贸然相信，大家基本上采取了一种感兴趣的观望态度，他们等待着进一步的实验事实。当时着手进行这一实验的科学家很多，但科学界最为关注的仍是康普顿本人所在的实验室拿出更多的、有说服力的证据。

吴有训此时恰好就在这个实验室跟随康普顿进行研究工作，他用自己非凡的实验才能和刻苦努力的精神，紧紧地抓住这个稍纵即逝的历史机遇，为现代物理学的发展做出了中国人的贡献。

科学界对康普顿量子散射理论的怀疑，首先在于他所依据的基本实验实际上只有一种实验样品，即石墨样品。虽然这个实验本身完全无懈可击，但毕竟只使用了一种材料，这很难说明效应的普遍意义。吴有训在准备工作中设计出最佳实验配置后，即把主攻方向定在证实康普顿效应的普遍适用性方面。他陆续使用多达15种不同的样品材料进行X射线的散射实验，结果无一不与康普顿的理论相符合，从而形成了对此理论广泛适用性的强有力证明。由于吴有训高超的实验技巧，使这些验证工作不管是在精密度还是在可靠性方面都无可挑剔。这些工作当然得到了康普顿本人的极端重视和高度评价，他把吴有训所获得的15种物质X射线散射光谱与他自己的那张石墨散射谱，一并收入了他于1926年写成的专著《X射线与电子》中去，作为其量子散射理论的主要实验证据。这部著作于1935年再版时更名为《X射线之理论与实验》。康普顿在书中这样写道："实验与理论的这种吻合并非出于偶然，图Ⅲ—48（注：指吴有训的那张15种物质X线散射光谱）的光谱就是证明，这是一张由吴博士所获得的根据各种元素的散射得到的、与前述（注：指他本人的那张石墨散射光谱）相类似的光谱。"后来在许多论及康普顿效应的著作中都引用了吴有训的光谱。

吴有训亲身参与了发现和确立康普顿效应中期以后的大量实验验证工作，最后以"康普顿效应"为题完成了自己的博士论文，并获博士学位。而康普顿则在1927年因为这项工作而获得诺贝尔物理学奖。

在现代物理学史上，康普顿效应占据了一个极端重要的地位。吴有训在效应的发现和实验验证过程中发挥了重要作用，但他本人从来都未将自己与康普顿相提并论，认为自己只是康普顿教授的学生而已。在这里，我们看到了一位真正的中国科学家的谦虚品格和坦荡胸怀。而康普顿作为一代物理学大师，则从来没有忘记吴有训在这项伟大发现中的重要贡献，在自己的多种著作和多种场合都不断地提到吴有训的实验，甚至在自己的晚年，还很有感慨地特意说道：吴有训是他平生最得意的两个学生之一（另一位学生是L·W·阿尔瓦莱兹，在吴有训之后十年获得博士，于1968年获得诺贝尔物理学奖）。

1926 年秋，已近而立之年的吴有训，经过五年的一流科学研究工作的磨炼，成长为一名出色的实验物理学工作者。在获得博士学位后不久，吴有训打点行装，婉谢康普顿的极力挽留，踏上了归途。

★ 现代物理学教育的一代名师

中国物理学界的先驱者之中，很少有人不曾从事过教育工作。众所周知的中国现代物理学四大元老：胡刚复、叶企孙、饶毓泰和吴有训，皆是如此。

1926 年底，吴有训回国之初，曾怀着一腔科学报国和教育救国的热忱，应家乡人士之邀赴江西南昌协助筹办江西大学。当时正值北伐战争取得重大胜利之际，但随后发生了震惊中外的“四·一二”大屠杀。政治上的腥风血雨，使吴有训有理想破灭之感，最后导致吴有训于当年夏天黯然离开故乡南昌。

吴有训来到南京，回到阔别多年的母校（当时已更名为“第四中山大学”），时任校中自然科学院院长的胡刚复，立即通过校方聘他为物理系的副教授兼系主任。吴有训在这里执教约有一年多，其间曾被推选为校务会议的代表，在教学之余，也参与了一些学校的管理工作。

1928 年，北伐战争胜利，清华学校改名为国立清华大学。这时，清华学校物理系主任叶企孙正在千方百计为清华延聘人才，他很快就关注到吴有训。他力邀吴有训北上清华担任物理系教授，为表示自己的诚意，他甚至将吴有训的薪金级别定在他本人之上。这种求贤若渴的精神也很令吴有训感动，于是欣然应命，在清华园开始了自己科学生涯的一个新阶段，也开始了与叶企孙先生近半个世纪的交谊。

他与叶企孙先生和其他教授密切合作，共同努力，在不长的时间内就使清华物理系人才辈出，蜚声中外。在清华大学期间，吴有训无论是作为物理系的教授、系主任，还是清华理学院院长，乃至后来的西南联合大学理学院院长，他从未脱离过教学第一线，以他渊博的学识、循循善诱的方式和丰富的教学经验，哺育了中国几代物理学家，成为中国现代物理学教育史上的一代名师。

吴有训在大学的物理学教育中有几个突出的特点：第一，注重基本概念、注重科学思维的条理性，启发学生从简单的事实中悟出深刻的道理；第二，重视实验教学，大力宣导培养学生的动手能力，强调理论与实验并重的观点；第三，强调培养学生、特别是研究生的自学能力；第四，注意将国内外最新的科学研究成果引入课堂，尽力使学生在学习基础物理学知识的同时，能及时了解该学科的一些前沿情况；第五，十分重视学生的全面发展。他认为，即使是物理系的学生，也不能只学物理学课程，而应学习一些相关相近的其他科目，甚至是人文课程，这样才能使学生得到全面的发展。

★ 开我国物理学研究之先河

到 20 世纪 20 年代末，虽然中国的物理学工作者已先后做出了一些具有国际水准的研究工作，但这些都是在国外、或借助外国的某些工作条件完成的。当时，真正立足于国内的研究工作仅仅还处于起步阶段，吴有训关于X射线的气体散射问题的研究是一个重要标志。对此，严济慈先生曾给予高度的评价，他认为吴有训的工作"实开我国物理学研究之先河"。

如前文所述，吴有训在芝加哥大学留学时期已在康普顿效应的实验证明方面有重大建树，并且经过实际工作的磨炼，成长为一名掌握了高度精密实验技术的实验物理学家。但遗憾的是，他回国后未能充分发挥这方面的特长，原因在于受到当时我国国内落后实验条件的限制。当时的清华大学物理系可能已是全国条件最好的地方了，但要开展具有国际前沿水准的实验物理学研究，依然存在着许多困难。吴有训在无法进行实验工作的情况下，利用清华大学比较丰富的文献情报资源，努力开展了理论性质的研究工作。

1930年10月，吴有训在英国的《自然》杂志上发表了他回国后的第一项研究成果，这是中国物理学家立足于国内，最早在国际权威科学刊物上发表的论文之一。以此为起点，吴有训在几年当中，对X射线经单原子气体、双原子气体和晶体散射的强度、温度对散射的影响和散射系数等问题进行了一系列的理论探索，取得了重要的研究成果。

吴有训的这一系列研究工作，再一次引起国际物理学界对这位年轻中国物理学家的瞩目，鉴于他在这些工作中的杰出贡献，被德国哈莱（Halle）自然科学研究院推举为院士，并向他颁发了荣誉证书。1948年，吴有训以他出色的科学成就当选为中央研究院院士。清华大学物理系在吴有训和其他几位教授努力推动下，成为当时中国物理学研究的中心之一。

★ 科学与教育的组织领导

20年代末到30年代下半叶，即抗日战争爆发前的近十年时间里，吴有训正值人生中创造力最为旺盛的时期。事实上，他的确在教学、科研、教育管理和其他科学活动中都达到了自己的巅峰状态。除了前文已叙述过的他在教学和研究中的杰出贡献之外，他在担任教育领导职务后的种种不凡表现也引人注目。1934年，吴有训任清华大学物理系主任，1937年任清华大学理学院院长之职，从此之后一直到1945年，吴有训在清华大学（及西南联大）与叶企孙先生及其他科学前辈一起，团结协作，推行了一整套卓有成效的教育原则和办学方针，使清华大学物理系和理学院在30年代迅速成长为全国科学教育和学术研究的中心之一，培养出大批科学精英人才，对中国现代科学的发展产生了意义深远的影响，也为清华大学在不长的时期内就能跻身于世界名牌大学之林做出了重要的贡献，其创造性的组织领导工作、教育思想和办学经验今天仍值得认真总结和研究。

在长期担任教育领导角色的过程中，吴有训逐步形成了自己一套独特的教育原则和工作方法，概括起来有如下几点：

第一，坚持民主办学的方针，尊重和注意发挥全体教职工的主体性。例如在清华大学物理系时，凡遇到比较重大的问题，如课程设置、经费的分配等，一律由全体教授共同商议决定，从不独断专行。在任西南联大理学院院长时，由于该院是由三所学校的教职工组成，各种关系更是错综复杂，但吴有训以自己坦荡的胸怀，力排狭隘的门户之见，严于律己，宽以待人，与全体教职工同甘共苦，一起奋斗，在战时极其艰苦的条件下，依然维持了教学与部分科学研究工作的正常进行。值得一提的是，吴有训不但很尊重其他教授，对于那些虽然职位较低但有真才实学的职员也同样十分尊重。

第二，选拔学生方面坚持宁缺毋滥。如在叶企孙和吴有训主持下，清华大学物理系曾立下一条重要规定：每年的新生入学都要与系主任谈一次话，吴有训借此机会往往都要提出这么一个问题：为什么要学物理学？因为他认为攻读物理学不是一件轻松的事，必须要有吃苦的思想准备，亦即物理系招收学生的条件，不应只是那些有能力读的人，而且也应是愿意读的人，只有这样才能选拔出真正优秀的人才。

这个原则虽然有它某种历史的局限性，但在培养科学人才方面确曾显示出其特殊的效果：在抗日战争之前的近十年时间里，从清华大学物理系毕业的学生总共不过50余人，但大部分人后来都成为中国物理学各领域研究中的栋梁之材，如我们今天所熟知的核子物理学家王淦昌、钱三强，光学专家王大珩、龚祖同，固体物理学家陆学善、葛庭燧，力学专家林家翘、钱伟长，理论物理学家王竹溪、彭桓武，地球物理学家赵九章，电子学家陈芳允，海洋物理学家赫崇本等。

第三，坚持教师不脱离科学研究的原则，强调教师必须边教书边搞研究。他对清华大学校长梅贻琦的“大学乃有大师之谓”的观点深为认同，并认为教师之所以成为大师而不是教书匠，非得有较高的研究水准不可。他指出：“大学聘请教师，不但要问所习的专门学科，且须顾及已发表的研究工作及其价值。”已聘任的教师只有不脱离科学前沿研究，才能保持较高水准。他指出：“大学主要工作的一种，自然是求学术的独立。所谓学术独立，简言之，可说是对于某一学科，不但能造就一般需要的专门学生，且能对该科领域之一部或数部，成就有意义的研究，结果为国际同行所公认，那么该一学科，可以称为独立。”他本人就是这方面身体力行的典范。在他和叶企孙等先生的带动下，清华大学物理系的科学研究工作蔚然成风。同时，研究与教学紧密结合，也使教学本身有了更丰富、更新鲜的内容。

第四，重视对外科学交流。吴有训虽然宣导学术独立，但他绝不自我封闭，相反，他极力促进科学的交流。但他也意识到这种交流是“必须我们自己有些人在苦干的地方，才有较多的机会聘到外国真正的学者，才能利用聘到的外国真正学者。”亦即交流必须建立在自己有科学研究实力的基础之上。正是由于吴有训等中国老一代科学家的高水准研究工作，引起国际科学界同行的注目，促成了当时许多国际大师级物理学家来华访问讲学。如1935年7月，现代量子力学的奠基人之一、诺贝尔物理学奖获得者、英国剑桥大学的著名物理学家狄拉克应邀来华，在华期间曾应叶、吴之邀，在清华逗留两天，做了关于正电子问题的演讲；1937 年初，国际物理学界哥本哈根学派领袖、丹麦物理大师 N·玻尔来华，也曾应邀赴清华作了有关原子结构方面的报告。这些大师的演讲，使清华师生增长了科学最前沿的知识，开阔了眼界。此外，吴有训亦重视国内校际及研究机构间的交流，他本人曾在北京大学、燕京大学等外校兼过课，也组织过学生到北平研究院物理研究所等研究机构进行参观学习。这些活动和措施，对清华大学物理系的教学和研究工作以及扩大学校的声誉均产生过很好的推动作用。

20 世纪 30 年代，正值中国科学体制化的时期，其标志就是出现了一批专业科学研究机构和学会。吴有训作为中国现代历史上第一代物理学家中的佼佼者，其眼界是非常开阔的，他不但在清华大学发挥着巨大的光和热，而且也把自己的很大精力投入到推动整个中国的物理学事业当中去，其突出成果就是与其他科学家共同创立了中国物理学会。学会成立大会 1932 年 8 月在清华大学召开，首任会长是李书华。吴有训不但是学会的创始人之一，而且从 1936 年起，曾两度出任学会的会长（或理事长）。他积极地组织并参与学会的各项活动，如出席学会的历届年会并多次担任会议主席、会刊《中国物理学报》的编委，并为之撰写论文、参加物理学名词的翻译审查工作等，为中国物理学会的早期发展做出积极的贡献。

在八年抗战的艰苦岁月中，吴有训身兼西南联大校务委员会委员、理学院院长、清华大学理学院院长、校内二十几个专业委员会主席或委员、校外中研院评议员、物理学会会长等职，工作异常繁忙，生活上却始终与广大师生同甘共苦。他们全家与联大的许多教授家庭一样，住在离昆明市较远乡下的茅草农舍，每天去城里上下班，往返几十里路全靠步行。

吴有训在工作上除了应付繁重的行政事务之外，还亲自讲授大学物理课，积极推动恢复研究院和留学考试，亲自参加研究院的教学指导，并主持留美入学考试，大批优秀青年学子因此而获得进一步深造的机会，其中有汪德熙、胡宁、吴仲华、黄家驷、杨振宁、洪朝生、何炳棣、李政道等后来成为著名科学家的杰出人才。

此外，他还积极地推动创办清华金属研究所，进行应用基础和工业开发方面的研究，其目的在于直接为中国的抗战和工业服务，也为中国金属物理学科培养了一批优秀的骨干人才，如余瑞璜、王遵明、黄培云等。

吴有训于 1940 年当选为中央研究院评议员，全国当时只有 40 余人获此荣誉。他还于抗战期间受评议会的委托创办了《科学记录》，用外文发表国内科学研究的成果，作为战时中国自然科学对外交流的唯一高级学术出版物，一方面向国际科学界展示中国的科学进展情况；另一方面也显示了中国知识分子在战争环境下仍然坚持科学研究，不被困难所吓倒的不屈不挠的伟大爱国主义精神。

1945 年 8 月，在抗日战争取得最后胜利的时刻，吴有训又一次回到母校，而此次是出任国立中央大学校长之职。他布衣长衫，只身一人，从昆明到当时的陪都重庆上任。出于对母校的深厚感情，他希望通过自己的努力，为母校的兴旺发达尽一份力量。当然，他作为一个正直的科学家，也有一种比较单纯的想法，认为自己不是来做官的，而是来办教育、搞科学的，只要做得正，自然行得通。但在一种已经腐败的政治环境下，最终仍难以行得通，这也是吴有训最后唾弃国民党政权，走向光明的重要原因之一。

在中央大学的两年间，吴有训极力排除各方面、特别是来自政治方面的干扰，在较短的时间内，不但使教育和科学研究工作蒸蒸日上，而且也得到了广大师生的拥护和爱戴，但他也因实施民主办学和保护进步学生的做法，而一直承受着当局从各方面施加的巨大压力。吴有训对大唱和平民主高调的国民党曾抱有幻想，但这幻想很快就在亲眼目睹的一系列倒行逆施中破灭了。他对国民党当局疯狂镇压学生民主运动的做法极为愤慨，曾多次提出辞职要求，最后终于在 1947 年底，借赴墨西哥出席联合国教科文组织会议之机，滞留美国讲学访问，坚决不再就任中大校长之职。

在美国，吴有训曾在哈佛大学和麻省理工学院等处从事短期访问和科学研究工作，一边收集科学最新进展的资料，一边密切关注着国内的时局。1948 年中旬，吴有训伴着解放战争的隆隆炮声，悄然回到了魂牵梦绕的祖国。

★ 出任中国科学院副院长

上海解放后，1949 年 6 月初，在党领导下成立了科技界的“上海科技团体联合会”，推举吴有训为主席。6 月中旬，上海军事管制委员会又任命他为上海交通大学校务委员会主任（相当于校长），主持交通大学的教学恢复工作。7 月，吴有训作为上海科技界的代表，赴北京出席中华全国第一次自然科学工作者代表大会筹备会，会议选举了出席全国政治协商会议的科技界代表 15 名，吴有训是代表之一。9 月，中华全国第一次自然科学工作者代表大会筹备会上海分会成立，他被推举为主任。翌年，华东军政委员会成立，吴有训又被任命为华东教育部长。之后，因新成立的中国科学院草创伊始，亟须有威望有经验的科学家担任领导工作，吴有训奉调赴京，并于 1950 年 12 月，被正式任命为中国科学院副院长，从此开始，直到 1977 年逝世，吴有训在中国科学院工作了 27 年，把自己的后半生全部奉献给了这项事业，为中国科学院和中国科学事业的发展壮大做出了重要的贡献，创造了自己生命中的再次辉煌。

吴有训在中国科学院成立后不久的 1950 年 1 月就曾应邀来到北京，出席科学院研究计划局召开的近代物理座谈会，讨论并参与科学院物理科学相关机构的调整和设置问题。会议决定将原来分属中央研究院和北平研究院的四个物理类研究机构合并为两个：近代物理研究所和应用物理研究所。吴有训在 3 月被提名为近代物理研究所所长，副所长是他的学生钱三强，5 月，由中央人民政府正式任命。于当年 6 月底，吴有训受郭沫若院长委托，作为中国科学院访德代表团团长，与华罗庚、王淦昌、恽子强出访东德，参加纪念德国科学院成立250周年大会。在会上，吴有训以代表站立起来了的中国人民的身份发表演讲，获得了热烈的掌声。会议期间，中国代表团受到东德总统的接见，还参加了其他活动，处处受到欢迎。会后，吴有训率科学院代表团顺访了波兰的华沙，然后又奉科学院之命，与华罗庚从波兰转赴布达佩斯参加第一届匈牙利数学会议，于9月初回国。这次对外交流活动是中国科学院最早的国际科学交流与合作活动，结交了当时社会主义阵营科学界的许多朋友，扩大了新中国科学事业的影响，为以后进一步的交流打下了基础。回国后他在当时的华北大学礼堂做了题为《民主德国的科学文化概况》的归国报告，北京的科学界有300多人参加了会议。

1950年10月底，吴有训访欧归来后不久，开始担当起副院长的职责。因郭沫若院长要去国外出席第二届世界保卫和平大会，离国2个多月，由李四光代行院长之责。为加强领导，其他副院长每人都直接分管几个具体的研究单位，还没有被正式任命为副院长的吴有训分管了数理化学科领域的应用物理所、近代物理所、有机化学所和物理化学所等九个单位，并兼管办公厅的工作。到该年底，他被正式任命为中国科学院副院长。

★ 筹划建立东北分院

20世纪50年代的头几年，是新中国从连年的战争创伤中恢复的时期，亦是中国科学院的草创时期，吴有训把自己的全部热忱和精力都投入到工作中去。他一方面积极为自己所分管的九个研究单位筹措经费，延聘人员，创造条件以恢复和开展研究工作；另一方面也参与制定并实施了科学院的多项重大决策，其中的一项就是关于建立东北分院的决策。

中国科学院在原中央研究院和北平研究院的基础上建立，其下属研究单位主要分布在北京、上海和南京，而当时的中国重工业基地东北却没有科学院的研究机构。为配合国家建设的需要，1950年5月，科学院曾派出由竺可桢副院长为团长的代表团赴东北考察在当地开展科学研究工作的可能性，并提出过一个报告，但这项工作由于朝鲜战争的爆发而中断。到1951年初，这个问题又被提到了科学院的议事日程上，此次由吴有训率团再赴东北。离京前，吴有训先与中央铁道部进行了接洽，达成利用其所属机构现有的设施建立冶金研究所的共识。然后赴东北考察了一个多月，从沈阳到长春、大连、鞍山、抚顺、本溪等地，与各级政府部门、研究机构和企业进行了广泛的接触，经过细致的调查，基本摸清了东北已有科学研究机构的分布、人员和现有条件及设备等实际状况。并在此基础上，于1951年10月成立东北分院筹备处，提出了设立中国科学院东北分院的初步方案。此后，经科学院院务会议多次讨论，由吴有训会同严济慈、恽子强、武衡、李薰、周仁、吴学周、张沛霖等科学家经过进一步的研究与调查，将东北分院所属研究单位扩大为七个。其中的物理化学所，系由上海迁往长春，当时许多人不愿离开上海，为此，吴有训曾亲自进行说服动员工作。东北分院最终于

1952 年 8 月正式成立。

中国科学院于 1955 年成立了学部，吴有训出任物理学数学化学部主任，从此明确分工领导科学院的数、理、化、天文等学科的学术研究工作。工作中，他特别关心人才的发现和培养，例如，林兰英、王守武、陈能宽、孙湘、黄量、王天眷等科学家，在归国之初，他不但亲自接见，向他们介绍国内的情况，而且细致地为他们做工作安排，提供必要的生活条件等，使他们很快就愉快地投入到工作之中。此外，吴有训对国内培养出来的青年科学工作者更是寄予厚望，希望他们青出于蓝而胜于蓝，50 年代一些出色的年轻科学家，如于敏、章综、张乐潓等人，吴有训都时常关心他们的情况。

新中国成立之后，面对帝国主义的封锁及抗美援朝的需要，由中国科学院出面组织国内力量，推进抗生素的研制工作，1952 年在北京举行了第一次全国抗生素工作会议。在会议前后，吴有训已多次会见有机化学所副所长、从事抗生素研究的有机化学家汪猷，与他商谈如何调整机构、组织力量的问题。翌年，成立了全国抗生素研究协作会，由吴有训担任主任委员，担任副主任的有汪猷先生和卫生部、轻工业部及教育部的领导等。协作会在我国的抗生素研制工作中发挥了协调组织作用。1955 年 10 月，在北京召开了全国抗生素研究工作委员会成立大会，吴有训担任该委员会主任委员。这个委员会的任务包括：根据国家建设的要求及抗生素生产和研究方针，领导各单位制订计划，推动检查抗生素的研究工作，使科学更好地为生产服务，会上部署了青霉素、链霉素、氯霉素和金霉素等四种最重要抗生素的研制工作。2 个月之后，吴有训又主持了由中国科学院负责组织在北京召开的国际抗生素学术会议。在此后短短的几年里，我国的抗生素研究与生产有了迅速进展，到 50 年代末，几种主要抗生素药物的生产已可基本满足广大人民群众求医治病的需求。

1965 年，新中国成立以来在生命科学领域所取得的一项具有世界水准的研究成果——人工合成结晶牛胰岛素初步获得成功。这一年的 11 月，中国科学院在上海举行了专门的成果鉴定会。会上多数人的意见认为：研究结果已经足以证明合成工作圆满完成，应尽快向全世界公布这项成果；但也有人不同意这样做，理由是有关证据还不充分，尽管持后一种观点的人只占少数。作为鉴定主持人之一的吴有训副院长，既听取大多数人的意见，也充分尊重少数人的观点，决定一方面在《科学通报》上发一个简要的报道；另一方面迅速进行再一次合成，取得必要、充分和经得起检验的证据，这个决定获得了全体鉴定委员的一致同意。第二次合成于次年的 2 月完成，4 月，在北京召开了第二次鉴定会，一致通过全文向世界公布这项成果。公布之后，国际科学界，包括一些竞争对手也很快承认了我国的这项重大科学成就。吴有训在这次决策中，表现出他一贯坚持的实事求是的科学态度、宣导学术自由的精神和发扬决策民主的作风。

★ 参与制定科学发展规划

1956 年是新中国科学发展史上极为重要的一年。就是在这一年，在国务院的直接领导下，中国科学院参与组织全国的科学家制定国家科学十二年发展远景规划，这个规划对中国科学的发展产生了深远的影响。

实际上中国科学院自己的规划始于 1955 年，在 6 月召开的学部成立大会上所做的报告中，吴有训已就物理学、数学和化学等学科今后的发展前景进行了一番展望。对物理学，他指出：首先应当注意到原子能和平利用的问题，由此也可推动同位素的研究以及宇宙射线等领域的研究。他还提到固体物理学的发展重点应集中在金属的力学性质，磁性材料的性能以及半导体、压电晶体、电介质等各种新型材料等领域，这些领域与许多工业部门的生产有着广泛的联系，也是国际科学界的新热点。对于数学，吴有训指出了三个应该重视的领域，即微分方程、概率论和数理统计、计算数学，其中他特别强调了计算数学。1956 年初，担任了国务院科学规划委员会委员、中国科学院数理化学部主任的吴有训，与其他几位科学家共同主持了发展规划中基本科学研究规划草案的讨论，参加讨论的有各学科的 120 余位科学家，这一工作于元月底结束，提出了 300 多项中心问题。2 月中旬，由学部常委会决议，邀请了 24 位科学家进行汇总，最后拟定了 13 个重大项目和 4 个后备专案，其中主要有：和平利用原子能、电子电脑、半导体、计算数学与统计数学、航空力学等。在制定规划的过程中，也有苏联专家的参与。苏联专家对吴有训的印象很深，说他英语流利，对科学问题有着深刻的见解。

十二年规划制定后，他为实施规划做了大量工作。该规划于 1962 年提前完成，之后，吴有训又满腔热情地投入到制定新的科技十年规划中去。

1962 年初，已可预见十二年规划可以在 1962 年年底基本完成。聂荣臻副总理决定在广州召开全国科技工作会议，讨论制定新的十年科技远景规划。吴有训不顾年事已高，夙兴夜寐，不知疲倦地投入工作中。竺可桢当年 9 月的一则日记真实地反映了当时的情景："从这次规划的讨论，大家切磋琢磨，相得益彰。吴副院长始终其事。"参加规划制定工作的科学家有 900 多人，除了重点安排眼前急需突破的现实课题之外，还特意安排了 6 个重大科学技术的后备项目，特别是其中的激光项目，因为这是吴有训在 60 年代科学领导工作中的又一个杰作。

1958 年 12 月，美国物理学家肖洛和汤斯在《物理学评论》上首次公布了一种有关新的光学激射器的理论，立即在国际物理学界和多国政府军事部门引起强烈反响，因为该理论预期的发光能量十分惊人，美国国防部甚至称其为"死光"，并投巨资进行专门研究。吴有训和王大珩、张志三等几乎同时看到了这篇论文，并敏锐地觉察到这一理论与技术的重大前景。为此，吴有训亲自过问物理所的激光课题立项，当时所里经费有一些困难，对这个专案有犹豫，他坚持一定要上。并说："不及时上马，对人民将会犯错误。即使有困难，也必须去克服。"在他的大力支持下，物理所的激光专案研究很快取得成功。1961 年 9 月，中国科学院物理所和长春光机所几乎同时研制成功了红宝石激光器，虽比美、苏晚了将近一年，但仍属国际先进水准。此后，在吴有训的提议下，中国科学院调集力量在上海组建了一个光学精密机械研究所，专门从事激光及其应用研究。在制定十年科学规划时，激光被列入重大科技后备专案。

★ 为国际科学合作与交流作贡献

吴有训在担任副院长之前，他就已担当起中国科学院对外科学使者的角色。从整个50年代到60年代的前半叶，他每年或者率团出访，或者大量会见和接待来访的外国科学家代表团和来华工作的外国专家。

1959年2月14日至5月11日，吴有训率中国科学院代表团，访问东欧七国科学院和若干高校及产业部门的研究组织。代表团在访问期间，受到各国科学院和科学家的热情接待，并分别签订了中德、中保科学院五年科学合作协定和1959年执行计划，中捷、中罗科学院三年科学合作协定和1959年执行计划，与波兰和匈牙利科学院在原有两国科学院合作协定的基础上，签订了1959年执行计划，代表团还顺访了阿尔巴尼亚。

1960年7月，吴有训作为团长率中国科学院代表团一行五人应邀参加英国皇家学会成立三百周年庆典活动，对英国进行访问。众所周知，新中国成立之后，西方国家对中国采取了敌对的态度和全面封锁的办法，而吴有训率代表团对一个西方国家的这次访问，其意义已超出了单纯的科技交流。访英期间，吴有训还广泛地会见了与会的各国科学家和许多过去留学英国的中国学生，向他们介绍新中国的各种情况，扩大了中国科学界在国际上的影响。

70年代初，中美关系出现解冻迹象，开始主要体现在了民间的一些交流上，包括著名的“乒乓外交”。另外，华裔科学家也起了重要的桥梁作用，而在与他们的联系方面，吴有训又发挥了很大作用。1971年，著名美籍物理学家杨振宁20年来首次访华，就与吴有训有很大关系。当年杨振宁在西南联大读书时，曾为吴有训的学生，杨的父亲杨武之先生与吴有训是美国芝加哥大学留学时的同学。所以，早在50年代末、60年代初，吴有训就曾通过一些个人渠道与杨振宁保持着联系。

1972年的上海中美联合公报发表后，有大批海外华裔科学家回国访问，也有不少欧美科学家来华，吴有训在我国一系列最初对西方的科技交流活动中发挥了重要作用。他先后陪同国家领导人会见过杨振宁、任之恭、陈省身、林家翘、李政道、丁肇中等著名华裔科学家。粉碎“四人帮”后的1977年2月，李政道夫妇第三次访华，年已八旬的吴有训在北京饭店设宴招待他们，席间发表祝酒演说。李政道事后回忆说：他当时深为吴老先生的讲话和他讲话时那种意气风发的精神面貌所感动，从他身上已感到了科学春天的来临。晚年的吴有训似乎并未感到老之已至，仍在不知疲倦地工作，1977年7月，杨振宁访华，华国锋、邓小平接见时，吴有训抱病参加；8月，丁肇中第三次来中国，邓小平同志会见了他，吴有训仍然参加了会见；9月，陈省身归来，邓小平同志接见他时，吴有训依然出席作陪。

1977年11月29日，吴有训还在家里会见了老朋友、地质科学院院长黄汲清，两人就中国的科学研究事业的恢复和发展等话题谈了很久，最后还亲自将黄先生送到大门口。这是吴有训生平最后一次会见友人。第二天，他就在北京地安门东大街的家中去世，终年80岁。

1977年12月7日下午，在北京八宝山革命公墓为吴有训举行了隆重的追悼大会，邓小平、乌兰夫、方毅等党和国家领导人以及科学界的同仁好友数百人出席了追悼会。

严济慈（1900—1996），浙江省东阳县人，著名物理学家、教育家，中国科学院院士，中国现代物理学研究的开创人之一。

★ 生平经历

清光绪二十六年十二月初四生于浙江省东阳县下湖严村。东阳县地处浙中金华地区，20世纪初是个“七山一水二分田”的穷乡僻壤，30多户人家的下湖严村坐落在一处贫瘠的丘陵上。严家世代务农，到严济慈祖父辈兼开一间乡村中药铺谋生，父亲严树培11岁时丧父，32岁时与哥哥弟弟分家，分得两亩三分地和一间住房，由于略通中医药，还继承了那间中药铺，但仍难以养活一家人，只得在农闲时长途跋涉于杭州、诸暨等地，做些往返贩运棉纱、煤油、火腿、草籽等的小本生意。严济慈是姐妹兄弟5人中唯一上学的。他从小聪颖好学，刻苦上进，深得父母喜爱。他7岁入本村严氏宗祠蒙馆读书。9岁时，父亲从杭州书摊上买回一本从日文翻译过来的《笔算数学》小学教材，他如获至宝，独自一人钻研，竟能无师自通，年底时已能帮助父亲结算自家中药铺一年来赊销的账目，令父亲喜出望外。于是，全家节衣缩食，送他到30里外的县城天官小学插班读书。1914年2月，他13岁时以第一名考入东阳县立中学，在旧式四年制中学里，学习成绩年年第一，尤其在数学方面，表现出善解难题、怪题的特殊才能。三年级时因受校长之命，代替请假老师为一年级学生讲授数学而闻名县城，又由于英语成绩优秀，深得英语教师、著名翻译家（《飘》的译作者）傅东华先生的喜爱，为他取字“慕光”。中小学寒暑假，他帮助父母耕作，学会了包括犁地、车水等全部农活，由此锻炼出强健的体魄。

1918年6月，严济慈以终考第一名成绩毕业于东阳中学。夏天，他到省城杭州参加全国6个大区高等师范学校的联合招生考试，以全省初试和南京复试均为第一名的成绩考入南京高等师范学校（同时还考取了免交学费但需食宿自理的河海工程学校）。当时的“南高”与“北大”齐名，是南方青年特别是穷苦学生向往的最高学府。他入学时读商业专修科，一年后转读工业专修科，因志趣在于自然科学，再一年后又转入数理化部读二年级。由于前两年已修完公共课程，这时得以专攻数学和物理，成绩优异，深得数学老师何鲁、熊庆来和物理老师胡刚复的赏识。经恩师们的推荐，他被聘为“南高”附属中学和1921年刚成立的东南大学暑期学校兼课数学教师，一年后又担任本校《数理化》杂志主编。课余时间，他常帮助胡刚复老师管理当时设在“南高”的中国科学社图书室，并代为预审《科学》杂志的稿件。寒暑假时，应何鲁老师的邀请住进何家，利用自学的法语遍览了何鲁的法文藏书，还得以结识何鲁的老师——商务印书馆总编辑王云五先生，应允为商务印书馆编著两本中学数学教科书。1923年夏，严济慈以第一名毕业于南京高等师范学校数理化部，由于他已修满规定的大学学分，故同时毕业于东南大学物理系，获理学士学位，并成为东南大学第一名毕业生（该校应到1925年才有毕业班，严济慈获该校1923年第壹号毕业证书）。同年8月，他编著的《初中算术》（上下册）由商务印书馆出版面世，并被教育部审定为教科书。此前，已向商务印书馆交出了《几何证题法》一书的书稿。鉴于严济慈的这些突出成绩，中国科学社破格接受他为正式社员（按规定，尚未从事科学研究的学生仅能当“仲社员”）。

1923年8月8日，严济慈与东南大学第一位入学的女生张宗英订婚。10月，他用为商务印书馆编著两本书的稿费、兼任两校数学教师的酬金以及恩师何鲁、胡刚复、熊庆来3位老师和未来岳父的资助，自费从上海赴法国留学。仅用一年时间，就同时考得巴黎大学3门主科——微积分学、理论力学和普通物理学的文凭，于1925年夏获数理硕士学位。在索尔邦校园布告栏里，严济慈的普通物理学笔试成绩在300多名考生中名列第二名，引起轰动。口试主考老师——著名物理学家夏尔·法布里教授很器重他，欣然接受他到自己的实验室从事研究工作，指导他攻读博士论文——精确测定40多年来尚未解决的居里压电效应“反现象”，即石英在电场下的形变实验研究。严济慈经过一年半的摸索和实验，创造性地采用单色光干涉法测量，精确测定了居里压电效应“反现象”（电压不超过3000伏时其系数仅为6.4×10^{-8}），还超额完成了“石英在电场下的光学特性变化实验研究”，发现了光双折射的新效应。1927年6月，严济慈获得法国国家科学博士学位。法布里教授对严济慈的研究成果非常满意，随后在他第一次出席法国科学院会议时，即以宣读严济慈的博士论文开始了自己的院士生涯，《巴黎晨报》等为此配以师生照片作了报道。7月初，严济慈启程回国，在邮船上结识了国民党元老、留法前辈生物学家李石曾，并再次遇到留法的美术家徐悲鸿，后者为他画了一幅素描，誉之为“科学之光”，他们三人从此成为至交。

1927年8月，严济慈回到上海，各校争相聘任，他不得不同时受聘担任上海大同大学（在南市，校长为恩师胡刚复之兄胡敦复）、中国公学（在吴淞口，校长为恩师何鲁）、暨南大学（在真如，校长为交通部次长郑洪年）和母校南京第四中山大学的物理、数学教授，并兼任正拟建中的中央研究院理化实业研究所筹备委员。尽管他要往返于沪宁两地，每周讲授27节课，但由于他渊博的数理知识，大学时代练就的教学功底，使学生们受益匪浅，深受四校师生的拥戴。

同年11月11日，严济慈与张宗英结婚。1928年夏，他出席了在苏州召开的中国科学社年会，并当选为理事。

从县立中学代师授课，到大学“连中三元”并为商务编著两本中学教科书；从留学法国，名震巴黎，到回国后各校争聘，严济慈已成为沪宁地区年轻的名教授。但是，他的志向仍在科学研究，为专心致志于科学研究，1928年秋他毅然辞去四所大学教授教职的续聘，舍弃每月共计880枚银元的高薪，将刚出世的儿子托付给岳父母，利用荣获的中华教育文化基金会第一届第一名甲种研究补助金，偕夫人再次赴法国从事短期科学研究。在沪宁四所大学校方为其饯行的宴会上，严济慈答谢说：“我这次再去巴黎，为的是更加充实自己，回国后要让科学在中国土地上生根！到我儿子他们这一代，就不用再到外国去留学了。”在他的心中已有一幅发展中国科学事业的蓝图。

★ 中国现代物理学研究的先行者

从1929年初起，严济慈在巴黎大学光学研究所和法国科学院电磁铁实验室从事了两年紧张的研究工作，发表了7篇论文。1930年底，严济慈偕夫人从巴黎取道西伯利亚回国，途经北平时，感到这里是一个适宜于做科学研究的地方，遂应北平研究院院长李石曾之邀，接替李书华出任物理研究所所长。此前，物理所虽成立已一年多，但因李书华主要担任襄理院务的副院长职务，所里又无其他高级研究人员，故实际上没有开展研究工作。严济慈接任所长并任专任研究员后，为研究所的发展投入全部心血：选聘年轻人才，筹建实验设备，选定研究课题，邀请外国著名科学家来所讲学。到抗战爆发前的短短六七年里，就把物理所办成一个学术氛围浓厚、科研成果丰硕、人才辈出的学术机构。该所主要“开展光谱学、感光材料、水晶压电效应、重力加速度和经纬度测量、物理探矿等方面的研究”，在国内外学术刊物上发表了六七十篇论文。从1932年至1937年相继应邀访华的郎之万（1931—1932）、朗谬尔（1934）、狄拉克（1935）、哈达玛（1936）和N·玻尔（1937）等都曾到物理所参观、讲学和交流。为培养年轻人才，严济慈每年挑选接受2～3名大学毕业生，对他们认真指导，选定课题，严格要求，并亲自参与研制仪器和进行实验，很快便取得了一系列高水平研究成果。当这些年轻人具备独立工作能力时，严济慈就大力举荐他们到英、法、美等国的著名实验室去深造，先后有陆学善、钟盛标、钱临照、翁文波、吴学蔺、钱三强、方声恒、陈尚义、吕大元、杨承宗等十余人，后来他们都成为著名科学家。

严济慈在领导物理学研究所工作的同时，还创建了北平研究院镭学研究所，着力培养青年人才，开创了中国的放射化学研究。

20年代，严济慈两次赴法期间，与居里夫人有过多次交往。1925年在巴黎大学为完成精确测定居里压电效应“反现象”的博士论文，他曾向居里夫人借用居里先生早年用过的石英晶体片；1929 年他在居里实验室帮助居里夫人安装调试过一架新购置的显微光度计，并用它做了测量研究工作，发表了有关论文。因此，当居里夫人得知严济慈将于 1930 年底回国时，就表示愿意送给他一些放射性氯化铅，以支持他在中国开展放射学研究工作。严济慈回国担任北平研究院物理所所长后，很快于 1931 年 3 月 31 日写给居里夫人一封信（但迟至 6 月 1 日才寄发），就筹建放射学实验室和镭学研究所一事，向她请教购买标准含镭盐以及如何更好地开展放射学研究等问题。居里夫人很快于 7 月 27 日给严济慈回信，给予了热心的指导，并对筹建中的镭学研究所致以良好的祝愿，希望它“旗开得胜，并逐步发展成为一个重要的镭学研究所”。

自 1927 年至 1938 年的 12 年间，是严济慈科学生命力最活跃的时期，他在压电晶体学、光谱学、大气物理学以及压力对照相乳胶感光的作用等领域都作出了重要成果。他单独或与合作者一起共发表 53 篇论文，其中前 11 篇是他 1927～1931 年在法国的工作成果，后 42 篇是在北平研究院物理所的工作，后者中的大部分是他和他直接指导下的青年工作者合作完成的。这 53 篇论文中，法文 40 篇，英文 12 篇，德文 1 篇，除 4 篇在英文版《中国物理学报》发表外，均刊登在法、英、美、德等国重要学术刊物上（如《法国科学院周刊》、《自然》、《物理评论》等）。其中一些重要成果广为中外学者所引用或加以发展，有些则被收入著名的专著中。1986 年，科学出版社汇集出版了《严济慈科学论文集》。

鉴于他取得的学术成就，1935 年～1938 年当选为法国物理学会理事，1945 年 6 月应美国国务院邀请赴美国有关学术机构讲学一年，1948 年当选为中央研究院院士，同年当选为中国物理学会理事长。

自 1932 年起，严济慈兼任镭学研究所所长，直到 1948 年。10 多年中，他积极倡导和支持我国放射化学研究，特别是在为我国培养出三位优秀的放射化学和核物理科学家方面作出了积极贡献。

① 1927 年秋他取得法国国家科学博士学位回国前，向居里夫人推荐当时正在法国留学的郑大章到她的实验室工作，使郑大章于 1929 年成为居里夫人的第一名中国学生（另一名于同年底也从国内抵达巴黎），并于 1933 年获得法国国家科学博士学位。郑大章 1934 年春回国后，成为镭学研究所的主要科学家，开拓了我国放射化学研究工作，但不幸于 1943 年 38 岁时英年病逝。

② 1936 年秋，钱三强从清华大学物理系毕业后来到北平研究院物理所，严济慈对他悉心培养，亲自指导他开展课题研究。1937 年 7 月，严济慈利用在巴黎出席法国物理学会年会等活动的机会，又亲自把钱三强推荐给约里奥・居里夫人。在约里奥・居里夫妇的共同指导下，钱三强于 1940 年获得法国国家科学博士学位，后来成为在他们“领导下工作的同一代科学家中最优秀的一员”。他和夫人何泽慧 1948 年夏回国后，在北平研究院镭学所的基础上组建了新的原子学研究所，由钱三强接任所长。

③ 还有一位是我国著名放射化学家杨承宗。他 1932 年毕业于上海大同大学，1934 年秋到镭学研究所从事放射化学研究，与郑大章合作发表了一系列有关镤的定量提取及其载体元素化学的论文。严济慈考虑到华北形势危急，1936 年初让他到上海筹建放射化学实验室，此实验室后来成为镭学研究所上海分所。他与郑大章合作完成了几项研究课题，并于 1941 年在美国《物理评论》杂志上发表了论文《β 射线的吸收系数》，成为 β 射线背散射现象的实验基础。抗日战争爆发前夕，他参加中华教育文化基金会公费留法考试，取得第一名，因抗战爆发而未能成行，严济慈对此一直难以忘怀。二战结束后，严济慈于 1946 年向约里奥·居里夫人写信大力推荐杨承宗，并让因欧战一直滞留在居里实验室工作的钱三强就近介绍。杨承宗于 1947 年初进入居里实验室工作，担任约里奥·居里夫人的助手并指导学生的实验工作，1951 年秋他获得巴黎大学博士学位后旋即回国。杨承宗辞行时，时任世界和平理事会主席的约里奥·居里对他说："原子弹没有什么可怕的，原子弹的原理不是美国人发明的，争取世界和平、反对原子弹的最好办法是自己研究制造原子弹。请转告毛泽东主席，要反对原子弹，就必须有自己的原子弹！我相信你们一定能够掌握原子弹的奥秘。"他还将亲手制作的 10 克含微量碳酸镭的碳酸钡标准源送给杨承宗（该标准源现珍藏于中国计量科学研究院）。杨承宗回国后，在中国科学院近代物理研究所负责放射化学、辐射化学、射线及放射性同位素应用等领域的研究工作，并取得一系列重要成果。1958 年起调到中国科技大学担任放射化学和辐射化学系首任主任，为我国放射、辐射化学的开拓、发展和人才培养作出了重要贡献。

★ 科学家的社会责任

"七七"卢沟桥事变时，严济慈正在巴黎出席国际文化合作会议，消息传来，他在大会上发言谴责日寇侵略中国和威胁轰炸古都北平的罪行。随后又经李石曾推荐，协助刚到巴黎的中共旅欧领导人吴玉章与法国物理学家郎之万教授联络，共同在巴黎开展抗日宣传。严济慈在回国途中应里昂天文台台长杜费教授宴请时接受《里昂进步报》记者采访，再次发表了抗日言论，致使他和家中都遭到日本特务的监视。他无法再回到北平，就从香港绕道去云南昆明考察，决定将物理所主要人员和设备从北平撤退至昆明。

八年抗战期间，为适应战时需要，严济慈在昆明领导北平研究院物理研究所全体人员，全力从事军需用品的研制和与国计民生有关的应用物理研究工作。在远郊黑龙潭龙泉观的破庙和简易平房里，在条件十分艰苦、设备极端简陋的情况下，他亲自动手研磨镜头，测量焦距，认真装配，严格检验，带领全所员工先后制造出 1000 多具无线电发报机稳定波频用的石英振荡器，300 多套步兵用的五角测距镜和望远镜，供我国军队和盟国英国驻印度军队使用，还制造出 500 台 1500 倍显微镜，200 架水平仪，50 套缩微胶片放大器等，供野战和后方医院及科研教学的需要。在此期间，他训练培养了一批年轻的光学工人，为后来新中国第一个光学精密机械研究所的建立准备了条件。1943 年 11 月，严济慈因“发明磨制晶体新法对国防科学颇有贡献”，经国防科学技术策进会推荐而受到国民政府奖励；1946 年夏，严济慈被国民政府授予为抗战胜利而颁发的三等景星勋章。

★ 心系教育

严济慈在大学读书期间就编著过《初中算术》和《几何证题法》，均由商务印书馆出版并多次再版。《初任中国科学院研究生院院长时算术》被国民政府教育部审定为教科书，使用近 20 年，并被东南亚一些国家所采用。40 年代后期，他因无研究工作可做，迫于生计，又编著出版了《普通物理学》、《高中物理学》、《初中物理学》和《初中理化课本》等一系列教科书。这些教科书哺育了几代青年。

1927 年～1928 年他同时在沪宁四所大学担任教授，深受学生欢迎。他当年的许多学生，后来都当选为中国科学院学部委员，如陆学善、钱临照、顾功叙、余瑞璜、吴学蔺等等。

后来，他专心从事科研工作，但也一直关注中国的教育。1958 年 6 月 2 日，中共中央书记处会议批准了中国科学院关于创办中国科学技术大学的报告，到 9 月 20 日学校开学，其间只用了 3 个月时间。严济慈作为学校筹备委员会的主要成员之一，积极参与了学校的创建工作。他怀着对青年一代的殷切期望和对发展科技事业的一片赤诚，不顾年近六旬，欣然走上已阔别 30 年的讲台，亲自为学生讲授普通物理学和电动力学课程，且长达 6 年之久，重现了 30 年前的教授风采。他渊博的知识，对科学的透彻理解，精辟的论述，高超的讲课艺术，生动传神的语言，加上由训练有素的助教们所做的高水平演示实验，像磁石一样强烈地吸引了青年学生。每逢他讲课，在大阶梯教室里甚至还会站着许多人，连外校的学生和助教也慕名赶来听讲，他曾经在学校的大礼堂为 8 个系的 700 多名学生上课，盛况空前，传为美谈。严济慈等老一辈科学家的言传身教，不仅培养了科大最早几届数千名优秀毕业生，而且使一批青年教师迅速成长起来，这些人后来都成为科研、教学、管理等方面的骨干，有些已成为两院院士、著名发明家和高级领导干部。高等教育出版社根据严济慈的讲义出版了《电磁学》、《热力学第一和第二定律》等书。

1961 年严济慈出任科大副校长，负责领导全校教学及 4 个系和 3 个教研室、处。学校认真贯彻“全院办校，所系结合”的办校方针以及教学与科研、理论与实践相结合的办学思想，打破理工分家的学科建设模式，提出了培养具有坚实的理论基础、熟练的实验技能、科学的创新意识和外语能力等综合素质的专门人才的教学目标。

1980 年 7 月，严济慈与李昌副院长在北京共同主持召开了中国科学院第二次中国科技大学工作会议，会议确定了培养高水平的学士、硕士、博士学位完整体系的培养目标；继续贯彻和发展“全院办校，所系结合”的方针，推动学校与研究所的进一步结合；增设一些国家急需的新兴技术方面的系科、专业；加强教学与科研的联系等一系列重要决策。在担任校长的5年中，严济慈高瞻远瞩，高度关注和推动解决科大战略发展中的几个关键问题，为科大第二次创业奠定了坚实的基础。他不顾耄耋之年，多次到合肥检查指导学校工作，亲自拜访安徽省和合肥市领导，争取得到他们的大力支持；对新校区的规划、同步辐射实验装置工程设计上马以及与日本东京大学的合作交流等重大事项，对抓好教学质量、加强科学研究和中青年师资培养以及加强思想政治工作等都提出了明确要求。1983年11月，他上书邓小平，要求将科大增列为“七五”期间国家重点建设的10所大学之一，很快得到邓小平的批示同意。这5年里，科大在全国教育战线率先拨乱反正，选派一批优秀中青年教师出国进修，提出并实施了一系列改革开放办学的新举措，逐步建立起培养学士、硕士、博士学位的完整教育体系，调整了学科结构，增设了一些新兴技术方面的系科和专业，创建了我国高校中第一个大型科学工程——国家同步辐射实验室，创办了我国第一个少年大学生班，为我国改革开放后培养出了第一批博士，学校各方面工作得到迅速恢复和发展，在国内外赢得了良好的声誉。

1984年5月，84岁高龄的严济慈成为中国科技大学的名誉校长。1988年5月，严济慈为中国科技大学校庆30周年题词：“创寰宇学府，育天下英才”，为学校提出了新的宏伟目标。

在重建科大的同时，严济慈还积极参与筹划在北京原科大旧址创办中国科技大学研究生院。中国科学院于1977年9月向党中央、国务院呈送了《关于恢复招收研究生的请示报告》，报告中提出要在北京创办中国科技大学研究生院。这份请示报告5天后即获批准。严济慈于1977年10月21日在《人民日报》发表了题为《为办好研究生院而竭尽全力》的文章。1978年3月1日该院在北京正式成立，严济慈出任我国第一所研究生院的首任院长。面对当年883名研究生的招生规模，在专职教师很少、校舍严重紧缺、课程体系尚未建立的极端困难条件下，严济慈带领全院师生迈出了坚定的步伐。首先是确定了培养目标——“政治觉悟高，知识面广，专业训练好，进取心强，敢于攻难关、攀高峰、开拓新方向的新一代生力军”；其次是坚持“全院办校、所系结合”的优良传统，聘请科学院各研究所的著名科学家担任兼课教师，使研究生们能很快接触到科学研究的前沿，并注意与社会科学的联系结合；同时，面向世界，开放办学，聘请了李政道、杨振宁、陈省身、李远哲、波特和桑格等世界级大师到校讲课和作学术报告，其中尤以李政道和杨振宁授课时间最长，影响最大。到1984年5月严济慈改任名誉院长之前，科大研究生院已建成具有科学院特色的研究生课程体系，即以二级学科为基准将课程加以规范，体现“重基础、重前沿”，定期对课程进行质量跟踪调查，以不断提高教学质量的教学体系。这6年间，共有近3000名研究生从研究生院结业，进而转入京区有关研究所从事学位论文的研究工作。与此同时，研究生院初步建立了自己的专职教师队伍和有关实验室，并开始招收本院直接培养的研究生。

为了加快培养高级科学人才的速度，缩短与世界先进水平的差距，1979 年，严济慈与李政道联合发起、共同提出《中美联合招考赴美物理研究生项目》，培养年轻的物理学留学人才。严济慈担任中方招考委员会主席，负责在国内招考与物理有关专业的大学毕业生赴美攻读博士学位，争取到美国几十所大学的全额资助，历经 9 届，共选拔 915 人。这些学生在美国成绩优秀，逐步成才，部分人已开始回国服务。1990 年严济慈九十华诞时，编辑出版了《严济慈科技言论集》，辑录了从 1923 年至 1990 年的 89 篇文章，这是他一生治学经验的总结。其中，首次发表于 1980 年第 11 期《人民教育》杂志、继而修订转载于 1984 年第 1 期《红旗》杂志的《谈谈读书、教书和做科学研究》一文，是根据他与中国科技大学师生多次座谈时的讲话整理而成，历年来被多种书刊争相转载。文章中表达了一位老科学家希望自己的科学生命在一代代青年身上得以延续的殷殷深情。

赵忠尧（1902—1998），浙江诸暨人，核物理学家，中国科学院院士，我国核物理研究的开拓者，中国核事业的先驱之一。

★ 生平经历

"我家洗砚池边树，个个花开淡墨痕。不要人夸颜色好，只留清气满乾坤。"这是描写浙江诸暨的诗句。1902 年 6 月 27 日，赵忠尧就出生在山清水秀的诸暨。1920 年他考入南京高等师范学校，1924 年毕业后任东南大学助教。他工作踏实，肯钻研，深得物理学界前辈叶企孙的器重。

1925 年夏，叶企孙奉命筹建清华学堂大学本科，携赵忠尧前往，让他在新筹建的物理实验室任职。1927 年，赵忠尧赴美国加州理工学院深造，师从诺贝尔奖获得者密立根教授。

密立根教授很能够慧眼识才，但人非常严厉。他最初给赵忠尧布置的博士论文题目是利用光学干涉仪做实验，但赵忠尧感觉这个题目对于他来说太一般了，请求密立根给他换一个难一点的具有突破性意义的题目。虽然密立根认为这个中国学生不一般，但他并未很快答应，而是过了一些日子后才让赵忠尧改做《硬伽马射线通过物质时的吸收系数》这个题目，当他发现站在面前的这个中国年轻人好像还是不太满意时，密立根颇为不悦。赵忠尧发现自己不知天高地厚的冲劲已经惹密立根生气了，他马上抱歉地说：我接受这个题目，并且一定把它做好！无论是密立根，还是赵忠尧，他们都没有意识到，这个题目会把赵忠尧推到一个物理科学的伟大发现的门口。

当时，人们认为硬伽马射线通过物质时的吸收主要是由自由电子的康普顿散射所引起的，用于计算吸收系数的克莱因-仁科（Klein-Nishim）公式当时刚刚问世，密立根让赵忠尧通过实验来验证这一公式的正确性。实验开始了，赵忠尧常常是上午上课，下午准备仪器，晚上则通宵取数据。为保证每隔半小时左右获取一次数据，赵忠尧不得不靠闹钟来不断叫醒自己，苦撑了无数个不眠之夜后，当赵忠尧将测量的结果与克莱因-仁科公式做比较时，却发现硬伽马射线只有在轻元素上的散射符合这个公式，而当硬伽马射线通过重元素——比如铅时，所测得的吸收系数比公式的结果大了约40%。

这项研究做了一年多时间，1929年底，赵忠尧把论文交给了密立根。但两三个月过去了，密立根也没有发表任何意见，原因在于，这项创新性的实验结果让他感到很吃惊，也与他的预期不相符，他不太敢相信这一结果的正确性。赵忠尧有点急了，因为在科学发现的竞技场上，是只有第一没有第二的，科研成果披露的先后往往决定着一项研究的命运。这时，替密立根管理研究生工作的教授鲍文向密立根证实了实验结果的可靠性。他对密立根说："我对赵忠尧实验的全过程很了解，从仪器操作、实验设计、测量记录到计算的全过程，都进行得非常严谨，实验结果是完全可靠的。"密立根终于同意赵忠尧将论文送出发表，该论文于1930年5月发表在美国的《国家科学院院报》上。当时，当赵忠尧在加州做着实验时，英、德两国有几位物理学家也在进行着同一实验，三处同时发现了硬伽马射线在重元素上的这种反常吸收，并都认为可能是原子核的作用引起的。

这项结果对赵忠尧而言，是一个崭新的开始。吸收系数的测量结束后，赵忠尧想进一步研究硬伽马射线与物质的相互作用机制，观测重元素对硬伽马射线的散射现象。鲍文听了赵忠尧的想法后说："测量吸收系数，作为你的学位论文已经够了，结果也已经有了。不过，如果你要进一步研究，当然很好。"当时虽然离毕业只有大半年时间了，但由于有了第一个实验的经验，赵忠尧还是决心一试。由于反常吸收只能在重元素上被观测到，赵忠尧决定选择铝和铅作为轻、重元素的代表，比较硬伽马射线在这两种元素上的散射强度。这个实验一直到当年九月才结束，赵忠尧准备了好久的暑期旅行因此取消。

赵忠尧的这个实验结果首次发现，伴随着硬伽马射线在重元素中的反常吸收，还存在一种特殊辐射。赵忠尧不仅测得了这种特殊辐射的能量大约等于一个电子的质量，而且还测出它的角分布大致为各向同性。原来，当硬伽马射线通过重金属铅时，会产生成对的正反物质——反物质碰到正物质，两者迅速消失，并演变成光子。湮灭后产生的光子是一种没有方向性的、被"软化了"的伽马射线，能量相当于电子的静止质量。这些记录表明人类历史上第一次观察到了正反物质的湮没现象。赵忠尧把这个结果撰写成第二篇论文《硬伽马射线的散射》，于1930年10月发表在美国的《物理评论》杂志上。密立根看到学生取得如此重要的研究成果，心中好不得意。

赵忠尧的这些研究成果是正电子发现的前导，国际物理学界对此给予了高度评价。可以说，赵忠尧是第一个观测到正反物质湮灭的人，也是物理学史上第一个发现了反物质的物理学家。这个发现足以使赵忠尧获得诺贝尔奖，而且当时瑞典皇家学会也曾郑重考虑过授予他诺贝尔奖。不幸的是，有一位在德国工作的物理学家对赵忠尧的成果提出了疑问，虽然后来事实证明赵忠尧的结果是完全准确的，错误的是提出疑问的科学家，但这却影响了赵忠尧的成果被进一步确认。1936 年，为了表彰正电子的发现这一重要成就，瑞典皇家科学院把诺贝尔物理学奖授予了 1932 年在云雾室中观测到正电子径迹的安德逊，而不是 1930 年首先发现了正负电子湮灭的赵忠尧。

安德逊也承认，当他的同学赵忠尧的实验结果出来的时候，他正在赵忠尧的隔壁办公室，当时他就意识到赵忠尧的实验结果已经表明存在着一种人们尚未知道的新物质，他的研究是受赵忠尧的启发才做的。

前诺贝尔物理学奖委员会主任爱克斯朋在 1997 年撰写的一篇文章中坦诚地写道："书中有一处令人不安的遗漏，在谈到有关在重靶上高能（2.65 兆伏）伽马射线的反常吸收和辐射这个研究成果时，书中没有提到中国物理学家赵忠尧，尽管他是最早发现硬伽马射线反常吸收者之一，赵忠尧在世界物理学家心中是实实在在的诺贝尔奖得主!"

1931 年，赵忠尧学成回国后到清华大学担任物理系教授。是时，叶企孙从理学院调任清华大学校务委员会主任，吴有训接任理学院院长，赵忠尧曾经一度接任物理系主任。当时清华大学物理系还有萨本栋、周培源等多位教授，这个时期，为办好物理系，大家在极为简陋的条件下，齐心协力地进行教学和科研。

★ 为中国作出的贡献

赵忠尧开设了我国首个核物理课程，主持建立了我国第一个核物理实验室。当时中国的核物理研究还是一片空白，但他却在极为简陋的条件下进行了一系列研究工作。他和物理系的同事一起，用盖革·密勒计数器进行伽马射线、人工放射性和中子物理的研究，研究结果有的发表在《中国物理学报》上，也有一些发表在英国的《自然》杂志上——如《硬伽马射线与原子核的相互作用》，以及《Ag、Rh、Br 核的中子共振能级的间距》等。著名物理学家 E·卢瑟福在前一篇论文前加了按语，说这一实验结果提供了正—负电子对产生的又一证据，并对赵忠尧回国后能自己动手创造条件，继续进行科学研究大加赞赏。1937 年，抗日战争爆发，赵忠尧先后到云南大学、西南联大和中央大学任教，在那种难以想象的艰苦条件下，他除了教学工作之外，还和张文裕用盖革·密勒计数器做了一些宇宙线方面的研究工作。由于在当时的条件下不可能完成这些实验，他便将实验方案写成文章在国外发表。赵忠尧与他的老师叶企孙一起，培养了一批后来为我国的原子能事业作出重要贡献的人才：王淦昌、彭桓武、钱三强、邓稼先、朱光亚、周光召、程开甲、唐孝威等。诺贝尔物理奖得主杨振宁和李政道也都曾经受业于赵忠尧。

这里要补充交代几句赵忠尧与叶企孙的关系。可以说，没有叶企孙，就没有赵忠尧。赵忠尧是叶企孙的得意弟子，他 1920 年入南京高等师范学校数理化部就读时，南京高师正要扩建为东南大学。1924 年春，赵忠尧提前半年修完了高师的学分，因父亲去世，家境困难，他决定先就业，同时争取进修的机会。当时东南大学物理系正好缺少助教，学校根据赵忠尧的成绩，同意他担任叶企孙的助教。就这样，赵忠尧一面教书，一面和在校生一起听课、考试，第二年便补足了高师与大学本科的学分差额，取得了东南大学的毕业资格。1925 年夏，叶企孙受邀去清华，邀赵忠尧和另一助教施汝为一同前往。叶企孙为人严肃庄重，教书极为认真，对赵忠尧的教学和科研都有很深的影响。在清华，赵忠尧第一年仍担任叶企孙的助教，第二年起任课程教员，负责实验课，与其他教师一起为清华的物理实验室制备仪器。当时国内大学的理科水平与西方相比有不少差距，赵忠尧和学生们一起学习德文、法文，将眼光紧紧盯着西方发达国家同类研究的进程。赵忠尧感到，要为祖国的科学事业做出贡献，就必须到西方去掌握第一手的物理学专业知识。当时，清华的教师每 6 年有一次公费出国进修一年的机会，但赵忠尧不想等这么久，他靠自筹经费于 1927 年去美国留学，除了工资结余及师友的帮助外，赵忠尧还申请到了清华大学的国外生活半费补助金——每月 40 美元。出国前，为了恪尽孝心，赵忠尧完成了婚姻大事，与郑毓英女士成婚，然后把新婚妻子送回到诸暨老家，陪伴照顾他 70 多岁的老母亲。

★ 重大转折

1946 年 6 月 30 日，美国继在日本扔下了原子弹之后，又在太平洋的比基尼小岛上试爆了一颗原子弹。此时，在距爆炸中心 25 公里远的“潘敏娜”号驱逐舰上，英、法、苏、中四个二战胜利集团的盟友代表，应美国政府之邀正在观“战”，物理学家赵忠尧即是中国代表。

赵忠尧虽只是戴着墨镜作壁上观，但心中却是百感交集。他很清楚，他十几年前在美国做的正电子湮灭实验中所观测到的正反物质的湮灭现象，为美国发展原子弹提供了坚实的科学基础。他默默注视着冉冉升起的蘑菇云，将目测出的数据牢记在自己的脑海之中，当其他国家的代表情不自禁地为核爆炸的威力惊呼时，赵忠尧却在沉思，中国什么时候才能释放出这样巨大的能量？这一天还太遥远，因为中国连一台加速器都没有。没有加速器就不可能揭开原子核的奥秘，不可能进行自己的核试验。演习完毕，其他国家的观摩代表回到美国本土游山玩水，赵忠尧却不在队列之中，不知什么时候已经“失踪”了。赵忠尧上哪儿去了呢？

二战结束后，中国虽然也是战胜国，但是地位却很低微。根据《雅尔塔协议》，东三省被划为苏联的势力范围，外蒙古也被割出宣告独立……赵忠尧认为，要在这个强权世界上生存和“不挨打”，中国必须发展自己的核科学，这是一个爱国科学家责无旁贷的使命，赵忠尧此行并不只是为了隔岸观花，而是负有进一步了解核爆炸核心技术的使命，核爆炸的核心技术就是加速器。时任国民党中央研究院总干事的物理学家萨本栋在赵忠尧临行前，曾特意叮嘱他要“滞留”美国，尽可能多地了解美国在核物理方面的新进展，并设法购买核物理研究设备，萨本栋本人则留在国内筹款给他汇去。

赵忠尧的“失踪”并不神秘，他是回到了自己的母校加州理工学院。回到加州大学——心中想的是发展自己民族的核事业。

赵忠尧此次趁旁观原子弹爆炸的机会回到了母校，他利用一切条件，对加速器的操作台和零部件进行了深入研究，迅速掌握了加速器的设计和制造细节。

回旋加速器的发明者、他的老师、诺贝尔物理学奖得主密立根显然知道赵忠尧目的何在，他十分赞赏赵忠尧的才智，也敬佩赵忠尧的爱国心。更何况，美国的核事业是在赵忠尧的研究成果的基础上发展起来的。为了便于赵忠尧熟悉情况，在实验室多工作一段时间，密立根聘他为自己的工作助手，特意安排他多接触实验设备和相关核心图纸。

这时，萨本栋秘密汇来了 5 万美元，作为赵忠尧购买实验设备的费用。钱汇来了，赵忠尧却感觉有点犯难，买一台加速器起码要 40 万美元，这点钱根本就不够。何况，即便买到了，也拿不到出口许可证，无法运回中国，美国政府严禁此类尖端技术出口。唯一的办法是将技术参数默背下来，烂熟于心，然后回国自己制造，而一些国内一时无法制造的精密部件，则在美国秘密定制，然后再想方设法托运回去。

赵忠尧成了实验室里最勤奋的人，在完成科研项目的同时，他拼命掌握着有关加速器制造的技术资料和零件参数。每天，他的工作时间都在 16 小时以上。

之后，赵忠尧又在美国麻省理工学院、卡内基地磁研究所等处进行了核物理和宇宙线方面的研究。在麻省理工学院电机系静电加速器实验室学习静电加速器发电部分和加速管的制造时，该实验室的主任屈润普非常支持赵忠尧的工作。他让赵忠尧利用他们的资料，还给他介绍了另一位专家，又将实验室里准备拆去的一台旧的大气型静电加速器给赵忠尧做试验用。在麻省理工学院待了半年之后，为了进一步学习离子源的技术，赵忠尧又去华盛顿的卡内基地磁研究所访问了半年，那里有两台质子静电加速器和一台回旋加速器在工作，学习的环境也很好。当时，毕德显正准备回国，赵忠尧挽留他多待半年，一起继续静电加速器的设计，并采购一些零星器材。毕德显为人忠厚，工作踏实，又有电子技术方面的实践经验，对加速器的设计工作起了很大作用。半年之后，为了寻觅定制加速器部件的厂家，赵忠尧又重返麻省理工学院。加速器上的机械设备型号都很特殊，每种用量又不大，加工精度要求又高，很多工厂都不愿做这种吃力不讨好的小交易。赵忠尧为此奔走多日，有时一天要跑十几处地方，最后终于联系到一家开价较为合理的飞机零件制造厂。这样，加速器的运转部分、绝缘柱以及电极的制造总算有了着落。与此同时，他还替中央大学定制了一个多板云雾室，并且买好了与此配套的照相设备以及一些核物理实验所需的器材。这些都是用手头那点钱购置的。

不久后，美国原子能委员会下令，“一切外籍人士必须离开核物理实验室”。赵忠尧只好到纽约等地的科研机构做“临时工”。为了进一步掌握相关技术，赵忠尧主要在美国的几个加速器及宇宙线实验室做义务工作，他的义务劳动也换得了一批器材，节约了购置设备的开支。

赵忠尧制造和购买器材的工作前后花了整整两年时间。这期间，他每年的生活费只有2000美元，而当时的“公派”人员却是1万美元，赵忠尧只能尽可能地节衣缩食，一日三餐多是开水、面包加咸菜。节省下来的每一分钱，他都用来购置了设备。

1948年，身在美国的赵忠尧当选为中央研究院院士。1948年底，赵忠尧完成了静电加速器的器材订购任务，欲回国研制。是时，南京国民党政府被中国人民解放军打得落花流水、四面楚歌，一个旧政权眼看就要土崩瓦解，赵忠尧决定待尘埃落定，共产党领导的新中国成立后再回国，回国后直接参加和平建设。

★ 冲破阻挠，矢志不移回到新中国

1949年10月1日，新中国宣告成立。赵忠尧兴奋异常，欢呼雀跃。

在美国的华裔科学家，许多人都在暗地里摩拳擦掌，相约回去为新中国效力。但形势却发生了变化，中美已不通航，大陆学者借道香港回国也受到重重阻挠。历经5个多月的磨难，赵忠尧才得到香港的过境许可证，踏上了返回祖国的航程。

1949年底，赵忠尧开始做回国的准备工作。对赵忠尧来说，最重要的自然是那批花了几年心血定制的加速器部件与核物理实验器材。赵忠尧1948年准备回国时联系的是一个国民党官僚资本经营的轮船公司，货也已经存到了那家公司联系的仓库里，为了将器材运回新中国而不是运到台湾去，必须设法将这批器材转到别的运输公司。赵忠尧利用1949年～1950年初中美之间短暂的通航时期，设法将货取了出来，重新联系了一个轮船公司，办理了托运回新中国的手续。没想到，赵忠尧的这一举动立即被联邦调查局盯上了，他们不仅到运输公司开箱检查，还到加州理工学院去调查赵忠尧的一举一动。虽然加州理工学院回答调查的杜曼教授告诉他们这些器材与原子武器毫无关系，但联邦调查局仍然扣去了赵忠尧的部分器材。特别是扣下的四套完整的供核物理实验用的电子学线路，使赵忠尧倍感痛心和悲愤，不仅是因为这些线路正是国内急需的，更重要的是这些线路是麻省理工学院宇宙线实验室主任罗西专门派人为赵忠尧制造的。

1950年8月29日，赵忠尧和钱学森夫妇等一起，登上了美国的“威尔逊总统号”。正要起航时，美国联邦调查局的特工突然上船搜查，钱学森800多公斤重的书籍和笔记本被扣留，钱学森本人被指为“毛的间谍”，被押送到特米那岛上关了起来。赵忠尧的几十箱东西也再次遭到野蛮翻查，但对方没有发现什么，因为早在一个月前，他就已经将重要资料和器材托人带回了祖国，而把其余的零部件拆散了任意摆放，成功地迷惑了美国的搜查官员，赵忠尧被放行了。当时同船的还有邓稼先、涂光炽、罗时钧、沈善炯、鲍立奎等100多位留美学者。

然而，美国情报局还是回过了神儿，这位差一点获得诺贝尔物理学奖的中国学者可能掌握着核心机密！美军最高司令部连发三道拦截赵忠尧的命令。当轮船途经日本横滨时，美军武装人员气势汹汹地冲上船，将赵忠尧押进了美军在日本的巢鸭军事监狱。与赵忠尧一起被关押的还有罗时钧和沈善炯。赵忠尧向美方提出了强烈抗议，但得到的回答却是："我们只是执行华盛顿的决定，没有权力处理你们的事。"

美国政府为了扣留赵忠尧，不惜编造出各种谣言，说他窃取美国原子弹的机密，说他和钱学森是同案嫌犯等等。他们仔细检查了赵忠尧的每一件行李、每一张纸上的每一个字，甚至想从他儿子赵维志写给父亲的信中寻找到他们希望得到的"罪证"。

赵忠尧被以"莫须有"的罪名关进美军监狱的消息披露后，在国际上引起了轩然大波，世界舆论高度关注，美国科学界也对此表示强烈抗议，中国掀起了谴责美国政府暴行、营救赵忠尧的巨大浪潮，中华人民共和国总理兼外交部长周恩来为此发表了声明，钱三强也联合一批著名科学家发起了声援赵忠尧的活动。钱三强还请他的老师、世界保卫和平委员会主席约里奥·居里出面，呼吁全世界爱好和平的正义人士谴责美国政府的无理行径。在国内外的强大压力之下，美国政府在没有证据可抓的情况下，只得将赵忠尧放行。

1950年11月底，赵忠尧终于途经香港，回到了解放后的新中国。

★ 赤子情深融进新中国壮丽的核事业之中

1950年，中国科学院近代物理研究所（后改名为原子能研究所）成立，钱三强出任所长，王淦昌、彭桓武为副所长。一大批有造诣、有理想、有实干精神的原子能科学家从美、英、法、德等国回国，来到原子能所。

1950年11月28日，冲破阻挠的赵忠尧终于回到阔别多年的祖国，他将带回来的器材和零部件全部交给了中科院物理研究所。就在这时，被美国海军次长认为"抵得上五个师"的钱学森也终于辗转回到了祖国。

赵忠尧用带回的器材和零件，主持建成了我国第一台70万电子伏的质子静电加速器，1958年又主持研制成功250万电子伏的质子静电加速器。这两项研究的成功，对我国的核事业具有举足轻重的作用。

"文化大革命"中，由于曾滞留美国，赵忠尧被戴上"特务嫌疑"的帽子关进了牛棚。

进入上世纪70年代，面对严峻的国际形势，党中央决定狠抓高科技，加强国防建设。1973年，高能物理研究所成立，赵忠尧恢复工作，担任副所长并主管实验物理部的工作。几代人为之奋斗的目标——在中国建造高能加速器，终于被提上了议事日程。尽管赵忠尧年事已高，但他仍然积极参加了高能实验基地的建设以及有关的学术会议，并带出了一批青年才俊。

1984 年，北京正负电子对撞机工程破土动工。1989 年以来，一批新的科研成果陆续问世，这一切蕴含了包括赵忠尧在内的老一辈科学家的心血，而此时，奋战在科研一线的则是他们培养出来的新一代中青年科学家。

新的历史时期，赵忠尧尽管年事已高，但因他德高望重，深孚众望，还是出任了中国物理学会名誉理事和中国核学会名誉理事长。为了表彰他对我国核物理研究的开拓性贡献，香港的何梁何利基金会于 1995 年向赵忠尧颁发了“何梁何利基金科学与技术进步奖”。

获奖后，赵忠尧当即决定将“何梁何利奖”的奖金全部捐赠出来，设立“赵忠尧奖励基金”，以奖励清华大学、中国科技大学、东南大学、北京大学和云南大学物理系的优秀学生，激励他们为祖国的繁荣富强勤奋学习。

赵忠尧为人正直、忠厚，一生只知兢兢业业地为国家工作，所得到的荣誉和地位与他的成就极不相称。作为中国核物理研究的开拓者之一，国人对他所知甚少。

1998 年 5 月 28 日，当赵忠尧以 96 岁高龄辞别人世，遗体告别仪式极其简单，媒体也并无太多报道，这不能不说是中国的遗憾。不过，历史终会记住，中国曾经有过这样一位杰出的物理学者，一位创造过如此辉煌业绩的核物理先驱，一位为我国的物理事业呕心沥血、奉献了一生的爱国者！

王淦昌（1907—1998），江苏常熟支塘镇人，著名核物理学家，中国核科学的奠基人和开拓者之一，中国科学院院士。

★ 生平经历

1907 年 5 月 28 日，王淦昌出生在常熟县枫塘湾。他的父亲是当地的中医，在他 4 岁时父亲就去世了。13 岁时，母亲由于过度劳累得了肺病，又故去了。只有外婆疼爱他，供他上学。

1920 年，他随一位远房亲戚到上海浦东中学读书。他在小学的时候，对解趣味数学题很着迷，到了中学他最感兴趣的课仍是数学。教数学的周培老师是从国外留学回来的，他鼓励学生自学，在课外组织开展数学自学小组活动，王淦昌是小组的活跃分子。在周培老师的指导下，他在中学里就学完了大学一年级的课程微积分。1925 年，他考进了清华大学。

清华原来是留美预备学校，从 1925 年开始设立大学部，招收一年级学生，王淦昌就是清华大学的第一届学生。清华大学是用中国政府每年缴付美国的庚子赔款办校的，经费比较充裕，设备条件是国内其他大学不能比的，而化学系的实验条件在学校里又是佼佼者。王淦昌一进清华，就迷上了化学。他在中学时没有接触过多少化学实验，现在他一进实验室就显得异常活跃：石蕊试纸的颜色变化使他惊奇；关于元素和化合物性质的各种实验，他都认真去做；化学元素周期表，他背得烂熟，他觉得化学真是有意思。

可是，一年之后分系的时候，王淦昌既没有考虑从小就喜欢的数学，也没有进化学系，而是选择了物理系。

原来，清华大学物理系是由实验物理学家叶企孙教授（1898—1977）创建的，他很重视为学生打下牢固的基础，亲自给学生讲普通物理课。有一次在课堂上，他提了一个有关伯努利方程的问题，王淦昌很快给出了答案，叶先生很高兴。下课后，他把王淦昌找去了，了解他的学习情况，并对他说："以后有什么问题，可以随时来找我。"叶先生引人入胜的讲课，对王淦昌的特殊关怀和鼓励，使王淦昌对实验物理有了比较深入的了解。从此王淦昌爱上了实验物理，决心要打开实验物理的大门。

后来，中国另一位实验物理学家吴有训从美国回来，叶企孙就请他到清华大学来主持近代物理课程。吴有训很注意培养提高学生进行实验物理研究的本领。他在教学中，注意到王淦昌对实验的特殊爱好和操作能力，他也喜欢上这个勤奋、好动的学生。他自己是通过实验工作接受近代物理学的，他也希望用同样的方法，来培养、帮助王淦昌。1929 年 6 月，王淦昌大学毕业了，吴有训把他留下来当助教，并且给了他一个研究题目：《清华园周围氡气的强度及每天的变化》，目的是要研究北京附近气象因素对大气放射性的影响。这项研究当时在国内还不曾有人做过。王淦昌在吴有训的指导下，查阅了大量资料，然后进行实验。每天从早晨 9 点到 11 点，重复着那一套繁琐、艰苦而又需要一定技巧的实验，同时记录下当天的温度、大气压、风速、风向、云的性质与分布等。从 1929 年 11 月到 1930 年 4 月，一共 6 个月。这真是对青年科学家的一次考验，王淦昌坚持下来了，得到了北京上空大气放射件与气象条件的相互关系的大量数据，写出了论文。

叶企孙、吴有训这两位中国近代物理学的先驱，把王淦昌引上了实验物理研究的道路，王淦昌对物理学有着深厚的感情。后来，他在浙江大学当物理系主任的时候，每逢新生入学他都要亲自去欢迎他们，和他们亲切交谈，他对新生们说："物理学是一门很美的科学，大至宇宙，小至基本粒子都是物理学研究的对象，寻求其中的规律，这是十分有趣味的，你们选择了一个很好的专业。"多么使人鼓舞啊！他也像他尊敬的老师那样，把一批批学生，引上了物理学的征途。

★ 发现反西格马负超子

1950 年 4 月，王淦昌应钱三强的邀请，到新成立的中国科学院近代物理研究所任研究员。1951 年被任命为副所长，主要领导宇宙线的研究工作。1954 年云南落雪山建立了中国第一个高山宇宙线实验室，很快取得了一批研究成果，引起了国外同行的注意。

1956年秋天，他作为中国的代表，到苏联杜布纳联合原子核研究所担任高级研究员，后来又担任副所长，并且亲自领导一个实验小组，开展高能实验物理的研究。自从1930年英国科学家狄拉克首先从理论预言存在电子的反粒子——正电子，1932年美国物理学家安德逊利用云雾室从宇宙线中发现正电子以后，实验物理学家一直在寻找各种粒子的反粒子。如果所有的粒子都有反粒子，这将证明微观世界中一个重要的规律，就是对称性：粒子与反粒子——正与反的对称。各种介子的反粒子已经逐步被确证了：1955年美国建成60亿电子伏质子加速器，用这台加速器很快就发现了反质子，接着又发现了反中子。到1957年，摆在实验物理学家面前的一个挑战性的课题就是寻找反超子。这时候，欧洲原子核研究中心一台能量更高的加速器还在建设中，而联合原子核所一台能量为100亿电子伏的质子同步加速器就要建成了，在能量上可以占几年优势。王淦昌根据这个情况，果断地把寻找新奇粒子（包括各种超子的反粒子），作为小组的主要研究课题。

联合所的加速器是建成了，但是配套的设备如探测器、测量仪、计算机等都没有，一切都要从头做起。经过研究，王淦昌设计了一个精巧的实验。首先，他考虑到反超子的寿命很短，要想比较可靠地捕捉到这类粒子，用能够显示粒子径迹的气泡室作为主要探测器比较理想。为了争取时间，他们又选择了技术难度比较小、建造周期比较短的丙烷气泡室。他们自己动手，建造了气泡室，用π介子作为炮弹，在加速器上进行实验。王淦昌把握着研究进程中的每一个环节，及时嘱咐组员们在观察气泡室拍摄到的照片时应该着重注意的地方。1959年3月9日，终于从4万对底片中，找到了一个产生反西格马负超子的事例，发现了超子的反粒子——反西格马负超子。

王淦昌小组的工作，受到各国物理学家的赞扬。1972年，杨振宁教授回国访问时对周恩来总理说：联合原子核所这台加速器上所做的唯一值得称道的工作，就是王淦昌先生及其小组对反西格马负超子的发现。1982年，王淦昌和丁大利、王祝翔荣获国家颁发的自然科学一等奖。这是新中国成立30多年来物理学家所获得的最高荣誉。

★ 以身许国

1959年6月，赫鲁晓夫领导集团背信弃义，撕毁两国政府签订的关于苏联援助中国建设原子能工业的协定和合同，撤走专家，企图把中国原子能事业扼杀在摇篮里。党中央决定自力更生建设核工业。

为了集中力量，突破原子弹技术难关，一批优秀的科学家和工程师从中国科学院和全国各有关部门集中到了北京核武器研究所。

1961年3月的一天，回国不久的王淦昌来到二机部大楼，在二楼的部长办公室里，刘杰、钱三强正在等着他。刘杰部长向他转达了党中央的决定，要求他3天之内到核武器研究所报到。这个决定对王淦昌来说，就是要他从熟悉的并且已经取得重要成果的基础研究工作改做他不熟悉的应用性工作。他脑子里一下就联想到 40 年代初期，国际上有一批物理学家，突然“失踪”了……他，没有多想，没有犹豫，随即愉快地表示：“以身许国。”

用周总理的话说：这是政治任务。我们刚起步的国防尖端事业，需要尖端人才，需要第一流的科学家！他深深地感到，党和国家对自己是多么信任，寄托着多大的期望啊！第二天，他就到核武器研究所上班了。从此，他隐姓埋名，默默地为这神圣的事业奋斗了 16 年。

王淦昌负责物理实验方面的领导工作。一开始，爆轰物理实验是在离北京不太远的长城脚下进行的。当时，核武器研究所没有试验场地，是借用解放军的靶场。王淦昌和郭永怀来到了靶场，走遍了靶场的每一个角落，和科技人员一起搅拌炸药，指导设计实验元件，指挥安装测试电缆、插雷管，直到最后参加实验。一阵阵“轰轰”的爆破声，震撼着古老的长城，一年中，他们做了上千个实验元件的爆轰实验。到 1962 年底，基本上掌握了获得内爆的重要手段和实验技术。

1963 年春天，王淦昌带头离开北京，离开自己的家和亲人，到西北核武器研制基地去工作。那时候，基地刚刚开始建设，各方面条件都很差，又是在海拔 3200 米的青海高原，高寒缺氧，气压低，水烧不开，馒头蒸不熟，年轻人走路快了都喘气。在这样困难的情况下，王淦昌仍坚持深入车间、实验室和试验场地去了解情况，指导工作，兴致勃勃地和同志们讨论问题，常常和大家一起工作到深夜。对每项技术、每个数据、每次实验的准备工作，他都一丝不苟，严格把关，保证了一次次实验都获得成功。就在这一年，王淦昌到广州开会时见到了陈毅副总理。陈毅副总理作了一个握紧拳头，然后猛地展开的手势，问王淦昌：“你那个东西什么时候响？”王淦昌满有信心地答道：“再过一年。”陈毅副总理高兴地说：“好，有了这个，我这个外交部长腰杆就更硬了。”

1964 年 10 月 16 日下午 3 时，茫茫戈壁滩上，升起了一个巨大的火球，接着是“轰轰轰”的爆炸声……原子弹爆炸了！在观察所里的人们叫着，跳着，抱着，互相祝贺，王淦昌流下了激动的热泪。

中国第一颗原子弹爆炸成功后，过了两年 8 个月，1967 年 6 月 17 日，中国第一颗氢弹又爆炸成功了，使中国成为世界上从原子弹到氢弹发展最快的国家（苏联用了 4 年，英国用了 4 年 7 个月，美国用了 7 年 4 个月，法国用了 8 年 6 个月）。这里面有王淦昌的心血，人们称他为核弹先驱，他却谦虚地说：“这是成千上万个科技人员、工人、干部共同努力的结果，我只是其中微不足道的一员。”

1969 年，王淦昌被任命为核武器研究院副院长。在这期间，他又成功地领导了中国前三次地下核试验。

对第一次地下核试验，上级明确要求，务必在国庆 20 周年前打响，并且要求保证成功，保证安全。当时，王淦昌已经年逾花甲，又是处在动乱时期，要担负这样重要的任务，要促生产，可真不容易啊！他亲自深入车间和工人同志们谈心，到职工宿舍耐心地做思想工作，科技人员和工人师傅的实干精神，支持着王淦昌满怀信心地去完成试验任务。

王淦昌在严重缺氧的高原上，废寝忘食，夜以继日地工作，身体渐渐支持不住了。同志们要求他说："王老，你歇歇，让我们去跑吧!"但是，有高度责任感的王老，仍坚持要亲自到科研生产第一线去。他说："任务那么紧，项目那么多，有一项赶不上进度，就会影响试验。"后来。因为缺氧气喘，实在跑不动了，他就在办公室接上氧气袋，坚持工作。

由于时间紧，工程量大，地下坑道里的通风设施比较简陋，氡气浓度不断增长。王淦昌知道后很为在地下工作的科技人员的健康担心，立刻组织人员进一步监测。他分析原因，并且采取了一些措施。但是，仍有一些同志心里不安，几次找王淦昌反映。面对现实，王淦昌实事求是地向大家说明情况，并恳切地要求道："希望大家发扬我院的优良传统，加紧工作，缩短在洞内停留的时间。"最后，大家都提前完成了试验前的准备工作。而王淦昌一直坚持在洞内，和大家一起工作，直到最后才撤离现场。

王淦昌领导同志们按期完成了国家试验任务，却因为他坚持科学态度，说了实话，被扣上"动摇军心"的帽子；又因为同志们提出"对在洞内工作的同志保健应有所改善"的要求，王淦昌答应向党委建议解决，又被当成搞"活命哲学"，怕苦怕死的典型。一顶顶帽子扣到他头上，他却泰然自若，用沉默予以抵制。开完批判会，一回到住地，他又投入到紧张的工作中。

1975 年进行第二次地下核试验前，同志们把准备工作做好了，蛮有把握地向王淦昌和其他领导作了汇报。王淦昌作为现场技术负责人，坚持要进洞作一次最后的现场检查。当时，洞内回填工作已经进行，要进去比较困难，许多地方只能爬着进去，而且里面的光线很暗，大家一再说，可以保证工作的质量。他想到周总理的指示："严肃认真，周到细致，稳妥可靠，万无一失。"还是爬进洞内，一个部件一个部件地察看，仔细询问他不放心的问题，直到把每一个实验装置的结尾工作都看完了，才满意地说："我现在可以放心了。"

★ 永不知足的追求者

1979 年 12 月 1 日，他被吸收加入了中国共产党，多年的夙愿终于实现了。他跟着共产党走过了 30 年的历程，他决心为共产主义事业奋斗终生。

王淦昌看到，要实现"四个现代化"，能源是重要的物质基础，而开发利用核能（核电站）是解决中国能源问题的重要途径之一。1978 年，他和二机部的几位专家，利用国庆休假，给党中央领导同志写信，建议发展核电。邓小平同志很重视，派人找写信人座谈，听取意见。从此，他对核电抓住不放，率领考察团出去考察，利用出差开会的机会作报告，给有关杂志写文章，广泛地宣传核电。

1980 年，中央书记处邀请中国科学院的专家开设"科学技术知识讲座"，为中央书记处和国务院领导同志讲课，其中第三讲的内容是安排能源问题。王淦昌听说后，主动找科学院联系，提出应增加核能的内容。核工业部推荐王淦昌去讲，王淦昌认真准备，他收集了大量资料，反复修改讲稿，制作幻灯片，还进行了几次预讲，充分体现了他对发展中国核电事业的负责精神。

粉碎“四人帮”之后，王淦昌兼了10多个职务，经常出去开会，但是，他的主要阵地，还是在原子能研究所。他亲自抓一个研究组，后来发展成为一个研究室，进行惯性约束核聚变的研究。1982年，他把核工业部副部长的职务辞掉了，过了一段时间，他又把原子能研究所所长的职务辞掉了，把核物理学会理事长的职务也辞掉了。他说：“别人可以担任的工作，何必自己一直担任下去呢？但是有一项工作我是不会辞掉的，就是科研，就是惯性约束核聚变。”

聚变反应也是一种重要的核反应。海水里含有大量的氘，氚、锂等都是能进行聚变反应的核燃料。受控聚变一旦实现，将是人类解决能源问题的根本途径，惯性约束是世界上公认很有希望的一种实现聚变的方法。早在1964年，他与前苏联巴索夫几乎是同时独立地提出了用激光打靶产生核聚变的设想，他向国务院写了一份建议书，很快上海光机所就开始从事强激光的研究。后来，他又敏锐地注意到，强流加速器产生的高能带电粒子束引发核聚变，花钱比较少，适合中国国情，有巨大的潜力，他就和科研组的同志一起，设计、建造这种类型的加速器，开展粒子束惯性约束核聚变的工作。后来他又引导这个研究室把工作的重点转变到氟化氪激光聚变的研究上来，并且取得了很好的进展。王淦昌对科研上的成就就是这样永远不感到满足，对科学的探索永远不断地向新的高峰攀登。他说：“我们应该要求自己站在世界科学发展的前列，只有这样，才能带领青年人去发展我们的科学事业。”

★ 一往情深，无限希望

1981年9月，74岁的王淦昌先生来济南参加一个全国性的会议，住在南郊宾馆。会议一结束，他就赶到山东大学，住在山大简陋的招待所里。他不顾开会后的疲劳，在王祖农副校长的陪同下，视察了山大晶体所、微生物实验室、物理系和校园，仔细观看了山大的实验设备，尤其对离子束研究所研制的离子注入机和微生物所自制的仪器特感兴趣，还向刘清前和王鲁聪副教授询问了制作的具体情况。回到寓所，他接受了山大报记者的采访并同陪同他参观的人合影留念。当山大报记者问他对山大和山大的师生还有什么要求时，王淦昌先生主动索要了笔墨纸张，题写了“教学相长，科教并重，发挥特长，精益求精，列于世界先进大学前列，并为祖国和四个现代化做出应有的贡献！”他笑着说：“这就是我要说的。”这题词里面倾注了王淦昌先生对山大及山大师生的一往情深和无限的希望。

★ 王淦昌雕塑

中国原子能科学研究院标志性建筑，是与钱三强先生雕塑并立于原子能院主楼北面翠柏林中的王淦昌雕塑。雕塑周围被鲜花环抱，为了纪念王淦昌教授卓越的科学贡献以及缅怀王先生在原子能院工作所建，每年都有各地人士前往瞻仰。

钱学森（1911—2009），浙江省杭州市人，中国科学院院士，中国宇航学会名誉理事长，中国科技协会主席。

1991 年 10 月，国务院、中央军委授予钱学森“国家杰出贡献科学家”荣誉称号和一级英雄模范奖章。1923 年 9 月钱学森进入北京师范大学附属中学学习；1929 年 9 月考入交通大学机械工程系；1934 年 6 月考取公费留学生，次年 9 月进入美国麻省理工学院航空系学习；1936 年 9 月转入美国加州理工学院航空系，师从世界著名空气动力学教授冯·卡门，先后获航空工程硕士学位和航空、数学博士学位。1938 年 7 月至 1955 年 8 月，钱学森在美国从事空气动力学、固体力学和火箭、导弹等领域研究，并与导师共同完成高速空气动力学问题研究课题并建立“卡门-钱”近似公式，在 28 岁时就成为世界知名的空气动力学家。钱学森 1943 年任加州理工学院助理教授；1945 年任加州理工学院副教授；1947 年任麻省理工学院教授；1949 年任加州理工学院喷气推进中心主任、教授。

1950 年，钱学森争取回归祖国，而当时美国海军次长金布尔声称：“钱学森无论走到哪里，都抵得上 5 个师的兵力，我宁可把他击毙在美国，也不能让他离开。”由此钱学森受到美国政府迫害，遭到软禁，失去自由。

1954 年《工程控制论》英文版出版，该书俄文版、德文版、中文版分别于 1956 年、1957 年、1958 年出版。1980 年《工程控制论》（修订版）出版。

1955 年 10 月，经过周恩来总理在与美国外交谈判上的不断努力——甚至不惜释放 15 名在朝鲜战争中俘获的美军高级将领作为交换，钱学森终于冲破种种阻力回到了祖国。自 1958 年 4 月起，他长期担任火箭导弹和航天器研制的技术领导职务，为中国火箭和导弹技术的发展提出了极为重要的实施方案，对中国火箭、导弹和航天事业的发展作出了不可磨灭的巨大贡献。

1956 年初，钱学森向国家提出《建立我国国防航空工业的意见书》。同年，国务院、中央军委根据他的建议，成立了导弹、航空科学研究的领导机构——航空工业委员会，并任命他为委员。

1956 年钱学森参加中国第一个五年科学规划的制定。钱学森与钱伟长、钱三强一起，被周恩来总理称为中国科技界的“三钱”。钱学森受命组建中国第一个火箭、导弹研究所——国防部第五研究院并担任首任院长。他主持完成了“喷气和火箭技术的建立规划”，参与了近程导弹、中近程导弹和中国第一颗人造地球卫星的研制，直接领导了用中近程导弹运载原子弹的“两弹结合”试验，参与制定了中国第一个星际航空的发展规划，发展建立了工程控制论和系统学等。

在控制科学领域，1954 年钱学森发表了《工程控制论》，引起了控制领域的轰动，并形成了控制科学在 20 世纪 50 年代和 60 年代的研究高潮。1957 年，《工程控制论》获得中国科学院自然科学奖一等奖。同年9月，在国际自动控制联合会（IFAC）成立大会上钱学森被推举为第一届IFAC理事会常务理事。他也成为该组织第一届理事会中唯一的一位中国人。

1958年4月起，他担任火箭导弹和航天器研制的技术领导职务，对中国火箭导弹和航天事业的发展作出了重大贡献。钱学森还担任中国宇航学会名誉理事长、中国科技协会主席。

在应用力学领域，钱学森在空气动力学及固体力学方面做了开拓性研究，揭示了可压缩边界层的一些温度变化情况，并最早在跨声速流动问题中引入上下临界马赫数的概念。1953年，钱学森正式提出物理力学概念，主张从物质的微观规律确定其宏观力学特性，开拓了高温高压的新领域。在系统工程和系统科学领域，钱学森在20世纪80年代初期提出国民经济建设总体设计部的概念，坚持致力于将航天系统工程概念推广应用到整个国家和国民经济建设，并从社会形态和开放复杂巨系统的高度论述了社会系统。他发展了系统学和开放的复杂巨系统的方法论。

在喷气推进与航天技术领域，钱学森在40年代提出并实现了火箭助推起飞装置，使飞机跑道距离缩短；1949年，他提出火箭旅客飞机概念和关于核火箭的设想；1962年，他提出了用一架装有喷气发动机的大飞机作为第一级运载工具，用一架装有火箭发动机的飞机作为第二级运载工具的天地往返运输系统概念。

在思维科学领域，钱学森在80年代初提出创建思维科学技术部门，认为思维科学是处理意识与大脑、精神与物质、主观与客观的科学，推动思维科学研究是计算机技术革命的需要。他主张发展思维科学要同人工智能、智能计算机的工作结合起来，并将系统科学方法应用到思维科学的研究中，提出思维的系统观；此外，在人体科学、科学技术体系等方面，钱学森也作出了重要贡献。

钱学森先后担任了中国科学院力学研究所所长、第七机械工业部副部长、国防科工委副主任、中国科技协会名誉主席、中国科学院数理化学部委员、中国宇航学会名誉理事长、中国人民解放军总装备部科技委高级顾问等重要职务，他还兼任中国自动化学会第一届、第二届理事长。1985年，钱学森因对中国战略导弹技术的贡献，作为第一获奖者和屠守锷、姚桐斌、郝复俭、梁思礼、庄逢甘、李绪鄂等获全国科技进步特等奖。1991年10月，国务院、中央军委授予钱学森“国家杰出贡献科学家”荣誉称号和一级英雄模范奖章。

在钱学森心里“国为重，家为轻，科学最重，名利最轻。五年归国路，十年两弹成”。钱老是知识的宝藏，是科学的旗帜，是中华民族知识分子的典范，是伟大的人民科学家。

钱三强（1913—1992），浙江省湖州市人，核物理学家，中国科学院院士。他是第二代居里夫妇的学生，又与妻子一同被西方称为“中国的居里夫妇”。他是中国发展核武器的组织协调者和总设计师，人称他领导的研究所是“满门忠烈”。

★ 生平经历

钱三强少年时代即随父在北京生活，曾就读于蔡元培任校长的孔德中学，16 岁便考入北京大学预科。1932 年，考入清华大学物理系，1936 年毕业于清华大学物理系，担任了北平研究院物理研究所严济慈所长的助理。后赴法国巴黎大学居里实验室和法兰西学院原子核化学实验室从事原子核物理研究工作，导师是居里的女儿、诺贝尔奖获得者伊莱娜·居里及其丈夫约里奥·居里。

1940 年，钱三强取得了法国国家博士学位，又继续跟随第二代居里夫妇当助手。1946 年，他与同一学科的才女何泽慧结婚，夫妻二人在研究铀核三裂变中取得了突破性成果，被导师约里奥向世界科学界推荐。不少西方国家的报纸刊物刊登了此事，并称赞“中国的居里夫妇发现了原子核新分裂法”。同年，法国科学院还向钱三强颁发了物理学奖。

1948 年夏天，钱三强怀着迎接解放的心情，回到战乱中的祖国。他回国不久就是 1949 年 1 月的北平和平解放，他在兴奋中骑着自行车赶到长安街汇入欢庆的人群。随后，北平军管会主任叶剑英派人找到他，希望他随解放区的代表团赴法国出席保卫世界和平大会。从国外归来后，他于开国大典当天还应邀登上了天安门。

从新中国建立起，钱三强便全身心地投入到原子能事业的开创中。他在中国科学院担任了近代物理研究所（后改名原子能研究所）的副所长、所长。1955 年，中央决定发展本国核力量后，他又成为规划的制定人。1958 年，他参加了前苏联援助的原子反应堆的建设，并汇聚了一大批核科学家（包括他的夫人），他还将邓稼先等优秀人才推荐到研制核武器的队伍中。

1960 年，中央决定完全靠自力更生发展原子弹后，已兼任二机部副部长的钱三强担任了技术上的总负责人、总设计师。他像当年居里夫妇培养自己那样，倾注全部心血培养新一代学科带头人，在“两弹一星”的攻坚战中，涌现出一大批杰出的核专家，并在这一领域创造了世界上最快的发展速度。人们后来不仅称颂钱三强对极为复杂的各个科技领域和人才使用协调有方，也认为他领导的原子能研究所是“满门忠烈”的科技大本营。

★ 钱三强——名字由来

1913 年钱三强出生在一个书香世家，起初他父亲钱玄同给他起的名字叫钱秉穹，他不满 4 岁就开始天天站在祖父的书桌前认字背书。青年时代，他留学日本早稻田大学师范学习。回国后，先在一些著名的中学任国文教员，后到北京担任北京高等师范学校和北京大学教授，是中国近代著名语言文字学家。由于接受了章太炎、秋瑾等革命党人的思想影响，他竭力主张推翻清朝统治。随后他又与陈独秀、李大钊、严复、胡适等一批有进步思想的教授一起投入了新文化运动，是进步刊物《新青年》的积极支持者和轮流编辑。

在这样的家庭环境中成长起来的钱三强，从小就接受了良好的教育和进步思想的熏陶。为培养钱三强，在他 7 岁时，父亲送他进了由蔡元培、李石曾、沈尹默等北京大学教授们创办的子弟学校——孔德学校（孔德是法国哲学家的姓）。孔德学校是一所开明的新式学校，学校除抓德、智、体三育外，还强调美育与劳动，对音乐、图画、劳作课也很重视，而且孔德学校师资力量较强、阵容整齐，老师们的水平足以胜任高中教学工作。可以说，钱三强童年时代得到的教育条件，是得天独厚的。

钱三强在这样的环境中，接受老师的教育，通过自己的努力，逐渐成为一个兴趣广泛的学生，在音乐、体育、美术等方面钱三强都有两下。他刚进初中，年方 13 岁，就成了班上“山猫”篮球队的队员，在比赛中，他的拼搏精神和集体意识得到了同学们的一致好评。一次，一个体质不如钱三强的比较瘦弱的同学给钱三强写信，信中自称“大弱”，而称当时还叫“秉穹”的他为“三强”。这封孩子们之间互称绰号的调皮信，恰巧被秉穹的父亲钱玄同看见了，“你的同学为什么叫你‘三强’呀?”钱玄同风趣地问道。“他叫我‘三强’，是因为我排行老三，喜欢运动，身体强壮，故就称我为‘三强’”，秉穹认真地回答了父亲的询问。钱玄同先生一听，连声叫好。他说我看这个名字起得好，但不能光是身体强壮，“三强”可以解释为立志争取德、智、体都进步。在父亲的肯定下，从此，“钱秉穹”就正式改名为“钱三强”了。

★ 出国求学

1929 年，钱三强在父亲的支持下考入了北京大学理科预科，同时还去听本科的课程。吴有训教授的近代物理学、萨本栋教授的电磁学吸引着钱三强，两位学者的博学及严谨的治学精神也深深教育着钱三强。科学的发展，给变化万千的世界增添了色彩。三强决定学习物理，于是报考了清华大学物理系，求读在吴有训教授门下。清华大学享誉国内外，培养出一代代优秀学子、国家栋材，校内充满浓厚的学术空气，教学严谨，学风端正，激励着三强以顽强的精神刻苦攻读。他以吴有训教授的作风为楷模，吴教授严谨的治学精神与教学方法滋润着三强的心田。1936 年钱三强以毕业论文 90 分的优异成绩毕业。经吴有训教授的推荐，钱三强大学毕业后，便到北平研究院物理研究所著名的物理学家严济慈所长的手下做一名助理员，从事分子光谱方面的研究工作。钱三强为能在这样的高师手下工作，心中感到无比欣慰。刚刚开始工作，严老师交给他做一些服务性的工作和管理图书，钱三强不因工作的繁杂细小而敷衍了事，而是认真完成老师交给的每项工作，把图书馆管理得井井有条，受到大家称赞。人家照相，他就帮助冲洗、放大，还用照相底版做分析研究工作。渐渐地钱三强能够独立地、熟练地进行照相底片的分析，并掌握了照相技术。

一个周末的下午，同学们都离开了实验室，只剩下钱三强一个人留在那里做分子光带分析。从南京开会回来的严老师进了实验室，看钱三强仍在聚经会神地工作，又看分析的数据结果与国外的资料数据大致相同，心中无比高兴，他更加喜欢这位年轻人，并向钱三强提出要其去法国深造的希望。钱三强从心里感激自己的老师。10 年没有读的法语，要尽快捡起，钱三强克服困难，认真地准备应考，终于考取。钱三强收拾行李，就要离开生他养他的土地，就要离开重病在身的父亲，离开关心他抚育他的老师，他依依不舍。卢沟桥事变爆发，国难当头，又增加了他心头的沉重，他犹豫不决，不忍离开自己的故土。父亲忍着离别的痛苦劝导他，这是一次难得的学习机会，你学的东西会对祖国有用。报效祖国，造福社会，路程远得很哩！男儿立志，不能只顾近忧啊！1937 年 8 月的一天，一艘远洋客轮载着钱三强，离开了上海港，驶向了波涛汹涌的大海。

1937 年 9 月，钱三强在导师严教授的引荐下，来到巴黎大学镭学研究所居里实验室攻读博士学位。该实验室是居里夫人创建的，居里夫人谢世后，由锕的发现者德比爱纳教授任主任，但是实际上是居里夫人的大女儿伊莱纳主持。

伊莱纳·约里奥·居里夫人就是钱三强的导师。伊莱纳像她的慈母居里夫人一样，潜心于科学研究，忘我勤奋，作风严谨，品格高尚，待人谦和、热忱。在这样一个导师的教导下学习，的确是一个难得的好机会。钱三强在实验室里主要是做“物理”工作，而放射源是要用化学方法制备的。因此，他很希望兼作“化学”工作。

一天，约里奥·居里夫人问钱三强：“钱先生，那位化学师你不是认识吗？如果你回国做放射源，就需要学会‘化学’工作，你就去和她学学吧!”钱三强心里十分高兴，他想导师为我想得多么周到！于是欣然答应了。

化学师葛勤黛夫人是一位有名望的科学技术专家。她放手让钱三强独立做钋的放射源，钱三强一丝不苟仿效着化学师的方法开始工作。化学师对钱三强的工作做了肯定。而他的勤奋与好学，又赢得了化学师和同伴们的信任，同时也使他获得了真诚的合作，这一来就大大拓宽了他的科学研究领域。不久，他写出 30 多篇科研论文。

为了使钱三强有更多的学习机会，约里奥·居里夫人又提议，让钱三强到其丈夫约里奥先生主持的法兰西学院的原子核化学研究所学习，并允许他一段时间在这里工作，一段时间到那里工作。在约里奥先生的实验室工作，不仅向先生学到了科学技术，而且还学到先生的科学思想、科学道德，这使钱三强受益终生。

1939 年 1 月的一天，约里奥教授让钱三强看一张照片。原来这是一张用云雾室拍下的铀受中子轰击后产生裂变的碎片的照片。这是当时第一张直接显示裂变现象的照片，是十分珍贵的。

不久，约里奥·居里夫人又邀请钱三强和她合作证明核裂变理论。在两位导师的指导下，钱三强很快完成了博士论文——《α粒子与质子的碰撞》。1940年钱三强获得了法国国家博士学位。

钱三强是幸运者，能在两位世界第一流科学家的教诲下学习、工作，使他很快进入了科学研究的前沿，还使他亲眼目睹了人类一次伟大的科学发现——核裂变。

1946年春，钱三强与他的同行合作，经过反复实验，终于发现了铀核的三分裂和四分裂。这一发现不仅反映了铀核特点，而且使人类能进一步探讨核裂变的普遍性。导师约里奥骄傲地说："这是第二次世界大战后，他的实验室的第一个重要的工作。"为此，1946年底，钱三强荣获法国科学院亨利·德巴微物理学奖。1947年升任法国国家科学研究中心研究导师。

★ 报效祖国

11年的勤奋使钱三强获得了最高的奖赏，也赢得了在留法中国人中学术水平最高的地位。但是，在这样优越的工作条件和生活条件下，他却要求回国。

钱三强也把自己要回国的打算告诉了导师约里奥。听了学生的要求，约里奥满意地说："要是我，也会作出这样的决定。"钱三强又去向约里奥的夫人话别，约里奥·居里夫人语重心长地说："我俩经常讲，要为科学服务，科学要为人民服务，希望你把这两句话带回去!"导师的话，成为他一生的座右铭。钱三强临行前，两位导师在自己的花园里为钱三强夫妇饯行。

1948年5月，钱三强和他的夫人何泽慧，抱着刚半岁的女儿，带着丰硕的科研成果，带着导师的重托和法国同行的深情厚谊，离开巴黎回国。他还随身带着一份珍贵的文件，这就是导师给钱三强在法国学习与工作的鉴定。鉴定是这样写的："钱先生表现出科研人员所具有的特殊素质，在我们共事期间，他的这些素质又进一步得到加强。他已完成了大量的研究工作，其中有些是非常重要的。他心智敏慧，对科学既有满腔热忱，又有首创精神。我们可以毫不夸张地说，在我们实验室学习并在我们领导下工作的同一代科学家中，他是最优秀的。我们曾委托他领导几批研究人员，他用自己的才华出色地完成了这项困难的任务，并受到他的法国和外国学生的爱戴。""我们的国家对于钱先生的才干业已承认，并先后赋予他重任，先是任命他为国家科学研究中心的研究员，接着又聘任他为研究导师，他同时也是法兰西科学奖的获得者。""钱先生还是一位优秀的组织者，他具备了研究组织工作的领导者所特有的科学精神和技术素质。"

1948年夏，钱三强带着法国朋友的友谊和祖国人民的殷切期望，回到了阔别了11年的祖国，迈上了新的里程。

★ 学以致用

1949年3月的一天，钱三强忽然接到一个通知，他要作为代表到巴黎出席保卫世界和平大会。钱三强想：这次去巴黎开会如果能遇到约里奥·居里老师，请他代为订购一些原子核科学研究的仪器设备以及图书资料该有多好。钱三强抱着试试看的心理，向代表团联系人提出，需要约 20 万美元。4 天后钱三强接到电话，请他到中南海。在中南海，等候钱三强的是中央统战部部长李维汉，他热情接待了钱三强，并说：“三强，你的想法很好，中央研究过了，决定给予支持。我们清查了一下国库，还有一部分美金，先拨 5 万美元供你使用。”听了李部长的话，钱三强心里久久不能平静，他埋怨自己太书生气，战争还没有结束，城市要建设，农村要发展，国家经济困难，哪有那么多外汇呢？不久，钱三强拿到了为发展原子核科学事业的美元现钞，心中万分激动、兴奋。他深深地晓得这美元是经历了火与血的战乱，是刚刚从潮湿的库洞中取出来的，是来之不易的。拿着这沉甸甸的美元，钱三强思绪万千，深深感到科学工作任重而道远。

★ 研制原子弹

1959 年 6 月 26 日前苏联共产党中央来信，拒绝提供原子弹的有关资料及教学模型。8 月 23 日，又单方面终止了两国签订的新技术协定。钱三强作为原子核物理专家，和无数科学工作者一样，在困难面前没有低头，组织起数万名科学工作者及技术工人，向研制第一颗原子弹进军。

在苏联专家撤走后，周光召在国外召集数十名海外专家、学子，联名请求回国参战。他们归国后先后参与主持了理论的研究与实验研究工作。为了研究一种扩散分离膜，由钱三强领导成立了攻关小组，经过 4 年的努力研究成功，成为继美、苏、法之后第 4 个能制造扩散分离膜的国家。他们同时成功地研制了中国第一台大型通用计算机，成功地承担了第一颗原子弹内爆分析和计算工作。在原子弹的整个研制过程中，浸透了钱三强的智慧与心血，他不仅为原子弹的研制做出了贡献，也为中国原子能科学事业的发展呕心沥血，为培养中国原子能科技队伍立下了不朽的功勋。

晚年的钱三强身体日衰，仍担任了中国科学技术协会副主席、中国物理学会理事长、中国核学会名誉理事长等职务。他一直关心中国核事业的发展，强调不仅要服务于军用还要供民用。1992 年 6 月 28 日，他因病去世，终年 79 岁。国庆 50 周年前夕，中共中央、国务院、中央军委向钱三强追授了由 515 克纯金铸成的“两弹一星功勋奖章”，表彰了这位科学泰斗的巨大贡献。

彭恒武（1915—2007），1915 年 10 月出生于吉林长春，祖籍湖北麻城，中国科学院院士。

★ 生平经历

彭恒武于 1937 年 6 月清华大学物理系研究生肄业，1938 年赴英国爱丁堡大学理论物理系，师从著名的物理学家马克思·玻恩，从事固体物理、量子场论等理论研究。1940 年和 1945 年分获哲学博士和科学博士学位。1941 年 8 月后，曾两度在诺贝尔物理学奖获得者薛定谔任所长的爱尔兰都柏林高等研究院理论物理研究所从事研究工作。1945 年与玻恩共同获得英国爱丁堡皇家学会麦克杜加尔·布列兹班奖。

彭恒武 1947 年回国，先后担任过云南大学、清华大学、北京大学、中国科技大学教授，并参与创办中国科学院近代物理研究所。1955 年当选为中国科学院学部委员（院士），历任中国科学院近代物理研究所研究员、副所长、中国科学院理论物理所所长等职。1948 年被选为爱尔兰皇家科学院院士。

★ 科研成就

从 20 世纪 50 年代中期开始，彭桓武参与和领导了中国原子能物理和原子弹、氢弹以及战略核武器的理论研究和设计。他在中子物理、辐射流体力学、凝聚态物理、爆轰物理等多个学科领域取得了重要成果，对分子结构提出过新的处理方法，在量子多体问题研究中提出了自洽场的推广理论，并为中国核事业培养了一批优秀人才。

★ 所获荣誉

中国科学院和中国科协 2006 年 9 月 25 日在京举行仪式，正式宣布将一颗由中国科学家发现的小行星命名为“彭恒武星”。据介绍，这颗编号为 48798 号的小行星是国家天文台位于河北省兴隆县的观测基地于 1997 年 10 月 6 日发现的。这一天正好是中国核物理理论、中子物理理论以及核爆炸理论的奠基人彭恒武院士的生日，为了表彰彭恒武院士为中国科学研究和国防建设事业做出的杰出贡献，国家天文台向国际小行星中心申请将其永久命名为“彭恒武星”。

彭恒武院士曾荣获国家自然科学奖一等奖、国家科技进步奖特等奖、何梁何利基金科学与技术成就奖。1999 年获“两弹一星功勋奖章”。

马大猷（1915—），广东潮阳人，北京大学教授，中国科学院院士。

★ 成长经历

马大猷的学生时代，正是日本侵略者向中国步步进逼的历史时期。从“济南惨案”、“九一八事变”直至“何梅协定”，国民党政府推行不抵抗政策，丧权辱国，与此同时国内的青年学子却不断抗争，掀起一浪高过一浪的爱国运动。在当时风起云涌的学生运动中，少年马大猷的心中激起了“科学救国”的热情。中学毕业后，马大猷报考了北京大学物理系和清华大学机械工程系。由于马大猷的成绩特别突出，结果北大和清华两校都录取了他，这时马大猷面临着一个颇有些两难的选择。由于机械工程更接近实际，马大猷倾向于上清华大学，但接到清华大学通知书后，估计每年费用要达到 260 元，马大猷家境贫寒，父亲早逝，完全靠母亲含辛茹苦抚养他和两个妹妹成人，每年 260 元的花费对于他这样的家庭实在是太沉重而无法负担，在北京大学，每学期只要交费 10 元，而且可能还能得到奖学金（后来由于马大猷的出色成绩果然得到了），还可以做家庭教师解决吃饭问题。所以马大猷最终只好割爱，上了“穷北大”。到了北京大学物理系以后，马大猷得到了萨本栋、叶企孙、江泽涵、任之恭等老师的指导和培养。很巧的是，在马大猷读三、四年级的时候，吴大猷先生学成回国，首次在北京大学的物理系和化学系开设量子力学课，马大猷就成了他的学生，留下了一段师生“大猷”的往事。几十年后有记者见马大猷先生时问：“这‘大猷’两个字跟科学或科学家有什么必然的联系吗?”马先生想起自己跟吴先生的师生缘就笑了：“这个猷字嘛，就是谋划的意思，我是大字辈，父亲就给我起名大猷，至于跟吴大猷先生同名，那是碰巧了!”

★ 研究成果

马大猷院士在学生时代就注意到简正波理论，1938 年，在 UCLA 努特森教授处学习时发表了第一篇论文《矩形室内低频简正频率的分布》。这篇论文成了声学中应用简正波理论的基础，也是严格室内声学的基础。随后他参加了哈佛大学努特森教授和白瑞奈克先生的“矩形室内的声衰变的研究”工作，并以第三篇论文《矩形室内不均匀边界问题》被授予哲学博士学位。从那时起，他发表了室内声学方面的论文约 30 篇，连同其他方面的共约 180 篇。1959 年马大猷曾负责北京人民大会堂的音质设计工作，这个万人礼堂一直是中国人民代表大会的会议场所，并曾多次举行文艺表演，反映良好。他组织了语言声学的研究工作，取得了汉语语音的基本参数，并在 60 年代初自动识别汉语普通话的十个元音；组织了户外广播用的气流扬声器的研制，声功率达一万瓦，并提出气流扬声器理论；发明了微穿孔吸声体，不用多孔或纤维性材料，并提出吸收特性可以设计的理论；研制了小孔消声器，有效地降低气流噪声；建立了气流噪声的压力定律。为了这些工作，他设计和建造了全国第一座声学实验室，包括混响室、隔声实验室、消声室、水声实验水池以及高声强实验室，可以做声学实验和校准和气流声学实验。在高声强实验室中可以在 160 分贝下试验仪器设备的耐噪声能力和做生物试验。他组织了大气声学和次声学的研究工作，发展了以抑制简正波为手段的有源室内噪声控制的原理和技术，并开展了非线性声学和强噪声研究，在驻波管里产生了近 180 分贝的强声场，建立了非线性驻波理论，解决了长期未解决的问题，继续发展了微穿孔吸声体的理论并发现了它的新物性和新应用，发展了微缝板吸声体理论，根据瑞利解释发展了黎科管振荡理论。

★ 艰难出国

1936 年马大猷大学毕业时，正好清华大学招考留美公费生，物理学方面的专业是电声学，非常符合他的理想，于是他就去投考了。不久清华大学就通知他被录取，规定出国之前要在国内准备一年，指导老师是北京大学的朱物华先生和清华大学的任之恭先生。1936 年 9 月，马大猷回到北京大学物理系准备口语和研究工作。次年7月，“卢沟桥事变”爆发，不久北京就被日军占领，学校里一片混乱。8月初马大猷和同学们计议决定只身出走，刚到天津就被日本宪兵扣留了。因为当时天津日军听说可能有学生运动，就将那几天到津的学生全部扣留，关到师范学校的日本宪兵队部。这一批被关押的学生生活条件非常差，几十个人挤在一间大房子里睡地铺，不准多说话，不准多走动，一天三餐都吃不饱，弄不好还要遭到日本宪兵的呵斥和踢打。马大猷就在这样的环境里生活了33天，终于在遭到无辜关押一个月后见到梅贻琦校长。他提出申请，暂不出国，参加抗战。梅校长考虑后，决定马大猷仍应按原计划出国。不久马大猷，经香港来到美国洛杉矶加州大学，在著名声学权威努特森教授指导下从事声学研究工作。

★ 最年轻的工学院院长

1940年，马大猷获得了哈佛大学博士学位，成为该校历史上第一个用2年时间就获得博士学位的人。此时马大猷在美国的去留成了人们关注的问题，许多人以为，已经在美国声学界崭露头角、站稳了脚跟的他一定会留下来大展宏图。然而马大猷却像他的许多师长一样，选择了归国效力的道路。半个多世纪之后，年届八旬的马大猷回忆起当年的选择，深情无悔地说：“发展中国的声学事业，是我的恩师为我指出的专业方向，也是我愿意毕生为之奋斗的目标。当时获得博士学位后马上要回国，内心是感到国家和民族正遭受灾难，需要我马上回去尽一份力量。”马大猷回国后，一开始是希望能为抗战需要研究一些科学技术问题，终因没有研究课题，遂致力于教学工作。他先是在西南联大工学院电机系任教授，时年25岁，是该校最年轻的两名教授之一。几年后，北京大学筹备创办工学院，31岁的马大猷被聘为筹备主任，后来又成为北大工学院的首任院长。在当时全国著名的工学院中，他是最年轻的一位院长。

★ 建国初期的工作

1956年，周总理直接领导制定科学技术十二年远景规划，马大猷提出了发展声学的规划的建议，并参加了讨论。会上提出的四项紧急措施（电子学、半导体、计算机和自动化）为我国新技术的发展画出蓝图。会后，中国科学院成立了电子学研究所筹备委员会，指定李强为筹委主任，孟昭英、陈芳允和马大猷为副主任。组织了电子学（电子管的研究）、无线电（电子管的应用）和声学3个方面的研究工作。研究所开始是在西苑旅社六号楼工作，同时进行基建，马大猷主持了电子所大楼的设计、施工、装修工作，并设计了达到国际水平的全国第一座声学实验室和声学实验水池。工程达到了高质量，大楼已安全使用40余年。研究所人员主要来源是大学毕业生，给科学院的名额有限，中国科学院那时在北京已有一二十个研究所，有成就的研究员不少，于是就计议创办自己的大学。1959年在北京成立了中国科技大学，教授是有关研究所的研究员，实习到各研究所，理工结合，加强基础训练，5年毕业。这些完全符合马大猷的设想（也是学者的共同意见），所以他非常积极，开学后与吴有训先生、严济慈先生分担几个班的普通物理课，研究所的工作不减少，一直教了6年。

1959年北京兴建十大建筑，人民大会堂音质问题交马大猷负责。他组织了北京的大学、建筑、广播系统中的声学专家进行研究，提出设计要求，进行模型试验、测量、鉴定工作。他提出了分散声源（每个座位前有小扬声器）和联结立体声系统（台口上大扬声器按立体声设计联到一起）以解决这巨大厅堂（9万立方米，最多容1万人）中的扩声问题，顶上和墙面用穿孔板吸声处理以减少回声并控制混响时间到1.8秒，适合音乐的需要。建成后做了测量，证明设计、处理完全成功。这是当时国际上最大的为正式活动而建的厅堂，后来人大、政协每年开大会、听报告都很满意，大型文艺表演，音乐优美动听，歌唱清晰洪亮。1964年声学研究所从电子所分出来正式成立，马大猷改到声学所任副所长、研究员。同时，创办了《声学学报》并成为全国声学最高学术刊物，后来还出版了英文版。

★ 关怀在点滴

从1958年考入中国科技大学无线电电子学系至今，程明昆对当年的情景记忆犹新："马先生给我的第一印象是一位风度翩翩、学识渊博而又不苟言笑的学者。""先生对学生的要求十分严格，他鼓励我们独立思考，要求我们注重创新。"1963年，程明昆考上了马大猷的研究生，"文化大革命"结束后，程明昆有幸成为研究所派往美国的访问学者之一，由于对美国声学界并不熟悉，学校选择成了程明昆的一块心病。

1980年，恰逢马大猷与北京大学校长周培源等人组成代表团去参加美国物理学会成立50周年纪念大会，他便借机帮程明昆联系了麻省理工学院（MIT）机械系，而且是去读研究生。遗憾的是，最终MIT没去成，马大猷又帮他联系了去普渡大学做访问学者，并利用参加国际会议的间隙前往探望和鼓励他。

程明昆告诉记者，马大猷每年只招一两个研究生，"少而精"能让他更深入、细致地辅导和关心学生，而他对学生的严厉也是有目共睹，学生六七年不能毕业是常有的事，"他对我们充满了期望，希望他的学生都能成为各自领域的学术带头人"。

★ 参加国际会议

1966年，根据国家地下导弹发射井中噪声控制的要求，马大猷研制了微穿孔板吸声结构，以代替国外常用的多孔性吸声材料。这种吸声结构防火性能强，吸声效果好。之后，他又把微穿孔板吸声结构扩展到民用范围，成为噪声控制和改善厅堂音质的重要手段，并逐步形成了他的微穿孔板理论及其应用方法。

1992年12月，在德国首都波恩，新建的联邦议会大厅落成了。不料，议会第一次在新大厅里开会就出现了令人难堪的场面。当时电视台正进行会议的现场直播，大厅里的扩声系统却突然中断了，工作人员采取了许多应急措施都无济于事。联邦议会的602名议员愤然退出新大厅，回到老大厅去继续开会。这件事震动了德国乃至欧洲的建筑界。经事后多方调查，发现新大厅昂贵的电声设备质量优良，本身并无问题，问题出在建筑声学上面。大厅在声聚焦、声场不均匀以及扩声系统反馈作用方面存在严重问题，使扩声系统受到强声场反射，造成超负荷而突然中断工作。问题找到了，却找不到解决问题的办法，耗资高达27亿马克的新大厅面临报废的危险。这时，中国访问学者查雪琴等人正根据中德科技交流计划在德国斯图加特物理研究所工作，他们得知联邦议会新大厅的声学难题后，向德国专家提出可以用微穿孔板理论解决这一难题。经过中德两国专家的共同努力，运用马大猷的理论和方法，加上一些其他的声学措施，很快在6个星期内圆满解决了新议会大厅的声学难题。马大猷的名字随之传遍了德国的工程界和声学界。德国对此作了专题报道，盛赞马大猷的理论和中国学者的成就。马大猷的名字又一次在国际声学界引起了轰动。

★ 获奖情况

1978年，获全国科学大会奖。

1980年，获中国科学院重大成果奖。

1981年，获国家自然科学奖。

1997年，获德国夫琅和费协会金质奖章。

1998年，获何梁何利科学进步奖。

黄　昆（1919—2005），浙江嘉兴人，国际著名的中国物理学家、教育家，中国固体物理学先驱，中国半导体技术奠基人，中国科学院院士。

★ 生平经历

黄昆，1919年9月2日生于北京，祖籍浙江嘉兴。父亲当时是中国银行高级职员，母亲贺延祉，毕业于北京女子师范大学，也在银行工作。黄昆是家中最小的孩子，他的大姐名黄宣，大哥黄燕，二哥黄宛（我国著名心脏内科专家），姐弟四人年龄依次相差一岁，手足情深而又互相影响。较高的家庭文化素养和无拘无束的气氛，特别是母亲严肃认真的为人，对黄昆少年时期的成长影响很大。

黄昆1944年毕业于西南联合大学的北京大学理科研究所，获硕士学位，1947年在英国布里斯托大学获得博士学位。黄昆获得博士学位后曾在英国爱丁堡大学物理系、利物浦大学理论物理系从事研究工作。

1951年，黄昆回到北京大学任物理系教授，1977年后在邓小平的过问下，黄昆出任中国科学院半导体研究所所长。2001年，黄昆与其北大校友王选一同获得了该年度国家最高科学技术奖。

2005年7月6日，黄昆在北京逝世，享年86岁。

★ 工作成就

黄昆早年在爱丁堡大学与著名物理学家、诺贝尔奖得主玻恩教授一起从事研究工作，合著了在固体物理学界享有盛誉的《晶格动力学》一书。1956 年，黄昆在北京大学物理系任教授期间，参与创建了中国第一个半导体物理专业，为中国信息产业培养了第一批人才。在北京大学任教期间，黄昆还主持了本科生教学体系的创建工作，并著有《固体物理学》等教材，享有盛誉。

★ 对中小学教育改革的看法

一般而言，许多著名科学家在少年，甚至童年就显示出其天赋。然而，黄昆却自认为他属于智力发育滞后的类型。在谈及现在中小学生的负担太重问题时，黄昆以切身经历为例，认为小学学习不必要求太高，但中学打的基础却会影响一个人的一辈子。

黄昆先后在北京蒙养园、北京师大附小、上海光华小学（在静安寺附近一条弄堂里，黄昆在那里待了一年多）上学。他回忆自己小学阶段，除去很早就识字，在小学时期常读小说和学会加减乘除之外，似乎没有学更多的知识。他还记得，他小学期间最出色的一次表现，是在三年级北京史地课考试得第 5 名。他带回给母亲的奖品，是一份北京城的油印讲义。为此，他始终为能熟练说出北京城所有内外城门名而感到自豪。

关于中学打好基础影响一辈子的主张，黄昆有正反两方面的经历。黄昆在上海光华小学五年级没读完，随家搬迁回到了北京。黄昆的伯父黄子通当时在燕京大学哲学系任教授，黄昆暂住在伯父家中，并插班就读于燕京大学附中初中。他在这里只学习了半年，就转学到通县潞河中学。但是，这短短的半年，对黄昆以后的发展却有长远的影响。黄昆的伯父偶然看见黄昆课后很空闲，就询问他原因，黄昆回答说，老师交代的数学作业都已完成。他伯父说，那怎么行，数学课本上的题全都要做。自此，黄昆就这样做了，从此他的数学课一直学得很好，并产生了浓厚兴趣。转入到潞河中学后，这习惯不仅仍延续下来，并且带动了其他学科的学习。黄昆后来回顾，这一偶然情况有深远影响，由于他下课就忙于自己做题，很少去看书上的例题，反而使他没有训练出“照猫画虎”的习惯。

★ 治学要点

黄昆治学的一个重要特点就是“从第一原理出发”，其习惯也许就是在中学开始培养的。

潞河中学前身可以追溯到 1867 年由美国一个牧师创办的通州男塾。1889 年，它演变成包括小学、中学、大学和神学院的潞河书院，以后又先后更名为协和书院，华北协和大学。1918 年，华北协和大学与汇文大学合并组成燕京大学，而协和大学附设中学部仍保留在通州原址，叫潞河中学。潞河中学虽然是教会学校，但 1927 年以后，由华人任校长，取消《圣经》必修课。潞河中学的校训为“人格教育”。黄昆是学习上的优等生，除语文课外，他的高中三年学习总成绩始终保持在全年级之首。黄昆兄弟三人都就读于潞河中学，他的大哥因为休学两年，与他同班，后来数学成绩只有 30 分，在黄昆的带动下，黄燕的数学成绩也很快超过了及格线。潞河中学每个礼拜都有全校大会，黄氏三兄弟穿自己家做的布鞋，被校长在全校大会上表扬。

黄昆自己认为，他中学时代的教训是中学语文课没有学好。就像大多数中学男生一样，对于老师出的作文题，黄昆不是一句话就解答了，就是无话好说。后来黄昆回顾过去，认为其后果影响了自己一辈子。例如，1936 年黄昆从潞河中学毕业，拟学工科。他报考过清华大学和北洋工学院，但都未被录取，原因就是语文成绩太差。黄昆在生平自述中写道："我于 1944 年参加了当时'庚子赔款'留美和留英两项考试。留美考试未录取，后来通过别人查分数才知道我的语文考试只得了 24 分。在留英考试中，我的作文只写了三行就再写不下去了，只好就此交卷。后来得知，我居然被录取。这曾使我大吃一惊。以后有机会看到所有考生的评分，这才知道这位中文考官显然眼界很高，而打分又很讲分寸，很多考生的中文成绩都是 40 分，再没有比这更低的分数，我当时是其中之一。以后虽然没有再考语文，但是语文这个关远没有过去。顺便可以提到，我的语文基础没有打好，多少年来，在各个时期、各种场合都给我带来不小的牵累（从早年的考试到以后的写作，以至讲话发言）。近年来，不少场合要你讲点话或是让你题词，我只能极力推辞，而主持人则很难谅解，这总使我想起中学语文老师出了题我觉得无话可说的窘况。"

1937 年，黄昆通过潞河中学向燕京大学的保送考试，进入燕京大学，并根据自己的优势和兴趣，选定物理为学习专业。

★ 群英荟萃

抗日战争爆发后，中国的三所著名大学：清华、北大、南开迁至云南昆明，1938 年春组成国立西南联合大学。在中国人民抗战最艰难困苦的年代，培养出杨振宁、李政道、黄昆、张守廉、李荫远、黄授书、邓稼先、朱光亚等一大批杰出人才，开出中国教育史上最绚丽的一朵奇葩。

西南联大物理系规模虽然不算大，但是人才济济，中国物理学界许多学术造诣很深的知名教授都在这里执教。当时清华有叶企荪、吴有训、周培源、赵忠尧、王竹溪、霍秉权；北大有饶毓泰、朱物华、吴大猷、郑华炽、马仕俊；南开有张文裕，还有许贞阳。西南联大的数学师资也为当时国内一时之选，清华有杨武之、郑洞荪、陈省身、华罗庚、许宝騄；北大有江泽涵；南开有姜立夫。在西南联大，物理系每年级只有一班，约三四十人。生活条件十分艰苦，都住在学校泥墙草顶的宿舍里。

1941 年秋，黄昆在获得燕京大学学士学位后，经葛庭燧先生介绍，来到西南联大任助教。从北京到昆明，黄昆路经青岛、上海、香港、桂林、贵州，路上整整花了 2 个多月。系主任饶毓泰先生在第一次接见黄昆时对他说，这里人很多，根本不需要助教，你在这儿就是钻研学问做研究。

事实也确是如此。黄昆的教学任务只是每周带一次普通物理实验。吴大猷让他半做研究生，半做助教，这样他可以得到一些收入。

由于张守廉的缘故，黄昆很快地结识了和张同班的杨振宁。他们三人学习思考风格迥异，但都是绝顶聪明的人，他们一起上吴大猷和其他先生的课，通过课后讨论，彼此加深了人品学问的了解。

★ 师从莫特

1944 年黄昆、杨振宁、张守廉西南联大研究生毕业。黄昆被“庚子赔款”留英公费生录取。“庚子赔款”留英公费生是在 1930 年设立的，比庚款留美公费生晚得多。按庚款留英公费生规定，去英国什么学校，选哪位科学家做导师，都可以先由本人提出志愿，再取得接收方的同意。当时，有一位英国教授给联大捐赠了一大批在英国出版的科学书籍，黄昆对这批书很感兴趣，大多翻阅了一下，引起他特别注意的是一位名叫莫特的英国科学家。莫特写了三本书：《原子的碰撞理论》、《金属与合金的电子理论》、《离子晶体中的电子过程》，这三本专著覆盖了三个很不相同的领域，每一本专著的出版，都标志着一个学科方向的诞生。这使黄昆感到这位科学家的学识非常渊博。另外，黄昆也被后两本书的丰富新颖内容所吸引，觉得莫特所研究的领域非常丰富多彩。基于这两方面原因，黄昆决定到布列斯托大学做莫特教授的博士生，并被莫特接受。可以说，黄昆选做莫特教授的研究生，实际上也把自己将来的研究方向选定为固体物理学。黄昆能在学科发展早期进入这一大有作为的科学领域，应该说，这是一种难得的机遇。但是，机遇或大或小，一个人一生中都会碰到，没有准备，机遇将擦肩而过；有了充分准备，机遇就会被抓住。正是在燕京大学自学量子力学打下了扎实的基础，在西南联大有名师指点、优秀同学激励和良好学风这样的环境里，加上自己刻苦钻研，使得黄昆在固体物理发展的黄金年代，抓住机遇，作出了重大贡献。

1945 年 8 月，黄昆终于在布列斯托大学做了莫特的研究生，他也是第二次世界大战结束后莫特招收的第一个博士生。因无序系统的电子结构而荣获 1977 年诺贝尔物理奖的莫特，当时还是一位很年轻的教授，但已是国际上著名的固体物理学家。

★ 凤凰涅槃

1977 年，黄昆被调到科学院半导体研究所任所长。黄昆认为既然身在研究所，自己就必须在科研第一线工作。但是，研究中断了近 30 年，这 30 年国内外科技发展日新月异，自己年龄已近 60，研究怎样才能做得起来呢？黄昆想，科学家老了会掉队大概有两个原因，一是知识老化，特别是基础理论和方法跟不上发展；二是由于地位，容易脱离第一线的具体工作，以致自己原来的老本也会逐步忘记。他分析自己的情况，认为要把几十年基础理论的发展认真地补上，恐怕是做不到的。但是，承认这个局限性，并不等于不能做研究。他拿定主意，要坚持自己动手做第一线的具体工作，要去做自己能做的事。

黄昆在国际物理界沉寂近 30 年后，又重新活跃起来。他开始了研究生涯中第二个活跃时期：1980～1990 年。正如国际著名固体物理学家、德国马克斯普朗克协会固体物理研究所前所长卡 M·多纳描述黄昆："他好比现代的凤凰涅槃，从灰烬中飞起又成为世界领头的固体物理学家。"

★ 老骥伏枥

黄昆把自己的一生科学研究经历归结为两点：一是要学习知识；二是要创造知识。对做科学研究工作的人来讲，归根结底在于创造知识。而对于学习知识与创造知识，黄昆从自己的切身经历和观察别人的经验教训，归纳出两句名言：

①"学习知识不是越多越好，越深越好，而是要服从于应用，要与自己驾驭知识的能力相匹配。"

②"对于创造知识，就是要在科研工作中有所作为，真正做出点有价值的研究成果。为此，要做到三个'善于'，即要善于发现和提出问题，尤其是要提出在科学上有意义的问题；要善于提出模型或方法去解决问题，因为只提出问题而不去解决问题，所提问题就失去实际意义；还要善于作出最重要、最有意义的结论。"

黄昆在科学上的成就受到了国际学术界的高度评价，也得到祖国和人民的承认。1955 年，年仅 36 岁的黄昆就当选为中国科学院学部委员，是当时所有委员中最年轻的一名。改革开放以来，黄昆当选为瑞典皇家科学院外籍院士（1980 年）、第三世界科学院院士（1985 年）、国际纯粹物理和应用物理协会（IUPAP）半导体委员会委员（1985—1988）。黄昆除了担任中国物理学会理事长、科学院数理学部常委外，还被选为中华人民共和国第三届全国人民代表大会代表（1964 年），当选为中国人民政治协商会议第五届全国委员会常务委员会委员（1978 年），以后分别连任第六届、第七届、第八届政协常委。他也曾获得全国"五一"劳动奖章和 1995 年度何梁何利基金科学与技术成就奖，2001 年获中华人民共和国最高科学技术奖。

3. 力学领域

张　维（1913—2001），北京市人，我国著名力学家、教育家，中国科学院和中国工程院两院院士。

★ 生平经历

1913 年 5 月 22 日出生于北京市一个税务职员家庭。父亲张壎是旧京师译学馆的学员，清末民国初年供职河南安阳县税务局，并兼任家庭教师。张维出生后 2 年，其父便溘然长逝，全家仅靠父亲的积蓄及兄长的工资维持生活，家境清寒。他 5 岁入北京师范大学附属小学，11 岁考入北师大附中，15 岁转考至天津北洋大学预科，16 岁考入唐山交通大学土木工程系。张维醉心于数学与物理学，而数学尤为突出。他大学期间在学业上卓尔不群，在 20 岁（1933 年）弱冠之际，便以优异成绩毕业于唐山交通大学土木工程系（主修结构工程），获工学学士学位。

大学毕业后，张维被分配到当时仍在向西延伸的、贯通东西的铁路大动脉陇海铁路实习，辗转于潼关至西安的潼西段工地，在华阴、坝桥协理铁路施工。工作未及经年，便应母校之召，于 1934 年 4 月回到母校唐山交通大学，任结构力学与结构工程助教。在这期间，他开始与力学结下不解之缘。1933～1934 年，美国公布了新版的铁路桥梁规范，张维查阅了大量力学著作和文献，撰写了对该规范内容力学理论根据的探讨论文。该篇论文以其独特的见地在中英庚子赔款留学的报考与录取过程中，受到主审教授的高度评价。

1937 年，张维以优异的考试成绩作为第 5 届中英庚子赔款公费生，留学英国。他怀着"科学救国"的信念，于 9 月中旬抵达伦敦，在当时颇有声望的帝国理工学院土木工程系 A·J·S·皮帕德教授指导下学习，一年后即获帝国理工学院文凭。这一年的寒假，为了求索更好的学习条件和更深入的工程知识，他跨过英吉利海峡到德国进行考察。他对德国柏林高等工业学校 F·特尔克教授的壳体理论研究很感兴趣，预见到壳体理论将会在固体力学和结构工程研究中大放异彩，决定赴德国学习。经过一番周折，终于获准于 1938 年 7 月到柏林高等工业学校土木工程系工程力学教研室，在特尔克教授指导下进行壳体理论的研究。第二次世界大战爆发后，他只好继续留在德国。他于 1941 年与留学德国的陆士嘉（著名流体力学专家、航空学家）女士结为伉俪。1942 年 2 月，任柏林高等工业学校工程力学教研室助教，从事教学与科研工作，完成了隧道应力分析与弹性波石油勘探等项研究。1944 年 10 月，他以优秀的成绩通过论文答辩，获得工学博士学位。张维在论文中利用特尔克导出的方程，采用渐近方法与贝塞尔函数，在国际上最先解决了圆环壳受任意旋转对称载荷作用下的应力状态求解问题。由于当时我国的小丰满水电站大型水轮机是由瑞士埃舍尔·维斯机械厂设计和生产的，张维为了掌握祖国工程建设需要的先进技术，通过各种渠道同该厂联系，终于在1945年9月获准移居瑞士，在当时很有名的埃舍尔·维斯机械厂研究部任研究工程师，从事旋转机械中的叉管、圆盘叶片的研究工作，同时等待回国的时机。

1946年5月，在得知可以回国的消息之后，张维商得厂方同意，毅然中止了合同，不等银行解冻，带着身边仅有的一点钱，在中国驻巴黎使馆的帮助下，全家三人从马赛港坐船，途经西贡、香港，历经艰辛，回到祖国的上海。他回国后，先后受聘于同济大学、北洋大学，1947年受聘于清华大学，与已在清华执教的钱伟长分担全校的力学课程教学。他先后讲授过材料力学、高等材料力学、结构力学、弹塑性力学以及板壳理论等课程。

1951年起，由于高校院系调整和发展的需要，张维开始担任行政、教学与科研管理工作。1952年，他担任三校（清华、北大、燕京）建设委员会工程处负责人，1954年任清华大学建设委员会主任，为三校和清华的基本建设作出了贡献。1952年～1956年，他担任清华大学土木工程系主任。1956年，按照国家和学校的规划，清华筹建了一批新专业。1958年，他筹建了工程力学数学系，并任第一任系主任。1957年以后，张维担任清华大学副校长，先后分工主管教学与科研，直至1966年“文化大革命”。

在“文化大革命”期间，张维受迫害达数年之久。1976年春他主动提出离开领导岗位到校工厂参加劳动。1977年，张维重新回到了清华大学副校长的工作岗位。1983年，他受国家教委的任命，出任深圳大学首任校长。他不顾古稀之年，一年八次往返于深圳、北京之间。为了聘请国内外知名专家到深圳大学任职、任教，他不辞劳苦，不避寒暑，多次登门求贤，使许多专家为之感动。他率先对学生实行勤工助学制度，对教职工聘任、系科设置、教学计划等实行了一系列改革。他和其他校领导一起，为建成深圳大学作出了贡献。

1956年，张维参加制定了我国十二年科学远景规划，并任土水建组组长。1962年，他又参加制定了十年科学发展规划，担任科学发展规划的力学组副组长，与郭永怀、刘恢先等专家一起倡议，并第一次把抗爆抗震问题列入国家规划。1978年，他又参加了八年科学技术发展规划的制定工作，任理论和应用力学组常务副组长，为我国工程力学学科的发展作出努力和贡献。

1955年，张维被选为中国科学院学部委员（院士）。1994年中国工程院建立，他又被选为首批中国工程院院士。1962年～1984年，他担任教育部工科力学教材编审委员会主任委员和力学学科组组长。1980年～1987年，他连任两届国务院学位委员会委员和力学学科组组长。1987年～1990年，又担任国家教委科学技术委员会主任。

谈镐生（1916—2005），江苏省吴县人，祖籍常州武进县，中国科学院院士。

★ 生平经历

谈镐生1916年12月1日出生于江苏省吴县。父亲谈振华，清末贡生，以教书和当职员为生，有强烈的爱国主义思想，日本侵略军侵占家乡时，曾因抵制悬挂日本国旗险遭杀害，在当地被誉为民族爱国教师。谈镐生5岁丧母，学龄前由乃父教授“四书”、“五经”，10岁在苏州的小学就读，1929年进苏州中学，很快就显示出在文学、美术和数学方面的天赋，数理成绩在全班一直名列前茅。高中毕业前，他自学完微分方程、变分法等大学课程。

1935年，谈镐生考入上海交通大学机械工程学院，1939年获工学学士学位。同年，进入成都航空机械学校高级班学习。1940年毕业后，到中国航空研究院当副研究员。两年内，他解决了滑翔机蒙布张力的测量问题，制成了张力计，并获得奖章，还与老师林致平一同发表了《正向薄板承受边压时的弹性稳定问题》等两篇论文，显示出扎实的基础和科研的才能。

1945年，他通过了公费留美考试，1946年，赴美攻读研究生。他先到加州理工学院，同年转入康奈尔大学航空研究生院，在W·R·西尔斯教授指导下，1949年，以论文《有限翼展超音速双翼的波阻》获数学、力学和航空博士学位。毕业后，留在康奈尔大学航空研究生院任研究员，从事激波马赫反射问题、旋翼层流边界层和流体分离区问题的研究，在这些领域内取得的丰硕成果，使他迅速成为国际知名的空气动力学家。1954年～1956年，他在美国诺脱顿大学任工程力学副教授，研究运动浸没体与表面波的相互作用。

1956年～1957年，谈镐生任美国底特律大学航空工程教授，研究超气动区弹头曲线优化问题。1957年～1962年，在美国创办高等热工研究所，先后任所长和科学顾问。除了继续研究超气动区弹头曲线优化问题外，他还对湍流衰减规律和植被流问题进行了研究。1963年～1965年，任美国伊利诺伊理工学院教授，继续从事湍流衰减规律研究。1965年10月回国。旅美期间，曾被聘为《力学评论》、《数学评论》和《航空学报》的评论员以及美国海军部特邀顾问。

回国后，谈镐生担任中国科学院力学研究所研究员。这时正值“文化大革命”前夕，谈镐生在很不安定的环境下，仍参加和指导了激光物理、板块运动规律、相对论热力学和稳定性问题的研究，醉心于为国家培养科技人才。1976年他就研究生和高级科技人才培养问题积极向中央献策，并率先指出力学的基础性，大力倡导力学的基础研究。

1978年，鉴于他在学术上的成就和对祖国科学事业发展作出的贡献，中国科学院邀请他出席了全国科学大会。

1980年，他被选为中国科学院数理学部学部委员。1981年，任中国科学院力学研究所副所长、所学术委员会主任。1984 年，被增补为中国人民政治协商会议全国委员会常务委员。1975 年以后，他还曾兼任过国务院学位委员会学科评议组成员，《中国科学》和《科学通报》副主编，《力学进展》主编，中国科技大学力学系主任，中国力学学会常务理事等职。

★ 学术成就

数十年来，谈镐生共发表科学论文和报告 40 余篇，论文内容涉及多个领域，被国内外同行广泛引用，受到国际力学界的认可。

* 马赫波锥流场的相互作用理论研究

1935 年，A·布泽曼证明，对于满足一定关系的无限翼展的超音速双翼飞机，由于上下机翼马赫波锥流场间的相互作用，在零升力时，其波阻可完全消失。那么对有限翼展双翼机情况会怎样呢？这是一个比布泽曼考虑的二维问题要困难得多的三维问题。谈镐生的博士论文对上述具有全同矩形平面翼形的双翼机，采用了小扰动线性理论，将所有的激波和膨胀波都用具有自由流马赫角的马赫波来代替，从而对截面线形任意的全同双翼得到表面速度势和压力分布的积分公式，而且速度势的积分计算实际上总是只涉及机翼表面的斜率。谈镐生将他的理论应用到机翼截面为等腰三角形的零升力情况，给出了总阻力公式。概括地说，谈镐生的这一工作，对有限翼展超音速双翼机建立了马赫波三维流场间的相互作用理论。

* 激波马赫反射问题的研究

E·马赫（Mach）在 1875 年～1889 年间，从实验上首先观察到：当平面激波的入射角超过由激波强度所决定的临界角时，其反射行为便不同于声波反射，而形成三叉波形。这种现象后来被称为“马赫反射”或“马赫效应”。二次大战期间和战后，由于军事应用的推动，对于包括马赫反射在内的激波斜反射特性，从理论和实验两方面进行了深入细致的研究。40 年代中期建立起来的马赫反射理论，假设三叉波形附近流动是定常的，相邻激波之间的压强均匀。这种简单理论的结果在强激波情况下与实际符合得很好，但在弱激波情况下，临界角的实验值则大于理论值，这一矛盾吸引了人们广泛的注意。当时许多人致力于三波点奇性的研究，试图建立马赫反射的局部理论，但仍不能解决上述困难。M·J·莱特希尔和谈镐生等人则从总体上考虑问题，对具有激波的超声速流动，致力于求其完全解。1949 年，莱特希尔对沿钢壁传播的任意强度的平面激波在钢壁近 180°的转角处的衍射问题进行研究，把钢壁的小偏角作为小参量，给出了一级解。按照一级解，反射波是声波，且在三波点处强度为零。1951 年，谈镐生则针对方程中出现的奇异性，采用了莱特希尔在 1949 年刚刚提出的变形坐标法，建立了马赫反射的二级理论，证明反射波是二级强度的激波，并给出了反射波形和反射激波强度的二级解，还得出在三波点处强度最多为三级的结论。这些结果与实验很好的吻合，对核爆炸的破坏机理研究具有关键意义，并对应用数学的发展起到一定的推动作用。因此谈镐生的有关结果被摘入H·W·埃蒙斯主编的《气体动力学基础》一书，同时还被作为变形坐标法最早的几个成功例子之一，在西尔斯主编的《高速空气动力学理论》中被提及。此外，谈镐生的反射激波强度公式后来在1954年曾被英国W·切斯特作了进一步的发展。

* 三维旋翼层流边界层理论研究

L·普朗特于1904年提出流体边界层的概念，把大雷诺数真实流体划分为两部分：在边界层外，流体的运动可当做是理想流体处理；在边界层内，虽然是黏性流体，但由于边界层很薄，允许应用恰当的简化假设，即可用边界层方程代替纳维·斯托克斯方程。

自普朗特的原始论文发表后，边界层的研究由于其实用性而受到广泛重视，然而，40年代以前，研究仅限于二维流动。1945年，普朗特开始进行三维边界层流动研究。1951年，L·E·福格蒂对于绕垂直轴旋转的半无限平板和旋转柱形叶片在前沿和远离转轴处的三维流场给出了一级解，谈镐生于同年对这一问题给出了各级解的系统求法，从而扩大了解的适用区域。他还对在自平面内旋转的无限薄叶片用这一方法进行了具体的求解，结果发现由逐次近似所得的常微分方程组与求解具有“直线”速度剖面的二维边界层问题时所得的方程组相同，因此，很易于用数值积分法得到各级具体结果。此项理论工作开拓了直升机旋翼三维流场高级项的研究，被作为三维层流边界层的一种典型解法而收入于F·K·莫尔主编的《层流理论》和Л·Г·洛强斯基的《层流边界层》，并被H·施利希廷的《边界层理论》等著作所引证。

* 流体定形有限分离普遍条件的建立

1868年，H·冯·赫姆霍茨和G·克希可夫指出，理想不可压流体的定常绕流问题，除去连续解外，还可能有带有无界死水尾迹的解，即所谓“脱体绕流”解。从此，定常脱体绕流问题的研究得到迅速发展，并且提出了加速流脱体绕流问题。普朗特于1922年处理二维锥角加速绕流、T·冯·卡门于1949年处理二维垂直平板加速流时都发现仅当特征弗劳德数U^2/ah取与时间无关的某一确定的有限值时，才存在定形有限死水区，这里U、a和h分别为来流速度、加速度和分离区的特征长度。那么，对一般形状的物体，有限定形死水区的存在条件是什么呢？这是普朗特和冯·卡门未解决的难题。1954年，谈镐生从二维不可压理想流体的一般运动方程和边界条件出发，灵活地应用时空变数分离方法，巧妙地证明了如下的有限定形分离定理：

对于具有确定分离点的任何形状的二维物体，如果存在定形有限死水区，那么其特征弗劳德数必定有限，且与时间无关。

这一定理一举解决了普朗特和冯·卡门未能解决的难题，并否定了定常来流产生有限定形死水区的可能性。定理的简洁性和普适性使它无愧为理想流体力学的一项经典性成果。

★ **运动浸没体与表面波研究**

20世纪50年代，水翼船的研究形成高潮，与此有关的表面波与水翼的相互作用问题是急待解决的应用基础课题。

谈镐生于50年代中期对于无限深水中平行于自由表面做匀速运动的单频源和涡的二维问题，给出了表面波解。由于具有变化强度的行进涡线是具有振荡攻角的举力面的理想化，因此谈镐生对单频涡得到的解也就是振荡水翼所激发表面波的一级近似解，而且谈所给出的单频源和涡的解提供了叠加求振荡水翼表面波问题精确解的基础。谈镐生还指出上述单频振荡源激发的表面波解的特性依赖于振荡频率 ω 与以同样水平速度运动的恒定强度源所激发的表面波的频率 ω_0 之比值 τ：当 $0<\tau<1/4$ 和 $\tau>1/4$ 时，各有4个和2个具有不同波长的无衰减的简谐波列向下游行进，上游边则无波列；当 $\tau=1/4$ 时，则出现共振现象。谈镐生所得到的这些结果对于认识水翼所受阻力至关重要。

★ **自由分子流中弹头形状的优化问题研究**

20世纪中叶，由于航空和航天事业发展的需要，物体（如导弹）在自由分子流中所受阻力问题及其逆问题——头部形状优化问题急待解决。

W·卡特和谈镐生等人是自由分子流中物体头部形状优化问题的最早研究者。对超声自由分子流场中攻角为零的轴对称导弹，卡特于1957年给出了表面完全镜面反射以及完全漫反射这两种极端条件下最优头部曲线的数值结果；谈镐生于1958年对极端情况给出了头部最优曲线的解析参数表示式及远离尖端处的显渐近表示式，并且指出，当完全漫反射时，最优头部形状比完全镜面反射时要更尖锐。1959年，谈镐生首先在完全漫反射条件下考虑来流温度与表面温度之比 λ 以及自由分子马赫数 s 这两个参数对优化曲线的影响，他对 $\lambda\cong1$，$s\gg1$ 以及 $s\ll1$ 这两种极端情况给出了优化头部曲线的参数解析表示式，并给出了细致的定性结论。谈的研究后来被苏联V·P·舍特洛夫斯基于1964年进一步发展，给出了在任意漫反射系数、任意马赫数和温度比下构造优化曲线的方法。

鉴于上述问题对航空航天事业的重要性和基础性，在谈镐生等人的专著《空气动力学的最优值问题》中作了详细介绍，后来在舍特洛夫斯基的《稀薄气体动力学导引》中也作了概述，并在S·弗吕格主编的《物理学手册》第Ⅷ/2卷等著作中被引证。

* 网格湍流的实验和理论研究

湍流是流体的各种物理量随时间和空间坐标表现出随机变化的一种流动状态。其研究历史已逾百年，但人们至今对它的运动规律尚未完全弄清楚。G·I·泰勒于1935年提出了均匀各向同性湍流的概念，并提出，风洞中网格后一定距离以外的湍流，相对于以平均流速运动的坐标系而言，是均匀各向同性湍流的满意近似，可用来验证有关理论。这以后，人们对网格后湍流特性进行了广泛的研究，并提出了几种非均匀各向同性的湍流理论模型。60年代上半期，谈镐生对此也进行了研究，但他着眼于湍流的末期衰减，致力于鉴别它究竟是否符合均匀各向同性湍流的理论衰减规律。

① 网格后湍流末期衰减负二次幂规律的提出及其动力学解释。G·K·贝特勒等人对网格后湍流的大量实验观测似乎证实末期能量变化确实符合均匀各向同性湍流理论所预言的、时间的（－5/2）次幂衰减律。1963 年，谈镐生和林松青的低速水槽实验清楚地表明网格后湍流末期能量按时间的（－2）次幂衰减；他们还把贝特勒等人的原始数据重新画在 loglog 图纸上，同样也得出（－2）次幂规律，他们还注意到末期湍流有随机取向，互不相互作用的旋涡条纹图像（这与贝特勒早先的预言相吻合），据此他们提出了互相独立、取向随机、只通过黏性耗散进行衰变的末期湍流动力学模型，并由此导出了（－2）次幂规律。这项工作对泰勒的观点提出了挑战，大大提高了网格后湍流的各种非均匀向同性理论模型的重要性，从而促进了对这些模型的深入研究。

② 分层湍流模型的研究。分层湍流模型是非均匀各向同性模型的一种，它假设湍流的统计性质与时间无关，也与截流平面上点的位置无关，而仅与轴向坐标有关。虽然 R·G·笛斯勒于 1961 年曾讨论过这一模型，但忽略了压力速度相关性，并且假设参考平面上速度相关谱在波数空间原点取均匀湍流的有关结果。显然这些假设与实际偏离较大。1964 年～1966 年，谈镐生指导博士生 D·A·李深入地研究了这一模型，他们在 1967 年发表的文章中给出了末期速度和压力—速度相关张量谱的表示式，并对末期得出两点重要结论：能谱在波矢量空间的原点，即使初始时解析，以后也变得不解析；对称条件、质量守恒条件和轴对称条件不足以限定能谱在原点的包括解析性质在内的局部性质，从而不能确定分层湍流的末期衰减规律，因此，为了弄清湍流的末期性质，应直接从相关函数动力学方程出发作适当近似。这些结论指出了进一步研究末期湍流的方向。

谈镐生的上述重要贡献被荷兰著名湍流专家 J·O·欣茨的著作《湍流》，以及苏联著名湍流专家 A·S·姆宁和 A·M·亚格洛姆的著作《统计流体力学》引用，以说明网格后湍流研究的进展情况。

准定常植被湍流局部扩散模型的建立在地球表面上，陆地为大量的植被所覆盖，植物内部及其上方湍流的研究对于生物学、水文学、农业和森林学均有重大意义，并且还与地球上二氧化碳和氮气的总体平衡有关。然而，直至 50 年代末期，人们只对植被上方的湍流运动规律有所认识，而对植被内部湍流的特性则只有分散的观测结果和定性的经验规律表述。

★ 植被流理论研究的先驱

1960 年～1961 年，谈镐生领导高等热工研究所的林松青和 D·E·奥德韦等人承担了美国农业部组织的、旨在为改进天气预报能力提供理论根据的微气象基础研究项目。他们提出的三篇研究报告是世界上植被流理论研究的最早文献，其中对后来最有影响的贡献是第一次从理论上给出了植被内的风速曲线，并与实测基本一致。谈镐生等进一步假定涡黏系数与高度成正比，选择适当的参数，在恰当的边界条件和衔接条件下，从上述基本方程得到风速曲线的数值结果，这些结果与他们自己的实测结果以及早先的经验规律基本一致，特别是理论风速曲线在通过植被顶部时，具有与实测一致的曲率倒置的特征。

谈镐生开创的植被流理论研究后来得到了不断地发展，不少学者先后对谈镐生等人的基本方程中的涡黏系数和阻力系数等参数进行了广泛的研究，对这些系数引进不同的简化假设，从而给出风速的一些不同的解析表示式，但都与谈的最早结果很接近。虽然后来有人进一步发展了应力方程的高阶模式来更细致地处理植被流，但谈镐生等提出的局部扩散模型，由于它既简单又能反映最主要的风速特征，因此至今仍在微气象学、生物学、农学、森林学和水文学等方面被广泛采用。例如，在R·L·艾迪蒙斯（Edmonds）的《气动生物学》中，就把谈镐生等的模型称为“第一个植被流理论模型”，并将此模型及由此而直接发展的工作作为处理植被流的有力方法而加以介绍。

★ 地壳板块运动规律研究

80年代以前，对地壳板块运动虽已积累了大量的观测数据，但数据散乱，令人感到缺乏头绪。谈镐生和关德相在1982年发表的论文中，通过相似分析，给出了既适用于大陆板块，又适用于海洋板块的统一经验规律：板块的运动速度正比于几何参数（有效洋脊长度与海沟长度之和除以大陆面积与下沉条带两侧表面积之和）。根据这一规律得出，板块运动的驱动力来源于洋脊的推力和下沉条带的拉力，阻力则主要为作用于板块大陆部分底面和下沉条带两侧的黏性力。这些结果对于板块运动今后的研究具有一定的指导意义。

★ 培养人才所做的贡献

“文化大革命”中，谈镐生目睹祖国科学事业备受摧残，心情十分沉痛，但他以一个老科学家对科学事业的深邃见解，认为培养人才是祖国科学事业希望之所在，因此他顶着极“左”思潮的压力，痛斥那种“学科学技术就是‘白专’”的谬论。1973年，他在力学所全所大会上响亮地提出，在科技飞速发达的现时代，科技人员不可一日不学业务。他大声疾呼：“要学习、学习、再学习；学习为了工作，学习才能工作，学习就是工作。”他还抱病为青年人举办湍流、激光物理、概率论和分析力学等讲座，并翻译审校了200多万字的《随机函数和湍流》、《激光物理》和《气动激光技术》等书稿，从而吸引了一群优秀的年轻人聚集在他的周围，成为他的“地下研究生”。他指导他们研究湍流扩散、地球板块运动、大气污染和激光物理等，所得成果先后发表在《中国科学》等学术刊物上。

1976年，祖国面临一个百废待兴的局面，科学界亦是如此。谈镐生高瞻远瞩，于1977年上书中央领导，最早提出在中国建立分两级（相当于国外硕士和博士）培养研究生的制度，还建议按不同年龄，通过不同途径培养和提高在职科技人员业务水平的方案。此建议书受到中央领导的赞赏，并立即批送给有关部门办理。中国科技大学研究生院成立后，他率先给研究生讲课，影响很大。1977年制定《1978 年—1985 年全国基础科学发展规划》时，没有包括力学，只是在技术科学规划中列入了“工程力学”。谈镐生认为这种做法过分强调了力学的工程应用性，而忽视了它的基础性，不利于力学学科的发展。他强调支撑力学广泛应用性的是它的基础性，指出力学已成为许多交叉学科的基础，并向中国科学院党组直陈了自己的书面意见，要求召开全国力学规划会议，制定全国力学发展规划。这一建议最后转呈中央，得到批准。经科学家会前多次座谈讨论，达成共识：力学既是基础科学，又是应用科学。1978 年 8 月，全国力学规划会议召开，这是一个全国力学工作者空前团结的大会，不少与会代表向谈镐生表示由衷的敬佩和祝贺。大会通过了《1978 年—1985 年全国基础科学发展规划——理论和应用力学》。《规划》明确了“力学是许多工程技术和自然科学学科的基础”，强调了力学的新变化以及交叉学科的发展，这些精神指引了中国力学发展的正确方向。从此，如天体物理力学、生物力学、地球流体力学、应用数学等力学边缘学科的发展更为迅速，谈镐生感到无限欣慰，并把这些边缘学科同物理力学、理性力学等统称为基础力学。1978 年底，在力学所内，按照他的科研设想，成立了“基础研究室”，进行以力学为中心的交叉学科的基础性研究。全室 30 余人，他亲任主任，下设天体物理力学、地球物理力学、生物物理力学、应用数学、力学物理五个组。这是一块“试验田”。谈镐生的总方针是实行自由选题，搞基础不搞任务，对人才强调培养，而不只讲使用；针对每个科技人员的特点，提出恰当的要求，必要时给以具体指导，并尊重他们的劳动成果。该室科研成果丰硕，仅 1979 年和 1980 年两年，该室成员在有关学报上发表和已录用的科学论文就达 60 余篇，其中有 12 篇在《中国科学》上发表。此外，根据他的建议，还恢复了物理力学研究室，他兼任室主任。1980 年秋，他应美国南加州大学等七所大学的联合邀请，赴美进行了为期六周的巡回讲学，介绍了他在国内领导进行的科研工作和成果，引起了国外同行们的重视。他的科研管理经验曾在《科学报》上作了介绍，在他的培养下成长起来的人才，其中包括 7 名博士、硕士生，后来均成为科研骨干。

★ 治学之道

谈镐生在科学上的成就与他的“基础决定论”的治学思想密切相关。他常说“工欲善其事，必先利其器”、“根深方能叶茂”、“什么样的基础决定什么样的科研水平”。当他还是中国航空研究院的青年科研人员时，就认识到数学是基础，因此约了几位志同道合的年轻人，自费聘请老师，业余钻研数学。在康奈尔大学攻读博士学位时，由于成绩优异，他的老师西尔斯教授要求他一年内取得博士学位，可是这位古怪的学生却坚决不愿意。他坚持要用三年，以更高的标准拓宽和加深自己的数理基础两年后，他以数学和物理都得 100 分的成绩通过了考试，得到了著名数学大师W·费勒和诺贝尔奖金获得者H·A·贝蒂的赞赏，认为这个学生的才华是远非100分所能表示的。

《力学学报》的编辑们反映，对一些跨学科的或“冷门”的学术论文，一般较难找到合适的审查人，这时就去找谈先生，他总能给予很中肯的审查意见，虽然这些论文的内容他并非都亲自研究过。正是由于他具有精深的数理基础和广博的知识造诣，才使他在科研工作中独具慧眼、游弋自如，并能不断取得新的重要成果，且成果面宽广，以致被美国同事们称为一员“福将”。他的这一强调基础的治学经验也贯穿在他对年轻人的培养之中，使他们获益匪浅。

★ 爱国奉献

谈镐生是一位热爱祖国的科学家，早在初中时期，他就参加了“九一八”赴南京请愿要求抗日的运动。大学时期，他曾以一年级级长的身份积极组织同学响应“一二九”爱国学生运动。谈镐生旅美20年，1956年晋升为终身教授，受到各大学的礼遇和尊重。但他一直怀念祖国，曾多次拒绝加入美国国籍，并三次拒绝美国科技界把他的名字载入美国科学家名人录。1965年，他冲破重重阻力，毅然放弃在美国的优厚待遇，以赴西欧旅游和去日本讲学为名，买了往返机票，得以摆脱美国控制回到祖国。回国20年来，他不但关心祖国科技事业的发展，特别是力学学科的发展，关心培养科技人才，而且较早致力于帮助开发落后地区，率先组建新技术开发公司，全力支持改革开放政策。

钱令希（1916—2009），著名力学家和教育家，中国科学院院士，我国计算力学及工程结构优化设计的开拓者。

★ 生平经历

钱令希1916年7月16日出生于江苏省无锡市。1938年在比利时自由大学获得“最优等工程师”称号后，回国参加叙昆铁路建设。他翻山越岭，风餐露宿，尽自己全力为全民抗日打开一条国际通道。1943年钱令希应邀到浙江大学任教，在那里他写出了一些有杰出创见的学术论文，在国内外发表并获奖。1950年，他担任了浙江大学土木系主任，年方34岁。1952年1月，钱令希院士接受大连工学院院长屈伯川之邀，来学校任教授，并先后任大连工学院第一任科学研究部主任、大连工学院副院长、大连工学院院长、大连理工大学顾问等职。50多年来，钱令希院士呕心沥血，为学校的成长发展做出了重大贡献。1954年钱令希入选中国科学院第一批学部委员（即院士）。

★ 科研成就

1958年在他的主持下，创建起了大连工学院工程力学系和工程力学研究所。半个世纪以来，工程力学系和工程力学研究所在钱令希的悉心关怀下不断成长壮大，人才辈出、成果卓著，在国内外力学界建立了良好的声誉。建国初期钱令希院士出版的著作《静定结构学》与《超静定结构学》在培养我国土木工程师上发挥了重要的作用。1950年钱令希院士在《中国科学》发表的《余能原理》论文，在学术界产生了深远的影响。

20世纪60年代钱令希院士和助手一起在《力学学报》和《中国科学》上发表的关于壳体承载能力的论文，固体力学中极限分析的一般变分原理等，为塑性力学中变分原理的发展创出了一条新路，在力学界引起很大反响。60年代初，在苏联撤离专家的艰难时期，钱令希院士毅然承担了潜艇结构锥、柱结合壳在静水压力下的稳定性分析任务，并在"文化大革命"期间和助手们一起，在逆境之中、以赤子之心研究出复杂形状锥、柱结合壳体的有利和不利形势及理论分析方法，该方法成功应用于我国核潜艇的研制，并被纳入国家设计规范，后来他获得1978年全国科学大会奖和1982年国家自然科学三等奖。70年代钱令希院士致力于在中国创建"计算力学"学科，倡导研究最优化设计理论与方法，承担了我国第一个现代化油港——大连新港主体工程的设计任务，领导了海上栈桥的设计和建造，获全国科学大会奖和国家70年代优秀设计奖。80年代初，由中国力学学会第一届理事长钱学森推荐，钱令希院士被选举为第二届理事长。他创办了《计算结构力学及其应用》杂志，并成为国际计算力学协会的发起人之一。他领导开发出结构优化设计程序系统DDDU，该系统在许多工程领域中取得良好的效果，于1985年获国家科技进步奖，后经进一步发展1990年又获得国家教委科技进步一等奖、1991年获国家自然科学二等奖。1983年钱令希院士的专著《工程结构优化设计》获得全国优秀科技著作一等奖。

★ 杰出的教育家

钱令希院士不仅是杰出的科学家，也是杰出的教育家。他"爱才如命"，有口皆碑，先后培养了胡海昌、潘家诤、钟万勰、程耿东等国内外著名的力学与水利工程大师。钱令希院士曾担任中国高等教育学会副会长。由他担任名誉理事长的"钱令希力学奖励基金会"自1993年成立以来，在他的亲切关怀和指导下已奖励了600多位优秀的青年力学人才，有力地推动了力学学科的持续发展。

卞荫贵（1917—2005），江苏省兴化县人，空气动力学专家。

★ 生平经历

1917年5月22日卞荫贵出生于江苏省兴化县。自幼就读于私塾，后插班进入当地小学四年级，不久即对数学产生了浓厚兴趣。考入兴化县立中学后，他在这方面的天赋和努力更得到数学老师的赏识和培养。老师经常专门为他出几道难题，少年卞荫贵乐此忘疲，几乎把所有课余时间都花在演算数学难题上，即使寒暑假也不例外，对其他功课他也并不偏废。1934年，他以第一名的优异成绩，毕业于兴化县立初级中学。同年，他进入颇有名气的江苏省立扬州中学，学习成绩一直名列前茅。中学毕业后，卞荫贵同时考取了三所知名大学，他最后选择了上海交通大学，并得到由著名化学家侯德榜先生等创建的“清寒教育基金”的资助。1942 年，他毕业于上海交通大学机械工程系。

1942 年底，卞荫贵到交通部在四川省重庆市的汽车配件制造厂任实习工程师。两年以后，他考上了“租借法案”的出国留学生。当时的卞荫贵受到“救国必须读书，读书便是救国”的影响，认为埋头读书、“实业救国”是他的道路，因此，他在国外十分珍惜这为期一年的学习。学习期满，正值抗日战争刚刚胜利，为了实现“读书救国，实业救国”的愿望，他决定留在美国学习科学技术知识，等待时机，报效祖国。于是，他到了美国东部城市波士顿，进入哈佛大学，以半工半读方式就读于航空工程专业，在当时《应用力学》主编冯·米泽斯教授的指导下学习。1949 年，他获得硕士学位。接着，他又到霍普金斯大学航空系深造，1952 年获博士学位。同年他被弗吉尼亚理工学院聘为副教授，从事空气动力学、气体动力学等专业的研究和教学工作。卞荫贵的基础知识扎实，又擅长于教学，除讲授专业基础课外，他还是几名硕士和博士生的指导教师，当时他只有 35 岁。

中华人民共和国成立后，祖国辉煌的建设成就与抗美援朝战争中我军节节胜利的消息在中国留学生中迅速传播，他们感到扬眉吐气和无比自豪，因为中国人民真正站起来了。正如卞荫贵所说：“只有海外游子才对个人与祖国命运的联系有更深刻的体会。”卞荫贵怀着对祖国的思念和对祖国成就的欣喜之情，毅然舍弃了优厚的物质待遇和较好的工作条件，在 1957 年初回到了阔别 10 余年的祖国。

踏上祖国的土地后，他感到异常兴奋，眼前的祖国呈现出一片欣欣向荣的景象。在众多的邀聘声中，钱学森的《欢迎您到力学所来》的一纸电文，使他下定决心，欣然来到刚刚成立的中国科学院力学研究所任职。1970 年，由于体制的变动和国防科研的需要，他随单位一起转到航大部工作，直至 1978 年才又回到力学研究所工作。1980 年后，他还应邀分别担任了华中工学院（现华中理工大学）、浙江大学、中国科技大学和清华大学的兼职教授。

卞荫贵还曾担任一些学术刊物及学术组织负责人等社会职务。他曾任第一任《力学与实践》主编、《空气动力学学报》副主编、《航空学报》编委、《中国大百科全书》力学卷计算力学篇的副主编、《计算数学和力学》编委、《水动力学研究进展》和《计算物理》的顾问编委等，也曾受聘担任中国力学学会计算流体专业组组长、中国力学学会流体力学专业委员会委员、中国空气动力学研究会高超声速流体力学委员会主任等职。这些刊物及组织工作的成功和发展都与卞荫贵的领导和努力是分不开的。

★ 潜心研究，为中国宇航科学的兴起和发展作出贡献

* 高超声速流动及传热研究

20 世纪 50 年代后期至 60 年代初，我国航天事业尚处于初创阶段。为推动我国火箭技术和航天事业的发展，中国科学院力学研究所以“上天”作为主攻目标之一，大力开展亟待解决的空气动力及其传热问题的研究。当时，对于战略武器及人造卫星返回大气层时出现的“热障”问题的研究正是国际科学界关心的热点和难点，而国内的相应工作尚属空白。根据任务和学科发展的需要，卞荫贵及时组建了一个研究组，进行烧蚀防热的理论研究。他先后开展了高温边界层、高温气体输运性质、高速气流传质和传热、烧蚀机理等课题的研究工作。这一系列的研究，一方面直接服务于航天工业部门，为他们的设计提供理论依据，同时也由此创建了我国的高速气流传热学及烧蚀理论的研究阵地。1975 年，国防科学技术工作委员会成立了“910”协作攻关组织，下设三个专业组，卞荫贵被聘请为气动物理专业组组长。多年来，他一直作为气动物理专业组的指导和顾问，为发展我国的战略武器和卫星研制作出重要的贡献。

20 世纪 60 年代中期至 80 年代初，他又领导研究组进行高超声速飞行器再入的物理学方面的理论研究，先后开展了高超声速等离子体鞘套、尾迹流场及其散射效应、高超声速飞行器底部流及传热、球锥体黏性激波层数值解等项课题的研究工作。由他直接参与和领导的课题组对于最难攻克的底部流动问题结合实际数据进行了相关分析，并得到无烧蚀情况下的理论解。这一成果多年来一直被国防工业部门所使用。正是由于他所领导的研究组在烧蚀防热和再入物理方面进行了上述各项开创性的理论研究，填补了国内空白，在理论与实验的密切配合下，为我国航天事业的关键技术提供了理论依据，由他领导的研究组参加的《高硅氧烧蚀材料》课题于 1978 年获全国科学大会奖；《洲际导弹弹头传热某些问题的研究》获 1980 年国防科工委二等奖；《再入通讯可行途径研究》获 1986 年中国科学院科技进步二等奖以及《激波风洞用于战略弹头气动力、气动热和再入通讯的研究》获 1987 年国家科技进步三等奖。卞荫贵集多年的研究实践与经验，1986 年与曾经是他助手的钟家康合著出版了《高温边界层传热》一书。

* 计算流体力学

20 世纪 70 年代，由于计算机科学的飞速发展，应用计算机进行数值模拟已成为与理论分析和实验研究具同等重要地位的三者相辅相成的新兴的研究手段。然而与国际上一些先进国家相比，当时我们的差距不仅反映在计算机的规模和应用程度上，而且对数值模拟这一研究手段也尚未引起广泛的重视。卞荫贵适时地注意到了数值计算分析工作在力学研究中的重要作用，积极倡导在国内开展计算流体力学的研究；同时，他身体力行，亲自带领和指导研究生，并组建了一个专门从事计算流体力学研究的课题组。研究内容除了结合航天技术进行的黏性层数值解外，先后开展了边界层方程数值解、分离流的数值模拟以及复杂内流湍流的数值研究等课题。他在学术刊物和计算流体的学术会议上发表了《计算流体力学的兴起与展望》、《黏性流体力学的数值解法》和《边界层分离数值解法》等多篇研究论文和综述性文章，对于黏性流计算中的关键问题发表了深远的见解。80

年代后期，他在《空气动力学学报》上发表了《旋涡内流计算》的论文，采用涡量-向量势的表述方法来改进三维问题的数值模拟，对于涡量-向量势方法的计算方案以及边界条件的处理提出了深刻的见解。从 1982 年起，每隔两年由中国力学学会与空气动力学研究会联合举办一次全国计算流体力学会议，卞荫贵是这一会议的组织者。

他还多年从事不可压缩黏性流动的数值模拟研究，对于连续性约束的处理等关键问题发表了精辟的论述，对我国计算流体力学的研究起到了指导作用。

* 跨声速流动研究

卞荫贵早在国外攻读研究生期间就对速度图法进行过深入地研究。他用求解不同积分方程的方法得到了混合型 Tricomi 方程的精确解，从而将 Панлыкии 的射流解从亚声速范围推广到跨声速范围。他的论文《跨声速射流的 Tricomi 方程解》发表在《中国科学》上，这是一项具有重要理论意义和应用价值的研究工作。

★ 循循善诱，为培养中国的专业技术人才呕心沥血

卞荫贵不仅是一位从事研究工作的科学家，同时又是一位深受学生喜爱与尊敬的教育家。20 世纪 50 年代初，他在美国弗吉尼亚理工学院时就被聘为副教授，为研究生班讲授流体力学课，同时指导硕士、博士研究生，他的几位学生都学有所成，成为较有名气的学者。回国后，他又应邀为清华大学力学班，以及后来为浙江大学、中国科技大学研究生院等校讲授理想气体动力学、高速气流传热、边界层理论、高速边界层传热等课程。他亲自编写讲义并且非常注意选编与力学前沿课题有关的内容。他的讲课条理清晰、论述透彻，尤其在给研究生班讲课时，虽然内容专业性强，但经他由浅入深地讲解，可使不同专业基础的学生都易于接受。

60 年代初期，力学研究所的研究室、组内新毕业的年轻人多，他们在校学习的专业知识面较窄，然而偏于应用性的研究课题所牵涉的知识面却较宽，某些方面还比较深，比如关于高超声速飞行器的边界层及其传热方面的问题，除了需要流体力学、高速空气动力学学科知识外，还要求有较深的物理学和化学热力学、化学动力学等方面的知识。为了能使大家较快较好地适应工作需要，卞荫贵亲自编写了《分子运动论》、《化学热力学》等专题讲义，定时地为组内外年轻同志讲课，这一做法促进了课题研究的开展。

从卞荫贵到力学研究所工作以来，他一直从事培养研究生的工作。他直接培养的硕士生有 14 名，博士生 6 名，指导博士后 2 名；此外，还为清华大学、北京理工大学、中国科技大学等校代培博士生数名。他一贯注意教书育人，不仅在学业上具体指导、严格要求学生，同时注意教导学生要有远大的理想和抱负，要为发展科学技术事业充分发挥自己的专业特长，而千万不可被眼前的利益所左右。

卞荫贵从事力学研究几十年。正如他对自己所要求的那样：看事业重如山，视名利薄如水。为了发展中国的力学事业，他不为名、不为利，辛勤耕耘，默默奉献。

郑哲敏（1924—），物理学家、著名力学家、爆炸力学专家，中国工程院院士，中国科学院院士，美国国家工程科学院外籍院士。

★ 生平经历

郑哲敏1924年10月2日出生在山东省济南市，原籍浙江省鄞县。父亲郑章斐幼年放牛，念过几年私塾和小学，后来进城当学徒，进而经商开厂。他崇尚实业，一直遗憾自己没有更多的上学机会，因而全力支持和鼓励子女用功读书，教育子女循规蹈矩、修身养性。这给幼年时期的郑哲敏带来深远影响。

抗日战争开始后郑哲敏入川，先后进入成都华阳县中和金堂铭贤中学学习。他刻苦钻研，学习成绩优异，曾因不参与考试作弊而挨过一些同学的揍。他管过伙食，办过话剧团和英文社，乐于为大家做事。

1943年，郑哲敏以理工科第一名的优异成绩考入西南联合大学电机工程系，次年改学机械工程系。他喜爱物理，愿意为同学答疑释难，从中自己也得到了提高。抗日战争胜利后，学校搬回北平（今北京），钱伟长给机械系讲授力学课，他那严密而生动的理论分析引起了郑哲敏的极大兴趣，从此他对力学产生了感情。1947年毕业后，他留在清华大学作钱伟长的助教，学习钱的摄动法。一次，他读到刘仙洲从美国带回的工程教育杂志，上面宣传应改变工程教育只注重传授经验和工艺的传统，提倡工程教育要理工化，他很受启发。1948年，他考上国际扶轮社的留美奖学金，钱伟长、李辑祥等介绍他去美国加州理工学院学力学。一年后，他顺利取得了硕士学位，接着就当了钱学森的博士生，做热应力方面的论文，有幸能经常聆听钱学森介绍自己在科学方法方面的心得。在那个著名学府，他听过G・W・豪斯奈尔、W・D・瑞奈、A・爱尔德依等名教授的课，跟豪斯奈尔做过抗地震方面的工作；在跟瑞奈研究Benard胞格现象时，体验到量纲分析方法的实质。他还有机会聆听T・冯・卡门、G・I・泰勒、J・冯・纽曼等大师的报告。耳濡目染和多方实践使他对以L・普朗特-冯・卡门-钱学森为代表的近代应用力学学派的精髓有所体验，其实质在于努力使工程立足于现代科学，着眼重大的实际问题，强调清楚表述、严格分析、创新理论，进而开辟新的技术和工业。1952年，郑哲敏取得该校的博士学位。

1949年，中华人民共和国成立，郑哲敏对中国共产党的领导充满希望。取得博士学位后，即着手准备回国参加社会主义建设，却遭到美国政府的多方阻挠。1955年，中美在日内瓦达成协议，郑哲敏等一批爱国科学家终于回到祖国。

他先到中国科学院数学研究所任副研究员。同年年底，他的老师钱学森也返回祖国，他随即参加钱学森创建力学研究所的工作。1956年，他被任命为该所弹性力学组组长，研究水坝抗震。1958年，他领导了大型水轮机的方案论证。

1960年，苏联撤退专家，他应邀参加了周恩来总理宴请科学家的盛会。总理在祝词中恳切表示，中国的建设要依靠中国自己的知识分子。郑哲敏深受鼓舞，决心致力于解决国民经济中的重大问题。

1978年～1989年任中国科学院力学研究所研究员、副所长、所长。

1980年被选为中国科学院学部委员。

1982年～1990年任中国力学学会常务副理事长，理事长，1990年任名誉理事。

1982年～1986年任力学学报主编。

1986年兼任中国科学院海洋工程中心主任、国际理论与应用力学联合会理事、大会委员会委员。1988年任中国科学院力学研究所非线性连续介质力学实验室主任。

★ 爆炸成形的理论和应用

郑哲敏解决的第一个重大问题是爆炸成形的理论和应用。经过1960年～1962年三年时间的努力，他阐明了爆炸成形的主要规律，并和工业部门合作生产出技术要求很高的导弹零部件，使爆炸成形成为以科学规律为依据的新工艺，因而获得1964年全国工业新产品一等奖。在同一时期里，他还指导另一研究组在爆破技术方面开展研究，通过对爆炸成形和爆破的研究，郑哲敏在力学和工程技术之间修架了一座桥梁。1960年，钱学森预见到一门新学科正在诞生，将其命名为爆炸力学，并在中国科技大学他所负责的力学系里开设工程爆破专业，1962年改名为爆炸力学专业，并由郑哲敏负责为这个专业设计课程、聘请专业课教员、安排毕业论文工作等。1964年，我国开始地下核试验的预研，郑哲敏接受和完成了有关任务，并主动考虑地下核爆炸威力的预报问题。1965年，他和解伯民与国外同时独立地提出了一种新的力学模型——流体弹塑性体模型。

不久，“文化大革命”开始，郑哲敏坚持此项研究，应用这个模型预报地下核爆炸效应。1968年12月，此项研究被迫中断。1965年时，他还做了另一项有意义的工作，即指导兵工部门进行穿甲几何相似律的模型试验。1971年，他从干校回所，为改变我国常规武器落后的状况，组织力量研究穿破甲机理，经过10年努力，先后解决了穿甲和破甲相似律、破甲机理、穿甲简化理论和射流稳定性等一系列问题。为了表彰他在流体弹塑性体模型及其在核爆炸和穿破甲研究中的贡献，1982年，国家授予他全国自然科学二等奖。

★ 宏观与微观相结合的方法等研究

20世纪70年代末，他应用流体弹塑性理论揭示了爆炸复合工艺的力学规律，为这一工艺的推广应用提供了理论指导，因此又荣获1989年中国科学院自然科学一等奖。早在60年代，他在研究爆炸成形时已开始注意研究材料的力学性质，认为这类基础研究必须采用宏观与微观相结合的方法。1979年，他组织了一个研究室专门研究材料性质。80年代初，他对金属断裂机制和绝热剪切带的形成和演化都提出了新的模型和理论。1980年，郑哲敏开始了解到我国各类爆炸事故相当频繁，于是他大力提倡和组织对事故发生机制及防治措施的研究。煤和瓦斯突出是煤炭生产中的一类重大事故，他在1982年的一篇论文对此复杂现象作出了精辟的力学分析。自1987至1989年，他的研究集体在理论和实验两方面展开研究，为建立突出判据提供了重要依据。80年代末，他在爆破方面又获得新成果，他的研究集体创造了一种爆炸法处理水下软基的新技术，并成功地应用于连云港大堤等大工程的施工，获得了1990年国家科技进步二等奖。

1993年郑哲敏因在爆炸力学方面的贡献，被选为美国国家工程科学院外籍院士。

★ 创建和发展爆炸力学

爆炸力学是在60年代初由我国力学界前辈钱学森、郭永怀命名倡导的一门具有重要应用背景的力学分支学科。郑哲敏在研究解决爆炸加工、爆破、核爆炸、穿破甲、爆破安全、高速运动的稳定性以及材料的动态力学性质等应用问题中，对创建和发展这门学科作出了贡献。

1958年，中国科学院的知识分子“下楼出院”，奔赴生产第一线。郑哲敏知道我国缺少万吨水压机，很想用简便的爆炸方法来代替，便下到汽车厂、锅炉厂研究爆炸成形新工艺。但那时革命浪漫有余，求实精神不足，一年时间过去，一个产品也没有做出来，工厂的态度发生180度的转变。郑哲敏清楚地意识到在生产应用之前，必须先做科学研究，于是回所组织实验室研究寻找规律。他对爆炸问题作了初步力学分析，分解出带基础性的爆炸载荷、金属材料性质和带综合性的成形规律三个问题，组织三个研究组展开研究，同时还组织爆炸实验手段如计时仪、测压仪等的研制，通过对金属板的变形过程的实际测量，肯定了板料经历过两次加速。郑哲敏提出了水下爆炸空化理论来解释板材的两次加载和加速的现象，形成了爆炸成形机理的核心内容。在此基础上，他提出了模型试验所应依据的几何相似律以及能量准则，并为工厂设计了一整套确定成形工艺参数和条件的试验方法。他与有关产业部门密切合作，应用上述理论和方法，生产出高精度的导弹零部件，对我国导弹上天作出了贡献。为生产大型零件，必须铸造大型爆炸成形模具，这在技术上和实际施工上都是个难题，他巧妙地发明了分块拼装的惯性模。上述成果一直没有公开发表，直到1981年，英国皇家学会会员B·克罗斯兰德访华听了郑哲敏的报告，不胜赞叹，并认为现在发表，仍然很有价值。1964年，郑哲敏接受并完成了空中核爆炸冲击波压力标定的任务。当他了解到国家正在积极准备地下核试验时，他急国家所急，主动考虑如何统一描写核爆炸波的衰变与空腔运动规律。经过调研和分析，他认为当时国外把全场分为内部流体区和外部固体区的分区模型存在人为不连续的缺点，1965年，他和解伯民向上级部门提交了“关于地下核爆炸计算模型的一个建议”，其中提出了一种新的力学模型——流体弹塑性体模型。这一模型能够满意地体现介质在流体性质和固体性质之间的紧密耦合及其运动在时间和空间上的连续变化的天然特征。在此后的两年中，他们应用这个模型对地下核试验的当量预报作出了贡献。几乎在同时，美国也独立地提出了这个模型。

早在60年代初，郑哲敏就曾提出过用室内小型枪击试验可以代替实弹靶场考核的建议，并且准备研究将流体弹塑性体模型应用到穿破甲机理研究中去，以改进我国兵器的落后面貌。1971年，他从干校回研究所后，主动联系兵工部门，建立合作关系，继续指导他的集体完成了杆式弹穿甲相似律研究，并且提出了杆式弹的穿甲模型。这个模型抓住了弹头在孔底边进边碎的特点，引入碎渣作为弹靶作用的中间过渡体，从而改进了国际流行的Tate公式。他全面而完满地解决了破甲相似律、破甲弹金属射流失稳拉断机理、射流侵彻金属装甲和非金属装甲的机理等一系列问题。他分析了记录破甲弹射流的变形、颈缩和断裂的X光相片，在1977年发表的论文中，巧妙地采用量纲分析和解析方法给出了射流失稳断裂的计算公式，证明了射流高速段的失稳是空气动力作用的结果，而低速段的失稳则和射流材料的强度性质有关。国际上同一年也发表了射流失稳的文章，但只讨论了低速段，而证明手段用的是数值方法。1975年～1977年，他建立了一个描述金属装甲破甲机理的流体弹塑性体模型，指出金属材料的惯性和强度起决定作用，而可压缩性和相变影响可被忽略。据此理论，他提出了一个比流行的Eichelberger公式更符合实际的计算侵彻速度的公式。1981年，他的集体又在记录纤维增强复合材料的侵彻过程的X光照片上，发现孔底附近孔壁发生回缩的重要现象。他们分析判断材料发生了热裂解，于是进一步组织专门实验和理论分析，建立了流体弹塑性加热裂解的侵彻模型。上述工作有力地指导了兵工部门的研制和设计工作。

郑哲敏十分关心爆炸事故和灾害对人民生命和财产所造成的损害，从80年代初期，他便开始组织气相燃烧和爆炸、粉尘燃烧和爆炸的研究，接着又组织煤和瓦斯突出、森林火灾的发生和防治等课题的研究。煤和瓦斯突出这类事故在我国煤矿中频繁发生，严重威胁着工人的生命安全。由于现象复杂，世界上主要产煤国家长期研究其发生机制而得不到解决。郑哲敏在1982年的中国力学学会第二届理事会上发表了《从数量级和量纲分析看瓦斯突出的机理》一文，对我国历年发生的大型突出事故从力学角度作了分析和估算，认为突出的主要能量来源于煤层中的瓦斯，而地压只是触发煤层破坏的条件。他指导的集体在1987年～1989年连续发表文章，从室内模拟和理论分析两方面不断展开他的想法。他们的室内实验证明了，在一定条件下会发生恒速推进的自持突出；同时还建立了关于两相介质的渗流破坏的简化模型，定性地揭示了突出的主要过程和特征，并且为一个重要的实用突出判据提供了理论说明。

郑哲敏对于爆炸和冲击过程中出现的失稳现象特别有兴趣。除了前面提到过的高速射流的拉断失稳问题外，在高速变形固体材料内部发生的绝热剪切以及两块金属在爆炸复合时产生的波状界面现象等稳定性问题上，他都做过深入地研究。在这些工作中，他总是立足于收集和分析实验数据和资料，除了宏观现象以外，还深入考察金相微观现象，从中选择主要参数，分析彼此间的因果关联，然后再提出理论模型。

从上述工作中，不难看出郑哲敏坚持贯彻学以致用以及理论与实践一致的原则，他始终着眼于具有重要实际意义的课题。他常说：科学研究不应满足于写几篇论文。他的大多数工作都要做到能为工程界接受和使用的程度，从而得到工程师的承认。他不仅拥有固体力学和流体力学的深厚功底，而且具有敏锐的力学洞察力，在复杂的实际问题面前，他能很快抓住关键的力学问题。他强调实验观测，特别注意观察自己的实验结果，从中发现主要特征，建立理论模型。在他的集体中，往往在研究的第一步就需要研制观测仪器，而且最先得到的科研成果并不属于问题本身，而是一种新仪器。他是量纲分析的专家，在爆炸力学中提出了很多现象的相似律。在理论分析方面，他强调宏观和微观结合的方法，并且善于提出简单而实用的模型和理论。他的科学实践很好地体现了近代应用力学学派的风格。

郑哲敏在爆炸力学学科的发展方面作出了广泛的贡献，它们是：

① 在声学理论方面，有薄板在水下爆炸击波作用下的变形理论；

② 在爆炸后期效应方面，有高速射流的准定常侵彻理论、爆炸成形后期的第二次加载理论以及爆破的鼓包运动理论等；

③ 提出了反映爆炸和冲击问题中的高速、高压和高温特征以及惯性与强度相互耦合效应的流体弹塑性体模型和多种应用理论；

④ 提出了多种爆炸和冲击的相似律；

⑤ 提出了多种耦合运动的理论，包括两种物体的耦合运动以及同一物体中流体性质和固体性质相互影响的耦合效应的理论；

⑥ 在稳定性问题方面，有射流拉断、界面波、绝热剪切等理论。

郑哲敏在他进行科学研究的同时，注意推动爆炸力学在国内的发展和人才培养的工作。他团结和组织国内的同行，组织起爆炸力学专业委员会，开办《爆炸与冲击》杂志，定期召开全国性和国际性的学术会议。他在中国科技大学创办的爆炸力学专业已为国家培养了一批批的从事爆炸工作的专业人才。

★ 组织制订全国力学规划

1956 年，我国制订了十二年科学技术发展远景规划，郑哲敏以年轻专家助手的身份参加钱学森主持的第一次全国力学规划的制订工作。

1977 年，郑哲敏主持制订了中国科学院的力学发展规划。1978 年，郑哲敏又第一次作为主持人之一，组织了制订全国力学规划的工作。他在会前做了充分的准备，组织了一个班子研究力学史，把握力学发展的趋势，明确了20世纪在不同时期力学在社会发展中的作用不同。以前的力学曾经推动了第一次工业革命，但理论研究与生产的关系并不十分密切，力学始终是一门理论性很强的基础学科；20世纪的力学发展则紧密地和应用技术的进步结合在一起，应用力学成为力学的主干。20世纪上半叶，以普朗特、卡门、泰勒为代表的力学大师们为发展航空以及在第二次世界大战期间为阐明火箭、原子弹爆炸原理等方面解决了一系列力学问题，产生了空气动力学、塑性力学等新的分支学科。在此期间，理论力学在理性力学、摄动理论等方面也有很大进步。

★ 组织、指导海洋工程力学、材料变形和破坏规律环境力学的研究

郑哲敏一贯遵循现代应用力学学派的传统，以解决重大工程技术问题为己任。他主张："力学研究所应是以基础性研究为主体的研究所，它的选题应该密切结合国民经济发展的需要，应当高水平地、创造性地满足这一需要。"他又认为，中国科学院应当发挥多学科综合性优势，组织协作研究，切实解决国家建设中的重大实际问题。他始终关注国家建设的需要，通过出差、考察、参加学术会议等活动寻找和酝酿研究课题。到了70年代后期，在他负责力学研究所和中国力学学会的工作以及制订中国科学院和全国力学规划期间，发起、组织了海洋工程力学、材料变形和破坏规律以及环境力学等项国民经济中重大的中长期的综合性力学问题的协作研究。到80年代中期取得了一批丰硕成果，并且形成了一支全国性的、稳定的研究队伍。

70年代中期，我国开始开发近海采油工业。郑哲敏注意到能源短缺严重影响了我国的现代化建设，认为力学家在这方面应该大有可为。1977年，钱寿易向郑哲敏提出开展海洋土力学研究的建议。不久，林同骥也提出应组织力量研究海洋水动力学问题。郑哲敏认为，力学研究所有条件把流体力学、结构力学和土力学等各方面的专业人才组织起来，发挥各自的特长，综合地解决从大气与海水、海浪与结构以及结构与海洋土之间一系列的相互作用问题。1983年，郑哲敏组织力学所专家到渤海和南海访问海洋石油公司，进行实地调查和了解，继而组成考察团到挪威、英国的有关部门进行海洋工程方面的考察。经过反复酝酿，向中国科学院提出了系统研究海洋工程力学的建议。第六个五年计划期间，中国科学院和力学研究所分别对海洋工程研究做了专项支持，使海洋工程研究在钱寿易的领导下，联合有关研究所，首先在海洋工程地质考察和评价方面取得重大进展。1987年，成立了中国科学院海洋工程科学技术研究中心，郑哲敏担任中心主任。另外，由林同骥牵头，承担了七五国家科学基金重大项目——"海洋工程中的力学问题"的研究。此项目经过1987年～1991年的大力协同，在海洋石油部门的密切配合下，完成了全部研究任务，有力地支持了近海石油的开发工作。之后，郑哲敏又继续负责中国科学院八五重大应用项目"海洋工程的安全、防护及海洋环境研究”。

郑哲敏十分重视固体材料力学性质的研究，他认为，随着当代数值计算能力的加强，固体力学应当更加重视材料力学性质的研究。早在60年代，他就领导了一个研究组开始研究材料在冲击载荷下的变形和破坏。70年代初，他邀请陈篪到力学研究所作了断裂力学的专题报告。又在1978年他所主持制订的全国力学规划中，把材料力学性质的研究列为14项重大课题的第一项。为了实现这个规划，他身体力行，规划会一结束，即在力学研究所建立了专门从事这项研究的研究室，展开材料动态力学性质、材料的本构和断裂与细观结构之间关系等研究。接着，他又在中国科学院内联络力学所、金属所、固体物理所、腐蚀和防护所等单位，发起和组织院内大协作，承担了中国科学院七五重大基础项目“材料的变形、损伤、断裂行为的机制及其力学理论”的研究，他们圆满地完成了任务，在绝热剪切带、变形与断裂的分子动力学数值模拟，单、双、三晶的变形与断裂行为以及在疲劳与蠕变的交互作用机制等研究中，都作出了开创性的工作。

为组织环境力学的研究，郑哲敏多次出差大西北，给他留下最深刻的印象是西北缺水，那里是大片黄土或戈壁滩，很少有绿洲。如果接连几天下雨，光秃的土地留不住水，经过大水冲刷容易形成泥石流，冲毁铁路和房屋。为此，郑哲敏心里一直感到不安，经常考虑如何解决这一问题。1983年，郑哲敏在中国科学院技术学部大会上专心致志地听取了水利和能源部门有关水资源的报告，会后又仔细阅读了大会的文集。1984年他应邀访美时，特地去考察了加利福尼亚州的水资源，收集并带回有关加州水资源的分布和治理的详细资料。之后。他两次组织科研人员去西南和西北考察自然环境。1985年，在中国科学院院长卢嘉锡主持的所长会议上，他正式提出力学应面向地学的观点。1986年，在他为力学研究所制定的主攻方向中，把农业、国土整治及环境科学列为其中的一项，并于1987年和1989年两次邀请中国科学院内地学界的主要研究单位和专家，举办环境和灾害流体力学研讨会。1988年，力学研究所又成立了环境力学研究室。现在，我国的力学界已经和地学界建立了协作关系，共同朝着发展环境力学的方向迈开了坚实的步伐。

★ 开展基础研究

郑哲敏认为，科学院不抓基础研究是站不住脚的，力学的基础研究应该成为力学研究所的一个主攻方向。

经过他多年的酝酿和准备，在中国科学院的领导和所内外专家的支持下，1988年6月正式成立了力学研究所非线性连续介质开放研究实验室。这个实验室的研究方向和内容是：研究探索连续系统动力学中的非线性效应，特别是固体材料的非线性力学性质、湍流与稳定性、非线性波理论、分离与旋涡以及环境与灾害力学中的若干基础问题等具有重大应用前景的课题。

实验室以彻底实现开放的性质，邀请国际、国内知名科学家担任学术领导，吸引所内外专家，特别是年轻的博士或专家来室工作。

郑哲敏在组织这个实验室的研究工作中，刻意创造浓厚的学术讨论气氛，定期组织有关开题、进展和成果总结的学术会议以及有计划地组织邀请最新方向的综合或专题学术报告。他认为，经常召开学术会议，进行短兵相接的讨论，最能开动和启发创造性思维，很多题目和构思是在热烈的争辩中形成的。他经常参加这类活动，踊跃提问，对揭露矛盾和引导青年起到积极作用。他在课题审批方面注重学科上的先进性以及研究者的实际能力，他主张重点扶植已经作出成绩的青年学者，为他们创造更好的工作条件，选送他们出国考察和交流。

这个实验室成立三年来，在固体材料的力学性质、流体的非线性现象和环境流体力学的基础问题三方面已取得了一批可喜的成果，在国际和国内核心刊物上发表了58篇论文。实验室已形成一批中年学术带头人，他们的工作已引起国际学术界的重视，也涌现了一批优秀的青年专家，组成了一支优秀人才的梯队。

郑哲敏认为这个实验室已经有了一个良好的开端，已经在力学发展前沿的几个方面组织起一个有生气的队伍，今后发展的关键是贵在坚持，保持稳定，决不可急功近利、见异思迁，奋斗十年、几十年，一定能在力学界跻身国际先进行列，一定会带动我国的科技和社会的进步。

俞鸿儒（1928—），江西省广丰县人，气体动力学家，中国科学院院士，中科院力学研究所研究员，高温气体动力学开放实验室学术委员会主任。

★ 生平经历

俞鸿儒少年时代曾就读于广丰县杉江中学附小和广丰三岩中学。1946年考入同济大学数学系，1949年再考入大连工学院机械系，1953年毕业留校任教。1956年夏季，在“向科学进军”的召唤下，俞鸿儒又报考了中国科学院流体力学研究生，1957年3月到中国科学院力学研究所就读研究生，1963年高速空气动力学研究生毕业。旋即在中国科学院力学研究所任助理研究员，1978年任该所副研究员，1979年任高速空气动力学研究室主任。

1979年10月，应西德学术交流协会（DAAD）邀请在亚琛工业大学激波实验室工作了3个月。

1981年起任全国量和单位标准化技术委员会第一分委员会委员。1984年～1987年任中国科学院力学研究所副所长。1986年4月起任力学研究所研究员，同时被国家学位委员会批准为博士生导师。

1987年9月起任国防科工委空气动力学专业组成员。他先后被聘为华东工学院兼职教授、大连理工大学兼职教授、国防科技大学兼职教授、国防科工委计量测试中心顾问、重庆大学和南京理工大学名誉教授。

1988 年 9 月至 12 月，作为西德马普学会向中国科学院提名邀请的科学家，在 aachen 激波实验室参加高超声速、高焓流动专题研究。

1989 年 9 月至 10 月，作为外国专家，应邀出席 1989 年日本全国激波现象学术会议并作特邀报告，访问了宇宙科学研究所，东北、东京、千叶、东京农工、名古屋、京都、大阪和九州等大学并作学术报告。

1990 年 2 月起，任中国科学院力学研究所气体动力学和气动物理联合实验室主任。1991 年 11 月，当选为中国科学院学部委员（院士）。

俞鸿儒还先后兼任中国力学学会常务理事，激波与激波管专业组组长，北京力学学会常务理事，中国空气动力学学会理事、副理事长，《空气动力学学报》常务编委，《流体力学实验与测量》编委会顾问，高超声速流专业委员会委员，中国航空学会理事，空气动力学专业委员会副主任，《航空学报》编委，中国计量测试学会压力专业委员会委员，中国宇航学会气动力学专业委员会委员，自第 16 届起连续被聘为二年一次的国际激波与激波管学术会议国际咨询委员会委员。

★ 重大贡献

俞鸿儒在国内首先开展激波管研究，建成高性能激波风洞和配套的瞬态测量系统，提出方案并参与实现对激波管流动和有关瞬态测量的关键难点的突破，开创了在航天器研制中广泛应用激波风洞的实践，为中国高超声速流实验开创出一条节省资金的独具特色的新途径，并促进了国内激波管事业的发展。他提出一种利用普通激波管产生完整爆炸波的构思，已成功地用于冲击伤试验装置中；提出并采用爆轰驱动新方法建成爆轰驱动激波风洞，为提高实验气流焓值开辟了一条新的途径；他还致力于将气体动力学原理和方法应用于改善和革新与气体流动有关的生产工艺研究。从 20 世纪五六十年代研制成功中国第一代激波风洞开始，到 70 年代建立的激波风洞实验室，均为中国人造卫星、战略导弹和各种航天器提供了大量的设计数据，解决了大量的疑难问题。

闻邦椿（1930—），浙江温岭人，1930 年 9 月出生于浙江省杭州市，中国科学院院士。

★ 生平经历

闻邦椿的老家在温岭县新河长屿，他还有个双胞胎弟弟叫闻国椿，兄弟俩在新河读了三年私塾，后又在横湖小学念了一年小学。1943 年 9 月，他进入新河中学初中部学习，新中师资雄厚，学风端正，校纪严明，老师们时常给学生介绍科学发明和发明家的故事，年幼的闻邦椿逐渐了解到发明家的伟大。而浙江大学毕业的朱文邠（音 bin）老先生讲的课让他十分喜欢，并促使他开始学习发明家的创造精神自己动起手来。他用灵巧的双手和善于思考的头脑把家中沉睡几年的两只挂钟修好，同时逐渐对数学、物理、化学等课程发生了浓厚的兴趣，学习成绩逐渐上升。闻邦椿初中毕业后考入省立台州中学高中部，给今后的发展打下了较好的基础。

1949年，他响应政府号召，参加了中国人民解放军。参军一年半以后，由于疾病，不能继续留在部队工作，于1950年末复员回乡。顽强地战胜疾病以后，他考取了东北工学院机械系，立志在机械工程领域中作贡献。

1950年，正是振动机械大发展时期。在国外，多种振动机械，如各种形式的振动筛、振动输送机开始广泛应用于工业的煤炭、冶金、化工、轻工、机械、电力等各个部门，我国也迫切需要发展和推广这一类新机器。当时世界上还没有一套完整的振动机械理论，在我国还存在着很多迫切需要解决的理论与实际问题。闻邦椿对此十分关注，查找并阅读了大量相关图书资料。

通过学习，闻邦椿认识到振动的两面特性：在很多情况下，振动是有害的；但是人们通过科学研究，可以转害为利。在这个问题上，闻邦椿作出了一个对国家、对自己产生重大影响的决定：研究利用机械振动。机械振动是机械学的一个分支，为了研究这一学科，闻邦椿除了致力于教学和科研，还深入学习了工程数学、高等动力学、非线性振动、电磁学等十多门课程，广泛阅读了国内外有关技术文献，看了二三十本著作和几百篇论文。20世纪50年代末，他连续在全国性杂志上发表了5篇有关振动机械理论的学术论文，其中，《椭圆振动机上物料运动的理论》、《振动离心机中物料运动理论》和《非线性共振筛的工作理论》论文是国内外最先提出的理论研究结果。

初战告捷，使闻邦椿增强了信心，但在进一步的研究中，他遇到了许多困难。理论结果需要实验验证，没有试验样机，他就自己动手，剪板下料，在车床上车削主轴，用电焊机焊接构件，终于制成了共振筛和电磁振动给料机试验样机。

30多年来，他结合各种振动机械的研究，如对弹簧隔振双管振动输送机、惯性共振式给料机、自同步概率筛、电磁振动给料机、冷（热）烧结矿振动筛、自同步式和惯性共振式放矿机、惯性共振式概率筛等，提出了有关振动机械理论的许多具有独创性的研究成果。

此外，他用7年时间写成的60万字的专著《振动机械的理论与应用》1982年由机械工业出版社出版，这是他20多年来研究成果的系统总结。在有10多个单位20多位专家参加的审稿会上，对这本书给予很高评价："该书内容丰富，有创造性和较强的实用性，对科研、设计、生产有着重要指导意义"。

这是他20多年辛勤劳动的结晶，也是对祖国和科学技术事业的奉献。他在书中提出的上百个理论计算公式已被国内不少科研、设计单位和工厂所采用。这一专著为我国建立"振动利用工程"这一新分支奠定了理论基础。1983年，该书荣获全国优秀科技图书二等奖，并在莫斯科国际图书博览会上展出。1989年，化学工业出版社出版了他的第二部专著《振动筛、振动给料机、振动输送机的设计与调试》。此外，他还发表了百余篇论文。这些基于实际而提炼出的理论研究成果广泛地为冶金、煤炭、机械、电力、铁道、轻工等部门研究成功十多种振动机械和工程机械，创造了巨大的经济效益和社会效益。

闻邦椿 1987 年获比利时布鲁塞尔国际发明博览会“尤里卡”金奖的惯性共振式概率筛，应用了他所研究的概率筛分理论和非线性近共振机械理论，将惯性共振原理与概率筛分原理有机结合起来，在同一机上同时实现筛分、给料和托料三重作用。

该种新筛机具有启动快、停车迅速、噪声小、防尘好、能耗低、既能给料又能筛分、一机两用等优点，完全适用于电子计算机自动控制，实现了自动化，是国内外振动机械领域内首创的一种新设备，现在已有 100 多台用于我国工业部门中。

1985 年获国家科技进步奖的大型冷烧结矿振动筛，应用了闻邦椿首次提出的偏转式激振器自同步振动机的理论以及他得到的同步性判据与同步状态的稳定性判据，应用了二次隔振的理论，从而解决了冶金工业部门中的一个难题。目前已在我国 10 多个钢铁企业中得到推广应用，约占全国使用冷矿振动筛的 2/3。

该筛机在首都钢铁公司使用达 10 年之久，仍在继续使用。与之相比，从日本引进的冷烧结矿振动筛，仅使用一年半，其中有些冷筛筛箱的横梁便出现裂纹，以致必须及时更换。从日本引进每台筛机为 30 万～40 万美元，而我国自己生产的只需 30 万～40 万人民币。

由此可见，该项成果的推广应用，替代了国外引进的同类产品，其经济效益十分可观。由于在新型振动机械的研究中取得了显著成绩，他曾获国际发明博览会“尤里卡”金奖 1 项，国家发明奖和国家科技进步奖各 1 项，“六五”攻关三委一部奖 1 项，省、部、委级奖 8 项，国家专利 6 项。国际发明博览会授予他最高奖——个人发明骑士勋章。

温诗铸（1932—），江西丰城人，摩擦学家，中国科学院院士。

★ 生平经历

温诗铸 1932 年冬出生于江西丰城一个贫穷的农民家庭。1936 年随外出谋生的父母迁居湖北宜昌。抗日战争期间为躲避日本侵略者的迫害，1938 年逃难到四川省奉节县。一天，日本飞机轰炸并疯狂向平民扫射，他亲临其境，从而在幼小的心灵里升起发奋学习，制造飞机、大炮的志向。

1944 年温诗铸考入奉节县立初级中学，从此开始走上自我发展艰苦求索的道路。抗战胜利后转入尖北宜昌华英中学至初中毕业。他于 1947 年考入当时著名的重庆南开中学读高中，1950 以优异成绩毕业于该校，随即考入清华大学机械工程系，并于 1955 年毕业。在清华期间，由于各方面表现优秀，毕业时获得清华大学优秀毕业生金质奖章。

温诗铸于 1955 年～1973 年在清华大学机械制造系工作，担任机械原理与机械零件教研组第一科研秘书兼实验室主任，1973 年～1976 年任清华大学电力工程系燃气轮机教研组机械组组长，1976 年以后，担任精密仪器与机械学系机械设计教研组主任、摩擦学研究室主任，1979 年赴英国伦敦帝国理工学院进修。1981 年以来，主持清华大学摩擦学学科建设，先后担任摩擦学研究室主任、摩擦学研究所副所长、摩擦学国家重点实验室主任。现任精密仪器与机械学系教授、摩擦学国家重点实验室名誉主任。此外，还历任中国机械工程学会理事、摩擦学分会副理事长、名誉理事长，中国微米纳米技术学会理事。

★ 科研成就

温诗铸长期从事润滑力学、摩擦磨损机理与控制等方面的研究。他提出了以完备数值解为基础的工程模型弹流润滑理论，建立了工程中有关弹流润滑问题的设计方法，导出了普适性很高的润滑方程；提出了以纳米膜厚为特征的薄膜润滑状态，从理论与实验上论证了纳米润滑状态的形成机理与形成特征；提出了弹流润滑、薄膜润滑、边界润滑三者转化的关系及状态判别准则，并在纳米尺度上揭示出材料的微摩擦磨损特性。他在黏塑性和黏弹性流变润滑理论、润滑膜失效及屈服机理方面的研究取得重要进展，在表面涂层磨损机理研究与应用上也取得重要成果。1999 年温诗铸当选为中国科学院院士。2002 年获何梁何利基金科学与技术进步奖，2009 年获中国机械学会摩擦学分会最高成就奖。

★ 获奖项目

1. 纳米润滑的研究和实验。2001 年国家自然科学奖二等奖。
   获奖者：温诗铸，雒建斌，黄平，沈明武，史兵。
2. NGY－2 型纳米级润滑膜厚度测量仪。1996 年国家技术发明奖三等奖。
   获奖者：温诗铸，黄平，雒建斌，邹茜，孟永钢。
3. 《弹性流体动力润滑》（学术专著），清华大学出版社，1992 年出版。
   1995 年国家新闻出版署第七届全国优秀科技图书奖一等奖。
   获奖者：温诗铸，杨沛然。
4. 《摩擦学原理》，41 万字，清华大学出版社，1990 年出版。
   1992 年国家新闻出版署第六届全国优秀科技图书奖二等奖。
   获奖者：温诗铸。
5. 弹性流体动力润滑理论与应用研究。
   1989 年国家教委科技进步（甲类）奖一等奖。
   获奖者：温诗铸，朱东，侯克平，张文法，应自能。
6. 纳米级润滑膜厚测试技术及应用研究。
   1995 年国家教委科技进步（乙类）奖一等奖。
   获奖者：温诗铸，黄平，雒建斌，邹茜，孟永钢。
7. 纳米级薄膜润滑理论和实验研究。
   2000 年中国高校科学技术奖励委员会（教育部）科学技术奖一等奖。

获奖者：温诗铸，雒建斌，黄平，沈明武，史兵。

8. 计算机硬盘磁头、磁盘表面抛光与改性研究。
   2005 年教育部科技进步奖一等奖。
   获奖者：雒建斌，路新春，潘国顺，温诗铸等。

9. 部分弹流润滑状态和金属摩擦副磨损机理研究。
   1987 年国家教委科技进步（甲类）奖二等奖。
   获奖者：郑林庆，陈南平，温诗铸，刘家浚，刘英杰。

10. 现代弹性流体动力润滑理论及应用。
    1994 年山东省科技进步奖二等奖。
    获奖者：杨沛然，温诗铸。

11. 真空熔烧复合材料涂层应用技术研究。
    1995 年国家教委科技进步（乙类）奖二等奖。
    获奖者：王成彪，温诗铸，夏柏如，陈大融，李世忠。

12. 陶瓷涂层及与金属配对的高温摩擦磨损与润滑的研究。
    1995 年国家教委科技进步（甲类）奖二等奖。
    获奖者：金元生，王应龙，温诗铸，周春红，曹立礼等。

13. 传动摩擦学和传动摩擦学设计的理论与应用。
    1996 年国家教委科技进步（甲类）奖二等奖。
    获奖者：韦云隆，温诗铸，全永昕，黄平，曹兴进等。

14. 激光检测原子力/摩擦力显微镜的研制及应用。
    1997 年国家教委科技进步（乙类）奖二等奖。
    获奖者：温诗铸，路新春，白春礼，戴长春，王吉会等。

15. 《弹性流体动力润滑》（学术专著），1992 年清华大学出版社出版。
    1998 年北京市科技进步（科技著作）奖二等奖。
    获奖者：温诗铸，杨沛然。

16. 非牛顿流体润滑理论与设计研究。
    1998 年教育部科技进步（基础类）奖二等奖。
    获奖者：温诗铸，杨沛然，陈大融，黄平，孟永钢。

17. 光干涉弹流油膜测试仪。
    1988 年北京市科技进步奖三等奖。
    获奖者：温诗铸，张文法，朱东。

18. 共轭曲面润滑特性分析与设计。
    1995 年国家教委科技进步（甲类）奖三等奖。
    获奖者：清华大学摩擦学国家重点实验室。

19. 油液分析在设备诊断技术中的应用。2000 年广东省科技进步奖三等奖。
    获奖者：清华大学摩擦学国家重点实验室。

4. 化学领域

侯德榜（1890—1974），福建侯官（今福州市）人，中国著名化学家，中国科学院院士。

★ 生平经历

侯德榜1890年8月9日生于福建省闽侯县一个普通农家，他自幼半耕半读，勤奋好学。1903～1906年，在姑妈资助下，侯德榜到福州英华书院学习，他目睹外国工头蛮横欺凌我国码头工人，耳闻美国的旧金山种族主义者大规模迫害华侨、驱逐华工等令人发指的消息，产生了强烈的爱国心，他曾积极参加了反帝爱国的罢课示威。1907～1910年，他就读于上海闽皖铁路学院，毕业后在英资津浦铁路当实习生。这期间，侯德榜进一步感受到帝国主义者凭技术经济优势对贫穷落后的中国和人民进行的剥削与压迫，立志要掌握科学技术，用科学和工业来拯救苦难的中国。1911年，侯德榜考入北平清华留美预备学堂，以10门功课1000分的优异成绩誉满清华园，1913年被保送入美国麻省理工学院化工科学习。1917年毕业，获学士学位，再入普拉特专科学院学习制革，次年获制革化学师文凭。1918年又入哥伦比亚大学研究院研究制革，1919年获硕士学位，1921年获博士学位。由于学习成绩优异，侯德榜被接纳为美国Sigma Xi科学会会员和美国Phi Lambda Upsilon化学会会员。侯德榜的博士论文《铁盐鞣革》，围绕铁盐的特性以大量数据深入论述了铁盐鞣制品易出现不耐温、粗糙、粒面发脆、易腐、易吸潮和起盐斑等缺点的主要原因和对策，很有创见，《美国制革化学师协会会刊》特予连载，全文发表，成为制革界至今广为引用的经典文献之一。1949年5月，正在印度帮助工作的侯德榜得到刘少奇请他回国的消息后，谢绝了印度塔塔公司年薪10万美元的聘请，冲破重重阻挠，历时50天，绕道回到祖国的怀抱，聂荣臻同志亲自到车站迎接，周恩来同志又亲临北京东四十条16号永利办事处看望，并高度赞扬他的爱国主义精神。几天后，毛泽东主席又接见了侯德榜，详细倾听了他对振兴工业的意见，并提出了恳切的希望。

★ 科研成就

1921年，侯德榜在纽约哥伦比亚大学获博士学位，成为中国第一位制革博士。此时第一次世界大战结束不久，欧洲经济一片萧条，中国进口洋碱来源不继。爱国实业家范旭东想发展中国制碱工业，却苦于没有人才，便发信给侯德榜。侯德榜的专业和原来的爱好是制革，这时却怀着“工业救国、科学救国”的抱负回国，出任永利碱业公司的技师长。

碱是制造肥皂、玻璃、纸张、冶金、炸药等不可缺少的工业原料，日常生活中的烤面包、做馒头也少不了它。20世纪初制碱工业流行的技术，是1862年由比利时化学家苏尔维发明的（中国民间称碱面为“苏打”即与此有关），为英国卜内门公司所垄断。他们对“苏尔维制碱法”采取了严格的保密措施，很多化学家以破解此项技术为荣，却均以失败告终。侯德榜经刻苦研究，终于揭开其秘密。1924 年 8 月他负责的永利碱厂正式投产，两年后在天津塘沽碱厂生产出合格的纯碱，并且达到日产 180 吨的高水平。同年，被命名为“红三角”牌的中国纯碱在美国费城举办的万国博览会上荣获了金质奖章，被誉为“中国工业进步的象征”。在 1930 年瑞士国际商品展览会上，“红三角”再获金奖，侯德榜也有了中国制碱大王的美誉。

天津永利碱厂获得成功后，侯德榜又在南京筹建永利硫酸铵厂，生产氨、硫酸、硝酸和硫酸铵。氨合成塔是制造硫酸铵的核心设备，重达 100 多吨，需从美国进口。当时中国不具备这样的装运能力，侯德榜便自己动手设计制造了两架大吊车，联合作业，把氨合成塔安装就位。为了节约资金，他曾以废钢铁的价格买下了一套硫酸铵生产设备，至今还在运转。

1937 年，中国第一个合成氨联合企业——永利铵厂首次试车成功，开创了中国自己生产化肥的历史。同年日本侵华战火烧向上海、南京，他们垂涎这个亚洲一流的化工厂，派人疏通侯德榜，要他将工厂留下不要撤走，得到的回答却是：“宁肯给工厂开追悼会，也绝不与侵略者合作！”淞沪战役期间，侯德榜让厂里转产硝酸铵，赶制炸药。不久日军飞机对碱厂进行轰炸，地面部队也逼近南京，侯德榜便布置技术骨干和老工人转移，组织重要机件设备拆运西迁，实在运不走的便就地掩埋，自己则直到 12 月 5 日夜才最后登船撤离。

1938 年，侯德榜在四川岷江畔五通桥建起永利川西化工厂。当时长江交通断绝，食盐作为制碱的主要原料，只能取自四川深井中的盐卤。盐卤浓度低，制碱成本居高不下，永利公司便派侯德榜到柏林商谈购买新的制碱法。当时德国是日本的盟友，其公司对华百般刁难，不仅漫天要价，还提出“不许在满洲出售产品”等有损中国主权的要求，侯德榜当即怒斥并拂袖而去。因引进不成，侯德榜便不顾抗战期间条件极其困难，与工人们一起经过 500 多次循环试验，终于研制出新制碱工艺，使盐的利用率达到 98%以上，不仅节省了设备及三分之一的辅助原料，而且解决了废液占地毁田、污染环境的问题。这种方法把制碱和制铵两大工业联合起来，被称为“联合制碱法”。因其将世界制碱技术水平推向了一个新高度，赢得了国际化工界极高评价。1943 年，中国化学工程师学会一致同意将其命名为“侯氏联合制碱法”。

抗战后期，日军将中国的制硝酸设备拆往本国。胜利后，国民政府曾提出用日本机器向中国支付赔偿。侯德榜赶赴东京，以中国经济代表身份会见美军司令麦克阿瑟，并与偏袒日本的盟军总部物资保管组据理力争，几经周折才讨回了 1942 年被盗运到日本九州的制硝酸设备。这也是中国战后从日本唯一索回的一套机器设备。

1949 年新中国成立后，侯德榜看到新中国的领导人十分关心民族工业，深受鼓舞。从此，他投身于新中国化学工业的建设中，虽年事渐高，仍走遍大江南北、长城内外，考察国情并探讨合乎实际的化学工业建设之路。1957 年，为适应中国农业生产的需要，国家强调发展小化肥工业，侯德榜倡议用碳化法制取碳酸氢铵。他不顾自己年老体弱，亲自带队到上海化工研究院，与技术人员一道，使碳化法氮肥生产新流程获得成功。这种小氮肥厂后来在全国许多地方建设起来，对中国农业生产作出很大贡献。

晚年的侯德榜虽长期患病，仍笔耕不息。1958 年他写成的 80 余万字的中文版《制碱工业》，总结了几十年从事制碱工业的实践结晶，曾在莱比锡国际图书博览会展出。1965 年，他用 7 年时间与他人合作发明了"碳化法合成氨流程制碳酸氢氨"，获得国家科委创造发明奖，在 70 多岁时又为一生的科研事业写下光辉的结尾。

侯德榜的一生，是中国知识分子奋进、爱国和进步的典型写照。他在化工技术上有三大贡献：第一，揭开了苏尔维制碱法的秘密；第二，创立了中国人自己的制碱工艺——侯氏联合制碱法；第三，在晚年为发展小化肥工业作出了突出贡献。

作为一个科学家，侯德榜相信科学应超越国界为世界人民服务。他通过反复实践揭开英国人严格保密的制碱法后，花费无数心血写出了《纯碱制造》这篇巨著，于 1933 年在纽约出版，向世人彻底公开了苏尔维法制碱的秘密，使其成为全人类共同的财富。这本书被译成多种文字出版，对世界制碱工业的发展起了重要作用，被国外同行称为"中国化学家对世界文明所作的重大贡献"。作为一个中国人，侯德榜又深深热爱当时还很落后的祖国，他不仅在海外学成马上回国创业，而且在面对侵略者的凶焰时又表现出高尚的民族气节。

侯德榜所取得的出色科研成就，缘于他一向刻苦实践，并坚持严谨的治学态度。他留洋回国担任总工程师时，便马上脱下白领西服，换上了蓝布工作服和胶鞋，同工人们一起操作。哪里出现问题，他就出现在哪里。后来在研究联合制碱的过程中，他要求每个试验都得做 30 多遍才行。有人认为这是浪费时间和精力，事实却证明多数试验只有在进行了 20 次以后数据才基本稳定下来，得到的资料才是科学可靠的。

杨石先（1897—1985），蒙古族，原籍安徽怀宁，中国化学家，中国科学院院士。

★ 生平经历

杨石先 1897 年 1 月 8 日出生于浙江省杭州市。1907 年入天津民立第二小学读书，并首次接触化学，每次化学演示实验，都引起他很大的兴趣；后又接触到各种物理实验，使他进一步开拓了眼界。他 1910 年～1918 年就读于清华学校，1918

年～1923 年到美国康奈尔大学学习农科、应用化学科，1922 年获应用化学学士学位，1923 年获有机化学硕士学位。

杨石先于 1923 年～1928 年任天津南开大学化学系教授，1928 年兼任理学院院长。1929 年～1931 年任美国耶鲁大学研究院研究员。1931 年获有机化学博士学位，并被推选为美国“科学研究工作者荣誉学会”会员。1931 年～1937 年继任南开大学教授，兼理学院院长。1937 年～1938 年任长沙临时大学化学系教授，兼化学系主任。1938 年～1945 年任昆明西南联合大学化学系教授，兼化学系主任，并兼昆明师范学院理化系主任。1943 年又兼任西南联合大学教务长。1941 年～1946 年任北平中央研究院通讯研究员。1946 年～1947 年任美国印第安纳大学访问教授兼研究员。1947 年被推选为美国“化学荣誉学会”会员。1948 年～1985 年任南开大学教授、代理校长（1948 年）、副校长（1952—1957）、校长（1957—1980）、名誉校长（1980—1985）。1951 年～1982 年当选为中国化学会第十七届至二十届理事会常务理事，并当选为第十八届与第二十届理事会理事长。1955 年当选为中国科学院学部委员（院士）、化学组组长，兼任中国科学院长春应用化学研究所学术委员会委员。1957 年任国务院科学规划委员会化学组组长。1962 年任南开大学有机化学研究所所长，兼任中国科学院化学研究所学术委员会委员。1978 年任国家科委化学学科组名誉组长。1980 年当选为中国科学技术协会第二届全国委员会常务委员、副主席。

★ **科技成就**

杨石先通过长期观察，发现国际上农业研究有从无机农药、植物性农药向有机农药过渡的趋势。于是在 50 年代初期，他第一个在中国倡导有机农药化学的研究，开始合成一系列新植物激素，在推动、壮大中国农药研究工作中起到了带头作用。

1958 年，杨石先和南开大学化学系的师生办起“敌百虫（美曲膦酯）”、“马拉硫磷”两个农药车间。毛泽东主席亲临视察，对他们的工作给予很高的评价。

1959 年，杨石先率领中国化学会代表团赴苏联参加在莫斯科举行的门捷列夫第十一次学术会议，并在开幕式上代表中国化学会致贺词。同年，他出席全国第一届科学技术协会会议，被选为中国科学技术协会委员。为纪念国庆十周年，他发表了学术论文《建国十年来我国元素有机化学的进展》。

1962 年，杨石先根据全国第二次科技发展规划会和全国农业规划会的精神，于当年 10 月在中国高等学校中成功地建立起第一个化学专业研究机构——南开大学元素有机化学研究所，使高等学校既是教育中心又是科研中心的设想变成了现实，他亲自担任第一任所长。

1977 年，杨石先参加了邓小平同志召集的 30 位全国著名的科学家、教育家座谈会。会上，他提出了四点建议：①恢复国家科委，以统一规划、指导、协调全国科技工作；②在中国驻美联络处设一位科学教育秘书，以适应即将开始的两国科技、教育交流；③选拔优秀科技人才，保证科技队伍后继有人；④采取措施，使中年教师从繁琐的事务中解放出来，充分发挥他们的骨干作用。他的建议受到赞扬与肯定，并被有关部门采纳。

★ 突出贡献

① 中国农药化学和元素有机化学的奠基人和开拓者

早在20世纪40年代，杨石先就对植物生长调节剂（植物激素）进行了大量的文献普查，并写出了《植物生长激素》的书稿，为50年代开展植物生长调节剂的研究奠定了基础，在农药研究方面起到带头作用。50年代初，他和助手们首先合成出我国独特的植物生长调节剂，又进行了有机磷化学的研究，是我国农药化学的奠基人。1956年2月，他以国务院科学规划委员会委员、化学专家综合小组组长的身份参加了由周恩来总理主持的我国十二年科学技术远景规划的编制工作。在规划会上，杨石先向国家领导人做了《化学科学与国民经济的关系》的报告，论述了化学科学及其领域在国民经济中的巨大作用，为我国在化学方面制订科技远景规划提供了依据。报告同时指出，化学研究工作只有与社会主义国民经济的需要紧密结合起来，才能发挥巨大的威力。他的报告受到了中央领导极大的重视。在周总理亲自关怀下，杨石先接受了农药研制任务，从而大规模地展开了农药化学的研究。

1957年11月，杨石先以专家顾问的身份参加了中国科学技术访苏代表团。在访问中，他发现元素有机化学是一门新兴的学科，是有机化学的最新分支，虽然发展时间不长，却显示了强大的生命力，它将在国民经济和国防建设上发挥巨大作用，还将有助于解决化学上的一些理论问题，如分子中的原子相互作用、反应机理、键的构造和分子性质、双重反应性能、互变异构平衡、单键共轭概念等等。回国后，他在国家有关领导部门的支持下，系统地开展了元素有机化学研究。他对有机化合物的互变异构现象、水解动力学、有机磷离子交换剂、有机磷化学的反应机理，特别是对有机磷化合物的化学结构和生理性能关系等理论极为重视。在他的领导下，一批从事这方面研究的人员，积累了大量的数据，总结出规律性。

1962年，杨石先以国家科委化学专业组组长和农药、农械专业组副组长的身份参加了我国十年科学技术规划会。他向中央领导同志写了一份《关于我国农药生产，特别是有机磷农药生产的几点意见》，针对有机磷农药一般毒性大的特点，提出选择毒性较低的几个品种优先进行生产，同时注意采用先进的药械，以提高药效和降低成本，对使用人员要进行严格的培训，以确保安全。

1962年，他又一次受周恩来总理的委托，筹建了我国高等学校第一个专门研究机构——南开大学元素有机化学研究所。继有机磷化学研究后，又开展了有机氟、有机硅、有机硼、金属有机化学等新领域的研究工作，填补了我国化学学科中一个又一个的空白。杨石先以极大的热情投入研究工作，培养了一大批科学研究人才。他和元素有机所的研究人员一起进行了数以百计的实验，在吸收外国经验的基础上，开辟了我国自己发展农药的道路。先后研制出杀虫剂（久效磷、螟蛉畏），除草剂（除草剂一号、燕麦敌、除草剂十六号），杀菌剂（灭锈一号、叶枯净、克菌壮），植物生长调节剂（7104、矮健素）等多种新农药。1966 年，他们研制的三种有机磷农药获得国家一等奖。后来杨石先又密切观察了化学农药中新的生长点，先后组织了拟除虫菊酯类、非抗胆碱酶型杀虫剂、内吸性杀虫剂、大豆生长激素、骆驼蓬草碱、异噻唑杂环化学等新课题的研究工作。

1978 年，在全国科学大会上，他主持下的元素有机所的 10 项研究成果受到了大会的表彰，杨石先荣获全国科学大会在科学技术工作中做出重大贡献的先进工作者称号。他们研制的 8 种除草剂、杀菌剂、杀虫剂已在各地农药厂正式生产，他们试制成功的“胺草磷”又一次把农药研制工作推向新的水平。

1988 年 8 月，国家科委对南开大学杨石先、陈茹玉、陈天池等人在有机磷生物活性物质与有机磷化学方面的成果授予了 1987 年度国家自然科学二等奖。

杨石先治学十分严谨，几十年如一日，摘录农药资料卡片 10 余万张，发表学术论文 97 篇，负责主编、撰写了一系列有关有机磷化学、有机农药化学方面的著作。他主持编辑了《世界农药进展》等期刊。杨石先既重视应用科学，也重视基础研究。他认为应用研究应有实用价值，基础研究要在学术上有指导意义和科学水平。他曾积极支持人工合成胰岛素和核糖核酸这类纯理论性的基础研究工作，亲自主持评审了这类重大科研成果，充分肯定了它的学术价值。

1985 年 2 月 19 日杨石先不幸病逝。为了纪念这位著名的科学家和教育家，并鼓励年轻的大学生、研究生在化学方面做出成绩，南开大学设立了“杨石先教授奖学金”。

② 毕生致力于高等教育培育了几代科技人才

杨石先于 1923 年开始执教于南开大学化学系，他不仅讲授无机化学、有机化学、高等有机化学、药物化学等课程，并且亲自指导学生实验，还到南开中学兼化学课。他课堂上板书整洁，语言生动简练、由浅入深，重点突出，内容丰富。60 多年中，他呕心沥血，辛勤浇灌着祖国的科学幼苗，为我国培育了一大批优秀人才，由他培养选送出国的就有 200 多人，其中有著名的物理学家、诺贝尔奖金获得者杨振宁和李政道等人。在中国科学院的学部委员中就有 13 人曾沐其教泽、得益于他的教诲，成为中外驰名的科学家。中华人民共和国建立后，他为国家培育的人才更是不可胜数。杨石先历来鼓励他的助手和学生们要敢于超越老一辈科学家，一再强调要发扬“人梯”精神，这样才能使我国的科技事业兴旺发达，不断向世界最先进水平迈进。在这一思想指导下，他关心每个向他求教的同志，尤其是那些好学上进的青年。在 40 年代，曾有一位年轻的教师给他写信，求教公费留美问题，杨石先回了一封长达十几页的信，从选择学校、导师、课程乃至行装、旅程、礼节等都给予了详尽指导。

杨石先不但善于发现人才、使用人才，还十分爱惜人才。早在40年代，杨石先发现陈天池不但业务水平高、思想品德好，而且有一定的组织能力，于是送他出国深造。1950年陈天池回国不久，就成了杨石先的得力助手，施展出他卓越的组织才华，协助杨石先主持南开大学元素有机研究所的工作，深孚众望、“文化大革命”期间，陈天池不幸被迫害致死，杨石先得知后，拍案顿足，老泪横流，大声谴责：“毁灭人才！”有一位中年科技骨干，原在一个专业不对口的单位工作，杨石先了解到该人基础知识扎实，能查阅多种外文资料，于是费尽周折地将她调来。在杨石先的培养下，这位女同志短短几年中在业务上取得多项成果，多次出席国际会议。

杨石先一贯认为“办好一个大学，主要体现在学生的质量上；而提高教育质量，必须首先提高教师的水平”。40年代末，他从美国回国任教时，就聘请了一批在国外已经学成或即将进修完的有机化学、无机化学、物理化学、分析化学、高分子化学诸方面的专家、教授来南开大学任教，为南开大学化学系的发展、壮大奠定了良好的基础。他同时还邀请了一批物理、生物方面的专家，加强了其他系科的教育力量。在“文化大革命”十年浩劫之后，杨石先鉴于国内科技水平与世界先进科技水平差距拉大的事实，首先要求教师结合教学和科研逐步提高自己的业务水平，同时对现有的教师队伍采取了在职学习、脱产进修和出国培养等多种方式，经过两三年的努力，大部分讲师的业务能力达到指导研究生的水平，青年教师能胜任日常教学、科研的基础工作。其次，他鼓励有基础的老教师多招研究生，他自己就招了20来名研究生，积极培养年轻的后备力量。再次，他把在“文化大革命”中被迫调出化学系和元素所的十几名业务骨干重新调回来。他还亲自与欧美、日本、澳大利亚等国的著名大学建立校际合作关系，邀请具有真才实学的国外知名科学家和学者来校兼职培养研究生或讲学。在杨石先的领导下，经过全校师生员工的共同努力，南开大学无论从规模上，还是在教育科研上，都得到空前的发展和提高，拥有了一支较强的教育和科研队伍。

杨石先一贯重视实验教学，认为良好的实验技术是科研人员必要的素质。任何理论和假设都必须通过实验来加以验证。因此他对实验操作非常严格，要求学生装置仪器横平竖直，仔细认真地观察反应，整洁、正确地记录，爱护和珍惜仪器、药品。

杨石先还十分重视学生的品德教育，认为品德不好的人在学术上也是不会有很高成就的，更不可能对国家和人民做出大的贡献。几十年来他总是循循善诱、诲人不倦，鼓励学生在特定的领域内发展成才，做一个品德高尚、努力为祖国争光的人。因此，他的学生不仅从他那里学到了建设祖国的知识技能，更受到了德育上的教诲，同时感受到老师对他们的关怀与期望，从而更加尊敬和热爱自己的老师。杨石先与学生的关系，充分体现了为人称道的“尊师爱生，教书育人”的师生关系。

张青莲（1908—2006），江苏常熟人，化学家、教育家，中国科学院院士。

★ 生平经历

张青莲于 1908 年 7 月 31 日出生于江苏省常熟县支塘镇的一个小康家庭；14 岁时考入苏州桃坞中学，即圣约翰大学附中，曾在校内中、英文竞赛中名列榜首。1926 年高中毕业时因成绩优异，原可免费直升该大学，但由于 1925 年该校美籍校长侮辱中国国旗，爱国师生纷纷愤而离校并组建私立光华大学。这一爱国行动得到张青莲的支持，他放弃圣约翰免费入学的机会而考入光华大学。他考虑到化学系毕业后除可在中学谋职外，还可以搞小型化学工业，因而选择了化学。在光华大学他只用三年半的时间，就读完了所需的学分，毕业时以第一名的成绩获得银杯奖。

大学毕业后，张青莲曾在常熟孝友中学任教一年。1931 年考取清华大学研究生院。当时，他看到中国无机化学人才缺乏，遂选择了无机化学专业。他在高崇熙教授指导下完成了研究稀有元素领域的论文三篇，分别为无机合成、分析鉴定和物化测量三个方面，最后以优异成绩获得庚款公费出国留学。鉴于美国早期的化学家中不少曾留学于德国，所以他决定到德国深造。1934 年秋张青莲进入柏林大学物理化学系，由于他在国内大学已经读过 13 个学期的课程，按德国的规定只需注册学习 3 个学期。他师从无机化学家李森菲尔特，当时美国诺贝尔奖金获得者尤莱因发现重氢并制得重水，引起国际化学界很大震动，李森菲尔特根据张青莲已有的科研基础，建议他以重水的研究作为博士论文的题目。他在购得挪威生产的第一批重水商品后，立即开始了重水临界温度的测定研究。当时用的是微量法，石英玻璃毛细管内径 0.3 毫米，恒温器温度要达 645 开，管内压力达 20 兆帕以上，封管时常会炸裂，实验难度较大。他在导师的指导下，夜以继日的奋力工作，于短期内完成了重水的临界温度的测定。但重水的凝固点和沸点都高于轻水，而所测得的重水临界温度却比轻水低 2.7℃，这似乎是一种反常现象。这个结果于 1935 年春发表在德国物理化学杂志上，4 年后被德国另一学者用精密的常量法所验证。

张青莲所完成的轻水、重水全温程的两相密度状态图发表后，被苏联布洛茨基《同位素化学》（1957）一书所引用。他曾精心设计了一个通过比较轻水、重水蒸气压差的实验，观察到蒸气压差有一个位于 498 开的转折点，并揭示了这一反常现象的本质。这篇论文与美国实验室独立进行的类似研究工作同时发表，得到了相互验证。

要测量半重水和重氧水的蒸气压，须先建立同时分析这两种取代水的方法。他采用硫化氢使氘正常化，并用测量密度微差的浮沉子法，以测定正常化前后的密度值。这样测得的半重水和重氧水在 100℃以下的数据，后来和重水蒸气压数据一起，成为用蒸馏法生产重水时的重要科学依据。

1935年冬，张青莲收集了柏林和瑞典的雪水样品，首次测出其中半重水及重氧水的含量，观察到其均低于普通水中的含量，且雪中的含量差大于雨中的含量差。在此基础上，通过查阅同位素取代水在河湖、海洋、动植矿物中的含量数据，他首次提出了氢氧同位素在地球各界中的分布理论，对后来的实验及理论研究，有着深刻的影响。

张青莲在两年的重水研究中，共发表论文达10篇，他与美国实验室同行的工作构成了早期重水性质研究的经典文献。在发表文章时，李森菲尔特与张青莲都表现出谦让作风，争着把对方的姓名放在自己的前面，体现了师生间在学术上的互相尊重。

1936年，李森菲尔特受到纳粹迫害，教职被撤销，但张青莲仍坚持跟他从事研究工作。那年6月，张青莲考得博士学位。李森菲尔特被迫离开德国到瑞典皇家科学院物理化学研究所工作，张青莲随同去瑞典做访问学者，又共同工作了一年。他用气体混合物作为同位素混合气体的模拟物，通过膜壁进行扩散分离的研究。

在留学西欧的三年中，张青莲在做研究工作的同时，还从许多权威科学家，如化学动力学创始人博登斯坦、诺贝尔奖金获得者哈恩等的讲学中得到不少教益。他在柏林聆听了来访的第一流科学家包括诺贝尔奖金获得者的学术报告，并在瑞典听取获奖报告，还参观了赫尔兹、斯维德贝格、西格班三位获奖者的实验室以及著名的剑桥卡文迪什实验室和巴黎的居里镭学研究所。这些学术活动，对张青莲献身科学事业、不断做出成绩而成为著名的化学家和教育家，有着重要的影响。

张青莲在瑞典时收到中央研究院化学研究所所长庄长恭的电报，他被聘为副研究员。这个聘任是庄长恭从杂志上看到他的文章后决定的，对于一个素昧平生的青年人来说，在当时是很罕见的。由此可见，张青莲在早期的科研工作中已充分显露出他作为科学家的素质和才华。

1937年7月，张青莲取道大西洋、北美洲、太平洋辗转回到上海。时值是日本侵华战争初期，化学所被迫停止工作，张青莲遂借用位于租界的光华大学的实验室，进行多种络合物合成的研究。次年应光华大学之聘而为该校教授。他指导两名四年级学生的毕业论文，一个做络合物合成，一个为用半微量法测定25℃下氯化钠在轻水、重水混合液中的溶解度，两个论文都得到很好的结果。

1939年，昆明西南联合大学的化学系由于两位教授先后离校，补聘张青莲为教授。他取道越南赴昆明就职。当时西南联大虽集中了国内众多知名学者，但条件却十分艰苦，科研工作难以开展。然而张青莲同化学系主任杨石先分配给他的两名中英庚款研究助理一起，用从国外带回的110克重水和一些石英玻璃仪器，完成了两篇重水性质的论文，首次将测定重水密度时的温度提高到50℃，纠正了当时文献中靠近此温度之下密度有一最大值的假设；同时还完成了有关重水动力学效应的论文两篇。在采用乙醇铝水解法制取纯净的重乙醇时，需要测定其正常沸点，他们自制了一套适合在海拔高的昆明进行实验的恒压器。但当时纯试液只有 1 毫升，要在标准温度计读数恒定的一刹那间读取数据，要求熟练的技巧和有条不紊的操作步骤。他亲自完成了这一测定，首次精确地测得重乙醇的沸点和密度，此结果已被收入拜尔斯坦《有机化学手册》中。

1943 年，在战争所造成的艰难困苦的条件下，西南联大化学系的所有科研工作被迫停止，但是当负责中美学术交流的吴有训向张青莲征集论文时，他立即应允在三个月内交出一篇论文。他考虑到，25℃时碘在四氯化碳和水中的分配常数是教科书中引用的一项经典数据，若用重水代替轻水，研究此分配常数的同位素效应，该是一件有意义的事。于是他自装一套恒温槽，每两天做一次碘浓度的实验。其中一天准备器材，翌晨自煮一壶开水提到实验室，注入恒温槽中，使水温迅速达到所要求的温度。恒温后转动封管使达平衡，然后取出重水相 2 毫升，有机相 1 毫升，用标定过的硫代硫酸钠溶液测定两相中各自的碘浓度，得到轻水重水中分配常数的变异为 85∶103 的结果，如期完成了他自己的许诺。张青莲在西南联大工作期间，还指导光华大学一名助教首次测定了重水摩尔凝固点降低常数；指导中央大学一名助教完成络合物合成一文。他综合了国内外所发表的重水论文撰写成《重水之研究》论文集，该书于 1943 年获得国民政府教育部学术二等奖。同时得此等级奖励的联大教授，还有王竹溪、闻一多等 4 人。

1949 年中华人民共和国成立以后，张青莲的教学、科研活动得到了重视和支持，成果不断涌现。

1952 年全国高等学校进行院系调整，张青莲任教育部课程改革委员会化学组副组长。在北京大学化学系试点设立无机化学教研室时，他任教研室主任，讲授无机化学课，并组织翻译和出版了苏联涅克拉索夫所著的《普通化学教程》一书。

1954 年他主持了苏联专家为全国各高校无机化学教师的培养工作，后来又在北京大学陆续开设了稀有元素、无机合成和同位素化学等课程。1955 年以后，他培养了许多无机化学方面的研究生与进修教师，担任过教育部化学教材编审委员会副主任等职务。他还撰写过有如《无机化学五十年来的进展》、《同位素与原子量》等综述文章，其精辟的观点和评论，使无机化学读者获益匪浅。

1955 年他又协助教育部组织并与戴安邦、严志弦、尹敬执合写了《无机化学教程》(高等教育出版社 1958 年出版)。这是由中国化学家自编的一本基础无机化学教材，该书取材新颖、内容翔实，凝集了几位编者多年从事无机化学教学、科研工作的宝贵经验，不仅为各高等学校普遍采用，对于青年教师的培养也起过重要的作用。张青莲为培育无机化学人才，兢兢业业数十年，辛勤耕耘在大学化学教育的岗位上。他多年讲授大学一年级的无机化学和普通化学课程，讲课重点突出，富有启发性，并重视课堂演示实验。他精湛的讲解和娴熟的实验技巧，曾激发了许多学生献身化学的兴趣。

1978年张青莲担任《无机化学丛书》主编。该丛书分18卷，前10卷分论各族元素，后8卷属专题分支领域。他和张志尧、唐任寰合撰写其中的《锕系后元素》。全书于1993年初写齐，历时10余年。80年代后期，张青莲虽已属耄耋之年，仍然为了丛书的完成不遗余力，为中国无机化学界做了一件十分有益的基础工作。

1979年作为中国化学会5人代表团的成员，张青莲赴赫尔辛基参加第二十七届国际纯粹与应用化学联合会学术大会，在会上做了题为《氢氧同位素丰度测定》的报告，成功地维护了中国化学会在该国际组织中的代表权。1983年第三十二届国际纯粹与应用化学联合会代表大会在哥本哈根举行，他以国家代表的资格参加了原子量与同位素丰度委员会，在会议上以渊博的知识和精辟的见解赢得好评，被选为衔称委员（1983年～1989年），他是中国第一个获得此荣誉的化学家。这一学术活动引起了他对原子量质谱测定的兴趣，后发展成为他晚期的研究领域。

1981年张青莲赴美国参加高尔登同位素学术讨论会，提出了两篇同位素丰度的墙报；同年又赴剑桥参加英国质谱学会第十届年会，提出了硼同位素质谱分析的墙报。1983年赴法国萨克莱原子核研究中心讲学，1984年任北京中日双边质谱学术会议的中方主持人，1987年起任北京国际仪器分析学术报告会顾问。张青莲还曾任法国《无机化学评论》的编辑，后又任美国《质谱评论》的顾问编辑，并撰写了有关中国有机质谱学新进展的论文。

★ 丰硕的科研成果

科学研究是人类文明积累的基础，这是张青莲的信条，也构成了他的人生价值观。从1935年以来，他一直在进行着重水和稳定同位素的研究，涉及氢、氧、碳、氮、锂、硼、硫、铟、锑、铈、铕、铱等十几种元素的同位素，他在同位素化合物的物理化学性质，同位素的动力学效应及同位素分离原理和方法，同位素标准样品的研制，同位素天然丰度及原子量测定等方面，进行了系统深入地研究，硕果累累，发表有关论文百余篇。1985年他曾以题为《从事同位素化学研究工作五十年》的文章，对自己半个世纪以来的科研成就进行了总结。

重水25℃时的密度值，不但是重水品位的检测标准（见美国ASTM)，而且为国际学者试图精测的竞争对象。为此须先用质谱法精密测定氢同位素和微浓氧同位素的丰度，难度较大。张青莲与他和助手以精湛的实验设计，测得精确值达7位有效数字，为国际1975年～1985年间三项最佳测定之一。

1991年张青莲用同位素质谱法测得铟元素的精确原子量为114.818±0.003，为国际原子量表增加了一个新数字。这是国际上第一次采用中国测定的原子量数据作为标准数据，这不仅说明中国人的科学水平有国际竞争能力，更重要的是为中国人民长了志气。

张青莲在稀有元素领域也有不少高水平的研究成果。1933 年他所发表的 5 种硒酸盐新络合物的合成，是中国第一篇配位化学的论文。他还在诺伊斯《稀有元素定性分析系统》(1927 年）名著中增入了铼的检测。首先他做了系统实验以决定铼的位置在碲铜组中，然后在铱铑沉淀的滤液中，把铼沉淀为二硫化铼，并以铼酸铷的形式作鉴定，检测了各级铼含量及各种可能干扰的元素，本方法能检出 0.02%铼。20 世纪 80 年代，张青莲合成了两种卤化锂的新络合物，均具有五配位锂的晶体结构，突破了锂只呈偶数配位的观点。

为表彰张青莲多方面丰硕的科研成果，中国化学会于 1985 年为他举行了从事化学工作五十年的祝贺会，卢嘉锡、柳大纲等多位化学家前往致词祝贺；中国科学院于 1989 年授予他“从事科学工作五十年”的荣誉奖状。

张青莲为人正直开朗，严于律己，宽以待人，治学谨严，勇于探索，热爱祖国，忠诚于教育事业，工作勤奋，不计名利。他学识渊博，兴趣广泛，业余爱好遍及文学、艺术、园艺、书法、体育及旅游等方面。一生始终遵循他自己的信条，为人类文明的积累做贡献。

2006 年 12 月 14 日 19 时 03 分，著名化学家和教育家，中国科学院资深院士，我国稳定同位素化学的奠基人，北京大学化学与分子工程学院教授张青莲先生，因病医治无效，在北京逝世，享年 99 岁。

卢嘉锡（1915—2001)，祖籍台湾省台南市，1915 年 10 月 26 日出生于福建省厦门市，中国科学院院士。

★ 生平经历

1895 年中日甲午战争后，因愤于清政府把台湾割让给日本，其曾祖卢立轩携家迁居厦门。父亲卢东启（字霞村），设塾授徒，家境清寒。卢嘉锡幼时随父读书，他禀赋甚高，父母对其寄予厚望。

卢嘉锡于 1926 年上过一年公立小学，1927 年后相继在厦门育才学社和大同中学初中就读过一年半，1928 年秋考入厦门大学预科，时年 13 岁。1930 年进入厦门大学化学系，1934 年毕业，同时修毕数学系主要课程。大学期间曾担任校化学会会长和算学会副会长。毕业后留校任化学系助教三年，同时兼任中学数学及英文教员。

1937 年，卢嘉锡考取中英庚款公费进伦敦大学学习，在著名化学家 S・萨格登指导下从事人工放射性研究，两年后通过答辩，获伦敦大学物理化学专业哲学博士学位。1939 年秋，他到美国加州理工学院，随后来两度独得诺贝尔奖（1954 年的化学奖和 1963 年的和平奖）的 L・鲍林从事结构化学研究。翌年夏，又在鲍林教授的挽留下继续工作了 5 年多。在此期间，他发表了一系列学术论文，其中不少成为结构化学方面的经典文献；此外，他还应聘到隶属于美国国防研究委员会第十三局的马里兰州研究室，参加战时军事科学研究，在燃烧与爆炸的研究工作中做出出色的成绩，于 1945 年获得美国科学研究与发展局颁发的"科学研究与发展成就奖"。

1945 年冬，年方 30 岁的卢嘉锡满怀"科学救国"的热忱回到祖国，受聘到母校厦门大学化学系任教授兼系主任。他曾两度应浙江大学竺可桢校长和理学院胡刚复院长的聘请，到该校讲授物理化学课程。

1950 年后，他历任厦门大学理学院院长、副教务长、研究部副部长、部长和校长助理、副校长等职，并开始培养研究生。他有一套比较先进的办学经验和教育思想，在他的努力下，厦门大学不再仅因经济系而闻名，同时也因化学系的崛起而跻身全国重点大学之列。

1955 年，他被选为中国科学院化学学部委员，同年被高等教育部聘为一级教授，是我国当时最年轻的学部委员和一级教授之一。

1958 年，卢嘉锡到福州参加筹建福州大学和原中国科学院福建分院，后经多次调整而建成中国科学院福建物质结构研究所。1960 年任福州大学副校长和福建物质结构研究所所长，从系科布局、课程设置、图书订阅、科研设备购置、师资聘任到组织管理，卢嘉锡都付出了大量心血。

1972 年后，卢嘉锡着手恢复福建物质结构研究所的科研队伍和设备，关心和指导该所结构化学、晶体材料、催化及金属腐蚀与防护等学科领域的研究工作，使这个所逐步成为一所具有明显特色的结构化学综合研究机构，特别是在原子簇化学和新技术晶体材料科学方面成绩斐然，在国际上都占有一席之地。

1981 年 5 月，卢嘉锡出任中国科学院院长，在任职的近 6 年里，他认真贯彻党中央关于科学技术工作的指导方针，领导中国科学院采取了一系列重大改革措施，诸如建立科研课题的同行评议制度，实行择优支持的经费管理办法；创建开放研究所和开放研究室；率先在中国科学院设立青年科学基金；加强与院外的横向联系、组织全国性联合攻关项目；稳定我国基础研究工作等等。他还为加强中外科技界的友好交往与合作做了大量工作，为提高我国科技界特别是中国科学院在国际科技界的地位作出了贡献。

★ 对中国结构化学的杰出贡献

结构化学是物理化学的一个重要分支，早在国际上尚处于起步时期的 30 年代末，卢嘉锡就敏锐地意识到物理化学的第一发展阶段即热力学阶段已臻完善，可能成为第二发展阶段的将是结构化学，于是他选择了这个学科作为研究的主要方向。

在加州理工学院，他参加过过氧化氢分子结构的研究。当时，物质的分子表征通常是以获得合格单晶为前提的，但因很难得到过氧化氢的单晶，以致测定这种简单化合物的分子结构成为当时的难题之一。卢嘉锡和 P・A・盖古勒巧妙地用尿素过氧化氢加合物，并培养出这种加合物的单晶。有趣的是，在这种单晶中，过氧化氢分子并不因为尿素分子的存在而发生构型上的畸变。接着，他和E·W·休斯合作完成了晶体结构测定，证实了W·彭尼和G·萨塞兰对过氧化氢分子结构所做的理论分析。

1943年，他与J·多诺休采用电子衍射法研究了硫氮、砷硫等化合物的结构，并定出被他们称为“摇篮”形的八元环构型，这一研究结果后来为多诺休所进行的晶体结构测定所证实。这些硫氮非过渡元素原子簇化合物在结构上具有的“多中心键”特征，曾引起卢嘉锡极大的兴趣，和他以后对固氮酶活性中心模型的研究有密切的关系。

在结构分析方法上，他提出过一种处理等倾角魏森堡衍射点的极化因子和洛伦兹因子的图解法，成为当时国际上普遍采用的一种较简便的方法，曾被收入《国际晶体学数学用表》（第二版）。

回国以后，卢嘉锡一心想在国内开辟结构化学研究，在当时的条件下，这一宏愿根本无法实现，于是卢嘉锡寄希望于教育事业，以培养人才为己任。在教学工作中，他是一位才华横溢而又勤奋严谨的人。他学识渊博且善于表达，讲起课来生动活泼，见解独到，板书格外工整清晰，课堂常常座无虚席，成为厦门大学最受欢迎的教授之一。解放初期，他曾接受高等教育部的聘请，与唐敖庆等先后到山东大学和北京大学讲授物质结构课程，为学校培养了一大批结构化学的师资。

卢嘉锡在教学过程中，注重培养学生的思考能力和解决实际问题的能力。他虽然是一位数学功底很深的化学教授，却经常告诫学生，要学会对事物进行“毛估”，他说：“毛估比不估好”。思考问题时要学会先大致估计出结果的数量级，尽量避开繁琐的计算，以便迅速地抓住问题的本质，必要时再仔细计算，这样可以提高解决问题的效率。他常说：“一个老师如果不能培养出几个超过自己的学生，他就不是位好老师。”

60年代初期，卢嘉锡在创办福建物质结构研究所的同时，组织和领导过渡金属络合物和一些簇合物、硫氮系原子簇化合物以及新技术晶体、材料等方面的研究，并取得了一些可喜成果。

70年代以后，他在组织和参加我国化学模拟生物固氮研究并取得重要理论成果的基础上，以这项重大研究工作为契机发展我国原子簇化学。1978年，基于他对国际上化学前沿领域发展的敏锐洞察力，同时也由于从事化学模拟生物固氮研究所取得的成果和经验，以及早期在硫氮原子簇化合物方面的科研实践，他在国内最早倡导开展过渡金属原子簇化合物研究，并抓住这一方向进行了深入系统的工作。以卢嘉锡为首的研究集体在合成和表征了200多种新型簇合物的基础上总结和发现的两个重要规律即“活性元件组装”和“类芳香性”，受到美、英、日、德、法、苏等几十个国家同行专家的重视，对国际原子簇化学的发展产生了深远影响。

此外，在卢嘉锡指导下的福建物质结构研究所，与中国科学院生物物理研究所和上海有机化学研究所合作完成了天花粉蛋白空间结构测定，建立了国际上第一个核糖共活蛋白的分子模型。

长期以来，卢嘉锡在领导福建物质结构研究所和发展我国结构化学的实践中，逐渐形成了独特而系统的科研指导思想，这就是“五重双结合”：实验与理论相结合（以实验为主），化学与物理相结合（以化学为主），结构与性能相结合（以结构为主），静态与动态相结合（以静态为主），基础与应用相结合（以基础为主）；“四个一些”：看远一些，走前一些，搞深一些，想宽一些；“三个立足”：立足改革，立足竞争，立足创新。这些指导思想在推动福建物质结构研究所科研工作的迅速发展和形成自家特色方面发挥了重要作用。

★ 原子簇化学研究领域学术成就

原子簇化学特别是过渡金属原子簇化合物是70年代以来国际上十分活跃的一个领域，人们从对固氮酶的研究中比较一致地认识到其固氮活性中心很可能是由Mo、Fe、S三种原子组成的原子簇，从而对原子簇化合物及其可能存在的生物活性更感兴趣。同时，这类新型化合物中存在着同核或异核的金属—金属之间的相互作用，从而具有应用于催化过程的前景。此外，对这类含有金属—金属键化合物的研究，有可能加深人们对化学键本质的认识。1978年，卢嘉锡在中国化学会年会上发表了《原子簇化合物的结构化学》的论文，对国内这个领域的研究起了推动作用。他在化学模拟生物固氮和过渡金属原子簇化合物研究方面所取得的主要成就如下：

① 提出固氮酶活性中心的结构模型

化学模拟生物固氮是60年代以后迅速发展起来的前沿课题，固氮酶活性中心的结构探秘和化学模拟是一项异常复杂而艰巨的工作，它的最后成功很可能促使生命科学取得重大突破，因而各国化学家一直在进行着不懈的努力。

卢嘉锡从结构化学角度出发，分析了双氮分子的异常惰性以及加强氮分子络合活化的结构问题，提出了络合活化氮分子的必要条件为：侧基加端基络合；多核原子簇；具有可变交替氧化态；有一个合适的空间结构。因而固氮酶活性中心结构必须是多核原子簇，而且有能实现端基加侧基络合的网兜状构型。卢嘉锡在此基础上提出了固氮酶活性中心结构的初步模型——福州模型Ⅰ，它是一种能实现投网式络合活化还原氮分子的钼铁硫四核网兜状结构。兰州大学化学系黄文魁教授为此人工合成了一系列“G系”（G指兰州大学所在地甘肃省）化学模拟物。

卢嘉锡提出的模型所反映的结构特点，4年后得到顺磁、穆斯鲍尔谱和超精细表面结构分析法对固氮酶钼铁蛋白和铁钼辅基进行研究所得结果的支持。该模型被国际同行在论文中多次引用，并以“M_2S_2”的局部结构形式出现在后来其他科学家提出的模型之中。

② 关于“活性元件组装”设想

自从1858年Z·陆森合成出第一个过渡金属簇合物陆森黑盐K以来，过渡金属原子簇化学已积累了不少有趣的实验材料，但一直无法正确地理解陆森黑盐的生成机理，因而过渡金属原子簇合物的合成在很大程度上仍无规律可循，基本上处于摸索试探阶段。

卢嘉锡在总结铝铁硫簇合物合成反应的大量实验事实时，发现类立芳烷型簇合物在其“自兜”反应的生成过程中经常留下反应物基本单元的结构“遗迹”可供“寻根”，因而提出：复杂的原子簇化合物可由较简单的原子簇“元件”通过活化成为“活化元件”而组装起来。根据这种“活性元件组装”的设想，可以解释从陆森红盐阴离子的组装途径。在这一理论设想的启发和指导下，物质结构研究所合成出了许多新型类立芳烷型的簇合物。

对于具有二中心双电子定域键的簇合物的合成与结构研究，为预测和判断具体类型簇合物的生成，元件组装设想吸收和应用霍夫曼等瓣相似原理，并把它推广到满足9N－L的金属簇合物和符合4n－e的碳烷等瓣相似，这样可以把有机碳烷与簇合物从霍夫曼结构上等瓣相似的角度联系起来，从中寻找它们在合成和结构中的相似性，也就是把复杂的簇合物分子碎片和已知的可能较简单的有机碎片联系起来，从而有意识、有目的地寻找有特定结构的簇合物碎片的合成途径。

③ 关于“类芳香性”本质的研究

1986年，在物质结构研究所从事钼簇合物结构化学研究的兼职研究人员黄健全，通过类比了某些$[Mo_3S_4]^+$簇合物和苯在置换、加成、氧化三类反应形式上的相似性，提出了“类苯芳香性”的概念。卢嘉锡认为这是一个有希望的苗头，即组织研究力量，通过量子化学计算和实验研究，从理论上深化和完善了这一概念。并指出在$[Mo_3S_4]^{4+}$簇合物中的$[Mo_3S_3]$非平面折叠六元环具有类芳香性，从而把有机化学中最重要、最基本的传统概念之一——芳香性，引申到过渡金属原子簇化学中来，在这之前，芳香性概念还只局限于苯和某些有机平面环状化合物。卢嘉锡等人把芳香性概念推广到$[Mo_3S_4]^{4+}$簇合物的$[Mo_3S_3]$非平面折叠六元环，从而把平面芳香性扩展到立体芳香性，同时揭示了$[Mo_3S_4]^{4+}$簇合物中$[Mo_3S_3]$非平面折叠簇环的（d－P－d）三中心键双电子π键共轭系的成键特性，建立了六元簇环芳香性和三中心键模型。

“类芳香性”本质的研究，从理性上系统地认识了某些过渡金属原子簇合物的特殊反应性能和物理性质，将有利于新型簇合物的合成进入分子设计的新阶段。

由于卢嘉锡在原子簇化学方面的突出贡献，1991年获中国科学院自然科学一等奖，1993年获国家自然科学二等奖。

★ 应用结构化学理论相关研究

卢嘉锡是一位较早应用结构化学理论于新技术晶体材料探索的科学家，他应用了A·M·布特列罗夫结构理论的思想于非线性光学材料中构效关系的研究，对阴离子基团理论的建立也提出了一系列有益的见解和建议，促进了一系列新型晶体材料的发现。

早在1861年，俄国著名化学家布特列罗夫就提出了物质的化学结构与具体性能相互影响、相互制约的科学预见，指出了一个物质的化学结构决定了它的全部性能；反过来，它的全部性能也一定能确定其化学结构。卢嘉锡认为：在近代发展出来的整系列测定物质各层次微观结构的物理方法的基础上，我们不仅能进一步把布氏理论推进到微观结构与宏观性能之间相互关系的新阶段，甚至能把它发展到某些部分微观结构与对这些部分结构的变化特别敏感的一些宏观性能之间相互关系的更新阶段。卢嘉锡正是在这方面发挥出他的创新性，他认为存在这样的可能性，那就是有可能选择那些对某部分结构特征特别敏感的某类型宏观性能作为材料科学的研究对象，从而发展出这类性能对材料中相应部分结构所要求的"结构判据"，乃至发展出材料科学的一个新分支。

自60年代以来，卢嘉锡在具体组织和指导新技术晶体材料探索中，十分重视发挥物质结构研究所结构化学基础研究的支撑与主导作用，同时注意培养理论研究人才。

1965年，卢嘉锡支持陈创天初步总结出来的非线性光学材料性能（特别是二倍频和高倍频性能、电光调制性能）是"结构敏感"性能的观点，并支持他选择非线性光学晶体的基团理论及其结构判据的理论研究课题。这项理论研究于1978年获得全国科学大会重大科技成果奖，研究的中心议题是哪一种阴离子基团最有利产生大的倍频效应。通过多方面的实验探索和理论分析，物质结构研究所较快地确定了硼酸盐系的$(B_3O_6)^{3-}$基团这一主攻方向，并先后于1984年和1987年发现和研制成功偏硼酸钡（简称BBO）和三硼酸锂（简称LBO）等新型非线性光学晶体材料。此外，在卢嘉锡倡导的"五重双结合"和"结构敏感"观点指导下，该所研制成功了几个系列的新型晶体材料，其中包括研制出国际上公认为生长"极其困难"的大尺寸自激活激光晶体硼酸钕铝（简称NAB）和在绿光输出方面领先于国际的自倍频激光晶体四硼酸铝钇钕（简称NYAB）。

美国非线性光学晶体材料科学界在比较了"新中国发现BBO晶体的研究小组和美国的研究情况"之后，一些权威专家曾"为非线性光学材料研究方面的大部分新思想不是发源于美国"而感到担忧。

诺贝尔化学奖获得者李远哲、印度科学院院长C·N·R·拉奥、美国晶体生长协会主席R·S·费杰尔逊和美国加州大学教授沈元穰等在参观物质结构研究所之后，都十分赞赏卢嘉锡为该所制订的科研方向和学术指导思想。

★ 荣誉

卢嘉锡是一位在国际科学界享有崇高威望的科学家，获得过一系列国际荣誉和学衔：1984年被选为欧洲文理学院外域院士；1985年当选为第三世界科学院院士和该院理事会理事；1987 年荣获比利时皇家科学院外籍院士称号；同年接受英国伦敦市立大学授予的理学名誉博士学位；1988 年 10 月被任命为第三世界科学院副院长，是担任这一职务的第一位中国科学家。

唐敖庆（1915—2008），江苏省宜兴县人，中国科学院院士。

★ 生平经历

早在初中学习期间，唐敖庆就深得老师的赏识。但因家境困难，无力升入高中，遂考入无锡师范学校继续学习。这期间，唐敖庆在学业上取得很大长进的同时，在政治上也受到了进步思想的影响；他经常阅读进步书刊，“九一八”事变后，他曾参加赴南京请愿团。为了筹集上大学的费用，唐敖庆师范学校毕业后先到本县凌霞小学教书，一年半以后进入江苏省立扬州中学补习班学习。这时，《大公报》上连载曾昭抡教授有关访日观感的文章，曾昭抡的学识和文采赢得了唐敖庆的敬慕，产生了师从的愿望。1936 年夏，唐敖庆考入北京大学化学系学习。“七七”事变爆发后，他随校南迁，先在长沙临时大学学习，1938 年随校来到昆明，在西南联合大学化学系继续学习，1940 年毕业留校任教。此时，唐敖庆刚结婚不久，夫妻俩居住在一间公寓的窄小套间里，生活十分清苦。唐敖庆除了承担大学的助教工作外，还在一所中学兼课，经常奔波于西南联合大学和城郊中学之间。

★ 赴美考察

抗日战争胜利后，唐敖庆和王瑞駪、李政道、朱光亚、孙本旺等，以助手身份随同我国知名化学家曾昭抡、数学家华罗庚、物理学家吴大猷于 1946 年赴美考察原子能技术。尔后，唐敖庆被推荐留在哥伦比亚大学化学系攻读博士学位。入学后，他同时选修了化学系与数学系的主要课程，顽强地进行学习，为他后来从事的理论化学研究工作打下了坚实而深厚的基础。入学一年后，唐敖庆以优异成绩通过了博士资格考试，并获得荣誉奖学金。1949 年 11 月唐敖庆获得博士学位后，再也按捺不住归国报效新中国的心情，他谢绝了导师的挽留，冲破重重阻力，终于在 1950 年初回到了祖国。从此，唐敖庆开始了献身社会主义建设事业的光辉历程。1950 年 2 月，唐敖庆被聘为北京大学化学系副教授，半年后提升为教授。1952 年调长春东北人民大学（吉林大学前身）化学系任教授，1956 年任吉林大学副校长，1978 年任吉林大学校长，1986 年初调任国家自然科学基金委员会主任并兼任吉林大学名誉校长。

回国 40 年多来，唐敖庆以其在培养人才、学术研究方面的卓越业绩，成为蜚声国内外的教育家和科学家，是五六十年代回国工作的 2500 多名旅居海外的专家学者中的杰出代表之一。

★ 组建理论化学研究队伍与机构

1952年全国高等学校院系调整时，唐敖庆到长春支援东北高等教育事业，与物理化学家蔡镏生、无机化学家关实之、有机化学家陶慰孙通力合作，率领来自燕京大学、北京大学、清华大学、交通大学、浙江大学、中山大学、复旦大学、金陵大学和东北师范大学等校的7名中年教师和11名应届毕业生，开创了东北人民大学（后改名为吉林大学）化学系。经过30多年的艰苦工作，已使吉林大学化学系跻身于国内先进行列，并于1978年在该系物质结构研究室的基础上，创建了吉林大学理论化学研究所，现此所已成为享有盛誉的理论化学研究中心。

唐敖庆在吉林大学先后主讲过无机化学、物理化学、物质结构、量子化学、统计力学等10多门课程，经常同时讲授两门甚至三门课程，他以具有严格科学体系的课程内容和独特的授课风格，对基础课教学进行了开拓性的工作，培养出一批基础理论扎实、治学严谨的主讲教师。

随着化学系基础课教师业务水平的逐渐提高，唐敖庆的教学工作又转向了一个新层次：将培养青年学者的工作从校内扩大到全国。通过指导研究生、办进修班、学术讨论班等形式，培养更高一级的专业基础理论人才。受教育部委托，他和卢嘉锡、吴征铠、徐光宪等教授一起，先后于1953年在青岛、1954年在北京举办了两期物质结构暑期进修班，培养了我国第一批物质结构师资；1958年～1960年、1963年～1965年在长春先后主办了以学术前沿重大课题为研究方向的高分子物理化学学术讨论班与物质结构学术讨论班，在这两个讨论班上，唐敖庆在国内首先开出了高分子物理化学方面的系列课程和群论及其在物质结构中应用方面的系列课程；1978年～1980年，以吉林大学为主，联合山东大学、北京师范大学、厦门大学、四川大学、云南大学和东北师范大学等校在长春共同举办了量子化学研究班和进修班，学员来自全国高校和科研单位，共有中青年教学科研人员259人。此后还办了多次短期讲习班：1985年4月、1987年7月先后在复旦大学、南京大学举办了微观反应动力学讲习班；1986年暑期与徐光宪等在长春举办了量子化学教学研究班；1988年、1989年的暑期，他又在长春举办了长春地区和全国的高分子标度理论讲习班等。从1953年到1966年，唐敖庆先后指导过物质结构、高分子物理化学专业方面的20多名研究生；1978年恢复研究生制度以来，他共招收了14名博士生、26名硕士生。

通过高分子物理化学学术讨论班和物质结构学术讨论班的培养和科研工作，涌现出一批具有高水平的学术领导人，如孙家锺、江元生、邓从豪、刘若庄、张乾二、鄢国森、戴树珊、沈家骢、汤心颐等。唐敖庆以自己的教学和科研实践，为一些基础学科高级专门人才的培养，提供了基本上可以立足于国内的重要经验。

唐敖庆在担任教育领导工作中，对吉林大学的建设和发展做出了卓越贡献。

1956 年他作为副校长，协助著名教育家匡亚明校长使学校有了迅速的发展，吉林大学于 1959 年进入了国家重点综合性大学的行列。从 1978 年起，他就任吉林大学校长，主持和领导学校的全面工作，自觉地贯彻重点高等学校要办成“既是教育中心，又是科研中心”的精神，使学校各项事业又取得了新的发展，在教学质量和科学水平的提高上又有若干新的突破。

★ 开拓理化学研究

唐敖庆是中国量子化学的主要开拓者，他数十年如一日，始终及时把握国际学术前沿的新动向，开拓新课题，为赶超国际学术先进水平取得一系列的卓越成就，在分子设计和合成新材料方面已经或即将产生其深远的影响。50 年代初美国著名量子化学家皮泽早期揭示了“乙烷分子中 C—C 单键的阻障内旋转”效应。唐敖庆在此基础上，利用国外已有的数据和资料，提出了一个可以计算许多复杂分子内旋转的能量变化规律的公式，即“势能函数公式”。利用这一公式可以推算出物质的一些性质，为从分子结构改变物质性能提供了理论上指导的依据。1955 年，这项研究成果发表之后，美国著名量子化学家威尔逊曾给予很高评价，国内外的教科书和学术专著曾广为引用，并于 1957 年 1 月获得我国首次自然科学奖——中国科学院颁发的自然科学奖三等奖。

20 世纪 60 年代初，我国在激光、络合萃取、催化等科学领域开展了大量的实验研究工作，积累了许多资料，亟须从理论上总结规律。化学键理论中的重要分支——配位场理论正是上述领域所需要的基础理论，但还很不完善。唐敖庆就立即以这一重大科学前沿课题为研究方向，带领物质结构学术讨论班的骨干成员，以两年多的时间创造性地发展和完善了配位场理论及其研究方法，成功地定义了三维旋转群到分子点群间的耦合系数，建立了一套完整的从连续群到分子点群的不可约张量方法，进一步统一了配位场理论中的各种方案，并提出了新的方案。此项研究成果被 1966 年北京国际暑期物理讨论会评为十项优秀成果之一，讨论会认为这项成果“丰富和发展了配位场理论，为发展化学工业催化剂和受激光发射等科学技术提供了新的理论依据”。此项研究成果 1982 年获国家自然科学奖一等奖。

70 年代初，分子轨道图形理论作为理论化学的一个新的重要分支，已引起国际学术界的广泛注意。唐敖庆和江元生于 1975 年着手于此领域的系统研究。10 多年来，提出和发展了一系列新的数学技巧和模型方法，他主要的贡献是提出了三条定理（本征多项式的计算、分子轨道系数计算和对称性约化），使这一量子化学形式体系，不论就计算结果还是对有关实验现象的解释，均可表达为分子图形的推理形式，概括性高，含义直观，简便易行，深化了对化学拓扑规律的认识。唐敖庆还将这一成果，进一步应用到具有重复单元分子体系的研究，得到规律性很好的结果。基于上述贡献以及“分子轨道图形理论方法及其应用”研究成果，唐敖庆获得 1987 年国家自然科学奖一等奖。

鉴于唐敖庆的科学成就，他于 1993 年获得陈嘉庚化学奖，1995 年获得何梁何利基金科学与技术成就奖。

★ 独特的教学风格

唐敖庆历来主张高等学校的教师应该既从事教学又搞科学研究，必须同时具备这两种能力。因为这二者之间是相互促进、相辅相成的。搞教学的教师知识面要宽，但不搞科研，教学就达不到应有的深度，教学质量也不能提高；搞科研的教师在某一领域的知识要有深度，但不搞教学就无法开拓知识面，科研水平也很难提高。

他一贯重视教学工作，并身体力行，即使进入老年之后，仍然坚持在教学第一线，继续进行开拓性的教学工作。师生对他讲课的反映是："唐老师讲课常听常新，永远保持着有国际水平的新鲜内容。"有的说："听唐老师讲课，好比是一次艺术享受。"唐敖庆由于青年时代就患有高度近视，从大学开始便练就成惊人的记忆力，所以在备课时，主要靠思维记忆，只写个简单提纲就走上讲坛，讲课深入浅出，富有逻辑性和启发性。他这种独特的讲课风格，在课堂上可以使师生精神高度集中，思维活动交织在一起，对提高教学效果是很有作用的。他的广博学识与精湛的讲课艺术，对中青年师资的培育影响深远。

唐敖庆经常教育自己的研究集体，要正确对待科研成果，注意加强科研道德修养。他认为，一项科研成果的取得往往是许多人合作的结果，导师与助手之间，同事与同事之间一定要相互尊重；有贡献的同志一定要尊重别人的劳动；年长的同志要注意培养年轻的同志，把自己的想法告诉他们，将自己考虑的课题交给他们，搞出了成果，我们年长的同志一定要尊重他们的劳动。在发表论文署名问题上，唐敖庆的原则是："是我的主要思想，并付出了劳动，我的名字可以放在前面；在我指导下完成的，我的名字放在后面；我只提了些意见，不能写我的名字。"

★ 出色的科技组织领导者

1982 年唐敖庆当选为中国化学会第二十一届理事会理事长后，非常重视学会工作，主张化学会要继承和发扬化学界老前辈、老理事长的优良传统，团结全国化学界，为发展祖国的化学事业而共同奋斗。他自己身体力行，为维护学术界的团结，树立优良的学风和会风，为提高我国化学学术水平做出了积极贡献。他在中国化学会领导体制方面也做了一些改革，与其他三位理事长卢嘉锡、严东生、钱人元教授联合倡议，设立执行理事长制度，每人担任一年，促进了学会的民主和团结。

1986 年初，作为国家科技体制改革的重要决策之一，国务院决定成立国家自然科学基金委员会，唐敖庆被任命为基金委第一任主任。在较短的时间内，他悉心组建领导班子，配备得力干部；根据中央方针、政策，多方面进行调查研究，广泛征求意见，制定了一系列规章制度；提出了"依靠专家，发扬民主，择优支持，公正合理”的评审原则，成功地指导了国家自然科学基金委员会资助项目评审工作的顺利进行，得到科技界的广泛支持。在他主持下，国家自然科学基金委员会发挥科学家的集体智慧，使国家科学基金的资助工作形成了既有自由申请又有主动组织，既有全面安排又有纵深部署，对支持我国基础研究和应用基础研究，发挥着十分重要的作用。唐敖庆为创建具有我国特色的科学基金制度做出了重要贡献。

1979 年，高教部委托吉林大学主办《高等学校化学学报》，经过筹备于 1980 年开始正式出版，并从 1984 年开始同时出版英文版。《高等学校化学学报》由杨石先任主编，唐敖庆任副主编，1985 年杨石先逝世后，一直由唐敖庆任主编。在领导工作中，唐敖庆依靠编委会的集体智慧，倡导以国内外著名科技期刊为榜样，坚持严格的审稿制度和严肃的编辑作风，在来稿量不断增加的情况下，他提出了“量入为出”的选稿原则，从严筛选稿件，保证了刊物的质量。《高等学校化学学报》所登论文，多被美国化学文摘《CA》和苏联文摘杂志《Рж》所摘录。据美国《化学文摘资料来源索引》1989 年第 4 期公布的该编纂年度（1988 年 7 月至 1989 年 6 月）《CA》摘引量最大的世界 1000 种期刊，《高等学校化学学报》排在第 244 位，在其摘引的 33 种中国期刊中名列第 1 位，已成为中国化学学科的核心期刊之一。

唐敖庆一直将周恩来总理关于“活到老，学习到老，工作到老，改造到老”的教导作为自己的座右铭。他“壮心系科学，孜孜为国昌”，在国家自然科学基金委员会的繁重行政工作之余，每年还回到吉林大学讲课，指导博士研究生，经常应邀到兄弟院校作学术报告，精力充沛地继续率领吉林大学理论化学研究所和化学系理论化学研究集体向新的科学领域开拓前进。正如 1990 年 4 月他对来访的记者所说的那样：“我们老一代学者，要花大力量培养青年一代，我之所以担任行政工作以来，没有放弃教学和科研工作，就是因为我觉得培养青年人才是关系到我们国家未来的大事。为了中国科学的未来，为了祖国的昌盛，我愿意耗尽自己的余生。”

何炳林（1918—2007），广东省番禺县人，青岛大学教授、校长，中国科学院院士。

★ 生平经历

何炳林 1918 年 8 月 24 日生于广东番禺县沙湾村，早年就读于广州培正中学，1938 年考入西南联合大学化学系，1942 年毕业后又在杨石先教授的指导下当研究生。他为人正直，治学严谨，受到杨石先的赏识，留校任教，又由于他办事积极、认真，大家推选他连任两年化学系秘书。在西南联合大学期间，何炳林看到中国处于内忧外患的困境，人民生活极其艰难，他像许多科学家一样，想学习先进国家的科学技术，走“科学救国”之路。

★ **留学美国**

1947 年，何炳林怀着“科学救国”而又对国家前途担忧的复杂心情，去美国留学。临行前他的朋友问他何时回来，他说：“等共产党掌了权我就回来”。到美国后，他进入印第安纳州立大学研究生院，一面工作一面刻苦学习。经过 4 年的努力，于 1952 年获得博士学位。在美国期间，他一直关注着国内局势的变化。1949 年中华人民共和国成立的消息传到美国，他异常兴奋。在国内的杨石先教授也写信给他，介绍国家开始经济建设的情况，国家需要大批科学家，希望他学习结束后早日回国。这正是他多年的心愿。

★ **回国的历程**

1950 年抗美援朝战争爆发，回国的愿望成了泡影，他只好到美国纳尔哥化学公司工作，先研究农药及用于水处理的药物，后又改为研究离子交换树脂。他的才干和优异的工作成绩受到公司的重视，被聘为高级研究员。优越的生活条件和美国政府的禁令都没能阻止何炳林对祖国的思念。

1953 年秋，他得知中美将在日内瓦进行停战谈判，便与十几位同学和朋友联名给周总理写信，要求回国。1954 年周总理率政府代表团参加日内瓦会议时，他们向国际上知名人士呼吁，配合了周总理在日内瓦与美国代表团的谈判，抗议美国阻挠他们回国。1955 年春，美国政府终于同意何炳林等人回国。当时美国对中国采取了全面封锁、禁运政策，因此，何炳林把平时搜集的大量科技资料化整为零，分期分批地寄给国内的亲友。他还买了一些回国后工作急需的仪器和化学试剂，装在一只破旧箱子里，顺利地通过检查，于 1956 年 2 月回到了阔别将近十年之久的祖国，回到了他的故乡广州。

何炳林回国后不久就直奔天津，来到他的母校南开大学，受到杨石先校长和其他老师、同学的热烈欢迎。他在南开大学有机化学教研室任教两年，便在农药及离子交换树脂的研究方面做出了突出成绩。1958 年他建立了高分子教研室，并兼任教研室主任。1959 年他被评为天津市劳动模范。9 月，周总理到南开大学时视察了他的实验室，与他长谈了半个多小时。党和国家领导人的关怀与鼓励使他万分激动。在以后的几年里，他不断地取得新的成绩，受到各方面的重视。1964 年他被选为第三届全国人民代表大会代表。“文化大革命”期间，他的教学、科研工作不得不停顿下来，而他敢于直言、敢于坚持真理的刚直品格受到广大师生的尊敬。1978 年何炳林又当选为第五届全国人民代表大会代表。

★ **获得荣誉**

20 世纪 80 年代以后，何炳林在事业上得到很大的发展。1980 年被评为全国劳动模范，1981 年被评为天津市特等劳动模范。他锐意进取的开拓精神使他永不满足于已有的成绩。1980 年他担任了化学系主任，在全校第一个试行了党、政分工。1981 年他兼任筹建中的分子生物学研究所副所长。1984 年将原化学系高分子教研室分成两个教研室和两个研究所，何炳林任高分子研究所所长。1986 年又将他 1958 年创建的南开大学化工厂并到高分子化学研究所，实行所办厂，促进了化工厂的生产和高分子化学研究所的教学、科研的发展，并于 1989 年获得了国家教育委员会“建立教学与科研生产三结合的教学新体系”优秀教学成果奖。1985 年，国家教委指定南开大学与天津大学支援新建的青岛大学，何炳林兼任第一任青岛大学校长。

除行政职务之外，他还担任了许多学术职务。1980 年当选为中国科学院化学部委员、常委，化学部副主任，并先后担任了中国化学会常务理事、高分子化学委员会副主任、《中国科学》编委、《高等学校化学学报》副主编、《高分子科学》副主编、《Reactive Polymers》及《Bio-materials，Artificial Cells，Artificial Orgons》编委、中国生物材料和人工器官协会副理事长等，另外还担任了中国石油化工总公司顾问。

何炳林为促进国际学术交流进行了不懈的努力。1978 年他参加了在加拿大召开的由联合国教科文组织发起的“化学化工在工业中的作用”会议，他代表中国代表团发言。他通过与各方面的接触，促成了加拿大麦吉尔大学、多伦多大学与南开大学的友好合作关系。1981 年他去日本参加了中日高分子科学讨论会，在会上介绍了“中国离子交换树脂的发展”。1982 年去美国参加国际纯粹化学与应用化学会议，恰巧一名瑞士人的论文题目与何炳林的报告题目（关于模拟酶的文章）相同，但在会上只让何炳林作了报告，说明了会议的组织者对中国的重视和对何炳林的尊重。1983 年他负责筹备和组织了在天津召开的第五届血液灌流与人工器官国际学术讨论会，并在会上宣读了 6 篇学术论文，受到国内外与会者的好评。此后又去苏联、美国、日本等国参加学术会议，宣读论文，受到各国学者的重视。

★ 培育人才

何炳林毕生致力于高分子学科的教育工作。自创建南开大学化学系高分子教研室以后，他一直亲临教学第一线，先后讲授五门课程，编写并不断地补充、修改《高分子化学》讲义。他在教学中严肃认真，在他花甲之年的时候，由于地震的影响，他亲自指导的 4 名学生安排在两公里之外的化工厂做毕业论文，他几乎天天步行到厂去指导他们的实验，审核他们的实验数据。有一个研究生在毕业论文答辩时，有人对其中个别数据提出了怀疑，他安排了两名副教授对该研究生的 8 本实验记录进行核查，在弄清确无弄虚作假的情况后才决定授予他硕士学位。1982 年以后，何炳林专心致力于研究生的培养。到 1992 年为止，他已为国家培养了 94 名研究生，其中有 18 名博士研究生和 2 名博士后。

考虑到科学的发展和国家的需要，何炳林在研究生的培养方向上特别注意了相关学科的互相渗透和交叉，将研究生学习的课程与毕业论文的选题扩展到与高分子化学有关的生物医学工程和生物技术方面。所招收的研究生也由高分子学科扩展到化学系的其他学科，生物系的生化、微生物、生物物理、化工和医药等专业，为国家培养了一批能够承担一些边缘科学技术工作的人才。

★ 科学研究

何炳林从美国回来时带回了国内还不能生产的 5 公斤二乙烯苯和 10 公斤苯乙烯，他利用这些原料开始了离子交换树脂的合成、性能测定和工业上的应用研究。由于工作勤奋，仅短短两年，就将当时世界上已有的离子交换树脂品种全部合成成功。1958 年他创建了南开大学化工厂，所生产的苯乙烯型强碱性阴离子交换树脂首先提供给国家工业部门，用于提取国家急需的核燃料——铀，为中国原子能事业的发展和第一颗原子弹的研制成功作出了宝贵的贡献。后来生产的多种型号的离子交换树脂被广泛地应用到化工、轻工、冶金、医药、水处理等领域，成为国民经济中不可缺少的一类功能高分子材料。

1958 年何炳林发现，在一定的惰性溶剂存在时使苯乙烯-二乙烯共聚，可以制成大孔性树脂，1960 年初又发现在线性聚苯乙烯存在下进行共聚，也能制成大孔性树脂，这类树脂与凝胶树脂相比，在结构上、性能上有许多特点。这一发现以及之后对大孔性离子交换树脂的合成、结构与性能的深入研究，都推动了功能高分子的发展，在许多领域取得了显著的经济效益和社会效益。例如 D390 弱碱性阴离子交换树脂用于精制链霉素，具有良好的选择性，所生产的链霉素的质量达到了国际先进水平，所含毒性较大的二链胺远低于国外的产品，且每年还可增加 300 多万元的经济效益。D001 - cc 阳离子交换树脂用于催化莰烯水合制异龙脑，大大改革了国内外所采用的合成樟脑的工艺。

现在国内外大孔性离子交换树脂的种类远远超过了凝胶性树脂，应用领域也由以处理水中的无机离子为主要目标扩展到化工催化、药物提取纯化、天然产物的提取与精制，一些产品还应用到非水体系。大孔性离子交换树脂的发现还导致了另一类功能高分子材料——吸附脂的问世。1971 年，何炳林在《石油化工》上发表了题为《吸附与吸附树脂》的文章，推动了中国对吸附树脂的研究和发展，为后来的许多研究人员引用。现在吸附树脂也成为一类许多工业和科研领域不可缺少的功能高分子材料。像离子交换树脂一样，在何炳林的领导下，南开大学成为国内外闻名的研究和生产多种高质量的吸附树脂的单位。1979 年，在他领导下用一种特殊方法合成的 H 系列吸附树脂在昆明全国“功能高分子学术讨论会”上宣读，引起了美国 Rohm&Haas 公司的著名离子交换树脂专家柯宁博士的极大兴趣，他表示愿与何炳林合作在美国生产此类吸附树脂，愿意代为 H 系列吸附树脂在美国申请专利。除 H 系列外，现在南开大学化工厂还生产碳化吸附树脂和多种规格的吸附树脂，这些新产品的开发都是在何炳林领导下取得的。

徐光宪（1920—），浙江省绍兴市人，北京大学教授，中国科学院院士。

★ 生平经历

徐光宪自幼勤奋好学，中学时曾获浙江省数理化竞赛优胜奖。他家境清贫，于1936年初中毕业后考入浙江大学附属高级工业职业学校，1937年转学浙江宁波高级工业职业学校，1939年毕业。时值抗日战争，社会动荡不安。他毕业后原拟赴昆明参加叙昆（宜宾—昆明）铁路的修建工作，因路费被领班私吞，滞留上海当家庭教师度日。就在这样困难的处境中，他强烈的求知愿望不泯，省吃俭用，积攒学费，挤出时间，考入交通大学学习。他夜晚兼任家庭教师，日间上学，焚膏继晷，刻苦攻读，于1944年7月从交通大学化学系毕业，获理学学士学位。由于学习成绩优秀，徐光宪1946年1月起被交通大学化学系聘为助教。

徐光宪为了继续深造，于1948年初赴美国留学，1月～6月就读于华盛顿大学化工系。1948年夏，在纽约哥伦比亚大学暑期试读班中，成绩名列榜首，被该校录取为研究生并被聘为助教，不仅免交学费，还被正式列入教员名录。当时能得到这一待遇的留学生是极少的。他攻读量子化学，一年后即获得哥伦比亚大学理学硕士学位。由于成绩优异，1950年7月被选为美国Phi Lamda Upsilon荣誉化学会会员，荣获象征能打开科学大门的一把金钥匙及荣誉会员证书。1951年3月完成博士论文《旋光的量子化学理论》并通过论文答辩，获得博士学位，并被选为美国Sigma Xi荣誉科学会会员，再次获得金钥匙一把。他从入学到取得博士学位只用了2年零8个月的时间，这在当时美国第一流水平的哥伦比亚大学，是很不容易的。

徐光宪深受导师C·D·贝克曼的器重。导师极力挽留他继续留在美国进行科学研究，推荐他去芝加哥大学R·S·莫利肯教授处做博士后。他的夫人高小霞当时尚未获得博士学位，他去莫利肯处不但可获得最好的科研工作环境，而且也可为高小霞继续求学创造良好的条件，但是徐光宪认为祖国更需要自己，应当尽快回国。1951年4月徐光宪与高小霞乘船一同回到祖国。

徐光宪回国后受聘为北京大学化学系副教授，并兼任燕京大学化学系副教授。1952年9月院系调整后，继续任北京大学化学系副教授。受教育部委托，他和卢嘉锡、唐敖庆、吴征铠一起于1954年7月在北京举办“物质结构暑期进修班”，培养了我国第一批物质结构课的师资。1957年7月，他被任命为放射化学教研室主任；1958年9月被任命为新成立的原子能系副主任，兼核燃料化学教研室主任。同年12月他应邀访问苏联，参加在杜布纳原子能研究所召开的国际核物理与放射化学学术会议，会后访问了莫斯科大学和列宁格勒大学。1961年他晋升为教授。同年8月应中国科学院上海有机化学研究所邀请，在该所讲萃取化学一个月。

1977年以后，徐光宪担任过许多重要社会工作。1980年12月他发起成立中国稀土学会并当选为副理事长，蝉联至今。1981年被任命为国务院学位委员会第一届理学评议组化学组成员。辛勤的劳动结出累累的硕果，几十年来，徐光宪为国家和人民培养了一大批教学和科研人才，并在物质结构、量子化学、配位化学、萃取化学、稀土科学等领域做出了突出的研究成果。

★ 学术贡献

徐光宪的研究横跨物理化学、核燃料化学、配位化学、萃取化学、稀土化学等领域，他在我国较早开设物质结构和量子化学课程。1954年受教育部委托，他和卢嘉锡、唐敖庆、吴征铠一起在北京举办物质结构暑期进修班，培养了我国第一批物质结构课的师资。20世纪50年代末，他从事核燃料萃取化学研究和提出萃取机理的分类法研究，准确测定大量溶液化合物的稳定常数和两相萃取平衡常数，为国际手册收录。

1976年他提出串级萃取理论，并在全国推广，把我国稀土萃取分离工艺提高到国际先进水平。在量子化学领域中，他对化学键理论作了深入研究，提出了原子价的新概念、nxcπ结构规则和分子片的周期律。同系线性规律的量子化学基础和稀土化合物的电子结构特征研究，被授予国家自然科学二等奖。徐光宪著述颇丰，发表学术论文400余篇，出版专著和教科书8种。他所编著的《物质结构》一书1988年被评为国家教委优秀教材特等奖。2005年，徐光宪荣获何梁何利基金“科学与技术成就奖”。

梁晓天（1923—2009），河南舞阳人，化学家，中国医学科学院药物研究所合成药物化学研究室研究员，中国科学院院士。

★ 生平经历

梁晓天出生在河南省舞阳县一个小山村，从小聪颖好学。1946年毕业于中央大学化学工程系。1947年赴美国西雅图华盛顿大学研究生院学习。1952年获美国西雅图华盛顿大学博士学位，接着在美国哈佛大学化学系任博士后研究员。为了回到新生的中华人民共和国，他给美国总统写抗议信，给周恩来总理写求助信。他是用5名在朝鲜战争中俘虏的美国飞行员换回的、留美的中国科技人员第一批归国人员。回国后到中国医学科学院药物研究所化学药物合成研究室任研究员，博士生导师。1980年梁晓天当选为中国科学院院士。他先后兼任中国化学会理事长，中国质谱学会理事长，中国药典委员会委员，国家科委药学组成员，国家新药研究与开发协调领导小组专家委员会顾问，中医研究院中药研究所兼职教授，北京市医药总公司技术顾问，《中国科学》、《科学通报》、《有机化学》、《中国化学》、《化学学报》编委，《药学学报》副主编，《中国化学快报》主编，联邦德国药用植化学会会员和《药用植物》编辑顾问，《四面体》及《四面体通讯》顾问编辑。

★ 科研成就

20 世纪 50 年代起他对药用天然产物进行系统研究，最早在中国利用核磁共振、质谱等物理手段研究有机物的结构，并开展天然产物的化学修饰、药物人工合成以及反应机理的研究。曾研究并解决结构的天然产物有：川楝素、鹤草粉、鹰爪甲素及乙素、创新霉素、亮菌甲素、芍药新苷以及一些二萜生物碱等数十个，并对一叶萩碱、猫眼草素等天然药物进行了全合成的研究。

40 多年来，他先后发表了 200 多篇有价值的学术论文。他编译的《核酸共振解析简论》和编著的《核磁共振高分辨氢谱的解析和应用》获 1978 年科学大会著作奖，研究成果曾获国家三等发明奖；1994 年获首届中国医学科学奖。1995 年获何梁何利化学奖。

黄本立（1925—），出生于香港，原籍广东新会，光谱化学家，中国科学院院士。

★ 生平经历

黄本立 1945 年～1949 年就读于广州岭南大学物理系，1950 年～1986 年在中国科学院长春应用化学研究所工作，1982 年升研究员，1984 年获批为博士研究生导师。1986 年调厦门大学至今，任化学系教授、博士生导师。他曾任（或现任）吉林大学、浙江大学、中国科技大学及长春地质学院等六院校兼职教授，中山大学、首都师范大学和德国 Duisburg 大学客座教授，东北大学名誉教授，中国化学会第 25 届理事长，分析化学学科委员会主任及中国光谱学会副理事长等职；兼任《光谱学与光谱分析》主编，《分析化学》、《分析科学学报》编委会顾问，《化学进展》、《分析化学学报》、《分析试验室》等多种国内期刊编委，*Spectrochimica Acta Part B：Atomic Spectroscopy*，*Analytical Sciences*，*ICP Information Newsletter* 等 6 种国际期刊顾问编委或编委。

★ 科研成就

黄本立 50 多年来一直从事原子光谱分析研究，早年创立了一种可测定包括卤素在内的微量易挥发元素的新型双电弧光源。20 世纪 60 年代建立了国内第一套原子吸收光谱（AAS）装置和国内第一套钽舟无焰 AAS 装置；70 年代以来他从事新光源 ICP 的研究，提出了可同时测定氢化物元素和非氢化物元素的新型雾化器——氢化物发生器并获专利。他所主持或参加的工作多次获奖，其中获中科院重大科技成果二等奖 3 次，国家科技进步三等奖 2 次，国家教委科技进步三等奖、教育部科技进步二等奖、中科院科技进步三等奖、吉林省重大科技成果二等奖等各 1 次。90 年代他研究大电流微秒级脉冲空心阴极及辉光放电光谱/质谱仪器并获专利和福建省科技进步一等奖，先后获厦门大学第七届“南强奖”个人一等奖，“全国优秀教师”、“福建省优秀专家”、“福建省先进工作者”、“全国先进工作者”等荣誉称号。

黄本立在国内外刊物上发表论文 200 多篇，出版专著有 *An Atlas of High Resolution Spectra of Rare Earth Elements for ICP - AES*（2000，合著）、《发射光谱分析》（1979，合著）、《原子吸收及原子荧光分析译文集》（1975，主编，合译）等 10 余部。20 多年来应邀在各国举办的国际学术会议上作大会报告 9 次，特邀报告 20 多次。1996 年主持了厦门国际光谱化学高级研讨会，同年任第 5 届欧亚化学大会的“环境与分析化学研讨会”中分析化学研讨会的中方召集人。在他的带领下，于厦门成功举办了第五届亚洲分析科学会议（1999 年）和世界光谱领域的顶级峰会——第 35 届国际光谱会议（2007 年）。积极为国内同行创造良好的交流合作机会，使得他们有机会不出国门就能参加高水平的国际会议，推动了谱学领域的研究与应用，促进了我国相关学科发展和科技进步。

黄本立一直从事原子光谱分析研究。1957 年提出的新型双电弧光源多次为国内外专著及论文所引用和一些实验室所采用。20 世纪 60 年代初在我国首次建立原子吸收光谱装置并发表了国内首批原子吸收论文，他所主持的“光谱感光板测光自动化”课题于 1985 年获中科院重大科技成果二等奖。1975 年起，他从事感耦等离子体（ICP）光谱分析研究，参加过多项获奖工作：中科院重大科技成果二等奖 2 次；国家科委及中科院科技进步二等奖 1 次，三等奖 2 次；吉林省重大科技成果二等奖 1 次。所研制的新型雾化-氢化物发生装置获中国专利。1991 年获厦门大学第七届“南强奖”个人一等奖，所主持的“ICP 进样方法及其过程的研究”于 1993 年获中科院长春分院自然科学奖三等奖，“流动注射在原子光谱分析中应用技术研究”获 1995 年国家教委科技进步三等奖。

麻生明（1965—），浙江东阳县人，有机化学家，中国科学院上海有机化学研究所研究员，中国科学院院士。

★ 生平经历

麻生明 1982 年毕业于浙中名校——东阳市巍山中学。1986 年毕业于杭州大学化学系（现浙江大学），同年进中科院上海有机所，师从陆熙炎院士。1988 年获中国科学院上海有机化学研究所硕士学位，1990 年获该所博士学位。1991 年获中科院院长奖学金特别奖。1990 年 12 月～1992 年 6 月任中国科学院上海有机化学研究所助理研究员，1992 年 6 月被破格晋升为副研究员。1992 年 9 月～1993 年 10 月于瑞士苏黎世联邦理工大学（ETH）从事博士后研究工作。1993 年 10 月～1997 年 3 月于美国普渡大学（Purdue University）从事博士后研究工作，1995 年获杰出青年基金资助。1997 年 3 月回国从事科研工作。1997 年 9 月～至今，任中科院上海有机所研究员。2000 年～2005 年，为国家 973 项目“创造新物质的分子工程学”的首席科学家之一。2003 年 2 月至今，任浙江大学教育部长江计划特聘教授。2004 年获上海市自然科学牡丹奖，上海市科技进步一等奖，2005 年当选为中国科学院院士，2006 年获国家科学技术奖二等奖，2008 年 9 月起担任 973 计划“惰性化学键的选择性激活、重组及其控制”首席科学家。2008 年 11 月，当选为第三世界科学院院士。

★ **研究方向**

麻生明主要从事联烯及其类似物化学方面的研究。他引入亲核性官能团，解决了联烯在金属催化剂存在下反应活性及选择性调控，为环状化合物的合成建立了高效合成方法学；发展了从 2，3 -联烯酸合成 γ -丁烯酸内脂类化合物的方法；建立了过渡金属参与手征性中心形成的一锅法双金属共催化的合成方法。同时，实现了同一底物中几种碳—碳键断裂间的选择性调控，提出了杂环化合物的多样性合成方法。

★ **主要成就**

麻生明 1995 年获国家杰出青年科学基金资助，2001 年获创新研究群体科学基金资助。他曾主持国家自然科学基金重大国际合作项目和重点项目，中科院海外合作伙伴计划项目、优秀实验室项目，是科技部“973”项目“创造新物质的分子工程学”首席科学家之一。他主要从事以下方面研究：

① 金属参与的联烯化学：包括缺电子联烯的氢卤化反应和官能团化联烯的多组份偶联关环反应。

② 联烯亲电加成反应的立体化学及区域选择性调控。

③ 亚烷基环丙烷及环丙烯的选择性碳一碳键断裂。

作为项目负责人共发表论文 126 篇（其中 SCI 112 篇；SCIE 14 篇），被他人引用 510 次，其中发表在 Chem. Rev. 上 1 篇，Acc. Chem. Res. 上 1 篇，J. Am. Chem. Soc. 上 8 篇，Angew. Chem. 上 7 篇，Chem. Eur. J. 上 5 篇。上述工作已被美国科学家 B · M · Trost 和 V · Gevorgyan、日本科学家 Y · Yamamoto 和西班牙科学家 M · Alvarez 等应用到他们的工作中。他曾 17 次应邀在国际学术会议上作邀请报告，应国际著名科学家的邀请在 3 本英文专著中撰写了 3 章，2004 年获得“陈长谦纪念奖”，2005 年获得“导向有机合成的金属有机化学奖”。国际评奖委员会肯定了他在金属催化的联烯反应方面的创造性贡献：“金属参与的联烯化学中的选择性调控”获 2004 年度上海市科技进步奖一等奖。

他工作十分敬业，责任心很强，2003 年获全国留学回国人员成就奖。自 1997 年担任金属有机开放实验室主任以来，团结全室人员，保持并发扬了过去的传统，实验室连续两次（1999 年，2004 年）被评为中国全国 A 类实验室，2001 年升级为国家重点实验室，2004 年实验室和他本人被评为中国国家重点实验室先进集体和个人。他注重与海内外科学家的合作，推动我国金属有机化学的发展。

他在上海有机研究所和浙江大学承担研究生课程《金属有机化学》的教学任务，撰写《金属参与的现代有机合成反应》一书。获 2004 年度中科院优秀研究生导师奖，共培养博士 12 名，硕士 4 名，其中 1 名研究生获中科院院长奖学金特别奖，2 名获院长奖学金优秀奖，2 名获中科院刘永龄奖学金。

自 1997 年起他还兼任上海有机所学报联合编辑室主任，对 3 个杂志的出版工作进行大幅度改革，现《中国化学》和《化学学报》已被 SCI 收录，《有机化学》被 SCIE 收录，《中国化学》已与 Wiley－VCH 联合出版；兼任第十九届国际金属有机化学会议和第十三届 OMCOS 国际会议的国际顾问委员会成员、《中国化学》常务副主编、国际刊物《Tetrahedron》的稿件终审人以及 Bull. Chem. Soc. Japan 和 Angew. Chem 的国际顾问编委；2005 年当选中国科学院院士。

★ 所获荣誉

1991 年获中科院院长奖学金特别奖；

1992 年获中国科学院自然科学一等奖（一般参加）；

1994 年获 Research Accomplishments Award；

1997 年获中国科学院自然科学一等奖（排名第二）；

1999 年获中国科学院青年科学家奖一等奖；

1999 年获求是基金杰出青年学者奖；

1999 年获国家自然科学二等奖（排名第二）；

1999 年获中国科学院十大杰出青年；

1999 年获中国化学会青年化学奖；

2003 年获全国留学回国人员成就奖；

2003 年获中国科学院优秀研究生导师奖；

2004 年为上海优秀留学回国人才；

2004 年为中国科学院优秀研究生指导教师；

2004 年获得 the 2004 Chan Award for Outstanding Young Organic Chemist；

2004 年获中国化学会有机化学专业委员会“有机合成创造奖”；

2004 年获国家重点实验室计划先进个人；

2004 年获上海市科技进步一等奖（排名第一）；

2004 年获第五届上海市自然科学牡丹奖；

2005 年获得 OMCOS 13 Award（1997 年至 2001 年称为“Springer Award”）。

5. 天文学领域

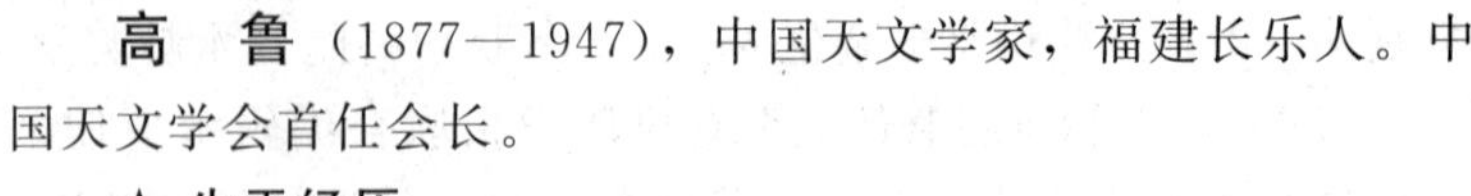

高　鲁（1877—1947），中国天文学家，福建长乐人。中国天文学会首任会长。

★ 生平经历

高鲁早年就读于福建马江船政学堂，1897 年毕业于著名的福建马尾海军学堂，1905 年被选派到比利时布鲁塞尔大学学习工科，获工科博士学位。

1909 年追随孙中山参加同盟会，1911 年回国。辛亥革命后任南京临时政府秘书，不久任中央观象台首任台长。1918 年去欧洲，任留欧学生监督。1921 年回国后仍任中央观象台台长。1928 年任中央研究院天文研究所所长。1929 年任驻法国公使。1931 年回国后相继任监察院监察委员、闽浙监察使等职。1913 年创办《气象月刊》，普及气象学和天文学知识。1915 年此刊改为《观象丛报》，1930 年更名为《宇宙》。高鲁于 1922 年发起成立中国天学会，并任首任会长。1927 年筹划建立南京紫金山天文台，参与组织了 1936 年和 1941 年两次日全食观测。1929 年他发明天璇式中文打字机，并著有《图解天文学》、《日晷通论》、《星象统笺》、《中央观象台过去与未来》、《相对论原理》等。

1912 年，民国政府迁都北京，教育部接管了当时清政府的钦天监（即现在的北京古观象台），钦天监改名为中央观象台，高鲁被教育部总长蔡元培任命为中央观象台台长。从此，高鲁就投身到创建我国现代天文事业之中。

到 20 世纪初，国际天文学已有很大发展，仅就天体测量学来说，观测的设备和精度都已相当高了，而钦天监还靠古代的仪器观测，早已大大落后于时代。高鲁任台长后，对工作项目、设备和人员进行了全面改革。他建立历数、天文、气象和地磁四个研究方向，使中央观象台成为名副其实的观象机构，这就不仅改革了天文观测，同时还开创了我国气象学和地球物理学观测研究的先河。在专业人才方面，他聘请精通数学并熟悉历算的常福元主管编历，聘请从比利时留学回国的蒋炳然主持气象工作，同时购置了多功能经纬仪，并与常福元到野外测定北京的地理经纬度。

为了推进中国现代天文学的建设，他广积贤才，多方宣传，唤起政府重视；积极组建中国天文学会，在 1922 年 10 月 30 日北京中央观象台举行的成立大会上，高鲁被推荐担任首任会长。

为了扩大天文学的影响，他请到许多著名科学家和社会名人，马叙伦、蔡元培和陈嘉庚等都到会祝贺。这不仅是现代中国天文学史的一个里程碑，也是现代中国科技史的一个新起点。当时，我国还没有全国性的数学、物理、化学和生物学学会，因此，当时一些非天文专业的科学家也参加了中国天文学会。中国天文学会的诞生为我国天文界1935年参加国际天文学联合会奠定了基础。

★ 在北京西郊选台址

20世纪初叶，偌大的国土上没有中国人自己建起的现代天文台，而1872年法国侵略者在上海建起的徐家汇观象台，1900年又在上海佘山建起天文台；1898年，德国侵略者在青岛建起观象台。这激起高鲁的爱国热情，决心创建中国人自己的现代天文台。1913年10月，日本在东京召开亚洲各国观象台台长会议，身为中国中央观象台台长的高鲁竟未被邀请，反倒是上海徐家汇观象台的台长劳积勋神父被邀请代表中国出席会议。高鲁深感这是中国人的耻辱。1915年，他提出要在北京创建大型天文台的计划，并将设计图样、文字说明和预算送交当局审批。然而，当时的中国内忧外患，谁会在意这种计划？就是在这种毫无依靠的情况下，他仍做着建台的准备。高鲁曾多次分别与常福元和蒋炳然到北京西郊山区进行台址勘测。蒋炳然先生在回忆文章中说："与高鲁先生同往选测建台地址，寒天冷夜，同宿于三家店旅舍。"

虽然在北京建天文台的计划未成，可是高鲁决心创建天文台的决心并未泯灭。1927年，北伐战争胜利后，国民政府设大学院，蔡元培任院长，高鲁任秘书。他开始积极筹划在南京建大型天文台。经过多方调查，他决定在紫金山第一峰——北高峰上建台。1928年4月，中央研究院成立，蔡元培任院长，高鲁被任命为天文研究所首任所长，他请南京市工务局李宗侃工程师设计天文台建筑图。1928年8月，高鲁和他的助手陈遵妫、陈展云到紫金山第一峰测定这里的经纬度，结果为"东经118度49分，北纬32度02分"。

就在高鲁全力以赴筹建天文台之际，当时的国民政府下达通知，任命高鲁为中国驻法国公使。高鲁婉推不成，只得从命。他曾惋惜地说："我是多么希望终身为祖国天文界效劳，把我国古代天文学在国际上的荣誉发扬光大。"这样看来，他的建台筹划就要中断了。此时此刻，为了使建台工作继续进行并最终落成，最大的问题就是接替他的人选问题。他向蔡元培推荐时任厦门大学数理系主任的余青松教授。余青松，1897年生于福建省同安县，1926年在美国获博士学位，因对恒星光谱的研究成果卓著，已享誉国际天文学界。1927年回国在厦门大学任教。1929年2月，中央研究院特发公函聘请余青松任天文研究所第二任所长，正是余青松完成了创建紫金山天文台的最终使命（天文台于1934年9月落成）。应该说，高鲁在选定接班人的关键问题上，伯乐识千里，又立下一功。

★ 说服高堂过阳历七十大寿

高鲁先生为推动我国历法改革也做出了重大贡献。历法是国家统一颁行的重要法令，我国传统的历法是阴阳历（即农历），国际上广泛采用阳历（公历）。高鲁先生早在比利时留学期间就曾专心研究过中西历法，他独自主编出以我国二十四节气中的立春为岁首的历，取名"长春历"。1912年新年晚10时，"中华民国"临时大总统孙中山在南京举行就职仪式，孙中山先生当场发布《改用阳历令》，以当日作为“中华民国”元年元月元日，高鲁积极协助孙中山改历。高鲁和他最得力的合作者常福元在新历书中依照公历，按月编排，每日下面载昼夜长短，注明二十四节气和纪念日等，去除了以前迷信的内容，加入了天文知识普及，这是一大创新。他还以中央观象台台长的名义告知全国：中央观象台愿帮助每个人将生日的日期从农历换算成公历，无条件为国民服务，受到一些人的欢迎。

身为教育部总长的蔡元培先生积极支持，他将自己的生日换算到公历，即为1867年1月17日。1924年是农历甲子年，这一年正逢高鲁母亲70寿辰，高鲁请求母亲将生日换算成公历日期过大寿，老太太欣然同意，并捐款作为天文学基金，以示对儿子推行公历的支持。

高鲁不仅有出色的组织管理才能，同时还积极参加科学研究工作。先后完成了《图解天文学》、《中央观象台的过去与未来》、《二十八宿考》、《火星与地球》等多篇著作。他还是在我国最早传播爱因斯坦“相对论”理论的学者之一，1922年，他编译出版《相对论原理》一书，并亲自做科学演讲。1922年，他在法国期间，创造发明了天璇式中文打字机，曾在巴拿马国际博览会展示并获奖。

高鲁还是第一位把天象仪介绍到我国的学者，并推动在我国创建天文馆。为提高教育服务，他在1932年中国天文学会第九次年会上作的学术报告就是《假天——假天就是一架天象仪》。1949年，天文学家李元先生在一篇追念高鲁的文章中曾建议，我国第一座假天馆（即天文馆）应命名为“高鲁假天馆”，以纪念这位我国近代天文界中不朽的伟大人物。

余青松（1897—1978），中国天文学家，福建同安人。

★ 生平经历

余青松少年时代是在家乡度过的，后来以优异的成绩考上了（北京）清华留美预备班。1918年赴美国，先在里海大学攻读土木建筑学专业，获学士学位，毕业后到美国曼克林提克·曼瑟建筑公司任设计员。1923年，一个偶然的机会，他到美国匹兹堡大学攻读天文，并在阿利根尼天文台台长邱提斯领导下进行天文观测与研究，较出色地完成了《天鹅座CG星的光度曲线和轨道》的硕士论文，这使他在美国天文界初露头角。后来他又转入加利福尼亚州大学进修，在里克天文台从事恒星光谱研究工作，曾获得该大学的天文学奖学金。余青松以他精深扎实的基础，踏实苦干的精神，使当时的恒星光谱研究工作取得了丰硕的成果。他创造的光谱分类法被纳入国外天文学教科书之中。1926年他就这方面内容完成了博士论文，获博士学位。

余青松有着一颗赤诚的爱国之心，即使他在国外获得如此高的声誉，也没使他忘记自己的祖国。1927年，他毅然回到养育他成长的家乡福建省，任厦门大学物理系教授。

1929年，具有伯乐之明的高鲁，识得这位“千里马”，大力推荐余青松接任自己将要离岗的天文研究所所长职务。此后，余青松历任国立中央研究院天文研究所所长、中国天文学会会长、中国日食观测委员会主任委员兼观测组主任、中国天文委员会主任委员等职务。另外，他还是国际天文协会以及英国皇家天文学会会员。

余青松步入天文界后，几乎都是在极其艰苦的条件下开展工作的，但是，即使在艰苦卓绝的抗日战争中，他也从未停下脚步。余青松以他那超人的智慧和特殊的才能，率领天文界，励精图治，踵事增华。无论是亲手创建了两座现代化规模的天文台，还是他使得中国现代天文学研究初具规模，其成就都是前无古人的。他对开创祖国的现代化天文事业充满着信心。可是，正当他准备为祖国的天文事业继续奋斗的时候，1941年，中央研究院以所谓的专家须到国外进修为借口，免去了余青松的天文研究所所长职务。面对着这无情的打击，余青松伤心极了，但他此时并没有甩手出国，而是怀着拳拳赤子之心来到广西桂林、四川重庆负责起光学仪器和教学仪器的研制工作。1947年，他看到政府的腐败无能，内战连绵不断，痛感报国无门，发展祖国的科学事业无望，怀着抑郁的心情，被迫离开了祖国。

★ 重大贡献

余青松对祖国现代天文事业作出的最大贡献，是创建了当时东亚地区第一流水平的南京紫金山天文台和云南省昆明凤凰山天文台。

＊ 南京紫金山天文台

1929年余青松接任天文研究所第二任所长后，秉承高鲁的宏愿，开始着手创建紫金山天文台的工作。在天文研究所全体职员的共同努力下，费时五载，紫金山天文台的建筑工程于1935年全部竣工。紫金山天文台的建成，浸透了以所长余青松为首的天文研究所全体人员的心血，充分显示了他们为祖国的现代天文事业艰难创业的精神。

紫金山天文台

紫金山天文台拔地而起后，轰动了国际天文学界，有不少国外学者慕名而来。日本京都大学校长、著名的汉学专家新城新藏和几位日本学者到紫金山天文台参观后，站在变星仪室前面，浏览全景，深有感触地说：“日本目前还没有一个能够建筑这样好的、东亚第一流的天文台的人。”

＊ 云南省昆明凤凰山天文台

1937年，正当余青松准备带领天文研究所进一步开展更系统的观测与研究工作之际，抗日战争爆发了。几经辗转，天文研究所于1938年春最后落脚在云南省昆明市。

余青松是一位多才多艺的天文学家。他不仅对天文专业有很高的研究水平，具有出色的组织才能、建筑设计及工程施工的才能，而且他在工作中经常有所发明与创造。比如1936年，中国首次派遣日食观测队到日本北海道观测日食，由余青松领队。在准备前往的过程中，为避免搬动笨重的转仪钟，他发明了利用留声机的发条改装成为移动望远镜的动力来代替转仪钟的功用；又如在筹建凤凰山天文台的过程中，由于当时劳力极少，他对变星仪观测室圆顶的设计，不抄袭成法，设计的既式样美观，又轻巧方便，仅由一个工匠就能承担制作观测圆顶的任务，几个人就能把它上顶装配成功。晚年的余青松还绘制星图。其星图绘有经纬线，别具风格，非常精美，被刊载在不少天文书籍中，其中最受赞赏的是刊在著名天文学家门泽尔著的《天文学》一书中。门泽尔称他为伟大的艺术家。

虽然余青松后来未能回到祖国，但是鉴于他对祖国现代天文学事业作出的特殊贡献，科学界给他以“中国现代天文学家”的光荣称号。

李珩（1898—1989），四川成都人，中国现代天文学家。

★ 生平经历

李珩1922年毕业于四川华西大学数学系，1925年留学法国巴黎大学，1927年获理科硕士学位，1933年以“造父变星的统计研究”获法国国家博士学位。同年回国后任山东大学物理系教授兼青岛观象台研究员。1937年起先后任华西大学教授、理学院院长、教务长和四川大学教授、物理系主任，中央研究院天文研究所研究员。1948年～1949年作为访问学者赴美国普林斯顿大学工作。回国后，于1951年应中国科学院郭沫若院长的邀请，出任中国科学院紫金山天文台研究员，并先后任上海佘山观象台和徐家汇观象台负责人。

李珩1953年～1960年任《天文学报》主编。1957年以来，当选为历届中国天文学会理事会副理事长，为中国现代天文事业的创建作出了突出贡献。1962年8月，中国科学院决定成立上海天文台，他被任命为上海天文台第一任台长（至1981年10月），1982年任名誉台长。

陈遵妫（1901—1991），福建省福州市人，中国现代天文学家。

★ 生平经历

陈遵妫童年在家乡读私塾，少年时代跟随在京城谋事的父亲来到北京师大附中读书。学生时代的陈遵妫好运动，甚至很调皮，有时还搞点恶作剧，很惹老师生气，但他很聪明，成绩也很好。他喜欢读书，但讨厌当书呆子。当时他深受福建同乡严复科学救国思想影响，决意奋发图强，以科技振兴中国。1921 年他 20 岁时，考入日本东京高等师范学院，主修数学。在日本留学期间，他注意到日本明治维新后大力抓教育、科学使日本变成强国的经验，决心也往这方面努力，使祖国强盛起来。他与中国同学组织合一社，宣传王阳明的知行合一观，相约日后以所学报效祖国。

★ 天文学学习生涯

有一年暑假陈遵妫从日本回国探亲，在火车上偶然遇到父亲的挚友高鲁先生。高鲁先生是个天文学家，当时担任北京中央观象台台长。他与陈遵妫交谈之后，建议这个刚 20 出头的青年把数学和天文学结合起来，将来从事天文学研究。高鲁先生还特别安排陈遵妫到中央观象台做天文观察实习，并且送给他一本《图解天文学》做纪念，为陈遵妫一生从事天文学研究埋下了一粒种子。

留日 5 年之后，陈遵妫在 1926 年学成归国，先后在北京高等女子师范学校、国立北京师范大学数学系、保定河北省立农学院做教授。同时还在中央观象台兼职，负责历书编纂工作。1928 年国立中央研究院天文研究所在南京紫金山成立，陈遵妫被聘为该所专任研究员，并兼该所算学组主任，正式进入中国天文学界，开始了他 60 余年漫长的天文学生涯。

1937 年，陈遵妫偶然收到日本天文学家、京都大学花山天文台台长山本一清教授的来信，说国际天文学联合会委托山本主持收集中国古代天文学史料，希望中国天文研究所予以帮助。陈遵妫读信之后非常生气，收集中国古代天文史料，为什么要找日本人来做？从那时起，陈遵妫便开始收集史料。他花了 2 年多时间编写出《中国天文发达史》，准备交商务印书馆出版。不幸由于战乱，书稿遗失，他的第一本中国天文学史著作终于未能问世。他的发妻和三个孩子也在这场战争中不幸全部遇难。但越是在这种艰苦卓绝的环境中，越能激发他报国的满腔热血，即使是在颠沛流离的转战途中，他也不忘进行科学探测和研究。1938 年，他参与筹建了昆明天文台，这是战时国家最为重要的天文观测设施之一。1942 年，他随研究组到贵阳考察日食。1944 年，又参加甘肃临洮日食观测队，负责编辑观测资料，用变星仪拍摄造父变星，为中国现代天文学研究工作积累了宝贵的资料，为日后的科学研究奠定了基础。

抗战胜利后，中央研究院搬回南京，陈遵妫受命担任天文研究所代理所长。同时出任中国天文学会总秘书长、理事长，国立编译馆天文学名词委员会委员，中国天文学会变星委员会委员，中国日食观测委员会委员，以及《宇宙》杂志主编。这一杂志为宣传近代天文知识起了很大的作用，在中国科技界很有影响。国民政府为表彰他抗战期间公而忘私的丰功伟绩，颁发给他一枚胜利勋章。可是陈遵妫对国民政府的贪污腐败深恶痛绝，所以新中国成立后，他感到由衷的高兴，欣然担任中国科学院紫金山天文台研究员，并兼任上海徐家汇观象台台长，积极参加新中国的科学建设事业。

1955年中国科学院的竺可桢和吴有训两位副院长，把陈遵妫先生从南京邀请到北京，将创建中国第一座天文馆的重任交给陈遵妫。“天文馆”这个名称是陈遵妫提出的。在国外，具有天象仪的单位名为“天象馆”，它仅起天文电影院的单一作用。陈遵妫考虑到中国的国情：天文科学比较落后，人民大众天文知识很少，应该要把天文馆办成为既有研究又有普及的单位，重点放在人才的培养上。天文馆筹建组的同志一致赞同陈遵妫的看法。因此，新成立的“北京天文馆”，就以天象厅为中心，配有天文观测台、气象台、天文展览厅和演讲厅，并配有物理实验室与光学车间（为制造天文教具与天文望远镜做准备）。经过2年多时间的建设，1957年9月29日，新中国第一座天文馆——北京天文馆正式开馆。

北京天文馆的成立，成为当时国内外的重大新闻，吸引了成千上万的参观者。1957年10月，党和国家领导人刘少奇、周恩来、朱德、陈毅、贺龙、郭沫若、竺可桢等先后到馆视察。刘少奇主席、周总理对天文馆的发展作了重要指示，给陈遵妫馆长与全馆人员以极大的鼓舞。1956年底，陈遵妫率中国天文考察团，赴苏联莫斯科、列宁格勒、基辅等地考察苏联天文馆。

1957年反右运动开始，很多知识分子都不幸被打成“右派”。本来陈遵妫还在东欧访问，完全不接触国内的大鸣大放，待他归国之时，反右运动的热潮刚刚退去。可是学者的良知、爱国的热情，促使陈遵妫依然提出自己的意见，于是在1958年，天文馆又给陈遵妫先生补了一顶右派的帽子，并撤去他的一切职务，包括天文馆长和《宇宙》杂志主编。

一直到1979年10月，组织上才宣布对陈遵妫彻底平反，并恢复馆长职务。在这长达20年的时间内，陈遵妫仍然关心天文馆的事业，做了许多工作。他曾经谈到：“我相信党，相信自己，相信事业。不让我当天文馆馆长，我正好写书。人生只有几十年，官可以不做，但要有事业，事业才是人的真正生命。我写作的《中国古代天文学史》所依赖的资料，有相当一部分是在那个时期赋闲在家时搜集的。”

陈遵妫始终认为，中国这么大的国家一直靠翻译国外天文年历为己用是个耻辱。编纂出版天文年历，不仅出于天文学的需要，而且对国计民生、国防建设等都是大有用途。他为中国独立编算历书，曾四处奔走呼吁，且做了长期不懈的努力。1964年，他的愿望终于实现了。这一年，紫金山天文台历算组编算出1969年《中国天文年历》，标志着中国依赖“洋历”的时代已经一去不复返了。此后，他又陆续出版《流星论》、《天文学概论》、《宇宙壮观》、《恒星图表》、《大学天文学》、《日食简说》、《天文学家名人传》、《中国古代天文学成就》、《清代天文仪器解说》等30余种著作或译著，还有百余篇在报刊上发表的文章。现今有不少天文学家和天文工作者就是当年读了陈老先生的著作，而走入天文界大门的。

★ 不畏困难

“文革”浩劫以后，陈遵妫眼疾加重，一目失明。可他宿志不泯，于七旬高龄开始，又遍集资料，整理编写《中国天文学史》。为求精准，每次草稿写完，必送上海请国学巨匠王蘧常校对古籍，书题也由王蘧常手书。1980 年陈遵妫 79 岁之时，《中国天文学史》（第一册）由上海人民出版社出版。然后近几十年，坎坷多多，直拖到 1989 年年底才将四册出齐。全书 2300 页，170 多万字，堪称巨著。《中国天文学史》是中外少见的研究巨著，是祖国文化库中的宝贵资料。

陈遵妫为人正直、爽朗，待人热情，特别关心年轻科技工作者的发展，关心青少年天文爱好者的成长。在他的家里常有客人，其中不少是研究生与中学生。人们向他请教，请他给予业务指导，他都乐意承担，即便是耄耋之年，走路不便，但总是送客人到大门口。老一代科学家的平易近人，热情礼貌，给拜访者留下了深刻的印象。

张钰哲（1902—1986），福建闽侯人，天文学家，中国科学院院士。

★ 生平经历

1902 年，张钰哲出生在福建闽侯县城一个职员的家庭。他 2 岁丧父，家境贫寒。艰难的世道，磨炼出他坚毅顽强的性格。他勤奋学习，刻苦钻研，成为学校里品学兼优的学生，无论在小学还是中学毕业的考试中，他都取得了全校第一名的成绩。1919 年他又以优异的分数考取了清华的留美预备班。

张钰哲多才多艺，他热爱文学，擅长美术，但他更希望发展祖国的工业。一天晚上，在同学的宿舍里，他偶然发现了一本小册子，而这本小册子却改变了他的一生，也改变了中国天文事业的命运。这是一本普通的天文科普读物，作者在卷首写了这样一段令人心泣的言语："天文学乃中国古学，在我国启昌独早，其研究规模，千年前即已灿然大备，惜后中落……近百年复受晚清腐败政治之影响和军阀的摧残，天文古学更日就消亡，几成绝响。诸君关心国粹，扶翼文明，想亦深同愤惜也。"读到这里，张钰哲的心微微颤抖了一下，难道中国真的要沉沦下去，天文古国的雄风难道真的再也树不起来了？

1923 年，张钰哲来到美国求学，经过一番深思熟虑之后，他毅然放弃了追求已久的机械工程专业，转而投考了芝加哥大学天文系。经过几年的努力，他发现了"中华星"，为中国的天文事业争得了荣誉，他的名字也如同一颗升起的新星传遍了整个世界。

1929 年夏，张钰哲获芝加哥大学天文博士学位。他放弃了美方提供的优厚报酬，轻装返回祖国。从此在这块生他养他的土地上，与中国的天文事业结下了不解之缘。

★ 冒险抢国宝

"九一八"事变后，日本帝国主义侵占了我国东三省并继续西犯，不久又占领了热河地区，矛头直指华北，直指平津。

1932 年 9 月 10 日，正在南京紫金山天文台工作的张钰哲，受台长余青松的派遣，到北平将安放在古观象台上的四架古天文仪器抢运至南京，以免落入日本人之手。

安放在北平古观象台上的四架古仪器是我国的传世之宝，也是世界上罕见的古雕铸珍品。其中的两件——天象仪和圭表，曾遭八国联军的劫难落入德、法侵略军之手，直到第一次世界大战结束后，由于我方是战胜国，才几经周折将宝物要回。张钰哲深感肩上担子的沉重，无论如何也要把国宝抢回来。人在国宝在，宝亡人也亡！张钰哲下定了决心，只身奔赴北平。

到了北平，他顾不得喘一口气，直奔古观象台。张钰哲令人将天象仪和圭表装入木箱内，然后运送到火车站，通过铁路运往南京。但剩下的浑天仪和简仪竟是庞然大物。这两件铜铸仪器分别重 8 吨和 7 吨，像两座小山一样稳坐在古观象台上。张钰哲八方求援，跑遍了整个北平城，都找不到一辆可以运载它们的车辆。根据南京政府的密令，一旦北平危急，即将这两座古宝炸毁，决不落入日本人之手。奔波了一天的张钰哲回到古观象台时，看到全副武装的士兵散站在两架仪器的旁边，正在筹划着炸毁仪器。张钰哲一个箭步冲上去，用手抱住了浑天仪，热泪夺眶而出，口里重复着一句话："等等，等等，你们要相信我……" 此时，他的心像撕裂了一样疼痛。急切之中，他猛然想起了光绪年间浑天仪自钦天监紫微殿移到观象台，两地相距 3 公里之遥，这个庞然大物是如何过来的呢？经过了解，原来是在严冬季节，沿途百姓泼水成冰，由 100 多个壮汉将仪器前呼后拥着自冰道上推过来的。张钰哲茅塞顿开，早秋的季节自然是制不得冰道，但滚动的圆木却可以将摩擦力降低到最小限度。第二天清晨，张钰哲叫来几十名工人。在两座古仪的底座下垫起了一排整齐的圆木杠，在一声声的吆喝中，两架古仪一寸一寸地移向大门口，穿过裱褙胡同，经西观音寺由东单移到前门车站，12 华里的路程，竟用了整整 3 天的时间。5 天以后，四架国宝安全抵达南京。直到此时，张钰哲的脸上才露出一丝笑容。

★ 在日军轰炸下观测天象

1937 年 8 月 11 日，张钰哲测得一项重要的太阳活动预报：1941 年 9 月 21 日将有日全食带进入我国新疆。据张钰哲的测算，日食带将经甘肃、陕西、湖北、江西，最后从福建北部入海。后来，经英国格林尼治天文台证实，张钰哲率先测报的 1941 年 9 月 21 日在我国出现的日全食，是全球 400 年来罕见的天文奇观，其观赏价值和学术价值都超过了以往任何一次。

为了观测这次奇观，我国有关部门积极行动起来，进行了周密的部署。1940 年 1 月，中国日食观测委员会宣告成立，并购买仪器，绘制地图，安排交通给养，确保观测的顺利进行。

1941 年 4 月，中国日食观测队成立，张钰哲任队长，亲自带队到昆明集训。

当时正值太平洋战争爆发的前夜，日军加紧了对香港及我国东南沿海地区的轰炸。观测队自德国购进的观测镜被日军炸毁，由于时间急迫，再次从国外进口仪器设备已经没有可能。张钰哲急中生智，将一架6寸口径摄影望远镜头取下，配上自制的木架，外蒙黑布以代镜筒，另以24寸反光望远镜底片匣附于其后，用以摄取日冕图像。又在中央大学、金陵大学和测量总局的大力协助下，配齐了必需的设备，这时，张钰哲才深深地松了一口气。

根据预测的情况，1941年在我国出现的日食带，其覆盖地区大部分已沦为敌占区，所剩可观测的地区寥寥无几。这些地方离敌占区近，随时都会遇到日军飞机的狂轰滥炸，招致生命危险。张钰哲深知这次观测的意义重大，这是我国进行的第一次有组织的现代日食观测，其记录将对世界天文科学产生深远的影响。为了使中国的天文事业跨入世界强手的行列，就是冒再大的风险，也要完成这次艰巨的任务。

张钰哲选定甘肃临洮县为观测地。他认为临洮县秋季晴天多，而且相距我国西北第一大城市兰州只有100公里，可以为观测队提供更多的方便。

1941年6月29日，张钰哲率领观测队全体成员携带仪器设备，乘坐一辆2.5吨的军用卡车从昆明取道去临洮，开始了3000公里的行程。汽车行至重庆附近，遇到27架日机的轰炸。张钰哲和他的队员们跳下汽车，钻进农田，趴伏在地，头上飞机盘旋，周围烟火弥漫。所庆幸的是，观测队的成员无一伤亡。空袭过后，公路上弹痕累累，尸骨遍地，张钰哲目睹这一切，强忍气忿毅然驱车继续行驶。

经过6个星期的颠簸行程，观测队于8月13日抵达临洮，在当地军民的大力支持下，观测队在泰山庙戏台前的广场上建起了临时观测点。在安装调试仪器的日子里，观测队经常遇到日军的空袭，据当时的《中央日报》统计，观测队抵达临洮以后，共遇日机空袭25次。有次日机空袭，正值张钰哲调试仪器，他立即跑到了旁边的树丛中躲藏起来，周围的群众都为他捏了一把汗。空袭过后，他又埋头紧张地工作起来。

9月21日9时30分，全球瞩目的日全食初亏终于出现了。当时晴空万里，但见月亮的黑影从西侧开始侵入太阳。40分钟后，太阳被“吃掉”了1/3，天空也逐渐昏暗，气温下降。又过了半个多小时，太阳整个被“吃掉”了，月球遮住了整个日轮。又过了一会，全食的四周辐射出万道金光，“日冕出现了!”在场群众欢声雷动。10时59分，太阳开始生光，万物恢复到原来的状态。张钰哲和他的队友们观测和捕捉到珍贵的天文资料170多项，共摄得照片200余张，“五彩”影片20卷，重庆中央广播电台将实况通过无线电波转播到世界各地。

这次日食现象，历时3分钟，与张钰哲所预测的情况完全吻合。在中华民族遭受外国侵略之时，在中国本土上进行的这次成功的有组织的日食观测，其意义早已超出了“天文”的范畴。

★ 心中只有中国

抗战胜利后，身为紫金山天文台台长的张钰哲怀着无比的喜悦，和他的同事们一起将天文台迁回南京。

为了更多地了解世界天文发展的动向，发展中国的天文科学，1946 年，张钰哲前往美国、加拿大等国考察。凭借他在世界天文学领域中的影响，在国内外朋友的帮助下，他先后访问和考察了美国帕洛马山天文台、基特峰天文台、阿雷西博天文台、橡树岭天文台以及加拿大维多利亚天文台。

在出国访问的过程中，张钰哲一方面注意考察美、加等国使用的遥遥领先的仪器设备和尖端的科学技术；另一方面向西方介绍了中国天文事业的发展状况及中国人对天文科学的贡献。他以实际行动向世界天文学界证明：别人能做的事，中国人也能做到；别人不能做到的事，中国人一定也能做到！他在美访问期间，以唯一的外籍代表身份被邀请参加在波士顿召开的美国天文学会年会。在会上他发表了《变星的速度曲线》和《大熊星座的光谱观测》两篇论文。他那严密的论证，透彻的分析获得了同行们的一致好评。论文很快发表在美国《天体物理学》杂志上，那是美国很有权威性的一份刊物。当他再次来到当初他发现“中华星”的叶凯士天文台时，张钰哲的名字又一次升上天空——他在变星照相观测中发现了一颗新的变星！张钰哲对天文学的贡献令外国人刮目相看，中国人的智慧令外国人惊叹。“张钰哲真了不起！中国人真了不起！”此时此刻，“张钰哲”与“中国人”联在一起，张钰哲是中国人，而中国人就是张钰哲！

新中国成立后，张钰哲一直担任紫金山天文台台长。几十年来，他一直耕耘在祖国天文科学的园地上。

他不仅是一位杰出的科学家，同时也是一位富于才华的领导者。有人形象地比喻说，他的一只眼睛盯着星空，而另一只眼睛始终看着紫金山。这话一点也不过分，他在勤奋地进行科学研究的同时，一直关心着对紫金山天文台的建设。

1949 年 10 月，在张钰哲的努力下，紫金山天文台的观测仪器得到了修复。他又倾注心血，花去 4 年的时间建成了我国最先进的天文仪器厂——南京天文仪器设备制造厂。以后，他又亲率同行自制和引进了国际一流水平的科学仪器，使紫金山天文台名享四海。它不仅对恒星、行星进行观测，同时对空间天文学、射电天文学、实用天文学、历算和天文仪器等方面进行综合研究，这一切包含着张钰哲一生的心血。

从 1928 年张钰哲发现“中华星”起，到 1986 年张钰哲病逝，在半个多世纪中，他又陆续发现了“中国星”、“紫金山一号”、“紫金山二号”等 400 多颗在星历表上没有记载的新星，在它们当中，有 81 颗得到了国际行星中心的编号命名。

张钰哲一生著作甚多，发表论文 101 篇，出版专著、译作 10 本。国际天文学界为了纪念他，将美国哈佛大学天文台 1976 年 10 月 23 日发现的一颗新星命名为“张钰哲星”。

1986 年 5 月 5 日，《人民日报》为张钰哲发表了专题短评，称他是一颗“永不熄灭的星”。

程茂兰（1905—1978），河北省博野县人，天体物理学家，北京天文台第一任台长。

★ 生平经历

程茂兰父亲程三连务农间作木工，母亲宋氏操持家务。程茂兰 1924 年毕业于河北省保定第六中学；1925 年秋毕业于北京北安河留法预备班，旋即赴法勤工俭学；1932 年获雷蒙大学学士学位；1934 年获里昂大学数理硕士学位；1939 年获法国国家博士学位。1942 年任里昂和上普罗旺斯天文台副研究员，1945 年任研究员，1949 年 10 月成为法国国家研究中心的研究导师，1956 年获法国教育部骑士勋章，1957 年 7 月绕道瑞士回国。1958 年 2 月，程茂兰被任命为北京天文台筹备处主任，后改任北京天文台第一任台长；1962 年任中国科学院数理学部天文委员会副主任委员。1962 年 8 月至 1978 年程茂兰任中国天文学会第二和第三届理事会副理事长。在“文化大革命”期间，程茂兰被强加上“反动学术权威”和“里通外国”两顶帽子，受到了折磨。但他并未灰心失望，不仅默默地承受着身边发生的一切，还尽力帮助同样受到冲击的年轻人渡过难关。在“文化大革命”后期，他重新担起了领导北京天文台的重任，参加制定各种规划和接待法国与美国的天文学访问团。这些活动恢复了中断多年的中外合作交流，并对恢复我国在国际天文学联合会中的合法席位起到了积极的促进作用。

★ 科研成就

程茂兰毕生从事实测天体物理研究，主要从事天体的光谱分析研究，发表论文百余篇，其中重要学术论文 68 篇。对 Be 星 γCas 和共生星 T CrB、Z And、AX per、AG peg、BF Cyg、CI Cyg、R Aqr 和 RY Sct 等进行了长期的监测研究，发现和认证了不少新谱线及它们的变化规律，并据之提出过许多成功而合理的解释；较早地进行了恒星的照相红外分光光度研究，并首次给出了各光谱型恒星的帕邢跃变值以及帕邢跃变与巴尔末跃变的相关关系。他对猎父座气体星云进行过光谱研究，在 370 纳米～670 纳米首次找到 62 条发射线；还对夜天光谱进行过成功的研究，发展了用照相分光光度法确定大气中臭氧层厚度的方法。

★ 主要贡献

程茂兰回国后把全部精力放在了建设北京天文台和发展中国的实测天体物理学研究上。主要是以下 3 点：

① 北京天文台观测基地的勘选

程茂兰是第一个把近代国际天文选址概念和方法引进中国的天文学家。他把带回国的一些法文和英文选址文献交给李启斌和李竞等年轻人，并带领他们在北京周围按照国际标准进行选址工作。在北京地区建设天文台的规划始于1956年制定的《1956年～1967年十二年科学技术发展规划》。当时国内的天文学家把台址想象在香山附近。程茂兰回国后提出香山离北京市中心太近，更要命的是离石景山钢铁厂的距离太近，会遭受严重的光尘污染。他建议必须在北京市中心向外划出若干同心圆：50千米、70千米、100千米，按照国际标准，天文台最好建在离百万人口大城市中心100千米之外的高山上。考虑到北京的灯火不如西方发达的大城市，为了节省投资，可以把这个标准适当降低到50～70千米之外，但是绝对不应小于50千米。而台址的高度应当在海拔2000米以上，至少也应当在1000米左右。经过1957～1958年10月之间的踏勘，选定了海拔1300多米的离北京市中心大约80千米的门头沟区斋堂公社的杜家庄南坨和海拔1600多米的黄草梁仙人洞作为台址候选地。在候选地上要进行全面的气象观测和天文大气宁静度的观测，限于交通不便和缺电等实际情况，只能使用落后的不够客观的衍射环评分法和目视双星视分辨率法。经过大约一年的对比观测，综合分析交通和投资等因素，选定了海拔较低、交通较为方便的杜家庄作为北京天文台光学实测基地的台址。可是有关方面不同意把必须国际公开的天文台建在具有军事设施的北京西郊山区，于是他又带领年轻人转向西南方向的河北省保定地区和东北方向的河北省承德地区寻找台址。直到1964年10月，最后选定河北省兴隆县的连营寨，建设了北京天文台的光学观测基地，目前它仍然是中国最主要的光学实测天体物理观测基地。

② 2.16米望远镜的建设

要发展实测天体物理，就必须有聚光本领足够强大的光学望远镜。程茂兰回国后就建议向英国的一家工厂订购口径1.8米左右的光学望远镜，可是谈判不够成功。在1958年的“大跃进”气氛下，南京紫金山天文台的初毓华等提出自力更生研制2米级的光学望远镜。1959年3月，全部设计图纸已由当时的南京工业学院（现东南大学）农机系的师生们完成。于是在南京鸡鸣寺中国科学院江苏分院内由中国科学院领导主持召开了一次会议。程茂兰和肖光甲为领队的小组（洪斯溢、李竞、蒋世仰、韩念国和李焕荣等）参加了该会。会上决定把图纸送长春和昆明的有关光学和精密机械研究和制造单位进行审查，同时借龚祖同去前苏联访问的机会，带一套图纸去前苏联征求意见。由于设计过分粗糙，审查的结论是不能用。同年7月科学院领导又在长春召开了一次会议，决定成立216联合工作组，设在南京，由紫金山天文台领导，长春的机械研究所和光机所各抽调若干工程技术人员作为骨干力量，再向各有关大学要一些有关专业的毕业生。为了积累经验，采纳王大珩的意见，先研制一台口径60厘米的望远镜，作为中间试验。程茂兰积极支持自力更生的做法，并在人民代表大会上提议建设研制大口径玻璃镜坯基地。他亲自考察了北京九龙山玻璃厂和成都玻璃厂，后来又积极支持在上海新沪玻璃厂研制大口径微晶玻璃镜坯。1968年60厘米望远镜建成后，“文化大革命”形势下的“极左思潮”延误了2.16米望远镜的研制，直到1972年底才又重新提上日程。在任何情况下，程茂兰都尽力给予支持。可惜他的身体日见衰弱，1978年就过早地离开了为之奋斗了多年的天文学事业，没有能够看到2.16米望远镜的落成和投入使用。

③ 人才培养

程茂兰十分重视人才培养。除了积极向南京大学天文系争取毕业生外，又在北京支持北京师范大学设立天文系。同时寻求在北京大学地球物理系设立天体物理专业，还设法在北京天文台筹备处以中国科技大学二部的名义开办天体物理训练班，招收武汉测绘学院三年级肄业生32名和北台在职学生李焕荣、郭子和、韩念国、杜柏田、兰松竹、徐登里、冯淑玲和张桂燕8人，学期2年。李竞、黄磷等参与授课。毕业后有张焕志、王顺德、高为是、孙益礼、郭子和及杜柏田等分配在天体物理组。他还把数学成绩优异的韩念国介绍给熊庆来，后又让他转到北京大学数学系读研究生。这些措施对于中国天文学的发展是非常必要的。

戴文赛（1911—1979），福建省漳州市人，中国天文学家。

★ 生平经历

父亲务农，家境贫困。戴文赛3岁时，寄居于外祖父家里，6岁就读于当地育贤小学，毕业后进集美中学，一年后转浔源中学学习。他学习勤奋，考试总是名列前茅。1928年，戴文赛考入福州协和大学数理系，因家境困难，在校半工半读，兼做图书馆工作，毕业后留校任助教。1935年应广州岭南大学聘请任该校助教，并参加庚款留英考试。1937年转至燕京大学任助教，8月，他获得庚款留英学习机会，进入英国剑桥大学，在著名天文学家爱丁顿教授的指导下，攻读天文学。留英时，应英国代表团的邀请，以列席代表身份参加国际天文协会。1939年因成绩优异，获剑桥大学天文学奖金。1940年，他完成《特殊恒星光谱的分光光度研究》学位论文，获博士学位。1941年9月，回国任中央研究院天文研究所研究员，后又到燕京大学任教。

1949年，中华人民共和国成立后，他把业余时间和精力集中于钻研天文工作，后来申请到南京大学天文系工作。1955年、1958年戴文赛两次出席国际天文学会，广泛地和国外天文学家进行学术交流。1956年～1960年，他被江苏省评为三级（市、省、全国）群英会代表，并出席全国先进生产者会议和全国天文规划会议。“文化大革命”十年，他曾数次遭受审查和迫害。1972年初，他从农场回到学校，重新执教和进行科研工作，组织了天体演化小组开展活动，运用辩证唯物主义的观点和方法，经过20多年的悉心研究，收集和计算了大量有关的观测资料，终于在康德和拉普拉斯的星云学说的基础上提出了自己的太阳系起源新学说。他所著的《天体的演化》一书，充分表明了他在天体演化方面所持的独特见解。1994 年 5 月 26 日，中国教育报转载新华社的报道：1964 年 10 月 30 日，一颗由中国人发现的小行星，今被国际小行星命名委员会确认，用中国现代天文学家戴文赛的名字命名为“戴文赛星”。

★ 鞠躬尽瘁

太阳贵庚？46 亿岁！人生几何？不过数十年！以数十年的时间，去穷究数十亿年的历史，这是多么悬殊的对比！一个天文学家的分分秒秒，是何等宝贵！戴文赛在和时间赛跑，他要完成关于太阳系演化的新学说的研究，写完《太阳系演化学》，接着，他还想用自然辩证法的观点，以吸引和排斥这对矛盾去解释星系的演化，这又将是一部鸿篇巨制。他是《中国大百科全书》天文分册的副主编和撰稿人，他有许多行政工作和组织工作要做，组织上给他配备了胡中为等几个得力助手。但是，正当严冬过尽万木春，任凭雄鹰展翅飞的时候，他突然病倒了，患的是结肠癌。虽然手术切除，但癌细胞又扩散到了肺部。

他咳嗽，仍旧伏在案头孜孜不倦地工作着。病魔一步步地夺去他的时间，从每天工作五小时退却到四小时、三小时、半小时……他还是把助手们找到床前进行学术讨论，让家属记下他的片断想法，以便将来作进一步研究，他大概连自己生的是什么病也没有功夫去想。妻子眼看他越来越不行了，便把他哥哥从上海请来，暗示他嘱咐遗言，但他却说：“哥，你放心回去，我有什么事再写信告诉你……”

从他动手术到临终前的一年零九个月中，他写了 10 多万字的手稿，校完了《太阳系演化学》（上册）的原稿。他写了全国科学大会上的报告提纲和南大校庆会上的学术报告稿。1977 年 10 月全国自然科学规划会议在黄山召开的时候，他已住进医院了，但他说他还能当一个“通讯院士”，一连给大会写了四封长信，对八年规划的制订工作提了很多建议。他在病中发起了天体物理学丛书的出版筹备工作……令人难以想象的是：临终前的这一年零几个月的时间里，几乎是他在学术上取得丰收的季节。

从他病室的窗口，可以远远望见建筑在孝陵卫的一座太阳塔，这是我国第一座研究太阳活动区物理的新设备。为了建造这个太阳塔，他也曾到处奔走，费过许多心血。太阳塔建成了，他自己却被关进了医院，他一直想要到工地上去看一看，但已经不可能了。他天天站在病室的窗口，用一架望远镜朝它瞭望。

这天，他正在窗口站着，忽然发现楼下院子里来了一群孩子。他正在奇怪，病室的门被轻轻地推开了，护士领着这群孩子走了进来，原来他们是南京第十中学三年级的同学，一群科学爱好者。他们是专程来慰问病中的戴伯伯的，“戴伯伯好！”孩子们恭恭敬敬地叫了一声。戴文赛笑了。

一位小客人打开捧在手里的一卷宣纸，向他朗诵了一首他们自己写的诗：

神秘的宇宙啊，浩瀚无际，
空中的繁星啊，点点缀缀。
太阳是火球还是星点？
天空中到底有多少银河系？
宇宙的秘密数也数不清。
你——人民的天文学家，
把自己的每一点心血，
都倾注到这些秘密里，
熬过了多少不眠之夜，
迎来了一个个灿烂的黎明！
你书房里的灯光啊，
和闪烁的星星连成一片……

戴文赛听着朗诵，他的眼眶润湿了。可惜，他现在已没有过去那样的精力，来跟孩子们讲述遥远的故事，让房间里充满银铃般的笑声了。

在南京大学百年校庆、天文系五十年系庆之际，为奖励品德优良，热爱天文科学，刻苦学习，有良好科研成果的学生，特向校友和社会募捐钱款，成立“戴文赛基金会”，以基金的利息支付奖学金。戴文赛基金会和奖学金以戴文赛先生的名字命名。

王绶琯（1923—），中国著名天文学家，福建福州人，中国科学院院士。

★ 生平经历

王绶琯 1923 年 1 月 15 日生于福建福州。1936 年～1943 年就读于重庆马尾海军学校造船科，1945 年赴英国留学，1946 年～1949 年在英国皇家格林尼治海军学院造船班深造，1950 年改攻天文，并被聘为伦敦大学天文台助理天文学家。

王绶琯 1953 年回国，先后就职于中科院紫金山天文台、上海徐家汇观象台、北京天文台。1980 年他当选为中国科学院院士，历任中科院北京天文台研究员、台长、名誉台长。曾担任中国天文学会理事长（现为名誉理事长）、中科院数学物理学部主任。

★ 科研成就

王绶琯开创了中国的射电天文学观测研究并进行了颇有成效的推进，是中国现代天体物理学的奠基者之一。他对提高中国时号精度、推动天体测量学发展也作出了重要贡献，负责并成功地研制出多种射电天文设备，取得重要研究成果。

90 年代与苏定强等共创的“多天体光谱望远镜”（LAMOST）方案，被列为国家“九五”重大科学工程项目。王绶琯 1978 年被评为全国科学技术大会先进科技工作者，1985 年获国家科学技术进步二等奖，1996 年获何梁何利基金科技进步奖，同年被评为全国先进科普工作者。他长期致力于面向公众特别是青少年的科普工作，倡导并精心创立了北京青少年科技俱乐部，多次在中学、科技馆、天文馆讲演、座谈，编著一系列青少年科普读物。

★ 突出贡献

王绶琯最突出的贡献是开拓了中国的射电天文学领域。

如今，架设在密云水库旁边的天线射电干涉仪等重要射电天文观测设备，正是王绶琯二十几年呕心沥血建造的遨游宇宙之“船”。驾驭着它们，中国天文学家便可以捕捉遥远天体发出的无线电波，进入到国际宇宙研究的行列。

王绶琯开创了中国的射电天文学观测研究领域并进行了深入的研究，是中国现代天体物理学的主要奠基者之一。他在提高中国时号精确度、开拓并推动天体测量学发展、负责北京天文台及其射电天文研究的创建与发展等方面作出了重要贡献。他成功地研制出多种重要的射电天文设备并取得多项创见性研究成果，在领导和管理中国天文工作中发挥了主导作用。

1953 年，王绶琯一到紫金山天文台，便投入到修残补缺，创建新中国天体物理学的事业中。1955 年，王绶琯奉命接受了国家急需的“提高时号精确度”的紧急任务。

一年多的时间，他不仅出色地完成了这项任务，还开展了对时间和纬度的研究，为中国授时以及天体测量研究跻身国际先进行列奠定了基础。1978 年，王绶琯、苏定强共同提出把攻坚的目标定在一个新的开拓点上，那就是：配置多根光学纤维的“大天区面积大规模光谱”。这样的高难点选题，懂行的人深知这是和国外站在同一起跑线上的飞跃。像这样的竞赛项目，没有真知灼见是很难进入角色的，而问题的关键，恰恰是怎样“疏通”大规模天文光谱的测量。这是此领域的“瓶颈”，自然成为天文光学发展的一道险关。

按照王绶琯诙谐的说法，这场恶仗应该由天体物理学家和天文仪器专家来配合，进行一场别开生面、龙腾虎跃的“双打”比赛。从苏定强“主动反射板”这画龙点睛的一着妙笔，到最终的 LAMOST 方案的如期形成，经历了 10 个春秋，先后参加者接近 20 人。作为主题论证的负责人，王绶琯和他的“双打”同行苏定强付出了大量的心血。王绶琯和苏定强两位院士配合如此默契的“双打”，以超前、高效而震撼整个天文学界。1994 年　当两位青年科学家褚耀泉、崔向群在英国一次国际会议上报告他们导师的方案时，引起了强烈的反响。

人们之所以如此兴奋，是因为他们看到中国的 LAMOST 方案将最终导致阻碍天文科学发展的“瓶颈”问题的彻底解决。一旦那个迷人的目标在王绶琯指挥下得以实现，人们就可以同时在大片天区中测量几千个光谱，而观测效率将比以往提高几千倍。这样的“双打”是如此精彩，让国内外无数同行频频叫好。令人欣慰的是，这种体现“双打”精神的 LAMOST 课题，已被列入“九五”期间中国的一项重大基础项目。

他还主持完成了将中国时号精确度提高到0.01秒的紧迫科研任务，同时开拓并有力地推动了作为“时间服务”理论基础的天体测量学的发展。他负责创建了北京天文台的射电天文研究，主持创办了全国性的射电天文训练班，负责首次研制成中国的射电天文望远镜，制定了在北京创建射电天文科学研究的方案与分阶段发展的技术步骤和射电天文研究目标。

1966年以来，他负责成功地研制出了米波16面天线射电干涉仪、分米波复合射电干涉仪、米波综合孔径射电望远镜系统等重要射电天文观测设备，并在相应的观测研究中取得多项创见性成果，获得多项中国科学院一等科技成果奖和国家级科技成果奖。多年来，王绶琯在领导和管理全国天文工作中发挥了多方面的主导作用，并在“全国一盘棋”的天文研究布局和“学术中心”的组织等方面作了有力推动。在培养天文科技人才、北京天文台的筹建和科学领导、发展天文普及等方面做了大量工作，并有《射电天文方法》等专译著多种。

★ 建议成立“北京青少年科技俱乐部”

他积极致力于青少年科普事业，早在主持北京天文台工作时，就多次在中学、科技馆、天文馆讲演、座谈，每年坚持参加或出力协助青少年天文夏令营活动，编著了一系列受青少年喜爱的科普读物。

王绶琯认为，一个杰出的科学家30岁左右在他的“主领域”做出“成名的贡献”，那么也许在他24岁左右就已投身这一领域。所以，孩子十六七岁时，就是其探索人生、发现自我的“志学”之年，能否得到“走进科学”的机会至关重要。他强调，如何看待这个问题，对政府，应属治国方略；对科技界，则是一种严肃的社会责任。首都科技界机构林立、人才荟萃，是有能力为青少年承担起这个责任的。1998年7月，王绶琯致函几十位院士和专家，说明他的这一观点，并提出建立“北京青少年科技俱乐部”，为有志于科学的优秀高中生组织“科研实践”、“名家讲座”等活动，希望将他们置身于浓厚的科学氛围中，使他们能在需要开阔眼界、寻求方向的时候得到引导；在他们的科学青春开始之时，及时得到良师益友的熏陶，接触机遇，理解机遇，包括振兴祖国科学事业所面临的种种机遇。他希望他们中间最终立志献身科学者，将因为在一生中这一关键时期得到社会关怀和前辈提携而终身受益，对于最终分流到其他岗位者，也为其一生打下有益的科学基础。

王绶琯的建议得到了积极的回应：61位院士和知名专家于1999年6月联合发出《关于开展首都青少年科技俱乐部活动的倡议》。1999年6月12日，“北京青少年科技俱乐部活动”开幕式在北京四中举行。

王绶琯和科技俱乐部活动委员会的同志，把这一活动看做是联合首都中学和科研部门共同进行的“为明日的杰出科学家创造成才机遇”的实验，是科普与教育的一个前沿课题。这一实验历程，王绶琯在2005年新春撰写的一篇题为《引导有志于科学的优秀青少年“走进科学”》报告中做了如下概括：

北京青少年科技俱乐部本着“为明日的杰出科学家创造机遇”的宗旨，设计了将有志于科学的优秀高中生组织到科研第一线的优秀团组中进行“科研实践”活动的实验。这个实验，除了它本身的目的和意义外，它的方法还体现为当前科普领域和教育领域“前线课题”的交汇。王绶琯说：从科技俱乐部看，它是一种为“明日的杰出科学家创造成材机遇”的实验；从参与这一活动的中学看，它是利用科研第一线的条件，进行高中生“科学思想和科学方法教育”和高层次“探究性教育”的实验；从承担这一科普活动任务的科研团组看，它是把常规的“高级科普”延伸成“个性化的特长教育”的实验。这三个方面可以看做是俱乐部“科研实践”活动的基本性质。

当初为了取得科研单位和课题组的支持，王绶琯曾一家一家地拜访，但他还是认为自己的工作做得不到位。他说，有志于科学的优秀学生数以万计，但科技俱乐部能够为之提供的“学生会员”却是有限的，其根本限制在于能够接纳中学生进行“科研实验”的课题研究组的数目有限。可王绶琯还是表示，作为一名科学家，他有这样的社会责任，对可能的“科学苗子”发现一个就帮助一个。而且今后要再努力，尽可能使这个活动得到更多科研团组的认可和支持，使其规模不断扩大。

王绶琯还提到，参加“青少年科技俱乐部”活动的学生，成长为杰出科学家的概率有限，但又是必有的。所以，更确切地说，这个“青少年科技俱乐部活动”，根本的作用应当是帮助参加活动的每一个人“走进科学”，从中发现并造就出科技的栋梁之才，投身到科学事业中去，为中国实施科教兴国战略提供智力保障。

面对未来，王绶琯信心百倍，他坚信在全社会对青少年科学培养的重视下，中国科学事业必将迎来灿烂的春天。

★ 王绶琯感言

“几年前，我与其他 60 多位科学家一起发出了倡议，向北京市的中学生开放国家重点实验室，让孩子们接触第一流的科学家和设备。要给青少年自由发展的机会，引导他们走最实、最直的路。”

“我们做过一个统计，20 世纪的 100 年当中，诺贝尔奖得主一共有 159 人次，这些人开始从事得到诺贝尔奖的工作时，年龄是多少呢？30 岁以下的占 20%左右；1/3 左右的人做出顶尖成绩是在 20 几岁；40 岁以下出成绩的是 67%，占 2/3。如果说他们在 40 岁左右做出得到诺贝尔奖的工作，那么他 20 多岁已经进入了这个领域。”

“所以说，30 岁以前是杰出人才出成就的高潮时期。如果 30 岁进入高潮的话，二十四五岁就应该在那个领域站住脚了。像爱因斯坦，在 25 岁就做出世界上顶尖的工作，如果十七八岁还不想投身科学怎么行呢？”

“一个国家如果要想按照科学的规律出成绩，20 多岁的人一定要登上舞台。

如果社会是一个很健康、有远见的社会，要想使下一代在科学上实力很强的话，就要非常重视在高中时期发现人才、培养人才，到 20 岁左右的时候，他就有机会走上科学舞台，脱颖而出。”

王绶琯说：大家都否定应试教育，但不是否定应试。因为有考试就会有应试，而考试一时不可能取消（先前曾经有过“无试教育”，至今惨痛难忘）。人们反对的是为“应试”而忘了“教育”。“应赛”与此有些类似，但大家现在并不否定“应赛教育”。这可能是因为大部分竞赛并没有忘掉教育，或是有一些忘掉教育的“应赛”只牵涉少数学生。但是对于只有极少数学生参与的那种“应赛”，恐怕应当问一问它的教育意义。一个可能的答案是一个学校除了常规的“普遍教育”外，还设一些为个别学生的“尖子教育”。如果是这样，那就应当研究这种“尖子应赛”的“点与面”、“前与后”的教育思路，并且在判断效果的时候，不要以别的什么来代替教育效果。至于那些“没有忘掉教育的竞赛”，占现有许多青少年科技竞赛活动中的大部分，是健康的，不属于这里所说的“应赛教育”。

“当务之急中最最当务的，我认为中小学教师科技素质的提高应当算是一个。这是影响到一大片、一代人如何进入新时代的问题。事关重大，大家都很关心。我曾经几次听到中科院科普办公室提出，中科院愿意为培训中小学科技教师出力。中科院，加上各个分院是一支雄厚的力量，如果再加上师范以及其他大专院校，应有可能在较短时间内启动直到县一级的中小学科技教师的普遍培训。这事希望能得到政府的重视。”

“我想，如果在北京，基金会资助的 100 万项目，这些项目假如有 1 万个，每 1 万个当中的一部分每 3 年接受几个学生，这样子下来，每年就有好几千个学生，当中如果有一两百个将来是做科学工作的，其中有 20 个是比较出色的科学家，20 个当中有一两个得诺贝尔奖的，这都有可能吧。如果这样反复地看，中国人得诺贝尔奖也不是太难。”

王绶琯院士还教导同学们说：“人要有爱国之志，我们那一辈人在国外学有所成后不回国的很少，我们常常想到的是学成后要如何为国家贡献自己的才智；同时，人年轻的时候要多动脑，多有几项爱好，找到自己的兴趣与特长，创造出自己的满足感与愉快感，人活得才轻松，才不会为名利所惑，才能使自己安心做好自己的工作与事业。”

叶叔华（1927—），著名天文学家，原籍广东顺德，生于广东广州，中国科学院院士。

★ 生平经历

叶叔华 1949 年毕业于中山大学数学天文系，1951 年进入中国科学院紫金山天文台徐家汇观象台工作，1978 年起任中国科学院上海天文台研究员，1981 年～1993 年任上海天文台台长，1980 年当选为中国科学院院士。

叶叔华长期从事天体测量和天文地球动力学研究。1957 年受命负责建立中国世界时综合系统，经过和同事们的努力，中国世界时精度达到世界水平。20 世纪 60 年代后期起，开始研究运用新技术测定地球自转运动（世界时和极移）和地壳运动的方法，在上海天文台建立了与世界同步的人造卫星激光测距和甚长基线干涉站，并取得了国际声誉。从 1982 年开始，她发起了与美国宇航局在多个研究项目上的合作，取得了很大的收获。1994 年，又发起成立了“亚太空间地球动力学”（APSG）国际合作计划，每年按期活动，得到许多国际同行的支持。

叶叔华 1985 年当选为英国皇家天文学会外籍会员。从 1988 年～1994 年，连任两届国际天文学联合会副主席，1995 年获选中国十大杰出女性。1991 年～2001 年任中国攀登项目“现代地壳运动和地壳动力学研究”首席科学家。历任中国人大常委会委员、中国政协委员、上海市人大常委会副主任、中国科协副主席。她的科研成果曾获得中国科学大会奖和中科院重大成果奖、中科院科技成果一等奖、国家自然科学二等奖、中科院科技进步一等奖和上海市科技进步一等奖等，并于 1997 年获“何梁何利基金科学与技术进步奖”。

李启斌（1936—2003），1936 年 8 月 3 日出生于湖北省宜都市，生前任中国科学院北京天文台台长和中国天文学会理事长。

★ 生平经历

李启斌 1953 年 9 月～1957 年 9 月就读于南京大学数学天文系，1958 年～1985 年在北京天文台任研究实习员、助理研究员、副研究员，1986 年任研究员、博士生导师，1981 年～1982 年在德国马普学会天体物理研究所从事客座研究工作。1985 年 2 月～1987 年 5 月任北京天文台副台长，1987 年 5 月～1998 年 4 月连任三届北京天文台台长，先后于 1989 年、1995 年两度出任中国天文学会理事长，1985 年任国际天文学联合会第 5 届、第 28 届委员会组织委员，1990 年任中国科学院光学天文联合实验室主任，1992 年任攀登计划项目“天体剧烈活动的多波段观测与研究”首席专家，1994 年任英国皇家天文学会会员，1995 年～1996 年任国家“九五”重大科学工程 LAMOST 项目总经理。

★ 科研成就

李启斌先生在天文研究中表现出杰出的才华和开拓精神，一生有大量高水平论文、著作在国内外发表。1965 年他的论文《北京地区气候研究和北京天文台台址选定》获得中国科学院优秀成果奖。他于 1974 年～1982 年从事密度波理论研究，解决了密度波理论中长期维持机制和幅度，并扩展到太阳系起源研究，提出了太阳系行星起源的动力学理论，成功地解释了提丢斯—波得定则。此研究成果1997年获中国科学院优秀成果奖。1980年其著作《天体是怎样演化的》一书，获全国优秀科普作品一等奖，被授予新中国成立以来有突出贡献的科普作家。特别值得我们称道的是，他多次将我国古代天象观测与现代天文研究相联系，研究证明我国古代对天文学的辉煌贡献，在国际上引起广泛关注。1988年被评为国家中青年有突出贡献的专家。

李启斌先生在任台长期间创新地构造了科研业绩评估系统，将竞争机制引入科研管理，优化课题组和各台站的队伍，使北京天文台的绩效逐年提升至院先进研究所行列。

他的杰出管理才能，使得天文台的各项工作日新月异。他积极鼓励科研成果的产业化，支持台里组建多个高效益的高新技术公司，有力地推进了天文台的改革，提高了职工收入，精化了科研队伍。他为北京天文台的基地建设、设备的改造及运行倾注了心血，并于1989年参与主持东亚最大的光学望远镜2.16米望远镜的建设。他同时放眼未来，提出“一天一地”重大天文设备的战略设想，励精图治整合天文台的资源，大胆规划、设计并完成了天文台北郊园区的一期工程建设，为其长远发展奠定了基础。他不拘一格地培养年轻人，提拔的一批优秀的年轻骨干，已成为目前天文台的中坚力量。他紧跟国家改革开放的趋势，将天文研究瞄准前沿、面向国际，鼓励交流合作，开拓建立了长期稳定的国际合作关系。

李启斌先生把天文教育看成是自己的社会责任，他热心于天文科普，通过各种形式的媒体，利用各种天文事件，影响公众与决策层，启蒙未来的天文学家，在战略上为天文学的发展创造机遇。他在北京大学开创了一门面向全校的“天文与艺术”课程，文理兼容，充满人文精神，成为学生选课的热点。实践证明，这些措施也迅速地提高了天文台的知名度。

李启斌先生天生睿智，由于他丰富的人生阅历和严格的治学精神，形成他渊博的学识和敏锐的洞察力及判断力．他的文化品位和人格魅力为众人称道，他为人谦和、办事公道、体恤他人冷暖。李启斌先生把毕生的心血投入他所热爱的天文事业，他深情地热爱自己的祖国，矢志不渝地关注国家、民族的未来。他又是一个慈爱的父亲，在两位女儿的成长教育中倾注了无微不至的关爱，是她们成功人生的启蒙者和守护神。

6. 地球科学领域

(1) 大气科学领域

陶诗言 (1919—)，浙江嘉兴人，中国科学院院士。

★ 生平经历

陶诗言1919年8月1日出生于浙江省嘉兴县一个普通知识分子家庭。父亲曾做过中学教员，后在国民政府机关任公务员。母亲是一个勤劳、善良的家庭妇女。少年时代的陶诗言性格好静，聪颖好学，酷爱体育运动，曾是一位出色的足球中锋。进入中学后，他放弃了所有爱好，发愤读书。1938年，以优异成绩免试保荐进入国立中央大学理学院地理系。他来到重庆，开始了四年的大学生活。当时，正值抗日战争的艰苦岁月，政治形势多变，国弱民穷，科学技术得不到重视，加之陶诗言家境并不富裕，常常只能吃个半饱。当时他只有一个愿望，就是好好读书，将来当个科学家，改变国家贫穷落后的面貌。大学四年，大多数时间他都是在图书馆里度过的。放假时，他去给人家做家庭教师，以贴补购买书籍之用。大学毕业时，他以优异成绩留校任助教，从此开始了漫长的学术生涯。在这期间，他在涂长望、朱炳海等气象学前辈的影响下，决心振兴中国的天气预报事业。他在任教期间编著的《等变压场及其在天气预告上的应用》以及《天气预告之前瞻与后顾》是其以后学术思想发展方向的一个缩影。1944年，赵九章就任中央研究院气象研究所所长，由于陶诗言学业及工作出色，被招聘到研究所做研究工作，不久被提升为助理研究员。

中华人民共和国成立后，陶诗言进入中国科学院地球物理研究所，继续从事气象学的研究工作。建国初期，国防与经济建设都急需气象服务。1950年3月，中央军委气象局和中国科学院地球物理研究所通力合作，成立了“联合天气分析预报中心”和“联合气候资料中心”。由陶诗言出任联合天气分析预报中心副主任（顾震潮任主任）。中心的任务是完成抗美援朝战争的军事气象保障任务和向中国发布天气预报。作为中心的主要领导者之一，陶诗言一心扑在气象预报事业上，与大家一起不辞辛劳、埋头苦干，从填图到分析预报，他样样都干。遇到有灾害性重大天气事件时，往往由他负责签字发布天气预报。当时的中心每天都向中国和朝鲜前线发布天气预报和气象情报。他为新中国的天气预报事业做了大量开创性的工作，在实践中建立和总结了各种天气预报方法，陆续发布了寒潮、台风、暴雨、霜冻、中期降水等预报，填补了中国天气预报史上的空白。陶诗言从天气过程的天气学实例分析及统计分析总结出来的一些研究报告，如寒潮预报，在当时成为全国气象工作者人手一册的《天气预报手册》，对于指导天气预报起了相当大的作用。先后发表《中国冬季寒潮前后天气形势转变过程的研究》、《寒潮预告的几点经验》、《关于苏联的平流动力分析法在东亚应用的几个问题》、《东亚温带低气压的统计研究》等主要论文。他利用当时日益稠密的地面气象观测资料及少数的高空观测资料，系统地划分了入侵中国的寒潮路径。这一研究成果，至今仍在中国气象台站寒潮路径的预报中被广泛应用。陶诗言在寒潮研究上第一次提出了寒潮过程爆发是高空大型天气过程急剧调整结果的新观点。他发现亚洲阻塞形势的崩溃也是导致东亚寒潮的一种常见高空环流形势。他用从高低空流场相联系的观点分析东亚寒潮的爆发，使预报时效延长 3 天左右，而且寒潮预报的准确率大大提高。

★ 学科带头人

陶诗言作为中国大气科学界的著名学者，在学术上严格认真、一丝不苟、孜孜以求的良好学风深得广大气象工作者的敬佩。他熟知中国学科发展的新动向，不失时机地抓住新的研究动向，组织力量，开拓了一个又一个新的领域，使中国的大气科学研究处于世界先进水平，同时也满足了中国国民经济和国防建设的需要。

由于陶诗言在气象学领域中的突出贡献和在中国气象界中的崇高威望，1982 年，他被选为第 20 届中国气象学会副理事长。1986 年，他又当选为理事长。在他就任期间，学会的学术活动很活跃。每年气象学会主持几次学术讨论会，陶诗言总是亲自参加筹备，从确定会议的主题到论文的选择，他都提出意见，积极扶持学科领域的新课题、新学术思想和值得进一步讨论的有争议的学术观点。作为老一辈气象学家，他对年轻同志尤为重视和关注，利用学会给他们提供良好的机会，开阔学术思路。作为中国气象学会的理事长，他还十分注意发挥学会在促进各部门、各地区之间的学术交流方面的作用，得到了各地气象界同仁的极大信赖。许多学会的同志有意见和看法总愿意与陶诗言商谈，希望得到学会的帮助和解决。陶诗言总是认真听取，尽自己所能给予帮助。陶诗言是中国科学院大气物理所学术委员会的主任，并在该所建立了学术年会制度。他也是《大气科学进展》、《大气科学》、《气象学报》等大气科学领域主要学术刊物的主编及编委；中国地理学会及中国环境科学学会的理事，担任《地理学报》、《中国环境学报》的编委，以他的影响，促进了气象界与其他相关学科的联系。

20 世纪 50 年代，陶诗言和叶笃正等人一起研究了东亚大气环流的季节突变问题，指出在初夏由于一系列大气环流特征的突变，活跃在中国华南地区的静止锋和雨带也随之迅速北移至长江流域，于是出现了“梅雨”天气。这一季节突变的观点在五六十年代广为气象界所重视。

50 年代中期，陶诗言对东亚寒潮的发源地、寒潮暴发的路径及条件、寒潮冷锋的结构及其在中国境内的锋生过程以及寒潮预报进行了系统的研究，发表了 10 多篇有创见性的论文，受到气象界的高度评价，成为 50 年代寒潮研究的权威。连续多年，陶诗言一直致力于中国暴雨的研究。50 年代后期，他就认识到夏季降水是关系到中国国民经济的重大问题，发表了《中国东部夏季降水中期预报的初步研究》、《东亚的梅雨与亚洲上空大气环流季节的变化》、《长江中上游暴雨分析和预报》等论文。60 年代后期，他注意并研究了关于台风的移动和形成机制，进行了副热带高压及副热带天气学的研究，并且将大气环流的研究扩展到平流层大气。1975 年 8 月的河南特大暴雨给了全国气象界以极大的震动。陶诗言和谢义炳等人一起组织了一场由中国科学院、国家气象局和各有关大专院校参加的大规模暴雨会战。陶诗言首先分析了中国历史上近 50 年来所发生的大暴雨个例，指出暴雨是复杂的不同尺度相互作用的结果，大尺度的环流形势制约了中小尺度暴雨系统的发生和发展，而中小尺度系统对大尺度环流又能起反馈作用。他发现当北半球环流形势非常稳定时，地面上的锋带和气旋路径以及降雨带便有集中和稳定的趋势，因而引起严重的持续性暴雨和洪涝灾害。这个观点后来被广泛用于中国许多大暴雨的分析中。他发表的《中国之暴雨》一书对于指导全国的暴雨研究起了重要作用。

东亚季风问题是陶诗言长期以来致力研究的课题之一。早在 50 年代，他已注意到夏季风的活动并开始研究其对中国旱涝的影响；1980 年，他和陈隆勋、樊平等人发起并组织了东南亚夏季风研究计划。他和陈隆勋共同研究了东亚季风系统的特征，发现它是一个与印度季风系统既相互关联又有明显差异的独立季风系统，并且是由单独的热源热汇区所推动。他们同时发现东亚夏季风的爆发和推进要早于印度夏季风的爆发和推进，平均约一个月。这一结果已被大气环流数值试验所证实。

70 年代以后，国际上动力气象的理论和数值预报方法的研究成了主要趋势，陶诗言及其领导的研究小组研究了气象卫星资料在中国天气分析预报中的应用：首先发展了一套识别天气系统的方法，进而又发展了一套利用卫星云图预报台风发生发展的方法。中国省市级以上的气象台建立的卫星云图分析和应用业务，所使用的原理和方法主要是由陶诗言和他的研究小组提出和发展的。陶诗言在领导研究工作的过程中，发现有必要建立一个系统的数据资料库，以利于科研活动的顺利开展。许多出国归来的访问学者在他的影响下，都将所带回的气象资料贡献给数据资料库。

陶诗言，1938 年～1942 年就读于中央大学地理系；1942 年～1944 年任中央大学地理系助教；1944 年～1949 年任中央研究院气象研究所助理员、助理研究员；1949 年～1956 年任中国科学院地球物理所助理研究员、副研究员；1956 年～1966 年任中国科学院地球物理所研究员。1954 年～1957 年为北京大学地球物理系兼任教授。1961 年～1964 年任中国科学技术大学地球物理系教授。1966 年后任中国科学院大气物理所研究员。1977 年～1986 年任联合国世界气象组织中国首席代表。1978 年任中国科学院大气物理研究所副所长。1978 年～1992 年历任第五届、第六届、第七届全国政协委员。1981 年任国务院学位委员会第一届、第二届学科评议组成员。1982 年任成都气象学院名誉教授，中国气象学会副理事长。1985 年任中国科学院大气物理研究所研究员、研究所学术委员会主任。1986 年～1990 年任中国气象学会理事长。1988 年任世界科联和联合国世界气象组织联合科学委员会委员。1991 年任中国气象学会名誉理事长。

(2) 固体地球物理学领域

傅承义（1909—2000），地球物理学家，福建闽侯人，中国科学院院士。

★ 个人经历

祖父在清朝做过道台。伯父在北洋军阀时期的海军部供职。父亲傅仰贤长期在北洋军阀政府外交部及驻外使馆工作，曾任驻前苏联列宁格勒总领事。父亲虽然是旧官吏，但有强烈的爱国思想，亦比较开明。傅承义兄弟姊妹 4 人从小就受到良好的家庭教育，对其后来的成长产生重要影响。哥哥傅鹰是著名化学家，担任过北京大学副校长。傅承义自幼记忆力极好，家里专门请了私塾先生教他和姐姐读《四书》、《五经》，聘请家庭教师教授数学和英语。但他用更多的时间博览群书，他虽然没有进过小学，但知识和能力远远超出了同龄小学生。

1923 年 14 岁时，在母亲的提议下，傅承义跨入北京育英中学校门。一年之后，他感到功课太容易，便背着家里跳两级报考了汇文高级中学，结果考取了，但没有去读。初中三年，学习成绩年年名列全校第一，数学和英语成绩尤为突出。他多次参加学校组织的国语和英语讲演比赛，总是名列前茅。《福尔摩斯探案全集》是他最喜欢阅读的英文原著之一。他更喜欢逻辑推理，并勤于演算。他不但学习成绩出类拔萃，还曾赢得全校三跳（跳高、跳远、三级跳远）及百米跑第一名。

1926 年，傅承义考入汇文高级中学。1929 年，他以获得理化、数学两项银杯奖的优异成绩结束中学时代的生活。他原已考上燕京大学，但他更喜欢清华大学的校风，最终选择了清华大学物理系。可是在这里，他的旺盛求知欲亦无法得到满足，更不满意当时教师队伍中的某些不正风气，痛切感受到教书育人者为人师表之重要性。他和同窗好友王竹溪暗下决心，有朝一日教书育人，一定要立德、立言、立身。

大学四年，他基本上以自学为主，而从教师之讲解获益不多。虽考试成绩仍能保持在中上之间，却因不重视教师的启发，多走了许多弯路，事倍功半，浪费了许多时间，事后检查，追悔不已。

1933年，傅承义大学毕业后留校，先做一年研究生，后因教学工作需要当上助教，从事核物理教学实验和研究工作。在此期间，他分别与黄子卿、赵忠尧合作，完成有关热力学研究和核物理实验方面的4篇论文。

1937年，抗日战争爆发，清华大学举校南迁，在昆明与北京大学、南开大学合并成立西南联合大学。1938年，傅承义应邀到西南联合大学继续任教。

★ 留学深造

1939年，他考取英“庚款”公费留学，这在当时是全国少数优异学生才享有的殊荣，而地球物理专业仅此一个名额。由于第二次世界大战爆发，直到1940年，傅承义与林家翘、郭永怀、钱伟长等一行24人才转赴加拿大。他进入麦吉尔大学物理系，师从当时最有声望的地球物理探矿学权威D·A·基斯教授进修地球物理勘探。

傅承义1941年获得硕士学位。基斯教授对他的成绩极为赞许，推荐他到当时在地球物理勘探领域里颇负盛名的美国科罗拉多矿冶学院继续攻读博士学位。可是他对这里的专业方向不甚满意。此时，又赶上腰病发作，医生建议他不要做野外工作，他放弃了地球物理探矿专业。1942年，基斯教授又把他推荐到加利福尼亚理工学院研究生院，师从近代地球物理学泰斗B·古登堡（Gutenberg）教授攻读地球物理学及地震学。古登堡对傅承义在学习中和在学术论坛上表现出来的才能极为赞赏，将自己没能解决的一个理论问题——从理论上证明沿分界面传播的所谓“折射”地震波的存在，让他去解决。傅承义凭借着深厚的物理学和数学基础，从数学上严密地论证了首波的存在，并从物理学上解释了首波与折射地震波之间的区别。此项研究成果得到古登堡高度评价，他也因此受到广大师生的推崇。1944年获该校地球物理学博士学位。随后受聘于几家石油、地球物理勘探公司，做技术咨询工作。

傅承义以其对地球物理学发展所作的贡献，赢得地球物理学界的普遍承认，1946年被聘为加利福尼亚理工学院地球物理学助理教授。在此期间，他在地震波传播的研究领域里，发表了一系列具有创造性和开拓性的研究成果，成为地震波研究的先驱。他发表在美国《地球物理》杂志上一组论文，系统地研究了地震体波、面波及首波的传播等问题。这些论著无论是在中国还是在美国、前苏联等国家都引起极大的重视。在1960年纪念该杂志创刊25周年之际，这组论文被评为地球物理学经典著作。

★ 回国之后

1947年春天，傅承义收到大学时同窗好友、中央研究院气象研究所所长赵九章的来信，希望他能回国主持气象研究所的地球物理研究工作。他毫不犹豫，两周之后便启程回国，到气象研究所任高级研究员，并兼任中央大学物理系教授。1948年，国民党当局责令中央研究院气象研究所和历史语言研究所迁往台湾，傅承义与赵九章、陈宗器一起予以抵制，为新中国地球物理事业的发展保存了力量。

北京地质学院

1950年4月，中国科学院地球物理研究所成立，傅承义仍任研究员。1952年，国家决定从大学物理系抽调一批优秀毕业生从事地球物理探矿工作，由傅承义主持对他们进行培训。

1953年，中国科学院接受北京地质学院的请求，委托傅承义去该院任地球物理探矿教研室主任。当时物探教研室初建，傅承义面临的任务十分繁重，他不仅要向大学生讲授“地球物理勘探”课，而且还要给教师（全部是物理系毕业生）系统讲课。为了使教师能尽早走上讲台，他夜以继日地工作，为每一位教师修改、审定讲稿；为了使教师在讲台上能站得住、讲得好，他还亲自去听课并作讲授示范。一次，一位实验员在准备磁法实验时，失手将刃口式磁秤掉到了地上，刃口出现了一个缺口，傅承义在得知这件事后，立即将教研室全体人员召集到实验室。他首先指出，这不是件小事，而是个错误，特别是发生在教学实验室里，会对学生造成不好的影响。学校要培养学生爱护仪器，杜绝任何操作中的失误，否则就不能保证野外观测的质量。傅承义处理这件事，实际上是对教研室全体人员的一次极其生动而又非常深刻的思想教育。

傅承义在北京地质学院创建中国第一个地球物理教研室的3年（1953—1956）时间里，和教研室的同事们朝夕相处，言传身教，使每个人都深受其益。他常告诫年轻的同事们，作为一个地球物理学家，既要有理论修养，又要能够动手实践，在实践中积累经验，再上升到理论高度上去把握这些源于实践的经验。而在实践中则必须学会根据地质条件去部署工作，正确地进行观测，并对所得资料作出符合客观地质情况的解释，等等。这些方法的传授同知识的传授一样给人以教益。然而比知识和方法的传授更重要的是，他那严谨的治学态度，认真的学术作风和对己、对人的严格要求，使大家懂得了作为一名科学家所应该具有的最根本的品质，使年轻的教师们在前进道路上少走了弯路。

此后，傅承义教授于1956年～1961年在北京大学创建地球物理教研室，于1964年～1966年在中国科学技术大学创建地球物理教研室，分别主持领导这些教研室的工作，并担任第一任教研室主任。1973年兼任中国科学技术大学地球及空间科学系主任。在他的教学生涯中，始终把高尚的科学道德、严谨的治学态度和献身科学事业的精神贯彻到教学工作中，深受广大师生的推崇和爱戴。傅承义在地球物理教育战线上辛勤耕耘30余载，在中国地球物理学界真可谓桃李满天下。

傅承义在为发展中国地球物理教育事业的同时，潜心学习，使自己的学识水平处于地球物理学科的发展前沿。1956年，他回国后的部分论著《地震面波的能量束》、《关于瑞雷波方程的无关根》、《平行介质中的弹性波之传播》、《地下薄地层自由振动》、《折射探矿法的研究》和《地表层的本质对于地震勘测的几种影响》等6篇文章，以“关于弹性波的传播理论和地震探矿的一些问题”项目，荣获国家自然科学三等奖。同年，他参加中国十二年科学技术发展远景规划制订工作，是第33项任务“中国地震活动性及其灾害防御研究”的两位执笔人之一。他率先提出在中国开展地震预报研究的长远规划，并指出解决这一问题的科学途径及实施方法。这项工作领先其他先进国家约5年～10年时间。为了开展核爆炸地震侦察研究，并借此全面提高地震学发展水平，1961年，在地球物理研究所成立第七研究室，由傅承义担任室主任。该室在核爆炸地震观测和地震侦察工作中，为国家作出重要贡献，并对中国地震学与测震学的发展起了推动作用。1971年，他提出地震成因的“红肿假说”。1972年，他创建震源物理研究室，并领导震源物理研究工作。从此，中国的震源物理研究工作上升到有组织、有计划发展的新阶段。这一年他发表专著《大陆漂移，海底扩张和板块构造》，把20世纪地球科学的最新理论成就——板块大地构造假说介绍到中国，为中国地球科学的发展指明了方向。

1976年十年动乱结束之后，中国迎来了科学的春天，傅承义把主要精力投入到科学著述和研究生培养工作中。编著了《地球十讲》、《地球物理学基础》；主编了《中国大百科全书·固体地球物理学》，并亲自撰写其中的部分条目。

傅承义是中国固体地球物理科学的主要奠基人和开拓者之一。1957年，他当选为中国科学院学部委员（院士）。他曾任中国科学院地学部常务委员，中国科学院地球物理研究所一级研究员、室主任、所负责人、所学术委员会主任、名誉所长。傅承义是中国地球物理学会（1947）的发起人之一，长期担任《地球物理学报》主编。曾任中国地球物理学会副理事长兼秘书长和中国地震学会副理事长，中国地质学会和中国声学学会理事，中国地球物理学会和中国石油物探学会名誉理事长，中国地震学会名誉理事，《中国大百科全书》总编辑委员会委员、固体地球物理编辑委员会主任，全国自然科学名词审定委员会委员、地球物理学名词审定委员会主任。

★ 学术成就

傅承义一生主要学术成就和贡献可归纳为以下四个方面：

① 开创中国地球物理教育事业

地球物理学是边缘学科之一，在旧中国未得到足够重视。那时，有经验的地球物理工作者，除气象学家外，寥寥无几。地球物理教育是个空白。新中国成立后，为恢复和发展国民经济，国家急需一大批物理探矿专业人才。傅承义把全部精力投入人才培养工作。20 世纪 50 年代初，他和助手刘光鼎、曾融生、谭承泽等密切配合，在北京地质学院为中国地球物理勘探专业培养了一批年轻教师和许多本科毕业生及大专毕业生。从 50 年代末至 1967 年，他先后在北京大学、中国科学技术大学培养了数百名地球物理专业本科毕业生和研究生。“十年动乱”之后，已届古稀之年的傅承义，又先后为国家培养了近 20 名硕士和博士研究生。他的学生遍布全国各地，这些人都已成为地球物理科研、教学、生产部门的骨干，其中不少人担任了各级领导职务，有些人成了著名的专家、学者、教授，还有人当选为学部委员（院士）。

他在全部教学生涯中，始终贯彻自己的教育思想：立德、立言、立身。立言者，传授知识和做学问的方法。在北京地质学院初创时期，他是教授兼教研室主任，负责制定教学计划、编写讲义和授课，同时要筹划实验课和安排野外实习。此外还肩负培养青年教师的重任，给他们系统地上课，帮助修改讲义，听他们试讲。事无巨细，他一概认真对待。言传身教、为人师表，受到广大师生的爱戴。傅承义谆谆教导他的学生，做学问要注意三点：一是博览群书，知识面要宽、要广，这样在遇到问题时才能触类旁通；二是要善于归纳、总结，通过总结可以发现问题，解决问题，这是一种重要的研究方法；三是要独立思考。傅承义认为，独立思考是科技人员最重要的品质之一，对于书本上写的东西，不可不信，但又不可全信，信与不信都要经过自己独立思考。他提倡看书时多挑剔，认为挑剔本身就包含有创造的意思。立德者，育人也。他把科学道德、治学态度和献身科学事业的精神贯彻到教育工作的始终，认为身教比言教更为重要。他一向严于律己，凡是要求学生做到的，自己一定身体力行。

② 对地震波传播理论的贡献

在地震勘探和地震测深中采用的折射波法，实际上用的并不是真正的折射波。因为按照几何地震学的原理，地震波在以临界角入射时，折射波就不应再返回原来的介质。30 年代，曾有许多人对这种“折射波”做过不正确的解释。直到 1938 年，O·Von·施密特在实验室里通过电火花在声速不同的双层溶液组成的声波介质内放电，用阴影照相法记录了所有胀缩波波型，首先证明这种所谓的折射波的独立存在。由于光波波长太短，在光学实验里观测不到，但地震波的波长要长得多，这种波则是很明显的。施密特给出的物理解释是用简化了的惠更斯原理：当地震扰动沿着界面以高于入射介质中的波速传播时，就会在介质中产生一种首波——其实是半个首波，就如同子弹以超声速运行时，空气中声波波阵面的情况一样。傅承义研究了这一问题。他把A·索默菲尔德在研究电磁波传播中所用方法移植于弹性波，从数学上证明了它的存在。在求解弹性波的运动方程时，他发现格林函数的积分可以分成两部分：一部分是沿分支点割线的回路积分，这导致各种类型的体波（包括首波）；另一部分则是极点的留数，可导致各种面波。根据这一认识，运用摄动法原理，他进一步研究了面波及薄层的影响。后来这些概念已经是众所熟知，并且方法几乎规范化了，但在40年代初，这种方法人们还是不大熟悉的。此外，傅承义对于面波的能量传播及瑞雷方程的三个根也有独特的见解，为同行们所称道。傅承义在地震波传播理论方面的研究成果，引起地震学家的广泛注意。世界上一些著名地球物理学家、地震学家，如美国科学院院长、曾任美国总统科学顾问的F·普雷斯，曾任国际大地测量与地球物理学联合会（IUGG）主席的前苏联地震学家、通讯院士B·И·凯依利斯鲍洛克等都曾称，在从事地震波问题研究中，傅承义的研究成果给予他们很大的启发。

③ 对地震预测的探索

傅承义作为一位地球物理学家和地震学家，目睹地震灾害的惨烈，对地震预测具有强烈的使命感。同时，作为一位严肃的科学家，他也清楚地认识到地震预测的复杂性和艰巨性。傅承义于1956年负责起草在中国开展地震预测研究的长远规划，即中国十二年科学技术发展远景规划第三十三项任务第四中心课题“地震预测方法的研究”。在该规划中提出解决地震预测问题的科学途径和应采取的具体措施。规划中列举的五个方面的工作是：地震成因的研究，重点是震源的地质条件和地震发生的物理机制；开展地震前兆观测，包括地倾斜、微弱的前震和地声；在地震频繁地区，连续积累地震观测资料，并对地震进行统计分析，发现地震发生时间的规律；在地震区进行长期、重复的大地测量，以确定地震前后的地形变化；在地震区进行经常的地磁观测，以确定地震前后的地磁场变化。1963年，傅承义进一步把地震预测方法分成三大类：地震地质、地震统计和地震前兆。地震地质方法是以地质构造条件为基础，宏观地估计地震发生的地点和强度。这就是通常所说的地震区域划分。由于地质上的时间尺度太大，地震时间的预测不能靠这种方法。地震统计法是从地震发生的记录中去探索可能存在的统计规律，估计地震的危险性，求出发生某种强度地震的概率。这种方法的可靠程度，取决于地震资料的多寡。地震地质方法着眼于地震发生的地质条件和在比较大的时间、空间尺度内的地震活动变化，统计方法指出的只是地震发生的概率和某种“平均”状态，若要确切地预报地震发生的时间、地点和强度，还是要靠地震前兆。这三种方法不是彼此无关而是互相联系的。寻找地震前兆是地震预测的核心问题。70年代，傅承义在地震前兆的研究中提出孕震区假说。临震前，相当一部分地球介质已经处于应力加速积累状态，这部分物质可称之为孕震区。在这个区域内，可能发生岩石变形、物质迁移和其他形式的运动，从而使大面积地球上层介质的性质发生变化。各种地震前兆就是这种变化的反映。他特别提出，地震前兆研究不要受地震断层成因假说的束缚，只把注意力集中于断层位置附近。他的这一假说，已被许多观测资料所证实。傅承义一再提醒人们，地震预测是个有待人们长期坚持不懈进行探索的课题，切不能因偶然失误而丧失信心，更不要为一时成功而忘乎所以，迷失前进方向。他非常关注并鼓励科学上的探索活动。80 年代，他对构造地震断层成因提出质疑，进一步发展了孕震区假说。许多震例都表明，真正伴随成因断层的地震并不多；许多大地震也并非都发生在有新构造差异运动的地方。他认为，有些地震是断层造成的，但并非全都如此，岩浆活动也是地震成因之一。岩浆活动是孕震区物质迁移的一例。断层成因和岩浆成因并不矛盾，而是互为补充的，但两者又有明显差别，主要是地震能源不同。前者是应变能，而后者除应变能之外，还包含岩浆活动的动能和热能。因此，他认为地震学不只是力学问题，把地热学引入地震研究中是大有前途的。关于地震前兆研究，他认为，直到现在，集历来各国地震工作者的共同努力，尚未能找到一个满足地震发生必要条件的前兆，究其原因不外乎以下几点：前兆机制不清；前兆与震中区的地质情况、环境条件有关，不是一成不变的；前兆观测的精度不够。此外，识别前兆的判据有很大的任意性，缺乏科学约束。若使地震前兆研究真正有所突破，必须在基础研究特别是在地震前兆的物理机制上下工夫。80 年代末，傅承义在地震预测的方法论上提出颇有新意的见解。他认为，大地震的发生是个典型的非线性过程，应该从地震发生的全过程去看问题。应当把近代的耗散结构论、协同论和突变论的观点引入到地震预测中来。

④ 指导中国核试验地震效应观测和地震侦察研究工作

20 世纪 50 年代，美国和前苏联两国在大气层中进行的一系列核爆炸试验，引起世界各国人民的普遍关注。1958 年各国专家聚会日内瓦，讨论禁止大气层核试验问题。自此以后，美、苏两国的核试验逐步转入地下。地下核试验的地震侦察，一时成了国际间注目的问题。显然，它不仅有重要的政治和军事意义，而且对地震学本身的发展也会起推动作用。地下核试验地震侦察，包括地震事件侦察和天然地震与爆炸信号识别两方面内容。前者要求地震观测系统具有检测微弱信号的能力，能把地震事件记录下来；后者要求能够从记录的波形上把地震信号和爆炸信号区分开。无疑，这项工作将有助于观测技术水平的提高和震源物理研究的深入。1961 年，在傅承义的倡议下，中国科学院地球物理研究所成立第七研究室（以下称七室），他任室主任。建室之初的研究方向是震源物理，

核爆炸试验

主要研究课题是地震核侦察的信号识别问题。1962 年底，中国自己研制的核武器爆炸试验工作提上日程。核爆炸地震效应观测是核试验的一项重要内容。1963 年，七室承担这项任务。傅承义对美国核武器研制计划和试验工作情况进行广泛深入的调查研究，结合七室承担的任务，进一步明确七室发展有两个主要方向：爆炸的力学效应分析；爆炸的远距离侦察。并为七室在五年之内的发展做出详细规划，包括：强震观测，用强震仪、选频仪和地震仪记录各种运动参数、动力参数及爆炸的 TNT 当量；气球观测；远震台，两年内建成 7 个标准台，5 年内全国基本台均配备 3 种频段的仪器；仪器设计，成立测震试验室，负责仪器设计和制造；理论研究，强调理论研究工作要与以上所列工作密切配合。理论工作可分：空气冲击波与地球介质相互影响问题；野外资料的分析及解释问题；大炸药量的外推和频谱的关系（相似律问题）；地震信号的通讯理论（包括组合检波的理论）；爆炸地震波的传播特征（包括地震与爆炸的识别标志）。后三项工作由他负责。在中国首次核试验中，关于用地震波计算爆炸当量的问题，他坚持认为："爆炸引起的地震效应是一个复杂现象，由于土壤介质的多样性，目前尚难通过纯理论的途径来解决上述任务"。他建议：通过模拟试验及理论探讨，找出经验关系式，用相似原理，外推当量；对比国外经验资料，估算当量。事实证明，他的观点是正确的。傅承义在 60 年代初提出的开展地震核侦察的研究工作，并没能引起有关方面的足够重视和支持，直到 1965 年，才被正式纳入有关的计划当中。在他的指导下，七室圆满地完成中国首次核试验地震观测工作，为国防建设作出了贡献，受到国防科委和中国科学院的表彰。

★ 个人品德

傅承义是一位爱国的、正直的科学家、教育家。他不但具有卓越的才能，而且更有为人们所敬重的高尚品德。他为人光明磊落，从不迎合潮流，随声附和，人云亦云。在是非问题上，直言不讳，刚正无私，他认为是正确的，就敢于坚持。这曾使他吃了不少苦头，蒙受了不少冤屈。

1958 年大跃进时，有些人只从良好的愿望出发，不顾事物发展的客观规律，在地震预测工作中提出一些不切实际的口号，并形成一种声势，使得这一工作偏离了正确方向。傅承义以其科学家的责任感，反对这种做法，结果被扣上"反对搞地震预报"的帽子，直到"文化大革命"中还屡遭批判。1975 年海城地震之后，有人过高估计海城地震"预测成功"的经验，认为在中国解决地震预测问题已近在眼前。针对这种倾向，傅承义一针见血地指出，海城地震的预测是"歪打正着"，提醒人们不能头脑发热。

60 年代初，他在担任七室主任期间，亦曾因在工作中坚持正确的学术观点而被指责为"反对搞国防任务"，受到不公正的待遇。对于诸如此类的事情，他都泰然处之。作为一个科学家，他把按照科学规律办事看成是自己的天职，坚持真理是他人生追求的最崇高目标，至于个人的荣辱得失，他看得淡如清水，从不计较。傅承义在学术界有很高声望，但他对别人的恭维却极为反感，也从不以自己的声望谋取私利。傅承义非常注重科学道德。在研究工作中，受过他的指导帮助的人很多，但是，不管他对别人的研究工作出过多大力，他从不在研究成果上署名，包括他指导完成的研究生论文。他思路敏捷，在学术讨论中，直言快语，不讲情面，但从不以势压人。傅承义治学态度十分严谨。他的论著，字字句句都经过仔细推敲，不仅内容深刻、丰富，而且文章结构严谨，条理分明，逻辑性强，文笔生动、流畅。

傅承义的严谨学风也反映在他长期担任《地球物理学报》主编的工作中。凡是投到学报的稿件，一视同仁，他都亲自审定，录用、退稿一定要有他的签字。对于有争议的稿件，处理更为慎重。英文版的每篇文章他都要亲自把关。在他的指导和带动下，《地球物理学报》在国内外赢得了广泛赞誉，成为中国被世界四大检索系统同时选用的九种刊物之一，连续被评为中国科学院优秀期刊。傅承义以其高尚的品德和卓越的科研、教学实践，树立了一代人民科学家、教育家的风范。

2000 年 1 月 8 日，傅承仪与世长辞。刘光鼎院士挽之："三篇文章开世界震波研究先河创新典范，一生耕耘育中华找矿精英大成风节长存"。

(3) 空间物理学领域

赵九章（1907—1968），浙江吴兴（今湖州）人，气象学家、地球物理学家和空间物理学家，中科院院士。为中国人造卫星事业作出了杰出的贡献。

★ 生平经历

1907 年 10 月 15 日赵九章出生于河南开封一个中医世家，幼年就读于私塾，预备从事文学工作。在"五四"运动影响下改学科学，立志"科学救国"，遂考入河南留学欧美预备学校（今河南大学前身）。1933 年清华大学物理系毕业后，赵九章通过"庚款"考试，于 1935 年赴柏林大学从师气象学家菲克尔。1938 年获德国柏林大学博士学位。回国后，在西南联大任教，1944 年经竺可桢教授推荐，主持中央研究院气象研究所工作，承担起继竺可桢之后中国现代气象科学奠基的重任。1946 年中央研究院气象研究所迁往南京北极阁，成为我国现代气象学研究的重要基地之一。解放战争后期，气象研究所奉命迁往台湾，赵九章和所内科学家们一起留下来迎接新中国的诞生，为祖国的气象事业立下不可磨灭的功勋。

中华人民共和国成立后，赵九章促进组建中国科学院地球物理研究所。在赵九章的主持下，该所很快发展成一个人才济济的科研机构。中国科学院大气物理研究所、兰州高原大气物理研究所等研究所中一批有成就的科学家都直接或间接受过赵九章的指导。

1956年任国家科学技术委员会气象组组长，1958年和1962年连续两届当选为中国气象学会理事长。1955年当选为中国科学院院士。

新中国成立初期，技术力量薄弱，赵九章与涂长望携手合作，组建联合天气预报中心和联合资料中心，为新中国气象事业中两个最基本的分支（天气分析预报和气象资料）的发展奠定了基础。他和几个有名的科学家在这两个联合机构中担任业务领导并从事实际工作。

赵九章把科学的发展与国民经济联系起来，作出了重要贡献。20世纪50年代初，赵九章主张在广东等地以种植防风林带方式改变局部小气候，为橡胶移植到亚热带地区创造了条件。50年代中期，国际上开始了人工降水研究，在赵九章的积极倡议下，在我国这样一个农业大国也开始研究人工降水，使我国的云雾物理研究开展起来，并取得了暖云降水理论和积云动力学等研究成果。

赵九章十分重视气象学的现代化建设。50年代初，他通过大量的工作和研究，及时提出气象学要数理化、工程化和新技术化，并在工作中贯彻这一指导思想。这对我国气象学的现代化发展有重大的指导意义。

50年代初，计算机的问世使天气预报从定性向定量化的发展具备了条件，赵九章支持、鼓励刚从国外回来的顾震潮应用手算图解法解微分方程，从而使我国的数值预报发育成长起来，并培养出一批科技力量。当我国第一台计算机出现后，数值预报研究和业务就开展起来了，为60年代末我国正式发布数值预报奠定了基础。同时赵九章十分重视把新遥测和遥感技术应用到大气科学中。50年代中期，他支持应用空气动力学的风洞和先进的测试仪器研究大气湍流。在赵九章的极力推动下，中国仅有的两个臭氧观测台建立起来，这为研究大气中的臭氧成分打下了基础。

根据国家建设的需要，赵九章不断开拓新的研究领域。海潮观测研究对于我国国防和经济建设具有重大意义，但在当时却是空白的。50年代初，赵九章亲自指导开展我国海区海浪及波谱的研究，研制出观测设备和一整套观测分析仪器，为认识我国海域的波浪特征，开发海洋资源作出了贡献。

★ 赵九章对中国人造卫星事业发展的贡献

赵九章是中国人造卫星事业的倡导者和奠基人之一。他积极促进空间科学发展。从50年代后期开始，赵九章以极大的热情投入我国空间事业的创建工作。1958年，赵九章是中国科学院地球物理研究所二部的主要技术负责人，负责卫星研制的各项准备工作。同年10月，他提出“中国发展人造卫星要走自力更生的道路，要由小到大，由低级到高级”的重要建议。60年代三年困难时期，赵九章及时调整发展计划，把主要力量放到投入资金和人力较少的气象火箭，逐步开展其他高空物理探测，同时探索卫星的发展方向。60年代初期，中国科学院成功地发射了气象火箭，箭头仪器舱内的各种仪器及无线电遥测系统、电源及雷达跟踪定位系统等，都是在赵九章领导下由地球物理研究所研制的。他们还研制了“东方红1号”人造卫星使用的多普勒测速定位系统和信标机。

1964年秋，赵九章不失时机地向国务院提交了开展卫星研制工作的正式建议，引起中央的重视。1965年3月，中央批准中国科学院提出的方案。1965年10月起，在中国科学院领导主持下举行了卫星建造总体方案的进一步论证，会上赵九章提出了重要意见。

紧接着，负责实施人造卫星发展计划的651设计院成立，赵九章主持科学、工程技术方面的工作。他对中国卫星系列的发展规划和具体探测方案的制订，对中国第一颗人造地球卫星、返回式卫星等总体方案的确定和关键技术的研制，起到了重要作用。1985年赵九章获得国家科技进步特等奖，在科学研究方面作出了杰出的贡献。

赵九章是中国动力气象学的创始人。1938年，赵九章把数学和物理引入气象学，研究信风带主流间的热力学，完成了我国第一篇动力气象学论文《信风带主流间热力学》。

行星波斜压不稳定的概念是赵九章首先提出的。1945年，赵九章指出，实际大气在斜压状态下可以是不稳定的，即振幅将随时间增长而形成天气图上观测到的气压场的槽、脊分布和发展，这是现代天气预报的理论基础之一。1946年赵九章在芝加哥大学做这一学术报告时，曾引起国际气象学家的高度重视。在气象学发展史上公认“公元1946年，中国赵九章提出行星波不稳定概念”。

20世纪60年代初，赵九章指导他的学生研究了地磁扰动期间史笃默(Stormer)捕获区变化和带电粒子穿入地磁场的机制等，并著有《高空大气物理学》专著。在他的领导下还完成了核爆炸试验的地震观测和冲击波传播规律，以及有关弹头再进入大气层时的物理现象等研究课题。

赵九章是优秀的科学家，也是热心的教育家，培养了众多的科学人才。他勤于治学，也热心育人，我国一些著名气象学家叶笃正、顾震潮、陶诗言、顾钧禧、郭晓岚等都受过他的指导。赵九章重视基础教育，他任地球物理所所长职务期间，于1958年一手创建中国科学技术大学地球物理系，提出以“所系结合”的方式办系，亲自主讲高空物理学并指导研究生。赵九章重视人才，培养提拔人才，周秀骥、曾庆存、巢纪平等都是赵九章不断给予关心、爱护和鼓励而成长的杰出科学人才。

赵九章鼓励学生要有自己的创见，注意培养民主的学术气氛，他组织的海浪组、磁暴组等研究集体，每周举办学术讨论会，中心发言之后，接着是热烈的争辩。在这个研究集体中，进行各种日地相关现象的研究，取得了一批具有国际水平的成果，为我国空间物理研究奠定了良好的基础。

赵九章未能等到1970年4月24日那一刻。当中国第一颗人造卫星上天时，这位享誉国内外的卓越科学家已于一年半前含冤去世。人们是不会忘记这位把自己全部心血倾注在科学事业的科学家的。1997年，在赵九章先生诞辰90周年之际，由王淦昌等44位著名科学家倡议，并经中央批准为赵九章先生树立铜像，以缅怀他为我国的科学事业所作出的贡献。1999年在国庆50周年之际，中共中央、国务院、中央军委隆重表彰为研制“两弹一星”作出突出贡献的23位科技专家，并授予“两弹一星功勋奖章”，赵九章院士是其中一位。

(4) 地球化学领域

涂光炽（1920—2007），地球化学家，地质学家，矿床学家。

★ 生平经历

涂光炽原籍湖北黄陂，1920年2月14日生于北京；1937年毕业于天津南开中学，1938年参加革命工作，1944年毕业于昆明西南联合大学地质地理气象学系；1949年在美国明尼苏达大学获博士学位，1949年～1950年任美国宾夕法尼亚州立大学助理研究员；1949年8月他在纽约加入中国共产党；1950年～1951年在清华大学任副教授，并首先在中国开设地球化学课程；1951年～1954年在苏联莫斯科大学进修；1955年任北京地质学院副教授；1956年在中国科学院地质研究所任副研究员、研究员，自1960年起任副所长。同期仍兼任北京地质学院、北京大学、中国科技大学教授。1966年起一直任中国科学院地球化学研究所研究员、副所长、所长、名誉所长；1980年当选为中国科学院院士；1993年当选为第三世界科学院院士。

★ 科研成就

涂光炽先生是中国科学院地球化学研究所和广州地球化学研究所的奠基人。20世纪60年代，他和侯德封等老一辈科学家根据国际地学发展和我国经济建设、地学科研工作的迫切需要，不失时机地集中优势科研力量，在贵阳组建了我国第一个地球化学专门研究机构——中国科学院地球化学研究所；在20世纪90年代，他又建立了广州地球化学研究所。40多年来，他为两所的建立、发展和壮大付出了毕生心血。

涂光炽从事地学研究近70年，提出了一系列新理论、新观点，为地球科学的发展作出了卓越贡献。20世纪50年代在祁连山及西北干旱地带作综合地质考察；60年代从事华南花岗岩类有关矿床及铀矿地质研究；70年代除继续此项研究工作外，着重从事富铁矿床研究；80年代主要研究层控矿床，后期侧重新疆北部及黄金地质并持续至今；90年代开始超大型矿床、低温地球化学及分散元素成矿研究。1982年，“华南花岗岩类地球化学”获国家自然科学二等奖；1985年，获中国科学院“竺可桢野外工作奖”；1987年“中国层控矿床地球化学”获国家自然科学一等奖；1993年，“中国金矿主要类型、成矿模式及找矿方向”获国家黄金管理局一等奖（在以上著作中为第一作者）；1995年获何梁何利基金科学与技术进步奖（地球科学）；1996年，《中国矿床》专著获国家科学技术进步二等奖（担任铅锌矿床部分）。

在 70 多年的科学研究生涯中，涂先生始终以国家需求为己任，以国民经济建设为中心，确定研究所的战略定位。20 世纪 60 年代，为发展国防和核工业，他组织地球化学所开展了铀矿资源的调查研究；为满足国民经济现代化所需的稀有、有色金属资源，开展了南岭地区花岗岩类与成矿综合研究及四川攀枝花、内蒙古白云鄂博、甘肃金川等矿床的物质成分、赋存状态及综合利用研究；组织开展了富铁矿床地质地球化学研究和金矿成矿规律、找矿方向及选冶技术研究。20 世纪 80 年代初，为贯彻国家经济建设重点逐步西移的战略，提前为西部大开发做好矿产资源准备，涂先生和孙鸿烈等专家在国家科委领导下，组织了国家攻关项目——“加速查明新疆矿产资源的地质、地球物理、地球化学综合研究”（305 项目）。涂先生这种坚定不移地以国家需要为己任的精神已深深扎根于两所几代科技人员心中，成为科技工作的目标和方向，使两所在事关我国重大矿产资源基地的矿床物质成分、赋存状态、综合利用、成矿规律及找矿方向的综合研究中作出了重大贡献。

在所内，涂先生经常教导大家“要把双眼紧紧盯在经常变化而又丰富多彩的学科前沿上，结合国民经济需求提出新方向、新课题”。早在 20 世纪 60 年代，涂先生根据铀矿成矿特点提出“相当多的铀矿床是改造成矿作用的产物”。这一新观点成为他后来组织领导中国层控矿床地球化学研究的基础，这一成果还获得国家自然科学奖一等奖。20 世纪 80 年代后期，涂先生考虑到超大型矿床对解决矿产资源、建立矿业基地的重大意义和国际上刚刚提出超大型矿床全球背景研究的设想，及时提出了在我国开展寻找超大型矿床有关的基础研究，该项研究被列入国家攀登计划。在该项目的研究中，他提出了有关超大型矿床的概念、分类、类型选择及我国超大型矿床时空分布规律、形成机制；在新疆 305 项目研究中，他提出了世界第三大成矿域——中亚成矿域；在 2003 年，立足于地球科学的宏观性和区域性，他又提出了“比较矿床学”。在他因病住院前 4 个月举行的全国矿床大会上，他仍提出了二氧化碳与金、铀的成矿作用；即使在他临终前病榻上的衣物中，仍带着有关二氧化碳与金、铀的成矿作用的资料。病魔夺去了他宝贵的生命，这项研究成了他生命中的一件憾事！

涂先生对地质科研事业充满信心。在 20 世纪 90 年代初科研体制改革初期，我国地质科研也受到国际矿产资源萧条的影响，科研经费短缺。在这种形势下，不少科研人员对工作失去信心，针对这种现象，涂先生从国家需要和学科发展的战略高度分析形势，鼓励大家。他在写给广州地球化学研究所全所职工的信中说：“在一个人口众多、人均资源拥有量少、生态环境恶化、灾害频发的国家里，把调整人与自然的关系工作搞好是头等重要的事，任何事业的发展都不可能一帆风顺，总是起伏不平，高峰与低谷交替。但从长远看，在调整人与自然关系的事业中，地学占有很大的分量，而地球化学的贡献是不可缺少的一环。”他要求全所科研人员“以事业为重，想方设法克服困难，开拓思路，坚守阵地，为建立新的人与自然关系的伟大事业作出应有的贡献。坚持下去，就是胜利”。涂先生高瞻远瞩的分析和鼓励，坚定了全所职工克服困难的决心，开创了科研工作新局面。

★ 科学思维

涂光炽坚持学习马克思主义唯物辩证法，自觉运用自然辩证法指导自己的科研实践。他倡导开展地球科学认识论和方法论的研究与讨论，建议中国矿物岩石地球化学学会设立地球科学认识论与方法论研究会，这对活跃地球科学的学术思想，提倡创造性思维，推动地球科学的发展起到了重要的作用。

* 求真求实，逆向思维

涂光炽追求理论联系实际，他提出的找矿设想和思路，尤其在事关中国地质找矿方向等重大关键问题上，总是依据中国的国情和矿情，坚持实事求是，摒弃从众心理，运用“逆向思维”，提出个人的见解，开拓新的局面。

1974 年，中国掀起了寻找富铁矿的高潮。当时，颇为认同的找矿指导思想是寻找前寒武系古风化壳型富铁矿，领导者这样号召，同行也如此论证。但他根据自己对中国前寒武系条带状铁矿的研究实践与理论分析，指出这样的找矿思路存在着问题。他认为依据加拿大、澳大利亚、前苏联、美国、巴西这些产富铁矿国家的富铁矿部分为前寒武系古风化壳型，由此推论中国也应主要寻找古风化壳型富铁矿，这样的推论是不合适的。他在多次富铁矿会议上阐述了自己的观点：中国早前寒武系曾发生多次变质作用，很难在其中出现未变质或浅变质的富铁硅酸盐、碳酸盐和硫化物建造，而后者正是后期形成风化壳型富铁矿的基础；中国早前寒武系主要产出铁的氧化物建造，它们很难在后期风化作用中富集；中国地质历史晚期相对剧烈的构造活动也不利于风化壳的渗透发育与保存。他认为，富铁矿形成机制多种多样，应广开门路，不局限于寻找古风化壳型富铁矿。

* 注重实践

要做到实事求是，首先必须注重实践。他是重视文献资料的，但他更重视野外观察和力所能及的实验测试。他亲自工作或考察过的国内外矿床有 300 多个；在早、中期工作中，他争取时间做显微镜下的观察实验；在“文化大革命”期间“靠边站”时，他看了大量光片、薄片。他认为只有在野外和镜下观察的基础上，才能提出合理的测试和实验方案。反过来，实验测试结果应当与野外和镜下观察相结合，否则，片面强调数据，便有可能作出错误判断。

* 在业务实践中自觉运用辩证唯物主义思想

一个地学工作者，应当自觉地学会运用辩证唯物主义指导自己的业务实践。但要做到这一点绝非易事，要下大工夫才成。他分析了地学研究的三种制约因素：

① 地质作用本身和地质体的形成是长期的、错综复杂的，现在只能看到这

些长期作用的最后结果，如要探索全过程则缺乏系统的理论、方法、手段，容易带上主观色彩。

② 地学的区域性因素很强，某一地带的规律、现象不一定会出现于其他地带，但在一个地区工作时间长了，就容易把对这一地区的看法推广到其他地区，因而难免带来一定的片面性。

③ 各种传统观念和习惯势力的束缚。

要突破上述三种制约因素，恰如其分地反映客观实际，就要讲究思维方法，处理好若干关系和矛盾问题。通过自己的长期业务实践，他提出了地学工作者应当重视的八个问题，即非此即彼与亦此亦彼；复杂成因与单一成因；将今论古与地球演化；突变论与渐变论；共性与个性；开放体系与封闭体系；野外观察与实验测试；均一性与非均一性。

80年代，他曾多次探讨这八个地学思维问题，并写成文章《地学中若干思想方法的讨论》，发表于《自然辩证法研究》期刊，此文于该期刊创刊10周年之际被评为优秀论文。

这八个问题涉及地学在其数百年的发展历史中的主要思想方法。他通过两个实例说明自己长期坚持的思维方法。

恩格斯在《自然辩证法》中的论断启迪了他辩证思维的智慧，使他联想到作为固体地球科学体系重要组成部分的成岩成矿理论，恰好在成岩成矿的某些关键认识上，长期以来主要是“非此即彼”观点占主导地位。从传统成矿理论出发，矿床被看做不是外生的、沉积的、风化的就一定是内生的、岩浆或岩浆热液的、变质的。内生成矿与外生成矿被视为两种截然不同的成矿作用，即所谓“水火不相容”，中间不存在过渡类型。他认为在成岩成矿作用中，确实存在“非此即彼”，但不可能全部概括其类型，过渡型、“亦此亦彼”的成岩成矿作用也是广泛发育的。作为实例，他列举了现代洋底成矿作用，大量洋底块状硫化物矿床是在热液介质中主要以沉积方式形成的，这是一种“亦此亦彼”。另外，洋底之上的水体中成矿以沉积方式为主，而洋底之下的岩石介质中成矿方式主要是热液充填与交代，这又是一种“亦此亦彼”。

在地球地壳的各种各样发展演化过程中穿插着渐变与突变现象。恰如其分地处理好这二者的关系，也要讲究思维方法。他认为地学界长期以来实际上是均变论占统治地位，因而不少地学工作者不习惯于突变论观点。然而，在自然界的各种灾害中，如地震、火山爆发、洪涝等都是突变的表现形式。由于成岩成矿过程动辄以亿万年计，因而人们易于着眼均变而忽视突变。其实在地球演化的历史长河中，许多矿种的形成过程都存在着渐变与突变现象，如铅和稀土元素在太古宙时不成矿，但到中元古宙则大量成矿，形成一些著名的超大型矿床。这便是突变成矿的实例。

* 瞄准学科前沿，不断提出新方向、新课题

他十分注意经常变化而又丰富多彩的学科前沿，并结合国民经济需求，瞄准

新的突破口，不断提出新方向、新课题；进而亲自组织实施，力求早日占领新的学科制高点，在工作中逐步提出新认识、新见解。70 年代后期，他察觉到层控矿床的重要性。“文革”刚刚结束，他即组织中国科学院地球化学研究所的部分工作人员，围绕层控矿床的概念、分类、形成机制、时空分布、国内外对比等问题，多次展开了深入、系统的研究和讨论，并引导大家进行层控矿床理论总结，在 80 年代出版了《中国层控矿床地球化学》3 卷专著。根据同行专家评审意见，“此书是中国第一部层控矿床系统研究专著和理论总结，它在系统性、概念理解以及对一些问题的讨论深度上，超过了国外以《层控矿床及层状矿床》（1976—1981）13 卷丛书为代表的成果”，本项研究于 1988 年获得国家自然科学一等奖。

80 年代初，他根据在华南的地质实践和在国外开始的关于 A 型花岗岩的讨论，提出了研究富碱侵入岩带的必要性。他定义的富碱侵入岩包括成因上和时空分布上密切联系的富碱的硅不饱和、饱和和过饱和侵入岩类，否定了以往认为这些岩类成因上无联系的片面认识。之后，他又在北疆的地质考察工作中，进一步论证了富碱侵入岩带在造山带地质发育演化上的重要意义并不亚于蛇绿岩带。

80 年代后期，考虑到超大型矿床对解决矿产资源、建立矿业基地的重大意义以及国际上刚提出的超大型矿床全球背景研究设想，他及时论证了在中国开展有关寻找超大型矿床基础研究的必要性及其内容、措施、课题、技术路线等问题，经过多次酝酿与评审，最终成为由国家科委主持的基础科学攀登计划项目之一，他是该项目的首席科学家。基于过去几年的项目研究实践，他们已初步提出了有关超大型矿床概念、分类、类型选择性，以及对中国超大型矿床时空分布规律、形成机制等方面的见解。类似的工作在国外比较零星且缺少系统性。

在金矿及其他矿产地质、地球化学领域的多年实践，使他确信，在低温条件下（小于 200℃，包括常温和零下温度）的一定介质中，金与其他金属都可以成为活泼、易溶、可迁移元素，并可富集成矿；但经典成矿理论却认为热液金矿床主要是高、中温矿床，而砂金则主要靠机械搬运而非化学搬运形成，除汞、锑之外的热液金属矿床也是在高、中温条件下形成的。岩石学研究存在类似情况，即大于 300℃和常温的成岩实验数据是大量的，而 50℃～250℃区间的实验数据则很少，因而低级变质作用、埋藏变质作用、成岩作用研究水平较差。上述情况不仅制约了成岩成矿理论的深入发展，对找矿评价也是不利因素。当 20 世纪 80 年代末，国外文献中出现较多讨论低温成岩成矿的文章时，他抓紧这一时机，于 90 年代伊始便提出了低温地球化学研究课题，得到了国家自然科学基金委员会的支持。从 1995 年结题情况看，本项研究在银的成矿作用、低温条件下一些元素的活动性实验、吸附实验、油气田的埋藏变质等方面，均提出了新颖的见解与思路。

矿床学界和地球化学界一向认为分散元素不可能成矿，实际上分散元素矿物无论在数目和总量上都是很少的。但无独有偶，近年来在中国西南地区却接二连三地出现了锗、碲、铊、硒等分散元素形成独立矿床或矿体的报道，这使他兴奋不已，夜不能寐，反复追思其奥秘所在。他想，究竟是什么因素、条件、介质、环境、背景导致这些元素不趋向于分散，而趋向于富集成矿呢？这显然是找矿和成矿理论上的重要课题，与环境保护也有密切联系。于是他又及时组织力量，向国家自然科学基金委员会提出了立项申请，此项申请获得批准并已启动。得到的初步认识是：分散元素可以成矿，但条件十分苛刻。

＊ 坚持学术民主，集中群体智慧

在成矿基础理论问题上，他强调尊重前人早已建立的各种理论体系与学说，但也要敢于大胆突破某些传统观念的束缚。例如，他在经过多年的实践与剖析后，认为成矿作用与成岩作用既有不少类似之处，又不宜完全等同起来。成岩作用涉及的主要是量大面广的常量元素，而成矿金属则多为微量元素。根据成因机理，岩石可以划分为岩浆岩、沉积岩和变质岩三大类，但沉积作用（包括沉积成岩、风化等作用）、岩浆及岩浆热液作用和变质作用尚不能囊括所有重要的成矿作用。1974 年，他提出了一种新的成矿作用——改造成矿作用，并对它的概念、内涵、机制等进行了多次阐述与讨论。据此，他还建议将矿床成因类型的三分法改为四分法。

在对矿床形成过程作了系统剖析后，他发现传统的单成因观点对某些矿床与矿床类型是难以应用的。早在 1974 年，他就指出了叠加成矿对某些矿床形成的重要性。1977 年，他进一步以矽卡岩型矿床为例，阐明了这一类型矿床的多成因问题。此外，某些矿床的形成过程持续时间甚长，具多期性；物质来源复杂，具多源性。这些矿床的形成也不是单一成因所能解释的。当然，对某些矿床持多成因观点并不排除另一些矿床具单一成因的特点。

他提出的改造成矿作用和矿床多成因论等观点，在一定程度上弥补了传统成矿学说的不足，使之更接近成矿作用的客观实际，在今天已被许多矿床学同行专家所接受。

他认为一个研究所、研究室可以为发展某一学科而设立，但不应为维护某一学派或某一学术观点而设立；以行政手段打击一个学派或不同学术观点是错误的，但同样，以行政手段扶持一个学派或不同学术观点也未必正确，只有通过长期实践，才能检验某一科学理论是否正确。因此，他认为研究单位对于各种学术观点应力求兼容并蓄，不同观点可以通过相互讨论，在百家争鸣中互相补充。

多年来，作为多单位协作攻关的若干科研大项目的负责人或首席科学家，他强调在合作科研中既要坚持学术民主，又要充分调动各方面的积极性，力求更好地集中群体智慧，在某些关键问题上达成一致。例如，在超大型矿床的定义和概念上，有关这一项目的参加者观点必须一致，否则就缺少最起码的共同语言。在讨论超大型矿床与矿床密集区的空间分布规律时，不同学者的思想侧重点有所不同，如有的人从大地构造单元出发，有的人提出同位素急变带的见解，有的人则对岩石圈厚度、地热流异常等因素进行探索。此时此刻，作为首席科学家就不能只停留在“你说你的，我说我的”水平上，而应力求高屋建瓴地进行多学科综合分析，以便求得高层次的总结性见解。做到这一点很难，但他总是尽力去达到综合认识的预期结果。

＊ 既要异想天开，又要实事求是

十多年前涂光炽也为自己和青年科学工作者提出了下列四句话作为座右铭：

设想要海阔天空，观察要全面细致；
实验要准确可靠，分析要客观周到；
立论要有根有据，推论要适可而止；
结论要留有余地，表达要言简意赅。

地学的研究对象和实验室是广袤的自然界，固体地球科学要面向已生存和演化了长达45亿年的地球。这些时空背景要求地学工作者的设想和思路必须开阔一些，要着眼于整个地球，而不只是周边景观；面对眼前地质现象，要回顾过去亿万年发生的地质事件。因此，不能拘泥于一时一地、一事一物。地学工作者要勤于思考，善于联想、对比和推理。

推论要适可而止，结论要留有余地——这些也是他针对地学工作者说的。他认为固体地球科学涉及地球与邻近天体各圈层，上下数十亿年历史，从目前科学水平看，所认识、所理解的只是部分现象、事实和规律，尚待解决和深入研究的问题还很多，即未知世界还很辽阔。因此，地学工作者切忌推论过早过多，结论也不宜说得太死，但这绝非意味着可以含糊其辞、模棱两可。

在他的四条座右铭中，关于观察、实验、分析、表达、立论等五条的提法，他认为科技界是会同意的，但另外三条，即上述关于设想、推论和结论的提法是否恰当，他本人也觉得没有把握，希望能引起地学界同仁的讨论和评议。

★ 教育事业

＊ 教书育人

除了科研工作以外，数十年来涂光炽教授还做了大量教学、组织管理和外事工作。早在1950年他回国后，就在清华大学讲授地球化学，这是在我国最早开设的地球化学课程。

1955年1月，涂光炽留苏回到北京，他先到由派他留苏的清华大学地学系和北京大学地质系、天津大学（原北洋大学）地质工程系和唐山铁道学院地质组合并而成的北京地质学院继续任教，开设了“找矿勘探”和“矿床成因”课程。他以当时的经典教材为基础，结合留美期间所做的实验工作和留苏期间在乌拉尔等矿区大量的野外实践，把国际上最新的理论和方法介绍给学生，因此，他的讲课内容新颖而丰富，论证严谨而深刻。学生们说：听涂先生的课是知识和思维的升华，是一种高尚的学术熏陶。1955年11月18日，高等教育部批准北京地质学院成立学术委员会，涂光炽副教授当选为学术委员会委员，后来涂光炽到中国科学院任职后仍兼北京地质学院副教授，继续开设上述两门课程。50年代后期，他仍在北京地质学院和北京大学兼课。1958 年，中国科学技术大学成立地球化学系后，他多次到该系讲授矿床地球化学课程，后来他担任了该系的兼职副主任。因而中国地球化学学科的创立和地球化学事业的发展是和涂光炽的贡献与建树分不开的。

＊ 培养科研人才

重视培养科研人才是涂光炽教授几十年科研生涯的另一个非常重要的方面。1956 年他参与了制定我国第一个科学技术长远规划的工作，当时年仅 36 岁的涂光炽，除研究工作外还承担了指导研究生的任务，除"文化大革命"期间外，他从未间断过指导研究生的工作。

在大海中学会游泳，在实践中增长才能。涂光炽一再强调："要学会独立工作"、"研究生不同于大学生，要学会自学"、"要学会查文献，熟悉自己研究领域的进展"。每隔一段时间，涂光炽都要亲自主持全室的学术会议，要求每个人作各自领域相关问题的调研报告，既活跃了学术气氛，又使大家相互了解、相互学习，启发思路，扩展知识，使每个人学会组织材料、综合分析、准确表达、提高水平。在培养研究生过程中，从课程、外语、选题、野外考察计划、室内地球化学方法，到审定论文提纲，他都亲自指导。他总是把研究生放在与国民经济发展关系最密切的或基础研究中最前沿的科研领域中培养锻炼，如金属矿产资源的矿床地球化学研究、环境地球化学、微量元素地球化学、层控矿床地球化学等新兴学科。他放手让研究生在这些领域中钻研，教育他们要有创见、有抱负，要敢于提出自己的见解和理论，不要做书呆子、成为墨守成规者。

他从 20 世纪 50 年代后期起，先后为国家培养了近 40 名研究生，培养了几代地球化学领域的大量科技人才。他培养的人才已成为我国地学研究、教学和生产的骨干力量，有的已成为我国矿床学、地球化学等领域的学术带头人及有名望的科学家和管理专家。他提出人才与成果是统一的、不可分割的，他强调第一流的研究所要出第一流的成果、出第一流的人才。因此，他总是从繁忙的工作中挤时间给科研人员、野外地质队的技术人员作学术报告，讲授地学领域的新理论、新思想，以提高在职人员的理论水平；到兼职的院校给教师和学生上课；亲自指导硕士生、博士生和博士后完成学业与从事科研工作。

(5) 大地测量学领域

宁津生（1932—），安徽桐城人，武汉大学教授，中国工程院院士。全国高等学校测绘学科教堂指导委员会主任，湖北省高等学校设置评议委员会副主任，《中国大百科全书》第二版测绘学科主编，大辞海分科主编。曾任原武汉测绘科技大学校长，国务院学位委员会工科评议组成员，国家自然科学基金委员会学科评议组成员，中国测绘学会副理事长，国家测绘局科技委员会副主任等职。

★ 生平经历

宁津生自小就是个活泼好动的孩子，对任何事物都感到好奇。6 岁生日时，在上海做生意的大伯特地买了一架小天文望远镜送给他，宁津生拿着望远镜高兴坏了，到晚间他就爬到天台上，举着望远镜对着满天的星斗，寻找奶奶在故事中提过的天宫宝殿、玉树琼阁，还有那一年四季都能看见的北斗星。随着年龄的增长，他懂得了许多天文知识，不再把神话当做真事，而无垠的星空、美妙的星座和灿烂的群星，却不断激起他探索未知世界的兴趣。等到脱离了听故事的年龄，他又对摆弄机械产生了兴趣，爸爸的一块新怀表放在桌上，忘了收起来，他就拿在手里，盯着那长长的指针看，思考着是什么力量在推着它转。等到爸爸找到它时，新怀表已经成了一堆零件。

1951 年，一个风和日丽的夏日，19 岁的宁津生随意翻阅着一份《解放日报》，一条同济大学测量系招生的消息吸引了他的视线。放下报纸，宁津生当即决定去上海投考。正是这个决定，使他从此投身为之奋斗终生的测绘事业。他只身一人来到上海，在 70 名报考的学生中成为被录取的 10 名幸运者之一。

20 世纪 50 年代的新中国，抗美援朝正进行得如火如荼，宁津生和全国各地的青年一样，是怀着一种使命感在读书。在大学学习一年，宁津生即以各方面的出色表现备受青睐。1952 年，他被选送到北京俄语专科学校留苏预备班学习俄语，正当他对留学苏联满怀憧憬的时候，却被告知因为家庭出身的问题，他被取消了留学的资格。突如其来的打击几乎将这个刚刚 20 岁的青年击倒，“留苏”受阻给了宁津生一个不小的打击，使这位年轻人的心灵留下了创痛。大学毕业那一年，武汉测量制图学院成立，由于建校之初需要大批专业教师，宁津生就和同班同学一起到那里。

从 20 世纪 50 年代起，由于人造卫星等航天技术的发展，大地重力学的研究日益成为大地测量界的热门课题，当时学校请来讲学的前苏联专家中，从事地球重力场研究的布洛瓦尔在国际测量界有很大的影响。由于宁津生有俄语基础，学校决定由他担任布洛瓦尔的专业翻译。布洛瓦尔是个很慈祥的老人，但他对待科学的态度十分严谨认真。耳濡目染的结果，宁津生与大地重力学结下了不解之缘。

布洛瓦尔很喜欢这个聪明好学的年轻人。刚开始的时候，宁津生认为重力学是一个纯理论的东西，对经济建设没有多大的现实作用，他一心想投入到火热的建设中去，因此，他只是尽力做好翻译工作，对这门学科并不是很重视。布洛瓦尔看在眼里，却并没有一味地强求。暑假的时候，宁津生陪同布洛瓦尔到四川的峨眉山度假。在一个晴朗的夜晚，他们在峨眉山的金顶上遥望星空。夏夜的峨眉山，夜空如洗，在月光的映衬下，一轮巨大的黑影投射在无垠的天幕上，显得神奇而静谧。布洛瓦尔指着黑圈对宁津生说：“宁，你知道那是什么吗?”宁津生盯着看了半晌，摇摇头说：“不知道。”布洛瓦尔爽朗地笑了，笑声在夜空下传出很远："哈——，那是地球的影子。""真的?"宁津生有些不相信地问道。"当然是真的，不光在这里可以看到地球的影子，在世界其他的地方也能看到。宇宙空间的许多测量工作都是根据地球的阴影完成的，掌握了测量这门技术，人类的活动范围将突破陆地走向海洋，走向大气层，走向外层空间。"布洛瓦尔停顿了一下，用力拍了拍宁津生的肩膀说："小伙子，大地重力学是地理测量的重要工具，你可不要轻视它，你要努力呀!"宁津生用力点了点头。从那时起，宁津生开始重视这门学科了，在布洛瓦尔的指导下，他的进步很快。

正当宁津生以极大的热情开始研究大地重力的时候，中苏两国的关系开始急剧恶化。苏联单方面撕毁了条约，所有在华工作的专家全部奉召回国，布洛瓦尔也要回国了。布洛瓦尔临走的前夕，宁津生来和老师告别，两人相对而坐，全都默默无语，陷入了离别的忧伤之中。良久，布洛瓦尔抬头看着宁津生说："宁，我喜爱中国，曾希望能帮助中国开创她的测量事业，这是我后半辈子唯一的心愿，但现在我已不可能去完成了。你是我最好的学生，可惜我也不能再继续指导你了。希望你不要放弃，努力做下去，你会有前途的。"他指了指已经包扎成捆的一大堆书籍和资料说："我没有什么留给你的，就把这些书和资料送给你吧，相信它们会对你有帮助的。"说完，他站起来，走到宁津生面前拉着他的手说："宁，不管我们两国的关系怎么样，你依然是我最信赖的学生，等到有机会我们能够再在一起工作的时候，我希望你已经超过了我。"宁津生庄重地点点头，两人紧紧地拥抱在一起。

★"文革"磨难，痴心不改

布洛瓦尔走了，但让他感到欣慰的是中国的大地重力学研究并没有停止，他最信赖的学生宁津生接过了他的接力棒，开始了中国天文重力测量的研究。然而，好景不长，当宁津生正潜心研究的时候，"文化大革命"开始了，他成了"白专"典型，被剥夺了工作的权利，发配到食堂进行劳动改造。宁津生对此处之泰然，他乐呵呵地到食堂接受再教育。每天早晨，宁津生四点半就起床，第一个到食堂报到。虽说他不会做饭，但帮助大师傅洗菜、和面、淘米，他都干得十分起劲。等到了早餐的时间，他扎起围裙，站在窗口为职工打饭，那神情，仿佛他不是一个资深的科学家，而真的是一个食堂的普通员工。让宁津生倍感可惜的是，过多无意义的政治活动浪费和分散了精力，极左思想的泛滥在科学领域造成了极大的混乱，引出了令人啼笑皆非的空想和不切实际的工作方法。在自然科学的王国里，宁津生可以多谋善断、纵横驰骋，但是对"文革"这场政治风暴，他却无能为力。然而一个科学家的良知又使他无法真正地放弃自己的专业，他相信国家不可能永远这样荒唐下去，他必须为国家的复兴做好准备。

宁津生悄然行动起来了。白天，他和大家一起参加学习班的学习，晚上则一个人悄悄地关起门来搞研究。测量是一门实验性很强的学科，为了能做实验，他主动要求去做实验大楼的卫生，等到夜深人静的时候，他点起自做的煤油灯，专心地做起实验来。为了不被人发现，他做了一个大灯罩来遮住灯光，但是，久而久之，煤油灯漏出的点点光亮让巡逻的人员起了疑心，以为是什么阶级敌人在搞破坏，终于，在一天晚上，他被从实验楼里揪了出来。一顿狠批之后，宁津生进了牛棚。

关在牛棚里的宁津生最大的苦恼不是没完没了的批斗和学习，而是不能看专业书籍。有一天，他和牛棚里的其他人一起被派到图书馆去清理书籍，在清理的过程中，他忽然发现了几本俄文版的重力学方面的书。宁津生喜出望外，趁人不注意，把这几本书揣进了怀里。

等回到牛棚后，如何藏好这几本书却成了一个难题，如果被人查出来，安上一个罪名是小事，只怕这几本好不容易找到的书也会遭殃。宁津生想来想去，终于想出了一个办法：他找来一本毛泽东选集，把封面拆下来，包在专业书的外面，堂而皇之地看了起来。这个方法果然有效，一连好几天，都没有人来打扰他，宁津生不禁为自己的发明感到得意。时间长了，也有管教的人问他为什么看外文版的毛选，宁津生理直气壮地说："你们不是常说要进行世界革命吗？不看懂外文，怎么向外国人宣传毛泽东思想呢？"一席话，说得他们哑口无言。于是，宁津生看专业书，不但没受到惩罚，还不时地得到一些关照。就这样，在动乱的年代里，宁津生依然没有荒废自己的专业。终于，十年噩梦结束了，宁津生又获得了研究的权利。

★ 奋进在科学的春天里

20 世纪 70 年代，中国政府决定建立自己的独立的大地坐标系统，这其中就有一个确定"大地原点"的问题。"大地原点"亦称"大地基准点"，即国家水平控制网中推算大地坐标的起标点。大地原点作为一个国家大地坐标系的基准点，要围绕它进行大量的测量活动，如天文测量、三角测量、人造卫星测量、全球定位测量等活动，在这些测量活动中，大地原点标石的稳定极为重要，任何细小的变化都会使测量"差之毫厘，谬之千里"。

建国初期，我国使用的大地测量坐标系统的标原点是前苏联玻尔可夫天文台，这种状况与我国的建设和发展极不相称。因此，1975 年，国家成立了专门的班子，开始了探测中国大地原点的工作，刚从牛棚里解放出来的宁津生被委以重任，那一年，他 43 岁。

接受这个任务之后，宁津生心潮起伏，久久不能平静。作为一个测绘工作者，他知道要不是"文革"的耽误，这项国家的基础建设项目早就应该完成了，现在西方国家已经开始用卫星探测大地，而中国却刚开始为自己的国土确立坐标。但是一切已无可挽回，只有抓紧时间从头开始了。宁津生带领一帮科技人员，搜集分析了大量资料，并到郑州、武汉、西安、兰州等地，对各地的地形、地质、大地构造、天文、重力和大地测量等因素进行实地考察和综合分析。在分析过程中，宁津生在国内率先开展了"利用最小二乘配置确定相对大地水准面的理论和方法”的研究，其成果为确定我国大地的地心坐标及椭球定位提供了科学依据。经过一年多的努力，宁津生综合各专家的意见，最后将我国的大地原点确定在陕西省咸阳市泾阳县永乐镇石际寺村境内。

1976年，中华人民共和国大地原点工程动工建设，1978年建成后进行试用，1980年正式启用，增设并施测了国家基本重力点和天文基本点。自那时起，中华人民共和国大地原点为国家的地理、军事等方面的测绘工作提供了有力的数据支持。现在，中华人民共和国大地原点由国家测绘局第一大地测量队保护并进行基础数据的测量。看着那用红色玛瑙石做成的原点标志，宁津生流下了幸福的泪水。中国科学院院士、著名的大地测量专家陈俊勇认为，“中华人民共和国大地原点”的建立是中国测绘事业独立自主的一个象征。

“风云一号”气象卫星是我国最早发射成功的太阳同步三轴稳定对地遥感卫星。由于早期的技术和器件等原因，卫星上的计算机因空间辐照而失控，造成星上贮气耗尽，卫星高速翻滚，对地定向出现了偏差，传回的图像不稳定、不清晰，甚至还有遗漏的情况，给我国的气象观测和预报带来了困难。由于我国没有航天飞机，不可能到太空上去维修，如果任由这种情况发展，在短时间内这颗为我国提供气象数据的卫星就会报废，成为宇宙的垃圾，而发射新的卫星在短内时间还无法实现，唯一的办法就是在地面对卫星进行纠偏。这一任务又落到了宁津生等科学家的身上。经过仔细的观测和研究后，利用地球磁场和重力场与卫星的相互作用，宁津生采用卫星上的磁力矩器和可用的一切手段设计出了一整套抢救卫星的技术方案。这在当时是一种大胆和从没用过的方法，许多人心里直打鼓，生怕方案无效，耽误了抢救卫星。但是宁津生却胸有成竹，他和众多的科研人员一起，经过75天的艰苦努力，使这颗濒临报废的卫星重新建立了三轴稳定的对地定向姿态。

随着国民经济的高速发展，中国对资源的依赖越来越强。这时，我们才惊异地发现，我们曾自以为地大物博，其实资源贫乏。为了取得更多的自然资源，我们必须建设更多、更大的工程，如大型水库、矿井和长距离隧道。在这些工程中，地球重力场非均匀性的影响往往会超过观测的允许误差，所以要对工程测量中的各类观测值进行相应改正，否则将会影响测量结果的精度。同时，卫星遥感测量技术也开始在我国得到应用，但是我国在卫星重力探测技术方面与发达国家相距甚远，现有的理论和应用研究成果，尚属于跟踪研究阶段。20世纪80年代中后期，宁津生开始重点研究局部重力场的逼近理论，由他主持完成的国家自然科学基金高新技术项目和国家测绘科学基金项目180阶和360阶地球重力场模型研究，建立了当时我国阶次最高、精度最好的地球重力场模型。他主持的国家自然科学基金项目“卫星重力梯度边值问题的研究”等，是当时大地测量领域新的、代表发展方向的研究课题。宁津生主持完成的省部级以上重大科研项目有10余项，其中地球重力场精细结构及我国大地水准面精化的研究、地球重力场模型研究、整体大地测量、大地测量学科发展战略四项科研成果分别获得国家测绘局科技进步一、二等奖。此外，他还编著出版教材、专著6部，翻译出版外文文献6部，发表论文50余篇，其专著《重力与固体潮教程》获国家地震局优秀教材一等奖，《地球重力模型理论》获国家测绘局优秀图书一等奖，《地球形状及外部重力场》获国家测绘局优秀教材二等奖。

★ 培养后生，不敢懈怠

从黑发到白发，宁津生为测绘事业付出了无数的心血和智慧。当新世纪开始召唤时，宁津生不因自己早已功成名就，也不因自己是资深望重的院士而停步，相反，他的紧迫感越来越强烈了，一种忧患意识时时从他的目光中流露出来。

1984年，改革的大潮将宁津生这位一心一意从事教学和科研工作的学者推上了武汉测绘科技大学副校长的岗位。从此，他牺牲了很多从事业务工作的时间，将相当多的精力投入到学校的改革与发展之中。

1988年担任武汉测绘科技大学校长后，他更是呕心沥血，殚精竭虑，为学校的发展、为祖国的测绘事业和测绘教育事业追赶和超越世界先进水平倾注了所有的心血。人们看到，宁津生校长，这位风度儒雅的学者风采依然，除了能看到岁月给他的双鬓添上的几缕白发外，在他的身上你几乎读不出任何其他岁月的信息，更找不出10多年"官场"阅历的蛛丝马迹。你看到的，只是一个温和淡然的普通老人。

2000年，武汉测绘科技大学并入武汉大学。每年武汉大学新生入学时，做过10年原武测校长的宁津生，依然会像当年他初登讲台时一样"紧张"。对于给本科新生上专业课《测绘学概论》，他还是丝毫不敢懈怠：要用最简单的方法，最通俗的语言，将测绘学这门艰深的学问让刚入校门的新生心领神会，这不是一件容易的事情。宁津生是我国大地测量领域的顶级科学家之一，上这门课对他来说应该是信手拈来，况且这门课他已上了8年，且只讲其中的一个章节，但开学前他就已重新备了课，重新编写了讲义，上课的前一天晚上还会温习一遍。

多少年来，他的这种近乎固执的自我规定已成为"定律"，不可颠覆。一门《地球重力场》的专业课，他讲了30多年，可每次上课前，他仍要重写讲义，即使是在当校长的那些最繁忙的日子里，他也依然如此。10年的校长生涯，让他深感教学是大学的"第一使命"，老师即使从事科研也要为教学服务。虽身为院士，也当过校长，可宁津生始终把自己看做是一名普通教师，教书育人自然就成了他的主要责任。

宁津生一生以教书为乐，他对学生要求严格，写科研报告时都要求他们用外语。在他的严格指导下，他的很多学生都在遥感技术方面做出了很大的成就。学生陈军完成的《数字地球测绘》，为我国测绘技术的发展与数字地球的构建提供了理论依据；学生郝晓光编制的新世界地图打破了传统的以经线分割世界的制图定式，分别以经线和纬线来分割世界，有利于表达南极洲与世界的地理关系，已被用作我国第21次南极考察的航线示意图；2004年12月，他的学生王华获得了第三届“夏坚白院士测绘事业优秀学生奖”。灿烂的星河里，宁津生和他的学生们正是那耀眼的星星。

某种程度上，对宁津生来说，当选院士是教书的“意外之物”，而在科研这个“副业”上，他同样做出了卓越的贡献。20世纪50～70年代，他和同事完善了前苏联专家为我国设计的天文重力水准布设方案，其意见后来成为我国重力测量实际作业的依据和标准之一。

20年前，他还只是武测的一名普通副教授，后来却“无意间”经学校教职工和国家测绘局领导推选，当上了副校长。3年后，他“无意间”又被任命为校长，而且一干就是10年。正如他反复说的：“几十年来，我也没有刻意去追求什么，而且从不奢望一定成为什么家，更没有想到做官。”他这辈子没有什么特别的爱好，早上起来也从不锻炼身体，对饮食更是顺其自然，吃什么都香。宁津生很少生气，即使有时为了一个事情气得不得了，转身也就忘了。得意淡然，失意坦然，一切对他来说平静如水。可对一切淡然的宁津生，“无为”之心却成就了“有为”之人。

（6）地图学领域

竺可桢（1890—1974），浙江上虞人，中国卓越的教育家、地理学家和气象学家，中国近代地理学的奠基人。他先后创建了中国大学中的第一个地学系和中央研究院气象研究所；担任13年浙江大学校长，被尊为中国高校四大校长之一。

★ 生平经历

1890年3月7日出生于浙江上虞，竺可桢幼时聪明好学，在家庭的影响下从2岁开始认字，他从小就在私塾里读书，学习十分勤苦。中学阶段（15岁始）读书于上海澄衷学堂和复旦公学，后到唐山路矿学堂（今西南交通大学前身）读书。他身材瘦弱，被同班同学胡适讥笑说他活不过20岁，竺可桢听闻此话后下决心锻炼身体，风雨无阻，后来他的身体始终健康。由于他学习努力，成绩卓著，5次考试都名列全班第一。1910年他以优异的成绩考取了公费留学生，赴美国伊利诺斯大学学习农学，后又转入哈佛大学地学系专攻气象。哈佛大学求实崇新、自由探讨的学风，给他深刻影响。1918年他以台风研究的优秀论文《远东台风的新分类》获得了博士学位，时年28岁。

他怀着“科学救国”的理想，回到了祖国，先后执教于武昌高等师范学校和南京高等师范学校。1920年他受聘担任南京高师地学教授，次年，学校改称东南大学，在竺可桢主持下，建立了地学系，下设地理、气象、地质、矿物四个专业，并新任系主任。在这里为教学需要而编写的《地理学通论》和《气象学》两种讲义，成为中国现代地理学和气象学教育的奠基性教材。1925年1月，东南大学发生“易长风潮”，竺可桢于当年夏离校，到上海任商务印书馆编译所史地部部长，潜心著述，接连发表了《论江浙两省人口之密度》、《北宋沈括对于地学之贡献与纪述》、《论以岁差定〈尚书·尧典〉四仲中星之年代》等重要文章。1926年他到南开大学任地理学教授，就地取材，成文《直隶地理的环境和水灾》，同年作为中国科学社的代表入组中国代表团，赴日本东京参加了第三届泛太平洋学术会议。1927年他重返改名中央大学的东南大学，在此期间，他一面担任地理系主任，主持日常行政工作；一面教授地学通论、气候学、气象学等课程，培养了我国第一批气象学和地理学研究及教育人才，张宝堃、吕炯、黄厦千、沈孝凰、胡焕庸等都是这个时期培养出来的优秀学者。他还积极参加中国科学社，做了大量宣传工作。同年秋，他在中国科学社第十二次年会上被选为理事长。竺可桢于1920年秋应聘南京高等师范学校，1927年任东南大学地学系主任，1928年任中央研究院气象研究所所长。新中国成立前他先后执教于武昌高等师范学校、东南大学和中央大学。1933年4月，竺可桢与翁文灏、张其昀共同发出成立中国地理学会的倡议，学会于翌年成立。

1936年4月，他担任浙江大学校长，历时13年。他以“求是”为校训，明确提出中国的大学必须培养“合乎今日的需要”的“有用的专门人才”的进步主张。1937年，浙江大学为躲避战事、继续学业，举校西迁。竺可桢带领633人四度迁徙，途经浙、赣、湘、粤、桂、黔六省，行程2600多公里，最终于1940年初，抵达贵州遵义——遵义地处黔北山区，远离炮火和敌机的干扰，史称“文军长征”。在极端艰苦的条件下，他一面组织师生上课，一面以实际行动支援抗战，并为当地群众服务。在民主爱国的学潮中，他始终站在进步学生一面，保护浙大师生的爱国正义行动。办学中，他十分重视学生的入学教育和毕业教育，注意培养学生坚实的基础理论和广博的知识，注重学生的实践训练和智能培养，注重师资队伍的建设。中华人民共和国诞生后，竺可桢先后担任中国科学技术协会副主席，中国气象学会理事长、名誉理事长，中国地理学会理事长等职，他还当选为历届全国人民代表大会常务委员会委员。他对中国气候的形成、特点、区划及变迁等，对地理学和自然科学史都有深刻的研究。他一生在气象学、气候学、地理学、物候学，自然科学史等方面的造诣很深，而物候学也是他呕心沥血作出了重要贡献的领域之一，我国现代物候学的每一个成就都是和他的工作分不开的。他始终从科学的视角，关注着中国的人口、资源、环境问题，是“可持续发展”的先觉先行者。

竺可桢一生积极倡导并身体力行地从事科学普及工作，他一直认为科学普及事业是整个科学事业的一个重要组成部分。他经常在各种场合提出科学研究的提高与普及是互为因果、相辅相成的，越是高级研究人员，越应带头向群众进行科普宣传，一个科学家从事科普工作的成绩，应该计入他对科学事业的贡献内。1916年～1974年的半个多世纪中，他坚持带头进行科普工作，撰写科普讲稿、书籍约160余篇，内容除地学、气象学、物候学外，还涉及天文学、生物学、科学技术史等许多学科，读者对象包括从科学技术人员到少年儿童多个层面。他的《大自然的语言》与《沙漠里的奇怪现象》被选为初二课文。

(7) 地理学领域

郑度（1936—），自然地理学家，1936年8月26日生于广东揭西，籍贯广东大埔，中国科学院院士。

★ 生平经历

半个世纪以前，一位土生土长的潮汕青年，告别东南沿海之滨的家乡外出求学。这一去，他的一生从此和遥远神秘的大西北沙漠、青藏高原紧紧地结合在一起，并把毕生的心血和精力都奉献给了祖国的自然地理科研事业。这位青年就是郑度。

郑度似乎天生注定要与地理结缘。1954年，郑度以优异的成绩从汕头聿怀中学高中毕业，“高考时我报了中山大学，第一志愿填的是数学系，因为我自认为数学学得较好，地理系其实是第二志愿。”也许是冥冥之中早有安排，一直对数学专业情有独钟的他，最后却偏偏为中山大学地理系所录取。“中山大学地理系的学习，打下了我毕生从事地理学研究的基础，严谨的学风，老师们一丝不苟的教学让我受益终身。”谈起当年中大求学岁月，郑度院士记忆犹新，“现在还清楚地记得，当年每周都要上36节课，学习很紧张也很充实。”1958年7月，郑度大学毕业。同年9月，他被分配到了中国科学院地理研究所。第二年，他就参加了中科院治沙队对准噶尔沙漠的考察。“大漠孤烟直，长河落日圆。”“大漠沙如雪，燕山月似钩。”“天苍苍，野茫茫，风吹草低现牛羊。”充满诗意的景色当然给年轻的郑度带来新鲜感，不过随之而来更多的是对艰苦环境的适应。“气候特别干燥，刚开始时，早上起来常流鼻血。外出考察很艰苦，骑着骆驼走沙漠，科考队30峰骆驼，一半要用来驮水，饮用水限量供应，罕有稀饭、面条可吃！”就这样，郑度在祖国西北干旱区前后工作了6年，专门从事植物地理和水分平衡的考察与试验工作。“雄伟、辽阔、壮丽”，还有“神秘”，人们常用这样的字眼描绘青藏高原，但是直至20世纪60年代，对于中国科学界来说，面积240万平方公里，占全国1/4国土的青藏高原，从地质、地理、生物、大气，乃至整个地区的自然环境和自然资源，都很不清楚。“在20世纪50年代，老一辈的科学家在做全国的自然区划时，他们对这块高地的了解并不太多，他们希望有人关注这项工作。”在这样的背景下，郑度在1966年第一次参加了为期两年的珠峰科考。“巍巍珠峰入梦来”，珠峰科考竟让郑度定下终身学术研究方向。40多年来，郑度全副身心投入青藏高原的宏观地理和山地垂直带变化研究。在此领域，他倾注了最多的心血，同时也作出了重大贡献：在研究气候、植被与土壤分带相互关系的基础上，建立了珠穆朗玛峰地区垂直带主要类型的分布图式；划分了青藏高原的垂直带为季风性和大陆性两类带谱系统；构建其结构类型组的分布模式，揭示其分异规律；建立了横断山区干旱河谷的综合分类系统，证实并确认高原寒冷干旱的核心区域；阐明了高海拔区域自然地域分异的三维地带性规律，建立适用于山地与高原的自然区划原则和方法。他所拟订的青藏高原自然地域系统方案是迄今最全面和系统的，得到广泛的应用。

★ 科研成就

郑度建立了珠穆朗玛峰地区垂直带主要类型的分布图式；划分了青藏高原的垂直自然带为季风性和大陆性两类带谱系统；构建其结构类型组的分布模式，揭示其分异规律；建立了横断山区干旱河谷的综合分类系统；证实并确认高原寒冷干旱的核心区域；阐明了高海拔区域自然地域分异的三维地带性规律；建立适用于山地与高原的自然区划原则和方法；他所拟订的青藏高原自然地域系统方案得到广泛的应用。代表作有《珠穆朗玛峰地区的自然分带》、《青藏高原自然环境的演化与分异》、《青藏高原自然地域系统研究》、《青藏高原形成演化与发展》和《喀喇昆仑山——昆仑山地区自然地理》等。1987 年郑度获国家自然科学奖一等奖。

★ 千难万险只等闲

青藏高原慷慨地向热爱它的科学家们敞开了胸怀。然而，丰硕的成果背后常常是高昂的代价。对于青藏科考队员们来说，高原反应、风吹日晒、营养不良那都是寻常事，更可怕的是狂风暴雪、冰川泥石流、塌方、悬崖峭壁失足等致命的意外事故。

高原科考过程中，郑度曾遭遇过好几次险情。1983 年夏天，在从拉萨去阿坝州马尔康的路上，一块小脸盆大的石头从天而降，不偏不倚砸中郑度等 4 人乘坐的吉普车。幸好石块落在车篷中间未砸中人，否则后果不堪设想。大家还商定，在外碰到的危险，回家千万别说，免得家人担惊受怕！说起这些，郑度轻描淡写。

长期的高原野外考察给郑度的健康带来了“后遗症”。因受过强的紫外线照射损害，他的双眼患上了早期白内障，曾于 1989 年、1993 年先后动了两次手术，换了人造晶体，才恢复了视力。高原缺氧也给他的内脏造成了不良影响，肝、脾均有偏大的症状。

任务艰巨，环境恶劣，青藏队员们形成了独特的“青藏精神”。郑度很动情地解释说：“首先是团结协作的精神，青藏科考研究的是国际前沿的课题，学科之间要很好协作，共同综合研究，才能得出科学的认识和结果。其次是立足实地，必须到实地去，以大自然为实验室，才能拿到第一手资料。另外，更重要的是要有奉献精神、牺牲精神。青藏的条件比较艰苦，在这样的高寒地区搞科研，假如没有勇于克服困难，勇于献身的精神，肯定做不好工作。”

说起家庭、家人，郑度颇觉内疚：“管得很少，幸好爱人理解、支持。”1966

年，刚刚成家，郑度就匆匆赶往青藏高原参加考察。几十年来，他先后进藏20多次，参加了珠峰地区、青藏高原的几次重大科考活动。最初几年，常常是5月份进藏，10月份才出来，几乎半年在外，几十年如一日，上有老、下有小，几乎所有的家事全由妻子挑着。

★ 学者责任未敢忘

2005年，郑度院士从国家重点基础研究发展规划“青藏高原形成演化及其环境、资源效应”项目首席科学家的岗位卸任。之后，他一刻也没闲着，不仅合作编著、出版了原项目的总结性专著，还协助年轻科学家申请新的研究项目。目前，新的国家973项目《青藏高原环境变化及其对全球变化的响应与适应对策》已经通过审批，他是项目专家组成员之一。“不是沙漠就是高原、无人区，野外考察这么辛苦，工资待遇也不见得高，但您几十年仍孜孜不倦，动力是什么？科研工作者应具备的最重要的素质应该是什么？”一位记者采访郑度院士时问到。“作为科学工作者，首先是完成国家交给的科研任务，其次是探索未知领域的兴趣、团队精神。”郑度院士言简意赅地答道，“从事科研工作，一定要非常勤奋、努力，要热爱这个领域，作为地理学，还特别需要团结协作。”

采访前，记者在网上使用“百度”搜索“院士郑度”，绝大部分篇目的内容都是他有关自然保护、人与自然和谐发展、学科发展等的呼吁。“从小父母就教诲我们，不要过多地宣扬个人和家庭！就地学工作而言，个人的力量毕竟有限，很多任务、项目都要靠大家分工协作才能完成。”郑度院士非常谦虚而又明确地表明了自己的态度，“同时，呼吁大家重视环境问题、可持续发展问题等，这是我作为一个科学家的责任。”

(8) 地质学领域

李四光（1889—1971），中国著名地质学家，湖北省黄冈县回山香炉湾人，蒙古族，中国科学院院士。

★ 生平经历

李四光于1889年10月26日出生于湖北省黄冈县（今湖北省黄冈市团风县回龙山镇）的一个贫寒人家。他自幼就读于其父李卓侯执教的私塾，14岁那年告别父母，独自一人来到武昌报考高等小学堂。在填写报名单时，他误将姓名栏当成年龄栏，写下“十四”两个字，随即灵机一动将“十”改成“李”，后面又加了个“光”字，从此便以“李四光”传名于世。1904年李四光因学习成绩优异被选派到日本留学，因其在日本受到反满革命思想的影响，成为孙中山领导的同盟会中年龄最小的会员，以“驱逐鞑虏、恢复中华”为己任。孙中山赞赏李四光的志向：“你年纪这样小就要革命，很好，有志气。”还送给他八个字：“努力向学，蔚为国用”。1910年李四光从日本学成回国。武昌起义后，他被委任为湖北军政府理财部参议，后又当选为实业部部长。袁世凯上台后，革命党人受到排挤，李四光再次离开祖国，到英国伯明翰大学学习。1918 年，获得硕士学位的李四光决意回国效力。途中，为了解十月革命后的俄国，还特地取道莫斯科了解情况。

1920 年李四光担任北京大学地质系教授、系主任，1928 年又到南京担任中央研究院地质研究所所长，后当选为中国地质学会会长。他带领学生和研究人员常年奔波野外，跋山涉水，足迹遍布祖国的山川。他先后数次赴欧美讲学、参加学术会议和考察地质构造。

1928 年 7 月国民政府决定组建国立武汉大学，国民政府大学院，（教育部）院长蔡元培任命李四光为武汉大学建设筹备委员会委员长，并选定了武汉大学的新校址。

1949 年秋新中国成立在即，正在国外的李四光被邀请担任政协委员，得到这个消息后，他立即做好了回国准备。

回到新中国怀抱的李四光被委以重任，先后担任了地质部部长、中国科学院副院长、全国科联主席、全国政协副主席等职。他虽然年事已高，仍奋战在科学研究和国家建设的第一线，为中国的地质、石油勘探和建设事业做出了巨大贡献。

1951 年 8 月中国长春地质专科学校、山东大学地质矿产学系、东北工学院地质学系和物理学系合并为东北地质学院（后名长春地质学院，现为吉林大学地学部），李四光担任首任院长。

★ 毛泽东与李四光

1952 年的一天，毛泽东在日理万机，操劳国内外、党内外大事的百忙之中，在一次会议期间接见了李四光。那天，李四光回到家里，精神格外奋发，兴致勃勃地谈起了接见时的幸福情景：毛泽东身材魁梧，红光满面，平易近人，和蔼可亲。毛泽东问他：“‘山字形构造’是怎么回事，你是不是给我讲一讲？”李四光非常感动。毛泽东博学多闻，这样关心地质科学的发展，连地质力学中“山字形构造”这样专门的概念都注意到了。

李四光与毛泽东主席

在李四光任地质部长期间，毛泽东主席多次对地质工作作出指示。1953 年，毛泽东指出，地质部是党的地质调查研究工作部。1956 年，毛泽东又指出：地质部是地下情况的侦察部，它的工作搞不好，一马挡路，万马不能前行，要提早一个五年计划。

对于李四光创立的地质力学，毛泽东也很重视。1955 年，周恩来总理遵照毛泽东的指示，支持地质部成立地质力学研究室。此后，在这个研究室的基础上，逐步发展，今天才有了专门的地质力学研究所。

毛泽东极其关心中国的石油远景。早在第一个五年计划开始时，有一天，毛泽东在中南海的一座客厅里接见了李四光。当时，周恩来也在座。谈话中间，毛泽东关切地问到中国天然石油的远景。其实李四光早在 1932 年就注意了这个问题，从 1935 年到 1936 年，他在英国讲学时就曾写过一本《中国地质学》，其中提到“东海、华北有经济价值的沉积物”，实际指的就是石油。他用乐观的、十分肯定的语气回答毛泽东说，中国天然石油的远景大有可为。他根据数 10 年来地质力学的研究，从新华夏构造体系的观点出发，向毛泽东、周恩来分析了中国地质条件，并认为在中国辽阔的领域内，天然石油资源的蕴藏量应当是丰富的。松辽平原、包括渤海湾在内的华北平原、江汉平原和北部湾，还有黄海、东海和南海，都有有经济价值的沉积物。这句话，因为过去是用英文写的，所以故意说得含糊些。

听到这里，周恩来笑着说：“我们的地质部长很乐观啊！”毛泽东也高兴地笑了，当即作了关于开展石油普查勘探的战略决策。根据毛泽东的战略决策，地质部和兄弟部门一起，在全国范围内开展了战略性的石油普查勘探工作。根据地质力学的理论，他们在一些辽阔的中、新生代沉积盆地中，在约 200 多万平方公里的面积内进行了程度不同的石油普查，共打了 3000 多口普查钻井，总进尺 120 多万米。从所取得的大量地质资料看，不仅初步摸清了中国石油地质的基本特征，而且证实了中国有着丰富的天然石油资源。大庆油田喷射出大量的石油就是最好的例证。

地质力学在找油实践中经受了检验，毛泽东对这件事一直记在心上。1964 年，在三届人大会议期间，一位服务员在人大代表行列中找到了李四光，对他说：“请您到北京厅去一下！”李四光当时不知道是怎么回事，当他走进北京厅时，见到大厅中只有毛泽东一人坐在那里。李四光没有想到是毛泽东找他，以为服务员说错了地点，连忙道歉说：“主席，对不起，我走错门了！”但毛泽东却健步走了过来，紧握住李四光的手，说：“没有走错，是我找你的。”毛泽东接着风趣地对李四光说：“李四光，你的太极拳打得不错啊。”李四光一时没有理解毛泽东的意思，回答说：“身体不好，刚学会一点。”毛泽东笑着说：“你那个地质力学的太极拳啊。”这时，李四光才理解毛泽东的话是对他和广大石油地质工作者一起用新华夏构造体系找到石油的高度评价。毛泽东的赞扬，激励着李四光为祖国找到更多的石油而贡献自己的力量。

1964 年某一天，毛泽东又一次接见了李四光。那是在怀仁堂开完一个会以后，毛泽东邀请李四光一起观看在北京第一次演出的豫剧《朝阳沟》，并要李四光坐在他的身边，边看戏，边交谈，谈了豫剧也谈到石油。在谈到石油问题时，毛泽东对地质部和石油部在找油方面所做出的贡献给予高度评价，毛泽东说：

“你们两家都有功劳嘛!”演出结束后，毛泽东又拉着李四光一起登上舞台，同演员合影留念。

毛泽东一向重视发展中国科学技术工作，十分关心科学工作者的成长，对从旧社会过来的愿意积极参加社会主义建设的老一辈科学家非常关怀。1964 年 2 月 6 日中午，李四光接到一个电话，说要他立刻去中南海。李四光匆匆吃完午饭就去中南海了，一位在门口等他的同志把他领进毛泽东的卧室，竺可桢和钱学森两位同志也先后到了，毛泽东请他们坐在自己的床边，亲切交谈。他们就天文、地质、尖端科学等许多重大科学问题广泛交谈了三四个钟头。李四光回来告诉他的女儿说：“主席知识渊博，通晓古今中外许多科学的情况，对冰川、气候等科学问题了解得透彻入微。在他的卧室里甚至在他的床上，摆满了许多经典著作和科学书籍，谈到哪儿就随手翻到那儿，谈的范围很广，天南海北，海阔天空。”这次谈话，毛泽东发表了对许多重大科学问题的意见，热忱希望这些老一辈科学家为攻克科学技术尖端、赶超世界先进水平贡献自己的才能。

1969 年 5 月 19 日，毛泽东接见在京参加学习班的 1 万名代表，在京的中央委员参加了接见，李四光也在其中。毛泽东在主席台上看到了李四光，马上拉着他的手，因为会场里“毛主席万岁”的口号声响成一片，连对面说话都听不清楚，毛泽东只好伏在李四光的耳边，问他的身体好不好，工作情况怎么样。

主席拉着李四光的手走在前面，接见到会的同志们。接着，又一同离开主席台，步入休息室。家里人早已在电视中看到了这一幸福会见的镜头，只是不知道毛泽东和李四光讲了些什么，李四光刚到家，家里人便都急着问李四光。李四光高兴地讲，毛主席和他在休息室谈了一个多小时的话，在这短短的一个多小时里，毛泽东和李四光谈了多少亿万年间的事情——从天体起源、地球起源，谈到了生命起源，谈到太阳系起源的问题时。毛泽东说：“我不大相信施密特，我看康德、拉普拉斯的理论还有点道理。”毛泽东对李四光说，他很想看看李四光写的书，希望找几本书给他，还请李四光帮他收集一些国内外的科学资料。毛泽东说，我不懂英文，最好是中文的资料。

“主席想要读哪些方面的资料呢?”李四光问，毛泽东用手在面前画了一个大圈，说：“我就要你研究范围里的资料。”

第二天，按照毛泽东的嘱咐，李四光就请秘书同志帮他找书。他想：主席这么忙，总不能把我写的书统统送去请他看，应该选一两本有代表性的作品送过去。经过一番仔细的挑选，李四光先把《地质力学概论》一书和《地质工作者在科学战线上做些什么?》这篇文章送给毛泽东审阅。然后，立即着手开始收集毛泽东所要的资料。为此，他不仅看了许多外国资料，并且为了节省毛泽东的时间，让他能少消耗一点精力就可以看到需要看的东西，李四光决定自己整理一份资料，把地质学说中当时的各种学派观点部包括进去，再加上自己的评论，阐明自己的观点。他用了将近 1 年的时间整理资料，在此基础上，一连写了 7 本书。

每写完 1 本，李四光就叫秘书同志马上送到印刷厂去，用大字排版，然后拿回来亲自校对。这 7 本书印好之后，定名为《天文、地质、古生物资料摘要》，送给了毛泽东、周恩来和其他中央领导同志。

★ 贡献

李四光的最大贡献是创立了地质力学，并以力学的观点研究地壳运动现象，探索地质运动与矿产分布规律、新华夏构造体系的特点，分析了中国的地质条件，说明中国的陆地一定有石油，从理论上推翻了中国贫油的结论，肯定中国具有良好的储油条件。毛泽东、周恩来在认真听取了汇报后，支持了他的观点，并根据他的建议，在松辽平原、华北平原开始了大规模的石油普查。1956 年，他亲自主持石油普查勘探工作，在很短的时间里，先后发现了大庆、胜利、大港、华北、江汉等油田，为中国石油工业建立了不朽的功勋。从 50 年代后期至 60 年代，勘探部门相继找到了大庆油田、大港油田、胜利油田、华北油田等大油田，在国家建设急需能源的时候，使滚滚石油冒了出来。这样，不仅摘掉了“中国贫油”的帽子，也使李四光独创的地质力学理论得到了最有力的证明。

地质力学是李四光创立的，是地质学的一门分支学科。1926 年和 1928 年李四光发表的《地球表面形象变迁之主因》及《晚古生代以后海水进退规程》等论文，从理论上探讨自水圈运动到岩石圈变形，自大陆运动到构造形迹等问题，并于 1929 年提出构造体系这一重要概念，建立了一系列构造体系类型。1941 年，李四光在演讲《南岭地质构造的地质力学分析》时正式提出了“地质力学”一词，1945 年他发表《地质力学的基础与方法》，对地质力学理论作了系统的概括。地质力学是力学与地质学相结合的边缘科学，即用力学原理研究地壳构造和地壳运动及其起因的科学，它从地质构造的现象（构造形迹）出发，分析地应力分布状况和岩石力学性质，追索力的作用，从力的作用方式进而追索地壳运动方式，探索地壳运动的规律和起源。地质力学认为结构要素、构造地块和构造体系是地质构造的三重基本概念，对于探索地壳运动规律具有极为重要的意义。现已认识的构造体系，可划分为三大主要类型，即纬向构造体系、经向构造体系和扭动构造体系。这些体系主要是地壳的水平运动（经向的和纬向的）造成的，而水平运动则起源于地球自转速度的变化。李四光把地球自动调节自转速度变化的作用称为“大陆车阀作用”，因而把这一假说称为“大陆车阀假说”。

李四光与家人

★ 第四纪冰川的发现

李四光到北大地质系后，主讲岩石学和高等岩石学两门课程，他以严谨的治学作风赢得了学生的尊重。他经常带学生到野外进行实地教学，边看边讲，一个山头、一个沟谷、一堆石子、一排裂缝，他都不放过。学校经费不足，他带领学生白手起家搞建设，将学习环境收拾得十分雅静。

在教学的同时，他对研究工作也不放松，他一生中在地质学方面的主要贡献，如古生物䗴科的鉴定方法、中国第四纪冰川的发现和地质力学的创立等，都是在这期间开始的。在研究过程中，他从不为已有的观点和学说所束缚，而是按照自然规律，去寻找尚未被人们认识和掌握的真理。因此，他能不断提出创造性的见解，并敢于向一些旧观点提出挑战。

李四光的著作

例如，从 19 世纪以来，就不断有德国、美国、法国、瑞典等国的地质学家到中国来勘探矿产，考察地质，但是，他们都没有在中国发现过冰川现象。因此，在地质学界“中国不存在第四纪冰川”已经成为一个定论。可是，李四光在研究䗴科化石期间，就在太行山东麓发现了一些很像冰川条痕石的石头。他继续在大同盆地进行考察，越来越相信自己的判断，于是，他在中国地质学会第三次全体会员大会上大胆地提出了中国存在第四纪冰川的看法。到会的农商部顾问、瑞典地质学家安特生轻蔑地一笑，予以否定。

为了让人们能接受这一事实，他继续寻找更多的冰川遗迹。10 年以后，他不仅得出庐山有大量冰川遗迹的结论，而且认为中国第四纪冰川主要是山谷冰川，并且可划为三次冰期。

当李四光的这个学术观点再次在全国地质学会上发表以后，引起了 1934 年著名的庐山辩论。在半封建半殖民地的旧中国，中国的科学家低人一等，外国学者中有相当一部分人是带着民族主义和种族歧视情绪到中国来的。因此，尽管大量事实摆在眼前，几位外国学者并没有改变他们的观点。

1936 年，李四光又到黄山考察，写了《安徽黄山之第四纪冰川现象》的论文，此文和几幅冰川现象的照片引起了一些中外学者的注意，德国地质学教授费斯曼到黄山看罢回来赞叹道：“这是一个翻天覆地的发现。”李四光 10 多年的艰苦努力，第一次得到外国科学家的公开承认。可是，他知道，这还远远不够，他干脆把家搬到庐山上，又在庐山脚下建立了一个冰川陈列馆，起名叫“白石陈列馆”，从此更深入细致地进行冰川研究。

李四光关于冰川的多年研究，在 1937 年完稿的《冰期之庐山》中得到全面阐述。可惜由于抗战爆发，这部书 10 年后才得以出版。

★ 回国找油田

1927 年，李四光应蔡元培的约请，离开北京南下，主持地质研究所的筹建工作。1928 年 1 月，地质研究所成立，李四光担任所长。搞地质研究常常要餐风饮露，条件十分艰苦。况且刚刚成立的研究所经费少、设备缺，甚至没有固定的所址。八年抗战期间，李四光和他的研究所受尽奔波辗转之苦。那时，他抽的是用草纸做的烟，穿的是土布衣服，生活十分清苦，但是，他和同事们始终没有放弃地质研究。由于生活的艰辛和工作的劳累，他患了心绞痛和肺结核。

1948 年 2 月初，李四光从上海启程赴伦敦，参加第 18 届国际地质学会，他的夫人许淑彬也一同前往。会后，他们在英伦三岛上又住了一年，一面养病，一面观察国内外时局的发展。李四光虽远在欧洲讲学考察，但仍关注着祖国的命运。

1949 年初，他数次给当时政府下属的中央研究院地质研究所的许杰（地质学家、解放后曾任地质部副部长、中国科学院院士）等人写信，支持他们坚守南京，反对搬迁广州。这件事的成功实施为新中国地质科学事业保留了一支队伍及设备。

1949 年 4 月初，以郭沫若为团长的中国代表团赴布拉格出席世界维护和平大会。出国前，郭沫若根据周恩来的指示，给李四光带了一封信，请他早日回国。看了这封由郭沫若领头签名的信，李四光非常激动，新中国就要屹立于世界的东方，自己的本领可以施展，抱负可以实现了，他积极奔走起来，准备尽快返国。可是，由于第二次世界大战的影响，从英国到远东的客轮船票要一年前预订，归期只得拖延。他一面调养身体，一面把科研方面遗留的事情办完。

李四光焦急地等待着起程的日期。一天，伦敦的一个朋友给李四光打来电话，告诉他，国民党驻英大使馆接到密令，要李四光公开发表一个声明，否认中华人民共和国，并拒绝接受人民政协给他的全国委员的任命，否则就有被扣留的危险。

事情紧急，李四光当机立断。他拿起一只小皮包，迅速前往普利茅斯港，准备从那里渡过英伦海峡，先到法国去。普利茅斯港海面宽阔且多风浪，是偏僻的货运航道，一般人通常都不会从这里渡海，因而能避开国民党特工人员的追踪。临行前，他提笔给驻英大使写了一封信，让许淑彬两天后寄出。第二天，国民党驻英大使馆果然派人来找李四光，许淑彬机警地对来人说，李四光外出考察去了。

两天以后，许淑彬寄出了李四光留下的信，信中写道：中华人民共和国是我多少年来日思夜想的理想国家，中央人民政府政务院是我竭诚拥护的政府，我能当选为中国人民政治协商会议全国委员会的委员，我认为是莫大的光荣。我已经起程返国就职。他还规劝这位大使脱离祸国殃民的国民党政府，早日回到光明祖国的怀抱……

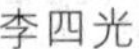
李四光

李四光纪念邮票

两星期后，许淑彬收到李四光的来信，得知他已到了瑞士与德国交界的巴塞尔，便立即前去会合。

1950 年 5 月 6 日，李四光终于到了北京。这一年他 60 岁，但是他觉得，新的生活才刚刚开始。

新中国的诞生，揭开了李四光科学事业崭新的一章，他被提任为中国科学院副院长、地质部部长和科联主席。

在第一个五年计划开端的日子里，毛主席、周总理就询问过李四光中国天然石油的远景。李四光乐观地回答了国家领导人的提问："我们地下的石油储量是很大的。从东北平原起，通过渤海湾，到华北平原，再往南到两湖地区，可以做工作……"

1955 年，普查队伍开往第一线。在几年里，就找到了几百个可能的储油构造。1958 年 6 月，规模大、产量高的大庆油田被探明。地质部立即把队伍转移到渤海湾和黄河下游的冲积平原。以后，大港油田、胜利油田，其他油田相继建

李四光与周恩来

成。地质部又转移到其他的平原、盆地和浅海海域继续作战。

1964 年 12 月，周总理在第三届全国人民代表大会的《政府工作报告》中指出："第一个五年计划建设起来的大庆油田，是根据中国地质专家独创的石油地质理论进行勘探而发现的。"李四光的工作得到了党和国家的充分肯定。

★ 地震预测

李四光自 1962 年迁居于紫竹院后，一直住到 1971 年去世。他在这里生活、工作、做学问。一些由他主持或他参加的小型会议，常在家里召开，何长工、刘景范等原地质部负责人也常来家中汇报事情，因而一进大门右手那间面积较大的客厅，实际兼具会议室的功能，四周是书橱和沙发，中间是一张长条桌和若干把椅子。现在，靠窗一侧陈列着许多第四季冰川沉积物的地质标本，多为当年李四光野外考察的收获。

在 1966 年邢台大地震后，李四光"教导我们"要注意河北河间、沧州；要注意渤海；要注意云南通海；要注意四川炉霍；要注意云南的彝良大关；要注意松潘；要注意唐山……这一路走来，都被李四光言中。当时很多科学家认为地震是无法预报的，李四光斩钉截铁地说，地震是可以预报的。周总理说过："李四光力排众议，认为地震是可以预报的。文中用了一连串的'要注意'，这种特殊的表达方式起到了强调的作用，也给我留下深刻的印象。"

李四光有着很深的国学基础，不光散文写得好，旧体诗写得好，即便是地质学的论文，同样写得"有声有色"。他的音乐造诣也相当深厚，尤好小提琴，他在巴黎写的一首小提琴曲《行路难》，是中国人创作的第一首小提琴曲。李回国后曾请音乐家萧友梅过目提意见。这首提琴曲写于 1920 年，在近 80 年之后的北大百年校庆的晚会上，第一次得到公开演奏，它的面市修正了马思聪是中国最早的小提琴曲作者的说法。现在这首曲谱和李四光在国外常拉的小提琴，都陈列在纪念馆里。

李四光雕像

晚年的李四光，生活很简单，衣着也很不讲究，得过且过，甚至补丁摞补丁。李四光去世后，工作人员想找几样遗物留下来，找来找去也没发现什么像样的值得保存的东西。李四光夫妇在世时，这幢小楼只他们两人居住，他们去世后，女儿李林一家搬了过来。一门三院士，已传为佳话。

★ 李四光名言

我是炎黄子孙，理所当然地要把学到的知识全部奉献给我亲爱的祖国。

真正的科学精神，是要从正确的批评和自我批评发展出来的。真正的科学成果，是要经得起事实考验的。有了这样双重的保障，我们就可以放心大胆地去做，不会自掘妄自尊大的陷阱。

科学尊重事实，不能胡乱编造理由来附会一部学说。

科学是老老实实的东西，它要靠许许多多人民的劳动和智慧积累起来。

不怀疑不能见真理，所以我希望大家都取怀疑态度，不要为已成的学说所压倒。

真理，哪怕只见到一线，我们也不能让它的光辉变得暗淡。

(9) 水文学领域

张建云（1957—），南京水利科学研究院院长，水利部大坝安全管理中心主任，中国气象局科技委委员，国际水文科学协会中国委员会主席，中国水利学会水文专委会名誉主任，中国工程院院士。

★ 生平经历

张建云出生于1957年8月，江苏沛县人。1982年7月华东水利学院陆地水文专业大学毕业。1987年5月河海大学水文水资源专业研究生毕业，获工学硕士学位。1992年12月获爱尔兰国立大学一等荣誉理学硕士学位。1996年6月爱尔兰国立大学土木及环境工程专业毕业，获博士学位。2009年当选中国工程院院士。

张建云院士长期从事水文、防汛抗旱、气候变化影响、水利水电信息化等科研工作，并长期从事和负责全国水文情报预报工作，研究并主持开发了“全国洪水预报系统”、“国家防汛会商系统”、“防汛抗旱水文气象综合信息系统”等一系列业务系统，为国家防洪抗旱调度决策和指挥提供了科学依据和技术支撑。主持国家防汛抗旱指挥系统工程设计和一期工程建设的技术工作，构建了国家防汛抗旱减灾决策平台，提升了全国防汛抗旱决策指挥水平，推动了全国水利信息化。该工程已在近年的防汛抗旱工作中发挥着重要的作用。他在洪水预报理论研究及应用、气候变化对水文水资源影响评估和适应研究、设计暴雨和设计洪水应用研究等方面取得重要研究成果，主持编写了《水文情报预报规范》、《水文自动测报系统规范》等国家、行业技术标准和国家防汛抗旱指挥系统工程一系列标准规范和技术规程，推动了行业技术进步，培养了一大批专业人才。

张建云主持完成国家科技攻关（科技支撑计划）、863、省部级重大科研项目20余项，获国家科技进步一等奖1项、二等奖3项，省部级一等奖2项、二等奖3项，出版专著4部、译著1部、参编著作4部、主编著作5部，发表论文百余篇。指导培养博士后2名、博士12名和硕士6名。

张建云曾任水利部水文局总工程师、副局长兼总工程师，国家防汛指挥系统工程副总设计师、总设计师，国家防汛指挥系统工程建设办公室副主任等职。现任南京水利科学研究院院长，兼水利部大坝安全管理中心主任，水利部应对气候变化研究中心主任、首席科学家，教授级高工，博士生导师。荣获国家有突出贡献的中青年专家，全国留学回国人员先进个人，全国杰出专业技术人才，江苏省首批中青年首席科学家等称号。

（10）海洋学领域

管华诗（1939—），出生于山东省夏津县，水产品加工、海洋生物及海洋生物工程制品专家，中国工程院院士。

★ 生平经历及科研成就

管华诗1964年毕业于山东海洋学院。现任中国海洋大学教授、博导，国家海洋药物工程技术研究中心主任，兼任国家重点基础研究发展规划专家顾问组成员、国务院学位委员会学科评议组成员，长期从事海洋生物资源高值化利用及海洋药物的教学科研工作。20世纪60年代参加完成了“海带提碘新工艺规模生产”工程，为我国海带提碘工艺奠定了基础；70年代主持完成“海带提碘联产品——褐藻胶、甘露醇再利用”重大研究课题，研制成功“农业乳化剂”等四个新产品并相继投产，为我国制碘工业的巩固和发展做出了突出贡献；80年代首创我国第一个海洋药物——PSS（西药），获得巨大的经济效益和社会效益，带动了我国海洋药物研究的兴起与发展；90年代又发明研制了甘糖酯、海力特和降糖宁散等三个海洋新药和藻维胶囊等5个系列的功能食品，且全部投产，已获13项发明专利。管华诗创建了我国第一个海洋药物化学本科专业，形成了我国海洋药物领域唯一的相对完善的人才培养体系，培养博士生、硕士生50余名，是我国海洋药物学的开拓者和学术带头人之一。

7. 生物学领域

(1) 生物数学

1) 生物数学概述

生物数学是在生物学的不同领域中应用数学工具对生命现象进行研究的学科。其一般方法是建立被研究对象的数学模型并对其进行定性和定量研究，主要应用的数学方法有：微分方程、概率论和数理统计、抽象代数、拓扑学、突变理论等，电子计算机的发展使生物数学的研究又有了新的突破。

生物数学的内容是多方面的：生物统计、数量遗传、数学生态和数学生物分类学四大分支。生物统计学用统计方法研究生物界的客观现象；数量遗传学用数学方法研究在各种不同情况下全体基因型的变化，研究数量性遗传规律；数学生态学用数学理论和方法描述生态系统的行为动态定量关系，建立各种生态模型，模拟动物行为；数学生物分类学使用现代数学方法和工具（特别是电子计算机）对古老的生物分类学进行研究。目前，数学方法几乎渗透到生物学的每个角落，有人预言：生物学将会取代物理学成为使用数学工具最多的部门，21 世纪可能是生物数学的黄金时代。

生物数学的分支学科较多，从生物学的应用去划分，有数量分类学、数量遗传学、数量生态学、数量生理学和生物力学等。这些分支是数学与生物学不同领域相结合的产物，在生物学中有明确的研究范围。从研究使用的数学方法划分，生物数学又可分为生物统计学、生物信息论、生物系统论、生物控制论和生物方程等分支。这些分支与前者不同，它们没有明确的生物学研究对象，只研究那些涉及生物学应用有关的数学方法和理论。

生物数学具有丰富的数学理论基础，包括集合论、概率论、统计数学、对策论、微积分、微分方程、线性代数、矩阵论和拓扑学，还包括一些近代数学分支，如信息论、图论、控制论、系统论和模糊数学等。由于生命现象复杂，从生物学中提出的数学问题往往十分复杂，需要进行大量计算工作，因此电脑是生物数学产生和发展的基础，成为研究和解决生物学问题的重要工具。然而就整个学科的内容而论，生物数学需要解决和研究的本质方面是生物学问题，数学和电脑仅仅是解决问题的工具和手段。因此，生物数学与其他生物边缘学科一样，通常被归属于生物学而不属于数学。

20 世纪 50 年代以来，生物学突飞猛进地发展，多种学科向生物学渗透，从不同角度展现生命物质运动的矛盾，数学以定量的形式把这些矛盾的实质体现出来，从而能够使用数学工具进行分析；能够输入电脑进行精确的运算；还能把来自各方面的因素联系在一起，通过综合分析阐明生命活动的机制。总之，数学的介入把生物学的研究从定性的、描述性的水平提高到定量的、精确的、探索规律的高水平。生物数学在农业、林业、医学、环境科学、社会科学和人口控制等方面的应用，已经成为人类从事生产实践的手段。

数学在生物学中的应用，也促使数学向前发展。实际上，系统论、控制论和模糊数学的产生以及统计数学中多元统计的兴起都与生物学的应用有关。从生物数学中提出了许多数学问题，萌发出许多数学发展的生长点，正吸引着许多数学家从事研究。它说明，数学的应用从非生命转向有生命是一次深刻的转变，在生命科学的推动下，数学将获得巨大发展。

当今的生物数学仍处于探索和发展阶段。生物数学的许多方法和理论还很不完善，它的应用虽然取得某些成功，但仍是低水平的、粗略的、甚至是勉强的，许多更复杂的生物学问题至今未能找到相应的数学方法进行研究。因此，生物数学还要从生物学的需要和特点，探求新方法、新手段和新的理论体系，还有待发展和完善。

2）生物数学领域代表人物及其科技成就

马知恩（1935—），西安交通大学数学系教授，博士生导师，中国数学会生物数学专业委员会副主任。

★ 生平经历

马知恩1935年1月3日出生于山东济南。1954年毕业于北京大学数学系，分配至西安交通大学任教至今。1963年～1965年在南京大学数学系进修，1985年～1986年在美国威斯康星大学与田纳西大学做访问学者，学习生物数学。曾任数学系主任、理学院院长。担任全国工科数学课程教学指导委员会主任，中国数学学会生物数学专业委员会副主任，陕西省生态数学专业委员会主任等职。现任“J. of Biological Systems”（Canada）杂志副主编，J. of Theoretical Biology（USA）等6种杂志编委。曾多次赴美、意、加、德、日、荷兰、比利时等国访问、合作研究和讲学。

★ 教学及科研成果

马知恩讲授过高等数学等12门课程，科研方向为微分动力系统与生物数学。他培养了硕士生43人，博士生11人，出版教材10套，译著1套，发表学术论文130余篇，出版专著3本。曾获国家级和教育部有关教学奖8项，省部级科学进步奖3项（均排名第1）。1991年获全国优秀教师称号，2003年获国家首届教学名师奖。

(2) 生物物理学领域代表人物及其科技成就

贝时璋（1903—2009），实验生物学家，细胞生物学家，教育家。我国细胞学、胚胎学的创始人之一，我国生物物理学的奠基人。

★ 生平经历

1903 年 10 月 10 日，贝时璋出生在浙江宁波镇海县一个世代种地打鱼的家庭。贝时璋的祖父是位贫苦渔民。父亲小时候给人放过牛，后当学徒、店员，又到汉口开小店，最后在德商乾泰洋行“买办间”当一名中国账房，以其微薄的收入养活全家。小时候的贝时璋沉默寡言，却勤于思考，从小到大，不论遇到什么事情，总要问个为什么。

父亲有时会带小贝时璋到上海办事，那些贝时璋从未看过的新鲜景象常常促使他不停地提出疑问并冥思苦想。他看见过拉纤人，看见过船老大把橹摇得飞快，可江上那条“江天火轮”大船却让贝时璋感到奇怪：没有拉纤人和摇橹的船老大，“江天火轮”怎么会动呢？船舱里没有灯油，灯怎么就能亮了呢？贝时璋百思不得其解。在大上海，贝时璋看到了更多新奇古怪的事：黄包车与乡下的独轮车不同，黄包车是人在前面拉，独轮车是人在后面推；繁华的南京路上，商店橱窗有个木头的、头会自己转动的“洋模特”……贝时璋还在姑妈家看到了真正的电灯，这电灯依靠“扳头”，一上一下扳动使它一亮一灭。每次到上海，贝时璋都觉得大开眼界，他心中涌起无限的遐想，也不断开启着他心中好奇与探索之门。

父亲言语不多，但平时喜欢读书，生活很有规律。他经常告诫贝时璋存放东西要有固定的位置，以免乱找乱翻浪费时间。在父亲的影响下，贝时璋从小养成了良好的生活习惯，东西从不乱摆乱放，柜子里的衣服也叠得整整齐齐。

因家境贫寒，贝时璋 8 岁才进入家乡的“进修学堂”上学。母亲为了摆脱“目不识丁”的痛苦，对他上学寄予很大希望，特意为他租了一套上学礼服，有红缨帽、天青缎外套和黑缎小靴，把他像模像样地送进了学堂。母亲曾对贝时璋一字一句地说：“儿呀，男人要成大器就得有文化，阿姆（妈妈）没文化苦了一辈子，你一定要给阿姆争气，好好读书，做一个有出息的男人。”

2 年后，贝时璋转学到另一个较大镇子的“宝善学堂”。4 年后，以优异成绩考进了中学。

1915 年，贝时璋的父亲改去汉口做生意后，就把贝时璋接到汉口，送到德国人开办的德华中学去念书。这所学校大多使用德文教材，除国文、史地外，其他课程都由德国老师担任，3 年半，贝时璋结束了中学的学业。

1922 年 3 月，在父母的全力支持下，贝时璋赴德国留学，踏上了探索生命的科学之旅。在回忆自己的生活道路时，贝时璋对父母充满了感激之情，他说：

“父母的教诲使我受用终身，我把父母勤劳节俭、宽容厚道的精神作为自己的座右铭，意志坚定，排除一切困难，为科学事业奋斗终生。”

“夫天地者，万物之逆旅，光阴者，百代之过客，而浮生若梦……”说起对生命科学的最初兴趣，贝时璋印象很深的便是小时候念过的李白的这首《春夜宴桃李园序》。李白在另一篇文章中写的“混沌初开，乾坤始奠，气之清轻，上浮者为天，下沉者为地。”对贝时璋的影响也很深，他觉得很有哲理，认识到天地宇宙是自然开辟的，不是神造的。

而在汉口德华中学的学习则使贝时璋得到理科知识的启蒙。当时学校备有许多册《理科书本》，书中涉及天文、物理、化学、矿物、植物、动物以至人体等方面有关内容。虽然内容都很浅，但知识面较广，且有系统。贝时璋很爱读这些书，从中学到不少关于理科方面的启蒙知识。

1918 年秋的一天，15 岁的贝时璋在汉口华景街旧书摊上买到一本德文原版书——E·菲舍尔著的《蛋白体》，虽然一知半解，但初步懂得蛋白体对生命是很重要的，也使他对与生命有关的科目发生了兴趣。谁能想到，就是这本描述蛋白质结构和组成的通俗浅显的书，像磁石一样吸引着贝时璋的心。1919 年春，他违背了父亲要他进洋行工作的意愿，考入了上海同济医工专门学校（同济大学前身）。入学后，先在德文科经过半年德语深化学习后，贝时璋顺利升入了同济的医预科。

在此期间，给贝时璋印象最深的，也使他受益最多的是当时教解剖学的鲍克斯德老师，他授课不带稿，也不发讲义，讲课时用图谱和实物相互对照，讲解之细致生动，教学之认真负责，使贝时璋对形态学产生了浓厚兴趣。

1922 年，贝时璋留学德国。德国福莱堡大学承认同济医工专门学校医预科的学历，可以立即转入医科，而贝时璋却改了“行”，先后在福莱堡、慕尼黑和土滨根三个大学学自然科学，并以动物学为主修。在北海和波罗的海拥抱的美丽土地上，贝时璋成天与书本和仪器为伍，以实验室为家，刻苦攻读。他不但学习了生物学的课程，还学了物理学、化学、地质学、古生物学等许多门课程，又自学一些数学，并寻找一切机会参加实验或野外实习，这些大学的学习活动使贝时璋受益匪浅。

1924 年初，土滨根大学动物系的导师给贝时璋提出了博士论文题目：《两种寄生线虫的细胞常数》。经过深入思考，贝时璋提出寄生的线虫不适合做实验，因为不能培养，且虫体太大，细胞数目太多，又不透明，做实验很困难；而以自由生活的、长在醋里的线虫——醋虫作实验材料，可用稀释的醋培养，个体小，细胞数目少，又透明，便于观察，有利于做实验。导师同意了他的意见。这样，贝时璋顺利地对醋虫的生活周期、各个发育阶段的变化、细胞常数、再生等进行了实验研究。于 1927 年、1928 年发表两篇论文，其中一篇《醋虫生活周期各阶段及其受实验形态的影响》是他的博士论文。贝时璋的博士论文显示了他非凡的才华，得到德国生物学界权威人士的赞誉。权威的大生物学家 J·W·Harms 向贝时璋的导师发去了贺信，祝贺他培养了一名杰出的生物学人才，并在自己的论文内引用了贝时璋的一大段论文内容。1928 年 3 月 1 日，贝时璋完成了从本科到博士的“三级跳”，戴上了第一顶自然科学博士学位桂冠。但贝时璋毕竟初涉生物学界，有人戏称他为“银博士”。1928 年到 1929 年，贝时璋在土滨根大学动物系任助教，在著名的实验生物学家 J·W·哈姆斯指导下从事科学研究。

贝时璋在德国一共待了 8 年。这 8 年，他学会了科学研究的方法和技术，掌握了学术思想，积累了研究工作的经验，同时也形成了自己的研究风格。他注重秩序，什么事情都细致周密，有条不紊。他不轻易发表论文，工作做完了，论文写出初稿了，他总是放着，不急着拿出去，总在反复推敲，或者补充实验。他的论文也总是写得尽可能短。

在那个年代，还没有共聚焦或双光子显微镜，贝时璋用的 Leitz 光学显微镜，所有制片都是手绘。他的论文含 80 张这样精细的绘图，每张图都非常逼真，看后令人赞叹。

当初，贝时璋初露头角，引起德国学术界的重视。注重技术效益和学术竞争激烈的西方社会，自然会千方百计挽留这位年轻的人才。然而，物质上的诱惑，导师的相劝，都没有动摇贝时璋回国效力的决心。

1929 年秋，贝时璋告别土滨根大学回到贫穷落后的祖国。在当时的中国谋个适当的职业绝非易事，但经过一些曲折，贝时璋于 1930 年 4 月在杭州筹建浙江大学生物系，8 月被聘为浙江大学副教授，担任系主任。在教学之余，贝时璋仍然在科学领域执著探索。

从在德国留学时起，贝时璋就开始了实验细胞学的研究工作。1932 年春，贝时璋在杭州郊区松木场稻田的水沟里观察到甲壳类动物丰年虫的中间性，并发现在其性转变过程中生殖细胞的奇异变化，即细胞解体和细胞重建的现象，这一现象是新的细胞繁殖方式和途径的发现，打破了细胞只能由母细胞分裂而来的传统观念。贝时璋将此种现象称为“细胞重建”，并于 1934 年在浙江大学生物系的一次讨论会上报告了这项研究结果，发表了名为《丰年虫中间性生殖细胞的重建》的论文，从此奠定了贝时璋作为我国著名细胞生物学家的学术地位。

在长达 80 多年的科学探索生涯里，贝时璋获得了许多科学成果，他的主要研究工作包括动物的个体发育、细胞常数、再生、中间生、性转变、染色体结构、细胞重建、昆虫内分泌腺、甲壳类动物眼柄激素等方面，其中尤其以关于细胞重建的研究最为突出。

在浙江大学 20 年，贝时璋先后担任副教授、教授、系主任、理学院院长，培养了众多学生，推进了我国生物科学的发展，影响深远。贝时璋不仅是一位杰出的教育家，也是一位卓越的科研组织者、领导者。

中华人民共和国成立后，为协助筹建中国科学院，贝时璋奔走于北京、杭州之间。1950 年离开浙江大学到上海中国科学院实验生物研究所任研究员兼所长。1954 年 1 月，中国科学院建立学术秘书处，贝时璋被调任学术秘书处学术秘书。贝时璋将实验室迁往北京。

那段时间，贝时璋把大量的精力和时间都放在了科学组织工作方面。他是组建中国科学院最初的倡议者之一，也曾参与制定了新中国科学事业发展的很多重要规划。

对于生物物理学这门 20 世纪中叶以后逐渐形成的新兴边缘学科，早在 40 年代贝时璋就洞察到物理学和生物学相互渗透的大趋势，深信生物学必将从描述性科学向定量性科学转变。50 年代，他匠心独运地组织物理学家、化学家和数学家合作共事，把物理科学的思想、方法和概念运用到生命科学研究中来。

1958 年，在中国科学院领导下，由贝时璋负责在北京实验生物研究所基础上组建中国科学院生物物理研究所，贝时璋任研究员兼所长，这标志着生物物理学作为一门独立的学科在中国正式确立，并为其后来的蓬勃发展奠定了坚实基础。

1964 年，贝时璋领导召开了全国第一届生物物理学学术会议，并在大会上作了题为《生物物理学中的若干问题》的报告，指出生物学与物理学相结合是自然科学发展的必然趋势，这种结合会像生物学与化学结合那样，在生物学领域产生一系列重大发现。在他的领导下，1980 年在北京成立了中国生物物理学会，在学会成立大会上，贝时璋众望所归地当选为中国生物物理学会理事长。1985 年，《生物物理学报》创刊，由已届耄耋之年的贝时璋担任主编。

在国际航天事业刚起步之际，贝时璋高瞻远瞩地创建了宇宙生物学研究室，与有关部门合作，在 1964 年～1966 年的两年时间里发射了 5 枚生物探空火箭，并成功回收了搭载的生物样品和实验动物。

50 年后，即 1978 年 3 月，由于贝时璋长期工作在科研第一线，并在科学研究中获得卓越成就，土滨根大学再次授予他自然科学博士学位（“金博士”）。又一个 10 年过后，在 1988 年 3 月，土滨根大学第三次授予贝时璋自然科学博士学位（“钻石博士”）。世界上获土滨根大学如此青睐者仅贝时璋一人。

经历了近一个世纪的探寻，贝时璋说，我现在对生命的本质问题可以发表意见了，我是将天文、物理、化学、生物、哲学结合起来，探讨生命的本质，而这种深刻而立体的认识与年轻时是不能相比的，那时可能只对一个单薄的独立的生命感兴趣。他晚年还在从事细胞重建的研究，他坚定地认为，21 世纪是生命科学全面深入发展的时代，人类追求长寿已不再是一种梦想。

贝时璋学识渊博，他的学术兼职也很多。对于自己分担的所有社会工作，他无不奋力完成。鉴于贝时璋在科学上的突出成就，2003 年，国际小行星中心和国际小行星命名委员会根据中国国家天文台的申报，正式批准将该台于 1996 年 10 月 10 日发现的、国际永久编号为 36015 的小行星命名为“贝时璋星”。

(3) 生物化学领域代表人物及其科技成就

王应睐（1907—2001），福建省金门县人，生物化学家，中国科学院院士。

★ 生平经历

王应睐1907年11月13日诞生在福建省金门县一个华侨家庭。他2岁丧父，6岁丧母，童年是相当辛酸的，但这却在一定程度上促使他养成坚强、发奋的秉性。在兄嫂的扶养下，他先在私塾读书，以后进入鼓浪屿著名的英华书院上学。由于他的聪颖与努力，6年半就读完了9年的课程，于1925年提前毕业。接着他先后进入福建协和大学和南京金陵大学（现南京大学）攻读化学。1929年以优异的成绩毕业，并获得学校颁发的“金钥匙”奖。

大学毕业后王应睐在金陵大学任助教，可是生活并不一帆风顺。1931年他得了肺结核，休养了2年。在治病的期间，王应睐从不忘读书。1933年，他进了北平燕京大学化学研究生院，从事氯仿、甲苯对蛋白酶的作用以及豆浆与牛奶消化率的比较等研究。1934年他再一次病倒，被迫休养。1936年病刚痊愈，就接受金陵大学的聘请担任讲师，这期间他还深入农村分析农民的膳食构成。1937年抗日战争爆发后他回到鼓浪屿。以后他考取庚款留英，于1938年到英国剑桥大学攻读博士研究生。在L·J·海里斯博士（Harris）指导下从事维生素研究，这是30年代生物化学领域中最前沿的一个方向。为了更好地了解维生素在新陈代谢中的作用以及维生素本身的新陈代谢，就需要有一个方便、准确、微量与专一的测定方法。王应睐选择了这方面作为自己的研究目标，他所建立的维生素B_1的硫色素荧光测定法，能够简便准确地测定食品以及尿等生物样品中的维生素B_1的含量，对于缺少精密仪器的实验室起了重要的作用。这个方法在问世时也曾遇到一些权威人士的怀疑，认为过于简单，担心它不可靠。英国医学委员会维生素小组很注意王应睐创造的方法，决定组织一次对比测试，分别由牛津大学彼德斯教授实验室与王应睐分别应用各自的方法来进行维生素B_1含量的测定，对比的结果明显地表明了王应睐方法的优越性。在这个阶段，王应睐还建立了其他B族维生素的测定法以及维生素C的电位滴定法。后一个方法可以准确地测定在有颜色的组织抽提液中维生素C的含量。由于王应睐的成绩卓然，他在研究生毕业时，获得了免试的待遇，并于1941年得到生化博士学位。

1941年王应睐受聘于剑桥大学Dunn营养实验室，继续从事维生素研究。他和Moore在国际上首先发现合成的纯维生素A过量时有毒性，在英国生物化学杂志上发表了题为《维生素A过多症》一文，引起各国学者的重视。

为了扩大自己的生化研究能力与视野，1943年王应睐到剑桥大学Molteni研究所，在国际著名生化学家D·凯林教授领导下工作，对血红蛋白的研究取得了突出的成果。王应睐提供了完整的实验证据，证明豆科植物根瘤中含有血红蛋白。这一发现有助于从生物化学的角度来解释生物进化学说，并且促进了对豆血红蛋白在根瘤固氮中的作用的深入研究。王应睐还提纯与结晶了寄生在马胃的马蝇蛆的血红蛋白，并且研究了它的性质，阐明了在不同生活条件下血红蛋白的性质与功能的关系，这项工作也具有重要的理论价值。王应睐的上述成就得到凯林教授的高度评价，并一直为国外同行所引述。

1945 年第二次世界大战胜利结束。王应睐十分兴奋，他谢绝了凯林教授的再三挽留，决定立即回国，凯林教授十分赞赏王应睐的爱国精神。当时交通尚未完全正常，王应睐乘船取道印度回国，被国立中央大学（现南京大学）医学院聘请为生化教授。

在国民政府统治下的中国，官吏贪污腐化，民不聊生，科学研究不被重视，就是在中央大学也缺乏实验条件。王应睐一面授课，一面研究维生素与代谢，但是困难重重，他的聪明才智得不到应有的发挥。1948 年他离开中央大学到上海的中央研究院医学研究所筹备处担任研究员，1950 年中国科学院生理生化研究所成立，王应睐担任该所的研究员兼副所长。1955 年被聘为中国科学院院士，1958 年王应睐被任命为中国科学院生物化学研究所所长。1984 年春天，王应睐担任上海生物化学研究所名誉所长，他十分尊重并全力支持新任所长的工作。他是中国《生物化学与生物物理学报》的名誉主编，经常帮助审阅英文版稿件。他还担任了中国科学院上海生物工程基地专家委员会主任，为基地筹建提供了许多宝贵的意见。

1961 年～1966 年，王应睐担任上海生化学会理事会主席；1979 年～1987 年任中国生化学会理事长，1987 年后任名誉理事长。

1987 年，在王应睐的积极倡导下，召开了由中国生物化学学会组织的国际生化会议（IMB）。王应睐作为会议主席，在确定大会报告人，邀请国外学者参加等工作中起了主导作用。作为国际上知名的科学家，他 1981 年当选为比利时皇家科学文学与美术院外籍院士；1986 年 12 月获匈牙利科学院名誉院士称号；1988 年 12 月又当选为捷克斯洛伐克科学院外籍院士。

1985 年春节前夕，中国科学院上海分院隆重举行“老科学家从事科学工作 50 年”表彰庆贺活动，向中国科学院上海各研究所 20 位驰名科坛、功绩卓越的老科学家致以热烈祝贺和崇高敬意。人们以“中国生化先驱”赞誉王应睐，会上王应睐即席发言，他引用“往者不可谏，来者犹可追”的格言自勉，表达了他耄耋（mào dié ）之年，壮心不已，为发展中国生化事业矢志不渝的一片赤诚。

★ 提纯创立者

中华人民共和国成立后，王应睐对琥珀酸脱氢酶的分离纯化，辅基鉴定以及辅基与酶朊连接方式进行了系统的研究，取得了重要的成果，解决了 20 余年未获澄清的酶的性质问题，并对于辅基与酶朊的独特连接方式作了深入阐明。

琥珀酸脱氢酶是生物体呼吸链上的一个重要组分。所谓呼吸链是生物体中一个由多种酶组成的系统，它是生物体把摄取的食物分解，释放出能量以维持生命活动的新陈代谢所必经的一条途径。

1950年王应睐观察到鼠肝组织中琥珀酸脱氢酶活力与核黄素的摄取量密切相关，但要深入研究这个酶首先要解决酶的提纯。由于这个酶与具有脂双层结构的线粒体膜结合得比较紧密，很难溶解下来，所以提纯很不容易。针对这一特点，王应睐与邹承鲁、汪静英一起采用正丁醇抽提的方法，成功地把琥珀酸脱氢酶从膜上溶解下来，从而分离纯化得到高纯度的水溶性琥珀酸脱氢酶，其活力比同期国外报道者高出1倍以上。这一纯化方法至今仍为国外许多实验室所采用，只是稍加修改，在提取时不再加氰化钾而已。

他对这个酶的性质的研究也有重要的发现，提出了充分的证据证明它是一种含有异咯嗪腺嘌呤二核苷酸和非血色素铁的酶，酶的蛋白部分与异咯嗪腺嘌呤二核苷酶是以共价键结合的，这是在酶的研究中第一个发现的以共价键结合的异咯嗪蛋白质，它为以后呼吸链有关酶系的分离和重组合的研究开辟了道路。这项工作居当时酶学研究的世界领先水平。1955年在布鲁塞尔举行的第三届国际生化大会上，王应睐宣读了这一研究的论文，受到极高的评价。1978年获全国科学大会重大成果奖。

王应睐基础理论研究的造诣很深，但他也很重视联系实际工作。上海解放初期，南下的解放军战士由于只吃大白菜、豆腐与大米，普遍发生舌头糜烂，下身奇痒与溃烂等症状。上海警备区特请临床营养学家侯祥川教授与王应睐前去会诊，很快就被确诊为维生素 B_2 缺乏症。侯祥川对战士们进行治疗，王应睐则分析食品中维生素 B_2 含量，提出有效的措施，很快就解决了问题。

抗美援朝时期我志愿军战士的主要食物是干粮，但是后方生产的干粮过不了多久就变质产生哈喇味，直接影响了部队的后勤供应与战斗力。王应睐接受了研究防止干粮脂肪氧化的任务，通过研究提出了切实可行的综合措施，包括利用含有天然抗氧化剂的黄豆粗豆油作为干粮的油脂来源，严格控制干粮中催化脂肪氧化的铜铁离子的含量，以及采用经防氧化处理的包装纸等，完美地解决了问题。

1984年，王应睐退居二线，担任上海生物化学研究所名誉所长，他还领导一个课题组，并亲自选定方向，对近年来国际上分子生物学中的前沿课题——酶与核酸的相互作用开展研究。在这项研究工作中，他放手让课题组的中青年科技骨干挑重担，建立技术和方法，设计研究路线，并且对氨酰——tRNA合成酶本身进行了深入的研究，采取化学修饰，限制性酶解和基因克隆等方法获得了一批较高水平的成果，具有重要的理论价值，达到了国际先进水平。

★ 举贤育才

王应睐在建立生化研究队伍，发现和培养各种人才上做了大量工作，这是他为发展我国生化事业所作的又一贡献。

二次大战后，国际上酶学、蛋白质、核酸和中间代谢的研究迅速发展，成为生物化学学科的生长点。王应睐认为中国生化研究必须紧紧围绕这门学科的生长点来带动全局，才能使我国的生化研究尽快改变落后面貌。1953年～1958年中国科学院生理生化研究所就以蛋白质、酶、代谢（包括核酸和维生素代谢）为主开展生物化学研究工作，打下了良好的基础，其中不少工作取得了很好的成果。

50年代中后期，分子生物学的兴起给各门生物学科带来了巨大的变化。根据这一新的动向，王应睐及时地加强了分子生物学的研究，并向有关领导部门提出应重视并重点支持这方面研究的建议。

在对研究所的发展方向作出战略布局以后，紧接着的任务是要有一批学科带头人来共同工作。中华人民共和国初建立时，国内生化人才非常缺乏，王应睐根据生化学科生长点发展的需要，有目的、有步骤地向国外留学生发出了一封又一封邀请信。1951年他首先请到了在凯林实验室工作的邹承鲁，为了给他配备助手，王应睐把跟随自己工作的有发展前途的伍钦荣让给邹承鲁培养，开展酶的作用机制的研究。1952年曹天钦回国，开展蛋白质结构与功能的研究，王应睐也为他配备了得力的助手，并争取到一系列研究蛋白质的先进仪器，保证了他的工作开展。之后又陆续请到了维生素专家张友端、核苷酸代谢专家王德宝和蛋白质化学专家纽经义。为了弥补所内微生物学专门人才的空白，他又争取到周光宇来参加工作，再加上生理生化研究所成立时来所工作的代谢专家沈昭文。就这样，一批思想敏锐，年轻有为，崭露头角的科学家组成了一套门类较齐全并互为补充的阵容。王应睐是一位优秀的指挥员，他善于发挥和调动各位专家的才干和积极性，并使全所上下都能心情舒畅地工作，形成了一个民主、和谐的研究集体，有相对稳定的研究方向，有探讨问题的活跃的学术气氛，有操作严格、秩序井然的实验室环境，有力地促进了成果和人才的涌现。在此基础上，培养和造就了一批新的学科带头人和科研骨干。

在培养人才上，王应睐倡导的一个成功的做法是举办高级生化训练班。中华人民共和国成立前大学里没有设立过生化专业，建院初期来所的青年科研人员几乎都是化学系毕业的，没有经过生化的基本训练。王应睐参照他当年在剑桥的经验，举办了高级生化训练班，既系统讲授生化的最新知识，又强调提高动手能力，掌握研究方法，选了一系列经典的研究实验，让学员动手去做，从中学习生化大师是怎样做研究的。训练班的对象，开始主要是所内青年科研人员，以后应全国各地要求，于1961年举办了一次大型的训练班，有400多人参加，当年的学员中有许多人现在成了有关单位生化科研和教学的骨干。1979年又在沪、杭两地同时举办了一次大型训练班，参加者达500人。实践证明，这种集中培训的方式，对于学员系统掌握生化的最新知识、打下扎实的生化基础、用以从事研究或教学是一种良好的方法。

★ 攻关指挥员

作为全国生化研究的带头单位，生物化学研究所不仅人才辈出，而且成果累累，这是和王应睐出色的科研组织工作分不开的。代表我国基础科学研究成就的两项重大成果——在世界上首次人工合成结晶牛胰岛素和人工合成酵母丙氨酸转移核糖核酸，都是以生物化学所为主力跟有关单位共同协作完成的。王应睐为培植这两项成果倾注了大量的心血。

他是人工合成胰岛素工作的主要组织者之一，在整个工作过程中，他参与制定合成方案，调配力量。在合成遇到较大困难时，他坚持组织一支精干的队伍，做踏踏实实的工作。1963 年他担任人工合成胰岛素协作组组长，组织协调与中国科学院有机化学研究所、北京大学的合作，1965 年 9 月完成了这一具有历史意义的工作。

人工合成酵母丙氨酸转移核糖核酸的难度更大，协作范围更广泛，关系到京沪地区多个单位，这样一个协作组要协调一致地互相配合，没有一个坚强的领导核心是不可能把研究工作组织好的。开始时王应睐担任沪区协作组组长，自 1977 年起，又挑起了整个科研工作的协作组组长的重担，在制定各单位分工，确定酶法合成与化学合成的关系等方面起了重要的作用。1978 年协作组成立了 RNA 连接酶制备、长片段连接和活力测定三个研究组，大大加快了步伐，终于在 1981 年完成了世界上第一个人工合成的转移核糖核酸。

1988 年 2 月在美国佛罗里达州迈阿密生物技术冬季讨论会上，王应睐被授予“特殊成就奖”，这是为了表彰他领导中国科学家在人工合成生物高分子方面所取得的成绩而特设的一项奖励。在授奖仪式上，会议主席、迈阿密大学生化系主任韦伦教授向王应睐颁发了一块奖盾，上面镌刻着：王应睐从 1958 年至 1984 年任中国科学院上海生物化学研究所所长，在此期间他曾作为协作组组长完成两项杰出的、具有开创性的成果，一项是 1965 年人工合成胰岛素，另一项是 1981 年人工合成酵母丙氨酸转移核糖核酸。

今天，上海生物化学研究所所以能赢得国际声誉，是与王应睐的努力分不开的，他清楚地知道多做了科研组织工作会影响他自己的研究工作，但他从全局利益出发，从全国、全所生化事业的发展来考虑，这种无私的精神，像一根红线贯穿着王应睐 50 多年的科研生涯。

(4) 细胞生物学领域代表人物及其科技成就

裴钢（1953—），辽宁沈阳人，著名的细胞生物学家，中国科学院院士。

★ 生平经历

裴钢 1970 年参加工作，1978 年初进入沈阳药科大学学习，1982 年获学士学位，1984 获硕士学位。1987 年进入美国北卡大学学习，1991 年获生物化学和生物物理学博士学位。1992 年至 1995 年 2 月在美国杜克大学进行博士后研究。1995

年 3 月回国，应聘担任德国马普学会和中科院共同支持的青年科学家小组组长、研究员。2006 年 6 月受聘为同济大学名誉教授，2000 年 5 月至 2007 年 11 月任中科院上海生命科学研究院院长，2007 年 8 月起任同济大学校长。裴钢 1999 年当选中国科学院院士，2006 年起任中国科学院生命科学和医学部副主任，2001 年当选第三世界科学院院士。现为中国细胞生物学会理事长，亚太细胞生物学组织主席，中药全球化联盟副主席，*Cell Research* 主编和国际多种学术刊物编委。并担任国务院学位委员会学科评议组成员，中国科学院研究生院学位委员会副主任，国家重点基础研究发展计划（“973”计划）第四届专家顾问组成员，“发育与生殖研究”重大科学研究计划专家组组长，国家重大基础平台建设专家组成员。

★ 科研方向及其工作成就

裴钢院士领导的科研团队的研究方向主要是：

① 研究 G 蛋白偶联受体（GPCR）信号转导的调控以及与其他信号转导通路间相互作用。GPCR 是细胞表面最大的受体家族，是细胞接受外来信息最重要的感受器和起始点，GPCR 和细胞内部不同信号通路间精细的对话是细胞对外来信息产生协调反应的分子基础。该团队研究的项目揭示了 GPCR 与 p53、NF-κB 等多条信号通路间的对话及特征，极大地丰富了对 GPCR 细胞信号转导机理、功能及作用的认识，为深入研究包括炎症、癌变、HIV 病毒感染等重要疾病的发病机理及诊治提供了重要线索和潜在靶点。

② 研究 GPCR 信号调节表观遗传修饰对基因转录及细胞功能的调节机制。近年来我们的研究发现 GPCR 通过促进 β-arrestin 1 进核传递信号，这不仅揭示了 β-arrestin 1 在细胞核内调节表观遗传修饰的新功能，也揭示了受体信息由细胞膜到细胞核内传递和药物作用的一条崭新途径。研究还发现 β-arrestin 1 通过表观遗传调节作用促进那些具有自身免疫性的 $CD4^+$ T 细胞存活，揭示了生物体内调节 $CD4^+$ T 细胞凋亡和自生免疫的新机制，并且提示 β-arrestin 1 蛋白有可能成为研发自身免疫治疗药物的新靶点。

③ 研究 GPCR 信号转导的生理功能。我们研究发现 β2-肾上腺素受体被激活后，增强 γ-分泌酶的活性，进而能够增加导致阿尔茨海默症的 β 淀粉样蛋白的产生。这项发现揭示了阿尔茨海默症致病的新机制，并且提示 β2-肾上腺素受体有可能成为研发阿尔茨海默症的治疗药物的新靶点。

在上述三方向的研究基础上，课题组将继续深入研究 GPCR 调节不同表观遗传修饰，以及表观遗传修饰网络的机制及 GPCR 调节表观遗传修饰在胚胎干细胞向神经细胞定向分化中的作用，研究 GPCR 信号转导在神经系统疾病及阿尔茨海默症发生，发展和防治中的作用；并以细胞信号转导为手段，探讨中草药有效成分及方剂作用的可能机制。

★ 研究的阶段性成果

2010 年 1 月 31 日上海生命科学院生化与细胞研究所分子细胞生物学实验室、

复旦大学药理研究中心、同济大学生命科学与技术学院的科学家在《细胞研究》在线版上发表阿尔茨海默病（即老年痴呆症）的最新研究进展文章：*A GPCR/secretase complex regulates β- and γ-secretase specificity for Aβ production and contributes to AD pathogenesis*，文章的通讯作者为裴钢院士。

老年痴呆症的主要病理学特征为大脑内神经细胞表面由于异常的淀粉样蛋白斑沉淀而呈现的老年斑、神经纤维丝缠结以及神经元死亡。淀粉样蛋白斑主要是由细胞内异常产生的大量β淀粉样蛋白在细胞外积聚形成的，目前广为接受的“Aβ假说”认为细胞外异常沉积的β淀粉样蛋白通过一系列细胞级联反应（包括自由基反应、线粒体氧化损伤和炎症反应等），直接或间接地作用于神经元和胶质细胞，最终导致神经元功能异常或死亡，引起认知障碍。

老年痴呆症是发生在早老及老年期以进行性痴呆和精神行为异常为主的中枢神经系统退行性疾病。老年痴呆症在老年人死因中仅次于心脏病、肿瘤和中风，占第四位。随着中国社会逐渐迈向老龄化，如何对包括老年痴呆症在内的一系列神经退行性疾病进行有效地预防和早期治疗，直接关系到我国的人口质量和全民健康水平，已成为我国面临的一项关系到国家人口与健康的战略问题。

研究认为抑制β-AR与γ分泌酶将有效抑制淀粉样蛋白的沉积，理论上可以减缓或是停止阿尔茨海默病的发展进程。然而，遗憾的是，这些酶不仅参与阿尔茨海默病的病理过程，同时还调节其他信号，如Notch信号和钙黏蛋白，如果抑制这两种酶将导致其他功能混乱。

裴钢院士研究小组发现β与γ-分泌酶活性具有同时促进Aβ生成的作用。这种增强作用与β-AR和早老素-1的相关性有关，并需要β-AR的激活剂诱导的细胞内吞及随后的γ-分泌酶进入次级包涵体和溶酶体，那里是Aβ生成的地方。

研究小组发现β-AR与γ-分泌酶需与δ阿片受体形成复合物，再共同促进淀粉样蛋白的生成。研究发现，使用抵抗δ阿片受体的药物naltrindole可有效地缓解淀粉样蛋白的生成，在此过程中没有出现副作用，因此研究者认为，这将是阿尔茨海默病的一个潜在治疗靶位。

★ 对高等教育的看法

2010年5月25日在上海世博会公众参与的演讲中，裴钢院士发表了对高等教育改革的看法。他认为大学在城市中的作用日益凸显，然而大学本身也正面临着许多现实的问题。如何破解“城市生命大脑”中的这些难题？裴钢一一给出了大学的现状和自己的见解。

现状一：大学专业“文理”不能兼修

文理分科，这是中国的大学沿袭多年的制度，这种惯常的制度却不知不觉在不同的学生间搭起了一堵墙——文科生对理工知识一窍不通，理工科生对文学、文化毫无兴趣，两者“划清界限”，互不相交。他认为应打破这种一成不变的格局。

裴钢对这样的现象深表遗憾。作为一名生物科学领域的专家，他办公室的书架上放得更多的并不是专业类的理工科图书，小说、散文等书籍反而占了大多数。裴钢认为，文理分科容易造成学生的思维定式，大学是各学科得以互相交流的地方。“我的理想是，大学能培养出兼具工程基础、科学精神和人文修养的社会栋梁。”

现状二：大学生功利心过强

裴钢认为大学生应“仰望星空、脚踏实地”。这是温家宝总理 2010 年“五四”青年节时对全国青年学子的勉励，希望他们既要树立远大的理想，又要踏实地学习工作。裴钢引用了这句话并表示广大学子应谨记这八个字，让大学生活更纯粹，更有意义。

“我知道现在有很多孩子被迫成为了琴童，整天被家长逼着弹琴，苦不堪言。他可能更喜欢画画或者打球，但家长会告诉他学这个没用。”裴钢说，学生有功利心，从某种程度上看也是情有可原，社会和家庭或多或少会给他们带来影响。但大学毕竟是学习的地方，是人生最重要的阶段。裴钢希望大学生们都能珍惜、享受大学的幸福时光。

现状三：当今大学难出“大师”

裴钢认为：大师培养不能一蹴而就。2009 年梁羽生、季羡林、任继愈、杨宪益……几位大师先后仙逝。在倍感沉痛的同时，有人也抛出这样的疑问：当今的大学还能不能培养出新的“大师”？对此，裴钢这样认为：“时代需要优秀的人物，但大师的培养不是一蹴而就的。”

“四大名著改编的电视剧经久不衰，观众百看不厌，而其他的电视剧大多是昙花一现，为什么？因为它们没有内涵。”裴钢表示，伟大的作品成就大师，而像曹雪芹、梵高等人一样，大师在生前未必能被认可，需要时间的检验；同样，大师的概念也是很广泛的，在任何领域有卓越成就、受人尊重的人都能被称为大师。

“要培养大师，首先要提高全民族的科学文化水平，在这样的环境下自然会英雄辈出。”

（5）生理学领域代表人物及其科技成就

张锡钧（1899—1988），天津人，中国第一代生理学家，科学院院士。

★ 生平经历

张锡钧，字石如，1899 年 6 月 3 日（农历四月二十五日）生于天津市。父亲张文藻精通中西医，是天津著名医师，曾创立天津平民医院。张锡钧在家庭熏陶下，从小立志学医。中学时代，他就是一个有着强烈民族自尊心的爱国青年，曾因参加

“五四运动”被宪警拘捕。在天津中学毕业后，1916年～1920年就读于北京清华学堂，毕业后赴美，入芝加哥大学医学预科，1922年获理学士学位；同年入罗舒医学院学医，并在芝加哥大学攻读博士学位，师从著名生理学家A·J·卡尔森教授，从事甲状腺对胃液分泌作用的研究。1926年以优异成绩毕业，同时获得医学博士和哲学博士学位；在他的哲学博士证书上加印有“最大荣誉”字样，这是一种崇高的奖励。在芝加哥大学生理学系进行研究工作时，与在该系工作的华裔学者林可胜相识。林可胜祖籍福建，毕业于英国爱丁堡大学医学院，是一位才华卓著并富有爱国心的青年科学家，二人相约回国开展生理学研究。1925年林可胜先期回国任北京市协和医学院生理系主任教授，张锡钧也于1926年毕业后回国在北京协和医院担任内科住院医师。1926年由林可胜发起创建了中国生理学会，张锡钧被接纳为终身会员。翌年林可胜又创办 *Chinese Journal of Physiology*（《中国生理学杂志》英文版），以后张锡钧一直是学会工作和杂志编辑中的骨干力量。

1927年，张锡钧应林可胜之邀至生理系主任助教，在1927年～1932年的5年中相继晋升为讲师、助教，成为林可胜在教学科研中的得力助手。在教学工作中，张锡钧协助林可胜编写了中国第一部生理学实验讲义，建立了设备完善的生理实验室，开展系统生理学实验课程。课程内容严谨、系统，为国内外同行所称颂，该实验讲义一直被国内各大学作为蓝本。在研究工作中，张锡钧主要从事消化和内分泌生理研究，并协助林可胜培养研究生和进修生。

1932年～1933年，张锡钧作为访问学者先后去瑞士苏黎世大学和英国皇家医学院研究所进修。1934年任北京协和医学院生理系副教授。1935年～1937年任中国生理学会第八届、第九届、第十届理事会书记兼会计。1937年抗日战争爆发，林可胜离校南下组织领导抗日救伤工作，张锡钧代理系主任。当时北京协和医学院作为美国洛克菲勒基金会的产业，在北平沦陷后尚能苟安于一时，张锡钧仍埋头于教学研究工作，但至1941年冬太平洋战争爆发，美日处于战争状态，北京协和医学院为日军所占，被迫停办。张锡钧不愿为敌伪政权服务，返天津行医，并在天津医院义务门诊。抗日战争胜利后，张锡钧于1948年重返北京协和医学院参加复校工作，任生理系主任教授；1949年兼任教务长。

中华人民共和国建立后，北京协和医学院改称中国协和医学院，张锡钧继续主持生理系工作。1951年～1955年任中国生理学会第十二届理事会理事。1956年～1981年任中国生理科学会第十三届、第十四届、第十五届理事会常务理事。1955年当选为中国科学院学部委员。1957年中国协和医学院改建为中国医学科学院，并成立中国医科大学，他任中国医学科学院实验医学研究所生理学系主任教授兼实验医学研究所副所长。1960年任中国医科大学实验医学研究所所长和生理学教研室主任。1963年兼任中医研究院针灸经络研究所所长。

1969年冬，“文化大革命”期间，张锡钧随实验医学研究所迁至四川简阳，并参加农村医疗队至川北剑门山区，被迫停止了研究工作，随后因病返京休养。1978 年担任基础医学研究室主任，1982 年辞去主任职位继续指导研究工作和培养研究生。1987 年因病离职休养直至去世。

张锡钧自 1926 年加入中国生理学会以后，一直积极承担各项会务工作和《中国生理学杂志》的编辑出版工作，并在 1935 年～1937 年连续两届当选为中国生理学会书记兼会计，先后担任《中国生理学杂志》编辑和总编辑职务。1951 年张锡钧当选为中国生理学会第十二届常务理事并一直连任至 1985 年。1983 年他将过去在协和医学院任职时工资中的福利金，原存美国银行的本息共二万余美元全部捐赠给中国生理学会，作为对优秀青年生理学工作者的奖励基金。中国生理学会为此成立了张锡钧基金会，定期对优秀青年生理学工作者进行奖励。

张锡钧治学严谨，工作认真，在科学研究中勤于思索，孜孜以求，尤其注意人才的培养。他诲人不倦，但要求严格，经他培养或指导过的研究生及进修生约 60 人，其中不少人已经成为国内外知名的学者或教学科研中的骨干力量。

★ 研究成就

张锡钧的研究兴趣广泛，涉及内分泌、消化、神经和循环等生理学的不同领域。30 年代以前他继续甲状腺生理的研究，但更多的工作是在林可胜的领导下，探讨胃液分泌机制。1933 年他经由瑞典转赴英国伦敦皇家医学研究所 Henry Hallett Dale 爵士（1875—1968）的实验室进修，从事神经递质——乙酰胆碱的研究，创立了灵敏的乙酰胆碱生物学测定法，并首先发现动物神经组织中含有大量乙酰胆碱，这个发现受到世界生理学界的重视，获得很高评价。

张锡钧在伦敦的工作是他一生研究工作的转折点，此后，他的研究主要围绕体内乙酰胆碱的生理作用系统地进行。1933 年回国后，他继续对胎盘中乙酰胆碱的生成释放代谢及其与分娩和早产的关系进行了一系列研究，证明乙酰胆碱在分娩机制中的作用，同时他也对中枢神经的化学传递这一重要问题进行了探索，获得了突出的成就。30 年代是张锡钧科学研究的全盛时期，这一时期他思想活跃，成果累累，以他为主发表的 80 余篇研究论文，约 40 篇是在这个时期完成的，而且都是围绕作为神经传递的化学物质——乙酰胆碱这一主题展开。

中华人民共和国成立后，张锡钧在原有的研究工作基础上，吸收前苏联巴甫洛夫高级神经活动学说和贝柯夫大脑皮质内脏相关学说的一些观点，以生理功能的神经体液调节作为他所领导的研究室的研究方向。1954 年，张锡钧受中央卫生部委派，与吴襄、杨简组成代表团（张锡钧任团长），去德意志民主共和国莱比锡参加国际巴甫洛夫学说讨论会。1956 年，除继续中枢神经递质的研究外，他陆续开展了胃液分泌和血压调节机制等方面的研究，同时还积极参加与国防和国计民生有关的课题研究。他对应用现代生物科学方法研究中医的经络学说有着浓厚的兴趣，在他的领导下，中国医学科学院实验医学研究所生理研究所和中医研究院针灸经络研究所生理研究室都开展了针灸机制的研究。在这项工作的基础上，张锡钧提出了“经络—大脑皮质—内脏相关”假说，主张经络是与神经有联系的独特系统，是通过神经起作用的；而神经的作用则是通过体液因素来实现的。经络学说和针灸机制的研究是一次非常艰巨的任务，难度很大。尽管张锡钧在工作中遇到困难不少，也走过一些弯路，对他提出的假说也有所争议，但他对此坚持不懈，直至暮年。他为中西医结合的基础理论研究作出了成绩。

生物体的生理功能活动调节主要由神经系统来完成，神经系统的基本活动是信息传递。研究证明神经信息的传递方式有电传递和化学传递两种。神经系统的电传递现象早在19世纪中叶就已发现，但神经细胞之间及神经细胞与效应器之间的化学传递直至20世纪初才得到证明。

化学传递的物质基础是什么？这是继之而来的另一个重要问题。20年代末至30年代初英国生理学家Dale的研究便集中在这个问题上。Dale曾于1929年在牛马脾脏中提取到一种与乙酰胆碱相似的物质，当时仅知植物中含有乙酰胆碱，他急需肯定动物体内是否也存在这一物质，恰在这时张锡钧来到了Dale的实验室，他解决了动物体内乙酰胆碱的测定问题。他和同事J·H·盖顿（Gaddum）经过刻苦努力，建立了蛙腹直肌定量测定乙酰胆碱的生物学方法。这一方法准确灵敏，成为生物学中测定乙酰胆碱的经典技术，至今仍被采用。张锡钧等用这一方法证明从牛马脾脏中提纯的物质就是乙酰胆碱，并进一步测定了不同动物多种器官组织及人胎盘组织中乙酰胆碱的含量。他们发现马的交感神经中乙酰胆碱的含量远远超过除人胎盘以外的其他动物组织，这为以后证明交感神经节前纤维神经递质就是乙酰胆碱打下了基础，具有重要的生理学意义。张锡钧和Gaddum的这篇研究论文发表在1933年的*British Journal of Physiology*（《英国生理学杂志》）上，获得很高的评价。之后，Dale实验室的一系列工作终于证明了乙酰胆碱是神经传递的化学物质，Dale以神经的化学传递获得世界科学的最高荣誉——诺贝尔奖。毫无疑义，生理学中这一举世瞩目的成就包含着张锡钧的贡献。

当时神经化学传递的研究主要是在外周神经方面，中枢神经活动有没有化学物质参与，还不清楚。张锡钧在对胎盘乙酰胆碱研究告一段落时，开展了这方面的工作。他应用狗头交叉灌流的方法证明刺激颈部迷走神经中枢端可以导致垂体后叶加压素的释放，这是由于迷走神经传入冲动通过脑内有关神经通路并由乙酰胆碱介导，作用于下丘脑有关神经核团而实现的。张锡钧提出了著名的“迷走神经—垂体后叶反射”学说，并在1937年的*Chinese Journal of Physiology*（《中国生理学杂志》英文版）发表了第一篇这方面的论文*Humoral transmission of nerve impulse at central synopse*（中枢突触神经冲动的体液传递），之后又陆续发表了论文达10篇。

张锡钧的这一研究进一步证明乙酰胆碱在中枢神经活动中的作用，说明中枢神经活动时有化学物质释放并在神经传递中发生作用。随后近半个世纪的研究不但进一步肯定了乙酰胆碱是整个神经系统中最重要的化学递质，而且证明神经系统中正常的乙酰胆碱生成代谢对维持正常的神经活动具有重要意义，而它的异常又与某些神经精神疾病的发生和发展以及神经细胞的衰老有着密切关系。张锡钧在这一领域中的开拓性工作无疑也促进了神经生理、神经药理和神经化学的发展。对此，1983 年英国学者 G・Pepeu 在 *Trends in Pharmacological Sciences*（《药理科学动向》）杂志中著文纪念脑内乙酰胆碱发现 50 周年，高度评论张锡钧等发现动物脑内的乙酰胆碱及随后提出乙酰胆碱可能是脑内神经递质的假说这一成就的重要意义和贡献。

张锡钧的另一成就是首先发现了迷走神经参与了垂体后叶激素的调节。这不但有助于阐明加压素的释放机制，同时也提出了内脏传入冲动与垂体后叶激素释放的关系问题，并表明通过中枢神经递质的介导可以激活下丘脑神经元分泌激素。这些开创性的工作展示人类中枢神经系统中的化学物质既是机体生理功能调节系统中的重要组成部分，而它们本身的功能、相互作用和调节机制又是一个内涵丰富，亟待探索的新领域。这就是当前生理学中最为活跃的前沿学科之一——神经内分泌学的基本内容。张锡钧为这一学科作出了重要贡献。

(6) 发育生物学领域代表人物及其科技成就

李家洋（1956 —），安徽肥西人，研究员，植物分子遗传学家，中国科学院院士，中国科学院副院长。

★ 生平经历

李家洋 1982 年毕业于安徽农学院（现安徽农业大学），1991 年获美国布兰代斯大学博士学位，1991 年～1994 年在美国康乃尔大学汤普逊植物研究所进行博士后研究工作。历任中国科学院遗传研究所所长助理、所长，遗传与发育生物学研究所所长。

★ 主要研究工作

李家洋主要从事植物分子遗传学研究，他利用模式植物拟南芥与重要粮食作物水稻探索植物生长发育的调控机理。近年来的主要研究工作包括：采用图位法克隆了水稻分蘖控制基因 MOC1，开拓了水稻分蘖控制分子机理研究的新领域；利用水稻脆秆突变体分离了 BC1 基因，阐述了水稻机械强度的控制机理；通过获得的拟南芥胆碱生物合成突变体，初步明确了胆碱合成与植物温度敏感雄性不育性的关系；通过图位克隆法分离出导致细胞死亡的基因 MOD1，明确了初级代谢途径的缺陷会导致植物细胞凋亡；利用转基因技术，创制出色氨酸与吲哚乙酸合成量改变的转基因植物，从而提出植物生长素吲哚乙酸生物合成途径的新模式；建立了一种简易的基因芯片体系，鉴定出一批油菜素内酯的应答基因，并证实了油菜素内酯对植物细胞分裂的促进作用；发展了系统鉴定植物功能基因的植物表达文库转化法，分离出一批株型与育性等生长发育性状改变的拟南芥突变体，克隆了相关的基因。

★ 研究意义

高等植物株型形成是一个基本的但却是十分复杂的生物学问题，涉及植物特定器官的形成与发育、生长调节物质的合成与作用机理、基础代谢产物的合成与利用等方面。从上述三个方面进行深入而系统的研究可以解析高等植物株型形成的调控系统：①通过对侧芽形成与伸长突变体的分子遗传学分析，重点阐明侧生分生组织形成的起始信号、侧芽形成的信号转导途径、生长调节物质对侧芽伸长生长的调控机理、侧芽休眠与生长的分子调控机理；②利用分子生物学方法研究植物生长素等植物激素的代谢和分子调控机理及其在植物株型形成中的作用；③利用实验室自主发展的植物表达文库转化法创制植物株型突变体，鉴定和克隆调控株型形成的基因，阐明基础代谢途径对株型形成的作用机理。

李家洋利用关联分析、图位克隆以及转基因等方法对稻米品质的调控基因进行系统性研究。在此基础上，通过分子辅助育种对水稻品质进行改良。

(7) 遗传学领域代表人物及其科技成就

谈家桢（1909—2008），浙江宁波人，国际著名遗传学家，我国现代遗传学奠基人之一，中国科学院院士。

★ 生平经历

1909 年，谈家桢出生在浙江省宁波市的一个小镇，父亲是邮局职员，幼年的他常因父亲工作调动而辗转各地。谈家桢 5 岁时，父亲调往舟山邮局，全家住在邮局后面的弄堂里，谈家桢的启蒙教育就是从这条弄堂开始的。那时，识字不多的父亲买来三把高脚凳，谈家桢和哥哥、姐姐坐在凳子上，听父亲为他们上识字课。以后，父亲又调往浙江海门邮局，在那里，父亲为孩子们请来了私塾先生，讲授《千字文》、《百家姓》等启蒙课程，生性聪颖的谈家桢时常受到先生的夸奖。

1926 年，谈家桢中学毕业，因成绩优秀，被免费保送到苏州东吴大学学习。那时，生物进化论已传入中国，并对年轻的谈家桢产生了很大的影响，他决定选择生物学作为自己终生的研究方向。经过三年半的刻苦学习，谈家桢以优异的成绩从东吴大学毕业，获理学学士学位。谈家桢的刻苦好学、勤奋上进给东吴大学生物系主任、老一辈昆虫学家胡经甫留下了深刻的印象。经胡经甫老师的推荐，谈家桢成为燕京大学李汝祺教授的研究生。1934 年，谈家桢来到美国，进入加州理工学院的摩尔根实验室，师从现代遗传学奠基人摩尔根及助手杜布赞斯基，在摩尔根实验室的 3 年时间里，谈家桢在研究上取得了很大进展。他利用果蝇唾液腺染色体研究的最新成果，写出了 10 多篇论文，扬名国际遗传学界。1936 年，27 岁的谈家桢顺利地通过了博士答辩。

获得博士学位后，他婉拒了导师的挽留，毅然回国执教，并将“基因”一词带入中文。

★ 科学家应该通过自由辩论解决问题

1937 年谈家桢学成回国时，上海“八一三”事变爆发，淞沪抗战拉开序幕。时任浙江大学生物系教授的谈家桢跟随学校经历了 3 年的颠沛流离，搬迁到贵州遵义一个名叫湄潭的小县城。在那座偏僻的小城里，谈家桢生活了 6 年，他的很多代表性论文也正是在那里完成的。1944 年，在一座破祠堂里，谈家桢的研究工作取得了重大突破——发现了瓢虫色斑变异的嵌镶显性现象，这一发现丰富和发展了摩尔根遗传学说。

1946 年，谈家桢在美国讲学期间，读到苏联人李森科写的一本小册子《遗传与变异》，这是他第一次接触到“米丘林生物学”这个名词。李森科曾是前苏联的一名普通的生物科学家，因为一个试验——把越冬小麦放到春天去种植，意外获得成功，他便用马列主义的词句包装了一套遗传学的“新理论”，用以批判美国生物遗传学家摩尔根为代表的经典遗传学。看到李森科把“米丘林生物学”和“辩证唯物主义”硬凑在一起，谈家桢感到迷惑不解：政治何以能代替科学、干预科学？

建国初期，我国在遗传学领域曾强制推行和灌输李森科的理论，打击和压制摩尔根遗传学说和遗传学家。1952 年，《人民日报》发表《为坚持生物学中的米丘林方向而斗争》，错误地认为“米丘林生物科学是自觉而彻底地将马克思列宁主义应用于生物科学的伟大成就”，对在全国范围内推行李森科理论和批判摩尔根学说起到了推波助澜的作用。

1956 年 2 月，苏联召开了苏共第二十次代表大会，在会议上，赫鲁晓夫揭露了斯大林的错误。自此，前苏联科学家也开始批判李森科等在学术和农业措施上的错误及弄虚作假行为。同年，毛泽东在中共中央政治局扩大会议上，明确提出了“艺术方面的百花齐放和学术方面的百家争鸣”的方针，这就是后来人们经常提到的“双百方针”。从某种意义上讲，毛泽东“双百”方针的提出，发轫于他所知所闻的遗传学问题种种。1956 年 8 月，在毛泽东的直接关怀下，中国科学院和高等教育部在青岛召开了历时 15 天的遗传学座谈会。

“文化大革命”结束后，谈家桢已经是年逾古稀的老人了。在中国遗传学会成立大会上，谈家桢当选为副理事长。同时，他也在复旦大学开始着手生物研究所和实验室的整顿、重建工作。1978 年，谈家桢接受邀请，去美国参加母校加州理工学院生物学部成立 50 周年大会，这是“文化大革命”结束后，我国首次与国外的学术交流。通过这次美国之行，谈家桢引进了一批大型精密仪器，为此后我国开展遗传工程教学和研究工作创造了条件。

★ 我一生的目的就是要让学生超过我，一代胜过一代

当年谈家桢曾经工作过的摩尔根实验室，不仅以卓著的研究成果闻名于国际学术界，而且具有一套卓有成效的教育体系。谈家桢虽然仅在那里工作了3年时间，但摩尔根实验室培养学生的独特方法对他影响很深。谈家桢在高等学校从事教育工作60余年，他师承摩尔根“教而不包”的教学原则，为我国培养了一批又一批遗传学方面的优秀人才。大学教育制度的改革和发展也一直令谈家桢牵肠挂肚，他曾在书呈江泽民总书记和李岚清副总理的一份关于教育改革的建言提纲中，用“总而不综、薄而不博，奶油蛋糕、卖条头糕”四句话，形象概括地指出了综合性大学中学科不全、培养对象知识面狭窄、基础知识薄弱的弊病，受到了当时中央领导的充分重视。

★ 主要成就

谈家桢从事遗传学教学和研究70年，先后教过普通生物学、脊椎动物比较解剖学、胚胎学、遗传学、细胞学、实验进化学、细胞遗传学、达尔文主义、辐射遗传学、原生动物学等课程。他的研究工作主要涉及瓢虫、果蝇、猕猴、人体、植物等的细胞遗传、群体遗传、辐射遗传、毒理遗传、分子遗传以及遗传工程等。

谈家桢从20世纪30年代初起进行亚洲异色瓢虫色斑的遗传变异研究和果蝇的细胞遗传基因图及种内种间遗传结构的演变研究，为现代综合进化理论的创立作出了重大贡献。尤其是异色瓢虫等位基因嵌镶显性遗传和果蝇性隔离形成的多基因遗传基础的发现，引起国际遗传学界的巨大反响，对中国遗传学工作起了推动作用。60年代初他在领导中苏合作的猕猴辐射遗传的研究以及70年代起致力于组织分子遗传学和植物遗传工程等研究，均取得了一些重要成果。

谈家桢先后发表了百余篇研究论文和学术论述方面文章，主要汇集在《谈家桢论文选》（1987年，科学出版社）和《谈家桢文选》（1992年，浙江科技出版社）中。

★ 个人佚事

谈家桢与摩尔根的师生情谊从1932年就开始了。这一年他在燕京大学获得硕士学位，回母校东吴大学任教，在其导师、也是摩尔根学生的李汝祺教授建议下，谈家桢将论文分解为各自独立的3篇文章，其中的《异色瓢虫鞘翅色斑的变异》和《异色瓢虫的生物学记录》两篇在《北平自然历史公报》上发表；作为论文核心部分的《异色瓢虫鞘翅色斑的遗传》经李汝祺推荐，寄往大洋彼岸的摩尔根实验室。摩尔根仔细审阅了这位中国青年学者的论文，其字里行间显示出来的才华令他震惊。于是，他郑重地将这篇论文转交给他的助手杜布赞斯基教授。杜布赞斯基是当时国际遗传学界颇负盛名的群体进化遗传学家，看着谈家桢的论文，杜布赞斯基激动不已，他意识到，这位年轻的中国学者正在从事前人没有涉足的事业。

杜布赞斯基给谈家桢寄去了一封激情奔放的信函，对谈家桢进行了鼓励。谈家桢这篇论文经摩尔根和杜布赞斯基的共同推荐，在美国公开发表。不久，谈家桢又收到摩尔根的回信，欢迎谈家桢去美攻读博士学位，学杂费全免。1934 年 8 月，谈家桢前往美国，在加州理工学院摩尔根实验室开始了他一生中至关重要的留学生涯。谈家桢是这样描述他记忆中的摩尔根的："这是一位思维敏捷，不保守，判断力犀利和富有幽默感的老人，同时又是一位兴趣广泛、讲求实际的科学家。在他的整个科学生涯中，他的思想曾纵情驰骋在生物学的不同领域中，并处处留下了巨大的成功足迹。"谈家桢还说过：摩尔根把自己的一生都献给了对科学真理孜孜不倦地追求之中，摩尔根的这一精神和品格，已成为他自己一生的座右铭。

★ 得到了毛泽东的支持

1950 年，谈家桢接替贝时璋，任浙江大学理学院院长。这年年初，前苏联科学院遗传学研究所副所长 H·N·努日金来华，他不遗余力地鼓吹"米丘林—李森科"学说，前后作了 76 次演讲，开了 28 次座谈会，参加者达 10 万多人。但伪科学毕竟是伪科学，它不能永远瞒天过海。1955 年，前苏联有 300 多位科学家联名上书，要求撤销李森科全苏农业科学院院长的职务。1956 年苏共中央接受这一请求，正式罢免了李森科。苏联发生的这一系列变化，自然也引起了中国共产党和毛泽东的高度重视。1956 年 8 月，在毛泽东的直接关心下，中国科学院和高等教育部在青岛召开了历时 15 天的遗传学座谈会。谈及李森科提出的"偶然性是科学的敌人"的观点时，于光远明确指出，这是违背唯物辩证法的。谈家桢在会上就"遗传的物质基础"、"遗传与环境之间的关系"、"遗传物质的性状表现"和"关于物种形成与遗传机制"等问题作了发言，引起了很大反响。

1957 年 3 月，谈家桢作为党外人士代表出席了在中南海怀仁堂召开的中央宣传工作会议。毛泽东接见了谈家桢等人，当他走近毛泽东时，毛泽东伸出手来说："哦，你就是遗传学家谈先生啊。"在谈话时，毛泽东又意味深长地说："过去我们学习苏联，有些地方不对头。现在大家搞搞嘛，可不要怕!"当晚，在座的时任高教部部长杨秀峰表示，科学院把高校的人才都挖走了，高校的发展就成问题了。毛泽东望了望两人，摆摆手，风趣地说："我看从现在开始划一条'三八线'，以后科学院不得再从高校中挖人。"毛泽东一言定乾坤，从此谈家桢就留在了高校。

1959 年国庆节时，谈家桢第四次见到了毛泽东。一见面，毛泽东就开门见山地问谈家桢："你对搞遗传学研究还有什么顾虑吗?""没有顾虑了。"谈家桢泰然道。他还告诉毛泽东："我们遵照'双百方针'，已成立了遗传教研室，两个学派（指摩尔根学派和米丘林学派）的课程同时开。"毛泽东满意地笑了笑说："我支持你。"

★ 谈家桢生命科学基金

"谈家桢生命科学奖学金"是 1989 年谈家桢 80 华诞祝寿会上宣布成立的，

此后他多次用自己的稿费向奖学金捐资扩充基金。作为宁波人，谈家桢设立这项奖学金的初衷就是为了鼓励家乡学子报考生命科学领域的各专业。自1989年至2008年12月末已有600多人获奖，期间评奖标准略有不同。从2008年开始，凡是从浙江保送或考入复旦大学生命科学学院各专业的应届优秀高中毕业生，都能得到这笔奖学金。

★ 荣誉

1980年，当选中国科学院院士；

1985年，当选第三世界科学院院士；

1985年，当选美国国家科学院外籍院士；

1987年，当选意大利国家科学院外籍院士；

1999年，当选纽约科学院名誉终身院士，美国加州理工学院杰出校友奖，德国康斯登茨大学功勋奖，美国加州政府荣誉公民称号；

1984年，加拿大约克大学荣誉科学博士；

1985年，美国马里兰大学荣誉科学博士；

1995年，求是科学基金会杰出科学家奖；

1999年，国际编号为3542号小行星被命名为“谈家桢星”。

(8) 分子生物学领域

1) 分子生物学的定义

分子生物学是从分子水平研究生命本质的一门新兴边缘学科，它以核酸和蛋白质等生物大分子的结构及其在遗传信息和细胞信息传递中的作用为研究对象，是当前生命科学中发展最快并正在与其他学科广泛交叉与渗透的重要前沿领域。分子生物学的发展为人类认识生命现象带来了前所未有的机会，也为人类利用和改造生物创造了极为广阔的前景。

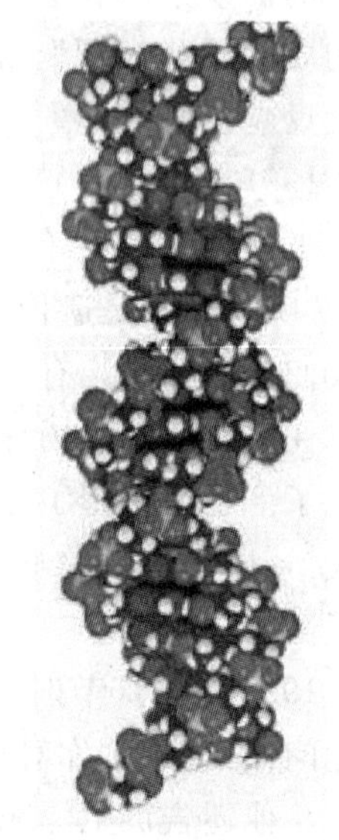

所谓在分子水平上研究生命的本质主要是指对遗传、生殖、生长和发育等生命基本特征的分子机理的阐明，从而为利用和改造生物奠定理论基础和提供新的手段。这里的分子水平指的是那些携带遗传信息的核酸和在遗传信息传递即细胞内、细胞间通讯过程中发挥着重要作用的蛋白质等生物大分子。这些生物大分子均具有较大的分子量，是由简单的小分子核苷酸或氨基酸排列组合以蕴藏各种信息，并且具有复杂的空间结构以形成精确的相互作用系统，由此构成生物的多样化和生物个体精确的生长发育和代谢调节控制系统。阐明这些复杂的结构及结构与功能的关系是分子生物学的主要任务。

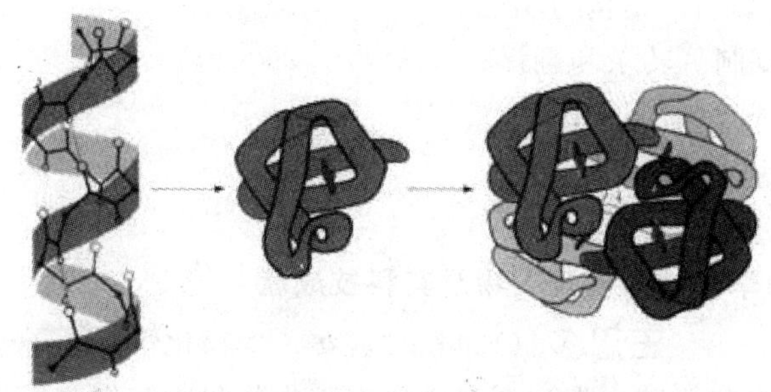

血红蛋白的空间结构

2）分子生物学的研究内容

分子生物学主要包含以下三部分研究内容：

A. 核酸的分子生物学

核酸的分子生物学研究核酸的结构及其功能。由于核酸的主要作用是携带和传递遗传信息，因此分子遗传学是其主要组成部分。由于50年代以来的迅速发展，该领域已形成了比较完整的理论体系和研究技术，是目前分子生物学内容最丰富的一个领域。研究内容包括核酸/基因组的结构、遗传信息的复制、转录与翻译，核酸存储的信息修复与突变，基因表达调控和基因工程技术的发展和应用等。遗传信息传递的中心法则是其理论体系的核心。

B. 蛋白质的分子生物学

蛋白质的分子生物学研究执行各种生命功能的主要大分子——蛋白质的结构与功能。尽管人类对蛋白质的研究比对核酸研究的历史要长得多，但由于其研究难度较大，与核酸分子生物学相比发展较慢。近年来虽然在认识蛋白质的结构及其与功能关系方面取得了一些进展，但是对其基本规律的认识尚缺乏突破性的进展。

C. 细胞信号转导的分子生物学

细胞信号转导的分子生物学研究细胞内、细胞间信息传递的分子基础。构成生物体的每一个细胞的分裂与分化及其他各种功能的完成均依赖于外界环境所赋予的各种指示信号。在这些外源信号的刺激下，细胞可以将这些信号转变为一系列的生物化学变化，例如蛋白质构象的转变、蛋白质分子的磷酸化以及蛋白与蛋白相互作用的变化等，从而使其增殖、分化及分泌状态等发生改变以适应内外环境的需要。信号转导研究的目标是阐明这些变化的分子机理，明确每一种信号转导与传递的途径及参与该途径的所有分子的作用和调节方式以及认识各种途径间的网络控制系统。信号转导机理的研究在理论和技术方面与上述核酸及蛋白质分子有着紧密的联系，是当前分子生物学发展最迅速的领域之一。

3）现代分子的研究内容

按照狭义分子生物学的定义，可以将现代分子的研究内容概括为五大方面：

A. 基因与基因组的结构与功能；

B. DNA 的复制、转录和翻译；

C. 基因表达调控的研究；

D. DNA 重组技术；

E. 结构分子生物学。

4）分子生物学领域的代表人物及其科技成就

王恩多（1944—），女，生物化学与分子生物学家，中国科学院上海生命科学研究院生物化学与细胞生物学研究所研究员，中国科学院院士。

★ 生平经历

王恩多 1944 年出生于四川重庆，祖籍为历史文化名城山东诸城。小时候她惊叹于科学的奥妙和神奇，从少年时代就立下以科学作为终生职业的志愿。她博览群书、刻苦学习，积累了深厚的文化底蕴。1965 年她考取了中科院上海生化所邹承鲁先生的研究生，是“文革”前最后一届研究生。经历了十年“文革”，她吃过很多苦，但“苦难是种宝贵的经历”。在天津农场一年半的强体力劳动锻炼了她坚强的意志。1978 年，她以山东曲阜师范学院教师的身份第二次考取了生化所研究生，成为我国生物化学奠基人之一王应睐先生“文革”后的第一个研究生。她研究生念了 7 年，读书进修时间比别人长得多，当时社会上盛行“读书吃亏”论，她研究生毕业时已 36 岁，工资很低，一家三口分居三地，爱人在比利时留学，小孩在天津念小学，她孤身在上海念研究生，这不是普通的女性所能承受的，这需要割舍下儿女情长，拒绝各种诱惑，无悔无怨地长年累月坚守在枯燥的实验室。她说，她一直牢记王应睐先生“吃亏是福”的话，正是 7 年的研究生经历，为她日后成功打下了坚实的研究基础。3 年在美国加州大学戴维斯分校医学生物化学系做博士后研究的经历又增长了她的科学研究经验。

王恩多始终保持着天性中的质朴达观、宠辱不惊，对荣誉、地位超然物外。在科学的道路上她坚信未来属于青年。她说，她现在最主要的工作是像当年王应睐、邹承鲁导师教她那样地教学生。她说导师的作用很大，特别是基础科学研究，导师面对面的教育很重要，她也是从她的导师那里学会怎样做人、怎样做学问。她认为时下的“导师出思路、学生作劳动力，然后拿奖”是培养不出优秀人才的。她培养学生就是朝科学家的方向培养，激发他们对科学的热爱，启发他们对科学的理解，燃起他们的创造火花，引领他们步入科学的殿堂。她已指导和培养博士生 27 名、硕士生 3 名，学生们获得包括全国 100 篇优秀论文奖和提名奖、中科院院长特别奖等各类奖项 37 人次。她说，年轻人精力旺盛，英语、计算机好，接受新事物反应快，她也从他们身上学到不少东西。王恩多 1990 年加入九三学社，在九三学社中科院上海分院委员会学术交流论坛上，她饶有兴致地和年轻人探讨前沿学科问题。她说，科学研究就是不断地探索真理，在未知的面前不断地学习，攻克一个又一个难题。

1982 年，DNA 重组技术在我国刚刚起步，年近不惑的王恩多申请获得了美国国立卫生研究院 Fogarty 国际基金会提供的奖研金，成为该基金会资助的第一位中国大陆学者。在加州大学戴维斯分校医学院学习期间，因为过去只有 DNA 重组技术方面的书本知识，没有任何“实战”经验，她颇感压力。然而凭借 3 个月不断探索的勇气，她的研究结果让国外专家们刮目相看。半年后，Fogarty 国际基金会破例继续提供给她第二年的奖研金。得知消息，霍兰德教授高兴地拍了拍王恩多的肩膀。据他所知，这可是 Fogarty 基金会提供时间最长的奖研金，这个 40 岁的中国女留学生真不简单！

1987 年，重新回到上海的王恩多的人生轨迹又开始了一次新的飞跃。回国不久，她便接到王应睐先生交付的《酶与核酸相互作用》研究课题。然而，当年的现实甚是严峻，课题组之前已 4 年未出成果，不少科研骨干或出国，或调走，余下的人几乎没有做过多少具体实验，课题经费也仅有 6 万元人民币。1992 年夏天，王恩多被诊断出患有乳腺癌，需要马上住院。进退两难时，她还是毅然决然地临危受命。至今她依稀记得手术前一天的晚上，在中山医院的病榻上，颇有出征未成身欲去的味道。

然而手术 4 个月后，王恩多竟然出现在了巴黎，参与法国国家科学研究中心琼·甘乐芙研究院实验室的合作研究。为了不使对方有任何思想负担，王恩多丝毫没有流露出病人的“迹象”。两年之后的一次闲聊中，琼才得知这个“秘密”，直摇头说：“不可思议”。

此后的 10 多年里，王恩多的足迹遍布法国、香港、加拿大等地的科研院所。课题的多篇研究论文也相继在《欧洲分子生物学组织杂志》、《核酸研究》、《生物化学杂志》上发表。《生物化学年鉴》、《细胞》、《自然》等国际权威学术刊物上的文章引用她的研究结果达 300 多次。有一位诺贝尔奖获得者多年来一直关注着她的研究成果。

让我国的相关研究在国际上占有一席之地才是王恩多最为欣慰的事情。她常说，个人的命运是与国家的命运紧紧地连在一起的。没有祖国改革开放的大环境，没有国家对基础研究的重视与投入，个人要想取得成就是不可能的。虽然在国外或许能拥有丰厚的酬金或地位，但是祖国却给了她一种血脉相连的“家”的感觉。

在王恩多的心里，学生如同自己的孩子。她喜欢面对面地与他们交流，教他们如何做学问，如何做人，绝不用半句命令的口吻。“命令只会让学生被动地接受知识，首先要激发他们的好奇心，有了好奇心，就会自觉地去从亲手做的实验中寻找答案。”

★ 研究成果

王恩多长期从事酶学和酶与核酸的相互作用的研究。在蛋白质生物合成中关键的氨基酰-tRNA合成酶与tRNA相互作用的研究中王恩多作出重要贡献：从酶和tRNA的角度，用生物化学和分子生物学等手段研究了原核和人氨基酰-tRNA合成酶在氨基酰化tRNA和编校误氨基酰化tRNA中涉及的氨基酸和核苷酸残基，最先提出大肠杆菌亮氨酰-tRNA合成酶的CP1结构域与编校误氨基酰-tRNA有关，系统地研究了超嗜热菌亮氨酰-tRNA合成酶单独的CP1结构域编校功能，提出古老的细菌带有合成酶的进化遗迹，证明了氨基酰-tRNA合成酶/tRNA共进化的理论。王恩多为我国在该领域取得国际地位作出了突出贡献。为此她曾获得国务院颁发的有突出贡献的科学家荣誉称号、上海市"三八"红旗手标兵、劳动模范等，也获得科技进步一等奖、第二届巾帼创新奖、"三八"红旗荣誉奖章、国家自然科学奖二等奖、四次中科院优秀研究生导师奖、何梁何利科学与技术进步奖和全国五一劳动奖章。

(9) 生物进化论领域的代表人物及其科技成就

杨焕明(1952—)，浙江省温州乐清市人，中国科学院北京基因组研究所研究员，研究所所长，中国科学院院士。

★ 生平经历

杨焕明1978年毕业于原杭州大学(现浙江大学)，1979年～1982年在南京铁道医学院生物系攻读并获硕士学位，1982年～1984年任南京铁道医学院生物系讲师，1984年～1988年丹麦哥本哈根大学医学遗传研究所攻读并获得博士学位，1988年～1990年法国INSERM-CNRS马赛免疫中心(CIML)人类分子遗传学实验室博士后，1990年～1992年美国波士顿Harvard医学院博士后，1992年～1994年美国洛杉矶加州大学医学院试验病理学系博士后，1997年丹麦Aarhus大学人类遗传研究所客座教授，1997年～1998中国医学科学院中国协和医科大学医学遗传学教授、博导，1998年中国科学院遗传所人类基因组中心主任、研究员、博导，现任中国科学院北京基因组研究所所长。

★ 主要研究成果

杨焕明院士一直从事基因组科学的研究。他主持完成的"人类基因组计划——中国卷"使中国成为这一被称为"20世纪登月计划"宏伟项目的成员国。他领导的华大中心经过艰苦拼搏，在世界上首次利用全基因组"霰弹法"策略对大型植物基因组进行测序，独立完成了超级杂交水稻父本籼稻"9311"基因组(大小约为4.6亿个碱基对)的"工作框架图"。该项目的完成，建立和完善了基因组学、生物信息学和蛋白质组学研究的多个技术平台。其水平与发达国家齐步，使我国成为继美国之后的第二个具有全面测定和分析大型全基因组能力的国家，而且从无到有地开发了重复序列识别及注释系统，并率先公布了数据库，促进了"国际联盟"的工作进程，在国际上产生了巨大而深远的影响。

2003年在抗击非典的行动中，他带领年轻的团队，同舟共济，团结一心，在SARS冠状病毒的基因组研究及建立诊断方法上又做出了贡献，使我国的基因组研究走向了世界，得到了国内外同行与有关部门的肯定。

杨院士及其团队（"华大基因"）所承担并完成的人类基因组、水稻基因组以及家猪、家鸡、家蚕基因组等重大项目使我国的基因组研究跻身于世界前沿。2003年，"华大基因"又在水稻基因组完成图、家蚕基因组"框架图"的绘制以及SARS冠状病毒的基因组研究及建立诊断方法都做出了新的成绩。杨焕明院士还特别关注基因组研究的社会影响和基因知识的普及。

★ 学术职务

"国家863计划"生物和现代农业技术领域专家委员会成员；

"中国遗传资源管理办公室"专家委员会成员；

中国生物工程学会（CSBT）常务理事；

中国遗传学学会（CGS）理事会理事；

中华医学遗传学学会（CSMS）理事会理事；

《遗传》杂志编委；

《遗传学报》杂志编委；

《国外医学：遗传学》（中国）编委；

国际"人类基因组单体型图（HapMap）计划"协作组中国协调人；

欧洲全球生命科学促进会（EAGLES）委员。

(10) 生态学领域

1) 生态学简介

生态学（Ecology）是德国生物学家恩斯特·海克尔于1869年定义的一个概念：生态学是研究生物体与其周围环境（包括非生物环境和生物环境）相互关系的科学。目前已经发展成为"研究生物与其环境之间的相互关系的科学"，它有自己的研究对象、任务和方法。它的研究方法经过描述—实验—物质定量三个过程。系统论、控制论、信息论等概念和方法的引入，促进了生态学理论的发展。如今，由于生态学与人类生存与发展的紧密相关而得到快速发展。

2) 生态学领域代表人物及其科技成就

马世骏（1915—1991），山东兖州人，中国科学院院士。

★ 生平经历

马世骏1937年毕业于北平大学（北京大学前身）农学院生物系，1938年～1943年先后在山东省、湖北省从事有关农业害虫的研究工作。1948年赴美国犹他州州立大学攻读昆虫生态学，1949年获科学硕士学位，1951年获明尼苏达州哲学博士学位。回国后，他创建了国内第一个昆虫生态学实验室。

1980 年当选为中国科学院院士。除兼任北京大学、南开大学、北京农业大学、复旦大学教授外，先后任中国科学院实验生物研究所研究员、昆虫生态学研究室主任、西北高原生物研究所研究员、业务所长、动物研究所副所长、学委会主任、中科院生态环境研究中心主任、生态环境研究中心名誉主任、学术委员会主任。历任国务院环境保护委员会顾问、中国生态学会第一届和第二届理事长。

在国际上，曾担任联合国粮农组织和环境规划署有害生物专家委员会委员、国际昆虫学会常务理事、国际系统与进化生物学委员会委员、国际生物科学联合会中国委员会主席、国际地圈—生物圈计划中国委员会副主席、欧洲生态科学院通讯院士、英国皇家科学院昆虫学会会员。

★ 科技成就

马世骏自 1951 年秋回国以来，致力于发展昆虫生态学，尤其是对飞蝗、黏虫和棉花害虫的研究。研究东亚飞蝗生理生态学、黏虫越冬迁飞规律、害虫种群动态及综合防治理论，提出“改治结合，根除蝗害”、“种群变境成长”以及系统防治等新观点，制定了预测方法，丰富了昆虫种群生态学、生态地理学及害虫综合防治的理论，并在植保工作中发挥了重要作用；在治理环境污染和生态环境的保护方面，提出了“生态经济学”设想、“经济生态学”原则等一系列新观点，取得了经济效益和生态效益。共发表论文 150 篇，专著 7 本，提出和建立了“社会—经济—自然”复合生态系统与生态工程等重大理论，为中国生态学事业发展做出了开创性和奠基性的工作。

早在 20 世纪 70 年代马世骏就提出了可持续发展的论点，曾与挪威首相 Brundtland 夫人等共同起草了著名的 Brundtland 宣言：“我们共同的未来”。博学的才华、孜孜以求的治学精神与精深的学术造诣，使他成为生态学的巨匠，系统生态学理论与生态控制、可持续发展理论与应用的先驱。

(11) 神经生物学领域的代表人物及其科技成就

陈宜张（1927—），浙江余姚（现属于慈溪）人，中国科学院院士。

★ 生平经历

1946 年考入浙大机械工程系，1947 年圆满修完机械系一年级课程后，由于家庭影响，转入医学院就读。浙大医学预科注重开设数、理、化、生物方面的基础课程，原定七年制，即二年预科，四年医本科，一年临床实习。1949 年新中国成立后改为六年制，但是这一届预科二年却丝毫没有减少。二年预科几乎全由文、理学院开课，而当时的浙大，以文、理学院最强，所以这一届学生在这方面可谓得天独厚。这对于学生毕业后的发展，显然很有益处。三年医本科，时间虽然缩短，但由于这届学生人数少，师生接触机会多，也就弥补了这一缺陷。1951 年陈宜张读完全部预科、本科课程，结束临床见习后，受中央卫生部调派放弃临床学习，到上海军医大学生理系作高级师资进修学员，于1953年3月结业。

陈宜张1980年首先在国际上提出糖皮质激素作用于神经元的快速、非基因组机制或膜受体假说，受到国际学术界的高度评价，被国际权威教科书所引用。他主编有《神经系统电生理学》、《分子神经生物学》等6册专著，有2篇论文发表后被国际文献引用近百次，成为这一研究领域的重要文献之一。近20年来，他多次获得军队科技进步及国家自然科学等奖项。20世纪60年代陈宜张发现单个电刺激可使幼兔大脑皮层树突电位长时间易化。70年代以来，提出了下丘脑及边缘系统参与针刺镇痛的设想并阐明了下丘脑—中脑连接的意义，阐明了下丘脑室旁核在损伤性应激反应中的作用以及脑内氨基酸和下丘脑神经肽与心理应激的关系。80年代迄今，他首先在国际上提出了糖皮质激素作用于神经元的非基因组机制或膜受体假说，提供了甾体激素以非基因组机制方式分别抑制、促进神经细胞的兴奋性、分泌和重摄取氨基酸的一系列实验资料，并阐明其部分细胞内信号转导过程，有关工作已被国际著名内分泌学教科书所引用。

（12）植物学领域

1）植物学简介

所有的动物都要依靠绿色植物的光合作用能力把日光能转化为化学能，释放出氧气来维持其生活。植物是人类衣、食、用、住、行原料的直接或间接来源，是维持生物圈生态平衡的重要环节。

早期人类就能分辨出他们所接触到的植物，并给以命名。随着科学的发展，人们开始把对植物的知识系统化，并且记录下来成为植物学。以后，进一步注意到它们的结构、化学组成、各部分的功能和繁殖方式。自从人类懂得了栽培植物，研究内容更包括了其营养生长和繁殖，以及选育良种和对病虫害的处理。

20世纪的植物学研究，一方面走向微观，试求把植物的各种活动，物质、能量、信息的转化还原到细胞水平、分子水平甚至电子水平，并创造了“细胞工程”、“基因工程”等方法以求迅速繁殖和创建植物新品种；另一方面是70年代以来，又趋向宏观，研究“环境保护”、“生态工程”等课题，甚至扩大到地球生物圈的组成及其调控的研究等。所以，植物学已发展为包括众多分支的知识体系，70年代以来又常称之为植物生物学。

2）植物学发展简史

在旧石器时代，人类在采集植物块根和果实种子供食用的时候就认识了某些植物。希腊、埃及、巴比伦、中国、印度等文明古国对植物知识都有记述，如中国《诗经》就已经讲究“多识于鸟兽草木之名”。

古希腊亚里士多德的学生提奥夫拉斯图被视为植物学的创始人。他在公元前300年写的《植物历史》或称《植物调查》一书，在哲学原理基础上将植物分类，描绘其各部分、习性和用途。罗马的老普林尼则把当时所有的植物学知识写在 37 册的《博物志》书中，开启后黑暗中世纪“百科全书学派”的先河，但谬误很多。

以后陆续出现许多有关植物方面的著述。如公元 1 世纪希腊医生迪奥斯科里德斯在其著作《药物论》中记述了 600 种植物及其医药用途的引证，成为以后描述药用植物的基础。15～16 世纪本草著作中最有价值的是日耳曼的布龙费尔斯、意大利的马蒂奥利、英国的特纳等人的著作。此时期约与中国明代中叶以后李时珍完成《本草纲日》为同一时期。总之，至 17 世纪前植物学几乎全限于描述（包括木刻画）和定性药用植物。

17 世纪的初期自然科学从以“机械哲学”为主导思想进入到“实验科学”阶段。植物学也从描述为主转到更有目的、有计划、有系统的收集资料，观测现象，在控制条件下进行试验，并提出和考验理论与学说。这期间物理学、化学的发展及新工具如显微镜的应用也在推动植物学的发展上起了很大作用。

现代植物分类基本原理为英国生物学家雷在 17 世纪末确立，他把有花植物分为单子叶和双子叶。雷坚持必须用植物的所有特征来判定他们的亲缘而不能只用单一部分的特征，这恰是自然分类和人为分类的区别所在。

1753 年瑞典植物学家林奈发表《植物种志》，确立了双名制。他将生殖性状（花）用作重要分类依据，他确立的 24 纲主要建立在花的雄蕊数目上，每个纲再用花柱的数目分成目。这个系统的简单性使人容易接受因而促进了植物的采集和调查，但由于此法含糊了自然分类而不利于植物学的发展。如按林奈系统分类，则百合和小檗同在一目，而鼠尾草和同类的薄荷却分了家。

林奈的贡献还在于把约 6000 种植物归入各属仔细描写，并校勘了他所知的种类和以前植物学家的命名和描写，再按双字命名法命名。此法立即被其他植物学者所接受。1753 年以后，从一个学者到另一个学者去跟踪一种植物才比较容易和可能，此后与分类学进展相并行的植物解剖学、植物生理学、植物胚胎学等的研究也就发展起来了。

自 16 世纪光学显微镜问世后，瑞典人扬斯和扬森兄弟在 1590 年做成复合显微镜。17 世纪各种形式显微镜出现后，由胡克、格鲁、马尔皮基开创了植物解剖学。

1670 年～1674 年，英国人格鲁和意大利人马尔皮基已能分辨木质部、导管和纤维髓细胞和树脂道的内部。英国人胡克发现细胞，他的细胞概念是一个由实心物质包围的空间（小室）。从那以后很久，植物学家才理解这些蜂房样的小室至少在幼期是含有生活物质的。第一个植物形态学家设想植物是由多种成分，包括导管、纤维、“囊”等组成的。日耳曼人施莱登和他的同伴动物学家施万在 1839 年首次提出细胞学说，从此细胞学成为一个独立的学科。

在格鲁和雷的时代，生理学也开始发展。雷做过树液运动、种子发芽和其他功能的实验。再早些年，荷兰人黑尔蒙特通过著名的桶栽柳枝试验证明植物从水中取得物质。1742 年英国人黑尔斯在所著的植物静力学中记载了关于树液流动和压力、蒸腾作用、失水和空气交换气体等方面的 124 个实验，他被认为是植物生理学的创始人。

1774 年英国人普里斯特利指出植物在阳光下释放氧气。植物释放的这些气体（氧气、二氧化碳）和植物的相互关系进一步由英恩豪斯（1779）和法国人索绪尔（1804）阐明。后者将定量方法引入研究，并示明水和二氧化碳一样被吸收，自此关于绿色植物在光下吸收水分和二氧化碳增重（制造食物）的光合作用被发现。

17～18 世纪，卡梅拉里乌斯及布尔哈夫等人观察到植物的性别、花粉及受精作用等现象，推动了植物胚胎学等的发展。

到 19 世纪中期植物学各分支学科已基本形成。达尔文、孟德尔的工作更为植物进化观和遗传机制的确立打下了基础。

20 世纪特别是 50 年代以来，植物学又有了飞速发展，主要是植物生理学、生物化学和遗传学等的成就，如光合作用机理的阐明，光敏素、植物激素的发现，微量元素的发现，遗传育种技术、同位素计年法建立，以及抗生物质的分离等，使植物学在经济上更为重要，成为园艺学、农业和环境科学的重要理论基础。

3）植物学研究的基本内容

现代植物学以研究层次和重点不同而划分为五个主要分支：

A. 植物形态学是研究植物的形态和结构（由细胞到器官各个层次）的学科，分支学科有植物细胞学、解剖学（专注于内部结构）、组织学（关心特殊种类细胞的性质）、植物胚胎学等。

B. 植物生理学是研究植物各部分或整体的功能和行为的学科，它和植物生物化学紧密相连，后者研究植物生命过程中化学组成和变化。植物生物化学还有一个重要分支——植物化学——研究植物次生代谢的化学产品。

C. 植物遗传学是研究植物的种质和遗传、变异等现象的学科（因此和研究植物进化相联系）。

D. 植物生态学是研究植物和其环境的关系的学科。在其定义上还更广泛一些，因为除去它本身特殊的方法之外，它既牵涉区系学也牵涉生理学。和它紧密联系的是植物地理学（包括地植物学）——研究植物和地球表面的关系和植物社会学（植物群落学）——研究植物群落。

E. 植物分类学是研究植物的分类和命名的学科，它们的系统和演化（包括区系学——研究特定区域的全部植物及其种类分布、起源和发展）。这些区分并不是绝对的，为明确植物的功能和行为，必须了解植物结构的一些知识。植物细胞学研究植物的各个细胞，部分是形态学，部分是生理学，而部分是遗传学等等。

此外，还有些特别分支如以研究对象的类群不同而划分的分支，如藻类学。藻类像真菌一样相当小而简单，但有各种色素能自制食物。它们是组成海洋浮游生物的大部分，在未来可能是人类食物的重要来源。地衣学研究藻菌共生的地衣。苔藓学研究较大多数植物稍小而生殖过程较复杂的苔藓植物。蕨类学研究更大的开始有维管束的植物，在这一类群中有石松、木贼和羊齿，并研究它们怎样向有花植物迈进。

与应用密切相关的分支则有经济植物学——探讨植物和它们用途的各个方面。

民俗植物学则对各民族利用植物的不同方式感兴趣。古植物学研究已绝灭的植物（又是古生物学的分支），它们是写在岩石里面的进化史。孢粉学研究远古的花粉、孢子，也属微古生物学的一个重要方面。当然，古植物学和孢粉学也是研究植物进化和植物地理学尤其是植物历史地理学和区系学的重要手段。

4）植物学领域代表人物及其科技成就

罗宗洛（1898—1978），浙江黄岩人，植物生理学家，中国科学院院士。

★ 生平经历

罗宗洛1898年8月2日出生于浙江省黄岩县，父亲为小康商人。6岁丧母，由祖母、继母抚养长大。1905年～1911年在家乡上私塾。1911年在杭州安定中学学习，次年转学上海南洋中学。该校师资优良，学风朴素，1917年毕业时，校长王培荪鼓励他到日本留学。1918年罗宗洛以优异成绩考取专为中国留学生开设的东京第一高等学校预科，并获得浙江省官费资助。1919年被分配到仙台市的第二高等学校理科学习。日本的高等学校是进入国立大学的过渡性学校，教学严格，他在3年的勤奋学习中，英语、德语及理科各科都打下了坚实的基础。1922年他从第二高等学校毕业，报考札幌市北海道帝国大学（现名北海道大学）农学部植物学科（当年北海道大学尚未设置理学部）。他不喜欢繁华热闹的东京，那里中国留学生多，朋友来往多，妨碍专心学习，所以决定到北海道去求学。入学第二年，罗宗洛就师从著名植物生理学家坂村彻教授，从此，便以植物生理学为终身事业。坂村彻讲课条理清楚，善于启发，督导学生学习和实验操作一丝不苟，要求严格。罗宗洛向坂村彻当面提出要求到他实验室学习，坂村彻提出一个条件，说北海道气候寒冷，一年有半年左右冰天雪地，暑期是北海道的黄金季节，不能离开实验室。从此，师徒朝夕相处，共同度过了七个寒暑。1925年3月罗宗洛大学本科毕业，接着他申请入该校的大学院当博士研究生，研究玉米幼苗对铵和硝酸根的吸收，以4年多的时间完成了博士论文。1930年6月北海道帝国大学教授会全体通过他的博士学位申请，获得农学博士。他是中国留学生在日本帝国大学获得博士学位的第二人，当时日本各大报都报道了这个新闻。

罗宗洛受广州中山大学之聘，于 1930 年 2 月回国，任该校生物系教授兼系主任，旋因感到校风不正，于 1932 年离开中山大学到上海暨南大学理学院任教授，兼中华学艺社总干事。从 1933 年起转赴国立中央大学（现南京大学）生物系任教授，在系内建立了具有现代化设备的植物生理实验室。抗日战争爆发后，中央大学迁到四川重庆沙坪坝区，他把家眷安置在成都，自己在重庆继续任教。当时重庆政治腐败，罗宗洛在中央大学又受排挤，乃于 1940 年应聘到浙江大学生物系担任教授。生物系设在贵州湄潭县城西郊外，风景优美，但工作条件很差，他一面教课，一面因陋就简，在一个小祠堂筹建了简易的植物生理实验室，在艰苦的条件下继续坚持开展研究工作。1944 年夏，罗宗洛被聘为设在重庆的中央研究院植物研究所所长。抗战胜利不久，1945 年 10 月他被派到台湾接收台北帝国大学（现为台湾大学），1946 年接收完毕后任代理校长。同年 10 月中央研究院植物研究所从重庆搬到上海，他仍任所长。1948 年当选为中央研究院院士。

中华人民共和国成立后，罗宗洛任中国科学院实验生物研究所研究员兼植物生理研究室主任。1953 年该研究室扩建为植物生理研究所，任命他为所长。1955 年罗宗洛被选聘为中国科学院学部委员。

1957 年他被选为全苏列宁农业科学院通讯院士，日本植物学会名誉会员。为了推动我国的植物生理事业，1963 年他跟汤佩松、殷宏章等共同发起创立了中国植物生理学会，被选为第一届和第二届理事长，并担任《植物生理学报》主编。他还曾任全国政协第五届委员等职。

罗宗洛任中山大学教授、生物系主任时，该校的实验设备、教学条件等非常差，但他极其认真负责，对程度不齐的学生，编写详细的讲稿，同时千方百计筹措实验设备，终于在短时期内为开设植物生理实验创造了既简陋又实用的初步条件。为了罗致人才，1930 年春即电聘在法国留学却并不熟识的张作人任生物系教授，当时张作人的老师想留张作人为助手，张作人本人也想多学点之后回国。罗宗洛去信告诉他，国家正在危急存亡之际，我们的责任不在于科学上零零碎碎知识的积累，而在于赶快建立国家科学教育的基础。我国生物学还不曾有良好的基础，希望你回来，一同为此事努力一番，张作人向他的老师转达了罗宗洛的一番话，老师听了以后，频频点头，并叙述普法之战后，法国是怎样建立科学基础的。他跷起大拇指说，你有这样的同僚，我没有理由留你，你回去吧。1932 年夏，罗宗洛辞职到上海真如暨南大学任职时，校长郑洪年曾答应为罗宗洛建立研究实验室拨款，但终于未能实现，罗宗洛只是每周教两堂普通生物学。

罗宗洛 1933 年接到中央大学聘书，夏天举家来到南京。他在中央大学的教学任务很繁重，同时要教 3 门功课，生物系的植物生理学、普通植物学和农学院的植物生理学，但中央大学条件优越，经费比较充裕，逐步购置了研究用的仪器设备和药品，建立了植物生理实验室。罗宗洛带领助教在百忙中挤出时间，动手做在我国具有开拓性的植物离体根尖培养研究工作，并通过工作培养年轻人才。中央大学西迁重庆后，尽管抗战时期工作条件十分困难，日军飞机时常来轰炸，他还是和助教、高年级学生一起，开展植物激素、微量元素的研究工作，进行文献报告。1940 年到浙江大学任教时，他开设了生物系的植物生理、农学院的植物生理和学生的实验课程，同时开展微量元素的研究。在湄潭浙江大学工作 4 年期间，师事他的学生很多。罗宗洛讲课所用的教材，是自己编写的，而且逐年增加新的材料。生物系一学年的植物生理学教材中，上学期专讲植物细胞生理学（普通生理学），与一般植物生理教科书完全不同，下学期才讲植物生理学各论，讲不完的部分印发讲义。他讲课时全神贯注，讲解清楚，引人入胜，受到师生的广泛好评。他对实验课十分重视，实验讲义也都是亲自编写的，实验前大家都认真看过，对实验的操作都有严格要求，借此培养学生的动手能力。学生做实验时，他在身边随时注意他们的基本操作，不对则随时纠正。为了让学生多学些化学，1941 年他和化学系商定让生物系选化学课的学生参加他们的实验课，使用的器材和药品由生物系自己解决。他规定定期举行的文献讨论会，不仅可以开拓思路，还能培养学生的鉴别能力。

他在大学任教时，始终坚持做研究工作，认为做研究是提高大学教学质量的重要环节。他说：“一位教书先生如果不做研究，大学课程是不可能真正教好的。他可以读很多书，写出一篇洋洋洒洒的综合评论来，但是给内行看了，就会有隔靴搔痒的感觉。”罗宗洛培养学生，总是着重培养他们日后能从事科学研究的能力。

罗宗洛一生直接或间接地培养了一大批植物生理学科学工作者，其中不少人后来成为知名的科学家和教授，一部分人至今还在植物生理学的各个领域内发挥骨干作用。

★ 致力于创建事业

罗宗洛在中山大学、中央大学、浙江大学任教期间，都在学校创办了植物生理实验室。1930 年在中山大学建立的实验室，设备条件虽然比较简陋，但它却是全国第一个植物生理实验室。中央大学植物生理实验室的仪器设备良好，研究工作取得了不少成绩。1936 年日本一批生物学家到实验室参观访问，回国后在刊物上专门登载了罗宗洛在实验室进行研究操作的照片，赞誉他们的工作具有较高的学术水平。

1945 年他前往台湾接收台北帝国大学，先遣返日籍学生及行政人员，对于日籍教授则给予宽大，暂时留用，给他们留下了很好的影响。以后由大陆来的新聘教授、讲师逐步接替，所以整个学校未受到破损，能继续进行教学、科研。这些日籍教授回国之后，对此举广为颂扬。曾任国际遗传学会会长的木原均教授著文称赞罗宗洛不仅是伟大的科学家，而且是一位很重信义的人，一位德高望重的人物。中央研究院植物研究所迁到上海后，罗宗洛陆续添聘人员，增添仪器药品，经过他的努力经营，到 1948 年，植物研究所已设置了植物分类、森林真菌、藻类、细胞遗传、植物病理、植物形态、植物生理等研究室。

中华人民共和国的成立，给科学事业带来了新的生机。1953 年他受命筹建中国科学院植物生理研究所时，意气风发。他说："成立植物生理研究所是我生平的宿愿，这个所是亚洲第一个独立的植物生理研究所，只有共产党领导下的新中国，才可能实现这样的大事。"罗宗洛担任所长后，除为本所聘任新的研究人员外，还在北京大学、北京农业大学、天津南开大学分设植物生理的工作组，聘请那里的植物生理学教授为兼任研究员，给工作组增拨研究经费，使他们得以顺利地开展工作。这样，促进了研究所与大学之间、大学与大学之间在科研与人才培养方面的相互协作，避免了研究所处于隔离状态的缺点。到"文化大革命"前，罗宗洛根据国家经济建设和科学发展的需要，在植物生理研究所先后亲自创建了水分、抗性生理、辐射生理等研究室，尽管"文化大革命"中罗宗洛的身心受到了摧残，但始终没有动摇他在祖国土地上发展植物生理学的信心。1972 年罗宗洛恢复工作后，为了尽快跟踪国际科学的新发展，又积极筹划成立了细胞研究室。他不顾年老体弱，查阅许多文献资料，做大量笔记、卡片，为开展植物细胞生物学研究打好基础。他告诉周围的年轻工作者：研究细胞生物学，遗传学是基础，要认真学习，工作时必须重视材料的选择。细胞生物学的研究可以发展出改进农作物的新技术，指出发展的前景。罗宗洛在 1963 年中国植物生理学会成立大会时就提出：重大任务、尖端科学技术与基础理论研究应该并重。在目前直接为生产服务的课题，应该放在重要地位，尖端科学技术必须迅速发展，基本理论研究也必须重视。在罗宗洛多年的精心领导下，现在中国科学院植物生理研究所已成为拥有众多人才、成果累累的全国最重要的植物生理学研究中心。

★ 学术成就

罗宗洛的第一篇论文，是在 1925 年与他老师坂村彻合作发表的，题为《不同浓度的氢离子对植物细胞质的影响》。文中推论细胞质是由种种胶体的混合体所构成的多相系统，其中多数的两性电解质，各自独立存在，各有它的独立等电点，提出细胞质等电点的多点论。在 1930 年前后，欧美科学家正在讨论胶体化学应用于生物学的问题，细胞质等电点的一点论、多点论，引起很多讨论。他们的论文是这方面最早的研究工作之一。1925 年～1931 年，罗宗洛在坂村彻实验室从事植物溶液培养的研究。当时生物学研究中许多工作集中注意于氢离子溶度对一般生命现象的影响；植物离子吸收机制的研究正在从新的观点、新的技术的基础上发展；农业方面正在讨论硝酸盐、铵盐作为农作物的氮肥，何者效果为好。他用 $NaNO_3$、NH_4NO_3、NH_3Cl、$(NH_4)_2SO_4$、$(NH_4)_2HPO_4$、$NH_4H_2PO_4$、NH_4HCO_3 代替 Knop 溶液中的 $Ca(NO_3)_2$、KNO_3，来培养水稻、燕麦、蚕豆、羽扁豆，每天测定培养液的 pH 变化。根据实验结果，证明铵盐并不是高等植物不好的氨源，使用铵盐引起培养液中氢离子的增加是可以避免的，在培养液中加入 Ca^{2+}，就可以消除铵盐作为氮源对植物生长的不良影响。罗宗洛在以上的工作基础上，开始玉米苗根对 NH_4^+、NO_3^- 吸收的研究。当时在无机营养的研究方面，对溶液中氢离子实际浓度影响根系离子吸收的工作还很少，这是一项具有开拓意义的研究。罗宗洛在 1927 年～1929 年进行这项研究，积累了丰富的实验资料。当培养液中（Knop 溶液里 $Ca(NO_3)_2$、KNO_3 用 NH_4NO_3 代替）除 NH_4NO_3 外，其他盐类的浓度比较高时，玉米幼苗吸收 NH_4^+ 到一定程度后，才开始吸收 NO_3^-；当其他盐类浓度很高时，NH_4^+ 的吸收量超过 NO_3^- 很多，引起培养液的 pH 降低；当其他盐类浓度低时，NO_3^- 的吸收多于 NH_4^+；当这种培养液内其他盐类浓度与 Knop 溶液相等时，NH_4^+ 的吸收量与 NO_3^- 相等。他进一步做玉米幼苗在不同浓度 NH_4NO_3 单盐溶液中的吸收，发现当玉米根与含有 NH_4NO_3 的培养液相接触，培养液的 pH 会很快变化，而培养液的偏酸、偏碱都会影响玉米幼苗的生长。要避免这种偏酸、偏碱的变化，铵盐是合宜的植物氮源。如以 NH_4HCO_3 与 $(NH_4)_2SO_4$ 按一定比例配制溶液，使溶液在培养玉米以后，pH 不致变化很大，玉米就可以生长得很好。以上有关植物吸收 NH_4^+、NO_3^- 的实验结果，证实了当时苏联科学院院士 Прянцщников 铵盐可作为氮源的论点，受到他的赞赏。50 年代我国化学氮肥严重不足，建设了许多小化肥厂生产、推广碳酸氢铵（炭铵）。事先曾征求罗宗洛的意见，他提供了有关碳酸氢铵肥效及如何使用的科学依据，对这些工厂的生产发挥了指导作用。虽然，目前对 NH_4^+、NO_3^- 的吸收、利用研究已在向纵深发展，对吸收机制的认识已更为深入，但罗宗洛在上个世纪研究中观察到的许多现象，应该说是今天工作的先导。

1934 年～1937 年罗宗洛在国立中央大学开展无菌条件下玉米离体根尖的研究，当时植物组织培养还处在萌芽阶段，只有法、德、美等国的少数人在工作。他和清华大学的李继侗（当时做银杏离体胚的培养）是我国植物组织培养方面的先驱和倡导人。罗宗洛最初做叶提取物对根尖生长的影响，目的在于探讨叶提取物中是否存在“成根素”一类的生长促进物质。试验用柳、桑、茶、旱金莲、番茄和小麦的新鲜叶沸水的提取物，加入液体培养基中培养玉米根，发现这些提取物对主根的增长及侧根的发生有促进作用，对根表面细胞的排列起调节作用，细胞排列整齐；不加叶提取物的，根表面细胞的排列呈锯齿状。桃、洋槐的叶提取物不能增长玉米的长度及侧根数，但根表面的细胞排列整齐。随后，试验培养基中不同氮源（无机和有机的）对玉米根尖生长的影响，以硝酸盐作为氮源，玉米根尖长得最长，侧根最多，干重也最大；铵盐对玉米根尖的生长不是最好的氮源；玉米根尖能利用尿素、天门冬酰铵、白蛋白等作为氮源，而只单独加一种氨基酸对促进玉米根尖的生长不明显。以上成果，罗宗洛从 1935 年起连续发表了 3 篇论文，引起国际上的重视。当时 *Protoplasma* 杂志邀请他撰写一篇综合性的论文。组织培养的工作由于 1937 年 8 月 13 日日军在上海发动侵略战争而告停顿，尽管如此，我国的组织培养研究，后来所以能够得到日益蓬勃的发展，不能不追溯到当年的肇始工作及培养的人才。

1940 年起罗宗洛开始研究微量元素的生理功能。他设想凡是植物生长上必要的物质，凡是能促进植物生长的物质，在理论上都应该有引起燕麦胚芽鞘弯曲的功能。他指导两位学生进行此项试验，结果显示低浓度的硫酸锰能引起胚芽鞘弯曲，近似生长激素的效应。同年夏季，他在浙江大学极其简陋的条件下，继续进行微量元素的研究，此时实验室的助教、学生多了，做了许多试验。他们观察到微量锰能促进水稻、绿豆、玉米、油菜的发芽和小麦种子内糖化酶的活性，使胚乳中的淀粉、糊精的消失速率比加快。锰还能促进菜豆初生叶中淀粉的分解。水稻、小麦、玉米、烟草、油菜等的花粉萌发及花粉管的生长，锰也有促进作用，锌、锰、硼还能引起丝瓜的单性结实。关于微量元素的研究，先后发表了 8 篇论文，他在这方面的研究成果，在当时是一个创举。

1958 年罗宗洛开始进行高等植物辐射生理研究，他开展此项工作的目的是：在理论上了解生物对不良环境的适应过程，在实践上探测如何减轻辐射伤害的途径。研究结果表明，植物对辐射的敏感性随生长状况不同而异，生长旺盛时期对辐射很敏感，促进生长的物质增加植物对辐射的敏感性，抑制生长的物质则增加耐受性。分次辐射比一次辐射损伤小，表明在间歇期损伤在恢复。他注意到在辐射损伤和恢复时期植物体内谷胱甘肽含量的变化，并特别重视辐射伤害恢复的研究。这些工作当时国际上方才开始，现在已成为辐射生理研究中的重要领域，可见他的科学远见。

★ 致力于解决实际问题

对于农林业生产建设中发生的一些急待解决的问题，罗宗洛都亲自安排调查研究，提出解决问题的方案。苏北沿海要营造防风林，在盐土上造林是一个新课题，1952 年夏季他亲自参加综合调查后，就安排在上海实验室进行苏北常见树种耐盐力的测定，把苏北盐土上常见的树木和不常见于苏北盐土而有造林价值的树种，在含盐量不同的土壤上进行播种、苗木移栽、根插、插枝等试验，选出耐盐树种，再放到苏北盐土上进行试验。从试验中发现耐盐树种在盐土育苗时经常发生死苗，在盐土上移苗往往发生梢枯、新梢减少等现象。为了解决这些问题，他在实验室探讨土壤盐分和水分对树木幼苗生长综合影响的规律。结果发现，在土壤含水量相同而含盐量不同时，土壤盐分高的，苗木的生长受到抑制；土壤含盐量相同而含水量不同时，含水量高的有利于生长。在这样的盐土苗圃中，苗木发生盐害时，可以考虑适当的灌溉。这样，就解决了盐土树木育苗中经常发生的一些问题，保证了沿海营造防风林的苗木供应。

中华人民共和国建立初期，为了打破外国对我国的封锁，国家在海南岛、广东等地大力发展橡胶树种植事业，但灾害一直是威胁发展橡胶林的不利因素，1955 年的寒流对海南岛新种的幼树造成严重的损伤。罗宗洛应邀去海南岛研究寒害的原因和防止寒害的对策。通过调查研究后他提出以下论点：植物抗寒是一个生理适应过程，抗寒能力虽因品种而异，但环境起重要的支配作用。低温锻炼可以增加抗灾能力，但须循序渐进，突然急剧降温，很容易出现冻害。与植物耐寒力关系最大的环境因素是温度，低温使植物受害的原因不是绝对低温而是温差过大。植物抗寒力的形成，温度（低温锻炼）不是唯一的因素，其他因素也有一定影响，如光照强时，抗寒能力增加。长日照促进植物生长，越冬容易冻死；短日照抑制生长，可以帮助植物安全越冬。正常的营养使植物抗寒，一种元素（如氮肥）施得过多或不足都会降低耐寒力，为了提高耐寒力，最好使用富钾的复合肥料。关于对策，他的意见是首先要弄清寒害的性质，不然处理发生寒害后的问题容易发生混乱。1955 年的气温很多地方高于 0℃，但由于与风、旱结合在一起，特别是温差很大（早晨 4℃～5℃，上午 9 时 15℃～20℃），于是出现很多寒害病症如梢枯、芽枯、爆皮流胶、茎枯等。一般气温在 3℃以上时，细胞不会死亡，但由于温差大，叶面蒸腾大，而分布在地表的根吸水弱，加上天旱，幼嫩部位就干枯死亡，与土中上升的暖气相遇，于离地 10 厘米处形成暖气层，这就能解释当时苗木只死到离地 10 厘米处的原因。地面盖草后，土中暖气上升的途径被隔断，干草本身又是一种散热最快的物体（一般比气温低 2℃），于是使上述暖气层消失，冻害反而严重。根据上述分析，他提出的措施是：①不盖草；②用飞机在霜降之夜低飞，是防寒的有效办法；③环状冷死形成以后，用乳液渗进木质部，塞住导管，使茎干慢慢干枯，这时不宜截干，早截不能防止干枯蔓延到下部环枯干的部位；④布置活动霜棚。以上措施除第二项因胶园分散未安排外，其他三项在各胶园都布置了试验，证明是有效的，可以推广。他还提出，为长远计，需要从优良母树中选出耐寒力强的品种，通过杂交培育抗寒的新品种。此外要形成上密下疏的防护林带，使林段内的冷空气很容易宣泄，以减轻寒害。罗宗洛的这些建议，不仅防止了橡胶树的灾害，而且对扩大橡胶树的种植区及宜林地的选择都起了重要作用。他对我国橡胶林事业的发展，作出了重要贡献。

盐土造林、橡胶树寒害的防治等问题，以前他并没有接触过，但凭他渊博的植物学知识，深厚的植物生理学理论功底，对遇到的新问题，都可以作深入的分析，正确反映复杂自然现象的内在规律。根据这些规律，提出措施来解决问题，得到实用的效果。他曾深刻指出："须知实际问题都是些综合性的复杂的问题，它的解决，要求较高的理论水平。目前许多实际问题，未得到迅速解决，其原因之一是技术水平不高，因此为了很好地解决实际问题，需要大大展开基础理论的研究，提高科学技术水平。理论是解决实际问题的指针，研究理论的最终目的在于解决实际问题，更好地为国民经济建设服务，不是为理论而理论。"

★ 倡导学术交流

罗宗洛在国立中央大学时，曾组织实验生物学讨论，由中央大学、金陵大学的几位老师参加，分别在中央大学或金陵大学举行，每月一次，轮流主持。在讨论会上大家无拘束地畅谈，以扩大知识面，了解国际动态。金陵大学园艺系的老师胡昌炽，在参加讨论会时看到罗宗洛实验室的设备，想利用这些条件开展研究工作，罗宗洛表示欢迎，胡昌炽就在他的实验室做果实（主要是柿子、柑橘）的成熟生理研究。这种校际联合举行学术讨论会及合作研究，在当时还是我国的新鲜事物。

1935年中国生物科学年会在南京举行，年会决定出版外文版的《中国实验生物学杂志》（《实验生物学报》的前身），以便在国际间进行学术交流，罗宗洛被选为主编。1936年创刊出版，受到国内外同行的重视。罗宗洛任中央研究院植物研究所所长时，在1947年创刊英文版的《植物学汇报》，至今台湾地区的中央研究院植物研究所还在继续出版，已经有几十卷。封面的格式全部采用外文稿的办法，一直沿袭罗宗洛创办时的风格。为交流研究经验，植物生理学会于1963年10月26日在北京成立，罗宗洛被选为第一届、第二届理事长，1964年由他倡导创办出版《植物生理学报》，并担任主编。罗宗洛一生创办三种学报，征稿、审稿、编辑以至校对都亲自动手，连选定印刷厂都自己跑。在出版《植物学汇报》时，还编制交换刊物名录，供国际交换用，并亲自办理交换事务，可见罗宗洛的艰苦创业精神。

1957年10月，罗宗洛应日本植物学会的邀请，赴东京出席日本植物学会成立75周年纪念大会，在会上作了《中国植物生理学的现状》的报告，被选为名誉会员。同年他被选为全苏列宁农业科学院通讯院士，11月应邀赴莫斯科出席该院院士大会，会上作了《中国植物生理研究》的报告。

罗宗洛曾邀请前苏联季米里亚捷夫植物生理研究所的Шохов教授到植物生理研究所作植物抗盐性的报告。以后又请Генкель教授、Литенов教授来所讲学，并举办全国性的讲学班，从而推动了原来在我国薄弱的抗性、水分生理研究在全国范围的开展。

罗宗洛平素不轻易著书，特别是写科普文章。早在广州中山大学时，他反对过一位老朋友经常写科普小册子。1976年，他为此事，向那位老朋友表示歉意。他说："我是钻研了植物生理学的某一领域中的科学问题，写出一些报告，也受到过国外的一些好评。但这只是科学家做了一方面的工作，却没有把一个过去缺少科学知识的国家，如何打好广阔的基础这一更重要的工作做好，使全国人民都加深对科学的认识……因此我以前批评你写小册子、普及本太多了，写专门研究论文太少了，我要改正这种说法，要向你学习。你那时这样做没有错，所以我今后也一定要抽出时间来多做一些科学普及工作。"为此，他写了小册子《植物生理知识》，此书出版后，深受广大读者的喜爱，重印5次，发行25万多册。

罗宗洛为人直爽，敢于坚持真理。曾因对一些不正确的做法坦率提出意见而受到不公正的对待，但他致力于发展社会主义科学事业的矢志始终不渝。1978年春，罗宗洛到北京出席全国科学大会，回上海后已经病重，仍于4月17日在上海植物生理研究所全体会议上做了贯彻大会精神的讲话。在讲话中激动地表达了这次大会上邓小平副主席的报告使他深受感动的心情，并说："我年龄大，有病的人，也下了决心，凡能够做的事，我决心尽力地做。"他还结合研究所的实际，提出一些需要着重解决的问题。但此后即卧病不起，于同年10月26日在中山医院逝世。这次讲话，也是他最后的一次公开讲话。

罗宗洛是一位受人敬重的爱国科学家，他在创建和发展我国植物生理学事业方面所做出的多方面功绩，将永远留在人们心中。

(13) 昆虫学领域

1) 昆虫学简介

生物学家选择昆虫作为科学研究材料，从中揭开了很多自然之谜，最突出的例子就是以果蝇为材料发展起来的遗传学。以昆虫为研究材料的主要优点有：昆虫易于饲养，生活周期短，能在短时间内获得大量个体；昆虫是开放循环的动物，器官和内分泌腺的移植比较容易，无脊椎动物的生理问题很多都是以昆虫为实验材料研究的；昆虫作为研究材料不像灵长类动物容易受到社会和道德的约束。

昆虫学家除了从事基础研究、揭示昆虫生长发育之规律外，在很多情况下主要是从事有害昆虫的防治研究及有益昆虫的利用研究。昆虫学家的责任就在于掌握自然规律，控制昆虫、管理昆虫，使其"有害不害，有益更益"。

随着人类的生产活动和科学试验的进步，以及其他基础学科的发展和学科间的交叉渗透，昆虫学已由描述阶段、实验阶段进入分子生物学阶段，正朝着宏观和微观两个方面发展，在学科发展过程中，昆虫学逐渐形成自己的许多分支学科。

2) 昆虫学领域代表人物及其科技成就

周尧（1911—2008），浙江省宁波市鄞县人，昆虫分类学家，西北农林科技大学教授，昆虫所所长，昆虫博物馆馆长，兼任中国昆虫学会理事、陕西省昆虫学会名誉会长、第9届国际昆虫学大会组委会委员、圣马利诺共和国国际科学院院士。他创办了昆虫博物馆、昆虫分类学报、昆虫研究所、周尧昆虫分类研究奖励基金会、中国昆虫学会蝴蝶分会等。

★ 生平经历

周尧1934年9月在上海读完中学后，考入江苏南通大学农学院。因成绩优异，获时任南通大学校长的清末状元张謇的资助，赴意大利那波利大学学习，进入当时世界昆虫分类学权威西尔维斯特利教授的昆虫博士研究生班。周尧是西尔维斯特利教授 7 名外国研究生中唯一来自东方的学生。一年之后，周尧成绩斐然，被公认为是产西尔维斯特列教授品学兼优的高徒，而且成为意大利皇家那波利大学的导师助理最有希望的候选人。1937 年 7 月 7 日，卢沟桥事件爆发，祖国河山遭到践踏，他悲愤不已，随着日寇在东方发动侵略战争，意大利国内的法西斯气氛也与日俱增。有一次，周尧在意大利一个朋友家闲谈，忽然进来一个青年法西斯党员，一看见周尧就跷起大拇指说："你们日本人真了不起，"并张开大嘴，"一口就把半个中国给吞下去了。"周尧气得眼睛里冒出了愤怒的火光，一拳将那个青年打倒在地说："我让你看看到底是日本人厉害，还是中国人厉害!"这位不速之客明白了周尧是中国留学生时，吓得爬起来一溜烟跑了。又一次，在大学留学生聚会时，有个英国学生傲慢地说："中国是东亚病夫，落后民族，不灭亡才怪呢!"周尧"霍"地一下站起来反驳说："我们中国是世界文明古国，中华文化源远流长，就像太阳，几千年前就从东方升起；不久，文化和科学的太阳还会从东方升起的，咱们瞧吧!"在座的留学生被周尧的侃侃而谈和凛然正气强烈震撼了。"报国之日短，求学之日长。不杀大虫，杀小虫何用"，周尧拒绝了导师的挽留，于 1938 年回到祖国，随军到了抗日前线。

1938 年 4 月，周尧回到广州的第二天，就穿上了军装，投笔从戎。他随军来到了抗日前线，后被师长觉察他是个留学归国的高级专门人才，才劝他退伍，结束了只有三个月的戎马生涯。

1939 年 5 月 10 日，他以昆虫学专家的身份参加了中英庚款会川康科学考察团，同年 11 月被聘为西北农学院教授，从此扎根祖国西北，把一生精力都倾注在昆虫学的教学和科学研究事业上。从 1939 年～1979 年的 40 年中，周尧教授主要从事植物保护专业的普通昆虫学教学。他重视课堂讲授，讲课思路清晰，内容纯熟，语句简练，表达确切生动，板书工整，冉加上他绘画昆虫图的独到工夫，深深地吸引着学生。他重视教学实践环节，尽力把讲课和实验结合起来，根据昆虫分类实践性强的特点，采用使学生听、看、做、议相结合的教学方法，常带领学生到田间观察和采集标本，结合实际，传授技术，帮助学生识别昆虫。

1974 年周尧 60 多岁的时候，还到云南西双版纳采集昆虫，历时 116 天，行程 8000 多里。他白天挥动捕虫网，活跃在山林里，晚上利用黑光灯诱虫，边收集边包装，一直工作到深夜 12 点之后。早晨一起床，他就赶紧包装夜间未整理完的标本，植物上露水一消失，又开始野外工作。即便是坐长途汽车，中途休息时他也不放过采虫。

直到 1978 年，周尧的教学和科研工作终于恢复正常。这年，全国科学大会在北京召开，周尧教授因研究小麦吸浆虫防治取得突出成绩出席了这次大会，并被大会授予"优秀科技成果奖"，他个人也获得"先进科技工作者称号"。1979 年，国务院又授予他"全国劳动模范"光荣称号。

1982 年，周尧教授提出在西北农学院建立昆虫博物馆。他的建议受到国家计委和农业部的重视，中国第一个昆虫博物馆于 1987 年 6 月 8 日在西北农学院建成。1999 年 9 月，在国务院副总理李岚清的关怀和支持下，昆虫博物馆二期工程新馆建成。现在，一座占地面积为 4500 平方米的现代化展馆矗立在西北农林科技大学美丽的校园中。该馆藏昆虫标本 70 余万号，藏书 3 万多册，4 个宽敞明亮的展厅讲述着昆虫世界的奥秘，也记述着一位科学家对昆虫事业的毕生追求。

周尧长期以来有一个心愿，就是设立昆虫分类学奖励基金，促进昆虫分类学研究的开展，但基金的资金从哪里来？他曾努力拿出自己节省的工资、稿费等，但微薄的收入使基金的资金增长仍很缓慢。1996 年 6 月，周尧教授的家乡——浙江省鄞县县委和县政府为了弘扬周尧教授的爱国和敬业精神，在宁波美丽的东钱湖畔修建了以周尧教授命名的“周尧昆虫博物馆”，在开馆典礼大会上，给他颁发了 60 万元的巨额奖金。周尧教授当即宣布，除将其中 20 万元捐献给周尧昆虫博物馆外，其余的 40 万元和他积累的稿费 10 万元全部用来设立昆虫分类学奖励基金，希望基金在青年科学家的成长上发挥作用。迄今为止，获奖的中青年科学家已达 30 多人。

★ 为国争光

过去世界昆虫学史，言必称 Aristoteles、Linnaeus、Darwin，竟无“中国”二字。周尧教授内心非常难受，为此开始研究我国古代昆虫学史，他于 1953 年～1956 年阅读经史子集及地方志等线装书 70 余册，研究全国各地考古发掘资料，通过沙里淘金，于 1957 年写成《中国早期昆虫学研究》，此研究创立了我国昆虫史的新学科并为之奠定了基础。1980 年，周尧教授又在前期研究的基础上改写成《中国昆虫学史》，考证出在益虫饲养、害虫防治、形态学研究、天敌与化学药剂利用等昆虫学诸领域，中国都较欧美国家早几个世纪。此书一出震惊了世界昆虫学界与生物科学史坛，被国外专家誉为“不朽的著作”，世界昆虫学史由此被改写。该书内容现已被国内外专著及教科书所广泛引用，1990 年获中国优秀科技史图书一等奖，现有中文、英文、世界语、意大利文、德文等 5 种版本。早在 60 年代，他就第一次在中国提出“时空统一”的进化分类与歧序分类的理论，并对昆虫的高级阶元类群进行了重新划分。在过去的 60 多年中，周尧教授在昆虫分类研究上发表有 200 多篇（册）论文与专著；建立了 23 个新亚目，45 个新总科和 2 个新科，发现 420 多个新种与 26 个新属。更为可贵的是研究标本都是他亲自采集。

此外，早在上大学期间，他就创办了《趣味昆虫》、《中国昆虫学杂志》等昆虫学刊物 3 种。1979 年，他创办并主编国际性学术刊物《昆虫分类学报》，聘请中、英、美、意、丹、日等国 26 位权威学者为编委，至 2002 年，发表昆虫分类论文数为开国至今全国同类报刊的 4 倍，已与世界 100 多个国家和地区的 300 余种科学期刊建立了长期交换关系，每年换回外文资料价值约 2 万美元，为国内同行专家、学者和研究生开展科学研究提供了丰富的资料。

经过 50 年的研究，周尧于 1989 年完成的三卷本巨著《中国盾蚧志》，包括了全部中国已知种 316 种，而其中经过他亲自研究的就有 212 种。该书荣获中国优秀科技图书一等奖。

尤其值得一提的是周尧教授 1994 年主编出版的《中国蝶类志》一书，该书堪称中国昆虫学划时代的科学巨著。全书 100 万字，彩色图片 5000 余幅，包括中国蝴蝶 12 科 366 属 1800 余种及亚种，不仅编排了中国蝴蝶的分类系统，还严格按照《国际动物命名法规》的规定，纠正了中外书籍上不少蝴蝶学名的历史性错误，审查了全部已有的中国蝴蝶的“中名”，并拟定了所有中国蝴蝶的属名与大批的新中名，第一次为中国蝴蝶中名的统一与系统化奠定了基础。该书堪称是世界各国蝴蝶志中最完善、最精美而无与伦比的一部巨著。该书 1995 年获全国优秀科技图书二等奖及第九届中国图书奖。

1997 年，周尧教授完成了《中国蝴蝶分类研究》一书，全书 60 万字，图版 195 版，为全世界研究蝴蝶属征与翅脉最全的一部专著，使中国的蝴蝶研究达到更加完善的地步。该书 2000 年获第十二届中国图书奖，周尧教授也因此被国内外誉为“亚洲之光”、“虫坛怪杰”、“蝶神”。周尧教授的生平经历还被拍成电影电视剧《蝶之梦》。

★ 个性爱好

周尧教授除了在事业上的颇多建树外，文学、绘画、书法、集邮、篆刻、摄影、武术以至打猎，他也都喜欢。年轻时，他还学过中医、法律、木工、铸工、钳工，后来又学会了排版、印刷、编辑，还自己办印刷厂。他精通意大利语、世界语、英语等多门外语。他曾深有感触地说，很难设想，如果没有这些业余爱好，自己能不能在昆虫研究王国里驰骋，能否取得那么多的成就。

（14）动物学领域

1）动物学简介

动物学是揭示动物生存和发展规律的生物学分支学科。它研究动物的种类组成、形态结构、生活习性、繁殖、发育与遗传、分类、分布移动和历史发展以及其他有关的生命活动的特征和规律。

动物学历史悠久，与人类生产活动关系密切。在以渔猎为主要生产方式的原始社会，人类就逐步认识了一些与人类关系密切的动物的生活习性及其身体结构，继而尝试饲养驯化有益的动物，防治有害的动物，积累了一些动物知识。在 4700 年以前殷商的甲骨文中，可以辨认出许多兽、鸟、鱼、虫等字，后来的象形文字也把“虫”、“鱼”、“犭”作偏旁，可知已有一定的分类观念。

3000多年前的著作《夏小正》中即记载了“五月浮游出现，十二月蚂蚁进窝”等生态现象。春秋时代的《诗经》中述及动物达100余种。2500年前的《尚书·禹贡篇》中记载了当时9个大区域的经济动物种类，是中国动物地理学的萌芽。距今2000多年前的《周礼》中把动物分为毛、羽、介、鳞、羸5类，大致相当于现代动物分类中的兽类、鸟类、甲壳类、鱼类和软体动物。汉代《尔雅》中有释虫、释鱼、释鸟、释兽、释畜5类，每篇都写了近百种动物。隋唐时期的《扁鹊难经》提到人体血液循环现象比英国学者W·哈维约早1000年。北魏贾思勰的《齐民要术》总结了许多渔、桑、农、牧的经验。唐代陈藏器的《本草拾遗》中以侧线鳞数作为鱼类分类的重要性状，至今沿用。公元265—420年的晋代，中国已率先编纂了动物图谱，稽含的《南方草木状》(304)，绘制了人们利用蚂蚁扑灭柑橘害虫的情景，是世界生物防治的最早范例。明代李时珍《本草纲目》描述了400多种动物，许多还附有外形图，堪称动物学史上伟大的典籍。

西方于公元前384—322年，古希腊的亚里士多德曾系统描述了几百种动物，被誉为动物学之父。老普林尼编写的37卷的《博物志》中，第7～11卷为动物学内容。

16世纪后，动物学呈现出勃勃生机，学术著作纷纷问世，其中分类学和解剖学的进展尤为迅速。17世纪显微镜的问世，更推动了微观领域中组织学、胚胎学及原生动物学的繁荣。18世纪瑞典生物学家林奈创立了动物分类系统及双名法，将动、植物分为纲、目、属、种和变种5个阶元，奠定了现代分类学的基础。18世纪末至19世纪初，法国生物学家拉马克提出了物种进化的思想，认为动物在生活环境的影响下，可以变化、发展和完善，同时期的居维叶也在比较解剖学及古生物学方面作出了贡献。19世纪中叶德国生物学家施万阐明了动物体的基本结构单位是细胞。1859年，英国科学家达尔文确立了生物进化的学说，用“生存竞争”、“自然选择”的原始和生动具体的实例，剖析自然界动物的多样性、同一性、变异性等，推动了动物学的前进。20世纪进化学说的新成就又进一步证明，由突变产生的新的遗传基础在进化中有重要的意义，自然选择和生殖隔离使同一物种的不同种群向不同方向发展。

20世纪以来，由于学科的相互渗透和研究手段的不断改进，促成了动物学的飞跃。当今的动物学，已由过去的观察描述阶段，上升到了研究生命活动规律的高峰。

动物学的学科分支，以研究对象划分，可分为无脊椎动物学、原生动物学、寄生虫学、软体动物学、昆虫学、甲壳动物学、鱼类学、鸟类学、哺乳动物学等；按研究重点和服务的范畴划分，又可划分为理论动物学、应用动物学、资源动物学、仿生学等。传统的主要分支为：动物形态学、动物生理学、动物生态学、动物地理学、动物遗传学。

2）动物学领域代表人物及其科技成就

陈桢（1894—1957），动物学家，中国动物遗传学的创始人，中国科学院院士。

★ 生平经历

陈桢1894年2月8日出生于江苏省邗江县瓜州镇。幼年时因家庭经济情况欠佳，到1912年以前只断断续续读过几天私塾和两年小学，但凭借刻苦自学，他的外语、数学等都达到了一定水平。1912年，即他18岁时，为了获得公费，他改入江西省铅山县籍参加江西省公费考试，初试及复试均名列第一。

陈桢1913年入上海中国公学预科学习，由于他有志振兴农业，1914年毕业后考入金陵大学农林科。1918年以优异成绩毕业，获得农学学士学位，并留校任育种学助教。从教学工作中他认识到，育种的成功必须有正确的遗传学理论指导。1919年他考取清华学校专科，公费赴美留学，先在康奈尔大学农学系进修，1920年转入哥伦比亚大学动物学系学习，1921年获硕士学位后，随著名遗传学家T·H·摩尔根专攻遗传学。这对陈桢一生的科学活动有决定性的影响。

1922年回国后，任南京东南大学生物系教授。1923年开始金鱼遗传的研究工作。由于教学中缺少合适的中文教材，他编著了《普通生物学》，于1924年由上海商务印书馆出版。1926年他在清华大学生物系任教授，并担任系主任。此后除继续进行金鱼遗传的实验外，还开始对蚂蚁的筑巢行为进行了深入的研究。为了便于观察，他在实验室和家中都养了许多蚂蚁，不分日夜地连续观察，终于揭示了蚂蚁筑巢行为中的一些规律。1933年他编著了影响深远的复兴高级中学教科书《生物学》。

1937年“七七”事变后，陈桢随清华大学南迁到长沙，任教于临时大学。1938年他回北京搬家，当时驻京的日军得知信息后，派驹井卓等日本遗传学家威逼他留在北京工作，他的行动也受到日本特务的监视。在威逼恐吓面前，作为一位正直爱国的科学家，陈桢不为所动。为了避开日本特务的监视，他连日前往协和医院，佯称在协和医院工作，并暗地迁居，最后趁机连夜由天津乘船经香港、海防去昆明西南联合大学任教，直至抗日战争胜利。

1946年，陈桢复任清华大学生物系主任，经他亲自认真组织和妥善安排，生物系的教学和科研工作在短期内取得显著成绩。1948年，陈桢当选为中央研究院院士和北平研究院评议员。中华人民共和国成立前夕，美国哥伦比亚大学来函邀请他去美任教，陈桢出于科学家的爱国心，回函谢绝，决心留下来为祖国人民服务。1949年以后，他继续担任清华大学生物系主任。当时，正值前苏联的李森科学派对孟德尔、摩尔根学说和苏联奉行这个学说的科学家进行猛烈抨击，我国在全面学习苏联的情况下也对孟德尔、摩尔根学说开展了批判，个别单位还出现了过火行为。因而一些东南亚华侨青年曾给陈桢写信询问："国外风传您已被去职批判，停止工作，不知是否真的如此?"陈桢以实事求是的精神复信表示，前苏联在遗传学方面的激烈争论对中国虽有一定影响，但本人仍担任清华大学生物系主任，教学、研究工作仍在进行，《生物学》一书仍在刊出新版发行。从而有力地澄清了国外的一些谣传。

1952年，我国高等院校调整时，清华大学生物系调入北京大学生物系合并，陈桢在生物系从事生物学史的教学与研究，相继发表了一些有创见的论文。

1953年，陈桢继兼任中国科学院动物标本整理委员会和动物标本工作委员会主任委员之后，出任中国科学院动物研究室主任，并主持中国动物图谱和《动物学报》的编辑工作。他先后聘请寿振黄、张春霖、沈嘉瑞等著名动物学家到动物研究室工作，使该研究室陆续取得了重要研究成果。1955年他被选聘为中国科学院学部委员。1957年，动物研究室改为动物研究所，陈桢任所长，他带病主持了动物研究所第一届学术委员会会议，病中他仍按"百家争鸣"的方针提出了动物遗传学研究的规划设想。当年11月陈桢病逝于北京。

★ 首次证明鱼类的孟德尔式遗传

20世纪20年代，摩尔根及其学生们以果蝇为材料，证实了遗传的细胞学基础，把遗传学推上了一个蓬勃发展的新时期。1921年，陈桢在摩尔根的指导下，学习遗传学，掌握了杂交实验与细胞学研究相结合的方法。归国后，他首先想到的是要用中国所特有的材料进行遗传学研究，进行创新。经过观察与试验，他发现金鱼不仅外形变异明显、品种众多、易于繁育，而且是体外受精，它的卵适合于进行实验胚胎学研究。因此，他选用金鱼作材料，试图将杂交试验和细胞学、胚胎学、统计学方法联合应用，以探讨遗传学上的一些重要问题。1925年，他首先发表了《金鱼外形的变异》的著名论文。该文就金鱼的体形、体长、体高、背鳍、胸鳍、腹鳍、臀鳍、尾鳍、头形、鳃盖、眼、鼻隔、鳞片、体色等记录了各种变异，并用进化论的观点论证了金鱼起源于野生的鲫鱼。在由鲫鱼形成金鱼各品种的过程中，杂交和选择有重要作用，但是，如残缺背鳍、无臀鳍、双臀鳍、龙睛等性状则可能来源于突变。1928年，他又发表了《透明和五花，一例金鱼的孟德尔遗传》一文，用充分的杂交数据证明透明鳞决定于纯合的突变基因型，正常鳞决定于纯合的隐性基因型，五花鱼则有杂合的基因型。因此，这是在鱼类上第一个典型的"不完全显性遗传"的实例。该文的发表震动了生物界，当时国内外不少科学家对于孟德尔定律是否适用于鱼类都抱着怀疑态度，陈桢的这一突破性成果以确凿的证据征服了所有的生物学家。美国和日本的科学家都认为他是鱼类遗传学研究的先驱。此后，在我国的遗传学教科书中，都引用"透明和五花"作为不完全显性遗传的实例。

1934年，陈桢又发表了《金鱼蓝色和紫色的遗传》一文，证明金鱼的蓝色决定于一对纯合的隐性基因，紫色决定于四对纯合的隐性基因。经杂交产生的五对基因的隐性纯合体则有蓝紫色，而且是一个不再分离的品种。

陈桢于十几年中对金鱼遗传所进行的系统性、开拓性的研究工作，使人们对金鱼的变异、遗传和进化有了深入的了解，因而被誉为“金鱼博士”。同时，他的严谨、创新的治学精神和方法，也为后人树立了榜样。

★ 论证金鱼的起源和品种形成

在20世纪50年代，我国的各级学校中普遍开设进化论（达尔文主义）的课程。达尔文曾研究鸽类的家化和品种形成的历史，并论证了家鸽是由野生岩鸽演变而来。但在中国，家鸽的品种不多，而我国各地广泛饲养的金鱼变异显著，品种众多。因此，他认为用金鱼来作进化论的教材有极大地说服力。

陈桢作为生物学史研究的开拓者，在对金鱼的遗传作过系统研究的基础上，查阅了大量古籍，对金鱼的起源和品种形成历史用全新的观点进行了探讨。1954年，他发表了《金鱼家化史与品种形成因素》的论文。论文用确凿的资料证明，金鱼起源于中国。演化的过程大体是：最初，由浙江杭州、嘉兴等地野生的鲫鱼中产生了红黄色变异体，称为金鲫鱼。以后，经过半家化、家化、盆养、有意识选择等四个时期的演变，才形成众多的品种。对此他作了如下的具体论述。

宋朝初年，在佛教“戒杀生”的影响下，出现了“放生”的习惯，在嘉兴、杭州有人将捕捉到的金鲫鱼放到“放生池”中放养，这就开始了半家化时期。由于“放生池”并未使金鲫鱼的生活条件明显改变，因此在190年间内未出现什么新品种。1157年～1206年，开始进入家化时期，即在自己家里的池中养育金鲫鱼。这时，人们对金鲫鱼的繁殖习性已有了一定了解并知道可用水蚤来饲养。金鲫鱼的食物有了充分供应，玩鱼人又重视对异样鱼的选择，因此从1163年～1276年的113年间，出现了白色和黑白花斑两个金鱼品种。1276年～1546年为由池养过渡到盆养的时期，1547年～1643年为盆养时期。首先，盆养使金鱼的饲养得以大众化。盆养金鱼不仅在杭州盛行，而且在苏州、广州、南京、北京也相继出现。其次，盆养使金鱼的生活条件发生明显的改变，活动空间缩小，盆中水温、食物供给、水的更换也均靠养鱼人来调节。第三，盆养也便于养鱼人对其变异仔细观察、选择和分盆育种。因此，仅在97年间，就相继出现了五花、双臀、长鳍、双尾、龙睛、短身等6个新品种。1846年～1925年，为有意识选择的时期，即有计划地利用分盆交配和控制生活条件来定向培养新品种，在短短77年中，竟出现了墨龙睛、狮头、望天眼、虎头、绒球、蓝鱼、紫鱼、翻鳃、珠鳞、水泡眼等10个新品种。

在这篇论文的总结中，陈桢提出生活条件的改变和人工选择是金鱼品种形成的主要因素，仅用突变不能说明上述不同家化历史过程中品种形成的不同速度。这样，陈桢认为金鱼的品种形成不是通过通常的突变的形式，而是一个渐进的进化过程。

陈桢不仅论证了金鱼起源于中国的野生鲫鱼，还指出世界各地的金鱼都是在不同历史时期由中国传去的。最先于1502年传到日本，17世纪末叶已传到欧洲大陆和英国，1874年传入美国。

这篇论文是有关金鱼演化的一篇主要著作，曾被我国进化论的教材普遍引用。

★ 编著广泛流传的中学生物学教科书

在20世纪20年代，我国中学开始设立生物学课程，但是，由于缺少教材，影响了教学质量。陈桢认识到，为了培养生物学人才，必须从提高中学生物学教学质量入手。为此，他利用假期搜集资料、潜心编著，终于完成复兴高级中学教科书《生物学》的全稿，1933年由上海商务印书馆出版发行。发行后，风靡全国，20多年中共出版了159版，成为公认的通用中学生物学教科书。这本教科书不仅在国内普遍采用，而且也流行于马来西亚、新加坡、泰国、印度尼西亚等地的华侨学校，它的影响深深波及东南亚一带。

该书的特点是：①内容丰富、选材恰当，包括当时的生物学基本理论和基本知识。尤其是有关遗传理论的阐述，简明而深刻，使学生能从这本教材的学习中对生命科学有全面的了解。②对生物学的新进展也深入浅出地予以介绍。例如性别决定的基因平衡理论、中间性、性逆转等，从而能引导学生活跃地思考。③尽量采用中国的资料，而不照搬外国的模式。例如环节动物的描述用中国的环毛蚯蚓而不用欧洲的蚯蚓；遗传规律用金鱼的材料进行阐述而不是只讲豌豆与果蝇；生物的进化也引证金鱼起源于鲫鱼和众多品种的存在作为进化的证据。这样，不仅有利于学生在实验课中进行直接观察，而且也激发了他们热爱祖国的思想。④章节安排合理，例如对多细胞动物的生活一章只介绍了腔肠动物（水螅）、环节动物（蚯蚓）和脊椎动物（蛙、人）。这既简明扼要，又反映了进化的主要阶段特点，这种安排方式直到今天仍被沿用。又如将动、植物界类型作为进化的结果来介绍，这样将现代类型与古代类型一并简述，既避免了枯燥地逐一分门别类介绍，使学生感到繁琐难记，又有利于使学生建立起进化发展的观点，实为一种独到的创举。⑤文笔流畅，富于趣味性，适合学生自学阅读，而且读后可留下深刻的印象。一些生物学家曾谈到，他们的生物学知识就是从陈桢的《生物学》中自学获得的，而且由此才对生命科学发生兴趣。也许正是由于这一点，这本教科书才为广大师生所喜爱，长期在全国广泛发行，从而对生物学专门人才的成长起到了重要引导作用。

★ 尽心竭力培育生物学人才

陈桢多年在大学任教，培养出我国许多著名的生物学家，这是他对发展我国生物学事业的又一重大贡献。

在清华大学生物系任系主任时，陈桢付出了很多心血和精力。首先，他多方筹措经费建立了生物学馆，购置了必要的仪器、设备和图书期刊，组织师生采集了丰富的动、植物标本，使教学和科研工作的进行有了良好的物质条件。其次，他抓住了当时生物学的发展趋势：植物学方面，以生理学和生态学为主要方向；动物学方面，以生理学、生物化学、遗传学和胚胎学为主要方向，并先后聘请汤佩松、李继侗、赵以炳、沈同、崔之兰等著名教授任教，他还为每位教授建立了实验室、配备了助手，以尽量发挥他们的专长，使他们能在完成教学工作的基础上开展科研工作。他自己则只占用三楼上的一个小房间作为办公室。在教学工作中强调要开好实验课，以训练学生独立操作的能力和从实际出发分析问题的思维方法。此外，他还亲自安排每周的学术报告，使师生能及时掌握科学发展的动态。在他的领导下，清华大学生物系出现了团结合作、奋力进取的局面，二十几年中培养出一批批优秀的人才并出现一批重要的科研成果，为国内外同行所瞩目。

在教书育人的工作中，陈桢对学生的态度既耐心又严格。他讲课的内容丰富、论述透彻，而且能反映科学上的新进展。他对实验课特别重视，亲自指导学生实验，从实验题目的分配、试剂和培养基的配制、遗传性状的观察、实验结果的统计分析到实验报告的批改，他都亲自过问、指导。他常常向学生强调，在实验方法上要细致、准确，实验结果的总结中论证问题要严密无隙。李璞在开始做金鱼杂交的实验时，陈桢先生要求他住在实验室，并给以精细具体的指导。这样严格的训练和精心帮助使学生受益终生。

在指导参考书的阅读上，他更有独特的风格。往往只是指定一个题目，让学生自己去找文献阅读，学生有了一定了解以后再共同讨论，引导学生抓住问题的关键，提出探索方向。这种指导方式充分调动了学生独立思考的积极性，有助于科研思路的形成。正因为如此，几十年来他培养出许多动物学、遗传学的优秀人才，他们不仅在我国社会主义建设中担负重任，一些人的工作在国际上也有重要影响。

（15）微生物学领域

1）微生物学简介

微生物学是生物学的分支学科之一，它是研究各类微小生物，如细菌、放线菌、真菌、病毒、立克次氏体、支原体、衣原体、原生动物以及藻类等的形态、生理、生物化学、分类和生态的科学。

微生物学是高等院校生物类专业必开的一门重要基础课或专业基础课，也是现代高新生物技术的理论与技术基础。基因工程、细胞工程、酶工程及发酵工程就是在微生物学原理与技术基础上形成和发展起来的。随着生物技术广泛应用，微生物学对现代与未来人类的生产活动及生活必将产生巨大影响。

2）微生物学发展简史

微生物学是生物学的分支学科之一。它是在分子、细胞或群体水平上研究各类微小生物（细菌、放线菌、真菌、病毒、立克次氏体、支原体、衣原体、螺旋体原生动物以及单细胞藻类）的形态结构、生长繁殖、生理代谢、遗传变异、生态分布和分类进化等生命活动的基本规律，并将其应用于工业发酵、医学卫生和生物工程等领域的科学。

按照微生物学的发展进程，可分为以下几个阶段：

A. 经验阶段

自古以来，人类在日常生活和生产实践中，已经觉察到微生物的生命活动及其所发生的作用。中国利用微生物进行酿酒的历史，可以追溯到4000多年前的龙山文化时期。殷商时代的甲骨文中刻有“酒”字。北魏贾思勰的《齐民要术》中，列有谷物制曲、酿酒、制酱、造醋和腌菜等方法。

在古希腊留下来的石刻上，记有酿酒的操作过程。中国在春秋战国时期，就已经利用微生物分解有机物质的作用，进行沤粪积肥。公元1世纪的《氾胜之书》提出要以熟粪肥田以及瓜与小豆间作的制度。2世纪的《神农本草经》中，有白僵蚕治病的记载。6世纪的《左传》中，有用麦曲治腹泻病的记载。在10世纪的《医宗金鉴》中，有关于种痘方法的记载。1796年，英国人E·琴纳发明了牛痘苗，为免疫学的发展奠定了基石。

B. 形态学阶段

17世纪，荷兰人列文虎克用自制的简单显微镜（可放大160倍～260倍）观察牙垢、雨水、井水和植物浸液后，发现其中有许多运动着的“微小动物”，并用文字和图画科学地记载了人类最早看见的“微小动物”——细菌的不同形态（球状、杆状和螺旋状等）。过了不久，意大利植物学家米凯利也用简单的显微镜观察了真菌的形态。1838年，德国动物学家埃伦贝格在《纤毛虫是真正的有机体》一书中，把纤毛虫纲分为22科，其中包括3个细菌的科（他将细菌看做是动物），并且创用bacteria（细菌）一词。1854年，德国植物学家科思发现杆状细菌的芽孢，他将细菌归属于植物界，确定了此后百年间细菌的分类地位。

C. 生理学阶段

微生物学的研究从19世纪60年代开始进入生理学阶段。法国科学家L·巴斯德对微生物生理学的研究为现代微生物学奠定了基础。他论证酒和醋的酿造以及一些物质的腐败都是由一定种类的微生物引起的发酵过程，并不是发酵或腐败产生微生物；他认为发酵是微生物在没有空气的环境中的呼吸作用，而酒的变质则是有害微生物生长的结果；他进一步证明不同微生物种类各有独特的代谢机能，各自需要不同的生活条件并引起不同的作用；他提出了防止酒变质的加热灭菌法，后来被人称为巴斯德灭菌法，使用这一方法可使新生产的葡萄酒和啤酒长期保存。科赫对新兴的医学微生物学作出了巨大贡献。科赫首先论证炭疽杆菌是炭疽病的病原菌，接着又发现结核病和霍乱的病原细菌，并提倡采用消毒和杀菌方法防止这些疾病的传播；他的学生们也陆续发现白喉、肺炎、破伤风、鼠疫等的病原细菌，导致了当时和以后数十年间人们对细菌给予高度的重视；他首创细菌的染色方法，采用了以琼脂作凝固培养基培养细菌和分离单菌落而获得纯培养的操作过程；他规定了鉴定病原细菌的方法和步骤，提出著名的科赫法则。1860年，英国外科医生J·利斯特应用药物杀菌，并创立了无菌的外科手术操作方法。1901年，著名细菌学家和动物学家И·И·梅契尼科夫发现白细胞吞噬细菌的作用，对免疫学的发展作出了贡献。

俄国出生的法国微生物学家C·H·维诺格拉茨基于1887年发现硫黄细菌，1890年发现硝化细菌，他论证了土壤中硫化作用和硝化作用的微生物学过程以及这些细菌的化能营养特性。他最先发现嫌气性的自生固氮细菌，并运用无机培养基、选择性培养基以及富集培养等原理和方法，研究土壤细菌各个生理类群的生命活动，揭示土壤微生物参与土壤物质转化的各种作用，为土壤微生物学的发展奠定了基础。

1892年，俄国植物生理学家Д·И·伊万诺夫斯基发现烟草花叶病原体是比细菌还小的、能通过细菌过滤器的、光学显微镜不能窥测的生物，称为过滤性病毒。1915年～1917年，F·W·特沃特和F·H·de埃雷尔观察细菌菌落上出现噬菌斑以及培养液中的溶菌现象，发现了细菌病毒——噬菌体。病毒的发现使人们对生物的概念从细胞形态扩大到了非细胞形态。

在这一阶段中，微生物操作技术和研究方法的创立是微生物学发展的特有标志。

D. 生物化学阶段

20世纪以来，生物化学和生物物理学向微生物学渗透，再加上电子显微镜的发明和同位素示踪原子的应用，推动了微生物学向生物化学阶段的发展。1897年德国学者E·毕希纳发现酵母菌的无细胞提取液能与酵母一样具有发酵糖液产生乙醇的作用，从而认识了酵母菌酒精发酵的酶促过程，将微生物生命活动与酶化学结合起来。G·诺伊贝格等人对酵母菌生理的研究和对酒精发酵中间产物的分析，A·J·克勒伊沃对微生物代谢的研究以及他所开拓的比较生物化学的研究方向，其他许多人以大肠杆菌为材料所进行的一系列基本生理和代谢途径的研究，都阐明了生物体的代谢规律和控制其代谢的基本原理，并且在控制微生物代谢的基础上扩大利用微生物，发展酶学，推动了生物化学的发展。从20世纪30年代起，人们利用微生物进行乙醇、丙酮、丁醇、甘油、各种有机酸、氨基酸、蛋白质、油脂等的工业化生产。

1929年，A·弗莱明发现点青霉菌能抑制葡萄球菌的生长，揭示了微生物间的拮抗关系并发现了青霉素。1949年，S·A瓦克斯曼在他多年研究土壤微生物积累资料的基础上，发现了链霉素。此后陆续发现的新抗生素越来越多。这些抗生素除医用外，也应用于防治动植物的病害和食品保藏。

E. 分子生物学阶段

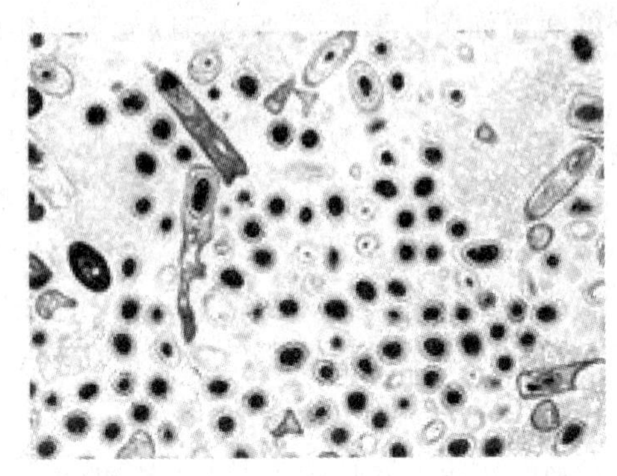

1941 年，比德尔和塔特姆用 X 射线和紫外线照射链孢炭疽杆菌霉，使其产生变异，获得营养缺陷型。他们对营养缺陷型的研究不仅可以进一步了解基因的作用和本质，而且为分子遗传学打下了基础。1944 年，埃弗里第一次证实了引起肺炎球菌形成荚膜遗传性状转化的物质是脱氧核糖核酸（DNA）。1953 年，沃森和克里克提出了 DNA 分子的双螺旋结构模型和核酸半保留复制学说。富兰克尔·康拉特等通过烟草花叶病毒重组试验，证明核糖核酸（RNA）是遗传信息的载体，为奠定分子生物学基础起了重要作用。其后，又相继发现转运核糖核酸（tRNA）的作用机制、基因三联密码的论说、病毒的细微结构和感染增殖过程、生物固氮机制等微生物学中的重要理论，展示了微生物学广阔的应用前景。1957 年，A·科恩伯格等成功地进行了 DNA 的体外组合和操纵。近年来，原核微生物基因重组的研究不断获得进展，胰岛素已用基因转移的大肠杆菌发酵生产，干扰素也已开始用细菌生产。现代微生物学的研究将继续向分子水平深入，向生产的深度和广度发展。

3）学科分支

微生物学经历了一个多世纪的发展，已分化出大量的分支学科。据不完全统计（1990 年），已达 181 门之多。根据其性质可以简单归纳为下面六类：

A. 按研究微生物的基本生命活动规律为目的来分。总学科称普通微生物学，分科如微生物分类学、微生物生理学、微生物遗传学、微生物生态学和分子微生物学等。

B. 按研究的微生物对象分。如细菌学、真菌学（菌物学）、病毒学、原核生物学、自养菌生物学和厌氧菌生物学等。

C. 按微生物所处的生态环境分。如土壤微生物学、微生态学、海洋微生物学、环境微生物学、水微生物学和宇宙微生物学。

D. 按微生物应用领域来分。总学科称应用微生物学，分科如工业微生物学、农业微生物学、医学微生物学、药用微生物学、诊断微生物学、抗生素学、食品微生物学等。

E. 按学科间的交叉、融合分。如化学微生物学、分析微生物学、微生物生物工程学、微生物化学分类学、微生物数值分类学、微生物地球化学和微生物信息学等。

F. 按实验方法、技术分。如实验微生物学、微生物研究方法等。

4）微生物学领域代表人物及其科技成就

魏曦（1903—1989），湖南岳阳人，医学微生物学家，中国科学院院士。

★ 生平经历

1903 年 12 月 25 日生于湖南岳阳。他在中学时代就参加了进步学生团体，阅读《新青年》、《响导》等刊物。五四运动给他带来了科学、民主的思想。中学毕业后，他于 1924 年考入长沙湘雅医学专门学校（1925 年改称湘雅医科大学）。这期间他经常参加中国共产党领导的学生运动，为共产党传送过信件，掩护过共产党员，因而遭到反动军阀的通缉，湘雅医科大学也将他开除学籍。于是他参加了北伐军，继续追求革命。北伐失败后他来到上海医学院学习。

这时期，微生物学在医学上的重要作用已被公认，但有很多未开垦的领域需要研究，这一新兴学科引起魏曦极大的兴趣。他的毕业论文《肺疽的细菌学》受到好评，获医学博士学位，从此他开始研究医学微生物学。

大学毕业后，他到上海雷士德医学研究所任研究员，继续进行微生物学研究。他首次用鸡胚培养回归热螺旋体，并对其生活史做了详细观察。在此期间，他还对牛胸膜肺炎支原体的培养特性和生物学特性进行了研究。他是国内最早研究支原体的学者。

魏曦在 1937 年赴美留学前尚未建立明确的研究方向。赴美后，投师于专长立克次体学研究的著名微生物学家 H·秦瑟，从此也进入了立克次体学的研究行列。在他到达秦瑟实验室时，秦瑟的研究生 F·菲茨帕特里克正在进行斑疹伤寒立克次体的琼脂斜面培养的研究，但一直未获成功，便决定放弃这项研究。魏曦对菲茨帕特里克所采用的方法作了仔细推敲，发现她所用的泰洛氏液浓度不足，于是增加了其浓度，同时把供立克次体生长用的组织细胞剪碎涂于琼指斜面上（使组织细胞处于代谢低下状态），然后接种斑疹伤寒立克次体，结果获得了成功。哈佛大学对魏曦这一贡献授予了奖状和奖金。

魏曦的这项研究成就为后来病毒的培养技术提供了参考。当时在同一个系工作的 E·恩德斯，与魏曦朝夕相处，恩德斯受到魏曦的研究途径的启发，从研究细菌免疫学问题转向病毒的培养问题，并获得了成功。恩德斯因成功地用单层细胞培养脊髓灰质炎病毒而荣获生理学与医学诺贝尔奖金。在我国对外开放之后，年已 84 岁的恩德斯于 1981 年 11 月 25 日给魏曦亲笔写了信，信中回忆了这段往事。魏曦回国以后，仍对立克次体进行研究，在昆明用血清学方法首次证实恙虫病在我国的存在。

1939 年回国后，他积极参加抗日战争活动，同时任重庆国民政府卫生署中央防疫处技正。他协助汤飞凡在昆明重建了中央防疫处，并担任检定科科长，负责产品质量检定工作。当时抗战的军民急需大量的血清和疫苗，该处生产了大量生物制品解了燃眉之急。其后又参与组建了贵阳生物制品所。抗战胜利后，任上海医学院微生物学教授兼中央防疫处上海分处处长。

1945 年，滇缅边境反法西斯战场上，在英美盟军中发生了一种“不明热”的流行，严重地威胁着部队的战斗力。美国组织了一个以哈佛大学专家为主的斑疹伤寒考察团对此进行调查，但一直没有搞清病因。这时魏曦被邀赴缅进行工作。他到达现场后，跋山涉水进行调查。他再一次发挥了善于从别人的失败中找出原因的特长，发现别人是将试验用的盛装动物的笼子放在草地上，使昆虫叮咬动物，然后从动物分离病原体。其所以未获成功可能是因为笼子下面的草被压成一个草垫，有碍昆虫接近和叮咬动物。魏曦设计了一个不存在这种缺点的试验方法，即将草地围成一个小环境，实验动物在其中自由活动，结果草地上的恙螨叮咬了动物，动物发生恙虫病立克次体血症。于是，魏曦成功地证实了“不明热”的本质是恙虫病，而不是预先估计的斑疹伤寒，采用了针对恙螨的防治措施之后，“不明热”得到了控制。1948 年，美国哈佛考察团为表彰魏曦的杰出贡献，特授予他一枚学术性的“战时功绩荣誉勋章”。

20 世纪 50 年代，魏曦针对斑疹伤寒疫苗生产的关键问题进行了研究。流行性斑疹伤寒疫苗的免疫效果取决于使用毒株的毒力，只有强毒毒株才能生产出免疫原性高的疫苗。如何才能保持和提高毒力，通常的办法是通过虱鼠传代，在这里人虱成为关键性的生物。人虱的生活习性是只吸食人血才能生存繁殖，因此供传代用的健康人虱要在未经斑疹伤寒疫苗免疫的健康人体上喂养，而已感染斑疹伤寒立克次体的人虱则需在高度免疫的人体上饲喂。为了生产斑疹伤寒疫苗，喂虱者不得不经受着极大痛苦。为了解决这一问题，魏曦与其助手范明远着手驯化虱种，使其能适应动物（如家兔）血液，经过人、兔交替喂养终于获得一株兔化人虱虱种。该虱种经过鉴定证明其在繁殖立克次体中保持和提高毒力方面与正常人虱完全相同。1959 年，卫生部生物制品委员会批准该虱种在全国有关生物制品所推广使用，从此结束了在生产斑疹伤寒疫苗中人喂虱的痛苦局面。

人虱是流行性斑疹伤寒立克次体（普氏立克次体）最佳宿主，斑疹伤寒患者血中含有立克次体，人虱吸食后可受感染。因此，用人虱分离普氏立克次体是最敏感的方法，但人虱的喂养是个困难问题。苏联曾用死后不久的人皮做皮膜喂血，很显然，人皮来源不多。魏曦和他的助手张婉荷改用了乳鼠皮膜，获得与人皮相同的效果。

魏曦还关心我国是否存在其他立克次体病，在 50 年代曾做了调查，发现很多地区有 Q 热存在，部分地区有北亚热存在。

1943 年，魏曦在昆明从水中分离出钩端螺旋体，但真正开展全面系统的研究还是从 50 年代开始的。当时，在我国南方部分地区有钩端螺旋体病流行，魏曦很快派出调查组赴现场调查，结果从黄胸鼠和狗体中分离到钩端螺旋体。一次，魏曦去罗马尼亚访问，他很有心地带回 12 型钩端螺旋体标准菌株。从此，魏曦开始了我国钩端螺旋体病的流行病学和病原学的研究。

我国钩端螺旋体病流行地区不断扩大，流行菌型也不断增加，急需有效的预防办法。魏曦看到这点，立即组织力量试制菌苗，并于1958年通过鉴定，证明有很好的免疫效果。于是，各生物制品所大量生产这种菌苗，在钩端螺旋体病的预防上起到了很大的作用。

1959年～1960年，魏曦根据苏联学者自然疫源地理论，结合我国三峡水利工程的开发计划，对我国湖北省境内长江沿岸钩端螺旋体病自然疫源地进行了考察，发现该地区黑线姬鼠是钩端螺旋体自然疫源地的贮存宿主。为了消灭黑线姬鼠，他还对黑线姬鼠的生态学进行了调查。魏曦还亲自到河北、河南等地考察，确定了我国北方地区的钩端螺旋体疫源地是以猪为主的家畜疫源地。其防制办法是圈猪积肥，既净化疫源地，又增加肥源，有效地控制了该病的流行。

在“大跃进”的年代里，魏曦根据钩端螺旋体病疫源地的特点，在一次全国性的重要会议上郑重指出：发展水利工程和扩大水稻种植面积，必须同时注意某些媒介动物和病原微生物的散播，否则将会造成血吸虫病、钩端螺旋体病等疫区的扩大，从而给人民带来危害。可惜这些有预见性的科学忠告反被诬为给“大跃进”泼冷水，而他本人在“拔白旗”运动中也作为“资产阶级白旗”遭到不应有的批判。

早在1950年，魏曦就注意到了抗生素引起的菌群失调问题。他认为抗生素干扰了人类正常菌群的生态平衡，必然导致机体的一系列不良反应，即菌群失调症（两重感染），因而提出菌群调整疗法，即把正常菌群的成员制成活菌制剂给病人服用以辅助缺失或减少的细菌。在他的指导下，他的助手康白制出的“促菌生”是一种需氧蜡样芽孢杆菌，它在肠道内有耗氧作用，造成厌氧状态，有利于厌氧菌特别是双歧杆菌的生长繁殖，从而调整菌群恢复生态平衡达到治疗目的。实践证明这种疗法具有良好效果。魏曦指出：“抗生素之后的时代将是活菌时代”。他专门为活菌制剂起了个拉丁术语，称为“Biogen”，例如大肠杆菌活菌制剂称为“Colibiogen”，乳杆菌活菌制剂称为“Lactobiogen”，肠球菌活菌制剂称为“Enterococcobiogen”，“促菌生”称为“Cerobiogen”。1981年，魏曦率代表团去日本参加第七届国际悉生生物学讨论会时，提出“促菌生”在菌群调整疗法中的作用，受到好评。

魏曦是第一个把悉生生物学术语和有关内容介绍给我国的学者。悉生生物学（Gnotobiology）是用无菌隔离器技术研究自然界生物，包括微生物与其宿主相互依存、相互制约的生态关系，发展和利用悉生生物是一个不可忽视的问题。魏曦为“Gnotobiology”这个术语做了详细推敲，最后否定了日文译成“无菌生物学”的译法，而提出更为确切的“悉生生物学”的译法。魏曦为推动和发展微生态学学科作出了重要贡献。

1949年，在中国共产党上海地下组织的推荐下，他举家途经香港奔赴解放区大连，任大连医学院微生物学教研室主任兼大连生物制品研究所副所长。1951年，抗美援朝期间他参加美军细菌战争罪行调查团，并任检验队队长，因工作成绩突出，荣获朝鲜民主主义人民共和国二级国旗勋章。1953年以来，他历任中国民主同盟第二届、第三届、第四届中央委员会委员，第五届中央委员会顾问，第二届、第三届全国人大代表及第六届全国政协委员，中国科学院生物地学部学部委员，中国微生物学会第二届副理事长，人兽共患疾病病原学专业委员会第一届主任委员，中国预防医学会微生态学学会名誉主任委员。1957年，他调至中国医学科学院流行病学微生物学研究所（1983年改属中国预防医学科学院），历任立克次体及钩端螺旋体研究室主任、研究员、副所长、所长、名誉所长等职。1982年魏曦加入中国共产党，实现了他多年的宿愿。

魏曦为人正直、宽厚、谦和和乐于助人。他的科学生涯充满了探索和创造，他几次在科学上的突破都是认真分析别人失败的原因之后，另辟新径而取得成功的。他十分重视同事之间经验与看法的交流，从交谈中常可得到宝贵的启发。他在科研活动中非常重视实践，实践能使人心灵手巧，这是科学家应具备的优秀品质。

(16) 病毒学

1) 病毒学简介

病毒学是以病毒作为研究对象，通过病毒学与分子生物学之间的相互渗透与融合而形成的一门新兴学科。具体来讲，它是一门在充分了解病毒的一般形态和结构特征基础上，研究病毒基因组的结构与功能，探寻病毒基因组复制、基因表达及其调控机制，从而揭示病毒感染、致病的分子本质，为病毒基因工程疫苗和抗病毒药物的研制以及病毒病的诊断、预防和治疗提供理论基础及其依据的科学。

★ 病毒学的发展阶段

病毒是一类比较原始的、有生命特征的、能够自我复制和严格细胞内寄生的非细胞生物。其含义是随着人们对病毒本质认识的不断深入而不断加深，大致经历过以下几个比较重要的阶段：

① 1892年Ivanofsky发现烟草花叶病毒（TMV），称其为滤过性致病因子。

② 1957年Lwoff·A对病毒复制周期的阐明以及一些病毒的细胞培养技术的建立，将病毒定义为一类具有严格细胞内寄生和潜在感染性的病原体，并且指出病毒只有一种核酸。

③ 1978年Luria和Darnell进一步确认了病毒只有一种核酸，能在活细胞复制产生子代病毒粒子。

④ 1971年Dienner发现仅有小分子RNA的类病毒（viroid）、1981年在澳大利亚发现类病毒样的拟病毒（virusoid）（卫星病毒）和1982年由Prusiner发

现由分子量约 50kD 构成的阮病毒（virinoorprion）。

★ 病毒的基本特点

① 共同点

同所有的生物一样，病毒是一类具有基因、复制、进化的特点，并占据着特殊生态地位的生物实体。在细胞外环境中，以形态成熟的病毒体形式存在，具有一定的大小、形状、密度、沉降系数和化学组成，类似化学大分子；在细胞内环境中，则表现出生物体的基本特征（基因组的复制导致病毒的繁殖，随之出现遗传和变异等一系列典型的生命活动）。

② 异同点

A. 不具有细胞结构——所以是非细胞生物，其他生物则以细胞作为基本构成单元。

B. 病毒体只有一种类型的核酸。

C. 特殊的繁殖方式，绝大多数生物是通过构成机体的各种组分数量有序增加而生长，经过分裂方式完成繁殖，即病毒则通过基因组的复制与表达完成新病毒粒子的合成。

D. 缺乏完整的酶系统和能量合成系统。生物体的一切代谢活动都需要在酶的作用下进行，同时也需要一定的能量。

E. 绝对的细胞内寄生。在细胞外不表现出任何生命特征，它的一切生命活动都只有在生活的寄主细胞内才能进行。这种寄生方式不同于某些微生物如麻风杆菌、立克次氏体、衣原体的寄生，它们主要是源于缺乏外源营养物质或外源的代谢中间体需要寄主提供。

★ 研究病毒学的日的

首先，病毒是一种病原体，它们几乎能感染所有的细胞型生物并产生病害。据初步统计，人类的 60%～70%的传染病系病毒感染所引起。从常见的感冒、麻疹、腮腺炎、脊髓灰质炎、狂犬病、肝炎、各种脑炎，到流行性出血热、老年性痴呆、艾滋病以及许多癌症。在我国，病毒性传染病依然是严重危害健康的主要病种之一，因为病毒基因在自然选择和人群免疫等压力的共同作用下不断发生变异，以及社会人口老龄化和城市化进程加快等因素的交互作用，某些病毒性传染病的流行不仅未能得到有效控制，反而更加猖獗。如甲、乙、丙型肝炎、艾滋病、流行性感冒和多种肠道病毒病的流行情况依然十分严重。此外许多结果表明病毒与恶性肿瘤和多种慢性疾病的发生密切相关。

同时，由于病毒也能引起家禽、家畜、野生动物、农作物、林木果类及其他许多经济动物、植物和微生物的疾病，因而给人类的经济活动、生态环境造成极大的危害。进行分子病毒学的学习，就是要在充分认识病毒特性的基础上，从分子水平上阐明病毒基因和产物结构与功能之间的关系，揭示病毒的致病机理和本质，为最终控制病毒性疾病的流行提供重要的理论基础和科学依据。

其次，由于某些病毒也能侵袭那些对人类有害的生物，所以可以成为生物防治的重要手段。如利用噬菌体对细菌的裂解作用来治疗霍乱、痢疾和伤寒等疾病，利用昆虫病毒来防治有害昆虫等。

最后，由于病毒是目前已知结构最简单的生命单位，基于它在细胞外的相对简单性和细胞内的病毒与宿主细胞之间相互作用的复杂性的突出特点，由此成为分子生物学研究复制、信息传递、突变以及其他分子生物学问题的理想对象。利用分子生物学方法进行研究，其结果不仅促进了病毒学的研究，反过来对分子生物学的发展也起到巨大的推动作用。总之，分子病毒学在各个自然科学学科交叉渗透、互为促进的今天，它的研究和发展无论是在阐明更多的现代生物学的重大课题方面，还是在促进生物技术发展方面都有十分重要的作用。

★ 病毒学研究的主要内容

① 病毒基因组的结构和功能

核酸分为DNA和RNA，有单链和双链之分，也有线状和环状之分。对于单链RNA还有极性的不同，分为正链RNA（＋RNA）、负链RNA（－RNA）和双义RNA（其基因组的一部分为正极性；另一部分为负极性）。正链RNA（＋RNA）具有或无帽子结构，无帽子结构的正链RNA（＋RNA）基因组5端具有共价结合蛋白，3端有多聚尾poly（A）或无poly（A）。对病毒基因组结构和功能的研究主要有：探明病毒基因组的核苷酸组成及其排列顺序；弄清基因组中开放阅读框（ORF）的数量、位置及其功能；了解病毒基因组中重复序列元件、调节单元对病毒基因复制和表达的影响；阐明病毒的结构基因、调节基因及其编码产物在病毒复制循环以及它们与细胞基因及其表达产物的相互关系。

② 病毒基因表达的调控

基因表达包含转录和转译两个方面。

③ 病毒感染的分子机制

研究既包括病毒吸附、侵入和释放等感染循环的特点，同时也包括阐明病毒致病与宿主产生免疫效应的分子机制。主要涉及病毒的吸附蛋白与宿主细胞受体蛋白的相互识别和作用；病毒急性感染和持续性感染的发生机理，特别是在持续性感染过程中，产生非杀细胞感染和病毒逃逸宿主免疫识别的作用机制。

④ 病毒致癌的分子机理

人与动物肿瘤的形成除了与遗传和其他各种因素有关外，一些肿瘤病毒也是发生的重要诱因。

⑤ 抗病毒活性物质

干扰素是抗病毒多肽物质中作用机制研究得最清楚的一种，几乎在所有的哺乳动物中存在，它不仅能够抗病毒，也具有免疫调节和肿瘤抑制作用。1979年首次克隆表达干扰素基因获得成功。经过多年的发展，目前它已成为抗病毒的重要药物。

⑥ 病毒的基因工程疫苗

疫苗，特别是病毒疫苗已经成为人们预防传染病的最重要、最有效的手段，越来越受到生物医学界的重视。特别是近30年来，生物工程技术和分子生物学技术的迅猛发展，极大地促进了疫苗的研究和发展。一般来说，对于免疫保护机制明确、易于培养的病毒，均可以采用传统工艺进行生产；而一些免疫保护机制不清，可能产生免疫病理反应、有潜在致肿瘤作用或不易进行培养的病毒，则难以用传统方法生产疫苗，可以通过基因工程的方法得到解决。

★ 病毒学发展过程

病毒学的形成和发展大致经历以下四个时期：

① 病毒的发现时期

在病毒被发现之前，人们已经在自觉或不自觉的过程中开始与病毒打交道。人们观察到许多因病毒存在所引起的自然现象，但由于受到当时历史条件和人们认识水平的限制，无法对这些现象进行合理的解释。直到1892年，科学家D·Ivanofsky在研究烟草花叶病的过程中，发现烟草花叶病的致病因子能够通过细菌过滤器，但他仍然认为该病由产生毒素的细菌引起。之后，在1898年荷兰科学家Beijerinck重复了D·Ivanofsky的实验，证明了烟草花叶病是由滤过性病原引起。同年，德国科学家Loeffler和Frosch发现口蹄疫病原也具有滤过性。在此后10多年，相继发现了10多种传染病的病原病毒（鸡瘟病毒、黄热病病毒、狂犬病毒等）以及后来发现的噬菌体和多种植物病毒。

② 病毒的化学时期

自从1935年美国的Stanley首次提纯和结晶了烟草花叶病毒，从而使人们对病毒化学本质的认识有了重大突破，并为病毒的深入研究开辟了广阔的道路。接着，Bawden等进一步揭示烟草花叶病毒的化学本质并不是纯蛋白，而是核蛋白。在此基础上，德国的Kausche于1940年首先利用电子显微镜观察到烟草花叶病毒的杆状外形。电镜技术的应用，从多个方面促进了它的发展，为病毒的形态结构及其在细胞内的形态发生学研究提供了有效手段。总之，到这一时期，病毒学虽然取得很大的进展，但尚未形成独立学科，对病毒化学本质的了解也比较肤浅，对病毒的概念仍存在很大争论。

③ 病毒的细胞水平时期

在此期间，病毒学无论从理论上还是在实践上都有很大的发展，对病毒有了一个统一、明确的概念。逐步形成为一门独立的学科，同时也为分子病毒学的建立奠定了基础。

通过围绕噬菌体和感染细菌之间的相互作用研究，阐明噬菌体的复制周期，揭示溶原性噬菌体诱导的原理，证明噬菌体DNA的感染性，发现溶原性噬菌体和噬菌体的转导现象，组织培养技术的建立，大大拓宽了病毒学的研究范围，促进了人们对病毒本质的认识。目前该技术已广泛应用于未知传染因子的分离，病毒病的诊断、疫苗的生产以及病毒感染和复制的基础研究等方面。

④ 分子病毒学时期

自从1953年DNA的双螺旋结构理论建立以来，新技术和新方法的广泛应用，使得病毒学的研究步入分子病毒学的发展时期。50年代至60年代是分子生物学的奠基时代，噬菌体和植物病毒为此作出了巨大贡献，因此，分子病毒学也正是在分子生物学的发展过程中应运而生。在这一阶段，人们主要致力于病毒基因组的结构、功能和表达调控机制；病毒蛋白质结构、功能以及合成的方式；各类病毒的感染、繁殖和致病机理；更深层次了解病毒与宿主之间的相互作用关系，特别是肿瘤病毒与肿瘤发生的关系；不断探索病毒性疾病诊断、预防和治疗的新技术和新方法，认识那些尚未证实病因的可疑病毒性疾病的病原本质，取得了的累累硕果。

2）病毒学领域代表人物及其科技成就

高尚荫（1909—1989），浙江嘉善人，著名病毒学家，中国科学院院士。

★ 生平经历

1909年3月3日，高尚荫出生在浙江省嘉善县陶庄镇的一个书香世家。高尚荫7岁那年，进入他父亲办的一所乡间小学接受启蒙教育。1926年中学毕业后考取了苏州东吴大学，主修课是生物学，选修课是化学。他学习努力刻苦，对任何问题都喜欢追根溯源。他博览群书，在图书馆中如饥似渴地读书，对于生物学科的书籍更是如获至宝。这为他尔后献身于生命科学，成为著名的病毒学家奠定了牢固的基石。1930年他完成了大学学业，获得理学学士学位。同年，21岁的高尚荫由一位旅美亲戚的介绍，获得了美国佛罗里达州劳林斯大学的奖学金赴美国学习。在劳林斯大学，他各科成绩优秀，免修了很多课程，一年后就获得了文学学士学位。1931年秋，高尚荫转到美国耶鲁大学研究生院。头两年通过在实验室协助教授们工作以获得维持生活的费用。1933年，开始在美国著名动物学家L·L·Woodruff教授的指导下攻读博士学位。1935年初，他的毕业论文《草履虫伸缩泡的生理研究》提前完成，在答辩过程中受到导师和专家们的好评，获得了哲学博士学位。高尚荫获得博士学位后，他的几位美国朋友希望他留在美国工作，可是他想得更多的是贫穷落后的祖国需要掌握科学知识的儿女。1935年2月，高尚荫等不及5月底举行的毕业典礼，就提前离开耶鲁大学来到了欧洲，为的是利用回国前的宝贵时间学习和接触更多的先进技术，更全面地考察了解发达西方国家的科技发展现状，以便回国后更好地开展工作。他在英国伦敦大学研究院从事短期科学研究。1935年8月，年仅26岁的高尚荫回到了祖国，受聘任教于国立武汉大学，成为该校当时最年轻的教授。1937年武汉大学因抗日战争迁至四川乐山，1945年迁回武汉。从1935年～1945年，他先后讲授过普通生物学、原生动物学、无脊椎动物学、微生物学、土壤微生物学等课程，其中普通生物学由他连续讲授了10年。除担任教学工作外，他还积极从事科学研究工作。他和他的助手几乎每天都要在实验室工作，中午总是在实验室吃点自备的干粮。在教学、科研经费极度困难和工作环境很差的条件下，他不知疲倦地工作，先后在《中国生理学杂志》、《武汉大学学报》、《新农业科学》等国内刊物及《德国原生动物杂志》、《科学》等国外刊物上发表了有关原生动物生理学和微生物固氮菌方面的研究论文20余篇。1937年，高尚荫与本校女教师刘年翠结婚，这一结合不仅使高尚荫在生活上得到了志同道合的终身伴侣，而且在科学事业上也得到了一位得力助手。1945年，高尚荫获得校方同意，利用两年学术休假的时间，作为洛氏医学研究所访问研究员第二次去美国，在美国著名生物化学家、病毒学家、诺贝尔奖获得者W·M·斯坦利的实验室从事病毒学研究工作，从此开始了他在病毒学研究领域中的近半个世纪的奋斗。高尚荫1947年回国后在武汉大学创办了我国第一个病毒学研究室，这是我国最早开展病毒学研究的专门机构之一。

1949年5月，武汉市解放，军管会接管了武汉大学。此后不久，高尚荫应邀赴北京参加中华全国自然科学工作者代表大会筹备会。会后，中央组织科学家们到东北解放区参观访问。他们跑遍了东北三省，每到一个地方都受到当地各界人士的热烈欢迎，高尚荫亲眼看到了工厂努力恢复生产，农村搞土地改革，社会呈现一片热气腾腾的景象。他看到了中华民族的希望，决心把毕生的精力献给祖国的科学事业。这次北上，使高尚荫开始了一种崭新的生活，他除了担任繁重的教学、科研任务外，还积极参加各项社会活动。每当谈起参加全国自然科学工作者代表大会的情景时，他总是格外地感慨："国家如此重视知识分子，如此重视我们为之献身的科学、教育事业，我感到自己就是学校的主人，我们是在为祖国、为人民办大学，因此有使不完的劲"。由于工作成绩斐然，高尚荫1951年被评为武汉市劳动模范和模范教工，1952年加入中国民主同盟，1956年加入中国共产党，实现了孜孜追求的理想。从此，他就把自己的工作和党的事业紧密地联系在一起。

这以后，高尚荫一直致力于微生物学和病毒学教学，亲自为本科生主讲基础课，积极招收、培养研究生，为国家培养了一批又一批高层次的专门人才。组织和主持了"生物大分子结构与功能"、"肿瘤病毒病因及其转化机制"等重大科研项目，先后在中、美、英、德、捷等国的学术刊物上发表论文110多篇，出版了《电子显微镜下的病毒》等专著4部和《伊万诺夫斯基生平及其科学活动》译著1部，获得了全国科学大会重大成果奖、国家教委科技进步一等奖和湖北省重大科技成果奖。高尚荫先后担任过武汉大学生物学系主任、病毒学系主任、教务长、副校长和病毒学研究所所长。1980年，他被选聘为中国科学院学部委员，并曾先后兼任中国科学院武汉微生物研究室主任、武汉微生物研究所和武汉病毒研究所所长、武汉分院副院长。他还担任了国务院学位委员会生物学科评议组副组长、教育部学位委员会生物学科评议组组长、教育部高等学校生物教材编审委员会主任委员以及中国微生物学会副理事长、病毒专业委员会主任委员。高尚荫还是《病毒学杂志》、教育部《自然科学学报》、《生物学报》以及《武汉大学学报(自然科学版)》主编和《病毒学报》顾问，并担任捷克斯洛伐克《病毒学报》编委。在国际上，他是美国西格马自然科学学会荣誉会员，国际无脊椎动物病理学学会终身会员。1981 年，美国劳林斯大学授予他荣誉科学博士学位。他先后 9 次应邀参加国际学术会议、出国访问和考察，与美国、瑞典、日本、德国、匈牙利、保加利亚、罗马尼亚、波兰、捷克斯洛伐克等十几个国家的学术界进行了学术交流，为促进中国人民和世界各国人民之间的友谊和发展国际间的科技文化交流做了大量的工作。

★ 科研教育建设成果

动物细胞的人工培养，使病毒的实验室繁殖成为可能。该论文在国外发表后获极高评价，被誉为世界上的开创性成果。首次进行了流感病毒的鸭胚组织培养。昆虫细胞的组织培养获得 1978 年国家科学技术重大成果奖。昆虫病毒的理论与应用研究获得 1991 年国家自然科学二等奖，教育部一等奖。1947 年建立了我国第一个病毒学研究室。1955 年创办我国第一个大学微生物专业。1964 年创建中国科学院武汉病毒学研究所。1978 年创办我国高校第一个病毒学专业，并随后被批准成立第一个高校病毒学系。

(17) 人类学

1) 人类学简介

人类学（anthropology）是从生物和文化两个角度对人类进行全面研究的学科。此词由 anthropos 和 logos 组成，从字面上理解就是有关人类的知识和学问。最早见于古希腊哲学家亚里士多德对具有高尚道德品质及行为的人的描述中。1501 年，德国学者亨德用这个词作为其研究人体解剖结构和生理著作的书名。因此，在 19 世纪以前，人类学这个词的用法相当于我们今天所说的体质人类学，尤其是指对人体解剖学和生理学的研究。

进入 19 世纪后，欧洲许多学者开始对考古学化石遗骨的发现感兴趣，这些遗骨常伴有人工制品，而这些制品在现在的原始民族中仍在使用，所以学者们开始注意现在原始种族的体质类型和原始社会的文化的报道。这些情况最初是由探险家、传教士、海员等带到欧洲的，尔后人类学家也亲自到异文化中去搜集这方面的材料。因此，人类学中止了仅仅关注人类解剖学和生理学的传统，而开始进一步从体质、文化、考古和语言诸方面对人类进行广泛综合的研究。

由于各国学术传统的差异，对人类学的名称及各分支学科有不同的理解。在欧洲大陆，人类学一词仅作狭义的解释，即专指对人类体质方面的研究，而对人类文化方面的研究则称为民族学。总之，19 世纪中叶以后，人类学发展成为主要发掘人类社会“原生形态”的一门学科。

文化人类学还是一门年轻的科学，还没有构成完全一致的理论体系。但是如果人类学家能够避免种族中心主义，并创造出普遍客观化的概念，关于《人类学》中有关文化的内涵是可以建立起来的。

现代中国关于人类学的科研机构主要是中国科学院古脊椎动物与古人类研究所。该所的前身是原中国农商部地质调查所新生代研究室，创建于 1929 年。古脊椎动物与古人类研究所是我国古脊椎动物与古人类两门基础学科的专门研究机构。全所设有三个研究室和一个研究中心，即古低等脊椎动物研究室、古哺乳动物研究室、古人类及旧石器研究室和周口店古人类研究中心，主要研究脊椎动物各门类起源、演化、分类和系统发育，建立和完善中国及全球年代地层系统，探讨生物与环境的协同演化关系；研究古人类体质特征、行为特点和旧石器技术与文化，探索人类的起源和进化，重建早期人类演化迁徙和文化发展的历史。从 20 世纪 20 年代到现在，研究所已建成国内规模最大的古脊椎动物、古人类化石及石器标本的收藏场馆，挂靠古脊椎动物与古人类研究所的学会有中国古脊椎动物学分会、中国第四纪科学研究会古人类——旧石器专业委员会、中国第四纪科学研究会地层专业委员会。古脊椎动物与古人类研究所主办的刊物有《中国古生物志》(丙、丁种)、《古脊椎动物学报》、《人类学学报》、《中国科学院古脊椎动物与古人类研究所集刊》、《化石》、《恐龙》杂志。

2）人类学领域代表人物及其科技成就

裴文中（1904—1982），古人类学家、古生物学家、旧石器考古学家、第四纪地质学家，中国古人类学的重要创始人，中国科学院院士。

★ 生平经历

裴文中 1904 年 1 月 19 日生于河北省丰南县，1921 年考入北京大学预科，1923 年转入本科地质系，1927 年毕业于北京大学地质学系，同年到北京地质调查所工作。裴文中 1928 年参加北京周口店遗址的发掘工作。1929 年成为发掘现场负责人。1929 年 12 月 2 日在周口店发掘出北京猿人第一个头盖骨。1931 起，确认石器、用火灰烬等的存在，为周口店是古人类遗址提供了考古学重要依据。他主持山顶洞人遗址发掘，获得大量极其有价值的山顶洞人化石及其文化遗物。1935 年，裴文中到巴黎大学学习史前考古学，师从步日耶教授。1937 年获巴黎大学自然科学博士学位，并成为法国地质学会会员。回国后他继续在实业部地质调查所新生代研究室从事古人类文化和第四纪生物地层学研究工作，先后任该所技士、技正，并在北京大学、燕京大学和北京师范大学讲授史前考古学。抗日战争期间，日寇曾将其逮捕、审讯和监禁，以追问中国猿人头盖骨化石的下落，但他始终保持高尚的民族气节。1949年后积极开展旧石器时代考古学的研究，为这门学科的发展作出了重大贡献。1950年～1953年任文化部社会文化事业管理局博物馆处处长。1954年任中国科学院古脊椎动物研究室研究员。1955年当选为中国科学院生物地学部首批院士。1957年荣获英国皇家人类学会名誉会员称号。1963年任中国科学院古脊椎动物与古人类研究所古人类研究室主任。1979年任北京自然博物馆馆长。同年，当选为联合国教科文组织所属史前学和原史学协会名誉常务理事。1982年当选为国际第四纪联合会名誉委员，同年9月18日在北京病逝。

★ **学术生涯**

裴文中认为，劳动手段遗物的研究是恢复社会生产发展状况的可靠物证，如何鉴定人工制品和非人工物，成为史前考古学理论和实践的关键。裴文中以敏锐的观察力认真进行对比实验，在周口店发掘过程中便从岩石痕迹上弄清了人工打击和自然破碎的区别，从而明确中国猿人石器的存在。在法国留学期间，裴文中结合人工打击的实验及国外收集的自然破碎的岩石标本，深入分析了人类制作的石器与自然形成的“假石器”之间的根本区别，以《史前人类使用的硬岩石的破碎和形成中自然现象的作用》为题的博士论文获得学术界的好评，它为“曙石器”的破产作了有力的诠释，在史前考古方法论上有着重要的实践意义。裴文中在周口店的发掘标本和新生代所藏标本的基础上研究分析非人工破碎的骨化石，并指出其成因包括啮齿类动物咬碎的骨化石、食肉类动物咬碎的骨化石及其所呈现的食肉类动物爪痕、骨骼腐蚀后所出现的曲纹以及化学作用和水蚀作用的变形等，以物标本为依据并通过实验证明的观察使非人工破碎骨化石的性质和特征更加明确。裴文中对中国旧石器时代的文化体系和年代分期也作了开创和深入地综合研究。1937年美国费城举行了早期人类国际学术研讨会，会上裴文中宣读的《中国旧石器时代文化》是中国学者首次发表的全面总结，引起了学术界的广泛重视。这篇论文把中国猿人文化、河套文化和山顶洞文化列为早、中、晚三个阶段，奠定了中国旧石器文化的分期基础，并指出它不同于欧洲的旧石器文化。1955年、1959年和1965年，他发表了一系列总结性论文，根据新的发现和研究，不断扩充其内容和提出新的认识，如用水洞沟文化和萨拉乌苏河文化来代替过去的河套文化等。

裴文中还把研究领域扩大到中石器和新石器时代，为中国旧石器时代考古的发展做出贡献，《中国史前时期的研究》一书便是具体的代表。中国的中石器时代是裴文中首先提出的研究课题。1935年在广西发现大批打制石器和个别的磨制石器，共生的动物又是现生种，裴文中提出这些遗存可能属于中石器时代。1943年裴文中在内蒙古调查试掘，否定这里属于旧石器遗存，把该遗址和黑龙江哈尔滨顾乡屯都作为中石器来处理，并强调细石器在这个时期的作用。在上述论点的启示下，随着新发现的增多，有关细石器的起源、时代和分布等有了更深入的认识，裴文中的开创之功诚不可没。有关新石器时代考古，裴文中也做了不少野外工作。1947 年他在甘肃渭河上游，西汉水流域、洮河流域及兰州附近做了 3 个月的调查试掘，共发现新石器时代遗址达 93 处之多。通过这次调查，对甘肃史前遗存的分布、分期有了更深入的认识，并对过去的错误有所纠正，对 JG 安特生（Andersson）所谓“六期”体系作了首次突破。1948 年他又继续在甘肃河西走廊和青海湟水流域以及青海湖附近做了 3 个月的考古调查，对这一带遗址的分布、分期以及史前时期的“丝绸之路”等都有了更深入的认识，特别是沙井文化的命名又是对“六期”说的再次突破。裴文中同时还注意到某些器物的考古研究，如论述陶鬲和陶鼎的论文（1947）便是一例。该文首先对三足器的定义、分类及有关部位的名称及其演化趋势进行了阐述，并指出鬲、鼎的形制为中原文化的代表，而边陲地区的变形鬲则受到黄河流域的影响。这是国内以陶鬲和陶鼎为专题的最早论文，树立了器物类型学研究的典范。

裴文中在第四纪哺乳动物化石和地层学研究上，也做出重大的学术贡献。早期研究是环绕周口店发掘进行的，如第十三地点、第一地点、第四地点、第十五地点和山顶洞的动物化石研究，明确了不同地点的相对年代及其演化过程，为中国第四纪哺乳动物学的研究奠定基础。后期则集中于华南一带，如巨猿化石，巨猿调和巨猿动物群便是在他的领导和参加下发现的。他从古生物学和地层学上建立了华南早更新世的标准剖面。裴文中经过广泛调查和研究后指出：大熊猫—剑齿象动物群在整个更新世都有生存，早更新世以巨猿洞动物群为代表，可以智人化石的出现作为中更新世结束、晚更新世出现的标准。在第四纪哺乳动物化石的研究中，裴文中提出划分华北、江南、东北和淮河四大区的概念，指出淮河是华北和江南的过渡地带，包括两大区的典型种属，有利于全面性的分析。他对三门系的划分和第三系、第四系的分界线以人类的出现为标志等都提出了特有的见解。裴文中在 50 多年的科学生涯中，刻苦钻研，重视野外实践，他曾到全国 19 个省、市、自治区作广泛的史前考古学、古生物学和地质学的调查、发掘，共发表论文、专著 168 种。他关心考古人才的培养，曾担任四届考古工作人员训练班的班主任，并亲自授课和辅导野外实习，培养了大批考古工作者。他还常常利用外出考察之际举办有关考古学、第四纪哺乳动物的讲座。广泛的考古实践和渊博的知识素养，是他在学术研究中取得丰硕成果的保证。他热爱考古事业，爱护青年，治学严谨，富于创造和进取精神。作为中国猿人第一块头盖骨的发现者，裴文中的名字将永远为后人所铭记。

★ 个人荣誉

中国科学社于 1930 年授予他金质奖章。

1937 年获巴黎大学自然科学博士学位，并成为法国地质学会会员。

1957 年，英国皇家人类学会授予他名誉会员称号。

1979 年任联合国教科文组织所属的史前和原史学协会名誉理事。

1982 年任国际第四纪研究联合会名誉委员。

中国猿人石器研究负责人，获中国科学技术进步二等奖。

对周口店发掘与研究，作为中国猿人第一块头盖骨发现者获国家科学金奖。

(18) 生物工程

1) 生物工程简介

生物工程是20世纪70年代初开始兴起的一门新兴的综合性应用学科，90年代诞生了基于系统论的生物工程，即系统生物工程的概念。所谓生物工程，一般认为是以生物学（特别是其中的微生物学、遗传学、生物化学和细胞学）的理论和技术为基础，结合化工、机械、电子计算机等现代工程技术，充分运用分子生物学的最新成就，自觉地操纵遗传物质，定向地改造生物或其功能，短期内创造出具有超远缘性状的新物种，再通过合适的生物反应器对这类“工程菌”或“工程细胞株”进行大规模的培养，以生产大量有用代谢产物或发挥它们独特生理功能一门新兴技术。

2) 生物工程领域代表人物及其科技成就

赵国屏（1948—），上海人，微生物学家，中国科学院院士。

★ 生平经历

1969年，20岁的赵国屏离开上海去安徽蒙城插队。6年后，这个在农村经历了各种磨难锻炼的知青，从城里的“乖孩子”成长为大队书记。他在为困难户解决吃饱饭的同时，依然憧憬：“我的大队，生产水平要与美国相当。”

他领导的大队专门有个农科队，有几十亩试验田，从育种一直做到推广。他要把一个淮北的穷村，建成“变江南”的实验室。而他的未婚妻俞自由，更由知青当上了蒙城县委副书记，名动一时。

1978年，恢复高考的消息传遍了中国。赵国屏的心热了，但他依然放不下改造农村的“实验”。这时，一位生产队长对他说：“虽然你现在做得很好，我们也需要你，但是，你应该多学本领，做农民做不到的事情。”

于是，赵国屏参加了高考，志愿是复旦大学生物系。他被录取了，分配到微生物专业。当时班里同学年龄最大的32岁，最小的15岁，他30岁，排在第三。

读书期间，他写了一封针对农村问题的信，得到时任安徽省委第一书记万里的赏识，并得到中央领导批示。此后，他以学生身份成了复旦大学校党委委员。虽然担任过班、系、校的各级学生干部，赵国屏的4年大学生活，始终在刻苦学习、培养研究素质中度过。

当赵国屏毕业的时候，他担任班长的微生物专业班被评为上海市三好班级，学校希望他留校，当一个兼做行政工作和教育科研工作的“双肩挑”干部。

又一个选择放在了他的面前。赵国屏想，要做研究，就要集中力量，踏踏实实，从头做起。他决定要坚定地走一条漫长的“科班之路”，于是考上了中国科学院上海植生所的硕士研究生。

20 世纪 80 年代初，邓小平提出扩大派遣留学生。美国康奈尔大学的分子生物学教授吴瑞向中国教育部建议：世界生命科学领域发展很快，中国要尽快培养这一领域的年轻科技人才。为此，吴教授向美国近百所一流大学介绍中国的改革开放，说服它们接收中国留学生，促成了“中美生物化学联合招生项目”(CUSBEA)，从 1981 年开始实施。赵国屏以优异的成绩和英语水平获得植生所的推荐，顺利通过了 CUSBEA 的笔试和面试，远赴美国普度大学，开始了留学之路。

赵国屏去美国深造两年后，夫人俞自由放弃了副县长的职位相随到美国攻读经济学。年届不惑，夫妻双双获得博士学位。

20 世纪 90 年代初，正是“出国热”方兴未艾之时，托福考试逐年直线升温，美领馆外总拥着无数焦急等待签证的人，但赵国屏夫妇却选择了回国。

也许，十几年之后的今天，人们会说他们作出了极有远见的“人生选择”；也许，当年人们对他们的选择有“回国拿政治资本”、“在美国混不下去”的议论，但赵国屏所想的，只是回国陪伴年迈的双亲，只是想实践父亲的嘱咐——“学成之后，一定要回国服务”；只是想为学经济、学保险的妻子找到最适合发挥她作用的平台。“四十而不惑，就是认准自己的路，不被名、利、他人的观点等‘潮流’所迷惑。我知道，国家需要我们回国出力。”

不过，当时国内的科研条件相当落后，赵国屏不得不“曲线救国”，先去上海普罗麦克公司当生产经理，产品是分子生物学试剂。

得益于插队时做大队书记和大学时代做学生会工作积累的一点管理经验，以及经济学博士夫人的支持，他不仅管生产，而且管质量控制和成本核算；一边实施新产品的研发，一边又关心产品的销售和公司的利润。

不久，赵国屏的硕士研究生导师需要他回去接班，他欣然应命。这些经验被用在了组建真正的实验室工作上。

此时，很多年轻人都不喜欢接老先生们的班，觉得有很多羁绊与束缚，不如自己“另立山头”。赵国屏不这么想，老先生留下的不仅有团队、有项目，还有设备和材料——这比白手起家可要好多了！

当时他接下的这个研究室，很快就成为所里重点支持的“微生物次生代谢调控研究开放实验室”。经过此后十几年的努力，实验室逐步发展壮大，成为中科院“合成生物学重点实验室”，开始向国际生命科学和生物技术研究的前沿进军。

正当赵国屏想在微生物研究的道路上阔步前进时，国际人类基因组计划的加速发展，对中国科学界敲响了“落后就要挨打”的警钟。

1997 年 7 月，我国著名遗传学家谈家桢院士上书中央，呼吁保护我国遗传资源，建议成立中国基因组研究中心，得到党中央国务院的高度重视。江泽民总书记亲自批示："人无远虑，必有近忧，我们得珍惜我们的基因资源。"我国的人类基因组研究就此加速展开，在国际人类基因组计划中承担下了"两个1%"的任务，即完成人类基因组1%的序列测定和识别人类表达基因的1%。

1998年10月，国家人类基因组南方研究中心成立，时任中科院上海生物工程研究中心主任的赵国屏代表中科院出任理事。同时，他与李载平院士、裴钢院士一起，开始主持实施中科院关于人类基因组的创新工程特支项目。当时的他，还承担着国家自然科学基金微生物学代谢调控的一个重点项目，分管一个"863"计划蛋白质工程主题。

从微生物代谢和蛋白质工程研究转移到并不熟悉的人类基因组研究领域，对他来说是个十分困难的决定，但赵国屏还是在50岁的时候"改行"了——是国家为他作了选择。"改行是困难的，但这项工作太重要了！而且，当时国家，特别是中科院，在这方面学科断层、人才断层都十分严重。所以，我只能动用我的积累，边干边学，去开拓这个新领域，因为，它实在是太重要了，关乎中国生命科学在今后几十年中的国际地位。"

10年后的今天，赵国屏欣慰地说："在国际生命科学发展到这个关键的当口，我们这些人正好在岗位上，做了应该做的事，使得今天我们在基因组研究领域，与国际同行基本走在了同一条水平线上。"这是这一代生命科学家对于不曾辜负历史使命的自豪。

历史证明，参与国际人类基因组计划为我国积累了相关的技术、人才以及科研经验。当基因测序日益成为生命科学一种重要研究手段时，中国拥有了提供这种技术服务的能力与平台。

在从事人类基因组测序和研究工作的同时，赵国屏在国内积极倡导微生物基因组的工作。他领导的中科院人类基因组计划，在中国第一次资助了对细菌的全基因组测序，使中国基因组平台的测序能力从十万碱基级上升到了百万碱基级的水平。他自己在钩端螺旋体基因组序列测序和功能研究、SARS冠状病毒分子流行病学和进化的研究、日本血吸虫基因组测序等方面，做出了出色的工作，于2006年当选为中国科学院院士。

"机遇是重要的，在人生道路上也始终有大大小小的机遇。但是，要有敏锐的眼力和冷静而勇于牺牲的精神去抓住机遇。"赵国屏回首这次"改行"，不禁回想起年轻时读过的鲁迅先生的话："愿中国青年都摆脱冷气，只是向上走，不必听自暴自弃者流的话。能做事的做事，能发声的发声。有一分热，发一分光，就令萤火一般，也可以在黑暗里发一点光，不必等候炬火。"

赵国屏认为，他们这一代人的"人生设计"就是"此后如竟没有炬火，我便是唯一的光；倘若有了炬火，出了太阳，我们自然心悦诚服的消失，不但毫无不平，而且还要随喜赞美这炬火或太阳，因为他照了人类，连我都在内。"

赵国屏"五十而知天命"，他不仅认识了基因组研究的"天命"，还认识了改革中科院上海地区生命科学研究体系的“天命”。

几乎与展开人类基因组研究同时，上海的生命科学研究力量也正进行着一场历史性的重组，赵国屏再次用他的管理才干，推动了一系列重要布局的完成。

“我上大学之后，读遍了所有专业课的英语教材，为的是以后做研究有用，但就是没有学过 TOFEL，因为从没想‘考出国’。但是，CUSBEA 给了我真正的机遇。”赵国屏至今感念这一次选择。

“上海，尤其是张江生物医药产业化基地，已经在生物医药领域有了很好的基础。我们从最基础的基因组研究，到生物医药转换研究，都走在全国的前列，经费使用效率也远高于全国平均水平。如此完整、有效的基地，在国内是唯一的，在国际上也不多见，值得我们珍惜。”

但是，他也指出：“我们已经布好了关键的点，却还需要将这些点串起来，并连成网络。”赵国屏认为，非营利组织的模式也许是一种可行的方式——“也许我未来几年，会着手组建这样的组织，真正把我国的生物医药产业链推动起来。”

当然，他最喜欢的科研也不曾放下过。人类元基因组——人身上所有微生物的集合，与人类健康休戚相关的那群微小又将基因组与微生物结合，赵国屏正走向“七十而从心所欲、不逾矩”的人生最高境界。

8. 心理学领域

(1) 心理学的诞生

心理学一词来源于希腊文，意思是关于灵魂的科学。灵魂在希腊文中也有气体或呼吸的意思，因为古代人们认为生命依赖于呼吸，呼吸停止，生命就完结了。随着科学的发展，心理学的对象由灵魂改为心灵。直到 19 世纪初，德国哲学家、教育学家赫尔巴特才首次提出心理学是一门科学。科学的心理学不仅对心理现象进行描述，更重要的是对心理现象进行说明，以揭示其发生发展的规律。

(2) 心理学的定义及概述

心理学是一门研究人的心理活动规律的科学。心理学者只是在尽可能的按照科学的方法，间接的观察、研究或思考人的心理过程（包括感觉、知觉、注意、记忆、思维、想象和言语等过程）是怎样的，人与人有什么不同，为什么会有这样和那样的不同，即人的人格或个性（包括需要与动机、能力、气质、性格和自我意识等），从而得出适用人类的、一般性的规律，继而运用这些规律，更好地服务于人类的生产和实践。

19 世纪前，心理学属于哲学范畴。19 世纪中，自然科学上的发现对早期的心理学家也产生了重大影响，此时的心理学研究也逐渐开始重视实验方法的使用。1860 年，德国的费希纳开创了心理物理学，德国的艾宾浩斯开创了记忆的实验研究。1879 年，德国的冯特在莱比锡大学建立了世界上第一个心理学实验室，标志着科学心理学的诞生。实证研究方法的运用是这一学科成为科学的转折点。其后的 100 多年，心理学门派纷争及高度发展，学科体系也进一步完善。

心理学是社会科学还是自然科学，在于视角及立场，因为它本身具备两者的特点，基础心理学归为自然科学范畴，应用心理学归类于社会科学范畴，因此，有人称之为“中间学科”。

心理的起源，尤其是人类高级心理过程，如思维、语言、情感、意志、高级心理特征的产生，是神经基础及人类社会化进程的产物，所以我们不能以单纯的生物学观点来研究此命题。心理学的分类标准有很多，如：犯罪心理学；教育心理学；发展心理学；认知心理学；决策心理学；社会心理学；实验心理学；人格心理学；心理咨询与治疗；爱情心理学；性别心理学；管理心理学；军事心理学；行为心理学；变态心理学；医学心理学；色彩心理学；积极心理学；旅游心理学；统计心理学；普通心理学；人际关系心理学；人力资源管理心理学等。

100多年来，心理学家们探索研究心理现象的各种途径，试图从各自主张的理论观点和关注的问题中去揭示心理活动的规律。心理学的探讨途径主要有：构造主义与实验心理学；格式塔心理学；机能主义心理学；行为主义心理学；精神分析心理学；认知心理学；人本主义心理学和脑的机制研究。心理学现存的许多互相对立的研究途径，还没有哪一个已成为强有力的研究范例，多途径研究反映了心理学的现状，并且这种处于前规范科学阶段的情况还将延续相当长的时期。研究心理学需要多种方法，而在心理学中主要采用的方法是：实验法；观察法；测验法；模拟法和个案法。

（3）心理产生的标志

在逻辑层面上，心理现象包括感觉、知觉、表象、记忆、思维、想象、情感和意志等，到底是哪一种心理现象的出现标志着心理的诞生，即心理产生的标志是什么？是何种心理现象的产生宣告了心理的产生？

有现象必有其本质，心理现象产生了，就会有心理产生。在所有心理现象中只有感觉是最先产生而又是最基本的心理现象，且又能合理推出发展其他心理现象，所以感觉应该是心理产生的标志。这可以从三个方面来推理：

① 感觉是其他一切心理现象的基础，没有感觉就没有其他一切心理现象。

② 个体心理学表明：刚出生的婴儿就只有无条件反射，只有简单的感觉，而知觉和表象等等还没有发展起来，但我们不能否认婴儿就没有心理。这样我们在潜意识中实际上承认了只具有感觉的婴儿也具有心理！心理随着感觉的诞生而诞生，一旦有了感觉也就有了心理。随着婴儿的发育，其心理也逐渐发展起来，心理现象也愈来愈复杂。

③ 动物进化史也表明了感觉是心理产生的标志和“胚芽”。动物进化史中，最开始出现心理现象的动物是腔肠动物。具有网状神经系统的腔肠动物以简单的感觉对外界刺激作出反应，腔肠动物具有最简单最低级的心理现象，也即有了心理。心理在腔肠动物身上诞生，以后随着动物的进化和发展，心理也在逐渐发展、丰富，渐次出现了知觉、表象、想象和思维等等。

（4）神经系统

心理并不是人脑特有的。例如：涡虫断头可以再生；蛙与蟾蜍切除大脑半球仍有条件反射；去除大脑的鸽子仍有本能的非条件反射，仍能走和飞。在大脑缺失的情况下，这些动物仍表现出心理现象。因此，大脑并不是心理存在的必要条件。

动物进化史表明：心理是动物进化到腔肠动物时产生的，此时的动物产生了最原始的神经系统——网状神经系统。在生物进化链上，神经系统出现之前并无心理现象，心理是与神经系统同时产生的，而后随着神经系统逐渐复杂，心理现象也亦步亦趋的丰富起来。作为心理的外观之一，其行为也日益复杂。不论处于何种阶段的动物，假如抽出或破坏其全部的神经系统，心理必将消失，并且若损坏某部分神经系统，其心理必然会出现若干不正常。

心理是由刺激引起的，是刺激引起的电脉冲在神经系统上传播的结果，是生物电流在神经系统中传播所引起而产生的，是刺激在细胞膜上引起的电流在神经系统中传导所引起的，是神经系统在刺激的作用下产生的。因此，神经系统是心理产生的工具。

植物和低等动物没有神经系统，细胞膜上产生的电磁场无法在细胞膜上实现远距离传播，更无法实现定向传播，膜在刺激下所产生的电磁场只是在小范围内近距离扩散，实现不了电磁场的规范有序传播，故而这种电磁场不是心理。只有在神经系统的定向传导与约束下，在膜上产生的电磁场才是心理。离开了神经系统，心理将不会产生和存在。心理的本质是神经系统在刺激作用下形成的有序变化的电磁场。

(5) 心理现象和心理过程的统一

感觉是刺激物的某种特性进入神经系统的“通道”，它把刺激“编码”成不同频率和强度的电磁场在神经系统“周游”，引起相应的体态变化（包括行为和语言）。人的感觉是非常有限的，就种类而言，人类只有 5 种感官，缺乏鸽子所具有的磁觉；就感受幅度而言，人类只能感受一定强度范围的刺激，过高、过低的刺激都不能直接引起我们的感觉，如人类没有狗的嗅觉灵敏（一定存在一个我们所感觉不到的世界）。

知觉是把通过感觉而“搜集起来”的几种物质特性综合起来进行的反映，表象则是对物质过去到现在的整体认识的总结，想象是在过去表象的基础上对物质的可能形态进行的预测。在四维时空中，到想象阶段就形成对物质的形象化的认识，这在思维上就是形象化思维，而抽象思维则是对事物的抽象特征的思维。思维就是对事物特征的“加工”。由此可见，感觉是其他心理现象大厦的“地基”，其他心理现象都是建立在感觉的基础上。

记忆是把事物的特性“录入”大脑的过程，录入的内容有的建立了与其他原有内容的联系，扎下根来而表现为“长时记忆”；而扎不下根来的记忆，又根据其能回忆起来的时间长短分为短时记忆和暂时记忆。

意识和潜意识是经过记忆过程的事物特征的“存贮库”。能够回忆起来的内容是暂存在意识中的内容，不能够回忆起来的内容是存放在潜意识中的内容。二者关系如下：①意识与潜意识并无明显的界限，但有一个过渡时期和过渡空间；②在自然状态下，意识总是向潜意识过渡；③在外界的干预下，人也可以把潜意识转化为意识，例如通过心理访谈知道自己的丧父或丧母心结；④潜意识虽然难以唤起，但仍然发挥作用，不自觉的改变人的行为；⑤潜意识的库存远远大于意识的库存，具体表现就是潜意识发挥的作用远远大于意识，意识只是潜意识和意识的“冰山一角”。

语言与行为都是人的一种“体态”，只不过是高度组织化了。心理通过神经系统调控人的外在肌肉就形成了“体态”。①语言的解释：语言是通过声带和口舌等相关肌肉的高度组织化，发出有规则的声波，不同的声波被赋予不同含义，就构成了口头语言；书面语言则是把不同含义的声波用符号记录下来，这个符号就是书面语言。②行为的解释：行为则是在心理支配下产生的各种动作，这些行为具有一定的含义并发挥一定的作用。体态除了语言和动作之外还有非常丰富的内容，最明显的是人的“心灵的窗户”——眼神。人们主要通过体态变化来推测和探知人的心理变化和作用，它是心理运动的外观。

能力是心理功能在行为结果上的反映，行为结果达到预期的目的就表明能力高，心理功能强；反之，则表明能力低，心理功能弱。

智力是心理功能在思维成果上的反映，有较高思维成果产生就表明智力高；反之，则表明智力低。

气质是心理状态在人的体态上的反映，良好的心理状态就使气质优良，不同的心理状态表象为不同的气质。

需求是生物自身的不断发展和完善在心理上的反映。动物总是趋向于保存和完善自我，现实一旦不能立即提供保存和完善自我的条件，心理就会产生要满足这个条件的要求，需求就这样产生了。需求的产生是生物自我生存和发展的需要。

动机是指心理指引行为要达到的目标。需求是动机产生的前提。

情绪是新认知与已有知识碰撞产生的心理现象，当新认知与已有知识发生冲突乃至矛盾时，心理就会引起负性情绪，随着强度大小，情绪的强度也相应增减；反之则引起正性情绪。

情感是情绪在某事物上的认知化凝结，一感觉到该事物就会主动认为该事物好或坏，飞快跳过冲突过程而产生固定情绪。这也是可以通过在另一个更高层次的调节认知而改变这些情绪或情感的。

学习是主动、系统而专门的记忆过程。

性格是指心理的稳定的倾向性，在待人接物时直观表现出来。

人格是指心理特征在社会关系中表现出的稳定的倾向性。与性格相比，人格侧重于人的知识体系和由此决定的价值观，而性格则侧重于心理自身的特征。

心理学的种种过程与现象都是以感觉为基础建立起来的，感觉是心理过程和心理现象的逻辑起点。如果把感觉比作“婴儿”，心理过程和心理现象就是各种类型的“成人”，感觉是心理的“胚芽”。因此心理的一切过程与现象都可以从感觉出发得到合理解释，因此心理学统一的基础在于感觉。感觉心理学的实质就是大统一的心理学。

★ **心理现象的复杂原因**

① 心理的无法直接感知性。心理作为一种电磁场，人类有限的五种感官是无法直接感知的，只能意识到它的最大共性——客观实在性，而其他具体的性质则无法直接把握。

② 心理功能的强大及无所不在性，有人的地方必有心理发挥其难以名状的功能。心理支配人的行为，纷繁复杂的行为都可以从心理角度得到合理的解释。人的一切活动都是行为，而心理决定这一切，而且心理自身又具有高度的复杂性。可是由于社会条件的限制，人无法直接把握心理这种物质，现实又要求必须对人的行为作出貌似合理的解释。于是人们就把它“神化”，把“心理”冠名为“灵魂”或“心灵”，把它作为上帝的“杰作”或“旨意”（心理在希腊文中的意思就是“灵魂”）。这种把心理神化的观念使人坠入歧途，使心理更显得迷雾重重。

③ 神经系统的强大自组织性。在心理依靠神经系统发挥其功能时，神经系统自身又可以不断地建构和完善，使心理功能更好地发挥并且更为强大，并使心理现象更加复杂。这实际上是功能与结构的关系的一个缩影：手的使用使手的结构发育的更能从事经常的活动；常年从事重体力劳动的人，其手较为宽大且结茧；常跑步的人，其大腿往往发达。这些都是功能促进结构发育的例子，发育起来的结构又能使功能更好地发挥。

神经系统的结构与功能的这种关系更加突出和明显。神经系统的建构很大程度上依赖神经系统发挥的程度和种类，神经系统发挥的作用越多，发挥作用的种类越多，其结构越完善，越利于其发挥作用（大脑越用越灵）。越高级的动物其神经系统越发达，功能对结构的促进作用越强大。就人而言，刚出生婴儿的大脑重量只有成人的一半，另一半大脑发育的如何，则主要依靠出生后所接触的社会环境。有利神经系统发挥作用的环境能大大改善大脑的结构并增加其重量，如印度“狼孩”的大脑，其重量大大低于常人，更无论其结构了。

脑科学也表明：经常从事某种活动的人，调节该活动的大脑部位往往越发达；而很少从事某种活动的人，调节该活动的大脑部位往往萎缩，甚至在人的成长中消失！

记忆心理学表明：长时记忆就是改变了神经突出和轴突的方向、大小乃至连接；暂时和短时记忆只是把神经细胞改变的不明显。

心理本来通过神经系统发挥作用，但在发挥作用的同时，神经系统“变”的更有利于心理作用的发挥。这种相互作用，就如同电流本身不会发光要靠灯泡里的灯丝来使其发光，而灯丝在电流的不断作用下会越烧越亮（一定范围内）。相互完善和促进的情况使心理现象更为复杂，一如鸡生蛋还是蛋生鸡一样让人困惑而难辨。

刺激也是一种作用，是一种力的作用，自然界一切作用都可以归结为四种力的作用。不同强度和种类刺激能促使神经系统的发育，也使心理的功能强大起来，因此接触较多刺激的儿童就比较聪明。

④ 五种感官的复杂的交互作用。五种感官可以造成如此复杂的心理现象，是因为貌似复杂事物的本质原本是单纯而简单的，只是在发展过程中复杂起来。这个规律存在许多事物的发展之中，能够进行复杂计算与变换图形的电脑，是建立在简单的二进制的基础上的；“万经之首”的易经，其产生只是阴爻与阳爻两者的交互作用；自然界千万种生物的遗传物质都是五种碱基对的不同的顺序连接与配对。视觉、痛觉，触觉、味觉与听觉完全可以使心理复杂多变，令人眼花缭乱。

（6）心理学领域代表人物及其科技成就

潘菽（1897—1988），江苏省宜兴县人，心理学家，中国科学院院士。

★ 生平经历

潘菽 1897 年 7 月 13 日出生于江苏省宜兴县陆平村的书香门第。其祖训为“耕读传家，不入仕途”，他的曾祖父和祖父分别是清朝道光、咸丰年间的举人，两个伯父都是光绪年间的秀才。父亲秉性耿直、倔强，文采出众，是村上的私塾先生。潘菽有兄弟 5 人，姊妹 4 人，他在兄弟中排行第二。潘菽 6 岁时开始在父亲开办的蒙馆里读《四书》、《五经》。清朝末年废科举兴学堂，在新旧教育制度变革时期，他几经周折，终以优异成绩考取了常州江苏省立第五中学，成为三年级的插班生。他天资聪明，勤奋好学，少年时期已阅读了许多先秦诸子及宋明理学家的著作，并深为先哲们的深邃思想所吸引。他尤其羡慕宋代哲学家朱熹的渊博知识，希望将来也能成为像朱熹一样的大学问家。他兴趣广泛，文章写得很好，还爱好书法、美术和镌刻等。在每学期末学校公布的红榜上，他的名字总是列甲等前两名。校长童伯章及后来他的大学校长蔡元培都很欣赏他的好学和多才，曾为他书写条幅相赠。

1917 年潘菽中学毕业后，跳过两年的预科，报考了北京大学哲学系，以优异成绩直接考取了本科。他在北京大学读书的几年正是蔡元培当校长的时候，又值“五四”运动时期，他怀着满腔爱国之情积极参加了这场反帝反封建的革命运动，是被捕的 32 名爱国青年之一。这场运动使他明白了一个道理：帝国主义之所以总欺负我们，一个重要原因就是我们的国家太弱、太落后了，而要使国家强盛起来，就必须大力发展教育。1920 年潘菽大学毕业后，考取了官费留学，基于“教育救国”的思想，加之此前美国教育家、哲学家杜威来华讲学使他对教育产生了兴趣，因此，他决定去美国学教育。1921 年来到美国，不久，他感到美国的教育不一定适合我国国情，用美国式的教育未必能解决中国的问题，而心理学作为研究人的基础科学，既与教育有密切关系，又比教育更具有根本的性质，于是他决定改学心理学，并由此踏上了献身心理学的道路。

★ 艰难而曲折的心理学研究历程

由于心理学研究对象本身的复杂性，又鉴于中国的特定社会条件，六七十年来他在心理学上走过的道路，正像他自己所说，“并不是现成的康庄大道，而仿佛是山间之蹊径，颇为崎岖曲折，有时还要披荆斩棘。”晚年，他在一篇题为《我的心理学历程》的回顾中，将自己的学术生涯大致分为六个阶段，即十年定志，十年彷徨，十年探路，十年依傍，十年自强，十年播扬。潘菽是与中国现代心理学一起成长起来的心理学家，他在心理学上所走过的道路可谓是中国现代心理学历史发展的一个缩影，他的奋斗精神也堪称中国老一辈心理学家奋勇前进的一个典范。

潘菽开始接触心理学是在北京大学求学时期，他的第一位心理学老师是陈大齐教授。那时，中国心理学尚处于初创阶段。20 世纪 20 年代，当他决定迈入心理学科学殿堂的门槛时，正是国际上许多心理学派别激烈纷争的时期，各家众说纷纭，莫衷一是。这种情况使他感到，心理学还不像一门真正的科学。然而，这不但没有动摇他献身于这一门科学的意向，反而更促使他立志要致力于改变这种状况，使心理学成为一门真正的、名实相符的科学。潘菽在美国学习 6 年，先后读了 3 所大学：最初在加利福尼亚大学就读；一学期后转入生活费用较低的印第安纳大学，在康托教授的指导下作了关于汉字心理学方面的研究，获得硕士学位；1923 年又转入芝加哥大学深造，1926 年在 H·卡尔教授的指导下，完成了题为《背景对学习和回忆的影响》的论文，获得了博士学位。1927 年潘菽学成回国。当时，中国现代心理学正处于创建阶段，一些大学纷纷成立心理系。他被最早成立了心理系的第四中山大学（前身是东南大学，后来改称中央大学）聘为心理学副教授，半年后升为教授，兼心理系主任。50 年代中期前他一直在这所大学工作。

20 世纪 30 年代中国历经内忧外患，当时潘菽对心理学应该走一条什么样的道路也还看不清楚，他陷入了彷徨，然而却丝毫未动摇志向。那时，国内一些大学纷纷取消心理系，一些很有才干的年轻心理学者被迫纷纷改行。面对中国心理学可能夭折的厄运，潘菽在报刊上以《为心理学辩护》等为题，接连发表文章，竭力争取社会对心理学的了解、重视和支持，并鼓励心理学的同仁知所奋勉，在当时特定的环境下仍要认清心理学的价值所在，并要敢于知难而进，有所作为，共同来开垦中国科学领域中的这一“半荒区”。

抗日战争期间，潘菽随中央大学内迁重庆。在重庆的八九年中，他将很多精力积极投入抗日民主爱国斗争，同时一直坚守着心理学这块科学阵地。在此期间，他与中央大学、重庆大学的十几位进步教授自动组织起来，自觉地学习马列主义和毛泽东同志的著作，从中受到很大教益。尤其是列宁在《唯物论与经验批判论》中对心理活动的精辟论述，使他耳目一新。他以自己学习、研究所得，为心理系的学生开设了一门新课——理论心理学，试图用刚接触到的新的哲学思想来解释心理学中的基本理论问题，为心理学探索新的发展道路。

1949年南京解放后，他受命参与接管中央大学。中华人民共和国成立后，他参与了南京及华东地区的大学院系调整工作，并接任南京大学（调整后的中央大学）校务委员会主席。1951年被任命为第一任校长。

中华人民共和国建国初期，中国心理学从专业设置到教科书，一切照搬前苏联，形成了对前苏联的依傍。为此，潘菽一心想了解前苏联心理学是如何以马列主义为指导发展起来的。1949年9月他作为中国科学家代表团员之一去前苏联参加巴甫洛夫100周年诞辰纪念活动，1957年他又率中国心理学家代表团赴民主德国访问，往返都路过莫斯科。潘菽很珍惜这两次机会，本希望通过会晤前苏联心理学家和参观，好好向前苏联心理学界学习，但希望没能实现。这期间，中国心理学的专业机构也作了较大调整，在全国范围内只有南京大学一所学校保留心理系，另按前苏联的模式在北京大学哲学系内设立了一个心理学专业。1956年南京大学心理系并入中国科学院心理研究所，潘菽担任了心理研究所所长。在此之前，中国心理学会于1955年重新建立，他被推选为理事长。这两个职务他一直担任到80年代中期。1955年中国科学院成立学部，他被选为学部委员，是学部委员中唯一的心理学家。

20世纪60年代对潘菽本人乃至对中国心理学而言都是一个多灾多难的年代。1963年他突发心肌梗死，几濒于危，住了一年多医院。出院后养病期间开始了“文化大革命”，心理学被诬称为“伪科学”，要“彻底砸烂”，心理研究所和大学的心埋学专业也被取消，中国心理学面临灭顶之灾。昔日被人们誉为“活雷锋”的他，一下子却成了“牛鬼蛇神”。他虽年事已高，且身患重病，仍遭到各种迫害。就在这种连性命都难保的情况下，他想的还是如何使我国的心理学能够继续存在与发展。在一次砸烂心理所的批斗会后，他悲愤而坚定地对自己的夫人说：“心理学作为一门科学是砸不烂的，也是取消不了的，前途是光明的。”正是这种坚定的信念，使他在极度困难的情况下，自强不息，奋笔著书，以写检查为掩护，偷偷地写下了50多万字的《心理学简札》初稿。他后来在回顾中写道：“通过写《心理学简札》这项工作，我自以为明确了不少心理学中的问题，较明白地认识到心理学的过去和现在以及未来的趋向，也比较明确了我国心理学的研究和发展基本上应该怎么办。我更加坚信我国心理学必须自力更生，自强自立，决不能再一味仰望于任何国家”。

“文化大革命”结束后，为了尽快恢复和发展我国的心理学，年已八旬的潘菽不顾体弱多病，重新挑起了心理研究所所长和中国心理学会理事长这两副重担。他一方面不辞辛苦地做了大量组织领导工作，同时身先士卒，带头从事研究和著述。在他生命的最后10余年中，共发表论文20多篇，出版著作5种。在他去世之前，一直主持“关于意识的心理学研究”工作，还担任着《中国大百科全书心理学卷》编委会主任。10年中，他先后培养了3名硕士研究生和4名博士研究生。1981年中国心理学会、中国科学院心理研究所和九三学社中央委员会联合举办庆祝他从事心理学科研和教学工作60周年暨90寿辰的活动，会上他激动地表示，要“活到老，学到老，工作到老”。他清醒地意识到，自己的时间不多了，而要做的事还很多，因而总是夜以继日、废寝忘食地工作。一次，他的女儿专门写信给他，以父女骨肉之情苦心相劝。他回一张小小的字条，上面写道：“我专心致志，时间不够用是事实，实无办法。早睡不可能做到，除非放弃工作。”寥寥数语，足见这位九旬老人忘我的工作精神。潘菽这种高度的事业心和无私奉献的精神在我国心理学界广为传颂，被誉为“我国心理学界的圣人”和“一面旗帜”。正当他辛勤研究不断取得成果时，因患脑出血病故，从而结束了他艰难而曲折的心理学界历程，时年91岁。潘菽在心理学的教学、科研及其组织领导岗位上勤勤恳恳地工作了60余年，为中国心理学的发展做出了巨大的贡献，被认为是中国现代心理学的奠基人之一，理论心理学的主要开拓者。

★ 教育贡献

潘菽从20世纪20年代中期到50年代中期，执教30年，为我国培养了大批人才，尤其是心理学方面的专门人才。潘菽的知识渊博而扎实。在大学里他曾讲授过普通心理学、实验心理学、理论心理学、比较心理学、社会心理学、应用心理学、心理学史等十余门主要的心理学课程。他讲课从来不用现成的教材照本宣科，而总是自编讲义。他所写的讲义和其他著作都有自己独特的见解。他的学生都感到，潘菽的讲课内容新鲜丰富而深刻。他口才并不流利，也不善言辞，但他认真负责的态度，朴实无华的风格，丰实深刻的思想和深入浅出的讲授，都使同学们获益甚多。

潘菽的教学态度一向是极为认真的。中央大学心理系有的班级只有一两个学生，但他同样认真备课和讲解。他对学生的要求也很严格。有一次，一个学生缺了一堂课，也没有参加做实验，事后抄了一份实验报告交给了他。他发现后严肃地批评了这位学生，并单独给这位学生补了课。几十年以后，当这位老学生想起此事时还由衷地钦佩潘菽严肃负责的教风。

潘菽很讲究教学方法。他反对注入式的教学，注重启发，善于调动学生的学习积极性和主动性。他在讲授心理学史课时，常常先把问题分给学生，分别指定参考书目和阅读的页数，让学生分头准备。上课时先由学生讲，然后自己做总结。这种教学方法，既使学生能够牢固地掌握知识，又锻炼了他们独立学习的能力。他既教书又育人，经常以自己新鲜的进步思想滋润青年们的心田。平时他言语不多，但处处为人表率，身教重于言教，影响学生于潜移默化之中。他对人态度和蔼可亲，作风平易近人，从不摆老师和学者的架子，很有忠厚长者的风度。正因为这样，学生有问题、有困难都爱找他说，平时也很喜欢到他的宿舍谈心，甚至请他当证婚人。在学生的心目中，他既是良师，又是益友。

潘菽在多年的教育实践中，不仅积累了丰富的经验，而且提出过许多进步的、正确的教育主张。他的一个重要主张，就是中国的教育应走自己的道路，发展适合中国国情的教育，反对模仿和照搬外国的一套。抗战期间，他积极支持“小先生制度”、“流动学校”等主张，并亲自到陶行知先生在重庆创办的社会大学讲课，普及文化科学知识，宣传抗日救国的道理。潘菽还非常重视职业教育，他支持黄炎培办中华职业教育社，被聘为该社研究主任，兼中华职业专科学校教务主任。潘菽不仅注重言传身教，而且还提出要注意“物教”，他认为“环境是有很大教育作用的”，“真正懂得教育的人无不注意环境的选择和安排”，他的这种主张是有心理学的科学依据的。

★ 我国理论心理学的开拓者

潘菽早年对心理学的发展寄希望于实验研究。因为当时心理学的派别很多，分歧很大。他认为要取得一致的正确看法，靠空洞的论争是于事无补的，只有通过实验取得可靠的结果才能求得共识，从而推动心理学的发展。后来，他经过一个时期的实践和对心理学各流派分支实质的进一步研究，认识到照自己的设想未必就能达到所期望的结果，因为对于同一个科学事实和实验结果，仍会有很不同的以至相反的解释，关键在于看问题的观点和方法。只有端正了看问题的根本观点，才能够对心理事实有一个正确的认识，才能够从根本上提高心理学的科学性。基于这种认识，他转而更加注重心理学基本理论的研究。20 世纪 40 年代，他特为中央大学心理系的学生开设了理论心理学课，试图用辩证唯物论的观点分析说明心理学中一些长期争论不休的根本问题。中华人民共和国成立后，在他的大力倡导和推动下，心理学基本理论研究一直是我国心理学研究的一个重要领域。在心理研究所成立了心理学基本理论研究室，中国心理学会也成立了心理学基本理论专业委员会。他直接领导这两个机构的工作，带领和指导我国心理学理论队伍逐一研究心理学中一些有很大分歧而且又是带根本性的理论问题。他自己率先研究，并提出了许多独具新意的深刻见解，初步形成了具有我国特色的科学心理学的构想和框架。例如：他认为心理学必须对人的本质有一个符合科学的解释。在他看来，人的本质特征在于具有可以得到高度发展的心理智能，心理学就是研究人的本质特征，从而阐明人之所以为人的一门重要的大有发展前途的基础科学。

关于心理学的科学性质问题，以往在心理学界一直缺乏统一的理解。潘菽既不同意把心理学当成自然科学，也不同意把心理学归入社会科学或其他具体学科，如哲学、教育学、生物学等。他认为，心理学既有自然科学的性质，又有社会科学的性质，是具有二重性质的中间科学，是跨于两大科学门类之间的一门独立的基础科学。他的这一看法已为中国心理学界普遍接受，他的这一正确观点和他为实施这一主张所做的种种努力，无疑对我国心理学的发展道路产生深远的影响。

潘菽对心理学的方法论也有系统而完整的论述。除了已为人们认识的一般原则外，他特别指出：心理学研究必须贯彻生活实践的观点，而不能采取把心理现象孤立化的观点；要对人的地位有一个恰当的理解，而不能把人的心理降低到动物的水平以至人兽不分。

潘菽对传统心理学把心理过程分为“知、情、意”的三分法体系提出了质疑，并提出了二分法观点，即把整个心理活动分为意向活动和认识活动两个主要范畴，以作为他自己的心理学构想的基本框架。对这一问题，目前我国心理学者的看法尚有较大的分歧，但他坚信自己的看法是比较符合实际的，是经得起检验的。

意识问题是心理学中一个带根本性的重要理论问题，并且是一个一直争论不休的“老大难”问题。潘菽对以往各心理学流派的观点都不同意，他认为意识并不等于心理，它并不包括心理活动的全部，而只代表“知”的一方面，“意识就是认识”。

心身关系问题也是心理学中的“老大难”问题。自古以来，众说纷纭。潘菽对古今中外关于这个问题的各种主要看法进行了认真分析，并吸取了我国古代思想家对此问题合乎科学的一些思想，提出并系统地阐述了他关于这个问题的观点。他认为心身问题是一个体用问题，即身体是心理的主体，人脑是心理的主要物质器官，而心理是身体尤其是人脑的一种机能和作用。对于心理实质的理解，我国的教科书上一直遵照列宁的观点，即“心理是脑的机能，是客观现实的反映”。潘菽则进一步提出人脑有生理的和心理的两种机能。这样的看法应该说是在列宁指出的方向上又前进了一步。

潘菽对个性问题的看法也有独到之处。他认为人的心理活动有动态和静态两种表现形态。心理活动的动态表现就是常说的心理过程，而心理活动的静态或稳定的状况就是心理状态。一个人所有的全部心理的静态或较稳定的状况就是所说的个性。

对人在自然界中的地位，他改变了以往把有机界分成人界、动物界和植物界的旧三界的说法，提出了一种新的三界说，即把整个世界分成无生物界、生物界和人界。

潘菽对中国古代的心理学思想极为重视。他一再指出，我国古代心理学思想是一个丰富的宝藏，我国心理学者绝不可“数典忘祖”，而必须好好挖掘研究，以继承先人的这份珍贵遗产。在他的倡导和积极推动下，我国古代心理学史的研究取得了可喜的进展。

潘菽的心理学思想在我国心理学界已产生了广泛而深刻的影响，但他自己并不认为他的所有看法都已达到完全成熟，在我国心理学界对他的心理学思想的认识和估价也不尽一致。为了更好地探讨他的思想，1988 年 1 月正式成立了潘菽心理学思想研究会。中国心理学者将遵循“百花齐放，百家争鸣”的方针开展研究，以促进中国心理学的繁荣发展。

潘菽一生著作很多，个人专著以及主编、合编的书有十几部，发表的心理学论文以及教育、哲学、美学等方面的文章200余篇。他主编的大学教材《教育心理学》（人民教育出版社，1980年）和图文并茂的高级科普著作《人类的智能》（上海科技出版社与三联书店香港分店联合出版，1983年）分别获得全国高等学校优秀教材奖和全国科技图书一等奖。《心理学简札》（上下两册，人民教育出版社，1984年）是他的主要代表作，可以说是他一生对心理学探索成果的一个总结。这部书从1964年他养病期间开始构思和写作，到1984年正式出版，前后历时20年，全书60多万字。在这部著作中，他以辩证唯物论和历史唯物论的观点，对古今中外有影响的心理思想，对传统心理学中各重要流派的基本观点，作了深刻的分析与评论。同时，对我国心理学的发展道路和心理学的一些基本理论问题阐述了自己的见解，对辩证唯物论心理学的理论体系提出了个人的设想。这部著作出版后，在我国心理学界引起了很大的反响。有的书评认为，“它是以马克思主义为指导，改造旧心理学，建立具有中国特色的心理学体系的重大尝试，是促使我国心理学实现现代化的战略性思考”。“是一本心理学简要百科全书式的书”。该书1991年荣获“光明杯”全国哲学社会科学著作荣誉奖，1992年又获国家教委首届高等学校出版社优秀学术著作特等奖。

潘菽不仅是一位有远见卓识的学者，而且是一位有影响的社会活动家和忠诚的共产主义战士。抗战期间，他紧紧依靠中国共产党，积极投身于抗日救国运动，是中国科学工作者协会（1945年重庆）和九三学社的主要发起人和领导者之一，对巩固和扩大党的统一战线做出了重要贡献，在国共重庆谈判期间曾受到毛泽东主席的亲切接见。1956年他光荣地加入中国共产党。1958年以来一直任九三学社中央副主席。曾任南京市和江苏省人民委员会委员，省政协副主席，中国科协常委，第一届、第二届、第三届全国人民代表大会代表，第五届、第六届全国政协常委。

9. 农学领域

根据《中华人民共和国国家标准 GB/T13745—92 学科分类与代码》的规定，农学属于一级学科。在该一级学科下，包括农业史、农业基础学科、农艺学、园艺学、土壤学、植物保护学、农业工程等七个二级学科。

(1) 农史学科的历史演进

中国是世界农业发祥地之一。根据现有考古发掘证据，中国农业已有长达八九千年的悠久历史。其发展过程可简分为下列几个时期。

★ 原始农业时期

在原始母系氏族社会时期，中国境内居住着众多不同的氏族和部落。传说北方最著名的氏族是分布在中部的炎帝族和分布在西北的黄帝族。炎帝神农氏，姓姜，又名烈山氏。“姜”姓反映了它是西戎羌族的一支；“烈山”反映了原始农业的焚林开荒和刀耕火种。《易经》、《淮南子》和《史记》等古书中还都记述了神农氏发明耒耜和播种五谷的故事。传说黄帝的妻子嫘祖是养蚕的创始者。黄帝族著名首领之一帝喾的儿子名弃，即后稷，相传是周族的祖先、种植农作物的能手，后被奉为谷神。后稷的时代较晚，可能相当于原始氏族社会的末期。

上述传说依稀反映了原始农业产生的一些情况，而最近 30 余年来从几千处新石器时代遗址陆续出土的考古材料，则为了解中国南北各地的原始农业面貌提供了实物依据。

黄河流域的原始农业以种植粟为代表。重要的遗址在黄河中游和汉水上游，如河南郑州的裴李岗文化（约公元前 5500—前 4800）、河北武安的磁山文化（前 5400—前 5100）等，继承这两个早期新石器文化的是河南渑池的仰韶文化，它的分布极广，北到长城沿线及河套地区，南至湖北西北，东至河南以东，西至甘肃、青海接壤一带。新石器晚期在黄河中下游地区，有山东章丘的龙山文化（约前 2500—前 2000）。

长江流域的原始农业以种植水稻为代表。重要的遗址在长江下游地区，有著名的浙江河姆渡文化，是中国最早的种稻遗址和炭化稻谷出土量最多的遗址。在太湖地区形成系列的稻作文化，有浙江嘉兴的马家浜文化（约前 5000）及其后续的上海崧泽文化（约前 4000）和浙江杭州的良渚文化。长江中游的新石器文化以四川巫山大溪文化（前 4400—前 3300）为代表，其次为湖北京山屈家岭文化（前 3000—前 2600），与大溪文化有密切关系。

长江以南的华南和西南地区的新石器时代遗址包括鄱阳湖—赣江流域、福建、台湾、广东、广西、四川南部、云南、贵州和西藏地区。重要的稻作文化遗址有江西修水的跑马岭遗址（前 2800）、广东曲江的石峡遗址（前 2900—前

2700）及云南宾川的白羊村遗址（前 2200—前 2100）等。

随着考古工作的开展，中国新石器时代遗址在边疆地区有很多新的发现。北方新石器文化分布在东北、内蒙古东部、西部和新疆 4 个地区，其中最早的为辽宁沈阳的新乐文化及辽宁长海的小珠山一期文化（约前 5300—前 4800）；其次为内蒙古赤峰的红山文化及小珠山二期文化（约前 3500）；再次为小珠山三期文化（前 3000—前 2500）。这些文化的发展过程与黄河流域的发展大体一致。

以各地遗址出土的材料看，当时的农业生产工具已以磨制石器为主，同时也广泛使用骨器、角器、蚌器和木器。其种类包括：整地工具，如用来砍伐树木和清理场地的石斧，用来翻土和松土的石耜、骨耜、石铲；收割工具，如石刀、石镰、骨镰、蚌镰、蚌刀等。此外，还普遍使用石磨盘、石磨盘棒和石臼、木杵等加工工具。

原始农业对土地的利用可分为刀耕和锄耕两个阶段。刀耕或称“刀耕火种”，是用石刀之类砍伐树木，纵火焚烧开垦荒地，用尖头木棒凿地成孔点播种子。土地不施肥，不除草，只利用一年，收获种子后即弃去，等撂荒的土地长出新的草木，土壤肥力恢复后再行刀耕利用。在这种情况下，耕种者的住所简陋，年年迁徙。到了锄耕阶段，有了石耜、石铲等农具，可以对土壤进行翻掘、碎土等加工，植物在同一块土地上可以有一定时期的连年种植，人们的住处因而可以相对定居下来，形成村落，为以后逐渐用休闲代替撂荒创造了条件。

当时的农业生产对自然条件的依赖较大，生产水平较低。黄河流域因气候干燥，雨量较少，适于旱地作物如粟、黍、大麦、小麦、大麻及大豆等的种植，但在有水利条件的地方也种植水稻。长江流域及其以南地区因气候温暖，雨量充沛，湖泊、沼泽、河流众多，适于种植水稻以及耐阴的块根、块茎作物如木薯、芋等，山坡旱地也适于各种旱作。家畜饲养方面，南北各地新石器时代遗址都有驯养猪、犬、牛的遗存，羊及马则以北方为主，鸡的驯养稍迟，南北都有。在新石器时代早期，尽管已有了原始种植业和饲养业，但采集和渔猎仍占重要地位；直至新石器时代晚期，在农业相对发展、人们已经定居下来以后，采集和渔猎仍占有一定的地位，这是原始农业结构的特点。同这种生产力水平低的条件相适应，当时的土地和生产资料都归氏族公社所有，实行集体劳动，产品平均分配。早期母系氏族社会中的农业生产和氏族经济活动由妇女主持，随着锄耕农业的发展，母系氏族制开始向父系氏族制过渡。到剩余产品出现以后，原始社会的氏族公社制才逐渐解体。

中国南北各地的新石器时代考古发掘表明，中国的原始农业不是起源于一地，而是呈多中心的发展。黄河流域和长江流域是最主要的两大起源发展中心，一个以旱作粟为代表，一个以水田稻为代表，它们各自在扩展、传播中交融。到了新石器时代晚期，水稻的种植已推进到河南、山东境内，而粟和麦类也陆续传播到东南和西南各地，终于形成有史以后中国农业的特色。

★ 夏、商、西周时期

这一时期，相当于中国的第一个阶级社会——奴隶制社会时期。财产私有制的产生，促进了农业生产力的提高。这首先反映在农业生产工具上，当时出现了青铜农具，但数量不多，主要仍是木、石器，但种类增加了，出现了臿、铲等掘土工具和镰、铚等收割工具。另外，《夏小正》和《诗经》中还提到钱和镈两种除草工具和一种用来碎土平田的木质榔头称耰，并有“或耘或耔”等记述，表明在农田操作中已有了整地和中耕、除草、壅土的内容。其次，与农具的发展相联系，土地的占有制和利用方式也有变化。西周曾行井田制，规定土地为国家公有，由国王将全国土地层层分封给各级贵族，按井字形划分为九区，中央一区为公田，四周八区为分授给八夫的私田。公田由八夫助耕，收获物全部缴交统治者。男子成年受田，老死还田。奴隶们依附于井田，通过集体劳动进行大规模的土地开垦和种植。井田的田间有发达的排水沟洫系统，甲骨文的田字写作“甽”等形状，就是农田分割为沟洫的形象化，井田制农业也因此称沟洫农业。这时撂荒制尚未绝迹，在黄河流域实行“菑、新、畬”的耕作制。有的地方还把田地分为可以连年种植的“不易之田”，种一年、休闲一年的“一易之田”和种一年、休闲二年的“再易之田”三类，实行有计划的休闲制。

农业生产的种类也增加了。黄河流域农作物仍以粟为主，但《诗经》中同时已提到禾、谷、粱、麦、来、牟、稻、稌、秬、秠、穈、芑、菽、麻、苴、纻等。此外，园艺生产已有园与圃，即果树与蔬菜的分工，瓜、果、杏、栗等园艺作物都已种植。根据甲骨文和《诗经》等的记载，养蚕已成为农事活动的一部分，蚕织被看做是妇女的一种美德。从殷墟出土的动物遗骸还证明当时的畜牧业不仅马、牛、羊、鸡、犬、豕“六畜”俱全，而且饲养数量大为增加，其中马匹由于战争和狩猎的需要，尤其受到奴隶主们的重视，发展迅速。由于粮食增加，酿酒也较普遍。甲骨卜辞除提到酒外，还提到用稻酿造的“醴”和用黍酿造的“鬯”等。这时人们为了使栽培植物能够提供较好的收成，还逐渐从实践中学会了选择“嘉种”，懂得了早熟（“重”）、晚熟（“穋”）和早播（“稙”）、晚播（“穉”）等品种的区别。畜牧业上也发明了淘汰劣马和公马去势的技术等。

奴隶制对于原始公有制来说，无疑是一个进步，但随着生产力的进一步发展，奴隶制又成为农业生产的桎梏。西周实行的井田制把奴隶牢牢地束缚在土地上，强迫他们为奴隶主劳动，而劳动所得的绝大部分产品，则通过所谓贡、助、彻的形式，直接被奴隶主所剥夺，这就大大压抑了奴隶们的生产积极性。同时，生产工具落后，土地不能常年连种和进行深耕，农作物所需的水分主要依靠自然降水，这些也都严重妨碍了农业生产的发展。

这一时期长江流域及其以南地区的农业情况缺乏当时的文字资料，从后世文献记载和考古发掘来看，南方的农业尽管起源时间并不晚于黄河流域，但其发展则显然慢于北方。由于当时南方地广人稀和自然条件优越等原因，火耕水耨的耕作方法以至采集、狩猎活动的持续时间可能更长一些。

★ 春秋战国时期

这一时期，奴隶制走向崩溃，封建的生产关系开始发生。鲁国实行“初税亩”，实行按亩征收赋税的制度，不久也被其他国家采用。在秦国商鞅、魏国李悝等人的倡导下，一些诸侯国家的统治者代表新兴地主阶级的利益，纷纷实行变法，废井田、开阡陌。这样，奴隶主国家土地所有制逐步被废除，封建土地所有制逐渐形成。在封建制度下，地主是土地的所有者，土地可以自由买卖，原来的奴隶则成为向地主租种小块土地的佃农，他们一般是以家庭为单位，用自己的生产工具从事耕作，除以实物或劳役形式向地主交纳地租外，可留下部分产品作为自己的生活资料。由于这时产品已不再像奴隶制时期那样为奴隶主所直接占有，农民有了一定的经营自主权，生产的积极性有了很大提高。同时，各诸侯国家之间互相争霸的战争，也迫使它们为了保证“足食足兵”而奖励耕战，重视农业，甚至重农抑商。这就使春秋、战国时期的农业获得了奴隶社会无法比拟的发展动力，成为中国农业发展史上的一个重要转折点。

农业生产巨大发展的突出标志是铁制农具的出现。由于冶铁术的发明，这时的耕地农具如耒、耜，锄地农具如铫、镈以及收获农具如镰、铚等都已有了铁刃。而铁犁的出现，把耕地的作业方式从间断式破土转变为连续式的前进做功，更使生产效率大大提高。铁犁所需的动力大，用畜力作动力的牛耕也便应运而生。这样整个农业生产面貌便随之大大改观。

由于有了铁制农具，改造自然条件的能力大为增强了。从春秋末到战国，许多大型灌溉工程如芍陂、漳水十二渠、都江堰、郑国渠等相继兴建，从而为农业生产提供了更好的水利条件。在土地利用上，由撂荒制过渡到连种制，不论是实行“辟草莱”以扩大耕地面积，或“尽地力之教”以提高单位面积产量，也都因生产工具的进步而有了可能。

铁制农具还促进了作物栽培方法的变化。一是促使土壤耕作精细化。当时文献中多提“深耕熟耰”或“深耕易耨”。将“耕”与“耰”、“耨”并提，说明已知深耕、多锄的好处。如《吕氏春秋·任地》就说“五耕五耨”可使“大草不生，又无螟蜮”。二是发明了畎亩法，即垄作技术。其要旨是根据田地的高低和土壤水分决定播种位置，实行“上田弃亩，下田弃畎”。再是肥料的施用。肥料古称粪，而“粪”字最早出现在战国，称施肥为“粪田”。《荀子·富国》说：“多粪肥田，是农夫众庶之事也。”可见当时施肥已较普遍。综上所述，在推行铁制农具的基础上，综合应用深耕多锄和多粪肥田等措施，中国农业的精耕细作传统，实已奠定基础。

与此同时，畜牧方面出现了相畜术，其中以伯乐相马和宁戚相牛尤为著名。“兽医”一词首见于战国，《周礼·天官》有“兽医掌疗兽病，疗兽疡”的记载，兽病和兽疡，分别相当于现在兽医内科和外科。同时，蚕业生产也有很大发展。

据近年考古发现，江陵战国楚墓中的马山一号墓出土的丝制品包括绣、锦、罗、纱、绢、绦等，质地精良，说明当时已能纺织出薄如蝉翼的纱罗织物。

这一时期农业的成就，反映到学术研究上，就是许行等农家的出现和农学著作的产生。如《吕氏春秋·审时》记载："夫稼，为之者人也，生之者地也，养之者天也"，正确地总结了农业生产中人的劳动和土壤、气候三大因素的相互关系，而把人的因素放到了首要地位。

★ 秦、汉、魏、晋、南北朝时期

秦代结束了战国纷争的局面，国家归于统一，封建土地所有制也告确立。汉初，贾谊、晁错先后上疏，力主重农。文、景二帝下诏称："农，天下之本也"，推行了一些有利农业的政策，如劝民农桑、兴修水利、贮粮备荒、西域屯田，轻徭薄赋等。这些政策对促进当时的农业生产起了一定作用，其中不少措施常为后世新兴的封建王朝所效法。到了魏、晋、南北朝，国家又趋于分裂，北方的农业技术随人口南下。但这一时期的政治经济和农业生产重心则始终在北方，是北方传统耕作技术形成体系和趋于成熟的时期。

由于冶铁业的发达，铁器农具在汉代已经普及，且种类大增。北魏时从整地、播种、中耕除草、灌溉、收获、脱粒到加工各个环节，有记载的农具达30余种，其中尤以犁的革新、耧车和提水工具的创制、作用最为显著。战国时的犁有犁铧而无犁壁，只能破土、松土，不能翻土；汉代发明犁壁以后，土垡就可按一定方向翻倒，从而能同时完成翻土、灭茬、开沟、起垅等作业，大大提高了耕作效率。带犁壁的犁在18世纪时传入欧洲。耧车由种子箱、排种器、输种管、开沟器和机架牵引装置组成，可一次完成开沟、播种、盖土工序，实为现代机械化播种机的雏形。汉代出现的提水工具翻车即后世的龙骨车。渴乌是利用虹吸管原理的吸水工具，在古代抗旱排涝中也都有重要作用。此外，在加工工具方面还有风车、水碓、水磨等的发明使用。同时，以牛为主的畜力动力应用，也得到进一步的改良和推广，出现了二牛三人的耦耕，以及用牛牵引的耧车等。

在耕作栽培方面，为了抗御黄河流域气候干燥、雨量分布不均的自然条件，汉代赵过在春秋时畎亩法的基础上推广了代田法，提高了单位面积产量。又据《氾胜之书》记载，西汉时还有区田法的创造，对提高产量和防旱保墒有明显的作用。魏、晋时在汉代耱（耢）的基础上，又创造了碎土工具——耙，使整地工艺得到改进，形成耕—耙—耱配套的整地技术。这一时期施肥技术也有很大发展，已开始讲究施肥的数量、时间和种类，有了基肥和追肥以及人畜粪的生熟之分，并强调使用熟粪。绿肥作物受到重视，并被安排到轮作中去。播种前实行的"溲种"法，是一种带肥下种的技术。此外，还出现了穗选法以及单打、单锄、单种的选种、留种法等，使黄河流域的耕作栽培技术日趋完善。

这一时期的农业生产组成，在作物方面小麦的地位进一步上升，与粟并驾齐驱。在园艺、蚕桑、养马等其他方面也有新的发展。园艺方面的突出成就是发明了利用温室以栽培葱韭等作物的方法。汉武帝时，除在长安扩建规模很大的植物园（上林苑），多次从南方引种荔枝、龙眼、橄榄和柑橘等以外，还从西域引入葡萄、苜蓿、胡麻（亚麻）等作物，开辟了扩大生产种类、丰富种质资源的途径，也是中国农业发展史上的一件大事。蚕桑技术不仅在全国范围内得到推广，而且出现了一年可以养两次的二化蚕。汉代由于国防需要而大规模发展养马业，也推动了畜牧技术的发展，出现了鉴别马匹优劣的专著《相马经》和铜马模型等。

秦、汉以后的400余年间，中国北方农业的辉煌成就，系统而完整地反映在北魏农学家贾思勰所著《齐民要术》一书中。该书不仅详尽地记述了北魏时黄河流域农业生产的实况，也是对秦、汉以来北方旱作农业的一个总结，堪称一部完整的中国古代农业百科全书。

魏、晋、南北朝时，随着北方精耕细作技术的南传，南方农业也逐渐改变火耕水耨的面貌，水稻种植面积有了扩大，产量有所提高。西晋广东连县墓葬中已有耕耙田地的模型，反映了当时的整地技术，但南方的生产水平仍不及北方。

★ 隋、唐、宋、元时期

这一时期国家经历了隋、唐的统一，五代以后的再次分裂和元代以后又归统一的曲折过程。隋统一中国以前，北方战乱。北魏曾实行均田制，由政府将无主荒地按人口分别以性别、年龄等级平均授予农民，只准种植使用，不准买卖。隋代至唐初，均田制经稍加改进，仍被继续沿用。这种制度曾有利于吸引农民垦荒，重新利用因战乱而废弃的土地，扩大耕地面积，发展农业生产。

隋、唐至宋，农业生产上更为重要的进展是南方农业的进一步开发、繁荣。魏、晋、南北朝以后，北方时有战乱，南方则一直较为安定，北方人口因之大量南移。从隋灭陈到宋统一全国，不到400年中，南方户数增加了4倍多。人口的增加，提出了兴修水利、扩大耕地以发展农业、特别是增加粮食生产的要求，同时也为实施这些措施提供了劳动力条件。后宋室南渡，政治经济重心南移，发展农业的要求更为迫切。当时由于江南农业以水稻为主，兴修水利尤其受到关注。据统计，自唐至元，全国兴建的水利项目共1590项，而长江流域即占1333项，其中又主要集中在江苏、浙江、福建、江西4省。水利设施的形式以兼有排、蓄功能的堤堰和陂塘为主。唐设有渠堰使，五代吴越国设有撩浅军，主持水利设施的维修工作。隋初还开凿大运河，为沟通南北漕运创造了条件。扩大耕地在平原水乡以营造圩田为主，沿海则修筑海堤，以防海潮，并改造盐碱地为农田。这些措施虽有增产效果，但南宋时圩田盲目发展，许多地方废湖为田，导致水旱失调，也有一定的破坏作用。在南方山区主要是营造梯田，其前身是畬田，盛行于唐。因畬田是顺坡种植，水土流失严重，宋代起逐渐改为沿山坡层层而上、“叠石相次、包土成田”的梯田，缓和了水土流失。但梯田的营造常以破坏山上林木为前提，梯田的发展又促进了山区人口的增加，反过来加重了对森林的破坏，对生态环境也有不良影响。

唐、宋时期的南方农业除耕地面积有了增加外，由于农具和整地、施肥等技术的革新，在经营的集约化方面，也有新的发展。

唐代，在长江下游出现的曲辕犁（又名江东犁）操作灵巧省力，可以调节犁层的深浅和耕垡的宽窄，水田、旱地都可适用，因而大大提高了劳动生产率和耕地质量。同时，其他农具也继续得到革新完善，近代使用的主要传统农具此时可说已基本齐备。宋代由于进一步使用了适于水田中碎土平地的耖，在犁耕和耙地之后，继之以耖田的工序，又使水田的整地质量更为提高，从而形成了耕—耙—耖的水田耕作技术，一直沿袭至今。在肥料使用方面，宋时强调合理施肥以培养地力的重要性。当时除"踏粪法"即人工堆肥外，又出现沤肥和捻河泥、饼肥发酵、烧制火粪（相当于现在的焦泥灰）等，从而大大丰富了肥料的种类和来源。

上述各项技术的综合应用，还为大面积地推广复种、提高土地的利用率和单位面积产量创造了条件。中国古代稻田复种，华南地区早于长江流域。汉代广东一带已有连作稻，长江流域则宋代时尚无记载，早、中、晚稻品种也未能在同一块田地上连种，双季稻（连作或间作）还不发达。唐宋时期发展较快的复种形式是稻麦两熟制。由于北方人口大量南移，麦类的消费需要激增，南方原来多种在旱地的大、小麦渐被下种到水田，成为稻田的冬作，稻麦两熟制就此形成。后来稻田冬作除大、小麦外，还有蚕豆、豌豆、油菜以及绿肥等。至于丘陵山区，则主要是发展早稻和荞麦、秋大豆等的复种，形成水稻杂粮一年两熟制。同时，复种制在北方也有发展。由于复种指数的增加，土地的利用率的提高，粮食的单位面积产量有了增加。

这一时期的经济作物生产也有重大发展。其一是茶的兴盛。唐德宗贞元九年（793）定茶税法，"十税其一"，当年征得茶赋40万贯，占政府全年收入的1/15，可见种茶之盛。其二是甘蔗的扩种和制糖技术的进步。中国古代甘蔗以生食为主，唐以前虽已能提炼砂糖，但质量不高。唐太宗时派人去印度学习制糖法后，制糖技术得到改进，促进了甘蔗在南方种植面积的扩大；宋、元以后更形成许多著名的产糖区。其三是棉花的引种。宋、元时期草棉和亚洲棉分别从西北和西南传入黄河流域和长江流域，经试种成功后也被迅速推广。由于经济作物的发展大多在南方，加以南方粮食生产有了显著提高，这时南方的农业生产水平超过了北方，一跃而成为中国的基本经济区。

有关宋代及以前江南一带农业生产技术上的重大成就，在《陈旉农书》等农学著作中有较为充分的反映。

★ 明、清时期

明代建国之初，农业上基本仍采取历代王朝初期的政策，如垦荒、屯田、兴修坡塘堰闸、奖励种桑植棉、减轻田赋徭役等等，同时建立户口、土地和里甲制度把农民牢固地束缚在土地上，以恢复和发展生产。清朝入关后致力于加强封建经济，农业政策、制度大多沿用明代旧制。自明至清，经济上面临的突出问题是人口的急剧增加。自明洪武十四年（1381）到道光十四年（1834）的450余年中人口增加了5倍多。由于耕地面积的扩大赶不上人口增长的速度，人多地少日益成为全国性的矛盾。在这种情况下，明、清二代政府一方面通过垦荒、发展圩田和开发沿海盐碱地等方式扩大耕地面积，另一方面通过增加复种指数，提高单位产量。复种方式上的新发展，在北方是实行多种多样的间作、套种，以获得二年三熟以至“一年十三收”；长江流域除稻麦两熟外，又推广双季间作稻和连作稻等。此外，这一时期从海外引种的甘薯和玉米，由于适应性强和单位面积产量高，到清初已传遍各地，在丘陵山区发展尤快，不久就取代了原来粟类杂粮的地位。

由于粮食增产，扩种经济作物也就有了更大的可能。除前已推广种植的桑、棉、茶和甘蔗等外，明代又从国外引入烟草。这些经济作物产量的增长，促进了农产品的商品化和农村中的资本主义萌芽。

约在15世纪中叶以后，伴随着农业商品经济的发展，农村中已有使用雇佣劳动、从事商品性生产的经营地主和原始富农经济出现。到清代，这些带有资本主义因素的经济成分续有增长，但当时的封建王朝却继续采取重农抑商和稳定封建经济的政策，如清政府一方面为稳定封建租佃关系，在部分地区规定地租定额和给佃农租种地主土地的永佃权等；另一方面又严厉实行海禁，不但阻碍对外贸易的发展，而且禁止与海外的科学文化交流。在这种情况下，农村中的资本主义萌芽受到严重压抑，新的科学技术也无法传入推广。西欧在16世纪已开始进入资本主义时期，17～18世纪时资本主义的统治地位已趋巩固；而中国则直到18世纪中叶清代的“乾嘉盛世”，封建经济基本上原封未动。

1840年鸦片战争以后，中国沦为半封建半殖民地。帝国主义侵略和日益苛重的封建剥削使农村经济江河日下。耕地很少增加，农具鲜有改进，许多地方水利失修。同时，帝国主义的洋枪大炮又使海禁洞开，从而促进了蚕桑、茶叶、棉花、烟草以至花生、大豆等经济作物的商品性生产，农村中带资本主义因素的经济成分如经营地主和富农经济等也有进一步的增长。但由于帝国主义国家为使中国成为其半殖民地和殖民地而继续维护中国的封建统治，农村中的资本主义经济终于未能得到发展。

明、清时期的农学著作现存的共达300余种，超过历史上任何一个时期，内容的广度和深度也胜过以往。其中如明末徐光启的《农政全书》，且已开始吸收介绍西方科学。只是由于当时的社会条件，农学研究仍不能突破传统经验的局限。直到清代末叶，西方近代农业科学技术开始受到重视，农桑学校、农业试验场和农业推广机构等有所兴办，农学研究才逐渐走上与新的科学技术相结合的道路。

★ 民国时期

从清末至民国初年开始陆续引入西方的近代农业科学技术，如农业机械、化学肥料和农药等。最初是从日本，接着从欧美，将西方的农业科学、生物科学知识翻译介绍到国内。同时，政府也大量派遣留学生赴日本及欧美学习西方农业。据不完全统计，到20世纪40年代初，全国共有大学农学院及专科学校30所，大学及专科学生4860人，中等农业职业学校61所，学生15580人，全国普通及特种农事试验场552处（1931年调查）。抗日战争期间南方各省也设立农业改进所，从事农业科学技术的推广工作。这一时期中国自己培养的农业科技人员培育（以及引进）了一批稻、麦、棉、油料、果蔬、蚕桑和家畜的优良品种，在病虫害防治和土壤改良、科学施肥等方面也推广了不少现代农业科学成果，对改变传统农业的构成和提高农业生产起了一定作用。

但是，由于帝国主义、封建主义和官僚资本主义的残酷压迫，这时期的农村阶级矛盾日益加剧，农业生产发展缓慢，农民生活更加贫困。地主富农占农村人口不到10%，却拥有全国耕地的70%～80%，农民被迫缴纳的地租租率高达45%～50%。第一次世界大战结束后，国际市场对农产品原料的需求激增，中国的经济作物、油料作物受到刺激，一度曾有较快的发展。但是农产品的出口和价格都掌握在帝国主义、官僚买办和地主的手中，当国际市场需求增加时，他们压低农产品的收购价格；当国际市场农产品“过剩”时，农民又受到“倾销”政策的打击，使农民备受双重剥削，农业日趋凋敝。抗日战争时期，中国农业进一步受到日本帝国主义侵略的严重损害。到1949年时，全国粮食和棉花的产量分别比1936年降低24.6%和47.6%。这种状况，直到1949年中华人民共和国成立以后，经过50年代的土地改革和农业社会主义改造，经过70年代末开始的农业体制改革，才发生了根本性的改变。

★ 新中国时期

① 建国初期

A. 1950年～1952年，我国开展土地改革运动，彻底废除了在我国延续数千年的封建剥削的土地制度。农村生产力得到解放，为农业生产的发展和国家工业化开辟了道路。

B. 土地改革以后，引导农民开展互助合作运动，大规模地兴修水利，发展生产。到1952年，农业生产得到恢复和发展。

C. 从1953年起，国家对农业进行社会主义改造。从农业互助组、初级农业合作社到高级农业生产合作社，由低级向高级发展，走向社会主义道路。1955年，全国掀起农业合作化高潮。到1956年，我国基本上完成了对农业的社会主义改造，个体农业经济转变为社会主义公有制经济。

D. “一五”计划时的农业：1957年，农业生产任务按计划完成。因受自然灾害影响，粮棉等增产有限。

E. 农村人民公社化运动时期：1958 年 8 月，北戴河会议上通过在农村建立人民公社的决议，认为这是指导农民加速社会主义建设，提前建成社会主义和逐步向共产主义过渡的最好的组织形式。人民公社化严重损害了农民的利益，影响了他们建设社会主义的积极性，农业生产遭到极大破坏，农副产品产量急剧下降。人民公社化运动从根本上来说是生产关系的变革与当时的生产力水平不相适应。

F. “文化大革命”时期：农业遭受严重破坏，农业产量长期停滞不前。

G. 农村经济体制改革时期：1978 年十一届三中全会以后，全国农村实行以家庭联产承包为主要形式的责任制，发展乡镇企业和非农产业，废除了“一大二公”的人民公社旧体制，从而调动了农民的生产积极性，解放了农村生产力，推动了农业的发展。农村改革向专业化、商品化、社会化发展。

改革开放以来，国家坚持把农业放在首位，农村经济得到全面振兴，粮棉产量稳步增加，跃居世界首位。与此同时，乡镇企业异军突起，到 1987 年，产值已超过农业总产值。这就为农村致富和逐步实现现代化，为促进工业和整个经济的改革和发展，开辟了一条新路。

② 现代中国农业科技成就

30 多年来，我国农业科技实现了跨越式发展。据统计，从 1979 年～2007 年，全国各省、市、自治区确认的农业类科技成果 5 万多项，获国家和部门奖励的科技成果 9485 项，其中国家奖励的重大科技成果达 2008 项。

在动植物遗传资源和育种技术研究方面，建成了国家作物种质资源库和 32 个多年生作物种质资源圃，收集保存各种作物种质资源近 39 万份。培育推广各种作物新品种、新组合 2000 余个，使粮、棉、油等主要作物品种在全国范围内更新了 3～4 次，每次更新增产 10%～20%，抗性和品质得到改进。利用中国特有的遗传资源培育出中国瘦肉型猪新品系、中国美利奴细毛羊新品种等一批代表中国领先水平的畜禽新品种。四大家鱼和名、特、优水产品育种也取得了重要进展与突破。

在种植和养殖技术研究方面，建立了小麦指标化栽培技术体系、水稻叶龄模式栽培技术体系，创新了与小麦、玉米、超级稻、双低油菜等优良品种相配套的超高产理论模型。地膜覆盖技术、科学施肥和节水灌溉技术取得突破和大面积推广应用，达到显著的增产效果。研究推广良种良法配套、畜禽和水产集约化饲养技术，使畜禽鱼蛋生产能力显著提高。

在重大动植物疫病防治研究方面，查清了 30 多种重大病虫害的发生流行与迁飞规律，提出了中短期预测预报技术，研发高效低毒低残留农药 150 多种和新型喷雾技术，使作物重大病虫害得到有效控制。成功研制出 60 多种动物疫病疫苗，使马传贫、口蹄疫、禽流感等畜禽疫病得到有效控制，消灭了牛肺疫。在主要水产品病害机理、快速诊断和防治技术等方面的研究取得重要突破。

在中低产田与区域农业综合发展研究方面，陆续对我国部分地区的大面积中低产田综合治理进行科技攻关，提出了区域农业发展模式和主要作物高产、优质、高效的栽培技术体系，发挥了重要的增产作用；提出了适应不同类型区以粮食为先导，农牧结合、农林牧渔业综合发展模式，并推广应用，取得了重大经济社会效益和生态效益。

在农业机械化和设施农业技术研究方面，推广应用农机智能化、机电一体化、作业联合化等技术成果，完善并拓展了主要作物的全程机械化技术，解决了一批生产上的技术难题。设施农业技术快速发展，为“菜篮子”产品供应发挥了巨大作用。

在生物技术等高新技术研究方面，实现了杂交水稻、转基因抗虫棉、矮败小麦、畜禽重大疫病基因工程疫苗等重大核心技术的突破；创建了航天育种技术体系，培育出一批水稻、小麦、棉花、青椒和番茄等新品种、新品系；家畜胚胎移植与分割、性别鉴定和体外受精等技术被广泛应用，试管牛、试管羊、克隆牛、克隆羊和转基因牛获得成功；利用细胞核移植和转基因技术获得了一批优质水产新品种。

在农业科学基础和理论研究方面，小麦物种间远缘杂交、光温敏核不育水稻等的发现与利用，实现了作物育种理论的创新与突破，构建了水稻、小麦、大豆等主要作物的核心和微核心种质，筛选出一批珍贵的优异种质资源，克隆了一批重要基因，开展了陆地棉基因组测序、黄瓜基因组计划和马铃薯基因组测序，发现了数万个基因。

在农业资源调查和宏观战略研究方面，在全国范围内开展了大规模的、系统的和多学科的调查研究，对农业自然资源的数量、质量、时空分布及其变化规律作了科学评价，研究提出了中国食物与营养发展战略、中国农业科技发展战略等。

30多年来，农业科技的巨大进步使我国农业科技整体水平跃升发展中国家前列，一些重大科技成果达到国际先进水平和领先水平，科技进步对农业增长的贡献率由27%提高到48%，农业综合机械化程度达到38%。超级稻、杂交玉米、转基因抗虫棉、杂交油菜、地膜覆盖技术等一大批突破性科技成果的研发和推广应用，使主要农作物良种覆盖率达到95%以上，大大提高了粮棉油等大宗农作物的生产能力，粮食总产量从6000亿斤跃上了1万亿斤的台阶。畜禽品种改良和规模化养殖、重大动物疫病防控、名特优新水产品养殖技术的进步，使我国畜牧、水产养殖业的科技进步贡献率达到50%以上，肉类、禽蛋和水产品总产量跃居世界首位。

（2）农学领域代表人物及其科技成就

袁隆平（1930—），江西省德安县人，中国杂交水稻育种专家，湖南农业大学教授，中国工程院院士。

★ 生平经历

1930年9月1日袁隆平出生于北京协和医院。1931年～1936年，随父母居住北平、天津、江西赣州、德安、汉口等地。1936年8月～1938年7月，在汉口扶轮小学读书。1938年8月～1939年1月，在湖南省弘毅小学读书。1939年8月～1942年7月，在重庆龙门浩中心小学读书。1942年8月～1943年1月，在重庆复兴初级中学读书。1943年2月～1944年1月，在重庆赣江中学读书。1944年2月～1946年5月，在重庆博学中学读书。1946年8月～1948年1月，在汉口博学中学读高中。1947年暑假，读高中一年级时获汉口赛区男子百米自由泳第一名、湖北省男子百米自由泳第二名。1948年2月～1949年4月，在南京中央大学附中读高中（今南京师范大学附属中学）。1949年8月～1950年10月，在重庆北碚夏坝的相辉学院农学系读书。1950年11月～1953年7月，由于院系调整，并入重庆新建的西南农学院农学系，续读3年至毕业。1951年7月，在西南农学院报名参加空军，体检、政审合格，后因在校大学生更需参加经济建设而未入伍，继续留校学习。1953年8月，毕业于西南农学院（现西南大学）农学系，服从全国统一分配，来到湖南省安江农校教书。1960年7月，在安江农校实习农场早稻田中，发现“鹤立鸡群”的特异稻株，第二年认识到这是“天然杂交稻”株，而受到启发，面对当时严重饥荒的现状，立志用农业科学技术击败饥饿威胁，从事水稻雄性不育试验。1964年2月22日，与农技干部邓哲结婚。1964年开始，在国内首创水稻雄性不育研究。7月5日，袁隆平在安江农校实习农场的洞庭早籼稻田中，找到一株奇异的“天然雄性不育株”，这是国内首次发现的品种。经人工授粉，结出了数百粒第一代雄性不育材料的种子。1965年7月，又在安江农校附近稻田的南特号、早粳4号、胜利籼等品种中，逐穗检查14000多个稻穗，连同上年发现的不育株，共计找到6株。经过连续两年春播与翻秋，共有4株繁殖了1～2代。1966年2月28日，发表第一篇论文《水稻的雄性不孕性》，刊登在中国科学院主编的《科学通报》半月刊第17卷第4期上。1966年5月，国家科委九局局长赵石英同志，获悉袁隆平发表的《水稻的雄性不孕性》一文后，高度重视，以科委九局名义致函湖南省科委与安江农校，支持袁隆平的水稻雄性不育研究活动，并指出这项研究意义重大，如果成功将使水稻大幅度增产。1966年6月，“文化大革命”开始，袁隆平遭受冲击，水稻雄性不育试验被迫中断。1967年3月16日，省科委发函安江农校，要求学校将“水稻雄性不孕”研究列入计划。1967年4月，袁隆平起草《安江农校水稻雄性不孕系选育计划》，并呈报省科委与黔阳地区科委。1967 年 6 月，由袁隆平、李必湖、尹华奇组成的黔阳地区农校（安江农校改名）水稻雄性不育科研小组正式成立。1968 年 4 月 30 日，袁隆平将珍贵的 700 多株不育材料秧苗，插在安江农校中古盘 7 号田里，面积 133 平方米。1968 年 5 月 18 日晚上，中古盘 7 号田的不育材料秧苗，被全部拔除毁坏，成为至今未破的谜案，袁隆平心痛欲绝。事发后第 4 天才在学校的一口废井里找到残存的 5 根秧苗，袁隆平用这 5 根秧苗继续坚持试验。1969 年冬，袁隆平、李必湖、尹华奇等到云南省元江县加速繁殖不育材料。1970 年 1 月 2 日，遇 5 级以上地震，仍然坚持繁殖试验，直到收获。1970 年 6 月，当时的湖南省革委会在常德召开了“湖南省农业学大寨科技经验交流会”，此时袁隆平的研究已经进行了 6 年，数千次的杂交试验，结果都不理想，产生的只是越来越多的待解谜团。也正因于此，“水稻杂交无优势”的论断越来越被人们所相信，对袁隆平的质疑不绝于耳。在那次会上，时任湖南省革委会代主任的华国锋把袁隆平请上主席台就座和发言，公开表示了对杂交水稻研究的支持。会后，华国锋还专门找袁隆平谈话，鼓励他说：周恩来总理经常过问杂交水稻科研的事，希望能够继续研究下去。要将水稻雄性不育系的材料拿到群众中去搞，广泛发动群众性科研力量，合力把它搞成功。华国锋还向湖南省有关部门吹风，要求他们对杂交水稻研究大力支持。1970 年夏，袁隆平从云南引进野生稻，拟在靖县（安江农校又搬迁到了靖县）做杂交，后因没有进行短光照处理而未成功。1970 年 11 月 23 日，在袁隆平关于“把杂交育种材料亲缘关系尽量拉大，用一种远缘的野生稻与栽培稻进行杂交”的构想指导下，助手李必湖和冯克珊在海南岛南红农场找到“野败”，为籼型杂交稻三系配套打开了突破口。1971 年春，湖南省农业科学院成立杂交稻研究协作组，袁隆平调至省农业科学院杂交稻研究协作组工作。1972 年 3 月，国家科委把杂交稻列为全国重点科研项目，组织全国协作攻关。袁隆平将“野败”材料分发到全国 10 多个省、市的 30 多个科研单位，用了上千个品种与“野败”进行了上万个测交和回交转育的试验，扩大了选择概率，加快了三系配套进程。1972 年，袁隆平选育成了中国第一个应用于生产的不育系二九南 1 号。1973 年，协作组通过测交找到了恢复系，攻克了“三系”配套难关。同年 10 月，袁隆平在苏州召开的水稻科研会议上发表了《利用“野败”选育三系的进展》的论文，正式宣告我国籼型杂交水稻“三系”已经配套。1974 年，袁隆平育成了中国第一个强优势杂交组合“南优 2 号”。经在安江农校试种，667 平方米产量 628 公斤。翌年作晚稻栽培 1.33 公顷，667 平方米产量 511 公斤，攻克了“优势关”。1975 年，袁隆平攻克了“制种关”，摸索总结制种技术成功。1975 年 12 月中旬，当时的国家领导人华国锋指示：第一，中央拿出 150 万元人民币支持杂交水稻推广，给广东购买 15 部解放牌汽车，装备一个车队，运输“南繁”种子；第二，由农业部主持立即在广州召开南方 13 省（区）杂交水稻生产会议，部署加速推广杂交水稻。这一年冬，数以万计的制种大军云集海南，发动人海战术大规模南繁制种，杂交水稻制种面积达 3.3 万亩。袁隆平担任技术总顾问，首次大面积制种获得成功，为翌年推广做好了种子准备。1976 年，杂交水稻绿遍神州。全国推广杂交水稻 208 万亩，增产幅度普遍在 20%以上。中国的粮食产量实现了一次飞跃。1977 年，袁隆平总结了 10 年来丰富的实践经验，发表了《杂交水稻培育的实践和理论》与《杂交水稻制种与高产的关键技术》两篇重要论文。1978 年 2 月，袁隆平出席全国第五届人民代表大会；同年 3 月，出席全国科学大会并获奖；6 月，出席湖南省教育工作者先进代表大会；10 月，出席湖南省科学大会并获奖。1978 年 10 月，晋升为湖南省农业科学院研究员。1979 年 12 月，国务院授予袁隆平全国先进科技工作者与全国劳动模范的称号。同年，任农业部科学技术委员会委员、中国作物学会副理事长、中国遗传学会理事、湖南省生物学会理事、湖南省遗传育种学会副理事长、湖南省农学会理事。1980 年 5 月，袁隆平应美国邀请赴美进行杂交稻制种技术指导。1980 年 9 月，中国农业科学院和国际水稻研究所共同在湖南省农业科学院举办杂交稻技术国际培训班，袁隆平作为主讲人给来自 10 多个国家的专家讲授杂交水稻方面的主要课程。翌年 9 月，又连续举办第二期。1980 年 10 月～1981 年 6 月，赴菲律宾国际水稻研究所进行技术指导与合作研究。1982 年～1986 年，每年去菲律宾国际水稻研究所 1～3 次进行合作研究。1981 年 6 月 6 日，袁隆平和籼型杂交水稻获国内第一个特等发明奖。1982 年 8 月 26 日，被聘为农牧渔业部技术顾问、全国杂交稻专家顾问组副组长。是年，被国际同行誉为“杂交水稻之父”。1983 年 8 月，第二次应美国邀请赴美国考察杂交稻试种情况并进行技术指导。1984 年 6 月 15 日，湖南杂交水稻研究中心成立，袁隆平任中心主任，同年获国家级有突出贡献的中青年专家称号。1985 年，被聘为湖南省安江农校名誉校长、西南农业大学兼职教授。1985 年 10 月 15 日，首次获国际奖：联合国知识产权组织“发明和创造”金质奖章和荣誉证书。1986 年，培育成杂交旱稻新组合“威优 49 号”。1986 年 4 月，应邀出席在意大利米兰附近召开的“利用无融合生殖进行作物改良的潜力”国际学术讨论会。1986 年 10 月，世界首届杂交水稻国际学术讨论会在长沙召开，袁隆平在会上作了《杂交水稻研究与发展现状》的专题学术报告，并提出了今后杂交水稻发展的战略设想，得到与会专家、学者的赞同，并写进了会议文件。1986 年，任国家 863-101-01 专题组组长。1987 年 11 月 3 日，第二次获国际科学大奖：联合国教科文组织巴黎总部颁发的 1986 年～1987 年度科学奖。联合国教科文组织总干事姆博先生赞扬袁隆平取得的科研成果，是继 70 年代国际培育半矮秆水稻之后的“第二次绿色革命”。袁隆平将这次获奖的 1.5 万美元全部捐献作为杂交水稻奖励基金，以奖励在这一领域有突出贡献的中青年科学工作者。1987 年 7 月 16 日，在袁隆平指导下，李必湖的助手邓华凤在安江农校籼稻三系育种材料中找到一株奇异的光敏核不育水稻，历经两年三代异地自交繁殖，于 1988 年 7 月育成光敏核不育系，并通过省级技术鉴定，定名为“安农S—1光敏不育系”，荣获湖南省1988年十大科技成果奖。光敏核不育系的育成，使袁隆平两系法的设想变为现实。1987年，袁隆平当选为湖南省科协副主席。1988年3月14日，第三次获国际科学大奖：在英国伦敦获让克奖的奖章、证书和奖金2万英镑。

1989年9月，袁隆平被评为全国先进工作者，应邀出席在北京召开的全国劳动模范和先进工作者表彰大会，参加国庆40周年观礼活动。1991年8月14日～8月22日，应日本学会邀请，赴日本作两系杂交稻研究新进展学术报告。1991年9月29日～10月10日，应邀参加美国洛克菲勒基金年会。1991年11月2日，任湖南省农业科学院名誉院长。1992年1月13日～1月15日，出席并主持在湖南长沙召开的国际水稻无融合生殖会议。1992年4月20日～4月27日，率中国代表团参加在菲律宾国际水稻研究所召开的第二届杂交水稻国际学术讨论会。1992年7月28日～8月4日，受联合国粮农组织委托赴印度作杂交水稻方面的学术报告。1993年4月10日～4月22日，赴美国布朗大学出席菲因斯特拯救饥饿奖仪式。1993年11月17日～12月10日，受联合国粮农组织委托第三次赴印度传授杂交水稻技术。1993年12月30日，撰写《对大面积推广玉米稻要持慎重态度》一文，由湖南省农业厅以湘农函（1993）种字113号转发，对于稳定湖南粮食产量起到重大作用。1994年2月28日～3月12日，赴美国休斯敦与美国水稻技术公司草签合作开发两系杂交稻协议。1994年5月14日，赴印度尼西亚参加洛克菲勒基金会年会。1994年9月23日～9月25日，袁隆平在湖南长沙主持全国杂交水稻专家顾问组组长碰头会。1995年1月，获首届何梁何利基金生物学奖。1995年2月，赴美水稻技术公司参加学术年会。1995年5月，当选为中国工程院院士。1995年10月，获联合国粮农组织“粮食安全保障”荣誉奖章。

1995年12月16日，“国家杂交水稻工程技术研究中心”在“湖南杂交水稻研究中心”的基础上正式成立，袁隆平任主任。1996年9月11日，出席由中宣部与中华全国总工会在北京人民大会堂联合举行的全国科技十杰表彰大会，发表题为《攀登杂交水稻研究新高峰，解决中国人吃饭问题是我的毕生追求》的演讲。1996年10月18日，出席由何梁何利基金会在北京举办的学术报告会，作《从杂交稻育种领域看粮食增产潜力，中国有能力解决吃饭问题》的学术报告。1996年11月，出席在杭州举行的东亚地区洛克菲勒基金会水稻生物技术国际学术讨论会并作学术报告，参加在印度举行的“第三届杂交水稻国际会议”。1997年8月，获国际农作物杂种优势利用“杰出先驱科学家”荣誉称号。1997年11月，参加在武汉召开的“863”计划生物领域农业专题年会，在《杂交水稻》第6期上发表《杂交水稻超高产育种》的重要论文。1998年8月，应邀赴北戴河休假期间，向朱镕基总理呈送“申请总理基金专项支持超级杂交水稻选育”的报告，得到高度重视。朱镕基总理批示：“国务院全力支持这个研究”，并拨经费

1000 万元予以支持。参加在北京召开的第 18 届国际遗传学大会，作《超高产杂交稻选育》报告。1999 年 12 月，出席由中宣部、科技部、人事部联合在北京人民大会堂隆重举行的全国“杰出专业技术人才”表彰大会，荣获“杰出专业技术人才”金质奖章，发表题为《发展杂交水稻，造福世界人民》的演讲。2000 年 3 月底至 4 月初，赴菲律宾国际水稻研究所参加水稻科研会议，宣读《超级杂交稻育种》论文，并对湖南杂交水稻研究中心设在菲律宾的杂交稻试种基地进行现场考察。2000 年，袁隆平主持的国家“863”计划两系法杂交水稻研究项目通过科技部的验收，其中，他直接指导取得的“两用核不育系‘培矮 64S’的选育及其应用研究”成果于 2001 年获国家科技进步一等奖。2000 年 7 月 5 日至 7 月 7 日，袁隆平赴安徽安庆主持召开全国两系优质杂交早稻示范现场会。8 月 25 日、9 月 10 日在湖南郴州主持全国超级杂交稻现场验收会，超级稻第一期目标达标。

2001 年 2 月 19 日，袁隆平院士获首届“国家最高科学技术奖”。颁奖仪式在人民大会堂举行，由国家主席江泽民亲自颁授奖励证书和奖金（500 万元）。2003 年 10 月 1～4 日，胡锦涛总书记在湖南调研期间，3 日专程赴袁隆平院士主持的国家杂交水稻工程技术研究中心，详细察看了超级杂交稻选育项目的进展情况，充分肯定了他们作出的重大贡献。2004 年 5 月，袁隆平获得沃尔夫奖，以色列总统为其颁奖。

2004 年 9 月 8～10 日，主持杂交水稻研究 40 周年纪念大会暨国际杂交水稻与世界粮食安全论坛。2004 年 10 月，中国超级杂交稻研究第二期目标现场实测在深圳市龙岗区进行。有关专家对 48 亩实验田的超级杂交水稻晚稻的实测结果表明：每亩高达 847 公斤，标志着中国超级杂交稻育种研究继续领跑世界。

石元春（1931—），湖北武汉人，中国农业大学教授，著名土壤学家，中国科学院院士及中国工程院院士。

★ 生平经历

1931 年 2 月，石元春出生于湖北省武汉市。那是一个战乱频仍的年代，国家的灾难、民族的屈辱和抗争在他幼小的心灵中留下了深深的印记，立志要为国家富强做一番事业。但他最终选择农学并作为终生奋斗目标，却出于另一种机缘。上高中时，他和一帮男同学对当时美国西部电影“牛仔”很着迷，辽阔的牧场风光和纵马驰骋的勇士让年轻人热血沸腾。高考填志愿时，他们不约而同地选择了清华大学和北京大学的农学院（后来合并成为北京农业大学），憧憬着那种传奇和浪漫的生活。

大学的老师们孜孜不倦、脚踏实地的钻研精神感染了石元春，少年时代立下的志向和老师的谆谆教诲，促使他更加坚定地扎根农业，报效国家，而年轻时代的激情却几乎伴随了他的一生，并积淀成为他对农业科学、农业教育的深沉的热爱。

1953年，他从农学系本科毕业，又响应组织号召转读了土壤农业化学研究生，师从我国著名土壤地理学家李连捷先生。因为转行，他必须补修地学、化学等课程，得以有机会接触名师袁复礼、王乃梁的“第四纪地质学”、“地貌学”等课程，获益匪浅。专业知识的横向拓展，使他在踏入研究工作开始便打开了更加宽阔的视野空间。

研究生实习期间，李连捷先生推荐他参加了中国科学院黄河中游水土保持综合考察队。在晋西野外考察时，有幸与著名的第四纪地质学家刘东生同行。他们身背装满黄土标本的地址包，每天登山爬坡几十里进行艰苦的考察，刘先生言传身教，一丝不苟。为了观察描述一个地址剖面的性状，他们甚至不畏艰险亲自攀上一二十米高的峭壁，而他的一些想法也得到刘先生的充分肯定。石元春的这次考察成果——《晋西黄土及其形成》，被两位导师推荐成为“中国第四纪地址研究会成立暨第一次代表大会”的大会报告学术论文，开始在科学界崭露头角。

光阴似箭，岁月荏苒。石元春研究生毕业后，又跟随李连捷先生参加了中国科学院新疆综合考察队，从准噶尔到塔里木、从阿尔泰到天山，穿沙漠涉冰川，多学科野外综合考察进行了4年，使他萌发了“地学综合体”的科学思想。这种长时间锻炼、培养起来的系统综合观察问题、深入分析问题的思维方式，几乎影响了他的一生，反映在他以后的全部工作中。多年以来，他始终坚持在教学、科研和生产第一线，为发展我国土壤科学，建立一支自己国家的土壤科学队伍和为黄淮海地区农业开发做出了不懈的努力。由于他求实的科学态度、勤奋的进取精神和独创性的成就，终于成为国内外著名的土壤学家。

1985年石元春担任北京农业大学副校长兼研究生院院长，1987年～1995年任校长。1991年当选为中国科学院院士。1994年当选为中国工程院院士。1995年当选为第三世界科学院院士。

★ 科研成就

石元春从事土壤地理、盐渍土发生和改良研究40多年，取得了系统的、创造性的研究成果：首次提出黄淮海平原易溶盐的古地球化学过程及近代地球化学分异，提出我国北部地区上更新世气候转为干燥和出现易溶盐积聚的观点；提出黄土高原更新世古土壤地理分类以及在时间和空间上发展演替的系列；提出半湿润季风气候区水盐运动的理论，认为旱涝盐碱共存和交相为害是在半湿润季风气候和泛滥平原地学条件下区域水盐运动所表现出的一组自然现象，是一种独立的自然景观和生态系统，并对其水盐运动特征、区域水盐均衡以及在中国和全球的分布等进行了系统研究，据此提出综合治理旱涝盐碱的实质是对区域水盐运动的科学调节和管理。科学调节和管理区域水盐运动的枢纽和杠杆是浅层地下水的采补等观点，揭示了这种复杂的自然现象并为科学治理提出理论依据。研究建立了区域水盐运动测报体系及模型，预报精度达到了季节性或短期实时预报要求。

20世纪70年代初，我国北方连年干旱，农业生产不景气，辽阔富饶的黄淮海平原深受旱涝盐渍之苦，产量低而不稳。1973 年周恩来总理提出要以河北黑龙港地区为试点，围绕地下水的开发和旱涝盐碱的综合治理组织科学会战。石元春毅然相约几位教师到了河北省的一个低产穷县——曲周县“老碱窝”的中心张庄大队安营扎寨，开始了黄淮海平原的旱涝盐碱综合治理试点工作。

通过土壤调查制图，水盐动态长期定位观察和向农民大量访问调查，他大胆提出从地下碱水入手，以“浅井深沟”为主体，农林水并举的综合治理方案。这个方案因与当时公认的传统观点和做法向背离而遭到来自各个方面的指责和非难。但是在他领导下的科学集体力排众议、顶住压力，十数年如一日坚持实验，使三万亩的大面积实验区，土地一年比一年好，生态环境一年比一年改善，粮棉产量和人均收入大幅度增长（粮食亩产由二三百斤增加到千斤以上，人均收入由三四十元增加到六七百元，以至千元以上），村里的破土房改成排排新砖房，农民愁容换新颜。来自新疆等全国各地和 20 多个国家的科学家、农民、干部、部长、总理等参观了这块曾经旱涝盐碱猖獗、田园荒芜、民不聊生的土地上用科学和劳动之笔绘制的美好农田和农村的图景。这一带农村妇孺皆知“农大老师”、“石老师”。1988 年教师节，曲周人民在北农大校园里树立了一座庄严的汉白玉石碑，上书“改土治碱，造福曲周”，表达他们的感激之情，这里也凝结着石元春的汗水和功劳。

★ 理论创新

石元春是杰出的科学家，十分重视并潜心于理论研究。他在国内外杂志发表了论文 40 余篇，出版专著 4 部，提出了“半湿润季风气候区水盐运动”的理论，和据此理论提出的“旱涝盐碱和地下咸水必须实行综合治理，综合治理的实质是对区域水盐运动的科学调节和管理，以及浅层地下水的开采同补是调节区域水盐运动的枢纽和杠杆”的观点。大量实践证明了这种理论的科学性和正确性，这种理论又在指导实践上发挥着重要作用。

1985 年石元春担任组织委员会主席，主持召开了“国际盐渍土改良学术讨论会”，一些国际知名科学家给予了高度评价，在会议纪要和国际土壤学会会刊上写道：“对中国科学家提出的半湿润季风气候区盐渍土水盐运动及其调节的有关理论以及采用灌溉、排水、农业、林业对区域水管理的综合治理盐渍土的办法予以肯定，与会科学家认为，中国人民应为盐渍土改良利用已取得成就而自豪。”这是对石元春所创建科学理论的充分肯定。由于学术上的造诣，石元春相继担任国际著名杂志《农业水管理》（荷兰发行）的两届国际编委、印度滨海农业研究协会杂志的国际编委、国际土壤学会会员，并受邀在一些国际学术会议上宣读论文。

★ 开发黄淮海平原

石元春永不满足，在试验区和理论上取得成就的同时，20 世纪 70 年代末即开始领导和组织了黄淮海平原旱涝盐碱综合治理区域的研究，黄淮海平原农业发展战略的研究，黄淮海平原水均衡分析，中国的耕地问题及对策的研究和主持编制了黄淮海平原农业图集等，系统积累整理和分析研究了大量科学资料和成果，提出了许多重要理论观点和建议。

他知识面广，思维敏捷，具有较强的组织领导能力，在“六五”国家科技攻关项目——黄淮海平原中低产地区综合治理的研究中任项目专家组组长和“七五”项目的主持人。

1988 年初，当国务院提出开发黄淮海平原的部署后，石元春认为这是多年科研成果在生产中发挥作用的大好时机，是广大科学工作者盼望已久的。他立即组织一批专家教授和北京农业大学 400 余师生投入这个新的战役，1988 年北京农业大学推广了 36 项技术，增产粮食 3.4 亿斤、棉花 8100 万斤、油料 5300 万斤，直接经济效益 3.48 亿元。

石元春十分关心我国农业发展，在农业产值多年徘徊不前、人们对农业前景议论纷纭时，他提出了：“各国农业发展的速度和模式尽管有所不同，但是都要经历从自然农业—资源农业—现代农业的发展过程，由主要依靠土地和劳动力向主要依靠现代物质技术要素的转变，是现代农业的基本特征。比较农业研究告诉我们：土地资源的约束不是无法突破的‘瓶颈’，依靠科学技术和把中国广大的人力资源转化为人力资本是我国发展农业的现实选择。”在国务院提出“科技兴农”时，他提出“要十分重视改善科技成果转化的运行机制”等重要意见，受到国务院领导同志的重视。

★ 精心培养新人

石元春长期从事农业高等教育，感染熏陶着莘莘学子。他治学严谨，要求严格，但也能理解年轻人的一些想法和苦衷，常抽暇与他们交流思想，使之受益匪浅。他长期担任土壤地理、土壤调查制图、地貌学和第四纪地质学等课程的教授。一些课程需要宏观概念和时空思维，讲授难度大，但他充分利用幻灯、录像、加强课堂讨论和野外实习等方式来调动学生的主动思维，以提高学生的学习积极性，效果好。

特别是到了野外，他丰富的实践知识和经验、生动有序的讲述，深深感染熏陶一代学子。在课堂上，他的讲授不拘泥于已有的理论和知识，更有分析评述和自己丰富的研究资料的补充，同学们都说，石老师的课内容丰富、讲解清晰、富于启发性。在学校研究生院开设的博士生学位课“生命科学进展”中，他是最受欢迎和期待的教授之一。

★ 关注农业信息化和国家能源战略

石元春一直对科学孜孜以求，始终关注着农业科技的最前沿，尤其是在农业信息化方面。进入新的历史时期，随着科技的飞速发展，信息化浪潮席卷全球，对各个学科领域都产生了极大的推动作用，这引起了石院士的极大关注。从中央到地方，从官员到学者，石院士几乎抓住一切机会强调农业信息化的重要性，农业信息化是解决“三农问题”的重要途径。

石元春关注的另一个重要领域是生物质能源。早在20世纪90年代，石元春就开始思考农业科技革命和传统农业向现代农业的转化。到2003年中央提出在中国发展生物质能源之时，石元春已经做了大量的调查和试验研究工作。他于2006年5月16日在中共中央机关刊物《求是》上发表了一篇题为《农业的三个战场》的文章，提到了为农业开辟第三战场和在土地里种出一个大庆油田的大胆设想。这一设想引起了人们的极大关注。

所谓生物质能源就是以生物质为载体的能量，即通过植物光合作用把太阳能以化学能形式存储在生物质中的一种能量形式。生物质能是唯一可再生的资源，并可转化成常规的固态、液态和气态燃料，是解决未来能源危机最有潜力的途径之一。石先生设想的要种出一个大庆油田的主要资源是农作物的秸秆、畜禽粪便、有机垃圾等农村废弃物和环境污染物，利用边际性土地和水面种植能源植物，不与农业争粮、争地，在理论技术方面已经成熟。然而，面对他呼吁的这个新事物，质疑的声音还是超过了支持的声音。但近年来油价的飙升，美国总统布什的多次演讲，欧盟一次一次的政策推进，以及日本提出来的如何摆脱石油的日程表，都显示近年来国际上这方面的形势发展得非常快，远比我们国内快得多。但他坚信这个认识是符合大形势的，他对此充满信心。

★ 荣誉

石元春1978年获全国科技大会奖；1979年受国务院通令嘉奖；1980年获农牧渔业部“农业技术改进”一等奖；1983年获“农业区划”一等奖；1984年获国家经委、国家科委、农业部、林业部颁发的“全国农业科技推广奖”；1985年、1986年获四委一部颁发的“六五”国家科技攻关奖励；1985年获农牧渔业部颁发的部属重点高等农业院校“优秀教师”证书；1987年获国家教委科技进步一等奖；1988年获国务院黄淮海平原农业开发一等奖。1988年得到国务院的表彰。对黄淮海平原旱涝盐碱综合治理区域的研究取得卓越成效，该项目曾获1993年度“国家科技进步特等奖”等10多项国家和部委级奖励。1993年～1997年，石元春主持国家自然科学基金重大项目——“华北平原节水农业基础研究”，曾获陈嘉庚农业科学奖、王丹萍科学奖和何梁何利基金科学与技术进步奖。

由于科研和工作上的成就，石元春担任了国内重要社会学术职务。主要有农业部科学技术委员会委员、国家教委科技委员会委员及农业组组长、中国农学会副会长、全国农业区划委员会特约研究员、国家发明奖评审委员、中国农业科学院第二届学术委员会委员等。1984年任北京农大研究生院副院长，1985年任北京农大副校长兼研究生院院长，1987年～1995年任北京农大校长，后任国家能源办公室专家组成员，并多次受邀为国家领导人当面提供科技咨询和授课。

10. 林学领域

(1) 现代林学的学科分类

我国林学一级学科始于1902年京师大学堂的林科，目前已涵盖林木遗传育种、森林培育、森林保护学、森林经理学、野生动植物保护与利用、园林植物与观赏园艺、水土保持与荒漠化防治等7个二级学科和生态工程、自然保护区、森林微生物等12个专门学科。

(2) 林学领域代表人物及其科技成就

梁希（1883—1958），林学家，中国科学院院士。

★ 生平经历

梁希，原名曦，字索五；后改名为希，字叔五（或叔伍），笔名凡僧、一丁、阿五等。1883年12月28日生于浙江省吴兴县（现湖州市）双林镇一个书香门第的家庭。幼年丧父，初在私塾读书，稍后就学于蓉湖书院，自幼勤奋好学，聪颖过人，16岁便考中秀才，有“两浙才子”之称。

梁希青年时期追求进步，适值戊戌变法，更加激发他的民主革新思想。1890年八国联军攻占北京，他目击清廷昏庸腐败，在“武备救国”思想的支配下，他投笔从戎，进浙杭武备学堂学习西洋军事，因成绩优异，1906年被选送日本留学，一年后考人士官学校学习海军。

在日本，梁希受章太炎等民主革命家的思想影响，与同乡陈英士（其美）一同加入孙中山在东京建立的同盟会，接受了民主革命思想，经常在东京出版的《民报》上撰写诗文，挞伐腐败辱国的清王朝。1911年辛亥革命爆发，他满怀救国热忱回国，投身于革命浪潮，参加了浙江湖属军政分府新军训练工作。辛亥革命后，梁希又回到日本士官学校读书，仍习海军。中国的出路到底在哪里？这是梁希，也是当时所有进步知识分子苦苦思索的问题。适值此时（1913年）又发生了日本学生破坏班纪的事件，身为班长的梁希处罚了破坏班纪的日本学生，却遭到日本学生的侮辱和歧视，于是他愤然改变初衷，改习自然科学，进入东京帝国大学农学部。学习期间，梁希对林产制造学和森林利用学更具兴趣。他潜心钻研，学习成绩超群，深受导师们的赞誉。

1916年梁希学成回国，初在奉天（今辽宁）安东（今丹东）鸭绿江采木公司任技师。因该公司由日本人独揽大权，梁希对此十分不满，于是离职，应聘为北京农业专门学校教师兼林科主任，历时7年。1923年，梁希辞去教席，自费前往德国德累斯顿撒克逊森林学院研究林产化学。1927年回国，继续在北京农业专门学校（1926 年改名为国立北京农业大学）任教。1929 年到杭州浙江大学农学院任森林系主任。教学之外，他还兼任浙江省建设厅技正。在此期间他发表了许多很有见地的有关林业建设的论著。1933 年，梁希因不满浙大校长郭任远排挤一位为人正直的浙大农学院院长许璇而辞职。后应中央大学农学院邹树文院长之邀，到该校森林系任教，直到 1949 年南京解放。在此期间，他一面教书，一面参与了很多社会活动。他在很多政治活动中旗帜鲜明地站在进步力量一边，坚决反对反动统治的倒行逆施，留下了许多感人的事迹。

中华人民共和国成立后，梁希被任命为中央人民政府林垦部（1951 年改为林业部）部长，从此积极参与和指导中国林业建设工作。虽然仅 9 年时间（到他逝世），但为新中国的林业建设作出了重大贡献。

梁希一生还担任了许多社会工作。1935 年，他被选为中华农学会理事长，任期 6 年；1945 年九三学社成立，被选为监事，1950 年～1958 年任九三学社副主席；1947 年成立中国科学工作者协会南京分会，梁希被选为理事长；1949 年被选为常务委员，以后又被选为第二届常务委员；1950 年被选为中华全国科学技术普及协会主席；1951 年当选为中国林学会理事长；1954 年当选为第一届全国人民代表大会代表；1958 年全国科联和科普联合召开全国代表大会，决定科联和科普合并，成立中华人民共和国科学技术协会，梁希当选为副主席。

★ 梁希与林业事业

早在 1916 年任中日采木公司技师期间，梁希就深感中国森林工业很不发达，而且当时森林的采伐及林产品的利用均受外国人控制，对合理利用森林资源及国家经济的发展极为不利。他认为，要发展中国的林业，亟须从教育着手，培养人才。他从事教学 30 多年，讲授森林利用学、林产制造化学、木材学和木材防腐学等课程，培养了一批又一批林业专门人才。

梁希讲授的课程都是自己编写教材，并不断修改讲稿，补充新内容。上实验课，虽有助教，但他总是亲临指导和示范。对一些难于操作的实验方法，则逐个手把手地传授给学生。

梁希对自己严格，对学生和助手们也同样严格。工作上出了差错，他严厉批评，毫不客气。他不允许上课、上班迟到，按时工作和珍惜时间，是他一贯恪守的准则。

梁希不但在学习、工作上诲人不倦，而且在思想、生活和事业上也十分关心爱护学生，真正做到了既教书又育人。他教导学生：人生学习求知，好比建高楼大厦，必须先坚地基，然后博览群书，集思广益。他还教学生做人之道，要以人民利益为重，切戒利欲熏心，要老老实实做人，扎扎实实做事，决不要有任何骄傲、夸张。梁希最愿意和学生打成一片，参加他们的活动。1941 年中央大学森林系 5 名学生毕业，他在欢送会上即席赋诗一首，并书赠每人一份。诗曰："一树青松一少年，葱葱五木碧连天；和烟织就森林字，写在巴山山那边。"梁希把

5 位同学比喻成 5 棵青松，5 木正好构成森林二字，在巧妙的构思之中蕴含了梁希对学生殷切的希望和深厚的感情。学生经济困难，他解囊相助；学生出国深造，他给予支持，并教导他们安心学习，不忘祖国。1945 年 8 月，吴中伦赴美留学前，梁希赠诗一首："大火西流七月光，碧天无语送吴郎；定知三载归来后，沧海茫茫好种桑。"

梁希教学很大的特点是理论联系实际，重视实验教学。他在浙江大学和中央大学任教期间，极为重视实验室的建设，先后在两校分别创建了林化实验室。1937 年中央大学本部因日寇侵占南京而迁到重庆沙坪坝，他领导了 3 个实验室：木材学实验室、森林化学实验室和中央林业实验所林产利用组实验室。当时，梁希年近花甲，为了实验室和材料设备常常东奔西跑，有一次为了领取几加仑酒精，竟跑了 8 趟，可见当时科研工作之艰难。在他苦心经营下，中央大学森林化学实验室当时已初具规模，图书资料和种种设备在国内各森林系中是首屈一指的，许多专家学者参观这个实验室时，无不赞叹惊讶！

梁希作风正派，为人刚直不阿。他献身科学，献身教育事业，从不追逐名利；他高风亮节，充分体现了一个教育家的崇高品质。

梁希在兼任浙江省建设厅技正（相当于今日的高级工程师）时，只同意短期协助制定发展浙江森业事业的规划，不担任行政领导职务，也不额外兼领薪俸。他走遍杭州、湖州、宁波、绍兴、台州 5 个专区，发表了《两浙看山记》等考察报告。1931 年春，新任中央大学校长朱家骅派人专程到杭州浙江大学农学院邀请梁希出任中央大学农学院院长，他因不愿从事行政工作，到院视事仅一个月，即悄然离开南京回到杭州，并致书朱家骅婉言谢绝。梁希挂冠而去的行动，一时传为佳话。

中华人民共和国成立后，林业大发展，林业技术人才极度缺乏。梁希身为第一任林业部部长，又身为教育家，深感培养新中国林业技术干部的重要性。他立即与林业部几位领导商议，提出了尽快发展林业教育，解决干部缺乏问题的意见。1952 年，在梁希的建议下，经国务院领导同意，林业部配合教育部，对农林高等院校做了调整，分别在北京、哈尔滨、南京成立了 3 所独立的林学院，并在 13 个农学院扩大了森林系，增加了招生名额。从此，林业界形成了"办学热"，到 1958 年全国独立的林业高等学院已达 11 所，设在农学院中的森林系有 19 个，在校师生有 3 万多人，而 1950 年初全国高等院校森林系在校学生还不到 100 人，可见发展之快。为此，梁希曾激动地说："我在旧中国教了 30 年的书，培养了那么多的学生，想改变中国林业面貌，想让中国的黄河流碧水，赤地变青山。我的宣传活动只不过是书生的议论，纸上谈兵，毫无用武之地。只有解放后在毛主席、共产党的领导下，我们的理想才能实现……国民政府几十年培养的林业技术人员没有新中国两年培养的多，中国的林业是大有希望的。"

★ 梁希与制造化学

梁希在 40 多年林业工作的生涯中，有 30 多年担任林产制造化学、森林利用学的教学和科学研究工作。他认为中国是多山之国，林产丰富，大力发展林产制造化学事业是富国利民之道。

梁希从1916年开始讲授林产制造化学，使之在中国首次成为一门独立的学科。他在教学的同时，十分重视科研工作。1919年他在浙江大学首创中国第一个森林化学室，尔后又在中央大学创立了同类实验室，进行了如松树采脂、樟脑制造器具、油桐种子分析和桐油抽提、木材干馏、木精定量、木素定量等试验研究。1935年，他在中大农学院将浙江诸暨制樟脑使用的凝结器加以改良，制造成提炼樟脑（樟油）的实验装置，与日本东京帝国大学三浦伊八郎教授改良的土佐凝结器相比，樟脑得率提高110％～169％。中国旧法榨取桐油，有25％～50％的桐油残留在桐饼（粕）内，十分可惜，梁希于1935年做的化学浸提桐油试验，可获取桐子中的桐油99％以上，大大增加了桐油获得率。

在30多年的教学实践中，梁希编写了许多讲义。其中有代表性的，是他花了一生心血编写成的《林产制造化学》，这是一本60多万字的教科书。林产制造化学是以林产品为原料的制造化学，以前统称林产制造学。由于林产物的机械工艺利用部分已在森林利用学中讲述，因此梁希改用林产制造化学这个名称，专述利用木材或树皮、树叶、树实等副产物为原料制成他种物质的制造化学。此书初稿虽完成于20世纪30年代，但由于他治学严谨，不愿草率付印，以致初稿虽经多次增补，也未问世。中华人民共和国成立后，他任林业部部长期间仍继续收集资料，充实内容。遗憾的是，他生前未能见到该书的出版，直到他去世后，1983年才由他的学生们将原稿加以整理出版。该书内容充实，体例严密，立论精辟，堪称价值很高的林业科学巨著，对当前中国林产化学生产发展仍有重要指导作用。

★ 发展林业

20世纪二三十年代，中国森林生态学还没有形成系统的学科，人们对森林的效益和林业经营的意义认识还比较模糊，经营林业的方法也不科学。但梁希根据观察与切身体会，对森林生态学的观点已有了基本认识，并反复宣传这些观点，提出全面发展林业的经营方向。

森林与环境这个生态系统对人类生活密切关系和对经济生活的作用，早在1929年梁希撰写的《民生问题与森林》一文中就作过精辟的论述，他指出人类早在猴子时代就生活在森林中，“森林是人类的发源之地，人类所以发展到现在，都是森林的功劳。后来农、林分业，“农家管着‘衣’、食’，林家管着‘住’、‘行’。所以那个时代的民生问题，一半是靠着农业，一半是靠着林业”。到了19世纪，“森林不但管着‘住’、‘行’，而且管‘衣’、‘食’的一部分。国无森林，民不聊生”。“我们若要教我们做东方的主人翁，我们若要把我们中国的春天挽回来，我们万万不可使中国五行缺木，万万不可轻视森林。”梁希从历史到现实非常深刻地分析了森林和民生的关系，体现出森林综合效益的基本思想。

进入50年代，梁希把森林的作用提到了更高的地位。多次讲话著文论述森林与农业、森林与工业、森林与环境的多方面的关系，科学地论证森林可以防止旱灾、防止水灾、防止风沙灾害，深刻分析了森林主产物（木材）对工业建设的作用，并详细地阐明了森林副产物对人民生活的作用。他特别关心的是森林与农业、森林与水利的关系。1958年，他又在《旅行家》杂志上发表文章，指出“造林就是保水保土的最有效而且最经济的办法”，造林后就会“万山留有甘泉，森林就是水库”。“而且由于山区防止水土流失，还可庇护农田，减免灾害，保障农作物的丰收”。“由于森林资源的增加，出产的木材又可支援工业建设。所以林业建设是国家社会主义的重要建设之一”。他还归纳提出林业的目的就是“一部分为农服务——保护农田水利；一部分为工服务——保证供应各种工业原料及建筑用材”。梁希根据多年观察研究的结论是：“水保是治黄之关键，森林改良土壤是水土保持工作中基本环节之一”、“造林是保水保土最有效的途径”、“林业是农业的根本”、“林业是国民经济建设中不可缺少的重要组成部分”。梁希早年这些对森林的功能和森林作用的理论和基本认识，对当前的林业建设仍有很重要的指导意义。

梁希基于新的林学理论，产生了新的林业经营思想，提出了全面发展林业的经营方向。他针对中国森林资源奇缺，自然灾害频繁的现状，极力主张发展林业不能只砍木头，必须普遍护林，大力造林，增加森林资源，提高覆盖率，全面满足社会经济对林业日益增长的需要。他在许多著作中多次讲到，既要满足人们对林、副产品的需要，又要满足全社会环境美化的需要。他在1948年视察台湾林业时就提出了经营台湾林业“应有一最合理之经营系统，则林木生长可以增进，经济价值可以提高，恒续作业可以保持，使该事业得以发展，经济得以繁荣。”梁希任林业部部长后，在党和政府发展林业的方针指导下，对全面发展林业的经营思想又有了新的发展。1949年，他在一次林业座谈会上提出：“伐木务需依照一定计划，伐木必须注意某地点之应伐与不应伐，而不专顾某地点之便于伐与不便于伐。就是说，按照预定的施业方案进行，才是正理”。在1950年2月首次召开的全国林业业务会议上，梁希根据大家的讨论，并和林业部其他领导人研究，提出了建国初期林业方针任务是：“普遍护林，重点造林，合理经营森林和采伐利用森林”。梁希还多次提出全面营造各林种的计划，其中包括用材林、防风林、防洪林、薪炭林、果木林以及特用经济林等。1950年，梁希又在西北农业技术会议上提出了“有计划有步骤地在西北建设防沙林带和黄河水源林”，“在宁夏东边、甘肃北边……筑起一道绿的长城，制止沙漠的南迁”。1951年，他在中国人民政治协商会议第一届全国委员会第三次会议上又提出在西北、东北、西部造成大规模防沙林带的设想，为今日建设的“三北”防护林定下了基调。1956年，他在《青年们起来绿化祖国》一文中进一步提出了“要绿化村庄，绿化道路，绿化河岸，绿化城市。要绿化中国的山，从而绿化中国的水”。梁希营林思想的要旨是全面造林，彻底消灭荒山，绿化全中国，争取做到“全国山青水秀，风调雨顺”，从而实现他早年就提出的“黄河流碧水，赤地变青山”的理想。

为了实现这一目标，梁希认为一是要向自然开战，二是要与人们的传统经营方式斗争。他非常明确地反对毁林开荒，并指出：“开垦山坡不能增加社会总产量，被开垦的土地充其量不过在最初一二年内略有增产，可是陡坡开垦必难久保，迟早要造成山坡光，河川恶，坡地变石地，川水变沙田，走到山穷水尽，不可挽救的地步”。1956 年，他在全国人民代表大会一届三次会议上提出建议：“只有搞好山区规划，特别是做好合理利用土地的规划，解决农、林、牧之间的矛盾，才可以给群众指出美丽的远景，才可以防止群众滥垦山地”。中共中央在制定《全国农业发展纲要》时，采纳了梁希的主张。

梁希这一整套关于全面发展林业的指导性意见，经中央同意，由林业部统一安排，在全国加以推行。50 年代，全国林业工作出现了新的局面，中国人工造林面积大幅度增加，人工造林的质量好，成活率高。全国各地群众在那时所造的林木，现在都已郁郁葱葱，蔚然成林。

★ 林业建设

1949 年 5 月上旬，梁希作为民主人士在北京参加了中央人民政府筹备会议。在 9 月召开的第一届全国人民政治协商会议上，他提议成立林垦部。周恩来采纳了他的意见，并提名梁希为林垦部部长。梁希感到很不安，就写了一张条子送给周恩来：“年近七十，才力不堪胜任，仍以回南京教书为宜。”周恩来看后提笔写了一句话：“为人民服务，当仁不让。”回复给梁希。梁希看了回条，激动地写下了：“为人民服务，万死不辞”交给周恩来。从此这位年近古稀的老人在林业领导岗位上为新中国的林业事业倾注了全部心血，为新中国林业建设作出了重大贡献。

梁希在林业建设工作方面既有高瞻远瞩的战略思想，又非常注意工作作风和工作方法，善于抓重点，掌握要害，开创新的工作局面。旧中国没有林垦部的机构，新中国的一切都要从头开始，梁希和林垦部副部长李范五等商量，决定首先抓 3 件事：一是搭架子，组建林垦部机关和在全国范围内建立健全林业机构；二是摸清情况，查明全国现有森林资源；三是打好基础，为林业事业的大发展做好准备。为了办好这几件事，梁希常常是亲自动手，细查、细问、细算，并和周围同志反复研究，甚至连一个数字也不草率马虎。在中央领导的关怀和他的主持下，在全国范围内很快地建立和恢复了一些林业机构，并根据中央民主改革工作的统一部署，进行了东北、内蒙古林区改造与建设工作，有秩序地将旧林区的“把头负责制”改造成社会主义的企业，又将一部分手工作业逐步改造为半机械化或机械化作业，为中国林业建设奠定了初步的物质、技术基础。梁希领导工作最大的特点是“求实”的作风。他非常注意深入实际调查研究，一再表示：“虽然我的年龄大了一些，只要我能行走，我就要争取到全国各地多跑跑、多看看。”

1950年～1955年，他先后6次，用300多天时间亲赴西北、东北及浙江等地林区进行实地考察，其中花时间最多、下工夫最大的是对黄河流域水土保持和林业建设问题的考察。

1950年9月，梁希率领6位林业科技人员，赴渭水和小陇山林区（在甘肃天水专区）调查，并与当地干部反复磋商一个事关子孙后代的林业方针问题：在国家建设事业严重缺乏木材的情况下，风沙弥漫的大西北究竟如何解决采伐与营林的矛盾？黄河又如何彻底整治？这一连串的问题深深地困扰着他，竟至夜不能寐。渭河是黄河的缩影。梁希在宝鸡时，站在渭水桥头望着夹着泥沙混浊的河水，心情十分沉重。他从渭水看到土是怎样流失的，河床是怎样淤塞的，水灾是怎样酿成的。解决西北风沙、水土流失的根本办法就是“坚决地、勇敢地、不厌不倦地和它斗争，且必须和它做持久战。战争的武器没有别的，就是森林”。“要正本清源，只有护林造林。”这就是他夜以继日地思索和实地调查的结论。

为了弄清在小陇山林区东岔河右岸修筑一条森林铁路进行采伐是否科学合理，梁希在考察完渭水后又亲赴小陇山考察。小陇山在渭水南岸，那里的森林起了保土作用，流出的水透明见底，如果继续大规模采伐，可能会导致河水变浊。林区道路十分难行，梁希只得乘牛车，最后又换骑小毛驴，行走20公里才到伐木现场。他在现场连续好几天早出晚归，进行调查，最后做出决定：停建即将开工的为运输木材而修的窄轨铁路，设立育林实验站，把秦岭林场在小陇山的业务范围扩充到护林造林，伐木为副业，调东北枕木支援大西北。这是一个富有远见而又大胆的决定。梁希离开小陇山时为伐木场负责人题写了两句唐诗：“却愿所来径，苍苍横翠薇”。这个愿望如今已经实现了，据当年在育林站工作的人讲，当时的采伐迹地上，现在已经郁郁葱葱，长满了粗壮的树木。

为了解黄河另一重要支流——汾河的情况，梁希不顾辛劳，于1950年10月又赴山西考察。1952年11月，他考察了泾河流域；1953年3月～4月又在延河、洛河和无定河流域考察。在考察前，他先与农业、水利两部和西北地区农林、水利两部和西北地区农林、水利、畜牧三部开座谈会。在考察中，凡经过专区皆邀请党政人员座谈，经过重点县，还和县长、县委委员谈话，了解情况。梁希把考察的情况归纳综合，分别写成了详细报告，提出了水土保持、造林防沙的初步意见，为制定黄河流域水源林和水土保护林的营造方案做了充分准备。

★ 绿荫红叶

梁希把绿化全中国的愿望和科学道理，用形象感人的词句表达出来。他在《让绿荫护夏，红叶迎秋》一文中，歌颂祖国的明天，歌唱为之献身的事业：“绿化，这个词太美了，山青了，水也会绿；水绿了，百川汇流的黄河也有可能渐渐地变成碧海，这样，青山绿水在祖国国土上织成一幅翡翠色的图案……林业工作是做不完的，绿化要做到栽培农艺化，抚育园艺化；要做到工厂如花园，城市如公园，乡村如林园；绿化，要做到绿荫护夏，红叶迎秋……这样，中国960万平方公里的国土，全部都成一个大公园，大家都在自己建设的大公园里工作、学习、锻炼、休息、快乐地生活”。这是多么令人神往的美妙境界。他深知，要想实现这个远大目标，不是几个人、几十个人能完成的，必须唤起民众共同奋斗。因此，要广泛地宣传林业的重要性，要发动人民群众参加植树造林运动。他利用各种场合、机会做林业的宣传普及工作。1950 年春，全国开展春季造林运动，他满怀喜悦的心情挥笔撰文：“用造林来迎接新中国的春天……春，替我们带来了活泼的生活，使万象由旧而新，由死而生，由黄而青，表示着无限的前程。”1954 年，中国第一部介绍森林的纪录片《白山黑水话森林》拍摄发行。梁希在《大众电影》上发表文章，介绍这部描写大森林的纪录片。梁希在兼任中华全国科学技术普及协会主席期间，还亲自执笔编写了一本图文并茂的科普小册子：《森林在国民经济建设中的作用》，对森林、森林主副产品在中国经济建设中的作用深入浅出地作了介绍。

青年是未来的主人，青年应该是植树造林的主力军。梁希非常热爱青年人，重视青年在绿化祖国中的作用。1956 年 3 月，中央要在延安召开 5 省区青年造林大会，他情不自禁地用生花妙笔赞颂青年，为《中国青年》杂志撰文，号召青年实现绿化全中国的美好理想。是年，他还给高中应届毕业生写信，向中学生介绍林业和林学，热情地号召学生们“勇敢地、果断地、愉快地”加入林业队伍，学会绿化荒山、征服黄河，替祖国改造大自然。可见梁希的宣传工作做得多么深入细致，想得多么久远。这一年梁希还为《旅行家》杂志写了《绿化黄土高原，根治黄河水害》一文，又写了《把科学技术交给人民》、《人民的林业》和《林业工作的重大任务》等文章。

梁希写下的诗文中，有许多为林业界工作的人们传诵为佳句，如“无山不绿，有水皆清，四时花香，万壑鸟鸣，替河山装成锦绣，把国土绘成丹青，新中国的林人，同时也是新中国的艺人。”这一佳句永远激励人们为祖国的绿化事业努力奋斗！

★ 敲击“林钟”

1946 年，梁希为中央大学森林刊物《林钟》写了复刊词，向林人们提出了著名的敲击“林钟”号召：“林人们，提起精神来，鼓起勇气来，挺起胸膛来，举起手，拿起锤子来，打钟，打林钟！”“一击不效再击，再击不效三击，三击不效，十百千万击。少年打钟打到壮，壮年打钟打到老，老年打钟打到死，死了，还要徒子徒孙打下去。林人们！要打得准，打得猛，打得紧！一直打到黄河流碧水，赤地变青山。”梁希身体力行，一生为振兴中国林业而不停地敲钟，直到他生命的最后时刻。

1958 年 3 月，梁希因发高烧入北京医院治疗，退烧后不顾体弱有病，仍坚持工作，并为《人民日报》撰写了《让绿荫护夏，红叶迎秋》的文章，这是他最后为林业建设事业而作的一篇论文。9 月参加了全国科联和科普召开的全国代表大会。这期间曾两次住院，两次出院。当他第四次住院时，确诊为肺癌，涉及胸膜，超出手术及放射治疗的范围。他身体异常消瘦，体重只有 35 公斤。10 月 25 日，他还亲自写信给林业部办公厅主任："北京医院检查身体后，医生要我把休养延长到 12 月底，请办公厅替我向国务院续假。"病情如此严重，仍念念不忘向国务院请假，可见他工作纪律之严格。1958 年 12 月 10 日凌晨 5 时梁希因病情加剧，抢救无效，与世长辞。人民的林学家，人民的教育家，政治活动家，模范的林业工作领导者告别了人民，告别了年轻的共和国，告别了他为之奋斗的林业事业，停止了对"林钟"不断勤奋的敲击。但是梁希的治学精神，高尚的品德，对党的忠诚和为祖国绿化事业建立的丰功伟绩永远是人们学习的楷模，永远激励着人们奋勇前进！

民国二十八年六月出版

梁希去世后，周恩来、彭真、邓子恢、习仲勋、郭沫若、陈叔通、李维汉、许德珩等 36 人组成治丧委员会，沉痛悼念一代宗师与世长辞。

1983 年 12 月 28 日是他的一百周年诞辰，全国政协、九三学社中央、中国科协、林业部、中国林学会、中国农学会于 12 月 15 日在北京联合举行纪念大会，回顾了梁希热爱祖国、热爱人民的一生，高度赞扬他是"中国共产党的真诚朋友，中国林业界的一代师表，中国科技界的一面旗帜"。

11. 畜牧兽医学领域

按照 GB/T13745—92《学科分类与代码》的规定，畜牧兽医学是一级学科，包括畜牧兽医科学的基础学科、畜牧学、兽医学 3 个二级学科。

（1）畜牧兽医学科的历史演进

中国兽医药学有悠久的历史，它起源于原始社会，经过奴隶社会的初步发展，在漫长的封建社会中形成其完整的学术体系；在隋唐时期开始系统地传至国外，对有关国家兽医学术的发展曾产生过较大的影响。

★ 起源（公元前 22 世纪以前）

中国是世界四大古医药起源地之一，又是世界农业起源中心之一。早在有文字记载之前就已有了畜牧生产。当畜产品成为人们重要的生活来源时，如果畜群受到疾病的侵袭，人们必然利用已获得的治人病的知识试治兽病，这样就产生了原始的兽医活动。传说黄帝时期（公元前 26 世纪—公元前 25 世纪），有马师皇善治马病，曾用针刺唇下及口中，并以甘草汤饮之治愈畜病。山东省博物馆陈列的大汶口文化遗址中发掘出来的骨针共有大小不一的 6 枚，这些骨针一端尖锐，一端粗圆，并无针眼，骨针长的 14 厘米，短的 7～8 厘米，形似兽医用的圆利针。这些骨针是用家畜骨磨制而成，是畜牧生产的副产品，由之说明该时期以针刺治畜病是有根据的。

从《黄帝内经·素问·异法方宜论》可知，中国在古代便提出了因地制宜的医疗经验。如该书中指出：东方的砭石，南方的九针，北方的灸热，西方的药物等，这些都是根据当地实际情况，就地取材治疗畜病，并对原始兽医药因地制宜防治家畜疾病也曾产生过影响。

★ 巫医并存（公元前 21 世纪—前 11 世纪）

夏商时期，中国进入奴隶社会，在这一时期中，巫和医同时存在。《世本》记载："巫咸，帝尧时医，以鸿术为尧之臣。能祝延人之福，愈人之病，祝树树枯，祝鸟鸟坠。"传说中有许多名医：如巫彭、巫妨、巫方、巫庚、巫贤、巫咸都有名字之前加一巫字。河北藁城商代遗址中发掘出郁李仁、桃仁等中药证明当时巫和医的并存。甲骨文中还有一些象征去势的字，表明殷商的畜牧生产已对家畜产品作品质的改进，当时的兽医已利用青铜针、刀作外科手术。安阳殷墟妇好墓出土的玉牛，鼻中隔上穿有小孔，似表示已发明了穿牛鼻技术。

★ 专职兽医的出现（公元前 11 世纪—前 711 年）

西周才有专职兽医出现。《周礼·天宫》记载："兽医掌疗兽病，疗兽疡。凡疗兽病，灌而行之，以节之，以动其气，观其所发而养之。凡疗兽疡，灌而刮之，以发其恶，然后药之、养之、食之。凡兽之有病者，有疡者，使疗之，死是计其数，以进退这。”此时家畜去势术有进一步的发展，在《周易》中，已指明去势的公猪性情已变温顺。据《周礼·夏宫》记载：政府每年早春即下达“执驹”，而在夏天则“颁马攻特”，即将不作种用的公马定期进行去势。《周礼》等古文献中记载有100多种人畜通用的天然药物及采集草药的时期。

在西周时期有畜牧兽医名人造父（公元前10世纪后叶），后世有托名作《造父八十一难经》者。

★ 中兽医学术的奠定（公元前770—公元589）

在春秋时期有著名畜牧兽医孙阳（号伯乐，约公元前7世纪人）和王良（同时或稍后）的出现。《伯乐针经》、《伯乐明堂论》、《伯乐新书》、《孙阳集》、《王良百一歌》等则系后人托名之作。战国时期已有专门诊治马病的“马医”。内科病已用水煎剂灌服，外科病用涂敷药或腐蚀引赤药以去其坏死组织。药物分草、木、虫、石、谷五类，并分为以五毒攻病、五味调病、五气节病、五谷养病等治则。

秦汉时期，兽医学术有进一步的发展，民间不仅有专治马病的马医，还有因耕牛的发展而出现专职的牛医。秦代已制定畜牧兽医法规“厩苑律”，在汉代改名“厩律”。东汉末《神农本草经》出现，收藏药物365种（植物药253种，动物药67种，矿物药45种），它是中国最早的一部人畜通用的药学专著，其中有些药指明专用于家畜。在《居延汉简》、《流沙坠简》以及《武威汉简》中有医治马牛病的处方。汉中山五墓中出土了治病用的金针、银针和铁制的九针。《盐铁论》中已提到用皮革保护马蹄（提）。《汉书·艺文志》载有《相六畜》三十八卷。

三国两晋南北朝时期，战争使民族发生大迁徙，北方游牧民族入主中原，使畜牧业有进一步子发展，为畜牧业服务的兽医学随之有进一步的发展和提高。东晋名医葛洪（281—340）著的《肘后备急方》中有治六畜诸病方，对马驴役畜的十几种病提出了疗法，从用灸熨术治马羯、骨胀等，可知当时针灸治疗的广泛应用；已提出试图用狂犬的脑组织敷咬处治狂犬病。北魏贾思勰著《齐民要术》一书，其中有畜牧专卷，并附一些供牧人等采用的应急疗法，疗方48种，应用于26种疾病。如用掏结术治粪结，用削蹄和热烧法治漏蹄，用无血的去势法为羊去势，用犍牛法给猪去势以防感染破伤风症，以及关于家畜大群饲养时怎样防治疫病的发生和进行隔离措施，反映出当时的兽医技术水平已相当高。《隋书·经籍志》中记载梁有《伯乐疗马经》，可惜已佚散了。

★ 经验兽医学的发展（589—1368）

这一时期中国兽医学已形成完整的学术体系。隋代太仆寺中已设兽医博士。《隋书·经籍志》记载，当时有《疗马方》1卷；《伯乐治马杂病经》1卷；俞极撰《治马经》3卷；《治马经》4卷；《治马经目》1卷；《治马经图》2卷；《马经孔穴图》1卷；《杂撰马经》1卷；《治马牛驼骡等经》3卷，目1卷。唐代因循隋制，在术仆寺中设兽医博士 4 人，教育生徒百人，另在太仆寺系统中设兽医 600 人。由于唐代有一个完整的兽医教育体制和兽医升迁制度，使唐代的兽医学术得到迅速发展。833 年以前，唐宗室行军司马李石采集当时的重要兽医著作，编纂成《司牧安骥集》4 卷。前 3 卷为医论，后 1 卷为药方，又名《安骥集药方》，它是现存最古的中国兽医学专著，也是自唐到明约 1000 年间兽医必读的教科书。该书对于中国兽医学的理论及诊疗技术有着比较全面的系统论述，并以阴阳五行作为说理基础，以类症鉴别作诊断疾病的基础，八邪致病认为是疾病发生的原因，脏腑学说是家畜生理病理学的基础——五脏五腑的五脏论是畜体的结构论，又是脏腑辨证、认识疾病、治疗疾病的基础。主阴六阳图表明在此时期兽医已采用十二经的经络学说，图上十二经的主穴都是放血穴，但缺乏经络循行路线和线上穴位分布名称。《伯乐针经》的出现表示家畜针灸学在此时已形成，之前的《骨名图》和《王良先师天地五脏论》中的骨名研究，表明古典家畜解剖学的研究是为了更好地进行针灸治疗，是为针灸学服务的。为了保障畜牧业的发展，唐代制订有保护牲畜的法规。少数民族因较集中在边疆地区，使兽医学有了新的发展。如在西藏出现了藏兽医，著作有《论马宝珠》、《医马论》等；在新疆吐鲁番的唐墓中曾发掘出《医牛方》。唐高宗显庆四年（659）颁布中国人畜通用药典《新修本草》，内载药物 844 种，并有标本图谱，它是世界是最早的药典。《安骥集药方》则是中国现存最古的兽医方剂书，书内共录药方 144 个，按功效分为 15 类，分类方法尚未达到五经分类的水平。方中采集了一些舶来品，说明唐代兽医已吸收国外药物学的一些成果，所录方剂有的至今还在应用，有的成为后世方剂的基础。日本兽医平仲国等人于唐贞元（785—805）年间来中国长安留学，回国后对日本兽医界产生深远影响，形成“仲国流”（学派）。

宋金元时期中国兽医学是以补充、阐释为主的发展阶段。北宋采用唐代的监牧制度，并在 1007 年设置“牧养上下监，以养疗京城猪坊病马”，在 1036 年规定“凡收养病马……取病浅者送上监，深者送下监，分十槽医疗之”，这是中国兽医院的开端。1103 年规定病死马尸体送“皮剥所”，类似尸检的剖检机构。《文献通考》说：“宋之群牧司有药蜜库……掌受糖蜜药物，以供马医之用。”这是中国官办最早的兽医专用药房。《司牧安骥集》一书在元代由医 3 卷、方 1 卷扩充成为医 6 卷、方 2 卷，共 8 卷。扩充的内容主要是宋金两朝的作品，如北宋王愈撰的《蕃收纂验方》被收入该书成为第 8 卷。金人于 1193 年写的《黄帝八十一问》，以及撰者和成书年代均佚的《七十二恶汗病源歌》等，这些宋金时期的作品由于被增收到《安骥集》中而留传下来。《蕃牧纂验方》内的四季调适法，开创以药物预防家畜季节性多发病的先例。而《黄帝八十一问》被明代名兽医喻本元称为“圣贤书”，它把脾寒证分为 11 种证型，大大发展了中兽医的症候辨证学。

元代统治者以畜牧起家，对牲畜疫疾的防治相当注意。管勾（官名）卞宝著

《痊骥通玄论》6卷，现存3卷。其中《痊骥通畜三十九论》中三十三论是阐释治疗马粪结症的起卧入手歌，对结症的诊断治疗有明显的发展和提高。《点痛论》总结出诊断马肢蹄病的跛行诊断法，系创新的总结。《痊骥通玄四十六说》进一步阐释发展了五脏论等中兽医基础理论，为传统中兽医学的发展和提高作出了贡献。

★ 中兽医学的进一步发展（1368—1900）

明政府由于政治、军事上的需要，大力开展在长江下游六府二州养马，并几次规定要培训基层兽医，“每群长（管马25匹，后增至50匹）下，选聪慧子弟二三人习兽医，看治马病”。名兽医喻本元、喻本亨等就是在此条件下出现的。明政府对兽医学的发展曾给予较大的重视。《永乐大典》中有汇编成的《兽医大全》，成化年间兵部编纂了《类方马经》6卷（现有残卷2卷），甲午年（1594）太仆寺卿杨时乔主编《马书》14卷（现残存1～11卷），《牛书》12卷（已全部佚散）。喻本元、喻本亨兄弟二人合著的《元亨疗马集》、《元亨疗牛集》于1608年刊刻问世，由兵部尚书丁宾作序；书中的理论体系和临床实践紧密结合，以指导临床实践，成为自明至新中国成立前马疾治疗学的经典著作，影响深远。朝鲜人赵浚、金士衡等据元代中兽医书编成《新编集成马医方·牛医方》，书成于1399年，现存版本为1633年版。兽医本草学在明代仍然与人医不分，兽医外科学仍以针刀巧治12种病为主，对各种家畜家禽的雄性去势，对母畜摘除卵巢术，特别是猪的大桃花、小桃花（大小母猪摘除卵巢术）已普遍施行。

清初，禁止内地汉人养马，使马病学停滞不前。但由于农耕需要牛，牛病学得到较大发展。1667年杨潮、朱钰重刻《元亨疗马集》时将《水黄牛经合并大全集》和《驼经》并入成为一书，就是适应当时的时势要求。1736年李玉书将此书重编，加上《安骥集》等古书的部分内容，删去《碎金四十七论》中的二十一论，编成马经大全6卷，牛经大全2卷，驼经1卷，命名为《马牛驼经全集》，近代流行的多是这部书。因由许锵作序，内容主要来自《元亨疗马集》，简称“许序本”。1785年郭怀西著《新刻注释马牛驼经大全集》，此书对《牛经大全》进行全面的修改和补充，虽名“注释”实系新作。1800年《养耕集》问世，对牛体针灸术有进一步的补充和发展，其后《牛医金鉴》、《抱犊集》、《牛经备要医方》、《大武经》、《活兽慈舟》、《牛马捷经歌》等方书相继出现。随着养猪业发展的需要，《猪经大全》也编成刊行。《活兽慈舟》以黄牛、水牛病为核心，且选编了马病篇、猪病篇、羊病篇、狗病篇、猫病篇。1758年赵学敏编著的《串雅外篇》中还特列出医禽门、医兽门和鳞介门。至此，中兽医的医疗对象已扩展到各种家畜和家禽。中兽医学的特有理法方药体系和辨法施治原则且得到进一步的深化和发展，并形成了中国古代完整的中兽医学术体系。

（2）畜牧兽医学领域代表人物及其科技成就

盛彤笙（1911—1987），江西永新人，著名兽医学家、微生物学家和兽医教育家，中国现代兽医学奠基人之一，中国科学院院士。

★ 生平经历

1911 年 6 月，盛彤笙出生于江西永新县。1922 年考入雅礼大学中学部，1926 年转入南昌江西省立第二中学。1928 年，盛彤笙考入南京中央大学理学院动物学系。在校期间，他成绩优异，提前一年学完了本系的必修课程，还选修了化学、物理、哲学、外语和经济等系的课程。1931 年，盛彤笙升入本校医学院本科（上海医科大学前身）。医本科为 5 年制，课程十分繁重，盛彤笙学习更加刻苦，加之良好的基础，他又提前 2 年完成了课业，并于 1934 年考取了江西省赴德学习兽医学的公费留学生。同年 9 月，盛彤笙赴德国深造。柏林大学医学院承认上海医学院的严格训练，建议他继续攻读医学，并免修了部分课程。他用两年时间读完了在国内未学的专业课，还选读了病理学、外科手术和耳鼻喉科治疗示范等课程以及兽医学院的部分课程。1936 年，盛彤笙通过博士论文答辩，获得了柏林大学医学院医学博士学位。之后，他又转入汉诺威兽医学院学习兽医，1938 年获兽医学博士学位。

1938 年，盛彤笙怀着一颗爱国之心回到了祖国。他在江西省立兽医专科学校任教一学期后，于 1939 年到西北农学院，任教授兼畜牧兽医系主任。该院当时特务甚多，所以盛彤笙到学院后，即有人传言他是“赤色分子”。在这样的处境中，盛彤笙乃潜心教学，在师生中享誉盛望。但终因环境险恶，1941 年，盛彤笙不得不转往成都，任中央大学农学院畜牧兽医系教授，并兼任齐鲁大学医学院微生物学教授。

1946 年，西北兽医学院筹建，教育部聘盛彤笙为院长。他奋力工作，在短期内圆满完成了建院任务。

中华人民共和国成立后，1950 年西北军政委员会成立，盛彤笙被任命为西北军政委员会畜牧部副部长及西北财经委员会委员，仍兼任学院院长。1952 年西北军政委员会改组为西北行政委员会，盛彤笙任行政委员会委员和西北畜牧局副局长。新中国建国初期，盛彤笙赴新疆、青海等地，对畜牧业生产状况进行考察研究，并从我国实际出发，提倡牧区实行“划区轮牧，储草备冬，改良畜种”，对西北地区畜牧业的发展起到了促进作用。

1954 年，盛彤笙调任中国科学院西北分院筹备委员会第二副主任。1956 年西北分院筹委会迁至兰州，他任第一副主任。

1957 年，盛彤笙被错划为“右派”，受到撤销行政职务和降级处分，并调到中国农业科学院兽医研究所。

1961年～1962年，盛彤笙在中央社会主义学院学习，1966年开始了“文化大革命”，他再次陷入困境，1970年得到“解放”。

1978年，盛彤笙调江苏省农业科学院后，负责主编《中国大百科全书·农业卷》的兽医部分等工作，同时受命为国务院学位委员会学科评议组成员兼小组召集人。

盛彤笙还担任过第一届全国人民代表大会代表，第三届、第四届、第五届、第六届全国政协委员，中国畜牧兽医学会副理事长、名誉理事长，第一届全国科联理事，第一届全国科普理事，农业部科学技术委员会委员，国家科委农业生物学科组成员，中国科学院学部委员等职。曾多次代表中国出席世界兽医学术会议，为我国畜牧兽医事业的发展作出了重要贡献。

★ 发现水牛脑脊髓炎的病因

1941年，成都地区的水牛流行一种“四脚寒”的病，几十年苦于没有良方，给养牛农户造成了极大的损失。当时正逢抗日时期，条件极差，又无经费。盛彤笙克服困难，进行实地现场调查和病例分析，同时查找国内外资料，经对照分析，认定此病为脑脊髓炎，但其病因不明。为了彻底弄清病因，他通过反复地试验研究，最后证实脑脊髓炎病原为一种滤过性病毒，并发表了 *Virus Encephalemyelitis in Buffaloes* 一文。盛彤笙是世界上首次证实水牛脑脊髓炎是由病毒所致，为防治此病作出了贡献。

马鼻疽病在我国广为流行，危害甚大，但无法治疗。盛彤笙针对马鼻疽病的药物治疗问题进行筛选研究，经抗菌试验，发现一定浓度的磺胺嘧啶（SD）对马鼻疽杆菌具有杀灭作用，并于1945年发表了《磺胺族药物对马鼻疽杆菌之效用》一文。盛彤笙此研究成果，后被国内外学者试用在临床治疗马鼻疽病上。

★ 学术活动的积极组织者、倡导者

盛彤笙一贯重视科学普及工作，在讲课与科研之外，还担负起《畜牧兽医月刊》、《中国畜牧兽医学会会讯》和《中华自然科学社社闻》3种刊物的编辑和发行工作，在抗战期间畜牧兽医读物贫乏的情况下，为同道们提供了发表科研成果和交流国内外科学情报的园地。

早在1929年盛彤笙就参加了中华自然科学社，并在德国、上海、武汉等地发起组织了分社。此间，他还担任了《社闻》的编辑，主张民主，反对独裁，主张科学为广大民众谋福利等，在科学界有一定影响。中华人民共和国成立后，中华自然科学社受到了党的承认，与中国科学社、中国科学工作者协会和东北自然科学研究会等共同发起筹备召开了第一次全国自然科学工作者代表会议。盛彤笙当选为第一届“全国科联”理事和“全国科普”理事。

★ 西北兽医学院和中国科学院西北分院的创始人

1946年秋，联合国救济总署倡议在中国建立一所独立的兽医学院，教育部聘盛彤笙担任院长。从此，盛彤笙开始了往返于南京和兰州的筹划与联系工作。

盛彤笙放弃东南沿海城市优越的生活和工作条件，从开发祖国西北地区畜牧兽医事业的强烈愿望出发，为兴办一所独立的兽医学院而不顾一切困难。兽医学院于1946年开始招生，当时愿赴西北任教者为数很少，盛彤笙一方面在国内尽力延聘，同时预约正在国外留学的学者，采取资助自费留学生和选拔优秀学生在国内培养等多种方法，还聘请外地著名学者到校讲课。1952年兽医学院扩充为西北畜牧兽医学院，为培养西北地区畜牧兽医建设人才提供了一个良好的基地，对于50年代西北地区家畜传染病与寄生虫病的防治和普查也起到了重要作用。

1954年，盛彤笙调任中国科学院西北分院筹备委员会工作。他积极从事选址、基建和筹备各研究所等，为奠定中国科学院在西北地区的研究机构作了开拓工作。在他的建议下，西北分院成立了兽医研究室，为研究现代兽医科技创造了条件。

★ 著书立说，传播兽医先进知识

盛彤笙在从事教学、科研的同时，特别重视传播国外兽医先进知识和技术，曾翻译了世界兽医学名著，为我国兽医事业的发展作出了贡献。

1942年，盛彤笙利用夜间在暗室里从显微胶卷上翻译了Kelser氏著《兽医细菌学》，并编写了我国第一部《兽医细菌学实习指导》和《家畜尸体剖检技术》，使学生有书可读，实习时有法可循。

1947年～1948年，盛彤笙根据德文原著，重译了陈之长、罗清生在抗战时期从英译本转译的Malkmus・Oppermann所著《兽医临床诊断学》。

1958年，盛彤笙调到中国农业科学院中兽医研究所工作后，利用业余时间翻译了世界兽医文献中的经典著作《家畜特殊病理学与治疗学》。译文细致、准确、通畅，被出版社誉为“信、雅、达”三范例，并为广大读者称赞。书中纠正了过去兽医界错译的病名和寄生虫名称，对于我国兽医学的教学和科研工作的提高有很大帮助。

1970年，盛彤笙被分配到中国农业科学院兰州兽医研究所从事情报资料工作，应年轻同志的要求代译英、德文献资料100多万字供科研参考，其中一部分发表在该所出版的《兽医科技资料》上。在此期间，他又译出了德国贝尔等合著的《家畜的传染病》。

盛彤笙原计划在晚年编写《比较免疫学》和《比较流行病学》，但因1978年兰州的一场大雨，他居住的土房全部淹塌，他毕生积累的科学资料全部毁坏，遂难以实现。

1978年，盛彤笙调江苏省农业科学院后，负责主编《中国大百科全书・农业卷》中的兽医部分和《畜牧兽医辞典》，并审校了《德汉动物学词汇》。

★“大畜牧业”思想

盛彤笙非常关心我国畜牧兽医事业发展。早在1963年他就提出要加速发展畜牧业，希望重视发展南方山区畜牧业以促进农业早日过关，但未被领导接受。

直到1983年，畜牧业才受到较大重视。1973年，他又指出80年代的畜牧业中应开始重视城市肉、奶、蛋的供应，以适应人民生活改善的需要，应提倡在郊区兴办工厂化的奶牛、养猪和养鸡场等，特别是发展生长期短、肉质增长速度快的养禽业。可惜因人废言，当时甚至受到了部分同志的批判，但盛彤笙一笑置之，并未气馁。

1981年在中国科学院的学部大会上，盛彤笙再次发言，主张树立“大畜牧业”思想。他指出，我国发展畜牧业的潜力很大，现在远远没有地尽其利，物尽其用。他还指出，发展畜牧业的关键是饲料问题，而节约和开拓饲料的途径是很多的……这一次，他的发言受到大会的重视，并转载于《人民日报》。

1987年5月9日，盛彤笙历经辉煌与坎坷，走完了他76年的人生旅途。可以告慰盛彤笙先生的是，他倾注全部心血的畜牧兽医事业和畜牧兽医教育，在西北和全国已经取得空前的发展。为了深切缅怀盛彤笙高尚的人格和为科学献身的精神，在有关方面的共同努力下，盛彤笙畜牧兽医科学基金会于1994年成立，现在改为盛彤笙畜牧兽医科学奖学金，发挥了更大的作用。盛彤笙创建的中国农业科学院兰州畜牧与兽药研究所，在建所50周年之际为他塑了铜像，矗立于研究所院内，以永久纪念先生为我国畜牧兽医事业和研究所的发展作出的卓越贡献。

12. 水产学领域

现代水产学就是研究水产生物的生产和技术及其发展规律的综合性学科。

(1) 现代中国水产业发展情况

现代中国水产业经过改革开放以来的高速发展期和近年来的战略性调整，步入了一个持续、稳定、健康发展的阶段，其产业结构进一步优化，从产量增长型转向质量和效益并重，注重可持续发展。为了保护渔业资源，对海洋渔业结构实行战略性调整，实现了海洋捕捞产量负增长。

近年来，我国水产养殖快速发展，质量和效益明显提高。水产品贸易持续增长，远洋渔业多样化和全球性作业进一步发展，渔业资源和生态环境保护力度不断加大。在产业发展的同时也更加重视渔业资源和生态环境的保护，实行了严格的禁渔期和禁渔期制度，严格控制捕捞强度，对资源和生态环境保护产生了积极的影响。培育了一大批新的优良品种，对发展优质高效渔业起了重要的促进作用。人工繁殖技术不断发展，为海、淡水养殖生产提供了足量优质苗种，一大批水产名优种类的育苗和养殖技术相继取得成功，丰富和优化了养殖品种结构。设施渔业开发迈上新台阶，工厂化养殖和抗风浪网箱等装备技术快速发展。水产健康养殖、无公害养殖和标准化养殖技术全面发展。初步建立了疾病监测与防控技术体系，推广了多种健康养殖模式。环保型、功能性饲料得到应用，绿色产品逐渐增多。

海洋渔业资源专项调查和信息系统集成的研究成果，为渔业生产和管理提供了科学依据；远洋渔业资源的开发，使鱿鱼、竹荚鱼、金枪鱼类成为中国远洋渔业的主要捕捞对象；水产品冷藏链保鲜技术快速发展，淡水鱼保鲜、加工方法不断改进。中国水产品加工及加工品呈现出综合性、高值化、多品种的态势，延长了产业链，提高了渔业生产的综合效益。随着生物化学和酶化学及应用技术的发展，低值水产品和加工废弃物利用水平进一步提高。

(2) 水产学研究进展

①水产生物技术方面

中国学者在有关基因克隆、序列分析以及表达分析方面作了大量的研究，所涉及的基因大致可分为免疫/抗病相关基因，生长、生殖与发育相关基因，性别控制相关基因，溶菌酶和激酶等酶类基因等。我国建立了多种不同水产养殖动物的微卫星、AFLP 和 ISSR 等分子标记技术；构建了斑马鱼双色荧光基因打靶载体，以用于基因敲除和基因插入研究；进行了外源生长激素基因对转基因鲤鱼免疫功能影响的研究，采用显微注射法将人 α 干扰素重组基因转入草鱼Ⅰ-Ⅱ细胞期的受精卵；建立了表达 GFP 的花鲈胚胎干细胞株、胚胎干细胞移植技术、鲈鱼生长抑素基因的同源重组载体，采用 RT-PCR 方法从鲤鱼脑垂体获得了两种 GtHβ 亚基的 cDNA，采用 RT-PCR 技术从鲤鱼肠系膜脂肪组织中扩增出鲤鱼肥胖基因的 cDNA 编码序列，克隆了真鲷抗菌肽 hepcidin 基因。

②水产种质资源与育种方面

养殖新品种选育实现了历史性突破。培育出了“黄海 1 号”中国对虾、“大连 1 号”杂交鲍、“海大蓬莱红”扇贝、“东方 2 号”杂交海带和“荣福”海带等多个新品种。培育出 1 个栉孔扇贝快速生长品系 G7，生长速度提高了 38.4%。获得了生长速度比基础群体提高 30%，遗传纯度达到 91.1%的罗非鱼新品种——新吉富罗非鱼。浦江 1 号团头鲂系统选育产生了 F8 和 F9，生长速度提高了 5%。虹鳟优良品系统选育技术的研究专题通过电子标记技术对虹鳟进行系统选育，建立了 5 个基础群体。筛选获得了一个生长速度比 D 系异育银鲫快 10%以上的新品系。选育出 1 个快速生长的鲢鱼新品系，其体重增长比普通人工繁鲢快 22.7%。在世界上率先解决了半滑舌鳎室内亲鱼培养和人工育苗技术，突破了斜带石斑鱼亲鱼培育、生殖调控和种苗繁育关键技术，大黄鱼、军曹鱼、星碟等一批名优海水养殖种类的育种和繁育也初具规模。

③健康养殖技术方面

研究了网箱养鱼的污染物输出特征，建立了污染物输出量评估模型，揭示了浅海贝类筏式养殖系统的自身污染机制，查清了大型海藻、有机降解菌、滤食性贝类和刺参在养殖系统中的生态作用，研究了多种围栏生态防病模式，建立了以高位水池养虾为代表的 4 种对虾健康养殖模式和 3 种优化扇贝养殖环境的生态调控模式等。海水鱼类养殖基本形成“海陆接力”、“工厂与池塘接力”和“南有网箱，北有工厂化”的新格局。研究出了适合中国海域特点的四种类型抗风浪网箱，攻克了网箱高密度养殖关键技术，自行研制开发了多功能的抗风浪网箱设备。以大菱鲆为主导产业的工厂化带动了中国北方鱼类养殖的发展。

鳗鲡的催产率提高到 90%以上，实现了大鲵全人工繁殖，史氏鲟实现全人工繁殖及全雌化培育，建立了石斑鱼规模化人工育苗的技术和工艺流程。首次实现了哲罗、细鳞全人工繁殖和稚鱼摄食人工饲料的规模化培育。河蟹的养殖突破高寒地区的禁区，推进到黑龙江的全境。建立了罗氏沼虾无公害生态养殖示范区，建立了栉孔扇贝秋苗繁育技术，完善了贝藻、贝蟹多元生态养殖技术。研究了对虾养殖中其他宿主在病毒病传播中的作用，建立了对虾综合防病健康养殖模式。完善了以青蛤为代表的底栖滩涂贝类工厂化育苗及大规格苗种生产技术，建立了适应于南北方不同气候和环境特点的对虾工厂化无公害养殖模式。

④水产动物营养与饲料研究方面

对中国已有的主要水产养殖动物的营养需要进行完善和深入研究。其中淡水养殖品种主要包括草鱼、鲫鱼、罗非鱼、河蟹等，海水养殖品种包括大黄鱼、鲈鱼、军曹鱼、石斑鱼、笛鲷、黑鲷、皱纹盘鲍、凡纳滨对虾等。已研制或通过引进技术生产了一批渔用饲料添加剂及预混料，对营养素的中间代谢产物进行了研究。研究了保障商品鱼质量安全的饲料添加剂和相关外源酶对基因表达的影响。

以植物蛋白源（豆粕、菜子粕、棉籽粕、木薯粉等）、动物蛋白源（肉骨粉、鸡肉粉等畜禽副产品）替代鱼粉，植物油替代鱼油研究成果显著。研究了不同的植酸、凝集素、皂甙、异黄酮等抗营养因子对养殖鱼类生长、饲料利用率和营养素代谢的影响，开发了一系列中草药添加剂、促生长剂、各种酶制剂等。研究了饲料中营养和非营养型添加剂对养殖动物免疫力和抗病力的影响，在此基础上开发出了高效的免疫增强剂，用于替代抗生素。把无公害饲料生产的思路和技术（GMP）引进中国的水产饲料生产和水产养殖，通过无公害饲料配方的研制，达到养殖对水体低污染，对环境无公害。

⑤水产养殖病害学方面

研究了集约化养殖寄生虫病的流行规律与特点、新寄生虫病、抗寄生虫药物、寄生虫病理学等。突破了传统的病毒分离、鉴定及病毒生物学特性等方面的局限，深入到病毒的超微结构、抗感染蛋白、功能基因以及感染和致病分子机制等领域。应用免疫学研究已成为中国疫苗研究的重点；营养免疫学的研究独树一帜；免疫学诊断技术的建立与应用逐步推动免疫检测试剂盒的研制；免疫相关基因的筛选，免疫蛋白的分离以及水产动物免疫发生机制等方面已经有所突破。水产动物病理学的研究在传统的组织病理学的基础上，已深化到细胞病理领域。在血液病理方面的研究获得了较大的突破，发现感染隐藏新棘虫的黄鳝血液中除了K^+含量显著升高外，Na^+、Cl^-、尿素氮等的含量均没有变化等。2005 年出版的《新编渔药手册》，在一定程度上规范了中国渔药研发、生产与应用。

⑥渔业装备和工程方面

深水抗风浪网箱养殖技术取得多项国家专利，研制并优选出适合 15 米～40 米水深的海域作业生产的深水抗风浪网箱养殖系统。工厂化鱼类高密度养殖设施研究高效生物过滤净化技术及其装置，形成了完整的循环水养殖净化系统。运用氧化塘、人工湿地等技术进行设施化应用和工程化控制生态养殖场获得成功。

⑦渔业资源与利用

东海、黄海生态系统动力学与生物资源可持续利用项目的研究，发现了高营养层种类间的生态转换率存在明显差异；小型、微型和微微型浮游植物占综合生物量很大比例；从生态系统的水平上开展了关键种鳀鱼产卵场形成与补充机制，建立了中国近海生态系统动力学理论体系框架；北太平洋鱿鱼渔场信息应用服务系统及示范试验，发展了船基多卫星遥感信息接收系统；研制出适合中国远洋渔业生产的船载实测数据自动采集与通信系统；取得了中国专属经济区生物资源和栖息环境的资料；完成了四大海域生物资源与环境的同步综合调查；建立了全国海洋渔业资源动态监测网络、全国海洋渔业资源常规监测数据库及数据传输系统、渔情预报系统；初步建立中国海洋渔业资源常规监测技术与指标体系。

⑧水产学发展现有状况

中国在开发应用生物技术方面，有一些人才，但开展原创性研究的人才还比较缺乏。水产生物技术领域的组织机构、学术机构不够健全，缺乏水产生物技术学术交流的稳定平台。国内水产生物技术领域的大项目还相对较少，资助强度不大，且较分散、不系统。功能基因、分子标记、基因打靶等研究落后，基因工程疫苗研制方面差距较大。

中国是水产动物种质资源大国，在种子库方面投入较多，但由于人为活动和资源环境的恶化，种质资源的保护水平相对较低，系统研究种质资源保护的机构少，国家投入的研究费用也较少。中国养殖鱼类的“品种”多，且来源复杂，但人工选育的良种较少，主要养殖对象多为野生种，且由于研究与生产单位对养殖对象遗传保护重视的程度不够，致使中国养殖鱼类“品种”普遍存在近亲交配和种质退化的现象。在选育种理论方面，对“品种”的异质性认识不够。

养殖产品的质量和安全卫生水平有了较大的提高，但和先进国家相比还有很大差距。水产养殖业尤其是工厂化养殖过程所用的设施条件还不够完善，机械化、自动化程度不够高，水处理设备落后，基本为流水式开放系统。中国传统的养殖技术还处于经验性的把握，未能给规模化、集约化以及数字化控制提供基础数据。由于中国养殖品种多元化，营养学研究往往缺乏系统性，配方的科学依据也不充足。中国饲料机械、饲料设备的质量和规模均相对落后，且饲料厂所需的成套设备生产能力欠缺。水产动物营养与饲料学方面的人才更是匮乏，实验设施和仪器设备与国外相比也相对落后。资源消耗的粗放型养殖制约了饲料工业的发展，国家对于水产饲料市场的监管力度不够。

水产动物疾病学的研究起步较晚，相对于国外发达国家，基础较差。主要表现在：病原体致病机理盲点太多；免疫学应用基础较差；病理学底子太薄；技术力量薄弱。中国的养殖工程技术与国际先进水平还存在着差距，主要体现在工业化的技术水平、水资源的合理利用以及养殖系统对环境的影响等方面。与国际先进捕捞工程技术相比差距显著，主要体现在远洋渔业几乎所有的装备以及近海渔业装备的机械化、自动化水平、节能技术和选择性捕捞技术等方面。近年来中国水产品低温冷链虽有了较大发展，但设施比较简陋，温度单一，过程监控差，管理水平也较低。中国水产冷库（制冰厂）设备陈旧，库温达不到工艺要求，不能适应水产外贸出口和冻结工艺发展的需要。中国专业从事水产制冷技术的研究机构和技术人员相对较少，对水产品冷冻加工工艺过程缺乏深入研究。中国水产品安全特别是药物残留或是检测技术水平较低，或是尚未建立确定统一的检测方法，致使水产品的国际贸易处于被动地位。中国水产质量安全标准中的技术要求与国际标准存在不同程度的差距。对信息技术和渔业信息化的重要性认识不足，缺乏总体规划和远景目标，发展方向不明确，各自为政。把信息技术作为生产力中一个要素进行系统组织、设计和研究的力度不够，研究力量和研究目标分散，信息技术对渔业产业革命性作用远远没有发挥出来。

⑨水产学未来展望

水产品是人民生活必不可少的优质动物蛋白食物来源，随着中国人口增长和收入水平的提高，水产品需求将进一步增长。中国水域生态环境污染状况不断加重，水生生物的生存空间不断被挤占，资源严重衰退，渔业经济损失日益增大，生态安全问题已严重影响中国渔业的可持续发展。因此，迫切需要加强渔业资源养护，控制外来生物侵害，遏制面源污染，开发环境友好型的生产技术，保证渔业发展的生态安全和可持续发展。

现代渔业已成为各种新技术、新材料、新工艺高度集中的行业，规模化、集约化、智能化和信息化发展，使其对科技的依赖程度在不断提高。我国必须加强渔业科技进步，导入、融合现代技术，发展设施渔业，降低资源消耗、环境污染和生产成本，提高渔业的资源产出率和劳动生产率，进一步引领和支撑优质、高产、高效、生态、安全的现代渔业发展。在当前中国水生资源衰退、水域环境恶化的情况下，应按照循环经济模式，加强科技创新和科技进步，发展资源节约、环境友好、质量安全、高产高效型渔业，推动渔业经济增长切实转移到依靠科技进步和提高农民素质的轨道上来。

（3）水产学学科代表人物及其科技成就

雷霁霖（1935—），出生于福建宁化县，畲（音 yi）族，著名海水鱼类养殖学家，中国工程院院士。

★ 生平经历

雷霁霖 1954 年～1958 年就读于山东大学（时在青岛，为中国海洋大学前身）生物系动物专业，向童第周等著名生物学家学习胚胎学。1958 年毕业于山东大学，获学士学位。以后一直在中国水产科学院黄海水产研究所工作。

50 多年来，他始终坚持在科研生产第一线，系统地研究了 22 种海水鱼类的增养殖理论与技术，其中 8 种已实现产业化。他以亲身实践丰富了鱼类养殖学理论，引导了海水鱼类养殖向工业化方向发展，是我国海水鱼类增养殖学科带头人，工厂化育苗和养殖产业化的主要奠基人。

20 世纪 60 年代，他率先突破了梭鱼人工繁殖技术，探索了多种海水鱼类育苗工艺；70 年代首创海水鱼类工厂化育苗系列技术；80 年代率先完成工厂化育苗体系构建，北方网箱养殖和放流增殖获开创性成果；90 年代，真鲷工厂化育苗技术达国际先进水平，社会经济效益显著，受到国内外专家的高度评价。他于 1992 年首先从英国引进冷温型良种大菱鲆，突破了育苗关键技术，达到国际先进水平；创建了符合国情的“温室大棚＋深井海水”工厂化养殖模式，掀起了中国海水养殖业的第四次产业浪潮，仅在5年内累计创产值逾70亿元，产生了巨大的经济和社会效益，为此大菱鲆的引进被誉为我国当代最成功的海水鱼类引种范例。1997年“渤海渔业增殖技术研究”获国家科技进步二等奖。2001年“大菱鲆的引种和育苗生产技术研究”获国家科技进步二等奖。2002年雷霁霖获杜邦科技创新奖。此外，他还获得省部级奖多项和山东省“富民兴鲁”奖章、青岛市突出贡献人才奖。

雷霁霖发表论文有120余篇，出版《海水鱼类养殖理论与技术》、《大菱鲆养殖技术》等专著和合著7部。

现代中国在工程与技术科学领域的代表人物及其主要研究成果

1. 测绘科学技术领域

（1）测绘科学技术的一般介绍

工业科技的发展要求我们对环境的把握越来越精确，对资源的利用越来越充分。测绘科学主要内容是对地理表面、空间距离以及海洋深度与阔度进行测量描绘、数据收集与信息整理。

在国务院学位委员会学科评议组制定和颁布的《授予博士、硕士学位和培养研究生的学科、专业目录》中，测绘科学与技术属于工学学科门类中的一个一级学科，其下设 3 个二级学科，分别是：大地测量学与测量工程、摄影测量与遥感、地图制图学与地理信息工程。

大地测量学与测量工程专业是培养具备地面测量、海洋测量、空间测量、摄影测量与遥感以及地图编制等方面的知识，能在国民经济各部门从事国家基础测绘建设、陆海空运载工具导航与管理、城市和工程建设、矿产资源勘察与开发、国土资源调查与管理等测量工程、地图与地理信息系统的设计实施和研究、环境保护与灾害预防及地球动力学等领域从事研究、管理、教学等方面工作的工程技术人才。

摄影测量与遥控专业是结合摄影测量（解析摄影测量、数字摄影测量）、地理信息系统、图像信息处理以及遥感的系统理论和有关仪器设备的原理，培养从事摄影测量与遥感技术领域的地图制作、建立地理信息系统、进行资源调查以及近景摄影测量生产与研究的高级工程技术人才。

地图制图学与地理信息工程已从传统的地图绘制发展成为现代计算机技术与信息通信工程。

（2）测绘科学与技术领域的代表人物及其科技成就

李德仁（1939—），江苏镇江丹徒人，出生于江苏泰县溱潼镇，中国科学院院士，中国工程院院士，国际欧亚科学院院士。

★ 生平经历

李德仁于 1963 年参加工作，先后在国家测绘总局第二地形测量大队、国家测绘局测绘科学研究所、石家庄水泥制品厂、河北省测绘局、武汉测绘科技大学、武汉大学任职。先后担任国际摄影测量与遥感学会第Ⅲ、第Ⅵ委员会主席，武汉测绘科技大学校长，中国测绘学会理事长，国务院学位委员会评议组成员，国家自然科学基金委员会学科评议组成员，中国图形图像学会副理事长，中国 GIS 协会顾问，国家遥感中心专家组成员，中国地理学会环境遥感分会副理事长，湖北省测绘学会理事长，湖北省土地学会名誉会长。现为武汉大学学术委员会主任，测绘遥感信息工程国家重点实验室主任，湖北省科协副主席，武汉欧美同学会会长，武汉留学回国博士联谊会会长，武汉中国光谷首席科学家，亚洲 GIS 协会会长，并任清华大学、北京大学等多所大学兼职、顾问、名誉教授。1993 年 6 月被聘为同济大学顾问教授。李德仁院士长期从事摄影测量与遥感领域的教学、科研和推动更新科技产业化工作。

★ 主要学术成就

①1992 年，他在国内首先提出了地球空间信息学这一学科名称，并定义了它的科学内涵，初步形成了地球空间信息学的理论基础和技术体系。

②提出了面向对象和矢量——栅格一体化的数据结构和数据模型，现已发展为三库一体化的无缝数据库理论。他在 90 年代初的研究中发现，以多尺度的分割可将既有矢量特性又有栅格特点的数据结构一体化，因而提出了一体化数据结构的概念，并最早提出了一种既能表达图形数据又能表达属性数据的面向对象空间数据模型，以及图形、影像和数字高程模型集成的整体空间数据库模型。

③李德仁在对地球空间信息的处理中，提出了一整套信息处理的理论和方法，建立了完整的技术体系。他组织研究生从多源遥感影像的成像机理和小波多分辨率分析理论出发，从理论上统一了比值变换、高通滤波、高频调制技术、Brovey 变换、基于小波 Trous 算法和基于小波 Mallat 算法的融合方法，另外还提出了商空间理论、数学形态学等方法在遥感、影像处理与分析中的应用。

④在空间数据（特别是测量数据）的处理中提出了包括可发现性和可区分性的扩展可靠性理论，创立了用于粗检测的“李德仁方法”。在总结前人研究成果的基础上，从两个多维备选假设检验出发，提出了平差系统的可区分性和扩展的可靠性理论，将可靠性理论从荷兰大地测量学家 Baarda 的可发现性发展到可区分性和可定位的阶段，不仅有定性的尺度而且有完整的定量尺度，并利用该理论体系解决了测量数据中的系统误差的区分、粗差的定位和习题误差附加参数可靠性等问题，得出了一系列指导生产的规律和结论。早在 1907 年 Helmert 就提出了方差分量估计的思想，李德仁于 1982 年首次将验后方差分量估计方法用于自检校光束法区域网平差，随后提出了一种基于验后方差分量估计的选权迭代法。该方法能顾及平差几何条件，将最小二乘法与 Robust 估计法相互沟通起来，能有效地剔除多个粗差，被国际摄影测量与遥感界称之为“李德仁方法”。1985 年，针对自由附加参数自检校平差中出现的过度参数化问题，提出了三种行之有效的克服过度参数化的方法。该方法使 Bonn 大学摄影测量所光束法区域网平差

结果得到了明显的提高。

⑤1994 年，他率先提出空间数据挖掘和知识发现，推动遥感 GIS 数据的智能化处理。通过指导多名博士生，以近 10 年的研究提出了知识发现的四维状态空间和一系列空间数据挖掘算法，用于遥感影像自动解译和智能化空间分析与辅助决策，并在“十五”、国家“863”计划中进行继续研究。

⑥在全球定位系统与遥感的集成中提出了 GPS 辅助空中三角测量的全套理论和方法。李德仁与其博士生袁修孝在国际上首次提出了航空动态条件下利用 GPS 辅助测定航摄仪内方位元素的理论和方法，从根本上改变了航摄仪内方位元素只能在实验室用物理方法测定的局面。GPS 空中三角测量已在全国、特别是西部开发中广泛应用。

⑦在空间数据表达与可视化方面提出了可量算虚拟现实（MVR）的理论与算法。李德仁院士与博士后朱庆教授一起研制成 Cybercitr GIS 自主产权软件，可实现城市三真维模型的计算机重现与属性查询，并于 2001 年在国内外率先提出在数字正摄影像数据库（DOM）基础上生成与之构成立体正摄影像的匹配数据库（DSP），建立起可量算的虚拟现实。在该环境下，任何用户可对缩小了的真三维实地景观模型进行量算。依据该思想和原理已指导博士生王密做出软件。

李德仁院士已发表论文 450 余篇，出版《误差处理与可靠性理论》、《摄影测量与遥感概论》、《空间信息系统的集成与实现》、《信息新视角——悄然崛起的地球空间信息学》等 9 部专著，译著 1 部。在促进高科技成果产业化方面，他主持研制国产自主版权 GIS 基础软件——Geostar、国产自主版权遥感图像处理软件——Geolmager、3s 集成应用系统 LD 2000 移动测量系统，推进了计算机多媒体通讯技术产业化。作为首席科学家，他积极支持武汉中国光谷建设。培养硕士生 50 多名，博士生 90 多名，博士后 10 名。其成果有 20 项获得国家及部委科技进步奖、全国优秀教材奖、全国优秀教学成果奖。1988 年获联邦德国摄影测量与遥感学会最佳论文“汉莎航空测量奖”。

2. 材料科学领域

(1) 现代中国材料科学发展情况

能源、材料和信息，是人类物质文明的三要素。人类的文明史，从某种意义上来说也是材料的发展史，如石器时代、青铜器时代、铁器时代、钢铁时代……就是按照人类所使用的材料划分的。材料是人类赖以生存和生活的物质基础之一，现代社会尤为如此。例如，没有半导体材料的工业化生产，就没有集成电路和现代计算机技术；没有耐高温、高强度的结构材料，就没有今天的航天技术；没有低能耗的光导纤维，就没有光通信技术。反过来，就是因为人类还未开发出低成本、高效率、长寿命的光电转换材料（太阳能电池），所以人们在大多数情况下还只能“望阳兴叹”。目前，世界上已有几十万种材料，且仍在以每年约5%的速度不断增加。材料的分类有多种方法，根据物质内部的微观结构和化学组成，可分为金属材料、无机非金属材料、有机高分子材料和复合材料四大类；根据材料的用途可分为结构材料和功能材料。结构材料主要是利用其强度、韧性等力学性质，构筑起物体的结构主体，如建筑物中的钢筋水泥等；功能材料主要是利用它们的电、光、声、磁、热等效应，制成具备某种功能的物品，如各种敏感材料。这里将着重介绍近几年涌现出来的新型材料和材料研制方法的新进展——材料设计。

①五彩缤纷的新材料

A. 复合材料

复合材料是指由两种或两种以上不同的材料复合而成的材料，建筑用的钢筋混凝土就是典型的例子。复合材料的组成包括基材和增强材料，种类很多，按其基材可分为三类。

a. 树脂基复合材料

最常用的是纤维做增强材料，如用玻璃纤维和树脂复合而成的“玻璃钢”，因其质轻、价廉、易成形、不反射电磁波等优点，已被广泛用于制作热交换器、飞机上的雷达罩等。碳纤维增强酚醛树脂的耐热性好，可用于宇宙飞行器外表面的防热层、火箭喷嘴等。碳纤维增强环氧树脂强度高，多用于飞机和宇宙飞行器的结构材料，如制成的无人驾驶飞机重量减轻 18%，成本降低 20%。20 世纪 70 年代以来，则普遍采用强度高、密度小、耐热性好的聚芳酰胺纤维代替玻璃纤维作增强材料，来制作火箭发动机壳体、高压容器、航天飞机和飞机的机身和机翼。

b. 金属基复合材料

金属基复合材料在耐热、导电、导热等方面优于树脂基复合材料，因此成为各国竞相发展的新材料。金属铝、镁、钛、铜、锌、铅等及其合金加入各种纤维、晶须（由晶体生长形成的针状短纤维）颗粒或陶瓷后既可大幅度提高强度、硬度、耐磨性等，还可以减轻重量，因此已被大量用于航天、军事和汽车工业等领域，如制作发动机及构件（活塞等）、高速旋转机械、电子设备（如机器人部件、计算机部件）、运动器材等。

c. 陶瓷基复合材料

用碳纤维、碳化硅纤维和碳化硅晶须增强的陶瓷，其强度和韧性大大增加，且更耐摩擦损耗和高温，已用于刀具、滑动部件、发动机构件、能源构件和制动件等。用纤维增强陶瓷做的瓦片粘贴在航天飞机的机身上，可保护航天飞机在返回大气层时不会被摩擦所产生的高温烧毁。

B. “多才多艺”的功能材料

所谓功能材料，是指利用它们特殊的记忆、贮能、贮物或对温度、湿度、气体等敏感的特性，制造出各种不同用途产品的材料，其中更有些神奇的功能材料被称为智能材料。

a. 奇妙的形状记忆合金

用这种合金材料（如镍钛合金等）在较低的温度下制成某种形状的器具，然后在某一较高温度（称转变温度）下保持几到几十分钟，该合金就“记住”了自己的形状，一旦在外力的作用下发生了形变，只要再次加热到转变温度以上，它就会立刻自动恢复原形。如阿波罗登月飞船带到月亮上的直径达数米的半球形天线，就是用这种合金在地球上制成并让它“记”住自己的形状后，再降温压成一团装入飞船的冷藏箱，带上月球拿出来后，经太阳一晒就自动展开成半球形天线。用这种合金制成的眼镜架、汽车外壳等若被撞变形，只需用暖风机一吹就会恢复原状。形状记忆合金已被用于航空工业、核工业、海底输油管等的管道接头和紧固件上，还可用于火灾报警器、小型固体热机以及医学美容领域中制作脊柱矫形棒、牙齿矫形弓丝、接骨板、人工关节及妇女的文胸等。

b. 高吸水性树脂

高吸水性树脂能吸收相当于自身重量数百倍乃至上千倍的水分，且吸水后即使加压也“滴水不漏”。近年来，这种树脂已广泛应用于卫生材料（卫生护垫、纸尿布、绷带、人造皮肤、人造软骨等）、农业材料（土壤保水剂、苗木移植保水剂等）、工业材料（油中水分清除，蔬菜、水果保鲜袋，食品脱水处理等）、居室材料（墙壁、天花板的防露水剂，芳香剂，除臭剂等）等，如日本某公司推出的纸尿布，可吸收1000毫升尿液，且通气性好，对皮肤无刺激，若在此种材料中添加一些显色物质，吸湿后则能显示明显的颜色变化；若加上电极层和仪表或报警器，还能显示吸水量并提醒人们及时更换尿布。日本通产省从1988年起研究把高吸水性树脂用做干燥地区的保水剂，如能大面积试验成功，在全球防止沙漠化、使沙漠绿化的美好理想就可实现了。

c. 敏感材料

敏感材料包括光敏、声敏、热敏、湿敏、气敏、电敏、磁敏、力敏等多种材料，按材质划分有半导体、陶瓷、有机膜及金属间充型化合物等。它们是制作各种传感器的材料，既是信息获取和转换所必需的元件，也是自动控制、遥感遥测的关键。光敏材料如半导体材料砷化镓、砷化锗、硫化镉、硫化锌等，又称光电晶体，其电阻随入射光的增强而减小，导致光电流增大，利用此种材料可制成路灯控制器、施工警灯、报警器等。还有一种光敏变色玻璃，用含有磷、铝、银等光敏材料做成窗玻璃，当光线强烈时会自动降低透明度，使室内光线柔和；而当室内光线太弱时又会自动提高透明度，让更多的室外光线透入。有一种光敏玻璃能随电流大小改变颜色，所以只要按按电钮，就能达到改变室内光照的目的。

热敏材料主要是一些电阻值对温度极为敏感的半导体材料，如用钛酸钡陶瓷加微量稀土元素制成的正温度系数热敏半导体，用多晶金属氧化物或硅、锗、玻璃等制成的负温度系数热敏半导体。热敏半导体广泛用于温度测量（从超低温至高温）、温度控制、火灾报警、气象探空、过荷保护甚至空间技术、火箭导弹等军事技术。还有一种感温磁钢，当温度升到某界限（称“居里点”）时磁性消失，如电饭煲中就使用它做自动限温元件，当温度超过了100℃时电路自动断开，饭就不会烧煳了。而英国英克化学公司推出的热敏液晶染料，可随温度改变颜色，如28℃时呈红色，33℃时呈蓝色。这种热敏液晶染料不仅有望为工业、医学等领域提供崭新的研究和应用手段，而且用它染成的时装穿在模特儿身上，会因身体各部位温度不同，而呈现出如同彩虹般的迷人色彩。

气敏材料一般是指吸收某种气体后发生氧化或还原反应而引起电阻率变化的半导体材料，如三氧化二铟、氧化锌、氧化亚镍、氯化亚铜等。用他们制作的传感器可检出氧、氢、氯、一氧化碳、二氧化氮、甲烷等气体，做成一氧化碳或煤气泄漏的报警器，就可避免一氧化碳中毒或煤气爆炸等事故。

力敏（含声敏）材料通常是一些能产生压电效应的材料，如压电陶瓷、石英晶体、硅、硒锑合金及新发展起来的压电高分子聚合物，能将压力（包括声波振动所产生的压力）转化成电能。制成的力敏传感器可测量受力时工件内部的应力分布情况，或用来测量人的血压、脑压及心音，还可用做地震探头预报地震等。最近，科学家还研制出一种由硅、金属和橡胶组成的极敏感的力敏材料，可用在机器人身上。比如机器人拿起一个苹果，苹果重量产生的压力所引起的电流信号能使机器人判断出：“这是一个苹果”，于是使用适当的力将苹果握住。

C. 神奇的纳米材料与纳米科技

a. 纳米材料

纳米材料是新世纪材料科学的辉煌。纳米（nm）是一个长度单位，1纳米

等于 10^{-9}米（十亿分之一米），约为人的头发丝直径的几万分之一。纳米材料的物质微粒的大小或薄层的厚度为1纳米～100纳米，仅为原子半径（在10^{-10}米量级）的几到几百倍。普通l劁体材料的颗粒大小一般在微米（10^{-6}米）级，一个颗粒包含无数个原子和分子，这时材料显示的是大量分子的宏观性质。而当颗粒的尺寸是纳米级时，1个颗粒所含的分子（原子）数则急剧减少，颗粒总表面积则急剧增大，再加上由于尺寸减小引起的量子尺寸效应、量子限域、介电限域等效应，使得纳米材料在化学、光、电、磁、热、力学等多方面显示出与宏观材料迥然不同的奇异的性质。如原来是良导体的某种金属，当颗粒尺寸减小到几个纳米时，就变成了绝缘体；原来是绝缘体的某些氧化物达到纳米级时，电阻大大减少，甚至可能导电；原为铁磁性的金属在颗粒尺寸小于10纳米时，变为超顺磁性（矫顽力为零）；原来的P型半导体，在纳米状态下变为N型半导体；原来不发光的半导体氧化物，在纳米状态下变得能够发光。用稀土元素掺杂的纳米硅也有电致发光现象，可望在新兴的光电子学中大显身手。正是这些奇异的特性，使纳米材料展现出十分诱人的应用前景，将对21世纪的信息科学、生命科学、材料科学和生态科学等带来一系列重大改变，甚至会引起一场产业革命。

纳米材料包括金属、合金、离子晶体、陶瓷、半导体以及复合材料等多种材料，可划分为两个层次：纳米颗粒和纳米固体（包括薄膜）。自然界中也存在天然的纳米材料，如人和动物的牙齿，天体的陨石碎片等。蜜蜂、海龟等动物体内也有磁性的纳米粒子，正是这种小“指南针”才使蜜蜂、海龟能够辨别方向，不管离开多远也能回到蜂巢或产卵的地方。人工制备纳米材料的历史至少可以追溯到1000多年前，当时中国古代用燃烧的蜡烛的烟雾制成炭黑，作为墨的原料和颜料；19世纪下半叶建立起来的胶体化学的研究对象——胶体，也是直径为1纳米～100纳米的粒子系统。然而，人们有意识地制造纳米颗粒是在1963年，Rvozi Uveda及其合作者发展了所谓的气体冷凝法，即通过熔融的某种物质在纯净的惰性气体或真空中蒸发和冷凝的过程获得较纯净的纳米微粒。而最先制备纳米固体的是德国的格拉特教授，他于1984年将用上法得到的超微粒通过原位加压制成了纳米晶体。同时，在单个原子的层次上对物质进行精确地观测、识别与控制，用单个原子进行制造的科学技术也迅速发展起来。1989年，IB公司的科学家用隧道扫描显微镜的探针移动氙原子，把它们拼成了“IB”字母，后来又用48个铁原子排列成汉字“原子”。1990年7月在美国的巴尔的摩召开了第一届纳米科学技术学术会议，使纳米科技成为科学家关注的对象，成为材料科学研究的热点。1991年IB的科学家又制造出了速度为二百亿分之一秒的氙原子开关。1996年该公司设在瑞士的苏黎世研究所研制成世界最小的“算盘”，其“算珠”是由60个碳原子规则连接成的笼状分子“碳60”。日本科学家也已成功地将硅原子做了三维空间立体搬迁。

纳米技术为人们按照自己的意图设计新型材料大开方便之门。如原来不相溶的两种元素在纳米状态下可以合成在一起，据此已制出铁铝合金、银铁合金和铜铁合金等。纳米陶瓷或掺入金属纳米颗粒的常规陶瓷表现出良好的韧性，可以经受弯曲而不断裂，终于使人们多年来为增加陶瓷韧性所作的努力有了收获。纳米金属氧化物颗粒放入橡胶中可提高橡胶的耐磨性，加入玻璃中既不影响透明度又提高了抗冲击韧性。将纳米铁粉和铜粉按一定比例掺入环氧树脂制成的类金刚石刀具中则具有极高的硬度。在化纤织物中加入少量金属纳米颗粒可解决令人头痛的织物产生静电的问题。改性黏土纳米复合材料是一种极好的防污、阻燃材料。加入纳米颗粒的涂层具有抑菌防腐的功能，这就是现今某些家用电器标榜为“纳米洗衣机”、“纳米冰箱”的原因。纳米涂层还具有很强的吸收电磁波的能力，因此能不被雷达发现，是飞机、军舰等的“隐身法宝”。有纳米材料之王称誉的碳纳米管是由碳原子规则排列而成的细管。管的外径一般在几纳米到几十纳米，内径最小可达0.4纳米左右，而长度可达微米级甚至毫米级；管壁碳原子排列成正六边形的网状结构，管端是正五边形结构，它是继1985年发现碳60后，于1991年由日本科学家饭岛澄男发现的。碳纳米管具有较强的宽带微波吸收性能，可用于制造隐形材料、电磁屏蔽材料或暗室吸波材料。它是很好的催化剂载体，气体通过碳纳米管的扩散速度比通常情况下要快上千倍，它还可能成为一种优异的储氢材料。碳纳米管的强度是钢的100倍，其他纤维的200倍，而密度却只有钢的1/6，做防弹背心是最好不过的了；用碳纳米管做成的绳索，是唯一可以从月球挂到地球而不会被自身重量所拉断的绳索，如果要制造地球至月球间的太空电梯当然非它莫属。碳纳米管可以是金属性的，也可以是半导体性的，当把一个金属性的纳米管与一个半导体性纳米管同轴套构形成一个双层碳纳米管时，因电流只能从半导体管流向金属管，所以就做成了一个分子二极管。将来碳纳米管有可能替代硅芯片，在纳米芯片和纳米电子学中扮演极重要的角色，甚至引发一场计算机行业革命。纳米电子学用量子元件代替微电子器件，将出现可装入口袋里的巨型（指运算速度）计算机，可将美国国会图书馆的全部藏书存储在一个直径仅为0.3米的芯片上。

b. 纳米技术和微电子技术的结合

微米-纳米微机电系统是纳米技术和微电子技术结合的产物。微米-纳米微机电系统把微电路、微电机、微传感器、微动作器等集成在片上，制成成本低而可靠性高的微型机器。1988年，美国一个研究小组发表了转子直径为60微米～100微米（几根头发丝粗细）的硅静电马达。已见诸报端的还有微泵、微涡轮、微麦克风、微型相机、微光纤开关、微光谱仪，以及用微阀、微管道和微泵组成的微化学分析系统和DNA反应室等，已形成产业或即将投入大批量生产，包括微加速度计和微陀螺等。用于汽车防撞的微加速度计，芯片尺寸为3ra×3ra，售价仅为几美元。而由微加速计、微陀螺等组成的微惯性测量组合，可用于各种运载工具，如汽车、飞机、卫星、导弹、炮弹等的导航与制导，5年～7年内一个完整的导航系统将从人的手掌那么大减至微米尺寸，价格从1万美元降到100美元。近几年汽车采用微加速度计和微压力传感器等微机电器具，已在节油和安全方面取得了明显效果。目前，利用微机电技术已能将一台小型地震仪做成只有25美分硬币大小；安装微喷嘴的喷墨打印机喷嘴密度可增加四倍，具有2400dpi分辨率；装有微控制器件的磁头运行精度大大提高，可使磁盘的磁道密度从现在的5000道/英寸提高到25000道/英寸。不久的将来将出现米粒大小的汽车、肉眼看不见的发动机、大小只有常规车床万分之一的车床。再配以微型探测器和微型收发报机就可造出只有几毫米大小的机器人，用它可以在核电厂拐弯抹角的管道中爬行探寻裂缝，或在温室内传播花粉和杀死害虫。

在医疗卫生方面，医生将可以利用尖头尺寸只有几微米的镊子操作血球、DNA等大分子。诊断医生随身携带的袖珍检查仪，可进行当时即能出结果的各项检查。还可以让微型机器人进入人的血管清除血管壁上的沉积物，打通被血栓堵塞的血管；深入人的大脑进行外科手术。在糖尿病人的肌肉内埋入一个由血糖微传感器与微药物泵组成的系统，可根据病人的血糖水平实时、自动地进行微量药物注入。在磁性纳米粒子表面涂覆一层高分子材料，再裹上药物后就成了药物导弹，注入血管后在外加磁场的指引下可自动准确到达病变部位，从而大大提高局部的药物浓度，避免对其他器官的损害。如果让纳米粒子带上只与癌细胞结合的抗体等，则可直接针对癌细胞发起攻击，而不伤害正常细胞。纳米粒子还可以做核磁共振成像的增强显示材料。医用纱布中加入纳米银粒子有消毒杀菌作用，加入袜子中则可去除脚臭。

②新材料研制的曙光——材料设计

由于物理学、化学、数学和计算机技术等的发展，材料的研制方法也正在经历一场新的变革，这就是由过去较为盲目的“炒菜配料”式的方法朝着按人的需要和意图制造新材料的方向发展，即“材料设计”方法的兴起。

材料设计的方法主要是分子设计，它建立在量子力学和化学的交叉学科——量子化学的理论基础之上，应用“分子轨道法”等方法，通过求解分子间电子运动的薛定谔方程，来解决种种化学课题。研究表明，物质的很多特性，如半导性、超导性等电学性质，热导等热学性质，磁性转变温度等磁学性质，吸收光谱等光学性质以及几乎所有的化学性质，都和原子的外层电子运动有关。因此，分子设计方法的应用可以减少盲目性，增加新材料研制时的预见性和主动性，更快地研制出具有人们要求性能的新材料。

比如，由于半导体实验要求高纯度、拉单晶等复杂技术，单靠摸索的方法寻找新半导体既费时又费钱，而用材料设计就可大大加快新半导体研制的步伐，甚至有可能制成低成本的太阳能电池，使太阳能发电代替火力发电。材料设计也可能为高临界温度超导体的研制提供线索。

药物及农药的研制也是材料设计可以大有作为的领域。过去药物的研制是靠配方、实验的方法，周期很长，且由于容易制造的化合物都已试验过了，所以新药物的合成越来越难，如今材料设计开辟的一条新的光明大道，已引起制药业的高度重视。

(2) 材料科学领域的代表人物及其科技成就

①材料科学的基础学科领域

A. 材料力学领域

白以龙（1940—），出生于云南省祥云县，中国科学院院士。

★ 生平经历

1940年12月22日，白以龙出生于云南省祥云县（原籍宁波镇海）。1958年～1963年，于中国科学技术大学近代力学系学习；1963年～1966年，中国科学院力学研究所研究生毕业；1966年～1978年，任中国科学院力学研究所研究实习员；1979年～1980年，英国牛津大学访问学者；1980年～1981年，年英国剑桥大学访问学者；1982年～1985年任中国科学院力学研究所副研究员；1986年，任中国科学院力学研究所研究员；1987年，任博士生导师；1987年～1994年，任中国科学院力学研究所副所长；1991年，当选为中国科学院院士。

★ 科研成就

建立热塑剪切模型方程。热塑变形局部化是材料非线性变形并导致最终破坏的重要原因，在70年代就引起学术界和工程界的关注，但一直沿用经验性的最大剪应力准则，使研究无法深入。80年代初，白以龙突破国际惯用的这种经验描述，领先建立了描述这类现象的热塑剪切模型方程，打开了从机理和演化过程进行材料破坏研究的道路，并用稳定性分析得到了失稳条件，他指出最大剪应力准则是热塑失稳的近似表示。这个模型和失稳判据，被国外一些文献称为“白模型”、“白判据”。这一工作成为该领域后续文献常被引用的一个基本文献。如SandiaLab、MIT等单位的文章指出：“这个模型是这些物理现象的典型代表”，是“典型模型问题”。国际上围绕Bai模型和理论展开了许多工作，这些工作或者称用他们的方法“导出Bai氏不稳定性判据的一种特殊情况”，或者称他们的工作是对上述工作做“三维推广”。一些综述文献则指出：“用该判据给出了一些材料对绝热剪切敏感性的分类，这个分类与实验结果符合得很好”，“能更正确描述”。

澄清了不稳定性和局部化之间的关系。证明绝热剪切带，是由非线性变形功和热扩散共同控制的变形晚期准静态耗散结构，从而阐明了这类剪切带为什么在多类材料中广泛发生的机制。在此基础上，白以龙首先给出了剪切带宽度的公式。这一工作随即被美国海军武器中心等几个实验室证实，特别是被美国 Brown 大学用微米微秒精度的瞬态温度和变形场测量，分别在几种材料上证实。他们总结道："计算值与实际观测值的符合是相当令人满意的。"近几年，白以龙进一步研究给出了模型方程的标度化形式，指出非线性功和两类不同耗散——热耗散和动量耗散的共同作用，是剪切带花样形成的控制机制。

将上述材料不稳定性、剪切带等概念用于延性破坏特别是加工中的延性极限。英国钢铁公司指出："用该方法已能够定性地解释冷墩中一些过去无法解释的现象。"对总结这方面工作的专著，塑性力学权威 R. Hill 写道："在航海图上还没有标记的水域中，有一个可靠的领水员，将是件幸事。""您的书将揭示在这类假说和数据拟合的混乱海洋中的某些真正的科学内容。"

为进一步揭示大量细观局域性损伤的演化和机理创造了亚微秒脉宽的应力波技术。从实验上揭示了大量细观损伤的成核规律，发现了损伤临界现象，同时提出了微损伤统计演化的模型方程和早期解，建立了微损伤非平衡统计演化的理论和实验基础。

将上述微损伤演化研究用于解决我国导弹抗核加固工作，在他负责承担的材料热激波响应的研究中，其提供的短应力脉冲方法、临界损伤标准和层裂判据，为我国新一代战略导弹突防设计提供了有效的材料筛选方法和设计依据。航天部门评价，这对"抗核加固设计起到了非常重要的作用"。

70 年代初，他和同事一起在国内首先用爆炸法制成金刚石微粉。70 年代末，他提出地下核爆炸应力波衰减机理，这项工作内容被纳入"流体弹塑性模型及其在核爆炸和穿破甲方面的应用"的成果中。此成果于 1982 年获得国家自然科学二等奖。

白以龙还曾承担国家自然科学基金重大项目子项目、973 项目"非线性科学"子项目等研究，先后获得何梁何利基金科学与技术进步奖、周培源力学奖等。在 *J. Appl. Mech*、*Physics letters A* 等刊物上发表论文 100 多篇，其中被 SCI 收录 50 多篇。出版英文专著 2 部。

B. 金属材料学领域代表人物及其科技成就

卢柯（1965—），河南汲县人，著名金属材料学科学家，中国科学院院士。

★ 生平经历

1965 年 5 月生于甘肃华池，原籍河南汲县。研究生学历，工学博士学位，中国科学院金属研究所所长、研究员，上海交通大学材料科学与工程学院院长。

★ 研究领域

①金属纳米材料。研究金属纳米材料的制备与加工、微观结构的表征、力学性能、物理性能、热稳定性以及相变。

②非晶态合金。研究非晶态合金的晶化、玻璃转变和压力对热稳定性的影响。

③非平衡加工。研究快速凝固与快速加热、严重塑性变形和压稳相变（热力学与动力学研究）。

④低维材料的熔化与过热。研究纳米颗粒、纳米粒子结构、多层薄膜和计算机模拟。

★ 科研成就

1990年，刚刚博士毕业的卢柯在美国 *J. Appl. Phys* 及 *Scripta Metall. Mater* 杂志上发表论文，提出了制备纳米晶体的一种新方法——非晶完全晶化法。该方法具有工艺简单、晶粒度易于控制、界面清洁且不含微孔洞等优点。1994年，国际学术刊物 *Mater. Sci. Eng. Reports* 邀请卢柯撰写关于非晶完全晶化法的专题综述，这意味着该制备方法在国际纳米材料界得到同行的广泛认可，成为当今国际纳米材料的3种主要制备方法之一。该制备方法的确定，使我国的纳米晶体研究领域进入国际先进行列。

卢柯曾经说过："我非常有幸，从事了这个全世界都关注的研究领域。"卢柯似乎天生就是科学家的材料，上研究生的时候，他就具备了从事科研的良好素质：他有看待失败的从容心态，有坚持到底的顽强毅力和强烈的自信心，没有青年人的心浮气躁。1984年底，当卢柯准备考研的时候，黄日华、翁美玲版的《射雕英雄传》开始热播，其他考研的同学都忍痛放弃了，只有卢柯一集不落地坚持看完。这个性情内向的19岁的年轻人很有定力，目标明确，做事扎实而不刻板。那时，他开始有了严格的时间表和工作计划。20年来，他一直恪守着这个时间表，现在，他依然每天工作到晚上10点。他16岁上大学，30岁成为博士生导师，32岁担纲"快速凝固非平衡合金国家重点实验室"主任，以令人惊悚的速度跑在纳米领域的最前沿。

卢柯认为，科技的发展在很大程度上取决于人的思想观念的发展，尽管在中国做尖端科研的条件与国外比有不小的差距，我们也许没有充足的资金、没有最先进的设备，但能不能做好主要取决于人，人的作用是不可替代的。

★ 受到纳米"鼻祖"的高度评价

2000年，卢柯在极具影响力的《科学》（*Science*）杂志上发表了第一篇论文。让他赢得这份国际权威刊物入场券的论文，曾经17次易稿。

这篇论文受到了世界同行的高度好评。纳米材料"鼻祖"葛莱特教授认为，卢柯课题组的这项工作，发现了纳米金属铜在室温下具有超塑延展性而没有加工硬化效应，延伸率高达5100%，是"本领域的一次突破，它第一次向人们展示了无空隙纳米材料是如何变形的"。

2003年1月，《科学》又发表了卢柯等人的一项最新科研成果：将铁表层的晶粒细化到纳米尺度，其氮化温度显著降低，从而为氮化处理更多种材料和器件提供了可能。这是卢柯科研小组取得的又一个突破性进展，被评为 2003 年中国十大科技进展之一。

2004 年 4 月 16 日，《科学》杂志发表了卢柯课题组的最新成果：采用纳米尺寸的生长孪晶强化金属的新途径获得了同时具有超高强度和高导电性的铜。而按照以往的经验，对铜进行强化以后，会使其导电率下降。这一成果的创新性在于，把难以统一在一起的性能统一在了一起。

《科学》杂志的评审人认为，这是一个十分重要的突破，是其他任何强化技术无法达到的。它“再次用极为漂亮的实验结果演示，通过在纳米尺度上的结构设计可以从本质上优化材料的性能和功用”。《自然》杂志的评价是一个疑问句——“在一个被认为不可能的事情里怎么还会做出东西来?”

★ 材料学面临的严峻现实

身为中科院金属所所长的卢柯把他的工作描述成这样：我是个班长，领着团队在做事。金属所的氛围非常好，每个人在这里都能找到自己合适的位置。在中科院金属研究所里，共有 10 位是杰出人才基金的获得者。平和的心态、深入地思考、踏实地做事，卢柯身上的品质已经成为这个团队的集体面貌。

卢柯认为，现在是中国各个领域发展的最好时期，也给材料学的研究创造了最好的机会。中国工业化的进程对材料学科提出了许多严峻的、亟待解决的问题。面临资源减少、原材料价格上涨、环境污染等问题，如果不发展更先进的材料，中国工业化的成本将是惊人的巨大。能不能拿出更新的技术、少消耗资源、少消耗能源、少污染环境？能不能做出环境友好的材料，研制出少产生或不产生二氧化碳的能源来保护我们的环境？能不能研制出高质量、低成本的加工技术？能不能研制出更先进的材料制造我们自己的火星探测器，制造我们自己的航天飞机？卢柯和他的团队任重而道远。

★ 获奖情况

2004 年当选第三世界科学院院士；

2001 年获中国青年“五四”奖章；

2000 年获全国劳动模范称号；

1999 年获何梁何利基金技术科学奖；

1999 年获沈阳市特等劳动模范称号；

1999 年获沈阳市科技振兴奖；

1998 年获国际亚稳及纳米材料年会金质奖章和杰出青年科学家奖；

1997 年获国家自然科学奖三等奖；

1996 年获中国青年科学家奖；

1995 年获香港求是基金会“杰出青年学者奖”；

1993 年及 1996 年分别获中国科学院自然科学奖一等奖、二等奖；

1991 年获中国科学院青年科学家奖。

C. 陶瓷材料学领域代表人物及其科技成就

葛昌纯（1934—），浙江平湖人，粉末冶金和先进陶瓷专家，中国科学院院士。

★ **生平经历**

1934 年 3 月 6 日葛昌纯出生于浙江平湖。1952 年，毕业于北方交通大学唐山铁道学院冶金物理系冶金工程专业。1952 年～1984 年，于冶金部钢铁冶金总院先后在冶金室、压力加工室、粉末冶金室担任专题负责人、高级工程师、研究室副主任。1980 年 10 月～1983 年 4 月，作为德国洪堡基金会研究员在 Max-Planck 材料科学研究所和柏林工大非金属材料研究所从事粉末冶金和先进陶瓷研究，获 Dresden 技术大学工学博士学位。1985 年起，在北京科技大学从事研究和教学工作，晋升为教授、博士生导师。1988 年，被人事部评定为“国家有突出贡献中青年专家”。1990 年，被国家教委和国家科委评定为“全国高校先进科技工作者”。2001 年，被选为中国科学院院士。2006 起年，任西南交通大学教授、博士生导师。

★ **学术兼职**

中国金属学会粉末冶金专业委员会特种材料与制品学术委员会主任委员；

世界陶瓷科学院层状和梯度材料学会主席；

世界陶瓷科学院自蔓延高温合成学会理事。

Key Engineering Materials International Journal of SHS Materials Technology 和《粉末冶金工业》等国际、国内刊物的编委。

★ **学术成果**

截至 2002 年葛昌纯共培养博士生 8 名，硕士生 12 名。在科研方面，他长期从事材料科学研究，主要研究领域是粉末冶金和先进陶瓷。1960 年～1984 年葛昌纯负责研制用于生产浓缩铀 235 的孔径为纳米量级的分离膜，创建起中国第一个比较完整的包括金属和非金属、粉末合成、材料制造和性能检测的纳米材料实验室。葛昌纯是国家一等发明奖“乙种分离膜的制造技术”的第一发明人，冶金部科技成果二等奖“戊种分离膜的制造技术”的第一完成人，为中国“两弹一星”事业做出了重大贡献。科研项目“以复合氮化物做烧结助剂的氮化硅基陶瓷的研究”获教育部科技进步二等奖、冶金部科技进步三等奖；“燃烧合成氮化硅陶瓷的应用基础研究”获北京市科技进步三等奖。1997 年～2000 年，他提出、论证和指导完成了“863”课题——“耐高温等离子体冲刷的功能梯度材料研究”，并通过验收。“以氮化物做烧结助剂的氮化硅陶瓷”获得发明专利（87101293.6）。1985 年他创办特种陶瓷粉末冶金研究室，和其他教授一起先后创建起中国第一个粉末冶金博士点和北京科技大学非金属材料博士点。在国内外各类核心刊物上发表论文 164 篇，近期的有 *SHS Research in Lab Special Ceramics*. （P/M at USTB Beijng），*New Development of SHS Composites in LSCPM*，（USTB of China），*Present Status and Trends of SHS FGM*（*Keynote lecture*）等，其中被 SCI 收录 15 篇，被 ISTP 收录 11 篇，被 CSCD 收录 8 篇，被 EI 收录 19 篇。还收专著 1 部。

D. 高分子材料领域代表人物及其科技成就

徐僖（1921—），高分子材料专家，教育家，中国科学院院士。

★ 生平经历

徐僖 1921 年 1 月 16 日出生于江苏省南京市，在兄弟 4 人中，他排行第四。父亲学徒出身，靠勤劳起家，母亲心地善良。徐僖继承了父亲奋发倔强的个性，自幼勤奋好学，成绩优异，又继承了母亲善良的美德，对劳动人民的苦难充满同情。1933 年徐僖离家到上海，寄居姐姐家。姐夫张祖培曾是"五・卅"惨案时期圣约翰大学反帝斗争的一位学生领袖，满怀为民族争气的爱国主义精神和正义感，对他产生了很大的影响。1937 年徐僖初中毕业后从上海回到南京，就读金陵大学附属中学。1937 年 12 月南京沦陷前 3 天随父母逃难到四川，就读于内迁到四川万县的金陵大学附属中学。1938 年夏徐僖考入重庆南开中学，1940 年夏毕业，考入当时内迁贵州的浙江大学化工系。南开中学"允公允能"和浙江大学"求是"的校训，教育徐僖无私无我、苦干实干、追求真理、实事求是，使他在青年时代就具有这些鲜明的个性。1944 年，徐僖毕业于浙江大学化工系，获工学学士学位，同时考取本校研究生，在染料专家侯毓汾的指导下研究五倍子染料。1944 年 12 月，日本侵略军攻进贵州，学校被迫停课，徐僖随侯毓汾到内迁四川永川县的唐山交通大学矿冶系担任化学基础课程助教。在日本帝国主义者侵华战争期间，徐僖颠沛流离、辗转东西，阅尽祖国山河破碎、民不聊生的惨景，使他把自己的未来和祖国的命运紧密地联系在一起。抗战胜利后，徐僖回到上海。1947 年初，中华教育基金董事会招考留美学生 5 名，其中化学专业 1 名。徐僖一举考中，于 1947 年 9 月到美国宾州李海大学化工系攻读硕士学位。他用从国内带去的五倍子在实验室首次试制成功五倍子塑料，1948 年获得硕士学位。之后，他为丰富实践经验，放弃了继续攻读博士学位的机会，到美国柯达公司精细药品车间实习。中华人民共和国成立前夕，他与黄子卿、黄涉清等人于 1949 年 5 月同乘美国"威尔逊号"轮船回国。途经香港时，受到刁难和阻挠，幸得侯德榜和中华教育基金董事会董事长任鸿隽帮助，最后舍弃所有行李，随身只带一小箱笔记资料及一台小打字机飞赴重庆，投奔父兄。1949 年冬重庆解放时，由宋庆龄主办的《中国建设》杂志曾向海内外报道了徐僖回国的消息。

1949 年冬，徐僖受聘为重庆大学化工系副教授。1951 年他在重庆大学任教的同时受命筹建重庆棓酸塑料厂（后更名为重庆合成化工厂）。该厂 1953 年投产，徐僖任副厂长兼总工程师。同年他被评为重庆市甲等劳动模范。1953 年徐僖受命在原四川化工学院（1953 年并入成都工学院，现名成都科技大学）筹建我国高等学校第一个塑料专业。

几年间，繁重的工作和各种压力进一步损害了徐僖的健康，他经常带病工作。1980 年 5 月，徐僖因咯血不止，住院治疗，切除了左下肺。2 个月后，他不顾医生劝阻，提前重返工作岗位。在科学的春天里，他更加意气风发，积极从事教学工作，进一步深入开展高分子成型理论、高分子力化学等方面的基础研究，在高分子降解和共聚、高分子氢键复合、高分子共混材料的形态和性能等领域作出了突出的贡献。与此同时，徐僖十分重视理论联系实际，注意使教育工作与科研工作面向经济建设，他主动为生产建设服务，开展了油田高分子材料的应用开发以及扎根石油化工企业的工作。1981 年，石油部在他负责的成都科技大学高分子研究所建立了油田高分子材料研究室。20 世纪 80 年代，徐僖和他的学生走遍了国内大部分油田，深入现场调查研究，与油田职工合作，取得了堵水、防垢、降凝、减阻等多项研究成果。1991 年，这个研究室获得了中国石油天然气总公司（原石油部）重奖，徐僖受聘为该公司“八五”攻关项目“三次采油新技术”课题的学术指导人。多年来，徐僖还先后走访了齐鲁、大庆、燕山、扬子、兰州等石油化工公司的生产现场和研究院，与石化企业建立了密切联系。中国石油化工总公司和齐鲁石油化工公司相继于 1985 年和 1987 年与徐僖签订合同，分别在成都科技大学高分子研究所建立了高分子复合材料研究室和高分子材料研究开发站，以促进科研成果转化为现实生产力，加速发展高分子材料工业。

在 40 多年科研与教学工作中，徐僖先后发表论文 160 余篇，出版专著、译著 4 部，获准专利 2 项，获国家级、省部级重大科技成果奖 10 多项，其中包括国家自然科学奖二等奖 1 项，国家发明奖 1 项。他先后受聘兼任国家教委科技委员会委员，国务院学位委员会非金属材料学科评议组召集人，国家自然科学基金委员会有机高分子材料学科评议组召集人，他还被选为中国化工学会多届理事和第 35 届副理事长，第 3 届、第 5 届、第 6 届、第 7 届、第 8 届全国人民代表大会代表。

★ 技术成就

1944 年，徐僖在就读浙江大学化工系研究生时，曾跟随导师侯毓汾研究五倍子染料。五倍子是漆树科盐肤木的虫瘿，是我国西南川黔山区的土特产，含有的大量五倍子单宁水解后可获得 3，4，5 -三羟基苯甲酸。徐僖设想将 3，4，5 -三羟基苯甲酸通过脱羧制取 1，2，3 -苯三酚，可用作制取塑料的原料。当时，我国石油缺乏，石油化工一片空白，市场上的塑料制品皆是“洋货”。徐僖希望从利用五倍子这一丰富的土产资源入手，逐步创建我国的塑料工业。1947 年赴美留学时，他将 30 多公斤的五倍子夹在行李中带到美国，利用美国实验室设备继续开展研究。1 年后，他以理论分析和实验结果证实了自己的设想，通过 1，2，3-苯三酚与糠醛的缩聚反应制得可与苯酚-甲醛塑料媲美的五倍子塑料，出色地取得了硕士学位。徐僖念念不忘创建我国的塑料工业，为了深入生产实际，掌握有关技术，回国实现他的愿望，他到纽约州诺切斯特城柯达公司精细药品车间工作了一段时间。

中华人民共和国成立初期，西南工业基础十分薄弱，塑料制品奇缺，甚至连衣服纽扣和一般家用电器的插头、插座都很难买到。1951 年春，徐僖提出申请开发五倍子塑料，不到一个星期即得到西南财经委员会批准。在重庆市人民政府的支持下，徐僖在重庆大学化工系建立了一个规模较大的棓酸塑料研究小组，采用自己设计的设备和工艺流程，利用国产五倍子和一些农副产品为原料进行五倍子塑料中试研究，同时培养生产技术骨干。他和干部工人一起劳动，拉板车、抬机器、安装设备，无所不干。1952 年初，中试成功，徐僖受命主持建厂工作。1953 年 5 月 3 日，重庆棓酸塑料厂正式投产。这是由我国工程技术人员在西南地区自己设计、完全采用国产设备和国产原料的第一个塑料工厂。经过 9 年的艰苦努力，徐僖终于实现了他的宿愿，在被封锁禁运的时代，为中华民族争了气。

★ 开拓高分子材料科学新领域

材料科学研究的发展特征，一是与发展高技术的需要密切结合；二是跨学科交叉。徐僖在 20 世纪 50 年代后期即明确提出要重视力学与高分子化学两个学科交叉领域，研究高分子材料在应力作用下的化学过程和现象，为高分子材料的加工成型和改性开拓新的途径。当时国外在这一边缘领域的研究亦处于探索阶段，徐僖在这方面开展的工作，首先受到美国著名专家 R. S. Porter 和 A. Casele 的重视，在他们的专著 *Polymer stress Reaction*（Academic Press，1979）中摘录转载了徐僖 20 世纪 60 年代的全部研究成果。在长期的工作中，徐僖和他的助手采用超声波、振荡磨、高速搅拌等多种手段制得了 10 余种难以用一般化学方法合成、具有应用前景的新型高分子材料，并提出了许多新的论点。研究成果“超声辐照下聚合物的降解和嵌段（接枝）共聚”被公认达到了国际先进水平，获得 1987 年国家自然科学奖二等奖。这一成果对三次采油所需高效高分子表面活性剂的合成与应用提供了新途径。

采用共混合复合的方法开发多组分高分子材料，可以弥补单组分材料的缺陷，挖掘材料的潜在性能。在国内徐僖最早从高分子材料成型加工理论的高度，系统地研究了聚乙烯、聚丙烯、聚氧化乙烯、聚氯乙烯和丙烯酸类树脂等 10 余种共混体系的有关化学反应、结构形态和流变行为，提供了一系列具有实用价值的理论依据。聚烯烃的世界年产量约占塑料总产量的 1/3，但由于韧性较差，影响了在工程领域的使用。多年来，聚烯烃增韧成了国际高分子学术界注目的课题。通过加入弹性体可以实现增韧，但材料的强度和热变形温度会大幅度下降。徐僖采用高聚物增韧聚烯烃，能在保持材料强度基本不变和良好加工性能的基础上使韧性提高 5～20 倍。这一成果引起了国内外有关专家学者的极大兴趣。

导电性是高分子材料学科的一个研究热点。近年来，徐僖借鉴结晶度对金属材料导电性能影响方面的研究成果，提出可以通过氢键复合降低结晶性聚电解质的结晶度，提高其导电率。他指导学生研究了聚氧化乙烯/聚（甲基丙烯酸甲酯—甲基丙烯酸）体系的氢键复合，实现了这一设想，使材料的结晶度大幅度降低，导电率提高1～2个数量级。这项成果对推动快离子导体的发展有重要作用。

徐僖在上述高分子材料学科的前沿领域进行了卓有成效的探索，发表了数十篇研究论文，受到了有关各界的高度重视。他多次被邀请到国内外有关单位讲学，到重要学术会议作特邀报告。1990年，国家教委、国家科委共同授予他全国高等学校先进科技工作者称号。英国剑桥国际名人传记研究中心将他列为1992年国际知名人物。

★ 活跃学术交流培育科技人才

1953年春，徐僖接受高教部下达的任务，负责在原四川化工学院筹建我国高等学校第一个塑料专业。他夜以继日地工作，在组织师资队伍的同时，亲自拟订教学大纲，编写教材，筹集仪器设备。这年夏季，即开始面向全国招生。徐僖率先主讲了主修课程“高分子化学原理”。为了适应国家经济建设的需要，20世纪50年代后期他又举办高分子材料进修班，同原苏联塑料专家阿费·尼古拉耶夫等人合作培养了来自兄弟高等学校的骨干教师和研究单位及大、中型企业的工程技术人员数十人，推动了我国有机高分子材料和学科的发展。

1959年，徐僖开始招收研究生。1964年，他创办了我国高等学校第一个高分子研究所。1981年，他被评为我国首批博士生导师。1987年，他率领的高分子材料学科点被评为重点学科点。1989年经批准在该重点实验室建立高分子材料博士后流动站。徐僖为研究生开设了“聚合物的结构和性能”、“多组分高分子材料的结构表征”、“高分子化学流变学”等课程。他的教学特点是要求学生掌握基本概念，注意观察学科发展的新动向，积极创新。他随时用国内外本学科的新成就和自己的研究成果充实、更新教学内容。他拟定的研究生学位论文题目大多数是当代高分子材料学科中的热点，完成的论文一般都参加了国际学术交流，刊登在国内外有关学科的重要期刊上。徐僖胸怀宽阔，毫无保留地对学生和中青年教师传授他的科学思想和学术见解，不知疲倦地指导和帮助他们选择课题、争取项目、解决难点，引导他们占领学术制高点。

徐僖对学生的学术道德要求极其严格，对学生的作业逐字逐句审阅，对实验数据仔细查核。他常用自己的老师、高分子科学家王葆仁的话教导学生：“要做学问，先要学会做人。”要求学生要饮水思源，实事求是，绝对不能弄虚作假。他常用自己的亲身经历教育学生热爱祖国，他说：“生为中国人，永远不能背离祖国，要为她工作，使她早日富强起来。”身教重于言教，他的无私奉献精神，认真负责的工作态度，处处成为学生的表率。他为人正直，崇奉清廉，痛恨以权谋私。他身兼多职却从不收取兼职工资。发表文章的稿费，一般都全数交给合作者。有些不便推掉的稿费和评审费，他全部存在所在的工作单位。1991年夏，国内一些地区发生严重水灾，他立即捐助1万元，支援灾区人民重建家园。

1960年徐僖撰写出版了我国高等学校第一本高分子专业教科书——《高分子化学原理》。该书成为当时国内各校高分子专业普遍采用的教材，深受广大师生欢迎，结束了该专业全部采用国外书籍没有中文书可阅读的局面。“文化大革命”后，徐僖参加了《中国大百科全书》的编写工作，担任化工卷高分子化工分支主编和化学卷高分子化学分支副主编。这两卷相继于1987年和1989年出版。他还主译出版了《聚合物降解过程化学》和《聚合物加工流变学》。1988年他受聘担任美国Hanser出版社《国际聚合物丛书》顾问编委。1984年和1985年，他受石油部和中国石油化工总公司委托，先后创办了《油田化学》和《高分子材料学与工程》两种在国内外公开发行的学术杂志，且担任主编。

为活跃学术交流，徐僖积极参加各种学术活动。除在国内参加有关学术会议、到有关单位讲学外，还常应邀赴美国、英国、德国、日本、加拿大及瑞典、荷兰、法国、印度、韩国等国参加国际学术会议、讲学和访问，他还邀请许多国外同行专家来华参加学术会议。他每年邀请一些著名专家来华讲学，通过互访和学术交流，他与加拿大国家科学研究委员会工业材料研究院、多伦多大学、拉瓦尔大学、美国罗威尔大学、美国杜邦公司、德国斯图加特大学、日本京都大学等许多著名学者建立了友好合作关系，通过联合培养博士生和博士后研究生，进行科研合作，交流科技信息。据不完全统计，1982年～1992年，徐僖参加国际学术会议20余次，发表论文40余篇，9次担任这些学术会议的分会主席和会议组织委员。

1991年10月，徐僖受国际聚合物加工学会委托，在上海举办了亚澳地区国际聚合物加工学术会议，并担任大会主席。亚澳地区及北美、欧洲的40多位专家学者和160多位中国科技人员参加了这次会议。会议取得了圆满成功，在学术上和组织工作上都达到了较高的水平，充分发挥了在国内进行国际学术交流的作用。

徐僖的这些学术活动，与他创建和发展学科、培育科技人才的事业相辅相成。通过将近50年的辛勤耕耘，徐僖主持的学科点累计已培养研究生、本科生、进修生7000余名，可谓桃李满天下。为表彰徐僖的突出贡献，1989年国家教委授予他“高分子材料学科建设和高层次人才培养国家级优秀奖”，中国化学会授予他“高分子化学育才奖”。

E. 复合材料领域代表人物及其科技成就

杜善义（1938—），辽宁省大连市人，复合材料领域知名专家，中国工程院院士。

★ 生平经历

杜善义1964年毕业于中国科学技术大学并到哈尔滨工业大学任教。1980年7月～1982年9月在美国乔治华盛顿大学做访问学者，从事断裂力学和复合材料的研究。1982年～1987年任哈尔滨工业大学教研室主任。1987年～1993年任哈尔滨工业大学航天学院院长。1990 年～2003 年任哈尔滨工业大学复合材料研究所所长。1993 年～1998 年任哈尔滨工业大学副校长。1999 年当选为中国工程院院士。1999 年～2003 年任中国力学学会副理事长、固体力学专业委员会主任。2001 年～2004 年为国家“863”新材料领域专家委员会委员。

★ 突出贡献

①对热防护材料与力学进行了较系统地研究，与合作者一起针对超高温等特种服役环境下材料的模拟表征与优化设计进行研究，建立了细观热防护理论，给出了特种材料超高温力学性能与物理性能以及失效的科学表征方法，为工程设计提供了重要依据。

②研制了适合缠绕复合材料壳体等典型结构损伤和失效的分析软件，并利用低压信息预报出爆破压力。

③强调用“材料、设计、分析、评价”一体化的思想解决复合材料结构的安全评价问题。

④建立了复合材料层合板结构性能衰退的概率统计模型。

⑤解决了超高强钢薄壁壳体的低应力脆断问题。

⑥将细观力学理论推广到复合材料领域，用来预报复合材料的性能和复合材料设计，并对复合材料及结构进行了多尺度力学分析。

⑦对压电、铁电与功能梯度材料等功能材料或结构/功能一体化材料的力学性能进行了研究，率先研制了基于智能材料与结构技术的结构健康监测、振动主动监控、主动变形控制系统以及复合材料工艺过程的监控系统。

★ 学术著作

多年来杜善义在国内外发表论文 260 余篇，撰写了《复合材料细观力学》、《智能材料系统及结构》等著作 10 部。

获国家科技进步三等奖 1 项；国家级教学成果二等奖 1 项；省部级科技进步一等奖 3 项；省部级科技进步二等奖 6 项；获光华科技基金一等奖；航天奖 1 项。

3. 矿山工程领域

多吉（1952—），西藏加查人，藏族，中国工程院院士。

★ 生平经历

多吉，1972 年 7 月～1974 年 9 月，西藏自治区加查县电影队放映员。1974 年 9 月～1978 年 8 月，于成都地质学院（现成都理工大学）区域地质调查及矿产普查专业学习。1978 年 8 月～1985 年 4 月，西藏自治区地矿厅地热地质大队技术员（期间，1983 年 1 月～1984 年 1 月在成都地质学院基础地质理论专业学习）。

1985 年 4 月～1987 年 12 月，西藏自治区地矿厅地热地质大队羊应乡工区技术负责人、助理工程师（期间，1985 年 5 月～1985 年 12 月在成都地质学院英语培训班学习）。

1986 年 1 月～1987 年 2 月，在北京第二外国语学院学习英语。

1987 年 12 月～1990 年 3 月，西藏自治区地矿厅地热地质大队项目技术负责人、中意合作项目主任。

1990 年 3 月～1994 年 5 月，西藏自治区地矿厅地热地质大队总工办副主任。

1994 年 5 月～1995 年 1 月，西藏自治区地矿厅地热地质大队地质勘查院副院长、高级工程师。

1995 年 1 月～2000 年 2 月，西藏自治区地矿厅地热地质大队总工办主任、副总工程师。

2000 年 2 月～2003 年 8 月，西藏自治区地矿厅地热地质大队总工程师（期间，2000 年 12 月被评为教授级高级工程师；2001 年 11 月被评为中国工程院院士）。

2003 年 8 月～2006 年 9 月，西藏自治区地质矿产勘查开发局总工程师，自治区科协副主席。

2006 年 9 月～2009 年 1 月，西藏自治区地质矿产勘查开发局局长、总工程师。

2009 年 1 月～2011 年 1 月，西藏自治区国土资源厅副厅长，自治区地质矿产勘查开发局局长、总工程师。

2001 年当选为中国工程院院士（中国工程院第一位藏族院士）。2002 年荣获全国杰出专业技术人才称号。2003 年当选为第十届全国人大代表。2004 年获全国“五一”劳动奖章。2005 年获全国劳动模范称号。

★ 研究工作实绩

多吉主要从事地热、矿产、水文、工程、环境地质勘查及科研工作，参加完成了西藏羊八井热田浅层热储资源勘查及评价工作，负责实施了羊八井热田深部高温资源评价，并提交110MW发电装机容量，主持完成了羊八井热田深部高温资源开发性勘查项目。他负责实施了羊八井的热田深井ZK4001孔，单井发电潜力达12.58MW，是目前我国第一口地热高产井。他主持完成的该热田深部高温热储形成机制研究，填补了我国高温地热成因机制领域的空白，建立了西藏羊八井高温地热系统模型，提出了变质核杂岩系中高温地热系统形成及热流体运移的新理论，确定了大陆非火山型高温热田新类型。他参加完成了西藏重点地热田含铯硅华地质调查，参加编写《新型水热成矿——西藏铯硅华》专著，该成果获地矿部和国家科技进步二等奖。近年来负责开展西藏西部贵金属矿产的找矿工作，在黄金找矿方面取得了重大突破，并在岩金找矿方面获得了重大线索，现已求得的岩金资源量大于50吨，为下一步以热泉型岩金矿找矿方面奠定了良好的基础。

钟掘（1936—），河北省献县人，中国工程院院士。

★ 生平经历

钟掘1936年9月出生于江西南昌。1960年毕业于北京钢铁学院。现任中南大学教授、博士生导师，教育部科技委主任，湖南省科协副主任，清华大学摩擦学国家重点实验室学术委员会主任，上海交通大学机械系统与振动国家重点实验室学术委员会主任，华中科技大学数字化制造装备与技术国家重点实验室学术委员会主任，中国有色金属学会常务理事。曾任国务院学位委员会学科评议组成员，国家科技进步奖评审委员会委员，中国振动工程学会故障诊断学会常务理事，湖南省故障诊断学会理事长等。1995年当选为中国工程院院士。

钟掘院士在某科研报告会上

钟掘院士五十年如一日献身于机械工程教学与科研工作，勇于攀登科技高峰。她担任《国家重点基础研究发展计划》“提高铝材质量基础研究”项目首席科学家，承担国家重大科技攻关项目、国家自然科学重点基金项目、博士点基金项目 50 余项，发表论文 210 余篇，出版专著 4 部。她在机械设计理论、材料制备技术、重大装备等方面进行的开拓性研究与工程实践为我国相应科技领域的发展作出了重要贡献。由此她获得重大科技成果奖 15 项，其中国家科技进步一等奖 2 项，二等奖 2 项，国家发明二等奖 1 项。

★ 为人师表

钟掘从 1960 年以来先后任中南工业大学助教、讲师、副教授、教授、博士生导师、机械系主任、机电工程学院院长等。她从教 50 载，工作勤勤恳恳。她以实验室为家，几乎每天在办公室工作到深夜，以致晚上回家扭伤了脚尚无人知晓，是有名的“工作狂”。每年有三分之一以上的时间下厂做试验。在工业生产试验现场，她临阵指挥，亲自操作，满脸油污，年过花甲仍然在工厂通宵熬夜，坚持要取得最佳试验效果。

在科学研究上，她始终瞄准国家经济发展、国防建设中亟待解决的机械工程重大难题和本学科领域发展前沿，在轧机、锻压机械及塑性加工摩擦、磨损、润滑等方面取得了一系列重要科技成果。她完成的特宽铝带轧线高技术改造、巨型压机扩改工程、高性能特薄铝板技术开发等多项国家重点工程研究项目，为保证重要军工产品的制成和铝材产业进入国际先进水平提供了科技基础；她提出的轧机驱动系统封闭力流理论解决了我国引进的大型高速热连轧机组、高速铝箔轧制机组、辊式磨粉机组等重大设备故障，并通过研制新型设备，创新核心技术，优化工艺参数，推进了 4 个相关行业的技术改造，产生了巨大的经济效益。她建立了塑性加工润滑剂组分设计与性能预测模型，研制了系列高效金属加工润滑剂产品，取代进口产品并得到广泛应用。该润滑剂被列入国家重点新产品计划和火炬计划。

钟掘院士在教学与科研中，特别注意带领学生从实践中探索真理。在经费短缺的条件下，艰苦奋斗，与同事们一起将萌芽的创新思维建成实验研究系统，如“电磁扰动金属结晶与形变”、“界面微尺度热传导规律”等 10 余台套实验测试设备；建成了中国有色金属总公司“摩擦与润滑重点实验室”，与助手和学生们在科学实验中创造了多项专利和多项技术成果。

★执著创新的巾帼标兵

执著是创造者的性格，创新是创造者的特征。钟掘院士的一生最执著的追求是在自己所热爱的冶金机械领域。她不断地在这个领域研究新问题，探索新原理，创造新技术。她的目光总是瞄准世界冶金机械领域的最新技术需求，着眼新技术原理的探索。同时将理论研究与生产实践密切结合，不断地为冶金机械工业生产寻求最新、最佳的机械设计方案并付诸实现。她对生产中涌现的新技术现象总是充满好奇与求索。

20 世纪 50 年代初，当时还在北师大女附中读高中的钟掘在聆听了周恩来总理关于第一个五年计划的报告后，常常为国家日新月异的建设发展所激动。总理的报告中关于钢铁工业是国家的基础，机械工业又是基础的基础的话语拨亮了她心中的灯。1955 年，志存高远、风华正茂的钟掘在填报高考志愿时一心一意地选择了机械专业，并顺利地考入北京钢铁学院机械系。1960 年毕业后分配到岳麓山下的中南矿业学院（中南工业大学前身）。从此开始了在冶金机械行业里忘我追求的奋斗生涯。

钟掘在工作中

20 世纪 80 年代，武汉钢铁公司从日本引进了一台 1700 热连轧机，在日方主持调试时重要零件损坏，日方却指责是因我方工人操作和维护不当引起的。钟掘与课题组同事应用自己的新成果“轧机变相单辊驱动理论”对轧机机组进行故障诊断、测试、调控与论证，最后查明事故是由于日方的设计和调试不当所致，在提出排除故障的方法的同时，据理向日方索赔，挽回了全部经济损失，保证了轧线的正常生产。

1984 年西南铝加工厂提出改造 2800 热连轧机，将原来生产能力 10 万吨提高到 27 万吨，改造量巨大。钟掘老师从测试入手，对轧线上每台轧机的疲劳寿命和工作精度作功能辨识。她创造性地运用现代实验与理论分析方法，在经过反复计算、论证之后，提出了通过优化轧制节奏，增大铝锭规格，改造轧机局部结构，增大轧机开口度，形成一个降低改造费用、达到目标产能的整体技术参数优化设计方案，节省资金投入六分之一，改变了我国特薄优质铝带材几乎完全需要进口的状况。

为解决国际普遍存在的铝铸轧带材质量问题，钟掘和课题组同志锲而不舍，从实验室基础实验到工厂生产应用，坚持 8 年，终于成功发明电磁铸轧技术，使铸轧铝板生产在高效节能的同时又获得好的产品性能。

从事重型机械研究对一个女同志来说是不容易的。在鞍钢和太钢，学生时代的钟掘曾经与工人一起抡大锤；在洛铜和武钢，她领着学生在生产线上实习，抢修机械故障时，她在几层楼高的大型设备上爬上爬下，一天下来满身油泥，清秀的面容变得又黑又脏，嗓子也因长时间在轰鸣的机器旁给学生反复讲解，而说不出话来。励精图治几十年，作为一名女学者，钟掘院士付出了比男同志更多的代价，经受了更多的考验。为了集中精力从事教学和科研，为了不放弃任何学习、锤炼的机会，她的两个孩子在幼儿园时都送到北京的奶奶家。奶奶病了，钟掘就带着 4 岁的女儿下厂学习，与学生一起住在车间隔壁。儿子直到上小学时才被接回父母身边。钟掘每想起这些总感到给孩子们的关怀太少。

★科研成就

总观起来，钟掘的科学研究工作为两大方面：

①机械基础理论方面

在科学实践的基础上提出了几个重要的概念和理论：复杂机电系统耦合与解耦设计理论与方法；极端制造与和谐制造；构件形性一体化制造与跨尺度制造；复杂装备设计与运行的集成科学。这些概念和理论引起学界广泛兴趣和应用，有的已被列入国家中长期科学规划。

②工程研究方面

在与材料加工工厂长期合作中解决了多个重大机组的设计、制造及运行中的问题：巨型水压机现代化改造；特大型铝板轧机现代化改造；大型冷连轧机的奇异振动；大型箔材轧机驱动的异常载荷和损伤等问题的解决；提出单辊驱动理论、铸轧理论和技术、大规格零件形性一体化制造理论等。

通过深入研究，钟掘提出了高性能铝构件结构设计—材料设计一体化、形性一体化制造的学科方向，并承担了国家工程技术开发计划，建设了从基础研究—单项技术原理—大构件制造的全过程研究基地和团队，为我国航空、航天、国防等部门高技术产业用高性能轻合金构件 / 材料，从基础研究、核心技术研发，到制造技术与装备的工程化应用提供全面支撑；倡导了微电子装备、光电子装备与制造等学科新方向，为信息装备与器件的高精度制造走出一条路。这些工作被国际主流企业称为是“独有的创新工作”。

1955 年以来，钟掘将研究工作推向一个又一个创新前沿，带领课题组成员一起开展和完成了国家急需的重大课题：

A. 在承担和完成国家重大基础研究计划项目“提高铝材质量基础研究”中及以后的工作中，推动了我国铝产业从资源、原料冶金、材料制备到冶金产业链的发展。由于研究成果突出，该项研究获 2007 年国家科技进步一等奖。

B. 完成了我国大型铝加工生产线的高技术改造工程研究。1995 年获国家科技进步二等奖。

C. 完成了特薄优质铝板技术开发研究。1996 年获国家科技进步二等奖。

D. 为解决我国高质量热轧铝板严重短缺问题，发明了国际首创的电磁铸轧技术与装备。这项研究成果提高了我国铝板质量，降低了生产成本。这项发明已成功应用于大规模工业生产，取得了很大的经济效益，1999 年获国家发明二等奖。

E. 开发系列金属塑性加工新型润滑剂。其配方已覆盖国内 40%的铝加工厂。1998 年获省级一等奖。

F. 为满足国防制造能力发展的需要，对亚洲唯一的3万吨水压机进行功能升级工程研究，提出了技术改造方案。1995年获部级科技进步二等奖。

G. 为发展我国高效短流程铝材生产技术，提出、承担并完成了研制我国自主知识产权的铝快速铸轧技术与装备。

H. 提出了机械设计理论的新学术思想，并承担国家自然科学基金项目“复杂机电系统耦合与解耦设计理论与方法”的研究。这项研究开始成为机械学科重要的发展方向之一。

★个人荣誉

钟掘院士相继获得湖南省“三八红旗手”称号、国家教委授予的全国教育系统“巾帼建功标兵”称号以及“全国十佳女职工”、“全国先进工作者”和“国家有突出贡献科技专家”等荣誉称号，并获何梁何利基金科学与技术进步奖。

温诗铸（1932—），江西丰城人，机械学家，中国科学院院士。

★ 生平经历

温诗铸1932年冬出生于江西丰城一个贫穷的农民家庭。1936年随外出谋生的父母迁居湖北宜昌。抗日战争期间为躲避日本侵略者的迫害，1938年逃难到四川省奉节县。

一天，他看到日本飞机轰炸并疯狂向平民扫射，他亲临其境，在幼小的心灵里升起发奋学习，制造飞机、大炮的志向。

1944年温诗铸考入奉节县立初级中学，从此开始走上自我发展艰苦求索的道路。抗战胜利后他转入尖北宜昌华英中学至初中毕业，他于1947年考入当时著名的重庆南开中学读高中，1950年以优异成绩毕业于该校。随即他又考入清华大学机械工程系，并于1955年毕业。在清华大学学习期间，由于各方面表现优秀，毕业时获得清华大学优秀毕业生金质奖章。

1955年～1973年温诗铸在清华大学机械制造系工作，担任机械原理与机械零件教研组第一科研秘书兼实验室主任，1973年～1976年任清华大学电力工程系燃气轮机教研组机械组组长，1976年以后，担任精密仪器与机械学系机械设计教研组主任。1979年赴英国伦敦帝国理工学院进修。1981年以来，主持清华大学摩擦学学科建设，先后担任摩擦学研究室主任、摩擦学研究所副所长、摩擦学国家重点实验室主任。现任精密仪器与机械学系教授、摩擦学国家重点实验室名誉主任。此外，还历任中国机械工程学会理事、摩擦学分会副理事长、名誉理事长，中国微米纳米技术学会理事、中国机械工程学会高级会员、中国力学学会荣誉会员。历任 *Tribology International*、*Tnbotest*、《机械工程学报》、《机械强度》、《摩擦学学报》等期刊编委。

★ 科研成就

温诗铸长期从事润滑力学、摩擦磨损机理与控制等方面的研究，他提出了以完备数值解为基础的工程模型弹流润滑理论，建立了工程中有关弹流润滑问题的设计方法，导出了普适性很高的润滑方程；提出了以纳米膜厚为特征的薄膜润滑状态，从理论与实验上论证了纳米润滑状态的形成机理与特征，提出了弹流润滑、薄膜润滑、边界润滑三者转化的关系及状态判别准则，并在纳米尺度上揭示出材料的微摩擦磨损特性。他在黏塑性和黏弹性流变润滑理论、润滑膜失效及屈服机理方面的研究取得重要进展，在表面涂层磨损机理研究与应用上也取得重要成果。1999 年温诗铸当选为中国科学院院士。2002 年获何梁何利基金科学与技术进步奖，2009 年获中国机械学会摩擦学分会最高成就奖。

★ 获奖项目

纳米润滑的研究和实验。2001 年国家自然科学奖二等奖。

NGY—2 型纳米级润滑膜厚度测量仪。1996 年国家技术发明奖三等奖。

超精密表面抛光、改性和测试技术及其应用研究。2008 年国家科学技术进步二等奖。

《弹性流体动力润滑》（学术专著），1992 年出版，1995 年国家新闻出版署第七届全国优秀科技图书奖一等奖。

《摩擦学原理》，1990 年出版，1992 年国家新闻出版署第六届全国优秀科技图书奖二等奖。

弹性流体动力润滑理论与应用研究。1989 年国家教委科技进步（甲类）奖一等奖。

纳米级润滑膜厚测试技术及应用研究。1995 年国家教委科技进步（乙类）奖一等奖。

纳米级薄膜润滑理论和实验研究。2000 年中国高校科学技术奖励委员会（教育部）科学技术奖一等奖。

计算机硬盘磁头、磁盘表面抛光与改性研究。2005 年教育部科技进步奖一等奖。

摩擦过程中微粒的行为、作用机理与控制。2010 年教育部自然科学技术一等奖。

部分弹流润滑状态和金属摩擦副磨损机理研究。1987 年国家教委科技进步（甲类）奖二等奖。

现代弹性流体动力润滑理论及应用。1994 年山东省科技进步奖二等奖。

真空熔烧复合材料涂层应用技术研究。1995 年国家教委科技进步（乙类）奖二等奖。

陶瓷涂层及与金属配对的高温摩擦磨损与润滑的研究。1995 年国家教委科技进步（甲类）奖二等奖。

传动摩擦学和传动摩擦学设计的理论与应用。1996 年国家教委科技进步（甲类）奖二等奖。

激光检测原子力/摩擦力显微镜的研制及应用。1997 年国家教委科技进步（乙类）奖二等奖。

《弹性流体动力润滑》（学术专著）。1992 年出版，1998 年北京市科技进步（科技著作）奖二等奖

非牛顿流体润滑理论与设计研究。1998 年教育部科技进步（基础类）奖二等奖

微构件材料力学行为及微机械粘附问题研究。2005 年教育部自然科学奖二等奖。

电流变液机械性能主动控制的原理及应用研究。2008 年教育部自然科学奖二等奖。

纳米间隙中固-液界面微观粘着和摩擦行为、机理与控制研究。2008 年教育部自然科学奖二等奖。

光干涉弹流油膜测试仪。1988 年北京市科技进步奖三等奖。

共轭曲面润滑特性分析与设计。1995 年国家教委科技进步（甲类）奖三等奖。

油液分析在设备诊断技术中的应用。2000 年广东省科技进步奖三等奖。获奖者：清华大学摩擦学国家重点实验室（企业博士后樊建春，合作导师温诗铸）。

4. 冶金工程领域

徐祖耀（1921—），浙江宁波人，上海交通大学材料科学与工程学院教授，中国科学院院士。

★ 生平经历

徐祖耀1921年3月出生于浙江省宁波市。1938年10月～1942年7月在国立云南大学矿冶系（原昆明工学院采矿系，冶金系之前身）毕业，获工学学士学位。曾任唐山交通大学、北京钢铁学院、上海交通大学冶金系、材料系副教授、教授、教研室主任、系主任，现任上海交通大学学术委员会委员、材料科学与工程学院教授。1995年10月当选为中国科学院院士，并且担任南京理工大学、香港城市大学等六校名誉教授。

★ 成就与荣誉

徐祖耀在马氏体相变、贝氏体相变、形状记忆材料及材料热力学诸领域研究获丰硕成果，揭示了无扩散的马氏体相变中存在间隙原子的扩散，由此重新定义了马氏体相变、修正了经典动力学方程；成功地由热力学计算铁基、铜基合金和含 ZrO_2 陶瓷的马氏体相变开始温度（Ms）；运用群论分析马氏体相变晶体学，创建了铜基合金贝氏体相变热力学，论证了贝氏体相变的扩散机制，并发现了 ZrO_2-CeO_2 中的贝氏体相变。建立形状记忆合金的物理—数学模型，发展了形状记忆材料，优化了一些实用材料的相图，推出Cu-Zn相图热力学以及杂质元素在钢中分布热力学等。1995年当选为中国科学院院士。

★ 科研成果

自1980年以来，他承担并完成了“六五”科技攻关项目、中科院科学基金会项目、国家自然科学基金项目等十余项。其中，其一人完成的“马氏体相变”研究成果获1987年国家自然科学奖三等奖，被选入“中国基础研究百例”。“形状记忆合金研究”等3项成果分别获国家教委科技进步一等奖、二等奖，有两项成果还被评为1986年～1990年国家自然基金资助项目优秀成果，收入《优秀成果选编》中。《相变原理》获1998年教育部科技进步奖（著作类）一等奖、1999年获国家科技进步奖（著作类）三等奖。目前正在承担国家自然科学基金项目“纳米材料的马氏体相变”等工作。2000年，获何梁何利基金科学与技术进步奖。

5. 机械工程领域

张启先（1925—2002），江苏省靖江县人，中国工程院院士。

★ 生平经历

1925年8月25日出生于江苏省靖江县。父亲时任小学教员，母亲仅念过3年私塾，经过长期自修，居然能阅读一些普通书刊。在兄弟姊妹5人中，张启先排行第三，家境不宽绰，孩子们的琅琅读书声，使小家庭充满着温馨的天伦之乐。张启先7岁时，父亲不幸病故，母亲忍着悲痛，全力操持着日见困窘的家庭，还要抽出时间督促几个子女的读书求学。幼年的张启先由母亲亲自辅导，完成了小学两年的启蒙教育。14岁时，他直接插班进入私立苏北中学初二年级学习。读到高一，受哥哥抗日救国思想的影响，张启先与二哥一道偷偷离家出走，跋涉了数十里，准备报考新四军举办的盐城抗大。刚刚15岁的他身材羸弱瘦小，母亲实在不放心他在外面奔波，请人四处寻找，在组织及哥哥的动员下，他只好继续回家读书求学。回家后，张启先再次插班进入沪光中学，这是一所由上海迁入苏北的著名私立中学。高三毕业，张启先在一位表哥的帮助下，从宜兴穿过日本侵略军的封锁线，辗转进入万山怀抱的安徽屯溪，就读于苏浙皖区大学先修班，不到一年，便被保送进厦门大学。在厦门大学，张启先选修攻读航空工程系。

张启先1948年毕业于厦门大学航空工程系，1962年在前苏联列宁格勒多科性工学院机械工程系获技术科学副博士和博士学位。他先后任教于厦门大学、清华大学和北京航空航天大学，历任厦门大学航空工程系助教、清华大学航空学院讲师、北京航空航天大学教授。他还兼任上海交通大学等多所国内著名大学的兼职教授。张启先院士1978年成为全国首批博士生导师，1995年当选为中国工程院院士。

张启先院士对我国机械科学和教育事业贡献卓著，他曾先后担任全国博士后管委会专家组成员、教育部机械原理教材编审委员和教学指导委员、国务院学位委员会学科评议组成员、国家自然科学基金委员会信息科学部评审组成员、中国机械工程学会机械传动学会副秘书长、中国机械工程学会机械传动分会机构学专业委员会名誉主任、中国机械工程学会特邀理事、《机械工程学报》编委会主任、中国自动化学会机器人专业委员会委员、中国科学院机器人学开放研究实验室学术委员、中国空间科学学会空间机械专业委员会副主任、中国空间科学学会理事、重庆大学机械传动国家重点实验室学术委员会主任。

在50多年的教育生涯中，张启先院士桃李满天下、成绩斐然。他获得了党和国家的众多奖励，其中包括北京市劳动模范、航空航天部有突出贡献的专家、国家优秀教学成果奖和光华科技基金一等奖、北京航空航天大学桃李特别奖。自1984年培养出我国第一位机构学博士，张启先院士累计培养了44名博士或博士后。他的学生中已有11位成为博士生导师，3位被聘为“863”专家组成员，多人走上了高校领导岗位。

2002年5月25日张启先院士在北京去世，享年76岁。

张启先院士是一位学识渊博、德高望重的学者。他一生治学严谨、淡泊名利、光明磊落、刚正不阿、严于律己、平易近人。他患病后仍然忘我地为我国的教育科学事业辛勤工作，并以积极、乐观的态度与病魔顽强斗争。

★ 研究成就

张启先以科学工作者的敏锐目光，突破传统机械学的范畴，开始捕捉并寻找学科发展的新的突破口。他根据自己多年研究国际机构学发展的信息，预见到一个机器人学的研究高潮将在我国兴起，跟踪这项西方发达国家领先的高新技术，不仅具有重要的理论意义，而且还将促进学科的建设与发展，为我国的现代化建设培养大批的高级技术人才。但是，以当时一个基础课教研室有限的财力很难支撑张启先的雄心大志。他夜不成寐，想出了一个“滚雪球”的计划。他利用自己在空间机构学方面的优势，走出校门，举办了全国性的讲习班，又及时发表了有关专著，在全国最早掀起了一个空间机构研究热潮，为教研室争得了科研课题与科研经费。

1978年，张启先成为北航首批博士生导师，也是当时全国机械学学科仅有的数名博士生导师之一。

1980年，张启先在华南工学院举办了全国性的“空间机构”系统讲习会，在国内冉一次掀起了研究空间机构的学术热潮。

1982年，张启先被全国科协选派执行“中美高级学者交流项目”，赴美国进行短期讲学和学术交流。访美期间，他参与了美方学校的部分学术研究，还作了三次学术报告。报告中既介绍自己的科研工作，也谈自己研究空间机构方面的观点和方法，受到了美国学术界的欢迎和重视，被所在学校的机械系系主任称为“像他这样值得称赞的人确实不多”。

1983年和1984年，张启先先后出席第六届国际机器理论及机构学大会和第十四届国际工业机器人年会，宣读了3篇论文。在此两年间，他本人撰写并与他人合作，在国内外学术刊物上发表了多篇有价值的学术论文，引起了学术界的高度重视。

1984年，张启先在机械工业出版社出版了他的专著《空间机构的分析与综合》(上册)，对在我国兴起的空间机构研究做出了重要贡献，同时也改变了国际上认为我国在机构理论和空间机构研究领域里长期落后的观念。

1985年，北航为了加强学科的发展，将分散在全校有关机器人学研究的科研力量进行联合，成立了北航机器人研究中心。1988 年更名为机器人研究所。这是我国最早开展机器人学研究的科研机构之一，张启先先后任中心主任和研究所所长。

★ 主要贡献

①奠定了良好的科研基础

北航机器人研究所成立以来，主要从事机器人理论与技术、机电一体化、机械学与工业自动化方面的教学与科研。在“七五”和“八五”期间，承担了国家重点项目 27 项，获国家级奖 5 项，发表学术论文 196 篇，完成了实验平台 7 套，培养了一批年轻的科研骨干队伍。在“七五”期间，研究所被国家教委和计委批准为“机械学”重点学科和“机构学及机器人机构”国家级专业实验室。在“八五”期间还获得了世界银行的贷款资助，为进一步承担国家重大科研项目奠定了良好的科研基础。

②完成了七自由度冗余机器人样机的研制

张启先深深懂得，科研工作是否有价值，是否有后劲，是否适合我国经济建设的需要，准确选定选题是关键。为此，张启先多年来在领导机器人研究所的工作中，经常亲自进行调查研究，搜集有关各种信息，集思广益，亲自选定研究课题并主持领导研究工作。他主持的“七自由度冗余机器人”和“新型三指九关节灵巧手”两项研究课题，均具有机器人领域比较高新的特征。

冗余自由度机器人凭借独特的“自运动”能力，具有避奇异、避障碍和克服关节转动限制等灵活的运动性能，它在实际生产中能够完成普通机器人所不能完成的任务，但研制难度之大使一些研究者望而却步，国际上也只有少数几个国家研制出了样机。张启先率领课题组经过几年的艰苦拼搏，终于在 1993 年年底完成了七自由度冗余机器人样机的研制，并一次通过“863”课题验收和部级鉴定。此项成果不仅在我国处于领先地位，而且在某些方面达到了 80 年代末国际先进水平，因而荣获航空工业总公司科技进步二等奖。1995 年研究所为香港科技大学研制的新型“七自由度机器人”采用交流伺服电机驱动，而且控制系统更为先进可靠。样机在香港科技大学展出后，不仅受到了该校的好评，也扩大了北航在香港的影响。

★ 获奖情况

①在机构学方面，张启先在国内最早从事空间连杆机构的研究，他指导优秀博士生攻克空间七杆机构位移分析难题，获得 1988 年国家教育委员会科技进步一等奖和 1990 年国家自然科学四等奖。

②在国家“七五”攻关项目中，作为“工业机器人机构学研究”子项负责人，1991 年获得了做出突出成绩专家的荣誉证书。

③在机器人技术方面，70 年代末率先在国内突破传统机构学范畴，开展机器人技术的跨学科研究，并随后在北京航空航天大学创建了机器人研究所。负责

主持了数项国家自然科学基金和“863”计划有关研究项目，其中有先后获得部级科技进步二等奖的七自由度机器人、新型三指灵巧手，基于多传感器局部自主的机器人臂与灵巧手集成系统项目，还有获得北京市科技进步二等奖的立体定向脑外科机器人系统项目。

④1985 年被授予北京市劳动模范称号。

⑤1992 年被航空航天部授予有突出贡献专家称号。

⑥1996 年获光华科技基金一等奖。

6. 动力工程领域

陈予恕（1931—），山东省肥城县人，工程非线性振动专家，中国工程院院士。

★ 生平经历

陈予恕1931年出生于山东肥城一个贫苦的家庭里。1950年高中毕业，进入天津大学机械系学习。1956年本科毕业后，他留校在材料力学教研室工作了两年。1958年国家因为人才紧缺决定派遣留学生赴前苏联学习，他考取了赴苏公费留学生。1963年5月，陈予恕从前苏联科学院获得副博士学位学成归国。由于当时振动学科正由线性振动向非线性振动方向发展，而且工程应用中出现的众多现象现有的线性理论无法解决，鉴于此，他决定继续将非线性振动这个非线性动力学的分支作为自己的研究方向。这个选择成为陪伴他一生的学术研究。

20世纪70年代后期，机械工业部和煤炭工业部制造了一个应用于煤炭生产的30平方米的大型双层非线性共振筛，但由于没有基础理论的支持，共振筛的寿命得不到保障，从而严重影响了生产。于是两大工业部联合发布了解决共振筛寿命问题的重大攻关项目，而这个项目正是有关非线性振动的问题。从1978年初开始，陈予恕主持进行该项目的攻关，经过将近3年的不懈努力研究，随着分岔理论的发展，对系统参数进行了优化，完善了非线性共振筛的设计，解决了寿命不过关的问题。长期运行证明该产品优于从美国、俄罗斯等国引进的同类产品的性能，节能2/3，筛分率提高20%。该项设计技术被同行专家广泛应用于超细粉振动磨机、振动破碎机等振动机械的设计，同时作为理论联系实际的范例已编入教育部指定的研究生教材。这次成功，使非线性动力学理论及其应用价值都得到了全国同行的肯定。该项研究通过了天津市成果鉴定，先后获得天津市科技进步一等奖和国家科技进步二等奖。

1984年，作为访问学者，陈予恕被派往加拿大留学深造。在这期间，国际上出现了一种非线性动力学的新兴理论，这就是混沌理论，它揭示了很多经典理论从未揭示过的现象。正是抱着对这门理论深入了解的想法，他与合作教授一起利用新的数学方法与非线性振动相结合进行了大量的研究，其中著名的C-L（Chen-Langford）方法正是在这一阶段中取得的卓著成果。当时针对同一个参数激励系统，前苏联和美国的非线性动力学专家们用经典方法分别得到了两种不同的结果。这个问题困惑了国际非线性动力学界将近20年的时间。

陈予恕通过和数学教授W. F. Langford的长时间合作，为揭示工程结构中直接影响产品的精度、稳定性和寿命的突变现象的机理，对包含可分析大型转子裂纹、油膜振荡、低频失稳等各种非线性要素的最具广泛代表性的二阶微分方程，用现代数学的对称性理论和周期函数空间的LS方法以及奇异性理论，创建了求周期分岔解的理论方法，它被国际同行专家称为C-L方法。该方法揭示了解的拓扑结构与系统参数间的联系，并得到十几种不同运动模式，包含了苏美科学家的两种模式，这也证明了他们得出的不同结论都是正确的。该方法将求周期解推广到求周期分岔解，与混沌理论紧密联系起来，它不但为揭示非线性动力学系统的复杂性提供了一个理论方法，而且为工程非线性动力学系统的失稳控制设计奠定了基础。美国数学Fields奖获得者Smale教授评价说："用现代数学方法深刻地揭示了分岔和混沌的动力学机理"。捷克科学院Pust院士认为："C-L方法弥补了传统非线性振动理论的不足"。这项工作使陈予恕作为第一完成人获得2003年度国家自然科学奖二等奖。

从加拿大回国以后，他继续带领硕士生、博士生进行非线性动力学理论的进一步研究，并取得较大进展。与此同时，他还将该理论与工程实践有机结合起来，通过相关非线性模型对旋转机械重大故障的机理进行了分析并作了试验论证，对工程故障治理发挥了重大作用。他提出的机械结构中的非线性动力学设计技术，根据已知重大振动故障与系统参数之间相关规律，合理地选择设计参数，以使振动状态有足够的稳定裕度。如旋转机械需对转子、支撑、基础大系统作耦合动力学设计，方可避免内共振引发的突发性油膜振荡超标故障。该技术用于天津电厂4台20万千瓦机组励磁机支撑系统的内共振设计后，多年来未发生同类故障。

★ 勤劳不辍，几多辛苦化甘甜

"客观世界丰富多彩、复杂多变。在这样一个复杂的世界中，若我们用数学的眼光来进行观察，就会发现可线性描述的事物微乎其微。在绝大多数系统中，特别是复杂系统中存在的都是非线性规律，单纯从线性的角度去研究会导致结果的不精确甚至不正确。所以，现在几乎各个领域都在进行非线性动力学研究，特别是在工程领域。"陈予恕院士介绍说。目前，非线性动力学已经广泛应用于航天、建筑、生物甚至经济领域——有些专家已经在用非线性动力学研究股票的走势。

追本溯源，19世纪末到20世纪初，法国数学家和理论天文学家庞加莱(Henri Poincare)发现某些特殊的微分方程的可解性与解值对其初始条件极为敏感，初始条件的细微差别可导致其解值的巨大偏差，甚至产生无解现象，从而拉开了非线性科学研究的序幕。

20世纪60年代，气象学家洛仑兹(E. Lorenz)在计算机上研究天气预报方程时发现，尽管描述天气变化用的方程是确定性的，但天气长期动态变化却是不可预测的，初始条件的细微差别会引起模拟结果的巨大变化。他打了个比方，在南半球某地的一只蝴蝶偶然扇动翅膀所引起的微弱气流，几星期后可能变成席卷北半球某地的一场龙卷风，这就是广为人知的"蝴蝶效应"，其实质是非线性耦合。

非线性科学研究被称为“在科学的整体哲学与人类看待其世界的方式方面的一次重大转变”。关于非线性无所不在的案例俯拾皆是：一块木板，在两端施加一定的力，当力量很小的时候，木板是直的；而当这个力超过一定的临界值时，木板会弯曲，但是木板会向哪边弯呢？这也是非线性科学研究者正在苦思冥想的众多问题之一。陈院士介绍说振动系统有很多非线性的因素存在，比如说心电图，这也是一种振动现象，由于个体差异，心脏的跳动很复杂，研究心电图就是生命科学中的动力学问题，每个人心电图的区别，就是受到非线性的影响。所以从这个角度可以看出，非线性是非常普遍的，渗透在各个领域，几乎可以说是“无处不在时时有”。

陈予恕说，对非线性的研究不是一两个科学家的意志，而是国家的需要。工程生产应用中的许多问题用线性理论已无法解决，必须从非线性理论中去寻找新的解决方式。目前国家对非线性动力学方面的研究越来越重视，许多项目受到了国家自然科学基金和国家杰出青年基金的资助。他自信地说，单就非线性动力学而言，从理论结合应用研究看，中国的研究已经和世界站在一条平行线上。

在旋转机械中，由于普遍存在的低频振动失稳造成的灾难性事故时有发生，有些故障久治不愈和非线性设计空白，他为研究治理方案建立了故障非线性模型：非光滑系统模型（碰摩故障），1/2 亚谐共振分岔模型（受迫油膜振荡），内共振分岔模型（突发性不稳定振动），参数共振模型（裂纹类型），非线性不平衡模型（转子外伸端不平衡）等。用非线性动力学理论，通过对各类故障的机理分析和实验验证，弄清了重大振动故障与系统和运行参数之间的耦合规律，明确了响应的故障判别特征，如碰摩的擦边分岔现象；油膜振荡初期，平衡好的转子其响应为概周期的，平衡不好的转子为倍周期的；突发性不稳定振动为内共振模态之间的能量传递；裂纹故障为低于一阶临界转速时出现 2X，3X 高频成分；转子外伸端的不平衡输入和输出不成线性比例等。这些响应的特征是在复杂纷乱的信息中判断故障根源的主要依据，由此，他提出了相关的五项重大振动故障非线性治理新技术：如轴系—支撑内共振综合治理技术、偏心—润滑参数综合治理技术、裂纹类型综合治理技术等，这些技术相继在天津、黑龙江等 7 省市等 10 多个电厂的近 300 万千瓦发电机组的重大振动故障治理中应用后，大大减少了非正常停机事故的次数，获 4 亿多元经济效益。该项研究 2003 年通过了教育部成果鉴定，获部 2003 年科技进步一等奖，其阶段成果曾于 1998 年和 1999 年获省部级科技进步二等奖两项。

★ 求实创新，矢志不渝终不悔

“没有新中国，就没有我现在的一切”，陈院士满怀感慨地说。他从 1950 年高中毕业到 2009 年整整 59 年间，真真切切地感受到了国家给予的温暖，所以他将毕生精力和时间都投入到非线性研究工作中。他自 20 世纪 60 年代初发表了我国工程力学文献上第一篇非线性振动理论及其应用研究论文后，40 多年来始终坚持理论和实验研究与工程应用紧密结合，主持完成了多个国家非线性振动理论和机械工程非线性攻关项目。他对国产 4 台 20 万千瓦励磁机支撑系统进行非线性设计改造，使振动失稳的顽疾得到根治，获教育部进步一等奖 1 项和二等奖 2 项。

他常说："一个好的团队需要有一个好的带头人，根据现代科学的发展，结合工程应用的需求，来选择一个大家感兴趣的课题方向。只有团队同心协力为了一个共同目标不断奋进，才有可能成功"。

诗人的创造，哲学家的辩证，探险家的技艺，这就是组成一个科学家的材料。因为在非线性动力学理论与其工程应用方面做出的杰出贡献，他于 1998 年被俄罗斯应用科学院评为外籍院士，并于 2005 年被评为中国工程院机械运载学部院士。当选为院士后，年逾古稀的他并没有放缓他在科学道路上的脚步。2007 年他又接下了中国工程院一个为期两年的咨询项目——"机械运载学部可靠安全性共性技术对策调研咨询研究"，这次调研将侧重国内外在机械系统、航空航天系统、交通运输系统、兵器系统的非线性动力学研究与应用现状，着重为解决我国非线性动力学理论与实际运用脱轨的问题提供咨询建议。

回顾几十年如一日艰辛的科学求索历程，陈予恕院士很庆幸当初选择了这样一个有活力的学科作为研究方向。他提到，作为科技工作者要有十分敏锐的科学嗅觉，要紧跟科学发展的前沿。20 世纪 80 年代初期，除了美国的劳伦斯，日本的林千博也发现了由一个简单方程可以得出许多有意思的复杂结果的现象，并在 1981 年的国际非线性振动会议上提出。陈予恕得知这个消息后对这门新兴的混沌理论产生了浓厚的兴趣，由此在国际上较早地对分岔理论进行了深入思考，并最终和 Langford 教授共同合作得出了丰硕的科学成果。

谈到当前我国提出的构建创新型国家这一目标，他指出："要想做到具有重大意义的创新，必须具备三个先决条件：一是具有相当的理论基础；二是在科研工作中有长年积累的问题并不断对其进行提炼和深入探讨；三是如何把理论和实践相结合，通过实践去验证理论。"他又幽默地举出牛顿看见苹果落地的事例，他说当年万有引力定律的得出主要是牛顿本人经过长时期对星体运动观察总结的结果，看见苹果落地可能是创新灵感的激发。

他接着说："想在科学发展道路上不断前进，没有太多的技巧，必须紧跟科学前沿。只有不断积累经验和吸取别人先进的思想，才能少走弯路。"然而在科学研究的过程中总避免不了遇到各种各样的问题，从中可以真正考验作为一个科学家是否具备坚守和毅力等重要素质。这两项素质也是陈院士恪守的成功信条。作为 20 世纪 50 年代的大学生和留苏副博士，陈予恕当年学习的外语是俄语，后来随着科研的发展，他需要阅读大量的英文资料来了解国际领域发展的前沿。为了跟上时代的发展，20 世纪 80 年代初，他又捧起了课本，开始自学英语。那时候，经常会有研究生惊奇地发现，英语课堂里多了一位年近半百的老者，和年轻人一起一遍一遍认真地练习着口语。七八十年代，由于计算工具、实验仪器、数学方法等多方面限制，他在研究非线性动力学理论时遇到了很多难以解决的数学问题，通过多年坚持不懈的钻研、学习以及与其他专家学者的共同探讨，他最终逐一攻克了各项难关，取得了一个又一个的成功。

★ 教书育人，桃李芬芳满天下

作为我国非线性振动的奠基人之一，陈予恕院士不仅从理论和工程应用的角度为该学科的发展做了大量工作，还培养出了60多名硕士、博士和博士后，其中绝大多数都成为国内非线性动力学研究的骨干力量，有4名已获得国家杰出青年基金，2名获得“跨世纪人才基金”。1986年陈予恕被加拿大Guelph大学、Manitoba大学、Western Ontario大学聘为客座教授，同年担任大连理工大学兼职教授，1999年被同济大学聘为兼职教授，2001年担任香港城市大学客座教授，现为哈工大和天大的双聘教授。

陈予恕在这些高校任职，并不是为了享受学校给他提供的优厚待遇，而是想在过去工作的基础上为祖国的国防事业、航天事业的发展发挥余热。他希望在高校能够培养打造一支队伍，结合他多年来的经验，不断地再提高，在前人的基础上为航天事业尽自己的一份微薄之力。他始终强调“我应该做得更好”。在此期间，他一共出版了5部中英文专著，其中一本是硕士研究生教材——《非线性振动》，另外一本是博士研究生教材——《非线性振动系统的分叉与混沌理论》。他发表学术论文多达100多篇，被SCI、EI收录80多篇次。

从1986年起，陈院士便开始为硕士和博士生讲课，他因对学生学术上要求的严格而被学生们称作“魔鬼”导师。他说：“搞学问含糊不得，含糊对国家对个人都没有好处。”他挑选学生有两个要求，一是对学科要有真正的兴趣，再一个就是学生必须肯学。他要求研究生至少每周和他见一次面，进行工作汇报，包括计划安排、任务的完成、阅读文献的情况等，每次同学们交上去的论文，他都认真阅读，逐字逐句地修改，甚至标点符号、英文注解中的细微错误都逃不过他的“法眼”。如果有学生没有按时完成任务，肯定会受到他毫不留情的批评。他对学生学术上的严格不只是一种形式，而更重要的是为了让学生们扎扎实实地做学问，真正掌握学问，而不是不懂装懂。

同时他还提到对学生的课程考核，如果发现了在试卷上有弄虚作假的痕迹，他会立刻加一个口试环节。他的一位硕士研究生说：“陈院士平时忙于科研工作和其他众多事务，但却亲自为研究生开了一门非线性动力学课，并且每周都对我们的研究工作以及工作进展进行仔细的检查和给予指导。”现在回想起那时的情景，他的很多学生还“心有余悸”，但他们也知道，正因为有这样一位严师的督导鞭策，才让自己在科学探索的道路上不敢有丝毫懈怠，不断向更高的山峰攀登。

关于研究生课程设置，他已经形成了一套自己的体系。在教授学生们基础理论的同时，他会将最新的研究成果融汇到教学里去，不断更新教学内容，以启发同学们的兴趣。他强调青年教师不能光教书不做研究，想要提高教学质量，首先教师本身要对课程有深刻理解，这就要求教师必须有将理论应用到实践的经验，只有清楚地理解理论如何运用，才能使讲课内容不空洞，同时要不断地将学科新的发展内容、方向补充到课程中来。培养创新型人才，老师必须自身是创新型人才。

★ 老当益壮，满目青山夕照明

陈院士平时很注意身体锻炼，跑步的习惯已经坚持了几十年，除了每年的大年初一，一年中的另外 364 天，不论是在科研任务非常繁重、项目攻关的关键时刻，还是在外地出差、休假的时候，不论炎炎夏日抑或风雪寒冬，每天早上起床跑步是他雷打不动的习惯。当被问起他是如何坚持这个习惯的时候，陈予恕院士提起了这背后的一段故事：年轻时，他很热爱运动，曾是当时系篮球队的成员，赴苏留学期间还成为前苏联科学院中国留学生篮球代表队的成员。但 1952 年，他遭遇了一场大病，当时他的胃被切除三分之二，他的本科学业因此被延长至 1956 年，他当年的同班同学甚至有的都成了他的老师。这次的教训让他深刻地体会到身体健康的重要性。病好之后，他便开始坚持锻炼身体。现在从他矫健的步伐、硬朗的身板根本看不出这是一位年事已高、并且胃被切除三分之二的老人。

陈予恕院士说："要保持良好的身体健康状况，光靠锻炼还不够，还要有严格的生活规律以及良好的心态。"他从来不提倡开夜车，对自己对学生都是如此要求。他提倡有计划地安排自己的学习、工作以及休息。"要想在事业上前进，不能好高骛远，一口吃成胖子的做法是不科学的。"他建议青年要想为社会发展作出贡献，就必须要有追求，要全面发展，懂生活，工作学习之余进行适当的休闲娱乐和体育锻炼。在当今社会，人才的定义已经完全不同于他的那个年代，只会学习的人是不会吃香的，只有不断追求综合素质的提高才能为国家作出更大的贡献。他还指出，在成长的过程中不总是有鲜花相伴，人的一生会遇到各种各样的挫折。虽说如今已经不存在他们那一辈人所经历的政治运动，但改革开放以后，市场经济的发展也给社会带来了一些问题，青年不应该光顾着物质享受，而应该更多地考虑如何提升自己，以求为国家、为社会发展贡献自身的力量。现代社会的选择自由度很大，但同时竞争也日趋激烈，必须时刻注意提高个人修养，不断学习如何做人，使自己更好地融入社会，在社会中求得和谐发展。自身的发展永远离不开集体、国家的发展，要在新时期努力做一个德才兼备的高素质人才。

当选为中国工程院院士之后，不断有人劝陈予恕，都已经功成名就了，也为国家做了不少贡献，可以好好的在家享享清福了。他却说："我多年在外留学，所见所闻让我深有体会，我们国家还不富裕，我应该为中国的发展做出更多的贡献。"

7. 能源科学技术领域

闵恩泽（1924—），四川成都人，石油化工催化剂专家，中国催化剂之父，中国科学院院士，中国工程院院士。

★ 生平经历

闵恩泽1946年毕业于中央大学化工系。1951年获美国俄亥俄州立大学博士学位，1980年当选中国科学院院士，1993年当选第三世界科学院院士，1994年当选为中国工程院院士。2008年1月8日获得2007年国家最高科学技术奖，2008年2月17日被评为“2007年度感动中国人物”。2007年闵恩泽荣膺十大科技英才奖。

★ 研究领域

闵恩泽院士主要从事石油炼制催化剂制造技术领域研究，是我国炼油催化应用科学的奠基者，石油化工技术自主创新的先行者，绿色化学的开拓者。

20世纪60年代初，他参加并指导完成了移动床催化裂化小球硅铝催化剂，流化床催化裂化微球硅铝催化剂，铂重整催化剂和固定床烯烃磷酸硅藻土叠合催化剂制备技术的消化吸收再创新和产业化，打破了国外的技术封锁。这些催化剂投入生产，满足了国家发展的急需。

20世纪70年代，他指导开发成功的Y—7型低成本半合成分子筛催化剂，获1985年国家科技进步奖二等奖；他还开发成功了渣油催化裂化催化剂及其重要活性组分超稳Y型分子筛、稀土Y型分子筛以及钼镍磷加氢精制催化剂，使我国炼油催化剂迎头赶上世界先进水平。

20世纪80年代以来，他主持的“环境友好石油化工催化化学和反应工程”项目推动了我国绿色化学研究的广泛开展；“非晶态合金催化剂和磁稳定床反应工艺的创新与集成”获得2005年国家技术发明奖一等奖。

1980年以后，他指导开展新催化材料和新化学反应工程的导向性基础研究，其中新催化材料有层柱黏土、非晶态合金、负载杂多酸、纳米分子筛等；新化学反应工程有磁稳定床、悬浮催化蒸馏。在这些研究的基础上，已开发成功己内酰胺磁稳定床加氢、烯烃与苯烷基化的悬浮催化蒸馏等新工艺。近年他还扩展至开发化纤单体己内酰胺的制造技术，正开发新的工艺，已取得长足进展。

★ 创新不止

有一种神奇的物质，在它的作用下，能更快更多地生产所需要的产品。1835年，一位瑞典化学家将这种神奇的物质命名为“催化剂”。

在过去的半个多世纪，中国石油炼制和石油化工领域，催化技术不断发生巨大变化。20世纪50年代，我国石油炼制催化剂领域还是一片空白，如今，国产催化剂早已跻身国际先进行列。

自 1925 年以来，晶态型的雷尼镍催化剂一直在有机合成中广泛使用，技术趋于成熟，技术进步十分缓慢。闵恩泽将雷尼镍的科学知识基础由晶态转为非晶态，由搅拌釜改为磁场控制的磁稳定床，这是原始创新和继承创新。

这项创新带给闵恩泽很多启示："最重要的是，我对自己增强了信心。这项创新的思路和概念完全是我们自己的，是经过我们 20 年的努力。它证明，中国科技人员有能力自主创新。"

如今，这位 80 多岁的长者，其关注点早已放到绿色化学领域。他考虑最多的是"如何把绿色化学扩展到开发生物柴油和生物质化学品新领域"。他指出："生物柴油是替代石油柴油的清洁燃料之一，而要使其能在市场竞争中立足，还要配套开发高附加值的生物化学品。目前，世界各国生物柴油的发展步伐快得不得了，我们必须抓紧。"

★ 责任驱动

有人问他："您一生都在不断追求创新，其中最大的驱动力是什么?"他回答："责任。"在他看来，一个人做的事，能够和国家强盛、民族命运联系在一起，这是一件值得高兴的事情。

1948 年，他在美国第一次看到催化裂化装置，看到那黑褐色的原油神奇地变成清亮透明的汽油，当时他除了惊奇，只有感慨：中国何时能建成这样的装置?

但让他未料到的是，12 年后他却在研究这套装置的微球硅铝裂化催化剂，而当时，国外对这种催化剂的制造技术严密封锁。1964 年，他研制出小球硅铝裂化催化剂。国外不再向我国提供小球硅铝裂化催化剂。没有小球硅铝裂化催化剂，就不能生产航空汽油，我们的战鹰就飞不上蓝天。在这种情况下，经过不懈努力，1964 年他终于研制出了小球硅裂化催化剂.

他不仅把一生的兴趣都和国家需求紧密结合，"责任"也体现在他工作生活的一点一滴。时至今日，他的学生宗保宁仍记得做博士论文时的一件事。当他的论文一遍遍地被退回，他忍不住赌气地说："不写了，我和您的写作风格不一样。"闵恩泽说："不是风格不一样，是水平不一样。"严师出高徒。如今，宗保宁已是中国石油化工科学院副总工程师。

因为"责任"，闵恩泽的心中自有论文达标的杠；因为"责任"，他记得每个学生、每个学生的孩子的生日；也因为"责任"，他生平最讨厌说话不算数、不讲信用的人。

这些年，他一直有一个最大的心愿，"我真希望能培养出更多、更好的催化领域的攀登者。这个责任很重。"因为他认识到，"做科研，不仅要有信念、有方法，还要发挥优势，各尽所能，要讲团队精神、团结协作。"

8. 核科学技术领域

于敏（1926—），天津市宁河县（原河北省宁河县）人，核物理学家，中国科学院院士。

★ 生平经历

于敏 1926 年 8 月 16 日生于河北省宁河县芦台镇（今属天津市）。父亲是当时天津市的一位小职员，母亲出生于普通百姓家庭。于敏上有一个姐姐，毕业于北京师范大学，下有一个弟弟和一个妹妹，均早年夭折。于敏 7 岁时开始在芦台镇上小学，先在天津木斋上中学，后转学到天津耀华中学。

1944 年于敏考入北京大学工学院。但是入学后不久于敏发现，由于这里是工学院，所以老师只是告知学生知识，不讲知识的来龙去脉，这使得于敏很快就失去了兴趣。1946 年，他转入理学院念物理，并将自己的专业方向定为理论物理。

1949 年于敏本科毕业后，考取了张宗遂先生的研究生。后由于张先生生病，指导他学业的便是胡宁教授，他的学术论文就是在胡教授的指导下完成的。后来，于敏被彭桓武、钱三强调到中科院近代物理研究所工作。

这个所成立于 1950 年，由钱三强任所长，王淦昌和彭桓武任副所长。当时我国科学界一片空白，他们高瞻远瞩，创建了新中国第一个核科学技术研究基地。

由于于敏在原子核理论物理研究方面取得的进展，1955 年，他被授予“全国青年社会主义建设积极分子”的称号，1956 年晋升为副研究员。1957 年，以朝永振一朗（后获诺贝尔物理奖）为团长的日本原子核物理和场论方面的访华代表团来华访问，年轻的于敏参加了接待。于敏的才华给对方留下了深刻印象，他们回国后，发表文章称于敏为中国的“国产土专家一号”。

经过长期的努力，于敏对原子核理论的发展形成了自己的思路。他把原子核理论分为三个层次，即实验现象，规律、唯象理论和理论基础。在平均场独立粒子方面做出了令人瞩目的成绩。

钱三强在谈到于敏时也说：“于敏填补了我国原子核理论的空白。”留学英国、被选为皇家爱尔兰科学院院士的彭桓武则认为：“原子核理论是于敏自己在国内搞的，他是开创性的，是出类拔萃的人，是国际一流的科学家。”

★ 三次与死神擦肩而过

1964 年 10 月 16 日，我国成功地爆炸了第一颗原子弹。两年之后的 12 月 28 日，又在罗布泊核试验基地进行了首次氢弹原理试验。1967 年 6 月 17 日，我国用“轰六”飞机空投，进行了全当量氢弹实验，取得了圆满成功。这标志着我国成功地爆炸了第一颗氢弹。从原子弹到氢弹，按照突破原理试验的时间比较，美国用了七年零三个月，英国用了四年零三个月，法国用了八年零六个月，前苏联用了四年零三个月，而中国只用了两年零两个月，速度之快是世界上绝无仅有的。

中国工程物理研究院的科学家们取得的成就是辉煌的，但工作条件之艰苦却难以想象。1969 年，我国首次地下核试验和一次大型空爆热试验并行准备，于敏参加了这两次试验。当时，他的身体很虚弱，走路都很困难，上台阶要用手帮着抬腿才能慢慢地上去。热试验前，当于敏被同事们拉着到小山岗上看火球时，就见他头冒冷汗，脸色发白，气喘吁吁。大家见他这样，赶紧让他就地躺下，给他喂水。过了很长时间，在同事们的看护下，他才慢慢地恢复过来。由于操劳过度和心力交瘁，于敏在工作现场几至休克。

1969 年 1 月，于敏和同事一起踏上了去往西南的专列。因为是临时加车，有站就停有车就让，车速很慢，有时在深山峡谷中一停就是好几个小时。除了少数老弱病残者坐硬卧车厢外，大部分人都挤在没有厕所的大闷罐车厢内。于敏本来身体就不好，再加上长途跋涉，休息不好胃病发作，整整四天四夜，让他受尽折磨。

到了大西南，由于工作条件不具备，上面只好又做出决定，家属留在深山，科研人员全部返京。于敏带着还没有休息过来的身体、没有治好的病，只身回到了北京。由于沉重的精神压力和过度的劳累，回到北京后，于敏的病情日益加重。1971 年 9 月 13 日，林彪阴谋败露，研究院的斗争也降了温，领导考虑到于敏的贡献和身体状况，特许于敏的妻子孙玉芹 10 月回京探亲。一天深夜，于敏感到身体很难受，就喊醒了妻子。妻子见他气喘心急，赶紧扶他起来给他喂水，不料于敏突然休克过去。后来许多人想起来都后怕，如果那晚孙玉芹不在身边，也许后来的一切就都不存在了。

这次出院后，于敏本来应该好好休息一下，可是为了完成任务，他顾不上身体未完全康复，再次奔赴西北。1973 年，由于在青藏高原连续工作多时，在返回北京的列车上他开始便血，回到北京后被立即送进了北京医学院第三附属医院检查，在急诊室输液时，于敏又一次休克在病床上。

★ 致力于打破核垄断

早在 20 世纪 80 年代初，于敏就意识到，惯性约束聚变在国防上和能源上的重要意义，为引起大家的注意，他在一定范围内作了《激光聚变热物理研究现状》的报告，并立即组织指导了我国理论研究的开展。

1986 年初，邓稼先和于敏对世界核武器科学技术发展趋势作了深刻分析，对我国所处发展阶段作了准确估计，向中央提出了加速核试验的建议。事实证明，这项建议对我国核武器发展起了重要作用。

1988 年，他与王淦昌、王大衍院士一起上书邓小平等中央领导，建议加速发展我国惯性约束聚变研究并将它列入我国高技术发展计划。他们的建议被采纳后，我国的惯性聚变研究进入了新的阶段。

如今，于敏虽然认为自己已经“垂垂老矣”，但他仍然关注着这一领域的最新动向。他认为，现在的核武器又进入了一个新的时期和新的历史阶段，它有两个明显的特点：一是某些核大国的核战略有了根本性的改变。过去是威慑性的，不是实战的，现在则在考虑将核武器从威慑变为实战。二是某些核大国加紧研究反导系统，并开始部署，使得核对他没有威慑性。去掉了对方的威慑，就是新的垄断。

他说：“我们当初是为了打破核垄断才研制核武器的。对此，如何保持我们的威慑能力，要引起足够的重视。如果丧失了我们的威慑能力，我们就退回到了五十年代，就要受核讹诈。但我们还不能搞核竞赛，不能被一些经济强国拖垮，我们要用创新的、符合我们国情的方法打破垄断，保持我们的威慑。”

★ 没有出过国的大科学家

谈到他的这一生有什么遗憾时，于老告诉我，如果说他的这一生有遗憾的话，那应该是两个，一是这一生没有机会到国外学习深造交流，这对一个科学家来说是很大的遗憾；二是因为工作太忙对孩子们关心不够，没有将他们培养成对国家有所建树的人。但他说，虽然想起来是遗憾，并不后悔。于敏认为，对于科学家来说，正式的职业是科学研究，而学术研究的环境和学术氛围比较浓的是欧美和前苏联。他说，我虽然在国内是一流的，但没有出过国总是一种遗憾，如果年轻时能够出国进修或留学，对国家对科学的贡献或许会更大。其实，于敏的一生中，应该说有无数次出国的机会，但是由于工作的关系，他都放弃了。

从 1976 年到 1988 年，于敏的名字是保密的，1988 年他的名字解禁后，他第一次走出了国门。但是，对这一次出国，于敏至今说起来甚感尴尬，但也颇有自己的一番心得。由于工作的关系，于敏此次出国是以某大学教授的身份去美国访问的，在不到一个月的时间内，尽管去了许多地方，但他始终像个“哑巴”：要问也不方便问，要说也不方便说，很不好受。他说：“我这一生在和别人的交流方面有无法弥补的欠缺。博学，就必须交谈，交谈就不能是单方面的，不能是‘半导体’，必须双向交流。但从我所从事的工作来讲，和外面接触总有一个阀门，因此交谈起来吞吞吐吐，很别扭。不能见多识广，哪能博学？不能交流又哪来考察的收获。所以，从此以后，我就决定不再出国了，把机会多让给年轻人一些。这样对这些年轻人，对我们的事业都是有好处的。”

9. 电子、通信与自动控制技术领域

钟山（1931—），四川省成都市人，中国工程院院士。

★ 生平经历

钟山1957年毕业于中国人民解放军军事工程学院。现任航天机电集团公司二院研究员，国际宇航科学院通讯院士。从事多种地空型号弹上如应答机、引信、导向导引头等设备的研制及制导系统的设计，担任防空导弹武器系统总设计师，在地空导弹研制过程中，对红外位标器和单脉冲跟踪制导雷达两大设备分别采取降噪、提高灵敏度、增大控制特性线性范围和斜率等措施，使初制导交班成功率大幅度提高；同时提高了制导精度，在充分仿真的基础上，采用按拦截弹发出前后的目标视航角大小选定延迟量的方案，使战斗弹飞行获得了一次成功。在地空导弹的基础上，发展了一系列新型地空以及为舰艇配套的航空导弹，性能均有不同程度的提高。钟山作为第一位和第五位完成人，获1992年和1999年国家科技进步特等奖，编写各种技术报告110多篇。1999年当选为中国工程院院士。

★"平安城市"的理念

年已80岁高龄的钟山院士长期工作在国防武器装备研制第一线，近年来在安保科技系统建设及"平安城市"规划中做了大量工作。他曾担任航天科工奥运安保科技系统总设计师，为北京奥运会的成功举办作出了突出贡献。结合"平安奥运"、新中国成立60周年阅兵盛典和上海世博会安保科技系统建设中的案例，钟山院士深入浅出，提出了以建设城市安全体系为主要内容的新一代"平安城市"的理念和内涵，并揭秘了奥运会、世博会等重大活动的安保工作。

在钟山看来，新一代"平安城市"将拥有全天时、全天候、立体化的整体安全防控处置系统，即以城市经济社会发展和城市安全管理的需要为基础，结合各种特殊安全防控手段，扩展到卫生、环境、能源、资源、通信等城市安全各方面的安全联动机制。生活在这样的城市中，人们将享受到更安全、更幸福、更有保障的生活。

按照钟山的概括，平安城市具有五大特点：一是城市防控一体化；二是指挥调度网络化；三是监测预警信息化；四是安全感知物联化；五是应急处置智能化。特别是信息化、网络化和智能化，将成为未来平安城市建设的发展方向。

"以上海为例，我认为在世博会安保的经验基础上，上海完全可以发展一个集定位、监测、警报等多功能于一体的平安城市安保体系。"钟山指出，世博园将成为上海建设平安城市的雏形。这里的经验不仅可以用于随后举行的广州亚运会和深圳世界大学生运动会，而且将继续深化完善，推广到全国其他城市。中国

还将迎来广州亚运会、深圳大运会等盛会，安保科技发展大有前景，未来平安城市建设大有可为。

黄纬禄（1916—），安徽芜湖人，中国科学院院士。

★ 生平经历

1916年12月18日黄纬禄出生于安徽省芜湖市。父黄藻（又名黄慎闻）为清朝秀才，曾任小学教员，要求子女认真读书、积极上进，对他刻苦攻读、严谨治学有深刻的影响。

童年的黄纬禄就读于芜湖市芜关小学，后入芜关中学读初中。1933年8月，他以优异的成绩考入江苏省省立扬州中学高中部。1936年8月，考取南京国立中央大学电机系无线电专业。1938年7月7日“卢沟桥事变”后，随校搬迁至重庆。1940年8月毕业，获工学学士学位。后被分配到资源委员会无线电器件厂重庆分厂，历任助理工程师、工程师。1943年5月赴英国，在英国标准电话及电缆公司和马可尼无线电公司实习；1945年考入英国伦敦大学帝国学院无线电系，攻读研究生；1947年9月毕业，以《双路无线电通信》的论文获硕士学位。

1947年10月黄纬禄回国，在资源委员会无线电公司上海研究所任研究员；1949年5月至1952年9月，在上海华东工业部电信工业局电工研究所任研究员；1952年10月，调北京中国人民解放军通信兵部电子科学研究院任研究员。1957年12月，转入国防部第五研究院，开始他献身中国导弹与航天事业的生涯。

在国防部第五研究院时期，黄纬禄曾任五院二分院第一设计部副主任、主任，并担任几种液体弹道导弹型号的副总设计师兼控制分系统主任设计师，主持控制分系统的研制工作，他还是五院第一届科技委的委员。1965年成立第七机械工业部后，历任研究所所长、总体设计部主任、第一和第二研究院副院长、七机部总工程师等职务。1982年改为航天工业部后，担任部科学技术委员会副主任兼第二研究院科技委主任。1988年组建航空航天工业部后，担任第二研究院技术总顾问和部的高级技术顾问。1993年成立中国航天工业总公司后，仍担任总公司的高级技术顾问。

20世纪70年代初，他担任研制水下发射固体弹道导弹任务的技术负责人，1979年被任命为这一导弹型号的总设计师。这一型号工程于1985年获国家级科技进步特等奖，他是第一完成人。

黄纬禄还曾当选为中国宇航学会第一届副理事长和中国航空学会理事；1986年当选为国际宇航科学院院士；1991年当选为中国科学院院士。

1980年黄纬禄被评为七机部劳动模范；1982年3月七机部党组作出《关于开展向黄纬禄学习的决定》，列举了这位模范共产党员、劳动模范的先进事迹；1984年荣立航天部一等功；1985年荣获全国“五一劳动奖章”；1999年被评为

“全国先进工作者”；1994年获求是科技基金会的“杰出科学家奖”。

★ 辉煌成就

黄纬禄在负责液体弹道导弹和运载火箭控制分系统的研制工作中，就非常重视关键技术的预先研究，相继解决了从中近程到中程、从中程到远程、从单级到二级导弹的控制技术；解决了从固定式单机发动机到摆动式四机并联发动机，液体晃动和多次振型弹性弹体的姿态稳定问题；还解决了控制系统抗级间分离干扰等多项关键技术；他还组织了多种制导方案的分析研究与讨论工作。这些不仅保证了在研型号控制系统的研制成功，还为后续型号控制系统方案的选择、确定和研制工作奠定了理论与技术基础，贮备了可用的科技成果。

对于型号研制中遇到的技术难题，他都身先士卒，亲自进行分析、计算，参加论证和试验。例如测量加速度计的比例误差问题，他分析了加速度计在离心机上受离心力情况下的质量平衡与受力问题，提出了与加速度计承受平面力场的情况基本相同的见解，其不同点是受离心力时还有一个附加的旋转力矩，但引起的误差很小，解决了加速度计比例误差的测量问题，并撰写了《关于利用离心机测量加速度计的比例误差问题》的科技报告。他还针对舵机输入信号变化率变号时（指正负变号）对控制系统带来的不利影响进行分析研究，提出在控制绕组内引入一频率稍高、幅值适当交变电流的消除方法，为此，他撰写了《补偿舵机磁滞回线的措施》的科技报告；他还分析研究了数字控制稳定系统、陀螺加速度光栅偏移等新难技术问题，相继于1976年和1978年完成了《关于数控稳定系统一个方案的设想》、《关于陀螺加速度计光栅的偏移对各种信号相位差的影响分析和调整方法》等科技报告。这些研究成果都对我国导弹与航天有关型号的研制和促进科学技术进步发挥了积极的作用。

他勤于思考、勇于探索，在型号研制中曾提出一些用简单的原理和方法，解决重大疑难问题的建议。如采用三台高速摄影机拍摄导弹出地下井时相对井中心轴的位移；用四台高速摄影机拍摄导弹在四个方位上的位移，以此推算导弹在井内的漂移量等，这些都为当时的飞行试验测量解决了实际难题。

黄纬禄在主持型号研制工作中，非常注重深入科研生产第一线，在研制、试验的第一线处理、解决和决策技术问题。他提出并冒盛夏酷暑指挥了利用南京长江大桥进行弹体入水的结构强度试验及入水深度试验，取得了满意的结果。在飞行试验现场的导弹测试中，发现弹上计算机多输出了脉冲。凭着对控制系统纯熟的了解，他立即意识到多输出的脉冲将影响落点精度。他根据多的脉冲数与时间成正比的测试结果，准确地判定出其原因是由于弹上计算机内的时钟脉冲太窄，有时将加速度计的输出脉冲一分为二所致。他决定采取有针对性的措施，使问题得到圆满解决。在测试中还有一次出现少脉冲的现象，经过分析，确认是由于导弹上电缆与测试电缆状态不同而导致电阻值不同，影响温控电桥平衡，改变了加速度计的温度所造成的，经更换相同阻值的测试电缆后，问题迎刃而解。

在一次飞行试验中，导弹出水后自毁，飞行试验失败。作为现场技术总指挥的黄纬禄，尽管心情沉重，但他在挫折和失败面前毫不气馁，同有关的科技人员一起分析遥测数据，对分离插头上的每个接点对应的参数逐一判读，最终查出造成这一故障的原因是分离插头误分离所致。随后在试验现场采取了有针对性的综合治理措施，使另一发导弹成功的发射。

他在研制、试验、生产的第一线，从不放过任何一个质量与可靠性问题，总是查个水落石出，使问题得以彻底解决。他也深知处理、解决这些问题的经验教训异常宝贵，并根据了解和掌握的第一手资料，倡导并审编了水下发射导弹和陆基固体导弹的《故障汇编》，汇集了研制、试验过程中所发生的质量与可靠性等问题，列举了处理和解决问题的经过与经验教训。这本汇编对后续型号及其他型号的研制都有重要的借鉴价值。

他注意总结和积累型号研制工作科学管理经验，在航天系统是人所共知的。例如他通过型号研制工作的实践，总结了“四个共同”，即“有问题共同研究，有困难共同克服，有余量共同掌握，有风险共同承担”。他还总结和撰写了《关于设计师工作经验》和《质量是航天产品的生命》等专论，在这些论著中，较系统地提出或总结了航天产品质量管理与控制的办法，如质量管理与控制要以预防为主，消除隐患，杜绝重复故障出现；航天产品生产中执行“三检制”（自检、互检、专检）；型号总装时做到“三到位”（操作人员、检验人员、设计人员同时到岗位）；飞行试验前的测试中开展“双想”活动（回想、预想），查漏补缺，采取预防措施；不带问题出厂、不带疑点转场、不带隐患上天等。这些从实践中总结的经验和办法，对各类导弹与航天型号的研制都是至关重要的，也是我国航天事业的一笔财富。

戴汝为（1932—），云南昆明人，控制论与人工智能专家，中国科学院院士。

★ 生平经历

戴汝为1955年从北京大学数学力学系毕业后，在中科院力学所师从钱学森院士从事工程控制论的研究，以后一直在中科院自动化所工作。20世纪60年代，他解决了用极大值原理解最速控制、终值控制的数值计算问题。70年代，他最早在国内开展模式识别研究。80年代初，他在美国普渡大学与国际著名模式识别专家K·S·Fu教授合作，把统计模式识别与句法模式识别结合起来，提出了语义、句法方法。80年代后期，他率先在国内开展了人工神经网络研究，并主持完成了“人工神经元网络软件包”，从而将模式识别和人工神经网络及形象思维联系起来，并应用于手写汉字的识别，形成具有特色的学术思想。90年代，他从事开放的复杂巨系统及处理这类系统方法的研究，把综合集成的构思用于模式识别，提出集成型模式识别的学术观点。

戴汝为教授在国内外学术刊物上发表论文近180余篇，是多种学术刊物的主编、编委。他于1991年当选为中科院院士，1993～1998年任中科院技术科学部副主任，中国自动化学会理事长，国务院学位委员会自动化学科评审组召集人等。此外，他还应聘为清华大学、汕头大学、中国科技大学等近30余所高校的兼职教授或名誉教授，是中科院自动化研究所与青岛大学共建“系统医学与中医药科学研究中心”首席科学家。

10. 计算机科学技术领域

李国杰（1943—），湖南邵阳人，中国工程院院士，第三世界科学院院士。中国工程院信息与电子学部主任、中国计算机学会理事长、“863”计划信息领域专家委员会副主任、国家信息化专家咨询委员会委员、国家中长期科技发展规划战略高技术与高新技术产业化专题组副组长、*Journal of Computer Sicence and Technology* 主编等职务。

★ 生平经历

李国杰 1968 年毕业于北京大学，1981 年获中国科学院工学硕士学位，1985 年获美国普渡大学博士学位。1985 年～1986 年在美国伊利诺依大学 CSL 实验室工作。1987 年回国工作于中国科学院计算技术研究所，1989 年被聘为研究员。1990 年被国家科委选聘为国家智能计算机研究开发中心主任。1995 年始任曙光公司董事长，2000 年始任中国科学院计算技术研究所所长。2003 年兼任中国科技大学计算机系系主任。

★ 研究领域

主要从事并行处理、计算机体系结构、人工智能等领域的研究。

★ 研究成就

主持研制成功了曙光 1 号并行计算机，曙光 1000 大规模并行机和曙光 2000、曙光 3000 超级服务器，领导计算技术研究所研制成功龙芯高性能通用 CPU、曙光 4000 超级服务器，并主持科学院重大项目 IPv6 网络研究。其中，曙光 1 号获 1994 年中国科学院科技进步特等奖和 1995 年国家科学技术进步二等奖；曙光 1000 获得 1996 年中国科学院科技进步特等奖和 1997 年国家科学技术进步一等奖；曙光 2000 和曙光 3000 分别获得 2001 年和 2003 年国家科技进步二等奖。发表了 100 多篇学术论文，合著了 4 本英文专著。

11. 化学工程领域

(1) 化学工程的含义

化学工程是研究化学工业和其他工业生产过程中产生的化学过程和物理过程规律的一门工程学科。

(2) 化学工程代表人物及其科技成就

陈冠荣（1915—），上海市人，化学工程学家，中国科学院院士。

★ 生平经历

陈冠荣1936年毕业于清华大学，曾任河北医学院讲师，中国石油公司台湾新竹研究所工程师等职。1948年在美国匹兹堡卡内基理工学院获硕士学位。同年回国，任中国化工学会副理事长，参与组建化工设计队伍，对于吉林化工基地的建设，在技术决策上起了较大的作用。

20世纪50年代后期至60年代领导设计了以煤、油为原料采用“三触媒”流程的合成氨厂、钙镁磷肥厂和醋酸、聚氯乙烯等有机产品的化工装置，并对氯乙烯等产品成功地进行了一些流程改革。六七十年代组织领导了援助越南、阿尔巴尼亚、巴基斯坦等国的氮肥厂设计。1973年以后，负责化工科技管理工作。在这方面，他对能源利用、煤气化等重点项目及化工基础研究方面进行了重要的组织和推动，在硝酸钾、硫酸钾等钾化工技术方面也有很深的研究。1978年以后，担任化工科技研究的技术领导工作，组织领导了煤的气化、水质稳定和节能等重点科研项目。他是中国《化工百科全书》的主编。1980年当选为中国科学院院士，并担任化学部副主任。

陈冠荣院士通晓英、日、俄、德四门外语，学识渊博，获得了化工、石化、医药等行业专家学者的尊重。他长期从事化工设计的领导工作，对化学工业的发展和技术开发作出了卓越的贡献。他领导设计、审查了几十套无机、有机化肥等专业生产装置，在我国化工界有很高的声望。

12. 纺织科学技术领域

姚穆（1930—），江苏省南通市人，纺织材料学家和纺织教育家，中国工程院院士。

★ 生平经历

姚穆1930年5月出生于江苏省南通市，1948年高中毕业于南通中学，1952年于西北工学院纺织系毕业并留校任教。1982年晋升为教授，1991年被批准为博士研究生导师。曾任国务院第二届学位委员会学科评议组成员，现任西安工程大学名誉校长，中国纺织工程学会常务理事，陕西省科学技术协会副主席、荣誉委员，中国标准化协会纤维分会副会长，中国畜牧兽医学会养羊研究会理事，中国畜产品流通协会及绒毛专业委员会荣誉委员，解放军总后勤部军需装备研究所特邀顾问，2001年当选为中国工程院院士。姚穆院士长期从事纺织材料和纯化纤仿毛技术的研究，开拓了人体着装舒适性研究新领域，为我国极地服、宇航服和作战服等服装的设计奠定了坚实的理论基础；发明了具有现代高新技术的新型仿毛涤纶长丝“军港纶”及其系列面料“军港呢”，为军服、制服及民用服装的更新换代提供了物质基础；研制出多种纺织测试仪器、测试计量标准和计量标准器，曾多次受到党和政府的表彰和奖励。

姚穆教授治学严谨、工作勤奋，笔耕不辍，译著论著颇丰，特别是以他为首编著的《纺织材料学》，两版共印刷23次，发行16万余册，成为该学科的经典之作。

姚穆院士执教50年来，培养了众多莘莘学子，也笔耕了不少学术论著。他涉猎领域较广，从早期的棉纺学、棉纺厂设计、纺织厂合理照明、纺织厂定额测定，到现在的纤维、纱线、织物和复合材料的结构、性能与测试技术等方面都有过大量的深入研究。对于重大研究课题，他系统深入，锲而不舍，近年来在人体着装舒适性的理论、测试与评价研究方面及多异多重复合变形化纤长丝系列织物的设计与生产方面更做了一些开创性工作，取得了令世人瞩目的成绩。

13. 食品科学技术领域

庞国芳（1943—），河北省滦南县人，食品科学检测技术学科专家，中国工程院院士。

★ 生平经历及工作成就

庞国芳1968年毕业于河北大学化学系，曾任秦皇岛市出入境检验检疫局研究员、技术中心主任，也是国家质检总局首席研究员，国际AOAC（美国国际公职分析化学家联合会）研究导师、资深专家，国家级有突出贡献的中青年专家，享受国务院特殊津贴专家和河北省省管优秀专家。庞国芳是北京工商大学双聘院士，我国检验检疫系统第一位院士。2007年又当选为中国工程院院士。2008年4月受聘为燕山大学教授和燕山大学应用化学学科博士生导师。

庞国芳院士多年如一日，始终工作在检验检疫第一线，致力于食品科学检测技术理论与实践的研究。他长期从事食品科学与相关化学、物理学等学科理论与实践的研究，在农药、兽药残留分析领域进行了开创性的研究。其研发的关键技术，已制定成2项国际AOAC标准和65项国家标准。这些标准构筑了我国新的农产品食品安全屏障，对破解国外技术壁垒，提升我国农产品检测技术的国际地位，提高我国农产品质量，扩大出口，具有深远的影响，并产生了显著的社会、经济效益。

作为第一完成人，庞国芳3次荣获国家科学技术进步二等奖，4次荣获省部级科技进步一等奖，4次荣获国际AOAC组织颁发的科学技术奖励，为我国食品科学技术的进步作出了突出贡献。他已发表论文论著80多篇（部），约500万字，并培养出了一支包括2名“新世纪百千万人才工程”国家级专家和4名享受国务院特殊津贴专家的高水平科研团队。

14. 土木工程领域

叶可明（1937—），上海市金山县人，建筑工程与土木工程施工技术专家，中国工程院院士。

★ 生平经历

叶可明1956年毕业于建工部苏州建筑工程学校，曾进入同济大学建工系进修。1962年毕业于同济大学函授部工业与民用建筑专业本科。历任上海市建筑工程局所属公司技术员、技术科长、工程师、总工程师、公司副经理、经理及上海市建管局总工程师、上海建工集团总公司总工程师。现任中国建筑学会施工学术委员会副主任、上海市建委科技委副主任，兼任同济大学、上海交通大学、西安建筑科技大学教授。1995年当选为中国工程院院士。

★ 工作成就

叶可明长期研究施工技术，形成了针对“高、大、深、重、新”不同对象，因时、因地、因人制宜的施工技术体系。他提出了广泛适用于高层建筑和高耸结构的升板机提模提脚手体系，实现了350米高度自升式模板工艺；提出了上海软土地基中分地区、分级别的支护原则，实现了20米深坑复合支护技术及10米深坑无支撑支护技术；完善了大体积混凝土施工技术与管理，实现了24000立方米混凝土一次浇灌；提出了商品泵送混凝土双掺技术与级配优化技术路线，实现了350米高度混凝土一次泵送到顶；提出了大型构件组合吊装、整体提升及现场工业化技术路线，实现高空特重构件简化施工。叶可明院士取得了10余项国际与国内领先的科研成果，并因上海南浦大桥工程，获1995年国家科技进步奖一等奖。1996年被评为上海市科技功臣。

★ 真知来自实践——他的第一学历只是中专

上世纪50年代初，祖国建设正需要一大批的建设人才，土木工程人才更是奇缺。那时候，上海的松江还属于苏州地区的行政区域，松江人叶可明来到苏州建筑工程学校上学，这是他正式的全日制学历。1956年毕业后，才18岁的他就来到建筑工地担任施工技术员，几十年一直工作在轰鸣的工地一线。工作后他通过业余时间获得了同济大学毕业文凭。他不断努力，实干巧干，一步一个脚印，靠吃“施工饭”从一个基层技术员成长为中国工程院院士。

他直接参与并指挥的工程就有近百个，而参加主持、审定的项目更是数以千计，上海的许多标志性重大工程项目大多凝聚着他的心血。40多年施工实践，他主持了多项重大科研攻关项目，攻克了许多建筑界的重大难题，其中南浦大桥、杨浦大桥、东方明珠广播电视塔的施工工艺与设备研究均获上海市科技进步一等奖。南浦大桥工程获1995年国家科技进步一等奖，上海广播电视塔施工工艺与设备研究应用获 1996 年国家科技进步二等奖。作为从苏州建筑学校走出来的建筑工程与土木工程施工技术专家，叶可明院士对苏州的发展热切关注。他担任了苏州科技学院的兼职教授，每次到学校讲课，他都对苏州经济建设的发展感到由衷的高兴。他建议高校应该抓住苏州经济大发展的机遇，把围墙打开，让老师学生都能投入到社会实践中，把产学研结合好，像同济大学一样，与建筑公司、建设单位结合，与典型的大工程结合，广泛利用社会资源，依靠苏州这片土地把学校托起来。同时，学校还要好好利用校友这笔无形的资产，扩大自己的影响，壮大自己的实力。

★ 成绩来自工地——58 岁时他徒手爬上 350 米高塔

叶可明院士一生经历了多少次施工的困难和成功的喜悦，实在记不清了，但有些重大的攻关场景仿佛就是昨天发生的一般，还是历历在目。比如在建造世界上第四大双塔双索面斜拉桥南浦大桥时，要在 50 米至 100 米高空各浇灌一根 2000 立方米的混凝土大梁，按照传统工艺浇灌这样庞大构件的时间很长，会导致混凝土凝固时间有先后而出现裂痕。原先设计师考虑用等重量替代办法，把一只装有 2000 吨水的水箱安置在构件上方，浇筑进多少混凝土就放出多少重的水。然而在百米高空建一个 2000 吨的水箱本身就是一个大工程。然而他提出了向混凝土内掺添加剂以延缓混凝土凝固时间这一办法，不仅达到同样效果，还大大节省了时间和经费。后来的杨浦大桥、徐浦大桥都按此法施工。有着“大珠小珠落玉盘”意境的东方明珠电视塔，同样凝聚了叶可明等人的智慧和汗水。东方明珠有 3 根直径 7 米、与地面呈 60°夹角的斜筒体，从 3 个方向上至 86 米处与直筒体相交，这种独特的斜撑结构造型在中外建筑史上留下了令人惊叹的一笔。可当时这一方案还在设计图纸上时，许多国内行家曾认为在施工中根本行不通。后来经过组织专家反复论证，建工集团承担了这一难题。叶院士拿出一份可行性方案，提出按照 3 根巨柱的形状用钢筋制成巨大的骨架外形，采用分节脱模斜向振动工艺，用混凝土向其中浇筑，就是这个看上去似乎很简单的办法，使得决策领导最终拍板采用了现在的这一设计方案。东方明珠施工过程中碰到很多难题，但提升 450 吨天线到 468 米高空的这一成功攻关是所有重大工程中最让他激动和骄傲的事。因为他是吊升的现场技术总负责，58 岁的他天天到现场，有时还需要从离地面 280 米处沿着狭窄的塔身徒手爬到 350 米高去处理问题。天线提升遇到了很多困难，他和有关技术人员一起致力攻关，经过上千次模拟测试，最后形成“集群钢绞索承重、液压提升器提升、计算机同步控制”的整体提升方案。可提升前夜，风云突变，风力超过原先预定的可升风力，他预见性地在天线爬升轨道上进行了钢壳混凝土抗强风的工艺处理，使天线照常在空中 10 级的大风中安全提升到位。上海超高层建筑基础深度一般不超过 15 米，而建在浦东高 88 层主楼时，基础开挖深达 19.6 米，裙房深 15.5 米，土方量达 30 万立方米，开挖深度创上海之最。业主和设计单位美国 SOM 设计事务所把德国专家请来，准备采用土锚杆方法，即先把基坑的土方全部挖出，再做基础工程。在论证时，有着丰富实践经验的叶可明院士指出上海是典型的软土地基，采用上述方法，费用大，把握小。他提出了化整为零，分而治之的基础施工方法，根据不同的基础深度，分步施工，采用钢筋混凝土支撑围护，既减少费用，又能缩短了工期。这个方案在工程实施中确实起到了不凡的效果。气魄宏大的上海八万人体育场已经成为上海一景，可当初如何支撑向外倾斜的 36 根头重脚轻硕大无比的大柱难倒了一批专家。叶可明院士依仗丰富的实战经验，想出一个绝妙的办法：减少原来设计中的钢筋，代之以一组组角钢，再将这一组组角钢焊接成成组的钢型小柱，构成一个劲性十足的大钢柱，就能完全支撑住模板及混凝土的重量。再采用分节浇捣施工，使下节已硬结的钢筋混凝土能承受上节新浇筑的混凝土。如此从下至上施工，到了一定高度，只需再设置一根较小型钢柱，就能防止大柱的横向变形，不仅保证了大柱外形的美观，还减少了大量的陆地支架，施工速度比原来快了一倍。

40 多年中的大部分时间，叶可明院士都在建筑工地上度过，一次次创造性地将图纸上的工程变成实物，一次次地攻克难题，突破前人，设计出独特的施工方法。经历许多的汗水与成功的喜悦，他一直在实践着自己的那句格言：知识是前人的实践，只有通过自己的实践才有真知，才能增知。

★ 机遇来自时间——他说只是赶上了好时代

除了实践，叶可明院士的词典里另一个重要的词汇就是时间。他深有感悟地说，时间是刚性的又是弹性的。时间对每个人都是公平的，但每个人在公平的时间里做出的成绩又是不一样的。他告诫年轻人在青年时期要把自己压得紧些。他说他年轻时做事从来是今天事今天毕，从不拖拉，甚至还要多做一点，所以才会在今天让别人感到他做了不少事。的确，叶可明院士以世界一流的速度与质量完成了许多工程，就是他注重实践和时间的最好证明。

结合自己的成长经历，叶院士认为，现在的土木工程的大学生动手能力还亟待提高，自动化的普及使学生的手工制图和手算的能力越来越弱，而这两个步骤对于一个建筑人员来说又是至关重要的。一个合格的施工人员“要勇往直前，既要在战略上有大将风度，又要在战术上细致细心地做好一切准备。实践才是硬道理，将理论和实践完美的结合才能称其为合格的建筑人才。”

15. 水利工程领域

钱正英（1923—），浙江省诸暨市人，水利水电专家，中国工程院院士。

★ 生平经历

钱正英出生在浙江嘉兴的一个名门望族，排行老三。从小受到父亲严格管教的她，刚满 10 岁就进了中学。1939 年，钱正英怀着“做中国第一个女工程师”的理想进入了上海大同大学土木工程系（后并入上海同济大学）学习。1942 年，在从上海撤退到淮北解放区的钱正英为应付敌人的盘查，和一名男同学扮成表兄妹，而这位男同学就是后来她的终身伴侣黄辛白。在淮北解放区的那段日子，钱正英曾担任淮北区党委机关文化教员，淮北泗五灵凤县中学浍南分校教员、训导员、教导员、党支部书记等职务。1944 年春，淮河北堤进行修复工程，年仅 21 岁的钱正英负责技术领导工作，自此正式投身水利事业。

1944 年～1950 年，钱正英历任淮北行署建设处水利科科长，苏皖边区政府水利局工程科科长，华东军区兵站部交通科副科长、前方工程处处长，山东省黄河河务局副局长、党委书记等职务。1950 年 3 月，年仅 27 岁的钱正英，经当时担任内政部部长曾山的力荐，被破格提升为华东军政委员会水利部副部长兼治淮委员会工程部副部长，成为中国最年轻的女部长。1952 年，钱正英转任国家水利部副部长。1970 年～1974 年任国家水利电力部副部长。1974 年～1988 年任水利电力部部长。1997 年，她当选为中国工程院院士。2000 年 6 月获中国工程科技奖。2004 年 3 月，在香港大学第 169 届学位颁授典礼上，获得名誉科学博士学位。

★ 经验成就

钱正英于 1990 年组织全国 20 位专家编写《中国水利》百万字巨著，是新中国水利事业全面的总结。其中《中国水利的决策问题》系她亲笔撰写，其他各章均亲自统稿。钱正英先后发表论文、报告数十篇，并主编出版了《中国大百科全书水利卷》。

★ 重大贡献

20 世纪 50 年代起，钱正英主持研究、制定了一系列关于我国水资源开发利用管理及保护的方针、政策和管理办法，组织起草了《中华人民共和国水法》、《中华人民共和国水土保持法》（均已颁布实施），使中国水利工作逐步走上规范化、法制化的轨道；她还主持编制了黄河、长江、淮河、海河等江河治理规划和全国水利建设长远发展纲要。

钱正英针对黄河特点，组织专家全面研究治理问题，除工程措施外，她亲自部署狠抓流域的综合治理，特别是面上的水土保持工作，不断总结经验，修订“治黄”规划，选择了以粗沙区为水保治理重点，对减轻下游河道淤积起到一定作用；同时确定关键性大型工程建设步骤，使40余年黄河大堤安全，灌溉面积不断扩大。三门峡水库是在建国初期委托前苏联设计的，由于缺乏经验，修建后泥沙淤积严重。钱正英在深入调查总结经验教训的基础上，协助周恩来总理妥善完成了三门峡大坝的两次改建，获得成功。

葛洲坝工程由于开工后遇到挫折，于1971年10月被迫停工，需重新修改设计，周恩来总理指示，起用林一山同志主持技术工作。钱正英作为技委会主要成员，深入现场，抓住重点，组织专家攻关，解决了一系列难题，如航道泥沙淤积、大江截流、软基处理、大流量消能等，成功地修改设计、组织实施，使工程胜利建成。80年代，钱正英负责三峡工程的论证工作，组织全国400余位各领域的专家，进行历时三年的全面深入论证，完成了论证任务，为三峡工程在全国人民代表大会获得通过并组织实施奠定了基础。

★ 水情结

“我这一辈子和‘水’结下了不解之缘。我喜欢水，因为水既具亲和力而又有无比的力量，因为水涉及自然科学与社会科学两个学科，因为水关系到天、地、人三个方面，因为水既是自然资源，又是经济资源，更是战略资源。可持续发展的关键在于水，生态环境建设的核心在于水，人类的生存命脉在于水”，钱正英说。从无数次与洪魔搏击，到参与治淮、治黄，以及三门峡工程、葛洲坝工程、三峡工程、南水北调等重大水利工程的论证、决策；从新疆的塔里木河、三峡坝区，到宁夏的扬黄工程工地、西藏的羊卓雍湖，到处都有钱正英忙碌的身影，她是新中国水利事业的见证人和开拓者。

正因为对水有着特殊的喜爱，钱正英对河海大学这所专门培养水利人才的高校也格外关注。钱老曾担任华东水利学院（河海大学前身）首任院长，现任河海大学合作发展委员会名誉主任。

★ 治理黄河的英雄事迹

1946年5月22日，山东省河务局成立，局长江衍坤、副局长王宜之。正在第三野战军忙于架桥铺路的钱正英，奉命调往黄河工作。1947年12月30日，山东省河务局通知，王宜之调任，遗职由钱正英充任。

钱正英部长自1948年1月开始治黄工作，到1950年春季调往华东军政委员会水利部，在山东省黄河河务局工作的日子里，在滨州这块土地上，她始终都是奔走在抗洪抢险的第一线，指挥黄河防洪斗争，最终以“三庆安澜”的伟大胜利，迎来了新中国诞生的曙光。

钱正英部长在到黄河工作之前，已经有近10年的革命工作生涯了，因此在工作中表现出来的高度的政治原则，灵活的工作方法，严谨的工作作风，以及她名门望族的家庭出身和上海知识女性特有的矜持个性光辉，使她有着神秘的传奇色彩。

1949年10月24日，汛期发生7次洪水，第五次最大，洛口水位达到32.33米，流量7410立方米每秒，河水漫滩，大堤偎水，堤防漏洞、管涌、渗水险情迭出，险工埽坝接连掉蛰坍塌，十分严重。沿黄党政军民总动员，调集35万余人的防汛大军巡堤查水，抢险堵漏，运送料物，顽强奋战。

这个时期的钱正英部长正是在滨州惠民的天主教周村教区姜楼总堂——原山东黄河河务局办公旧址办公。她就是在这里与江衍坤、田浮萍、张汝淮等新中国第一代治黄元勋，成功地组织了迎战洪水的艰苦斗争。

钱正英部长曾经和新中国的黄河防汛抗洪和治理事业结缘，她卓越的工作能力以及神奇的传说，使她成为山东黄河无法超越的巾帼英雄。

16. 交通运输工程领域

沈志云（1929—），中国科学院院士，中国工程院院士。

★ 生平经历

沈志云1929年5月28日出生于湖南长沙县的一个“教师之家”。父亲为乡村小学教师，长兄和姐姐为中学教师。沈志云在良好的家庭氛围中，从小求知上进，勤奋好学。1943年～1949年，沈志云就读湖南国立师范学院附中。艰苦的生活，严格的训练，名师的教导，为他打下了坚实的基础，他每学期成绩都名列全校前茅，多次获得各种奖励和荣誉。

1949年8月长沙解放，沈志云赴武汉投考大学，以优异成绩被唐山工学院、清华大学、武汉大学同时录取，并在武大名列榜首。因当时的唐山工学院在南方声誉很高，他便毅然舍弃清华、武大，直奔被誉为“东方康乃尔”的唐山工学院机械系就读。在唐院“严谨治学”、“严格要求”优良校风的熏陶中，在学术造诣高深的教授指导下，他打下了深厚的专业理论功底，学习成绩3年总平均名居前列。因当时国家急需人才，他们提前一年于1952年7月结束了大学生活。他在毕业时强烈要求去工厂生产第一线参加国家建设，然而却被留校任教，分配到理论力学教研室当助教兼教研室秘书。在从事理论力学助教兼秘书工作期间，他边教学，边工作，边钻研理论力学基础知识，使力学基本概念达到融会贯通，对基础力学的重点、难点问题也能做到耳熟能详，为以后的研究打下了坚实的基础。

1956年沈志云考取留苏研究生，到北京外国语学院留苏预备部学习俄语和哲学。1957年在赴前苏联列宁格勒铁道学院，路经莫斯科时，受到毛主席的接见，聆听了毛主席“希望寄托在你们身上”的亲切教诲。他肩负为国争光的民族重托，出色地完成了学业，于1961年获得副博士学位。回国后，历任机械系车辆教研室讲师、副教授、教授、教务处教学方法科科长、基础部副主任等职。1982年～1984年在美国麻省理工学院当访问学者，归国后先后担任应用力学研究所所长、机械工程二系副系主任、机车车辆研究所所长、牵引动力国家重点实验室主任、牵引动力国家重点实验室学术委员会副主任。根据他的学术水平和突出贡献，1991年入选中国科学院院士，1992年获铁道部劳动模范称号，1994年入选中国工程院院士并获詹天佑成就奖，1997年获国家教学成果一等奖，1999年获国家科学技术进步一等奖、詹天佑大奖、何梁何利基金科学与技术进步奖。曾任第八届全国人民代表大会代表，国家教委科学技术委员会委员兼中国力学学会第四届理事，热能机电仪学科组组长，国家学位委员会交通运输学科评议组召集人，中国铁道重载委员会副主任，铁道学报编委会主任，国际车辆动力学会（IAVSD）第三届学术委员会主席，四川省科技顾问团成员，四川省铁道学会理事长，成都市科协主席等职。

★ 成就及荣誉

沈志云出生在中华民族灾难深重的年代，倭寇侵凌，列强瓜分，国土沦陷，民族不宁，这都是因为当时中国贫穷，技术落后。这也激发了他为国家的强大而努力掌握科学技术的决心。

1945年抗战胜利后，沈志云好学上进的目标得到升华，要为祖国的强盛和民族的兴旺而努力奋攀科技高峰的志向更坚定，读书更加刻苦了。在国立师范附中6年间，有11次学期成绩总评为全校初中或高中的第一名；在唐院读大学期间，每学期成绩都在本专业位居前列。在前苏联留学生活中，他利用假期冒着严寒，跑遍了几十家大工厂，进行调查研究，在学术造诣很高深的尼科拉耶夫教授的指导下，从几十个研究课题中选择“修理中的尺寸链”作为研究对象，从生产实际中发现问题，从理论高度来分析研究问题，又将理论研究放到生产中去试验，最后提出解决问题的具体建议，交生产单位应用。这个实践—理论—实践的全过程，使他形成了一个研究解决问题的思路。经过3年的努力，他完成的副博士论文顺利通过答辩，获得很高的评价，并被发表。前苏联车辆动力学专家契尔诺可夫教授说：“用这几年得到的锻炼，回去研究车辆动力学，照样会有成就。”实践证明，他在前苏联学到的获取知识的方法、从事科研的思路、探索问题的能力、不畏艰难刻苦攀登的毅力，为后来取得的成功打下了坚实的基础。

1961年归国后，他仍回到唐山铁道学院任教，开设了“车辆修理”等课程，自己编写教材和筹办实验室，并确定以“车辆动力学”为自己的研究方向。正在准备大干之际，“文化大革命”开始了，业务工作被迫停下来。等到浩劫过去，星移斗转，世界科技突飞猛进，他好像又回到零的起点。虽已年近半百，但他决心从头做起，奋起直追。他从学习算法语言、工程数学等新知识入手，成天穿纸带，上108计算机，如饥似渴地阅读专业文献，放弃了节假日，在简陋的实验室通宵达旦，终于在两年时间内完成了“韶山4型电力机车的动力学性能研究及参数优化”课题，并写成论文《两轴转向架式机车的数学模型及数值结果》，于1981年8月在英国剑桥大学召开的第七届国际车辆系统动力学年会上发表。这是我国机车车辆动力学学科在国外发表的第一篇论文。该会主席、英国的威根斯（A. H. Wickens）教授极为赞扬地说：“真没想到中国人在这个领域里的研究有这么高的水平”，并当即宣布要将沈志云的论文收入论文集，希望今后继续加强合作。

在机车车辆动力学领域，车轮与钢轨的接触是列车与路轨间唯一的相互作用。车轮在滚动时还有微小的滑动，称之为蠕滑。轮轨蠕滑是一个非常复杂的物理现象，如何定量地确定其力学特性，一直是铁道车辆动力学中的难题。为了攻克世界学术前沿的这一难题，1982年沈志云作为访美学者，在美国麻省理工学院夜以继日地进行学习和研究。一年多的时间里，他涉猎了8门研究生课程，完成了两项科研课题。他进一步深入研究了卡尔克的轮轨蠕滑理论，在沃尔妙伦-约翰逊方法的基础上考虑自旋蠕滑，定义蠕滑因子和自旋比例系数，分别研究在不同自旋蠕滑的基础上各种蠕滑力模型的比较，得出了新的非线性蠕滑力（适用于车辆动力学计算的）简化方法。他根据这一理论写成的论文，在1983年第八届国际车辆系统动力学年会上宣读后，被国际轮轨蠕滑理论权威德国卡尔克教授认定“是铁道车辆动力学中能够采用的最好的非线性蠕滑力模型”，是“铁道车辆系统动态仿真最适用的方法”，是“1983年世界蠕滑理论新发展的标志”，并将其归纳为三维弹性体滚动接触力学的四大理论之一。从此以后，这一方法被各国专家称为“沈氏理论”而广泛应用。

“中国人要领先世界，必须了解世界”。改革开放后，铁路运输日新月异，为沈志云在国际上的交流与合作开创了广阔的前景。随着沈志云在国际车辆动力学界的影响，不少专家来华交流，亦为他了解世界提供了极为有利的条件。从1981年开始，他连续8次参加每两年一届的国际车辆系统动力学协会学术讨论会，并在大会宣读论文。从1987年开始，连任该协会学术委员会委员。1993年任该协会第十三届学术讨论会主席，主持召开了来自22个国家的120余名代表参加的国际学术盛会，并主编论文集，在荷兰出版发行。他还到美国、英国、德国、荷兰等地讲学，与多个国家的同行进行交流，广泛涉猎学科前沿的新知识、新技术、新信息。同时，又多方面、多渠道地进行合作。在联合课题攻关、联合培养人才等方面取得了比较突出的成果，从而提高了在国际科技界的信誉度和知名度，为祖国赢得了荣誉。

1983年，沈志云以其国际科技界享有的崇高声誉与英国科技界建立中英科研协作项目，联合发展车辆系统动力学学科，完成合作科研任务；1985年与英国南岸理工大学互派教师和留学生，并联合培养博士生。1986年，英国博士生伊维尼兹奇慕名来到中国，接受沈教授的指导，做了3个月的学习研究，完成了博士论文中最重要的“曲线通过”一章的研究内容。回国后顺利通过答辩并获得英国南岸理工大学博士学位，还从100多名竞争者中脱颖而出被聘为该校的高级讲师。中国教授为英国培养了一名优秀博士的事，在伊维尼兹奇的家乡南威尔士格文特州传为佳话。1987年9月，该州州政府听说沈志云正在英国伦敦讲学，便专程派一名议员前往伦敦邀请沈志云到威尔士格文特州访问。当沈志云来到该州时，受到了身上挂满勋章的州长以最高礼节的接见，并赠送一幅州地图和这个州的钥匙。州长赞许地说：“沈先生，感谢您为我们培养了一位博士，为了表示敬意，我们将给你一个惊喜。”州长陪沈志云来到议会大厦前，此时一面鲜艳的五星红旗已高高飘扬在湛蓝的天空下。这是州政府对待国家元首级客人的最高礼遇，专门为一名外国人升一天国旗，在这个州历史上还是首次。中国鲜艳的五星红旗在异国他乡为自己飘扬，沈志云非常激动和感慨。他步入议会大厦，听到人们都在议论：“是不是中国政府代表团来了?”当议员告诉大家，只有一位中国科学家时，沈志云的名字再一次赢来人们羡慕和敬佩的目光。沈志云说："这样的礼遇，使我为自己的祖国、为自己作为一名中国科学家感到自豪和骄傲。"这面飘扬在异国他乡的五星红旗，一直激荡在沈志云的心里，鼓舞着他全力以赴地奋战在自己的学科领域。

1999 年 6 月，沈志云带着合作科研任务重返莫斯科，再到列宁格勒，回到 40 年前留苏时的母校——列宁格勒铁道学院，拜见了当年的导师尼科拉耶夫（时已 94 岁高龄）教授。在当年教室的墙壁上，还挂着沈志云 37 年前和教师们的合影。列宁格勒铁道学院对已成为双院士的沈志云举行了热烈而隆重的欢迎仪式，还在校刊上发表专文，称赞这位不凡的校友。白发苍苍的尼可拉耶夫教授对沈志云连声称赞："好样的！"沈志云眼含泪花，激动地说：感谢导师，感谢母校！同时，也在为自己没有辜负毛主席当年"希望寄托在你们身上"的教诲而自豪，为祖国和人民而荣耀，为中国的知识分子而骄傲。

17. 航空、航天科学技术领域

吴大观（1916—2009），航空发动机专家，被誉为“中国航空发动机之父”。

★ 生平经历

吴大观，江苏省扬州市邗江区头桥镇头桥村九字圩人，1931 年～1937 年，他在扬州舅舅的资助下，进入江苏省立扬州中学学习。1937 年，吴大观被保送进入长沙临时大学（西南联合大学前身）机械系学习。1938 年随校搬迁，进入昆明西南联大学习。求学期间，他目睹日本飞机狂轰滥炸的侵略行径，下决心走“航空救国”之路。读完机械系三年级，便申请转读航空系，1942 年 8 月毕业。他在大学期间，受到刘仙洲、王德荣、金希武等教授的教育熏陶，学习刻苦，勤奋俭朴。1944 年，吴大观被选送到美国莱可敏航空发动机厂以设计试验工程师的名义进行深造。在该厂学习期间，从零部件制图到整台发动机设计性能计算，从部件试验到整机试车，他经过了系统的学习锻炼，仅用半年时间就基本掌握了活塞式发动机设计的全过程。他抱着抓紧学习的热望，先后掌握了齿轮工艺、工装夹具、刀具设计及其加工技术。而后，他又在美国普惠航空发动机公司学习。学习期间，他看见喷气发动机离心压气机叶轮和涡轮部件在车间加工，引起他的极大兴趣，当时研制航空涡轮发动机在美国尚属起步阶段。1946 年他加入美国自动车工程师学会（SAE）成为该学会会员，作为业余爱好者开始研究喷气技术，这为他以后从事航空发动机设计工作奠定了理论基础。吴大观在美期间，广泛接触公司各阶层人员，在技术领导、工程师、车间工人中广交朋友，并借此宣传中国。他曾两次被当地教堂请去做抗日战争中中国妇女的抗日活动和中国儿童教育的报告，他揭露日本侵略军蹂躏、残杀中国人民的罪行，宣传中国人民抗日的斗争精神。在美期间，他感到一些美国人看不起中国人，这极大地刺痛了他的民族自尊心。他拒绝美国有关单位的高薪聘任，1947 年 3 月毅然回到祖国。他没有带回贵重物品，仅有装满书籍和技术资料的两个箱子，他唯一的愿望是把在美国学到的航空技术贡献给祖国。吴大观回国后被安排到贵州大定航空发动机厂广州分厂做筹建厂工作。他看到当时南京国民政府的腐败，已不可能再搞什么航空发动机行业，不得已愤然离职。1948 年，他来到北平（今北京市），在北京大学工学院机械系任专任讲师，讲授航空发动机设计及齿轮设计和加工两门新课，颇受同学们的欢迎。

1948 年冬在地下党的安排下，将吴大观及其爱人、孩子和弟弟一家四口人送到解放区石家庄。吴大观认识到，发展航空唯有依靠中国共产党。他到达解放区时，心情万分激动，对自己的爱人和弟弟说：“我们现在到了我向往的世界，祖国的航空事业，祖国的繁荣昌盛全靠共产党的领导，我要为它而献身。

此后，聂荣臻亲切接见了他，鼓励他为祖国的航空事业贡献力量。从此，他走上了新的航空救国之路。

向毛主席汇报工作

1948 年 12 月，吴大观随解放北平的队伍，参加了入城接管矿冶研究所的工作。1949 年 11 月任重工业部航空筹备组组长。

1951 年航空工业局成立，他在局机关参加发动机生产管理，孜孜不倦地学习苏联新的喷气发动机生产工艺资料，抓工厂生产管理先进典型，在局领导的支持下组织各厂交流。

1956 年，吴大观调到沈阳 410 厂组建我国第一个喷气发动机设计室。在条件不具备的情况下，开始设计我国第一台喷气教练机动力发动机。经他和设计室副主任多次分析研究有利条件和存在的难点后，决定利用 410 厂刚生产定型的涡喷 5（苏 BK—1）发动机为原型机，用相似定律进行缩型设计歼教—1 飞机的动力喷发—1A 发动机。此方案可利用 410 厂已有的锻铸毛坯、工装设备，不用增加任何新材料就可制造出新的发动机。这是经济风险最小的研制方法，也是研制周期最短、耗资最省、较有把握的设计方法。他以敢于拼搏、勇于创新的精神，与广大工人奋战了 210 天，经过 20 小时的持久试车，首批 4 台发动机研制成功。

1958 年 8 月 1 日这 4 台发动机装在新设计的歼教—1 飞机上试飞。这台装有喷发—1A 发动机的国产喷气教练机试飞成功，标志着喷发—1A 型发动机胜利诞生。飞机试飞的那一天，叶剑英、刘亚楼专程从北京赶来参加庆祝大会。吴大观总结那段工作时说："新设计发动机方案的选择，走什么途径，承担多大风险，是设计发动机能否成功的重要环节。"喷发—1A 研制初步成功给新机研制闯出一条路子。这次初战告捷，他起了关键作用。

1959 年 9 月，他负责设计、试制的红旗—2 喷气发动机上台试车，为庆祝国庆十周年献礼。为此，航空工业局发来贺电。

1961 年 8 月，国防部第六研究院第二设计研究所（航空发动机研究所，又称六〇六所）成立，他担任技术副所长，主持二所的发动机研制工作和试验基地的建设。吴大观努力探索发动机研制方法和研制程序的新路子，他多次出国考察，借鉴国外经验。他认为，研制发动机必须先抓试验设备、测试仪器和测试技术，鉴于在研制过程中有大量的部件验证和整台发动机调试，他向上级提出设计所必须建设相当规模的试验基地的建议。经批准后，他在所内抽调有工作经验的技术人员组建了试验设备设计室。他多次宣传"当前计算机技术虽然能解决发动机设计中很多难题，但是发动机最后设计成功，仍然需大量的发动机试验”这一观点。经国家批准，二所开始筹建 0307 试验基地，从而为发动机研制创造了必备的试验条件。在发动机试验工作中，吴大观还抓住另一个重要环节，即测试仪表和测试技术。他主张高精度的温度、压力、振动、应力测量传感器都要立足于国内，自力更生，自己解决。这样，即使受国际封锁，也不会因此影响发动机的正常研制。他抽调一批技术人员，组成仪表设计试验室和强度仪表试验室。在研制初期，为解决应力测量问题自制了各种应变片、水银引电器和滑环引电器。为了便于技术人员学习掌握电子技术，50 年代末，吴大观把他从美国带回的真空管长短波收音机拿出来，供他们装拆练习。六院二所成立后，吴大观花了相当长的时间，建立了测试仪表试验室，与试验设备配套使用。在试验基地，他不停地进行着大批发动机部件试验，为发动机研制立下了功劳。他反复强调，设计力量、材料工艺技术和试验设备是发动机研制的三大技术支柱，三者缺一不可。

1957 年～1965 年，他访问了英国、苏联、法国、联邦德国、瑞士等国家。在第二研究设计所工作期间，他常常一天工作 12 个小时以上，没有节假日，以所为家。长年的劳累，使他染上严重的眼疾。在吴大观左眼手术不久，“文化大革命”开始，他又遭受摧残。从那以后，他的左眼永远失去了光明。

1972 年 5 月，他任 606 所革委会副主任，党委常委。同年底，叶剑英受周总理委托，主持召开航空汇报会议，吴大观应邀来到北京。会议期间，叶剑英两次单独听取他的工作汇报。1976 年 6 月，吴大观任六〇六所革委会主任，由于厂所结合，每天要厂所两边跑，过度的劳累，使他的心脏病复发，但在疗养期间他仍不停止工作。

1978 年～1982 年，吴大观负责 430 厂英国斯贝发动机专利仿制工作，任斯贝发动机总装、持久试车、部件强度考核和整机高空模拟试车台考核试验的中方技术负责人。在他的组织领导下，把英国交来的斯贝技术资料进行整理、清账，把原来无人管理散失在外的英国培训技术资料进行整理归纳，并按专题组织讲课，提高了设计人员的责任感和技术水平。他经常说：“用人民的钱买来的资料，每个技术人员都有责任钻研学习，整理好留给后人阅读。任何丢失资料、不认真学习的行为，都是对人民的犯罪。”在斯贝发动机试制进入总装试验阶段，吴大观任现场总指挥，对加工质量亲自检查，严格把关。在与英国专家组织联合试车工作组进行 150 小时定型持久试车时，英方专家组织两班倒，而吴大观代表工厂仅一人，他一个人顶两班，甚至发烧 39℃仍坚持工作，以致晕倒在试车台上，被领导命令送回家休息。回家后他感到与英方一起定型试车责任重大，2 小时后又出现在试车台上。1979 年底，斯贝发动机在 430 厂顺利通过了 150 小时持久试车。

1980 年初，吴大观作为技术领队带领 20 多人的技术队伍，将发动机送到英国罗·罗公司进行高空模拟试车和部件考核试验。他严格按照合同规定逐项进行试验考核，碰到质量问题一追到底，及时解决。在英国的半年中，吴大观带领这支技术队伍，技术上精心指导，工作上严格要求，学习上分秒必争，在较短时间内，使我国的高空模拟试验技术得到了很大提高，并收集了一批技术资料，为我国今后自建高空台提供了技术储备。这次斯贝发动机的考核工作，完全满足了合同要求，吴大观严谨的工作作风和令人信服的技术水平得到英方的赞誉。回国后，他把考核结果及收集的有关资料进行组织编写，共出版图书 11 册。在四年多的时间里，他与罗·罗公司的发动机专家进行了大量地技术交流，系统研究了大批的技术资料，使他掌握了世界先进的发动机研制技术，同时使他在发动机的部件试验、150 小时持久试车、高空模拟试验、低循环试验等试验技术方面深化了理性认识。他从中体验到航空加力涡扇发动机的研制需要做大量的设计计算分析和试验验证工作，如果研制方法和研制程序选择不当，则事倍功半，会走很多弯路。他认为，为了提高发动机的可靠性，减少故障，延长发动机使用寿命，从方案设计、材料工艺选择、部件试验、核心机验证机试验、原型机调试、装上飞机上天试飞到发动机定型后发动机使用寿命与寿命管理，都需要预先按通用规范定出型号，加强部件和整机的强度设计和试验，经过反复调试，把发动机故障尽量消灭在研制过程之中。

1983 年，国家在论证我国自行研制的第三代作战飞机时，围绕究竟是引进国外发动机还是自行研制这个问题，当时意见分歧很大，不少人极力主张引进国外成熟的发动机。在这决定太行发动机前途命运的关键时刻，吴老大声疾呼："我们一定要走出一条中国自主研制航空发动机的道路。否则，就会永远受制于人，战机就会永远没有中国芯!"以吴老为首的 9 位专家联名上书邓小平同志，引起了党中央的高度重视，太行发动机得以立项。他的高瞻远瞩，为新型航空发动机确定了研制的发展方向。

★ 卓越贡献

1993 年，太行发动机研制的一项重要试验一次性达标，吴老在北京听到消息后，激动得说："这是最好听、最好听的消息呀！这证明我们有这个能力，太行发动机大有希望!"太行发动机经过 18 年的磨砺，终成大器。几十年来，在吴老的带领下，我国建立了日趋完善的研制体系，培养了一支过硬的科研人才队伍，先后组织了喷发—1A、红旗—2、涡喷—7 甲、涡扇—5、涡扇—6 发动机的研制及斯贝发动机的专利生产，编制了发动机通用规范，吴老用一生在中国航空发动机史上，书写了昨天，赢得了今天，奠定了明天。

★ 获得荣誉

吴大观先生被尊称为"中国航空发动机之父"，曾任第三届全国人民代表大会代表，是中国人民政治协商会议第五届、第六届、第七届全国委员会委员，中国航空学会理事、动力分会委员，辽宁省航空学会理事长，中国工程热物理学会常务理事、荣誉理事。1991 年受国务院表彰为发展我国航空工程技术事业做出突出贡献的专家。1992 年航空航天工业部授予有突出贡献专家称号。2009 年被中共中央组织部追授为“全国优秀共产党员”。2009 年入选 100 位新中国成立以来感动中国人物。

顾逸东（1946—），江苏淮安人，航天应用技术和浮空飞行器专家，中国科学院院士。

★ 生平经历

顾逸东曾经在中国科学院人才荟萃的中关村度过一段难忘的童年。1964 年顾逸东进入清华大学工程物理系学习不久，传来了中国第一颗原子弹爆炸成功的喜讯，作为一个学习核科学技术的青年学生，他激动不已，回到中关村，体验那里的人们神秘而又扬眉吐气的气氛。“文化大革命”开始后，校园里再也放不下一张平静的书桌了，家庭和个人的命运随国家的命运跌宕。顾逸东当过普通工人，也下过农场。

1974 年，顾逸东进入中国科学院高能物理研究所。他曾在云南高山宇宙线观测站工作过，参加了当时亚洲最大的高山云雾室寻找重质量荷电粒子的工作和自动化改造，参加了中国首颗返回式卫星舱内辐射通量监测器的研制工作。为了开拓新的高能物理研究方向——高能天体物理实验研究，他主动承担起研制高空科学气球的任务，与同志们合作建成了达到世界先进水平的高空气球探测系统，并组织实施了 180 余次高空气球科学和技术试验。在高能所工作期间，他有幸接触过钱三强、王淦昌、赵忠尧、张文裕、何泽慧等一大批著名科学家。

1993 年顾逸东到中国科学院空间科学与应用总体部，开始从事载人航天工程应用系统的技术总体工作和组织领导工作。载人航天工程应用系统是中国航天发展历史上规模最大、学科面最宽、难度也是最大的空间科学与应用工程，包括对地观测、空间科学等几大领域 29 项任务，体现了国家的急迫需求和中国发展载人航天的根本目标。

★ 研究成果

顾逸东于 1977 年倡议和推动发展中国高空科学气球，在气球设计研制方面开展了长期系统的研究，研制和发放成功系列化的高空气球并投入使用，使中国成为世界上第三个拥有达 40 万立方米大型气球的国家；领导建成了中国高空气球系统，组织指挥 180 余次高空气球科学探测和技术试验，取得重要成果，促进了中国空间科学探测的发展，是中国高空科学气球的开拓者、奠基者和主要学术带头人。1994 年 4 月起任载人航天工程应用系统总设计师，1999 年 4 月兼任总指挥。他在载人航天应用方面的主要贡献是创造性地解决了应用系统集成以及科学与工程的结合问题，领导应用系统高质量、出色地完成了五艘飞船全部预定的科学与应用任务。

他采用有特色的总体设计和系统集成模式整合分散的空间任务，领导建成了完整的载人航天应用技术体系，包括系统设计仿真平台、有效载荷公用设备、集成仿真测试平台、有效载荷地面应用中心等，解决了与飞船和测控通信系统接口统一和载荷测试充分性问题，开辟了多学科共同利用载人航天器开展应用的技术途径，成为航天多应用任务系统集成的成功范例。

他提出并实践了工程技术与科学和应用结合的新思路，在坚持载人航天工程研制阶段的同时，将科学与应用研究、科学搭载试验、科学样品与设备匹配试验、科学实验全过程演练、同步天地对比科学实验、对地观测设备航空校飞和在轨地面配合试验等列入工程研制流程，促进了科学研究与载荷研制的紧密结合，并将用户需求、工程研制、验证试验和应用研究结合起来，既保证了工程质量，又显著提升了空间科学、应用研究和有效载荷研制水平。

他建立了应用系统工程技术管理体系，将不同类型工作纳入严格统一的航天工程轨道；全面主持应用系统的研制、试验、测试发射和在轨运行；决策解决了研制试验中出现的问题，使全部空间应用任务取得圆满成功，推动中国空间科学与应用取得显著进步。顾逸东是空间科学与应用技术领域的优秀帅才，他成功地在科学与工程之间架起了桥梁，在航天航空系统工程的航天应用系统和气球技术方面做出了开创性、系统性的重要贡献。

★ 获奖情况

顾逸东院士，2004 年，“中国载人航天工程（飞船应用系统）”获国家科技进步奖特等奖，排名第一；2003 年，顾逸东与其他 5 位同志一起，并列获得“求是科学基金会杰出科技成就集体奖”；1985 年，“中国科学院万米级高空科学气球技术系统”获国家科技进步奖二等奖，排名第一；2004 年，“载人航天应用系统总体技术研究”获部委级科技进步奖一等奖，排名第一；2004 年，“神舟四号飞船留轨飞行综合精密定轨”获部委级科技进步奖二等奖，排名第　。

18. 环境科学技术领域

唐孝炎（1932—），江苏省太仓市人，环境科学专家，中国工程院院士。

★ 生平经历

唐孝炎1953年毕业于北京大学化学系。1954年9月～1958年12月任北京大学化学系、技术物理系助教。1959年1月～1960年4月去苏联科学院地球化学与分析化学研究所进修。1960年5月～1985年4月任北京大学技术物理系放射化学教研室副主任，讲师；环境化学教研室主任，讲师，副教授。1985年9月～1986年10月任美国国家大气科学中心高级客座科学家。1985年5月～1996年任北京大学环境科学中心主任，教授；1995年当选为中国工程院农业、轻纺与环境工程学部院士。1996年至今为北京大学环境科学中心教授，环境学院环境科学系教授。

★ 学术成就

唐孝炎院士在我国创建环境化学专业和开创、发展大气环境化学新领域方面有显著贡献，在环境化学前沿领域大气臭氧、酸雨和大气细颗粒物（气溶胶）化学方面作过许多具有开拓性和创造性的系统工作；领导组织了兰州光化学烟雾大规模现场综合研究，证实了光化学烟雾在我国的存在，发现了我国光化学烟雾不同于外国的成因。她在国内设计建造了第一个大气光化学反应模拟装置，最早建立了化学反应与大气扩散相结合的计算模式，对酸性雨水、雾水和云水开展了酸化过程的化学研究。在国际公约履约方面，尤其是在维也纳臭氧层保护公约和蒙特利尔议定书的履约过程中为国家作出了重要贡献。她主持编写的《中国消耗臭氧层物质逐步淘汰国家方案》，1993年1月经国务院批准，同年3月获《议定书》国际执委会批准，被译成六国文字，作其他国家的参考范本。1972年她创建了我国最早的环境化学专业，率先开设了环境概论、三废治理、环境化学和大气化学等一系列环境新课程。1990年出版的《大气环境化学》教科书（2006年再版），先后获得教育部、国家环保局优秀教材一等奖、北京市先进教育集体和教材一等奖。30余年来，已为我国环境科学的科研、管理和教学培养了大批学术带头人和骨干。唐孝炎教授曾参加国家中长期科技规划第十专题战略及其政策研究、多次主持国家攻关项目，“973”、“863”有关项目，国家自然科学重大基金项目和北京市空气质量达标战略研究，北京市大气污染控制研究等。

19. 安全科学技术领域

胡聿贤（1922—），湖北武昌人，地震工程学家，中国科学院院士。

★ 生平经历

胡聿贤1922年10月14日出生于北京，祖籍湖北。幼年时随家迁至武昌，1941年考入中央大学土木工程系，1944年转到重庆的上海交通大学学习。抗日战争胜利后，上海交通大学迁回上海，他于1946年毕业，随后担任武汉大学土木工程系助教。1948年进入美国密歇根大学土木工程系深造，攻读结构工程。1949年获土木工程硕士学位，后来受聘担任密歇根大学土木工程系研究助理，同时攻读博士学位，主要研究木桁架桥上弦杆的稳定问题。1952年获得博士学位。毕业后他受聘在纽约一家桥梁设计公司工作，同年与戴月棣女士结婚。

他在美国留学和工作期间，了解到中华人民共和国成立后，社会稳定，建设速度发展很快，急需人才，毅然放弃了优厚的待遇，克服重重困难于1955年下半年与钱学森等十几位忠于祖国的中青年学者同船回国。这艘船载着这些海外赤子于1955年底到达香港。

胡聿贤夫妇回国后，在国内作了短期的参观考察。1956年初胡聿贤到哈尔滨中国科学院土木建筑研究所担任副研究员，主持结构理论方面的研究工作，开展了结构可靠度分析、电模拟和光弹性等实验应力分析、结构温度应力场分析等研究活动。1960年所内机构调整，他的研究室转入地震工程研究，此后他长期在这一新的领域内进行开拓性的研究和科学实践。

在地震工程学中，他强调工程地震应与结构抗震相结合，认为只有地震学家、地震地质学家和工程抗震学家以及工程师们结合起来，相互了解，共同研究，地震工程才能更好地发展。为此，他率先致力于这方面的实践。1984年以来，他同时担任国家地震局地球物理研究所和工程力学研究所的研究员，在他的倡导和示范性研究工作的影响下，加强了工程地震工作者和结构抗震工作者之间的交流，深化了两个学科之间的联系。经过他和国家地震局地球物理研究所、地质研究所和工程力学研究所的共同努力，经国家地震局批准，于1993年6月成立了国家地震局工程地震研究中心，胡聿贤任中心主任。近几年来他又开展了对城市系统地震易损性和抗震对策的研究，强调采用系统工程原理考虑各种因素之间的相互影响，基于对城市在地震中的直接和间接损失的科学估计，为震后恢复提出对策，这些研究课题都处于国际同类工作的前沿。

胡聿贤以极大的热情关心和支持国家建设，他参与和指导了许多重点建设项目中地震问题的研究。改革开放以后他积极参政、议政，先后担任黑龙江省政协常委、副主席，全国政协委员。胡聿贤关心国内和国际学术活动，他是世界地震工程协会的中国国家代表，自1976年以来他多次出访美国、日本、加拿大、西欧等地。他主持了中美结构抗震设计概率基础、考虑时空非均匀性的地震危险性估计、生命线系统抗震性能等合作研究课题，在国际学术交流中起了重要作用。

胡聿贤几十年来在国内外有关的杂志和会议上发表学术论文120余篇，主编论文集4本，这些著作合计达250多万字。他的许多研究成果已汇集于《地震工程学》中。这是中国第一部地震工程专著，在国内外引起了强烈的反响。该书1990年获全国第五届优秀图书一等奖，其改编后的英文版于1996年在美国出版。他有许多科研成果，其中获国家科技进步二等奖2项，省、部级科技进步奖多项。1996年获何梁何利基金科学与技术进步奖。

★ 主要科学技术成就

胡聿贤是地震作用随机理论的开拓者。60年代初期，我国经济生活发生了严重困难，中国科学院为了保障科技人员的健康，提出了“劳逸结合”的口号，工程任务和社会活动也相对较少。胡聿贤正是在这个困难的时期奉命开拓新的研究领域。他起早贪黑带领几个年轻助手向当时国际上最新的地震力随机理论发起攻关。他首先应用平稳随机过程理论对复杂地震反应的振型组合问题进行了研究，论证了平方和方根的振型组合方法的合理性。这一方法后来在我国的建筑抗震设计规范中得到了采用。他同时对当时的苏联地震区建筑规范中的振型组合方法进行了详细的论证，指出了他们采用的方法是不恰当的。后来前苏联终于采用与我国规范同样的计算公式。

关于地震作用的概率模型，通常采用日本金井清和苏联巴尔希金的地面运动加速度功率谱表达式。胡聿贤发现这个公式的共同缺点，是不能保证单自由度体系的加速度反应在低频段的有限性，并提出了用“低频减量”加以修正的新的表达式。这一结果不仅丰富了地面运动随机特征的表达方式，同时为进一步研究和改进指出了方向。

胡聿贤在我国最早注意了强震地面运动随机特性的非平稳性，首先对非平稳包线提出了一种简单而又实用的双指数函数表达方式。这一表达式在十几年以后才见诸于美国的有关期刊。

★ 局部地质条件对震害影响的重大突破

胡聿贤十分重视从地震灾害中研究破坏机理和地震作用的规律性。从1962年广东河源地震以来，我国境内几乎所有破坏性地震现场都留有他的足迹，不论是在城市还是偏远农村，他都不放过每一个值得研究的震害实例。他常常在一个点上反复调查、测绘，直到找出原因或悟出道理来。1970年1月云南通海地震后，他和年轻人一样翻山越岭，野营露宿，走遍了激震区的所有村村寨寨和周围的集镇、厂矿和居民点。这次地震发生在山区和丘陵地带，震区地质、地形和土壤条件比较复杂。经过初步调查以后，胡聿贤发现这次地震是研究工程地质条件对震害和地震动影响的天然实验室，因此建议组织一支野外考察队进一步作调查统计和现场勘察，并亲自参与和负责技术指导。胡聿贤在这项研究中先后两次去震区工作，累计时间达1年之久。在通海地震现场，他着重对因地震工程地质条件不同导致的地震动强度和特性以及震害差异进行了比较全面的论证，并亲自分析现场取得的强震观测数据，在以下几个方面取得了重大进展：

①改变了以前孤立地研究地质构造、地形和土质条件影响的研究方法，而是将三者联系起来进行综合分析，从而获得了一些新的结论。例如在稳定基岩斜坡上如果没有滑坡和崩塌危险，与相应平地相比地震动强度和震害没有明显的差异，从而改变了以往关于斜坡效应的一般结论。

②在分析断裂对地震和震害的影响时，他首次将断裂分为发震断裂和非发震断裂，并根据大量的调查和观测资料提出了在类同的土质条件下非发震断裂上震害无明显加重的新结论。此外，他还首先提出要区分地面震动和地基在地震中因丧失承载能力而产生的两种震害，并提出应分别采取有针对性的措施。他同时还研究发现地基受震后形成的“液化”等低速层在一定条件下对地震波的传播有衰减作用。

以上新发现对地震区的土地利用与开发建设具有重大意义，有的已被列为抗震设计规范。中美建交以后，在与国家地震局接待的第一个美国地震工程代表团的学术交流会上，胡聿贤向美国专家介绍了他在通海地震中的发现，当场就引起了轰动。这些成果在以后的海城、唐山等大地震中也得到了进一步的证实和发展。

③地震作用的反演方法和结构破坏准则的改进。1979年，中国实行改革开放后，胡聿贤应美国伯克莱加州大学土木工程系教授彭津的邀请作为客座研究员进行合作研究。他在美国工作一年多时间里，重点进行了结构模型的系统识别和输入地震动的反演计算方法。由于地震的发生在空间、时间和强度上的随机性以及观测仪器的昂贵，特别是因为工程上感兴趣的强震发生的频度比较低，因此有关强烈地震中结构和地面震动的观测数据，即使在强震观测发展最好的美国也是极为宝贵的。中国强震观测记录至今还很稀少，因此如何充分利用这批数据提取对工程设计有重要价值的信息一直是深受各国研究者关注的难题。胡聿贤在70年代中期就开始从事结构震动输入反演计算方法的研究，赴美合作研究期间继续发展了这一方法，先后完成了许多篇重要论文，分别发表在国内外有关期刊和学术会议论文集中。他提出的复合结构模型的参数识别和反演、时域频域混合反演以及多点输出下的反演方法等都有创新。

④深化了地震动参数的工程特性及地震参数的研究。胡聿贤还对地震动参数与结构破坏关系进行了深入地研究。他从结构物的破坏程度推算地震动的设计参数以及这些参数的概率估计，研究的重点是结构物低周疲劳双重破坏准则与地震动反应谱和持续时间的联合估计，以寻求在抗震设计中引入考虑时间影响的方

法。这些研究成果除用于结构地震反应分析外，对估计强震地面运动、基岩地震动参数以及其他非地震领域的各种工程振动问题均有重要的应用价值。

⑤提出结合国情研究和应用地震危险性的分析方法。胡聿贤是在我国最早研究基于震源区的地震活动性、地震动衰减和场地地震动强度概率计算的地震危险性分析方法的学者。由于此法能给出不同设计基准期内不同超过概率的地震动强度设计值，从而有可能根据结构使用期的长短和重要性合理地确定设计参数，自70年代以来受到世界各国学者的很大重视。中国拥有世界上最长的历史地震资料，这对发展以统计学为基础的地震危险性分析是一种优势。胡聿贤和他的助手、学生们充分利用了这一优势发展了地震发生的时空不均匀模型，这对国际上通用的泊松模型无疑是一个挑战。我国在地震危险性分析研究中的最大困难是缺乏强震地面运动随距离衰减的仪器记录。为了克服这一难题，胡聿贤研究提出了一种"借鸡下蛋"的办法，即首先对世界上强地震仪器记录最丰富的美国加利福尼亚州的加速度随距离的衰减规律和以地震破坏程度为主要评定标准的地震烈度衰减规律进行对比分析，找出两者之间的内在联系，然后应用中国的地震烈度衰减规律参照美国的资料建立起一种转换模式，提出了比较适合中国应用的地震动强度（加速度或其他物理量）的衰减规律。此外，胡聿贤及其助手们在地震动衰减规律的表达方式、参数统计和识别方法等方面也有所建树。以上研究结果已成为国内的通用方法，在国外同行专家中也受到了特别的重视。

在地震危险性分析方面的另一个重要问题是不确定性校正，也就是如何将分析模型和参数中包含的模糊、随机和知识不完备等诸多因素统一的修正处理。胡聿贤根据对不确定性的来源和特征的详细研究，提出了一种考虑多种不确定性影响的统一模式。他关于地震危险性分析方法的系统研究是中国第三代烈度区划图的理论基础，同时还在《重大工程地震工作大纲》，《地震小区划大纲》以及《地震安全性评价工作规范》中得到了应用。

★ 身体力行，无私奉献

胡聿贤在他长期的科学活动中始终坚持理论联系实际，一贯支持国家建设特别重点建设项目。早在60年代初期他就参与研究与制订建筑地震设计规范的工作，参与广东河源新丰江大坝抗震加固方案的论证、长江三峡大坝温度应力场的初步分析、四川南部钢铁基地的选址和工程地震等重大工程项目的研究。改革开放以来，他又亲自主持编制了我国第一本核电站抗震设计规范。他还主持承担了国家核安全局"八五"重点攻关课题"核电厂厂址地震危险性分析及地震动参数的确定"。他十分关心中国首批核电厂厂址的地震安全性评价工作，一再强调要应用最先进的方法达到可靠的结果。他还卓有成效地完成了"渤海油田三个场地的地震动危险性分析和地震动参数的确定"，为国家的重点建设和减轻地震的灾害倾注了大量的心血。

胡聿贤热爱祖国，热爱科学，长期活跃在地震工程与工程力学科学研究的前沿。他为了保持强壮的体魄，坚持进行体育锻炼。他生活朴素，饮食简单，虽已进入古稀之年，但每天工作依然在 12 小时以上。他在科学上取得的丰硕成果是与他强健的身体、顽强的拼搏精神和严谨的治学风范分不开的。

他为人正直，心胸豁达，作风朴实。在“文化大革命”期间，他受到了不公正的待遇，但在逆境中，他仍然与青年科技人员密切联系，带领他们继续攀登地震工程科学高峰。他平易近人，喜欢和大家一起工作，以随时交换意见。他以渊博的学识和高超的治学方法潜移默化地哺育了几代学者，培养了硕士和博士生各 10 余人。他严于律己、勇于进取和为祖国的科学事业无私奉献的精神鼓舞着许多中青年学者奋发向上。

20. 管理学科学技术领域

陆佑楣（1934—），出生于上海市，原籍江苏省太仓市，中国工程院院士。

★ 生平经历

陆佑楣1956年毕业于华东水利学院（现河海大学），曾任国家水电部副部长、能源部副部长、国务院三峡工程建设委员会副主任委员、中国长江三峡工程开发总公司总经理，现任中国大坝委员会主席，清华大学、河海大学教授。

陆佑楣院士长期从事水电工程建设的技术和管理工作，先后参与、主持了黄河刘家峡、汉江石泉、安康、黄河龙羊峡等水电工程的建设。他在水电部、能源部期间，推进了水电建设体制改革，参加了三峡工程论证工作并任论证领导小组副组长。1993年～2003年主持长江三峡工程建设，研究和决策了一系列重大的工程技术和管理问题，如工程施工的总体布局、交通运输方案、导流围堰工程、大坝快速施工以及大型水轮发电机组选型采购等；实行分项目招标、分项目管理，建立了完整的质量控制、投资控制体系及多元化筹资方案；提出“双零（零质量事故、零安全事故）”建设管理目标，实现工程与环境同步建设。实践证明，这些研究和决策是成功的，三峡工程完全按照原定的进度计划、质量标准和投资概算实施，于2003年成功地实现了水库初期蓄水、首批机组发电和船闸通航的建设目标。

现代中国科技水平和世界先进国家科技水平的差距

1. 自然科学领域

在自然科学领域，衡量现代中国科技水平和世界先进国家科技水平差距的最好标志就是诺贝尔奖的获得情况。

自 1901 年诺贝尔奖颁布以来，共有 6 位华裔科学家获得诺贝尔自然科学奖。他们分别是：1957 年，李政道和杨振宁因“发现宇称原理的破坏”而被授予诺贝尔物理奖；1976 年丁肇中因“发现一类新的基本粒子”而获得诺贝尔物理学奖；1986 年李远哲因“发明交叉分子束方法”使详细了解化学反应的过程成为可能，为研究化学新领域——反应动力学作出贡献而获得诺贝尔化学奖；1997 年朱棣文因发明了“用激光冷却和俘获原子的方法”荣获诺贝尔物理学奖；1998 年崔琦与德国霍斯特·斯特尔默、美国的罗伯特·劳克林因在量子物理学研究中作出重大贡献而获得诺贝尔物理学奖。虽然这些华裔科学家在自然科学领域做出了重大贡献，但是他们的研究成果不能算到中国头上，因为他们的国籍不是中国。

2. 工程与技术科学领域

1978 年 3 月 18 日，第一次全国科学大会在北京隆重举行，科教界举办了一系列纪念活动。对这次大会给中国科教事业带来的深远影响，学者们进行了深入思考。2008 年，《科学时报》记者专访了中国工程院院长徐匡迪，请他畅谈了对此次大会的认识和对未来中国工程科技领域发展的前瞻性看法。

以下是《科学时报》记者与徐匡迪院长的对话记录。

《科学时报》记者：请问您是怎样看待第一次全国科学大会召开的意义呢？

徐匡迪：1978 年 3 月 18 日，“文化大革命”后的第一次全国科学大会在北京隆重举行。邓小平同志在大会讲话中提出了“科学技术是生产力”、“知识分子是工人阶级一部分”的著名论断，郭沫若先生在闭幕式上发表了脍炙人口的名篇《科学的春天》，至今我们还能脱口吟诵其中许多令人心潮澎湃、充满希望的名句。这次全国科学大会的召开，是一个具有重大历史意义的事件，由此开始迎来了我国科技事业发展的春天。随后召开的党的十一届三中全会，更标志着我国进入了一个思想解放、开拓创新、迅猛发展的新时代。

《科学时报》记者：您能否总结一下过去30年来中国工程科技领域所发生的变化。

徐匡迪：回顾这30年走过的道路，不能不百感交集、思绪万千。我从当年高校教师中的普通一员，经过出国学习、工作，回国当大学校长、高教局局长、上海市市长，再到后来的中国工程院院长、全国政协副主席，都是因为有了30年前“科学的春天”，有了党的十一届三中全会拨乱反正，开辟改革开放新时代，我们这批有志报国的中青年知识分子才能走到今天，中国的科学技术事业才能铸就如此的辉煌，中华民族才能像今天这样自立于世界民族之林。

作为中国工程院院长，我对中国工程科技领域这30年来所取得的巨大成就感到无比自豪。工程科学技术对国家经济社会发展和国家安全最直接的重大影响，是将科学知识转化为现实生产力和社会财富的关键性的生产要素，工程科技的自主创新是建设创新型国家的核心。30年来，在经济全球化和科学技术迅猛发展的浪潮中，我国从大规模引进国外先进技术和装备逐步走向自主创新，使工程科技水平大幅提升，推动产业技术实现了跨越式发展，在一些领域中已经接近或达到世界先进水平，大大提高了产业竞争力，促进了经济社会的快速发展。

《科学时报》记者：我国工程科技领域现在的发展形势是怎样的？

徐匡迪：今天，我国装备制造业总量已位居世界第三，形成了门类齐全的产业体系，大容量高参数火电机组、三峡大型水轮发电机组、鞍钢的大型宽带钢冷轧生产线和热轧带钢生产线、重油催化裂化和渣油加氢裂化技术、上海振华港机的大型港口机械设备、部分高档数控加工系统等产品的技术已达到世界先进水平，为各个产业部门提供了绝大多数装备，成为国民经济的重要基础和国家实力的象征。

20世纪90年代以来，我国电子信息技术及产业取得了突飞猛进的发展，总规模位居世界第二；程控交换机、微机、显示器、手机、彩电等重要产品的产量居世界第一；自主开发的TD-SCDMA移动通信技术已经成为国际三大技术标准之一，产业链也已基本形成；近年来相继成功开发出性能达到奔腾4水平的“龙芯”高端通用CPU和运算速度为每秒10万亿次的商品化“曙光”巨型计算机，向信息技术的核心领域发起冲击，在技术上已显著缩短了与国际先进水平的差距。

我国在持续20多年举世空前的大规模基础设施建设和城市发展中，攻克了大量复杂的技术难题，极大地提升了工程建设的技术水平，自主设计和建造了上百座大型水利设施、总长数千公里的铁路和公路隧道、3万多公里高速公路和一大批世界级的大型桥梁，建成了大量城市高层建筑和大跨度空间结构，建筑设计和施工建造水平已进入世界先进行列，三峡工程蓄水发电和青藏铁路通车运营，是我国工程建造技术先进水平的集中体现。

我国农业科技长期以来主要依靠自主研究开发，成功培育出以杂交水稻为代表的6000多个动植物新品种和新组合，取得了养殖、栽培和病虫害综合防治技术的一系列重大成果，保障了我国利用全球9%的耕地养活和养好了世界上22%的人口。

我国在航空航天和其他高科技领域喜讯频传，载人航天成功，嫦娥奔月顺利，先进战机翱翔蓝天，新型舰艇遨游海洋。

《科学时报》记者：您认为未来我国在工程科技领域还要进行哪些方面的努力？

徐匡迪：在我国工程科学技术取得伟大成就的同时，我们也清醒地看到，无论在整体上，还是在许多产业技术上，我国与世界先进水平还有很大差距，一些核心技术尚未掌握，农业科技的整体水平也远远落在世界先进水平之后。

我国正处于工业化中期阶段，大规模的基础设施建设和人民生活水平的持续提高，决定了高水平的资源消耗将持续至少10多年的时间，我们正在而且将长期面临着巨大的资源和环境压力。我国水、土地、石油和天然气、铁矿石和有色金属矿石等重要资源的人均占有量，都不到世界平均水平的一半。同时，水、大气、固体废物和噪声污染都相当严重，生态环境退化，生物多样性锐减，还面临全球环境问题和绿色贸易壁垒的严峻挑战，如果延续传统的发展方式，资源将难以为继，环境将不堪重负。同时，我们还将继续努力不断提高人民生活水平，增强产业市场竞争力，保障国家安全，所有这些都离不开先进的科学技术。小平同志曾深刻地指出："实现现代化，关键是科学技术现代化。"我们必须坚持科学发展观，大力发展和应用先进的工程技术，走出一条"科技含量高、经济效益好、资源消耗低、环境污染少、人力资源优势得到充分发挥"的中国特色新型工业化道路。

经济社会的快速发展不断对科学技术提出新的要求，中国的科学技术发展也迎来了又一个新的里程碑。2006年1月，党中央和国务院召开了全国科学技术大会，大会通过的《国家中长期科学和技术发展规划纲要》确定了在新的历史条件下，我国科学技术发展实行"自主创新、重点跨越、支撑发展、引领未来"的指导方针，提出了未来10多年我国科学技术发展的总体目标，并对未来15年科技发展作出了总体部署。胡锦涛总书记在大会讲话中号召全党全国各族人民坚持走中国特色自主创新道路，以只争朝夕的精神为建设创新型国家而努力奋斗。这次大会昭示着又一个科学技术大发展的高潮即将到来。

《科学时报》记者：您能否介绍一下中国工程院自建院以来所做的一些工作？

徐匡迪：中国工程院作为全国工程科技领域的最高荣誉性、咨询性的学术机构，建院十几年来，以振兴我国工程科学技术，促进经济社会全面协调可持续发展为己任，充分发挥院士队伍的群体优势，为推进中国工程科技发展和加快我国工业化、现代化建设，开展了一大批宏观性、战略性的发展研究，其中《我国可持续发展水资源战略研究》、《我国可持续发展油气资源战略研究》、《建设节约型社会战略研究》等一批咨询研究课题取得了丰硕成果，提出的重大建议已经被国家采纳，我们还为制订《国家中长期科学和技术发展规划纲要》作出了自己的贡献。中国工程院目前正在和环保总局一起开展《中国环境宏观战略研究》，和教育部等部门一起开展《创新型工程科技人才培养研究》，为国家实现可持续发展和培养千千万万的创新型工程科技人才建言献策。

重温30年前的第一次全国科学大会和30年来我国科学技术的大发展，我们深切缅怀我国改革开放的总设计师邓小平同志。我们今天已经有了相当强大的科学技术基础、财力物力保障和人力资源支撑，有党中央的正确领导和全国人民的支持，进一步攀登科学高峰和攻克重大技术难关，已经有了更好的条件。全国科学技术工作者一定树雄心，立壮志，奋发图强，真抓实干，力争用二三十年甚至更短的时间，使我国科学技术在整体上超过当时的世界先进水平，实现科学技术现代化的宏伟目标，创造中华民族新的辉煌。

参考文献

1. 陈建新，赵玉林，关前．当代中国科学技术发展史．武汉：湖北教育出版社，1994

2. 梁清海．当代中国科学技术总览．合肥：中国科学技术大学出版社，1992

3. 郭建荣．中国科学技术记事（1949—1989）．北京：人民出版社，1990

4. 谈庆胜．当代科技．第二版．合肥：中国科学技术大学出版社，2000

5. 华罗庚．中国数学现状介绍．科学通报，1953（2）

6. 苏步青．微分几何在中国的成长与发展．［数学译文］1985，4（1）

7. 王元．哥德巴赫猜想研究．黑龙江：黑龙江教育出版社，1987

8. 于景元．钱学森的现代科学技术体系与综合集成方法论．中国工程科学，2001，3（11）：10～18

9. 樊洪业．竺可桢文集．上海：上海科技出版史，2004

10. 王毓瑚．中国畜牧史资料．北京：科学出版社，1958

11. 沈春敏，李书源．近代科技在中国的引进与传播．社会科学战线，2000（6）

12. 胡德海．中国早期留美学生返国后的前程、事业与结局．甘肃社会科学，2002（5）

13. 曾昭抡．20 年来中国化学之进步．科学，1935，19（10）：1514～1554

14. 张其昀．近 20 年来中国地理学之进步．科学，1935，19（10）：1608～1614

15. 王寿云等．中国现代科学家传记．北京：科学出版社，1991

16. 姚昆仑．走进袁隆平．上海：上海科学技术出版社，2002

17. 杨振宁．近代科学进入中国的回顾与前瞻（杨振宁博士 1994 年 8 月 18 日在南宁的演讲）．广西气象，1995，1（16）